工业和信息化普通高等教育

“十二五”规划教材立项项目

21世纪高等院校信息与通信工程规划教材

21st Century University Planned Textbooks of Information and Communication Engineering

有线数字电视网络

Cable Digital TV Networks

何光威 主编

邢艳芳 鲁小利 贾鹏程 丁钟康 仲祝 编著

人民邮电出版社

北京

高校系列

图书在版编目（CIP）数据

有线数字电视网络 / 何光威主编 ; 邢艳芳等编著
. -- 北京 : 人民邮电出版社, 2014.10
21世纪高等院校信息与通信工程规划教材
ISBN 978-7-115-36573-6

Ⅰ. ①有… Ⅱ. ①何… ②邢… Ⅲ. ①数字电视－有线电视网－高等学校－教材 Ⅳ. ①TN943.6

中国版本图书馆CIP数据核字(2014)第199346号

内 容 简 介

本书分为 13 章，比较全面系统地介绍了有线数字电视网络的前端系统、传输系统直至接收终端的整个数字电视信息传输链路的基本概念、基本原理、基本的设计方法，结合目前有线数字电视网络的发展现状，注意模拟传输系统与数字传输系统关联知识的阐述，使得本书满足当前教学需要和未来技术发展的需要。

本书特色是概念准确、论述严谨、内容新颖、图文并茂，突出基本原理和基本概念的阐述，难点分散、循序渐进、便于自学、实用性强。

本书主要读者对象是大专院校信息类各专业本科高年级学生、研究生，以及从事有线数字电视网络技术研究或教学的老师和科研人员、数字电视广播网络运营部门的技术管理和工程设计人员。

◆ 主　　编　何光威
编　　著　邢艳芳　鲁小利　贾鹏程　丁钟康　仲　祝
责任编辑　滑　玉
责任印制　彭志环　杨林杰

◆ 人民邮电出版社出版发行　　北京市丰台区成寿寺路 11 号
邮编　100164　　电子邮件　315@ptpress.com.cn
网址　http://www.ptpress.com.cn
北京隆昌伟业印刷有限公司印刷

◆ 开本：787×1092　1/16
印张：23.5　　　　2014 年 10 月第 1 版
字数：573 千字　　　　2014 年 10 月北京第 1 次印刷

定价：53.00 元

读者服务热线：(010)81055256　印装质量热线：(010)81055316
反盗版热线：(010)81055315

前　言

本书所讲授的是有线数字电视网络最基本的原理，而这些基本原理相对成熟和稳定，因此也成为本书的重点内容。但从另一方面看，有线数字电视网络作为“三网融合”中的一网，相关的技术发展非常快，涉及的内容也很多；我国学术界、产业界在这一领域也取得了一大批原创性成果。因此，无论是国外的许多著名教材还是国内的教材，篇幅往往都很大。但考虑到我国大学教育的实际情况，编者认为，必须严格控制本书的内容，使教材的篇幅不要过大。

根据应用型本科人才培养的特点和要求，本书在内容和体系上做了一些新的尝试，即“理论+应用+实训”，满足实际教学的需要。本书内容丰富，涵盖了有线数字电视网络的各个方面，有基础知识，有最新技术。章节安排符合逻辑，不仅介绍同轴电缆、光纤、光缆等方面的基本概念，网络设计的基础知识，而且结合工程应用，系统地介绍了有线数字电视网络的性能分析、性能参数、系统组成、关键设备及传输技术；并在此基础上对工程设计进行了探讨，同时安排了研究项目，以培养学生的专业素质，尤其是实践技能。

本书共分 13 章，主要包括概论、有线数字电视网络总体规划、有线电视系统的性能分析和参数、有线数字电视网络线缆与接插件、有线数字电视网络的设备、有线数字电视网络信息处理、前端系统、前端系统构建及设备、条件接收与中间件、有线数字电视网络运营支撑系统、信息传输、增值业务及网络工程设计。

每章都有学习提要、引言，附有习题、研究项目。这样安排会对学生有所帮助。

本书编写以“为学生服务”为最高原则，注重知识的运用。作为专业教材，学生已学习了通信原理、数字电视信源编码、计算机网络等课程，因此本书对复杂的数学公式推导尽量简化，但对相关的结论介绍全面而明确，引导学生会调用这些结论运用于有线数字电视网络的工程实践。本书突出基本概念、基本原理的阐述，力求做到难点分散、循序渐进、图文并茂、便于自学。期望本书能为学生打下坚实的理论基础，又能适应当前数字电视网络技术的高速发展。

本书第 1、2、3 章由丁钟康、何光威编写，第 4、5、11 章由鲁小利、丁钟康、邢艳芳编写，第 6、7、8、13 章由何光威编写，第 9 章由邢艳芳编写，第 10 章由贾鹏程编写，第 12 章由仲视编写。全书由何光威统编定稿。书后共有 6 个附录，附录 A 是常用专业术语与缩略语，主要考虑本书介绍很多新的内容，国内还没有统一对应的中文名称，这个附录可以帮助读者更好地理解相关内容；附录 B～F 是前端系统设备的连接框图等。

本书得到了原国家广电总局项目资金的资助和中国传媒大学南广学院教育发展基金会的项目资金资助。对本书编写提出很多宝贵意见的有林如俭教授、余兆明教授、段永良教授。谢晶、张林提供了参考资料，孙德娴、金烨、王尧等参与了部分章节的绘图、文字录入等资料整理工作；还有以各种不同方式给我们提供支持的同仁和朋友们。在此，作者均表示诚挚的感谢。由于编者水平所限，书中难免还存在一些缺陷和错误，殷切希望广大读者批评指正。

编　者

于中国传媒大学南广学院，南京

目 录

第 1 章 概论

【学习提要】

本章主要了解有线电视发展历程以及有线电视网络的特点、组成部分和应用。

【引言】

随着信息技术的迅猛发展，有线数字电视网络作为信息传输的基础设施，正由单一的广播电视业务朝着下一代广播电视网、宽带通信网和下一代互联网“三网融合”的宽带双向综合服务网的方向发展。

有线电视网络是一种采用同轴电缆、光缆或者微波等媒介进行传输，并在一定的用户中分配或交换声音、图像、数据及其他信号，能够为用户提供多套电视节目、各种信息服务的电视网络体系。

1.1 有线电视网络的发展历史

有线电视网络的产生与发展和现代科学技术的发展紧密相关，经历了四个阶段。

第一阶段：共用天线电视系统，从 20 世纪 40 年代末到 80 年代初。

第二阶段：有线电视系统（CableTelevision，CATV），从 20 世纪 80 年代初到 2003 年。

第三阶段：数字电视系统（Digital Television，DTV），从 2003 年到 2008 年。

第四阶段：以视频传输为主的交互式综合信息服务网系统，从 2008 年至今。

早期的有线电视系统，可以追溯到 1948 年出现在美国山村的共用天线电视系统，也称公共天线电视系统，其主要目的是为了解决无线电视覆盖边缘地区或阴影地区的收看问题。共用天线电视系统由一套主天线接收电视信号，经同轴电缆进行信号传输并分配入户，是世界上最早的公共天线电视系统，尽管十分简陋，但却扩大了无线电视的覆盖范围，改善了收视质量。

20 世纪 50 年代初，共用天线电视系统被应用于城市，它有效地解决了城市中开路电视个体接收所存在的若干问题（如接收重影严重影响收视质量、开路发射天线的零点区信号微弱无法正常接收、天线林立影响市容等）。为了更充分地发挥系统的作用，并满足用户不断增长地对节目丰富程度的需求，在共用天线电视系统中开始增加了自办节目频道，而自办节目的出现又使共用天线电视系统进一步扩大覆盖范围具有了必要性。20 世纪 70 年代初，随着通信卫星传送电视节目进入实用阶段，利用共用天线电视系统实现卫星电视的共同接收成为一种切实可行的方案。从此，共用天线电视系统的功能有了很大转变，传送节目的套数得到了极大的丰富，覆盖范围也不断地扩大，逐步发展成了今天真正意义上的有线电视系统（CATV）。

在 CATV 发展过程中，CATV 的传输手段也经过了纯粹地使用同轴电缆到使用光纤和同轴电缆混合传输，并在必要的场合下有选择地使用微波、多路微波分配系统（Multichannel MultipointDistribution Services，MMDS）等微波传输分配手段，CATV 的信号传输方式也经历了从全频道传输方式到隔频道传输方式再到邻频道传输方式的历史性变迁。CATV 从隔频传输到邻频传输的过渡，标志着 CATV 技术的一次重大突破，也代表着 CATV 技术发展史上的第一次革命。

随着社会信息化程度的提高和人们对信息服务需求的增长，尤其是随着因特网的蓬勃发展和广泛应用，有线电视界开始意识到 CATV 应该向综合信息服务网过渡，于是，让 CATV 具有双向传输能力和交互功能成为了技术发展的主要方向，并由此引发了 CATV 技术发展史上的第二次革命。

在 CATV 双向改造的过程中，光纤已经逐步取代同轴电缆成为了 CATV 的传输主体，光节点的规模逐步缩小，光纤同轴混合（Hybrid Fiber-Coaxial，HFC）网络的结构日趋合理。与此同时，通过光纤传输骨干网的建设，可实现各省乃至全国的联网。可以说，具有双向交互功能的 HFC 网和大容量的宽带传输骨干网共同构建起具有综合信息服务功能的有线电视网络体系。

有线电视发展到今天，无论是其系统组成、技术手段，还是其系统规模、服务功能，各方面都发生了翻天覆地的变化。现代意义上的“有线电视网络”，实际上是一个脱胎于传统 CATV 系统，但早已突破了“有线”的束缚和“电视”的局限，具有综合信息服务功能的信息网络体系。

1.1.1 有线电视网络的特点

有线电视网络在全世界范围内得到了如此大的发展，是因为它具有很多无可比拟的优势。概括起来讲，主要体现在以下几个方面。

（1）实现广播电视的有效覆盖。

（2）图像质量好，抗干扰能力强。

（3）频道资源丰富，传送的节目多。

（4）系统规模大，节约投资、美化市容。

（5）宽带入户，便于综合利用。

（6）能够实现有偿服务。

（7）建网可以循序渐进，逐步发展。

（8）安全性高，是客户信赖的资讯来源；物理网络相对隔离，不容易受到“黑客”的攻击。

1.1.2 有线电视网络的发展趋势与展望

未来的有线电视网络是一个全方位服务网（Full Service Net，FSN），它必须完美地将现有的通信、电视和计算机网络技术融合在一起，在一个统一的平台上承载着包括数据、语音、图像、传真和各种增值服务、个性化服务在内的多媒体综合业务，并智能化地实现各种业务的无缝连接，为人类社会提供全方位的信息服务。

从技术上讲，有线电视网络在未来几年的发展趋势可以概括为以下几个方面。

1. 数字化

数字化是整个电子信息领域技术发展的方向，广播电视自然也不会例外。数字电视是数字化信息技术革命的产物。所谓数字电视，是将传统的模拟电视信号经过量化编码转换成数字信号，然后对该信号进行各种处理、传输、存储和记录，也可以用计算机来进行处理、监测和控制。采用数字技术不仅使各种电视设备获得了比原有模拟式设备更高的技术性能，而且还具有模拟技术不能达到的新功能。数字电视淘汰模拟电视，如同数字移动电话淘汰模拟移动电话一样，电视终将进入数字时代。

2. 网络化

传统的广播电视业务可以由一个个独立的有线电视系统很好地实现，并不要求形成统一的有线电视网络体系，事实上，通过卫星电视已经将一个个孤立的有线电视系统连成了一个有效地实现广播电视覆盖的完整体系。但对很多综合业务而言，单向的、分立的有线电视系统已经不再具有任何实际意义，要真正实现这些业务，必须进行有线电视系统的双向改造；必须建设宽带传输骨干网使分立的双向有线电视系统有机地联系在一起，形成统一的有线电视网络体系；还必须实现有线电视网与其他网络的互通互联。因此，从某种意义讲，网络化是综合化的前提和基础。在未来几年里，有线电视的网络化进程将仍然以 HFC 结构为基础，通过融入宽带网络技术和现代光纤通信技术（如密集型光波复用（Dense Wavelength Division Multiplexing，DWDM）），使网络具有更加强大的综合信息传输、处理和交互功能。

3. 综合化

有线电视网络作为未来信息高速公路的一个组成部分，必须要朝着能够提供综合信息服务功能的目标迈进，建立起集数据、语音、视频图像于一体的宽带多媒体综合业务平台。

在未来的几年里，通过有线数字电视网络多媒体平台和中国下一代广播电视网络宽带接入系统（Next Generation Broadcasting（NGB）；China Data-over-Cable Service Interface Specification（C-DOCSIS）or High performance Network Over Coax（HINOC）or China High Performance Advanced（C-HPAV））来实现综合业务，是技术应用的主流。利用有线电视网络开展综合服务，除了数字电视及相关的个性化业务外，还可以提供以下三种形式的业务：一是电子政府（E-Government），即为政府部门提供上网服务；二是电子商务（E-Commerce），为企业与企业（Business to Business，B2B）、企业与顾客（Business to Customer，B2C）、线上与线下（Online to Offline，O2O）模式的商务活动服务；三是电子社区（E-Community），为建立智能化信息社区服务。

4. 智能化

有线电视网络的智能化不是一个孤立的过程，它始终伴随和渗透在数字化、网络化和综合化的进程之中。有线电视网络的智能化是一个象征，标志着有线电视彻底告别过去传统的单一服务模式，向着现代综合信息服务网迈进。

有线电视网络发展的趋势是全数字化的全光网络，它依托网络之间互联协议（Internet

Protocol，IP）和 DWDM 的传输模式，真正实现在一个统一平台（Everything over IP）上的多媒体综合信息服务。依托广播电视网，建设“智能融合媒体网”（Smart MediaNetwork）实现内容的高效送达，匹配用户需求。智能融合媒体网总体架构，由三大部分组成——广播网，双向网和智能引擎。广播网用来传输用户关注度高的共性内容，安全可控的传送到用户端。双向网满足用户泛在、离散的内容传送需求，支持灵活多样的业务。智能引擎是智能融合媒体网的核心，实现内容和网络的适配。

1.2 有线电视系统的基本组成

有线电视网络是一个为了完成电视信号的传输，而由各种互相联系的部件设备组成的整体。一般的有线电视系统均可视为由信号源、前端系统、传输系统、用户分配网、家庭网络五个部分组成，各个部分连接框图如图 1.1 所示。

图 1.1 有线电视系统的物理模型

信号源是指提供系统所需各类优质信号的各种设备；前端系统则是系统的信号处理中心，它将信号源输出的各类信号分别进行处理，并最终混合成一路复合射频信号提供给传输系统；传输系统将前端系统产生的复合信号进行优质稳定的远距离传输；用户分配网则准确高效地将传输系统传送过来的信号分送到千家万户；家庭网则接收数字电视广播节目信号及处理数据信号，并实现用户与前端系统业务的互动。

对应于现代有线数字电视网络的基本组成如图 1.2 所示。

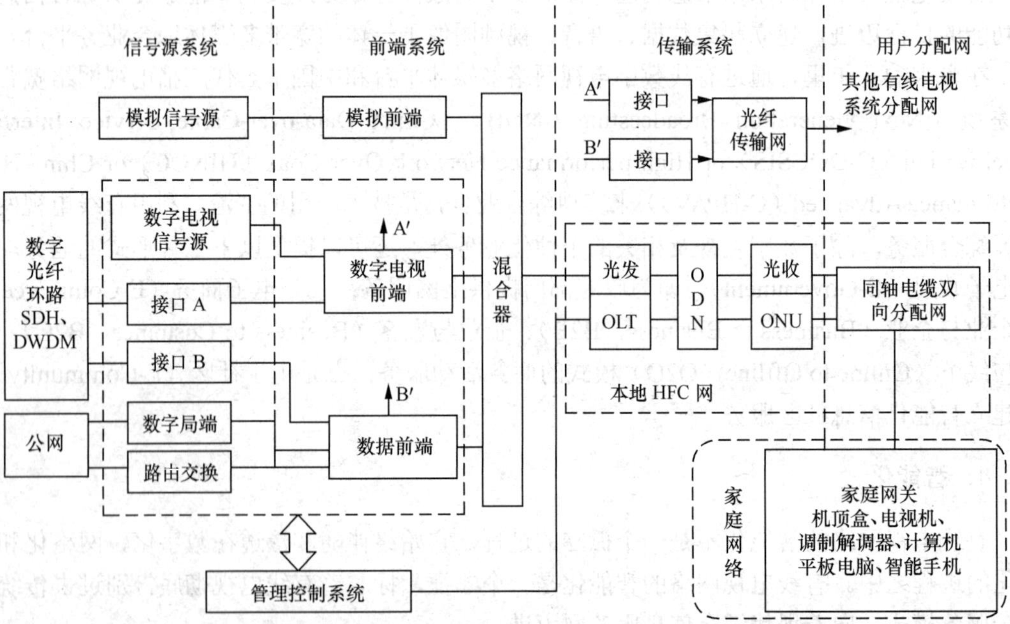

图 1.2 现代有线数字电视网络的基本组成

1.2.1 信号源

信号源是有线数字电视系统电视节目的信息源，通常分为两大类：一类是从外界接收到的各种电视信号或数据信号，另一类是源自有线电视系统内部的自办节目等。

1.2.2 前端系统

前端系统是位于信号源和干线传输系统之间的设备组合。它的主要任务是将来自信号源的多路广播电视信号分别进行编码、复用、调制等处理后，混合成一路射频信号经传输系统传送给用户。其主要设备由有线数字电视信源系统（含数字卫星接收机）、业务系统、复用加扰系统、编码器与正交振幅调制（Quadrature Amplitude Modulation，QAM）器、网管、电子节目菜单（Electronic Program Guide，EPG）系统 、用户管理系统、条件接收系统和回传处理系统以及其他辅助系统等组成。目前的前端系统将接收到的数字卫星节目信号以及传统的电视节目经过高速 A/D 数字化编码后，送入 MPEG-2 压缩编码器，编码后的信号按数字视频广播（Digital Video Broadcasting，DVB）标准进行加密，并附上各种附加控制信息后送入多路复用器，复用后的 DVB 信号经正交振幅调制后即可送入有线电视网进行传输。调制方式主要有 64QAM 和 256QAM。采用 64QAM 调制方式在传统的 8MHz 上可以有 38Mbit/s 的有效速率，可传输经过 MPEG-2 压缩的 6～8 个标准清晰度的数字电视频道的节目，质量可达 DVD 效果，并充分考虑了各种控制信息和编码纠错信号的有效传输。

1.2.3 干线传输系统

干线传输系统是一个传输网，由一系列把前端接收处理混合后的电视信号传送到用户分配系统的设备组成。它主要包括 SDH、DWDM 设备，光发射机、光接收机、各种类型的干线放大器、干线电缆、干线光缆、多路微波分配系统和调频微波中继等。其任务是把前端输出的高频电视信号高质量地传输给用户分配网。干线传输系统质量的好坏对有线电视系统的整体性能有很大的影响，其传输方式主要有光纤、微波和同轴电缆三种。

光纤传输方式是通过光发射机把高频电视信号调制到光信号上，使其沿光导纤维传输，接收端再通过光接收机把光信号解调成复合高频电视信号。光纤传输具有频带宽、容量大、低功耗、抗干扰能力强、失真小、性能稳定可靠等优点。随着技术的进步，光纤传输的成本不断下降，当干线传输距离大于 3km 时，光纤的成本反而比电缆干线要低。故在干线传输距离大于 3km 的系统，在传输方式上应首选光纤传输。

微波传输方式是把高频电视信号的频率调到微波频段，定向或全向向服务区发射，在接收端再把它解调回高频电视信号，送入用户分配系统。微波传输方式不需要架设电缆、光缆，只需要安装微波发射机、微波接收机及收发天线即可。此方式施工简单、成本低、工期短、收效快，而且更改线路容易，所传输信号质量高；缺点是容易受建筑物的阻挡和反射，产生阴影区或形成重影。由于雨、雪、雾霾等对微波信号有较大衰减，因而该方式易受气候条件的影响。

同轴电缆传输是最简单的一种干线传输方式，具有成本低、设备可靠、安装方便等优点。但因为电缆对信号电平损失较大，每隔几百米就要安装一个干线放大器来提高信号电平，由此也引入较多的噪声和非线性失真，使信号质量受到影响。过去的有线电视系统几乎都采用同轴电缆传输，而现在一般只在较小系统或大系统中靠近用户分配系统的最后几公里中使用。

1.2.4 用户分配网

用户分配网的任务是把有线电视信号高效而合理地分送到户。它一般是由分配放大器、延长放大器、分配器、分支器、用户终端盒（也称系统输出口）以及连接它们的分支线、用户线等组成的。分支线和用户线通常采用较细的同轴电缆，以降低成本和便于施工。分配器和分支器是用来把信号分配给各条支线和各个用户的无源器件，要求有较好的相互隔离度技术指标、较宽的工作频带和较小的信号损失，以使用户能共同收看、互不影响并获得合适的输出电平。分配放大器和延长放大器的任务是为了补偿分配网中的信号损失，以带动更多的用户。与干线放大器在中等电平下工作不同，分配放大器和延长放大器通常在高电平下工作，输出电平多在 100dBμV 以上。

1.2.5 家庭网络

家庭网络（Home Network）是融合家庭控制网络和多媒体信息网络于一体的家庭信息化平台，是在家庭范围内实现信息设备、通信设备、娱乐设备、家用电器、自动化设备、照明设备、保安（监控）装置、水电气热表设备及家庭求助报警等设备互连和管理，以及数据和多媒体信息共享的系统。我国已经颁布的六项家庭网络标准，分别覆盖了家庭网络的体系结构、家庭主网通信协议、家庭子网通信协议、家庭设备描述规范以及一致性测试规范等，它们构成了家庭网络标准体系的基础协议。数字电视机顶盒是目前使用得最多的智能终端，它是随着数字电视广播系统的诞生而出现的一种消费电子设备。其基本功能是接收数字电视广播节目，同时具有所有广播和交互式多媒体应用功能。数字电视机顶盒分为标准清晰度和高清晰度两种级别，每种级别按照业务和功能又划分为基本型、增强型、高级型三种类型，数字电视整体转换所使用的是标准清晰度的基本型数字机顶盒，除接收数字电视广播节目外，其功能还包括：电子节目指南、数据广播、软件在线升级、有条件接收等。为了适应云媒体电视的发展，数字电视机顶盒正在向具有家庭网关功能演进。

【练习与思考】

1. 一般的有线数字网络主要由哪几部分组成？各部分的主要功能是什么？试画出其基本组成框图。

2. 什么是有线数字电视前端系统？其主要功能是什么？

3. 前端系统包含模拟电视前端、数字电视前端和数据前端。其中数字电视前端的主要任务是什么？

4. 有线数字电视网络传输系统传输的方式有微波、同轴电缆、光纤等。它们各有什么优缺点？

5. 通过查找资料，写出我国已经颁布的六项家庭网络标准名称。

思考题

1. 有线电视网传输系统的发展趋势。

2. 何谓“三网融合”？通过查找资料了解多屏互动协议 DLAN，比较目前主流的多屏互动协议标准。

【研究项目】　有线数字电视网络技术发展历史与现状调查研究

要求：

1．结合本地实际，研究有线数字电视网络的发展历史，网络的功能、构架。

2．研究有线数字电视网络的传输功能和作用，指出传输系统制式、性能指标。

3．了解当地有线电视网、通信网、互联网的发展情况。

4．结合上述研究，写出3000字左右的调研报告，并且涵盖上述3点内容。

目的：

1．了解有线数字电视网络的发展历史、传输系统制式和性能指标。

2．了解有线电视网络的业务发展情况。

指导：

1．通过对有线电视、通信公司等技术部门的调研及资料的检索，获取需要的信息。

2．利用实践机会向工程技术人员请教。

3．重点了解当地有线电视网络承载的特色业务，用户数量的变化情况，用户对业务发展的意见或建议。

第2章 有线数字电视网络的总体规划

【学习提要】

本章主要熟悉并理解有线数字电视常用的频率规划及其频道配置。其中重点掌握双向上行、下行的我国行业标准 GY/T106—1999《有线电视广播系统技术规范》中推荐的频率配置标准。本章的重要概念有分贝比、电平、电压的叠加，电平单位（dBm、dBW、dBmV、dBμV）的定义。

【引言】

有线数字电视网络的总体技术规划是有线数字电视网络的应用基础。掌握并规划好有线数字电视系统的频率划分和频道配置，才能最大限度发挥网络在有限的频率资源中的传输效益，因而有线数字电视网络传输频率的有效配置是技术发展中研究的一个课题。

2.1 总体规划概述

有线数字电视网络是一个由多种设备和复杂传输线路组合而成的完整体系。要使这个完整体系达到预期目的并最充分地发挥效能，必须事先进行周密的系统设计。

有线数字电视网络的设计，必须依据客观环境、条件以及建设和发展的基本要求，通观全局，周密考虑正确选用各种器件和设备，确定技术先进、经济合理、安全适用的系统方案，以最大限度地提高系统传输信号的能力，改善信号传输质量，增加节目容量，扩展系统综合功能，充分发挥系统各组成部分的作用。

一般来说，有线数字电视系统的设计过程可以分为两个阶段，即初步设计（网络的总体规划）阶段和具体设计（确定各组成部分的实施方案）阶段。

初步设计可以理解为宏观设计，其主要任务是根据客观要求确定系统的最优结构和组成方式。从工程设计规范来看，它应完成的内容包括设计技术说明书、系统总体方案及必要的方案图。

具体设计也可看成是微观设计，它所面临的任务是在系统总体方案已经确定的前题下，如何使方案的各个环节都能准确无误地变成现实。具体地说，从需求分析开始，确定各部分的具体组成、设备选型以及完成各类施工图表和设备材料清单以及施工日程进度的设计编制工作、测试及验收方案编制。

由于有线数字电视系统工程规模的大小、繁简程度差别极大，系统的目的要求又多种多样，加之环境条件等因素也各不相同，因而设计工作不可能按某一固定的模式进行，必须根据实际情况，灵活运用各种设计原则、方法，恰到好处地全面完成实际工程需要的各项设计任务。

本节简要介绍网络总体规划的主要内容和具体考虑。具体设计的方法和原则将在后面的各有关章节中分别介绍。

2.1.1　前期准备

前期调查与资料准备都属于网络总体规划中重要的前期准备工作。其目的在于详细了解系统所处客观环境和当前的具体要求，全面掌握未来的技术发展动态和需求的变化趋势，并加以深入分析和研究，通过大数据技术对用户行为进行分析，以使系统总体方案能够既科学合理、技术先进，又切合实际、安全适用。前期准备工作包括以下几个方面。

1. 全面了解用户要求

（1）用户对节目套数的要求

精选需要传输的电视节目，了解用户需要接收的电视频道数，有无自办节目、调频广播节目的要求；对未来 5 年或 10 年的扩展要求；当地电视台的发展规划；本单位的发展计划；卫星电视的发展动向及地区联网规划等。

（2）用户对系统功能的需求

设置高清频道和标清频道比例；立体电视的频道数量；数据传输和视频通话需求；用户对视频点播有无要求；业务包的规划；多功能综合开发的具体要求；政府和大客户需求。

（3）用户的承受能力及对投资规模的要求

了解用户的经济状况、入网的迫切程度以及对投资额的承受能力；了解用户对加扰收费节目的感兴趣程度和支付水平，确定当前的入网户数和潜在的入网户数。

2. 充分研究地域条件和客观环境

（1）广播电视信号电波场强情况

了解电视发射台的方位与接收点的距离、发射功率、发射天线高度，初步计算场强，或从电视机开路收看电视节目的情况来估计场强，判断接收信号的质量，并注意观察有无外来干扰的存在；了解卫星节目的接收情况。

（2）高层建筑的遮挡障碍和反射障碍

估算现有高层建筑的遮挡障碍和反射障碍的预测参数以及由此产生的阴影区、重影区的大致范围；未来几年中高层建筑的发展计划和可能带来的影响。

（3）用户地区环境

勘察掌握服务区的地理环境，如有无山岳、沟壑、河道、桥梁等；现有设施如管道、电杆等的可利用情况；高压线、电话线的走向和布局；可供电位置的分布情况；了解当地的水文资料和气象材料。

（4）服务面积及系统规模

当前需要覆盖的范围、大小、形状以及住户密度、分布状况、总入网户数；今后若干年内规划发展的相关情况。

（5）建筑物形式

观察建筑物的类型（如宿舍楼群、民用住宅、招待所、宾馆、医院、学校等），是新建、改建还是原有建筑；有无线路预埋和穿线条件。要求用户提供必要的地区及建筑群总平面图、建筑物平面图、立体图（注明层数、层高）、屋顶平面图及其他建筑设计施工图、室外地下管线及架空电力线等有关技术资料。

3．广泛搜集产品资料

多方了解各生产厂家产品样本、使用说明书、价格表以及实际使用、运行、售后服务等情况，掌握产品的性能、技术指标、外形尺寸、安装方法、主要特点等，在产品的性能价格比上反复斟酌比较，为设备选型和方案制定做好准备。

2.1.2 网络总体规划原则与内容

1．基本原则

网络总体规划是一项既重要又复杂的工作，它是系统具体设计的主要依据。如果说由于系统设计不当或施工质量不佳造成的局部损失尚可以更改或补救的话，那么网络总体规划的失误将会造成全局性的影响和不可挽回的损失。因此，制定高质量的网络总体规划是建设有线数字电视网的关键，这个过程既是决策过程又是一个科学论证的过程。一般来说，网络总体规划应遵循以下基本原则。

（1）标准化；（2）先进性与开放性；（3）实用性和经济性；（4）安全性和可靠性。

2．主要内容

网络总体规划一般应包含以下内容。

（1）概述；（2）明确系统规模；（3）确定系统功能；（4）确定系统传输带宽和频率分割方式；（5）选定天线及天线架设位置；（6）建立永久性的前端基地；（7）确定传输媒介和选定网络结构；（8）考虑供电的可靠性和安全防护措施；（9）工程建设规划和工程预算；（10）分期建设实施步骤和办法；（11）论证与优化。

总之，网络总体规划是一个综合课题，其要旨是依据一定的条件和限制因素，遵循相关的规划原则并结合具体情况来灵活选择、调整方案，从而科学、全面、合理地解决实际问题。

2.2 频率划分和频道配置

2.2.1 双向有线电视系统的频率划分

1．双向有线电视的波段划分

1999年，原国家广播电影电视总局为了适应广播电视发展的需要，颁布了《有线电视广播系统技术规范》（GY/T106—1999）。有线电视系统的波段划分见表2.1。

表 2.1 有线电视系统的波段划分

波 段	频率范围（MHz）	业务内容
R	5～65	上行业务
X	65～87	过渡带
FM	87～108	广播业务
A	108～1000	模拟电视，数字电视，数据业务

2．双向有线电视的频率分割

一般广泛使用的电缆电视系统，只是把电视信号和调频广播信号下传给用户。如果建立了用户信息上传至前端的上行信道，用户与用户就能实现双向通信。有线电视系统中实现双向传输技术的方法有三种：空间分割法、时间分割法、频率分割法。

传统的有线电视网络主要使用频率分割法。上行信道的频率范围为 5～30MHz，过渡带频率范围为 30～48.5MHz，48.5MHz 以上全部用于下行传输，这种频率分割法通常称为“低分割”方案，其优点是原有的电视频道资源不受影响。随着有线电视综合业务的开展，“低分割”方案的上行带宽过窄，另外该方案上行信道处在频率低端，各种干扰严重及噪声的累加效应，使该频段的充分利用受到限制。于是，双向系统需要使用上、下行频率的“中分割”方案，如行标 GY/T106—1999 中规定 65/87MHz 分割频率，分割后的频谱利用情况如图 2.1 所示，原来的 DS1～DS5 频道不再作为下行频道使用。目前中国有线运营商实现双向传输技术的频谱应用有很大差异，表现在模拟电视广播、数字电视广播的频道数量、频谱占用各异；双向接入技术方案又有以太数据通过同轴电缆传输（Ethernet over Coax，EoC）高频、低频调制方案和基带 EoC 方案等许多不同；双工方式有频分双工（Frequency Division Duplexing，FDD），也称为全双工，也有时分双工（Time Division Duplexing，TDD），因而频谱占用也各不相同；而且目前正处于模、数同播，标清、高清同播阶段，频谱资源十分紧张。因此，上、下行频谱分割点是不确定的、逐步演进的。演进的原则是不占用、不干扰已有应用频谱，保证与现有双向接入技术共存；逐步扩展（现有频谱调整、扩展新频谱）；后向兼容（局端变更频谱，终端自适应）；在全频段内灵活配置。有线电视的频率分割的非对称频谱结构是由有线电视网络的广播式分配方式的业务特点决定，即下行频带宽、流量大，上行频带窄、流量小。

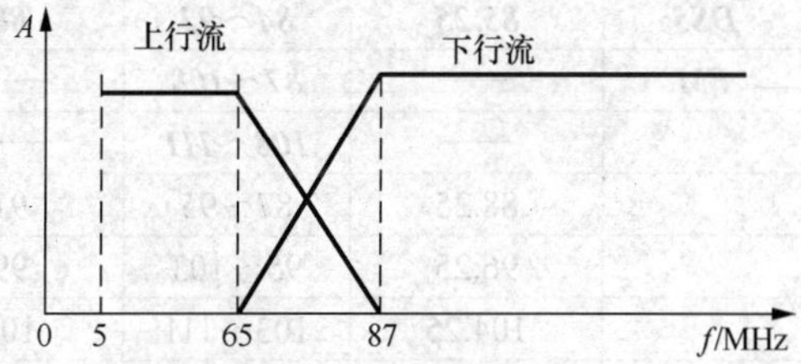

图 2.1 双向电缆电视频率分割图

2.2.2 有线数字电视的频道配置

1．频道配置方式

在模拟向数字技术体制过渡期间，我国有线数字电视广播的频道仍采用 8MHz 带宽邻频配置。按照 GY/T170—2001《有线数字电视广播信道编码与调制规范》相关规定应采用正交幅度调制（Quadrature Amplitude Modulation，QAM）方式；通常采用 64QAM 调制，则在一个有线数字电视频道内传输的有效速率可达 38Mbit/s。最初，规划用于提供有线数字电视服务的频道不应少于 15 个，如现有系统的频谱容量不足，应考虑升级网络达到整体过渡到数字电视广播的技术方案。

2．频道配置要求

有线数字电视频道的划分应符合国家标准 GB/T 17786—1999《有线电视频率配置》。数字电视业务的频道划分为 8MHz，其中心频率为标准 GB/T 17786—1999 所给出的频率范围的中间值。例如，频道 DS25 的频率范围为 606～614MHz，其中心频率为 610MHz。用于下行数据传输的频道分配带宽可以小于 8MHz。根据广播电影电视行业技术要求《有线数字电视频道配置指导性意见》，有线数字电视频道配置见表 2.2。有线数字电视频道均可邻频使用。

表 2.2　　中国有线电视频道表（1GHz）

频道编号	图像载频	频率范围	中心频率	频道编号	图像载频	频率范围	中心频率
	——	5～65	——	DS18	511.25	510～518	514
	——	65～87	——	DS19	519.25	518～526	522
DS1	***49.75***	***48.5～56.5***	***52.5***	DS20	527.25	526～534	530
DS2	***57.75***	***56.5～64.5***	***60.5***	DS21	535.25	534～542	538
DS3	***65.75***	***64.5～72.5***	***68.5***	DS22	543.25	542～550	546
DS4	***77.25***	***76～84***	***80***	DS23	551.25	550～558	554
DS5	***85.25***	***84～92***	***88***	DS24	559.25	558～566	562
FM	——	***87～108***	——	Z38	567.25	566～574	570
	——	***108～111***	——	Z39	575.25	574～582	578
	88.25	87～95	91	Z40	583.25	582～590	586
	96.25	95～103	99	Z41	591.25	590～598	594
	104.25	103～111	107	Z42	599.25	598～606	602
Z1	112.25	111～119	115	DS25	607.25	606～614	610
Z2	120.25	119～127	123	DS26	615.25	614～622	618
Z3	128.25	127～135	131	DS27	623.25	622～630	626
Z4	136.25	135～143	139	DS28	631.25	630～638	634
Z5	144.25	143～151	147	DS29	639.25	638～646	642
Z6	152.25	151～159	155	DS30	647.25	646～654	650
Z7	160.25	159～167	163	DS31	655.25	654～662	658
DS6	168.25	167～175	171	DS32	663.25	662～670	666
DS7	176.25	175～183	179	DS33	671.25	670～678	674
DS8	184.25	183～191	187	DS34	679.25	678～686	682
DS9	192.25	191～199	195	DS35	687.25	686～694	690
DS10	200.25	199～207	203	DS36	695.25	694～702	698
DS11	208.25	207～215	211	DS37	703.25	702～710	706
DS12	216.25	215～223	219	DS38	711.25	710～718	714
Z8	224.25	223～231	227	DS39	719.25	718～726	722
Z9	232.25	231～239	235	DS40	727.25	726～734	730
Z10	240.25	239～247	243	DS41	735.25	734～742	738

续表

频道编号	图像载频	频率范围	中心频率	频道编号	图像载频	频率范围	中心频率
Z11	248.25	247～255	251	DS42	743.25	742～750	746
Z12	256.25	255～263	259	DS43	751.25	750～758	754
Z13	264.25	263～271	267	DS44	759.25	758～766	762
Z14	272.25	271～279	275	DS45	767.25	766～774	770
Z15	280.25	279～287	283	DS46	775.25	774～782	778
Z16	288.25	287～295	291	DS47	783.25	782～790	786
Z17	296.25	295～303	299	DS48	791.25	790～798	794
Z18	304.25	303～311	307	DS49	799.25	798～806	802
Z19	312.25	311～319	315	DS50	807.25	806～814	810
Z20	320.25	319～327	323	DS51	815.25	814～822	818
Z21	328.25	327～335	331	DS52	823.25	822～830	826
Z22	336.25	335～343	339	DS53	831.25	830～838	834
Z23	344.25	343～351	347	DS54	839.25	838～846	842
Z24	352.25	351～359	355	DS55	847.25	846～854	850
Z25	360.25	359～367	363	DS56	855.25	854～862	858
Z26	368.25	367～375	371	DS57	863.25	862～870	866
Z27	376.25	375～383	379	DS58	871.25	870～878	874
Z28	384.25	383～391	387	DS59	879.25	878～886	882
Z29	392.25	391～399	395	DS60	887.25	886～894	890
Z30	400.25	399～407	403	DS61	895.25	894～902	898
Z31	408.25	407～415	411	DS62	903.25	902～910	906
Z32	416.25	415～423	419	DS63	911.25	910～918	914
Z33	424.25	423～431	427	DS64	919.25	918～926	922
Z34	432.25	431～439	435	DS65	927.25	926～934	930
Z35	440.25	439～447	443	DS66	935.25	934～942	938
Z36	448.25	447～455	451	DS67	943.25	942～950	946
Z37	456.25	455～463	459	DS68	951.25	950～958	954
DS13	471.25	470～478	474		959.25	958～966	962
DS14	479.25	478～486	482		967.25	966～974	970
DS15	487.25	486～494	490		975.25	974～982	978
DS16	495.25	494～502	498		983.25	982～990	986
DS17	503.25	502～510	506		991.25	990～998	994

注：1．表中的频率单位是全部是 MHz。

2．斜体字是将取消的频道、频段。全数字信号之后，FM 取消。下行频道数：1GHz 内，标准 63+增补 42+增加 8=113；862MHz 内，标准 51+增补 42+增加 3=96；750MHz 内，标准 37+增补 42+增加 3=82。

3．测量时对 AM-VSB 调制方式用图像载频，对 m-QAM、FM、FSK 等调制方式用中心频率。

3．下行频道配置

（1）具备全网数字电视信号接入的网络的频道配置

有线数字电视下行频道的配置建议如图 2.2 所示。为便于标识，本书中采用 A、B（B1、

B2)、C（C1、C2)、D、E 作为频段标号。

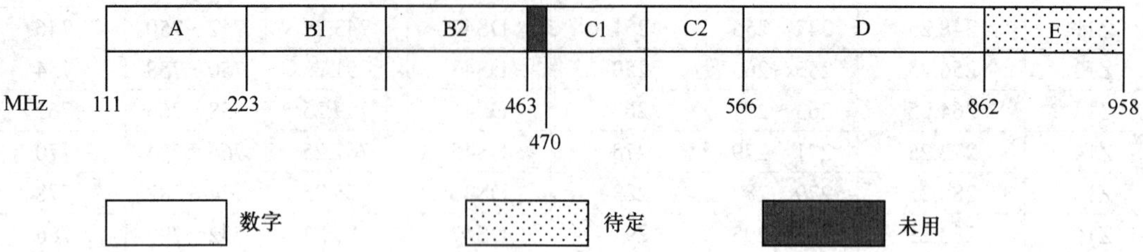

图 2.2 有线数字电视（111～958MHz）频道配置

750MHz 以上有线电视数字化时，整体平移的有线数字电视信号可以首先在 B2、B1 段进行，之后可以考虑 D 和 C 段。由于 A 段存在较多的无线信号干扰应考虑最后使用。550MHz 及以下有线电视系统数字化时可先使用 B_2 频段。各接入服务平台应避免使用受严重无线电干扰或可能对其他重要业务产生泄漏干扰的频道。

（2）不具备全网接入有线数字电视信号的过渡期间的频道配置

有线数字电视过渡期间的频道配置建议如图 2.3 所示。在不具备专门线路传输数字电视信号的地区可根据要求同时传送模拟和数字电视广播信号供分配网络使用，分配网络可按以下原则进行频道配置。

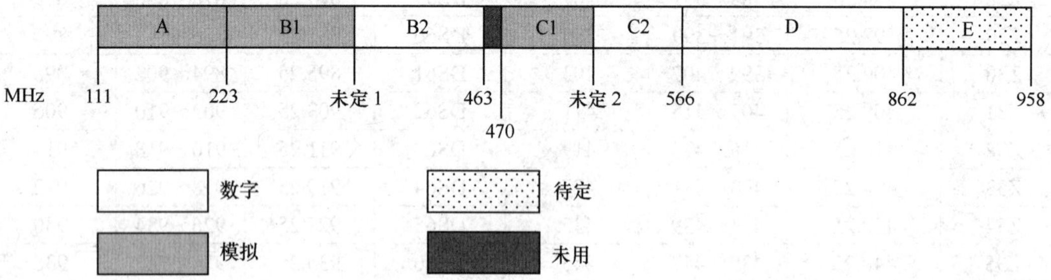

图 2.3 有线数字电视过渡期间的（111～958MHz）频道配置

① 按照相对完整的频段划分模拟、数字业务将有利于减少模拟和数字频段之间的邻频干扰，并且便于在系统中相对独立地处理模拟和数字电视频道。

② A 频段可用于传输模拟电视业务。

③ B 频段划分为 B1 和 B2 两个频段，B1 频段位于 B 频段低端，可用于传输模拟电视业务；B2 频段位于 B 频段高端，可用于传输数字电视业务。B1 频段和 B2 频段的界限未定，接入服务可根据情况设定。

④ C 频段划分为 C1 和 C2 两个频段，C1 频段位于 C 频段低端，可用于传输模拟电视业务；C2 频段位于 C 频段高端，可用于传输数字电视业务。C1 频段和 C2 频段的界限未定，接入服务可根据情况设定。

⑤ D 频段用于传输数字电视业务。

⑥ E 频段的用途待定。

⑦ 各频段的数字化优先顺序是最先数字化：B2、D、C2、B1、C1，最晚数字化：A。

⑧ 550MHz 及以下有线电视系统数字化时可先使用 B2 频段。

⑨ 在整体数字平移完成后，接入服务网络的模拟信号将停止传输，模拟频道取消，频道配置根据要求进行再调整。

⑩ 各接入服务平台应避免使用受严重无线电干扰或可能对其他重要业务产生泄漏干扰的频道。

4．上行频道配置

上行频道的配置仍按照 GY/T 180—2001《HFC 网络上行传输物理通道技术规范》的规定进行。见表 2.3。

有线数字电视系统上行频道配置上行的物理通道，可以根据业务情况规划为种类各异的上行信道。譬如最常见的 Cable Modem 业务的上行信道就有 200kHz、400kHz、800kHz、1.6MHz、3.2MHz 乃至 6.4MHz 不同的工作带宽的设置，另外还有 QPSK、16QAM、32QAM、64QAM、128QAM 的多种调制方式可以选择。除了 Cable Modem 业务之外，可能还会有 HFC 状态监控的上行信道、机顶盒回传的上行信道等，使用比较窄的工作带宽（如±150kHz），调制方式采用 FSK 或 QPSK。

根据通信原理，工作带宽越小、效率越低的调制方式（如 FSK、QPSK），抗干扰性越好。反过来，工作带宽越宽、效率越高的调制方式（如 64QAM、128QAM），抗干扰性越差，可以根据实际情况对各种类型的业务进行科学的部署。

表 2.3　有线数字电视系统上行频道配置指导性意见

波段	上行信号	频率范围（MHz）	中心频率（MHz）	备　注
Ra	R1	5.0～7.4	6.2	上行窄带数据信道区，实际配置时可细分。尽可能避开窄带强干扰（如短波电台干扰等）。在 5～8MHz，群延时可能较大。若本频段干扰较低，也可选择作为宽带数据信道使用。实际配置时也可将每个信道划分为 2～16 个子信道
	R2	7.4～10.6	9.0	
	R3	10.6～13.8	12.2	
	R4	13.8～17.0	15.4	
	R5	17.0～20.2	18.6	
Rb	R6	20.2～23.4	21.8	上行宽带数据区，也可将每个信道划分为 2～16 个子信道供较低数据调制率时使用
	R7	23.4～26.6	25.0	
	R8	26.6～29.8	28.2	
	R9	29.8～33.1	31.4	
	R10	33.1～36.2	34.6	
	R11	36.2～39.4	37.8	
	R12	39.4～42.6	41.0	
	R13	42.6～45.8	44.2	
	R14	45.8～49.0	47.4	
	R15	49.0～552.2	50.6	
	R16	52.2～55.4	53.8	
	R17	55.4～58.6	57.0	
Rc	R18	58.6～61.8	60.2	上行窄带数据区，该区在实际配置时可细分。62～65MHz 群延时可能较大
	R19	61.8～65.0	63.4	

2.3 相关基础知识

2.3.1 分贝比与电平

1. 分贝比

在有线电视系统和卫星电视系统中各点的电压和功率相差很大。例如，从电视接收天线上得到功率的数量级可小到 $10^{-2}\mu W$，而高输出放大器的输出功率却能达到 $10^{4}\mu W$，两者相差 100 万倍，在卫星接收系统中这个差别甚至可以达到 100 亿倍！这样大的差别，要用乘除法来计算其中某一级的增益、衰减等很不方便。为了简化这种运算，人们采用分贝比来表示系统中两个功率（或电压）大小的区别，不仅简化了数字表示方法，而且原来需要用乘除法的地方改为加减法来计算，用起来非常方便。

设四端网络的输入功率为 P_1，输入电压为 U_1，输入阻抗为 Z_1，输出功率为 P_2，输出电压为 U_2，输出阻抗为 Z_2，如图 2.4 所示。

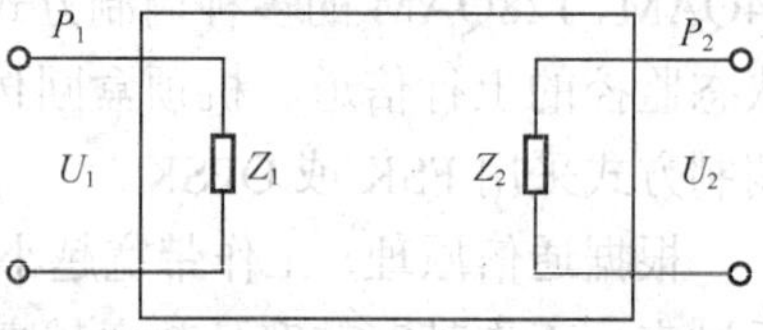

图 2.4 四端网络示意图

这时输出、输入功率比 P_2/P_1 可能是一个很大的数（如 1000000），电压比就更大了（为 1000000000000），使用起来很不方便。若将这个功率比取对数，变为 lg（P_2/P_1），则为一个较小的数 6，当然要方便得多。人们定义这个对数的单位为贝尔，于是可以说该四端网络的功率增益为 6 贝尔。

但在实际中发现，贝尔这个单位太大，人们常用分贝。把贝尔的十分之一作为一个新的实用单位，称为分贝（用 dB 来表示）。两个功率 P_2 和 P_1 的分贝比定义为

$$(P_2/P_1)\text{dB}=10\lg(P_2/P_1) \tag{2.1}$$

其单位用分贝（dB）来表示。利用分贝比可以表示有线数字电视系统的增益、衰减、交调比、互调比、载噪比等。

例如，功率放大倍数为 10000 的放大器的增益，用分贝比来表示为

$$10\lg(P_2/P_1)=10\lg 10000=40\text{dB}$$

将一个功率 P 均分成两路的理想分配器，则每一路输出功率为 $P/2$，用分贝比来表示该分配器的衰减为 $10\lg[P/(P/2)]=10\lg 2=3\text{dB}$。

因为有线数字电视系统的输入、输出阻抗都为 75Ω，则 $Z_2=Z_1$，利用 $P=U^2/Z$，则电压比可用分贝比来表示为

$$10\lg(P_2/P_1)=10\lg\left[\left(U_2^{\ 2}/Z\right)/\left(U_1^{\ 2}/Z\right)\right]=20\lg\left(U_2/U_1\right) \tag{2.2}$$

这时要注意，功率比表示为分贝比时，前边乘的系数为 10；而电压比表示为分贝比时，前边乘的系数为 20。

2. 电平

当需要表示系统中的一个功率（或电压）时，不能用分贝比，而可利用电平来表示。系统中某一点的电平是指该点的功率（或电压）对某一基准功率（或基准电压）的分贝比，即

$$10\lg(P/P_0)=20\lg(U/U_0) \tag{2.3}$$

显然，基准功率（即 $P=P_0$）的电平为零。对同一个功率，选用不同的基准功率 P_0（或基准电压 U_0）所得电平数值不同，后面要加上不同的单位。

若以 1W 为基准功率，功率为 P 时，对应的电平为 10lg（P/1W），单位记为分贝瓦（dBW）。例如，功率为 1W 时，对应的电平为 0dBW；功率为 100W 时，对应的电平为 20dBW；功率为 100mW 时，对应的电平为：10lg(100mW/1W)=10lg（100/1000）=−10dBW。

已知系统中某点的电压，也可用 dBW 来表示该点的电平。例如，某输入端的电压为 100mV，系统的输入阻抗为 75Ω，则其输入功率 $P=U^2/Z=(0.1\text{V})^2/75\Omega=1.3\times10^{-4}\text{W}$，对应的电平为 $10\lg(1.3\times10^{-4}/1)=-38.75$dBW。

若以 1mW 为基准功率，则功率为 P 时对应的电平为 10lg（P/1mW），单位记为分贝毫瓦（dBm）。例如，功率为 1W 时，电平为 30dBm；功率为 1mW 时，电平为 0dBm；功率为 1μW 时，电平为−30dBm；电压为 1mV 时，对应的功率 $P=U^2/Z=(0.001\text{V})^2/75\Omega=1.3\times10^{-8}\text{W}=1.3\times10^{-5}\text{mW}$，对应的电平为 $10\lg(1.3\times10^{-5}\text{mW}/1\text{mW})=-48.75$dBm。

若以 1mV 为基准电压，则电压为 U 时对应的电平为 20lg（U/1mV），单位记为分贝毫伏（dBmV）。例如，电压为 1V 时，对应的电平为 60dBmV；电压为 1μV 时，对应的电平为−60dBmV；功率为 1mW 时，电压 $U=(PZ)^{1/2}=(1\times10^{-3}\text{W}\times75\Omega)^{1/2}\text{V}=274\text{mV}$，对应的电平为

$$20\lg(274\text{mV}/1\text{mV})=48.75\text{dBmV}$$

若以 1μV 为基准电压，则电压为 U 时对应的电平为 20 lg(U/1μV)，单位记为分贝微伏（dBμV）。例如，电压为 1mV 时，电平为 60dBμV；电压为 100mV 时，电平为 100dBμV；功率为 1mW 时，电压为 $U=274\text{mV}=2.74\times10^5\mu\text{V}$，对应的电平为 $20\lg(2.74\times10^5/1)=108.75$dBμV。

电平的四个单位 dBW、dBm、dBmV、dBμV 之间有一定的换算关系，表 2.4 所示为左边的原单位变换为上边的新单位时需要增加的数值。

表 2.4　电平单位换算表（系统阻抗为 75Ω）

	dBW（新单位）	dBm（新单位）	dBmV（新单位）	dBμV（新单位）
dBW（原单位）	0	30	+78.75	+138.75
dBm（原单位）	−30	0	+48.75	+108.75
dBmV（原单位）	−78.75	−48.75	0	60
dBμV（原单位）	−138.75	−108.75	−60	0

利用表 2.4 可以方便地把电平由一种单位转换为另一种单位。例如，要把 115dBμV 转换为其他单位表示，可利用表中最后一行：转换为 dBW 时用第一列数−138.75，即用原来的数加−138.75 得−23.75，说明 115dBμV 相当于−23.75dBW；类似地，115dBμV 相当于 115−108.75=6.25dBm，相当于 115−60=55dBmV。若把 dBmV 转换为其他单位，则应用第三行；若把 dBm 转换为其他单位，则应用第二行；若把 dBW 转换为其他单位，则应用第一行。分贝和四种电平之间的单位运算，以 dBm 为例，它们之间的单位换算为

$$X(\text{dBm})+Y(\text{dB})=(X+Y)\text{dBm} \tag{2.4}$$

2.3.2 电压的叠加

在有线电视系统分析中，常常需要求出两个或多个交流电压的和。因为任何交流电压都可分解成若干余弦函数之和，故可以用一个余弦函数来代表它。设 $u_1=U_1\cos(\omega t+\varphi_1)$，$u_2=U_2\cos(\omega t+\varphi_2)$，其中 U_1、U_2 分别为两个电压的极大值（它等于交流电压表测得的有效值的 1.414 倍，同时也是峰-峰值的一半），ω 为其角频率（等于频率 f 的 2π 倍），φ_1、φ_2 分别为两个电压的初相。可以证明，这两个交流电压 u_1 与 u_2 之和 u 也可用一个余弦函数 $u=U\cos(\omega t+\varphi)$ 来表示，其中 U 为总电压的振幅，φ 为总电压的初相。一般来说，总电压的振幅 U 并不等于两个分电压的振幅之和，即 $U\neq U_1+U_2$，U 的大小还同两个分电压的相位差 $\varphi_2-\varphi_1$ 有关。在计算总电压时，常常用矢量法比较方便。已知，交流电压 $u=U\cos(\omega t+\varphi)$ 可以用图 2.5 所示的一个沿逆时针方向匀角速旋转的矢量 $\boldsymbol{U}$ 的运动来表示。这个矢量的长度即为该交流电压的振幅 U，这个矢量的旋转角速度即为该交流电压的角频率 ω，这个矢量与 x 轴的夹角即为该交流电压的相位 $\omega t+\varphi$。两个交流电压相加，可以通过求这两个旋转矢量的矢量和来得到。例如，图 2.6 中，代表 $u_1=U_1\cos(\omega t+\varphi)$ 和 $u_2=U_2\cos(\omega t+\varphi)$ 的两个旋转矢量 $\boldsymbol{U}_1$ 和 $\boldsymbol{U}_2$，其矢量和 $\boldsymbol{U}$ 的长度 U 代表 u_1 与 u_2 之和 u 的振幅，$\boldsymbol{U}$ 与 x 轴的夹角 $\omega t+\varphi$ 代表 u 的相位。显然，$\boldsymbol{U}$ 的长度 U（即 $u=u_1+u_2$ 的振幅）不仅同 $\boldsymbol{U_1}$ 和 $\boldsymbol{U_2}$ 的长度 U_1 和 U_2 有关，而且同 $\boldsymbol{U_1}$ 与 $\boldsymbol{U_2}$ 之间的夹角 $(\omega t+\varphi_2)-(\omega t+\varphi_1)=\varphi_2-\varphi_1$ 有关。也就是说，两个电压 u_1、u_2 的和不仅取决定于 u_1 与 u_2 的电压大小，而且同 u_1 与 u_2 的相位差 $\varphi_2-\varphi_1$ 有关。根据余弦定理可以求出 $U^2=U_1^2+U_2^2+2U_1U_2\cos(\varphi_2-\varphi_1)$ (2.5)

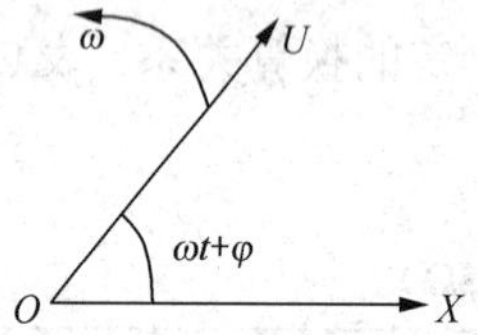

图 2.5 旋转矢量示意图

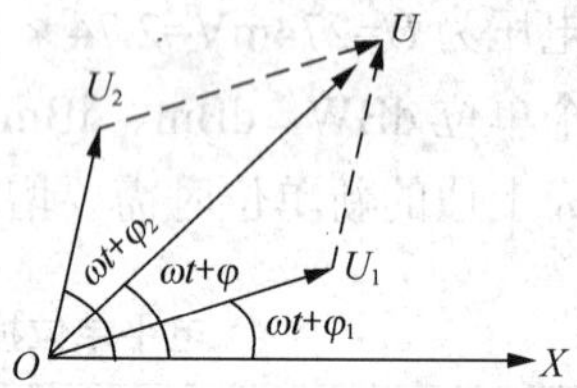

图 2.6 旋转矢量的矢量和

当 $\varphi_2-\varphi_1=2k\pi$ 时，$U=U_1+U_2$，总电压的振幅等于两个分电压的振幅之算术和，这种叠加称为算术叠加。当 $\varphi_2-\varphi_1=(2k+1)\pi$ 时，$U=|U_1-U_2|$，总电压的振幅等于两个分电压的振幅之差。若 $U_1=U_2$，则 $U=0$，两个分电压互相抵消，总电压为零。

当 $\varphi_2-\varphi_1=k\pi+\pi/2$ 时，$U^2=U_1^2+U_2^2$，即 $U=(U_1^2+U_2^2)^{1/2}$，总电压振幅为两个分电压振幅二次方和的二次方根，这种叠加称为均方根叠加。因为电压二次方与功率成正比，故这种叠加又常称为功率叠加。

当 $k\pi<\varphi_2-\varphi_1<k\pi+\pi/2$ 时，有 $(U_1^2+U_2^2)^{1/2}<U<U_1+U_2$，总电压的振幅介于算术叠加与均方根叠加所得的结果之间，称为减算的算术叠加，其常常可以用式（2.6）来表示。

$$U=\zeta\times(U_1+U_2)，其中\ 0<\zeta<1 \quad (2.6)$$

在有线电视系统中，常用分贝来表示电压。下面用 $U_{1dB}=20\lg U_1$，$U_{2dB}=20\lg U_2$，$U_{dB}=20\lg U$ 来表示电压分别为 U_1、U_2 和 U 时的相应电平，推出在不同叠加方式中总电平与分电平之间的关系。

当两个电压进行算术叠加时，因为 $U=U_1+U_2$，则总电平为

$$U_{\mathrm{dB}}=20\lg(U/1)=20\lg\left(U_1+U_2\right)=20\lg\left(10^{U_{1\mathrm{dB}}/20}+10^{U_{2\mathrm{dB}}/20}\right) \tag{2.7}$$

其中，$U_1=10^{U_{1\mathrm{dB}}/20}$、$U_2=10^{U_{2\mathrm{dB}}/20}$ 是将 $U_{1\mathrm{dB}}=20\lg U_1$、$U_{2\mathrm{dB}}=20\lg U_2$ 两边同除以 20 后再取以 10 为底的指数所得的结果。将式（2.7）推广到有 n 个电压 U_1、U_2、U_3、…、U_n 进行算术叠加的情形，这时总电压的振幅 $U=U_1+U_2+U_3+\cdots+U_n$，总电平

$$U_{\mathrm{dB}}=20\lg\left(10^{U_{1\mathrm{dB}}/20}+10^{U_{2\mathrm{dB}}/20}+\cdots+10^{U_{n\mathrm{dB}}/20}\right) \tag{2.8}$$

特别地，若 $U_1=U_2=\cdots=U_n$，即 n 个电平都相同时，总电平

$$U_{\mathrm{dB}}=20\lg\left[n\times10^{U_{1\mathrm{dB}}/20}\right]=U_{1\mathrm{dB}}+20\lg n \tag{2.9}$$

当两个电压进行均方根叠加（或功率叠加）时，因为 $U^2=U_1^2+U_2^2$，则总电平为

$$U_{\mathrm{dB}}=20\lg(U/1)=10\lg U^2=10\lg\left(U_1^2+U_2^2\right)=10\lg\left(10^{0.1U_{1\mathrm{dB}}}+10^{0.1U_{2\mathrm{dB}}}\right) \tag{2.10}$$

即把式（2.7）中的常数 20 全部改为 10。式（2.10）也可写为

$$10^{U_{\mathrm{dB}}/10}=10^{U_{1\mathrm{dB}}/10}+10^{U_{2\mathrm{dB}}/10} \tag{2.11}$$

显然，式（2.11）中的每一项数学形式相同，为便于计算，把它们统一记为 U_{w}，但它并不是电压 U 的振幅，给它起一个名字，称为功率折合电压，这种电压与其电平的关系为

$$U_{\mathrm{w}}=10^{U_{\mathrm{dB}}/10} \tag{2.12}$$

或

$$U_{\mathrm{dB}}=10\lg U_{\mathrm{w}} \tag{2.13}$$

同算术叠加的情形相类似，式（2.10）也可推广到有 n 个电压进行均方根叠加（或功率叠加）时，得总电压的振幅 $U^2=U_1^2+U_2^2+\cdots\cdots+U_n^2$，总电平为

$$U_{\mathrm{dB}}=10\lg\left(10^{0.1U_{1\mathrm{dB}}}+10^{0.1U_{2\mathrm{dB}}}+\cdots+10^{0.1U_{n\mathrm{dB}}}\right) \tag{2.14}$$

特别地，若 $U_1=U_2=\cdots=U_n$，得

$$U_{\mathrm{dB}}=U_{1\mathrm{dB}}+10\lg n \tag{2.15}$$

当两个电压 U_1 和 U_2 采用减算的算术叠加时，因为其总电压的振幅介于算术叠加与均方根叠加所得的结果之间，即

$$\sqrt{U_1^2+U_2^2}<U<U_1+U_2 \tag{2.16}$$

其电平也有类似的结果，即

$$20\lg\sqrt{U_1^2+U_2^2}<U_{\mathrm{dB}}<20\lg\left(U_1+U_2\right) \tag{2.17}$$

由式（2.10）和（2.7）分别得式（2.18）和式（2.19）

$$20\lg\sqrt{U_1^2+U_2^2}=10\lg\left(U_1^2+U_2^2\right)=10\lg\left(10^{0.1U_{1\mathrm{dB}}}+10^{0.1U_{2\mathrm{dB}}}\right) \tag{2.18}$$

$$20\lg\left(U_1+U_2\right)=20\lg\left(10^{U_{1\mathrm{dB}}/20}+10^{U_{2\mathrm{dB}}/20}\right) \tag{2.19}$$

将式（2.18）和式（2.19）代入式（2.17）得

$$10\lg\left(10^{0.1U_{1\mathrm{dB}}}+10^{0.1U_{2\mathrm{dB}}}\right)<U_{\mathrm{dB}}<20\lg\left(10^{U_{1\mathrm{dB}}/20}+10^{U_{2\mathrm{dB}}/20}\right)$$

即减算的算术叠加电平介于功率叠加电平和算术叠加电平之间，应把式（2.7）中的常数 20 或式（2.10）中的常数 10 改为 10 与 20 之间的某一个数，一般可以取为 15，即

$$U_{dB}=15\lg(U/1)=15\lg\left(10^{U_{1dB}/15}+10^{U_{2dB}/15}\right) \quad (2.20)$$

这就是两个电平采用减算的算术叠加时的叠加公式。与功率叠加的情况类似，式（2.20）中的每一项（如$10^{U_{1dB}/15}$等）可以记为U_s，并称为减算折合电压，它和电平的关系为

$$U_s=10^{U_{dB}/15} \quad (2.21)$$

或

$$U_{dB}=15\lg U_s \quad (2.22)$$

将式（2.20）推广到有n个电压进行减算的算术叠加时的情形，得总电平为

$$U_{dB}=15\lg(U/1)=15\lg\left(10^{U_{1dB}/15}+10^{U_{2dB}/15}+\cdots+10^{U_{ndB}/15}\right) \quad (2.23)$$

特别地，当n个电压都相同时，由式（2.23）得到式（2.24）。

$$U_{dB}=U_{1dB}+15\lg n \quad (2.24)$$

在有线电视系统中，对不同的技术指标，相应电压之间的相位差不同，它们叠加后所得的电压大小也不同，故对不同的技术指标，其叠加规律不同。

【练习与思考】

1．原广播电影电视总局行业标准《有线电视广播系统技术规范》（GY/T 106—1999）是一个重要的行业标准，它将波段如何划分的？

2．有线数字电视的频道配置方式是什么？频道配置的依据（即要求）是什么？

3．在有线数字电视网络中，常用的分贝瓦（dBW）、分贝毫瓦（dBm）、分贝毫伏（dBmV）、分贝微伏（dBμV）等作为功率电平的计算单位，它们的含义各是什么？并会计算应用。若发射功率是 10mW，若用分贝毫瓦（dBm）表示应等于多少？利用电平单位换算表计算 96dBμV 相当于多少 dBm？−2dBm 相当于多少 dBμV？

【研究项目】 有线数字电视网络规划与开展的业务调查与研究

要求：

熟悉并理解有线数字电视常用的频率规划及其频道配置。其中重点掌握双向上行、下行的我国行业标准 GY/T106—1999《有线电视广播系统技术规范》中推荐的频率配置标准。结合本地实际，熟悉并理解有线数字电视常用的频率规划及其频道配置。

目的：

1．了解有线数字电视网络的总体技术规划。

2．理解有线数字电视习用的频率规划及其频道配置指导。

指导：

1．通过对有线电视、通信公司等技术部门的调研、资料的检索获取需要的信息。

2．利用实践等机会向工程技术人员请教。

3．重点掌握双向上行、下行的我国行业标准 GY/T106—1999 中推荐的频率配置标准。

第3章 有线电视系统的性能分析和参数

【学习提要】

本章主要掌握噪声、非线性失真、线性失真等系统性能技术参数。其中重点理解并掌握噪声系数、信噪比、载噪比及它们的相互关系，误码率、调制误差率和C/CTB、C/CSO、幅频特性等常用的性能技术参数。本章的重要概念是反射损耗、模拟调制信号和数字调制信号的射频指标、IP传输层和码流层传输指标、字节到符号的映射、频带利用率、抖动性能、影响网络的可靠性与寿命因素。

【引言】

有线电视网络的技术指标是进行有线电视系统规划设计、验收和运行维护的主要依据。随着有线电视网络技术的发展，广播电视行业陆续颁布了一系列行业标准，规范了有线数字电视网络的建设和发展。学习、理解、掌握有线数字电视网络的性能技术参数，区分线性、非线性，并会加以分析，是有线数字电视网络技术人员从业所必须具备的知识。

要使有线电视系统能长期稳定地运行，满足用户对图像质量的要求，在设计、调试和使用有线电视系统时，应满足多方面的技术指标要求。这些技术指标主要反映在三个方面，即系统的噪声特性、系统的失真特性及系统的接口特性。而数字电视网络的指标分析要更加复杂，一般而言，能够优质传输模拟电视信号的系统，在传输数字电视信号和其他数字信号时也不会存在问题。

3.1 系统噪声

3.1.1 系统噪声的产生和分类

噪声是指能使图像遭受损伤的与传输信号本身无关的各种形式寄生干扰的总称。它是一种紊乱、断续、随机的电磁振动，在电视屏幕上的主观视觉效果表现为杂乱无章的雪花状干扰。它不仅影响图像信号的清晰度，严重时甚至会淹没信号，使正常传输无法进行。在有线电视系统中设法增强有用信号，降低噪声影响至关重要。

噪声按来源可分为外部噪声和内部噪声两大类。外部噪声是由系统外部串进来的各种形式的寄生干扰，如来自宇宙空间的噪声、大气噪声，雷达和各类发射机发射的电磁波，工业高频设备的射频泄漏，雷电、汽车点火系统以及荧光灯的干扰等。内部噪声是由系统内部设备和部件所产生的，又可以分为两种：一种是有可能被消除的，称为非固有内部噪声，如系统中各种振荡分量和设备自激、啸叫，电源交流声以及微音效应等；另一种则是不可能被消除的，称为固有内部噪声。

对于系统的外部噪声和非固有内部噪声，可采用合理装配、精心调试、提高工艺、精选器件、屏蔽和滤波等措施，使之减至最小乃至完全消除，因而这两种形式的噪声不是人们的研究对象；而固有内部噪声是任何系统中均客观存在并无法消除的，研究其性质、规律以及如何减小其影响程度，具有十分重要的意义。

3.1.2 热噪声

热噪声主要是由导电体（包括电阻等无源元器件）内部自由电子无规则的热运动所产生的，自由电子在一定温度下的热运动类似于分子的布朗运动，是杂乱无章的，这种随机的热运动随着温度的升高而剧烈。电子的无规则运动，在导体内形成许多小的电流流动，从而在导电体两端产生一小的波动电动势，便形成了电路的热噪声源。热噪声通常用功率来衡量，其表达式为

$$P_{n0}=\frac{hf\Delta f}{(e^{nf/kT}-1)} \tag{3.1}$$

式中，P_{n0}为热噪声功率（W）；h 为普朗克常数（6.62×10^{-34}Js）；f 为工作中心频率（Hz）；k 为玻耳兹曼常数（1.38×10^{-23}J/K）；T 为绝对温度，常温 20°C 时为 293K；Δf 为等效噪声带宽。

采用数学公式：

$$e^x=1+x+\frac{x^2}{2!}+\frac{x^3}{3!}+\cdots+\frac{x^n}{n!}+\cdots \qquad (-\infty<x<+\infty)$$

当 $x<<1$ 时，有 $e^x=1+x$，按有线电视系统的频率使用范围（5MHz～1GHz），在式（3.1）中，通常满足 $hf<<kT$，则

$$e^{hf/kT}\approx 1+hf/kT \tag{3.2}$$

将式（3.2）代入式（3.1），可得

$$P_{n0}=kT\Delta f \tag{3.3}$$

由式（3.3）可见，一个线性无源网络的噪声功率与网络的阻值无关，而只与其等效噪声带宽（Δf）和温度有关。无论该网络多么复杂，阻值多大，其噪声功率都是相同的、恒定的，故称为基础热噪声功率。

等效噪声带宽的定义：噪声功率分布曲线下的总面积除以其最大功率值，如图 3.1 所示。

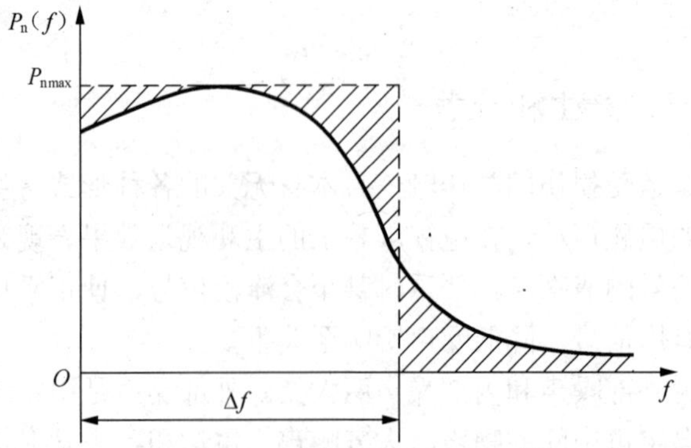

图 3.1 噪声宽带示意图

因为噪声功率的分布特性 P_n（f）是一条曲线，曲线下面的面积为 P_n（f）在 0～+∞的频率范围内求积分，则等效噪声带宽可写成

$$\Delta f=\frac{1}{P_{\rm nmax}}\int_0^{\infty}P_{\rm n}(f){\rm d}f \tag{3.4}$$

式中，$P_{\rm nmax}$ 为噪声功率的最大值。

显然，等效噪声带宽的物理意义是，实际分布下的噪声的总贡献可以等效折合为带宽为 Δf 的等幅噪声（幅度为 $P_{\rm nmax}$）的贡献（图 3.1 中分布曲线下的总面积与矩形面积相等）。

等效噪声带宽若用噪声电压分布来表示，则有

$$\Delta f=\frac{1}{V_{\rm nmax}^2}\int_0^{\infty}V_{\rm n}^2(f){\rm d}f \tag{3.5}$$

式中，$V_{\rm nmax}$ 为噪声电压的最大值。

根据我国电视制式标准，PAL-D 的视频带宽为 6MHz，转换成 VSB-AM 信号后视频部分所占带宽为 7.25MHz。该信号被电视机接收后，进入图像通道中进行处理，接收机图像通道的幅频特性为奈氏滤波器的幅频特性，如图 3.2 所示。

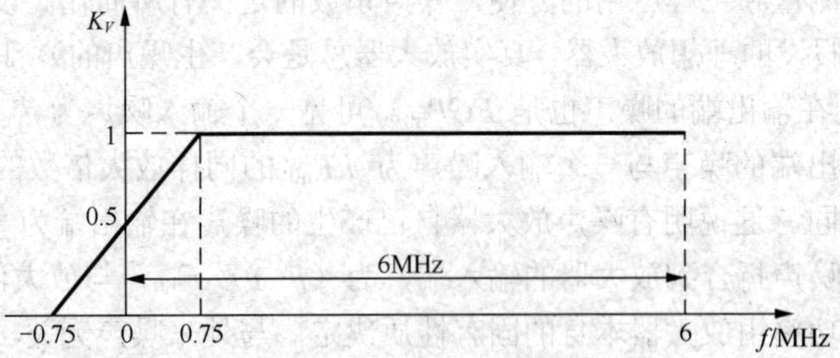

图 3.2　奈氏滤波器的幅频特性

这样，进入图像通道的噪声的电压分布特性便与图 3.2 中的曲线一致。因而对 PAL-D 制式而言，等效噪声带宽为

$$\Delta f=\frac{1}{K_{V\rm max}^2}\int_{-0.75}^{6}K_V^2(f){\rm d}f=\int_0^{1.5}K_V^2(f){\rm d}f+\int_{0.75}^{6}1{\rm d}f=1.5{\rm MHz}\times\frac{1}{3}+5.25{\rm MHz}=5.75{\rm MHz} \tag{3.6}$$

对于一个无论多么复杂的无源网络，在常温时即在 20℃时，它所产生的噪声功率应为式（3.3）所表示的恒定值，即

$$P_{\rm n0}({\rm W})=kT\Delta f=1.38\times10^{-23}{\rm J/K}\times293{\rm K}\times5.75{\rm MHz}=2.32\times10^{-14}{\rm W}$$

如阻抗为 75Ω，则基础热噪声电压为

$$V_{\rm n0}({\rm V})=(P_{\rm n0}R)^{1/2}=(2.32\times10^{-14}{\rm W}\times75\Omega)^{1/2}=1.32\times10^{-6}{\rm V}=1.32\mu{\rm V}$$

用分贝表示，则基础噪声电平为

$$N_0=20\lg V_{\rm n0}=2.4{\rm dB\mu V} \tag{3.7}$$

这是一个在工程计算时非常有用的数值。

同样的方法，可以计算出 NTSC 制的等效噪声带宽 Δf=3.95MHz，对应的基础热噪声电平 N_0=0.8dBμV。

3.1.3　噪声系数

有源器件内部产生的噪声不仅有基础热噪声，还有晶体管等所产生的散弹噪声、分配噪

声和闪烁噪声等。下面研究的有源器件的噪声是指它的总噪声。有源设备的总噪声比较复杂，不能像无源器件的热噪声那样直接计算出功率大小，而且有源设备产生的噪声大小因设备而异。因此，需要引入噪声系数的概念，来衡量有源设备的噪声对信号的影响程度。

噪声系数的准确定义：网络输出总噪声功率谱密度 S_0（f）（单位频带内的总噪声功率）对仅有信号源内阻产生在输出端的噪声功率 S_{i0}（f）（单位频带内仅有信号源内阻产生在输出端的噪声功率）的比值，表示为

$$F(f)=S_0(f)/S_{i0}(f) \tag{3.8}$$

式（3.8）称为噪声系数，它是频率的函数。下面以模拟系统的放大器为例进行进一步说明。

设有一个放大器，其功率放大倍数为 G，在输入端的噪声功率仅是基础热噪声 P_{n0}，若放大器本身不产生噪声，则其输出端的噪声功率为 GP_{n0}。但放大器本身是肯定要产生噪声的，因而其输出端的噪声功率一定比 GP_{n0} 要大，设为 FGP_{n0}，即由于放大器内部产生噪声的结果，使放大器的输出噪声功率扩大了 F 倍。这个倍数 F 就称为该放大器的噪声系数。

实际中，为了测量和工程应用的方便，噪声系数的定义有所简化。设有一个无噪声放大器（这完全是一种假设的理想放大器，真实放大器总是会产生噪声的），其放大倍数为 G，输入噪声为 FP_{n0}，则在输出端的噪声也是 FGP_{n0}。可见一个输入噪声为 P_{n0}，噪声系数为 F 的有噪声放大器在输出端的噪声与一个输入噪声为 FP_{n0} 的同样放大倍数的无噪声放大器在输出端的噪声完全相同。这说明有噪声放大器自己产生的噪声在输出端为（$F-1$）GP_{n0}。为了简单起见，把这个噪声折合到放大器的输入端，为（$F-1$）P_{n0}，与放大倍数 G 无关。因为放大器产生的噪声功率由放大器本身的固有性质决定，与外来噪声无关，故不管放大器的输入噪声功率是多少，它产生的噪声折合到输入端都是（$F-1$）P_{n0}。若一个放大器输入的噪声不是 P_{n0}，而是 P_n，则该放大器输出端的噪声功率应为 GP_n+（$F-1$）GP_{n0}，而不是 GFP_n！显然，当 P_n>>（$F-1$）P_{n0} 时，放大器本身产生的噪声可以忽略，此时对放大器的噪声系数无须严格要求。

实际中常常用分贝来表示噪声系数：

$$F_{dB}=10\lg F \tag{3.9}$$

在噪声系数较小时（例如在卫星电视接收系统的高频头中），常用噪声温度来表示放大器的噪声系数。因为放大器产生的噪声功率为

$$P_n=(F-1)P_{n0} \tag{3.10}$$

可以用噪声温度表示为

$$P_n=kT\Delta f \tag{3.11}$$

则与噪声系数对应的噪声温度为

$$T=(F-1)P_{n0}/(k\Delta f) \tag{3.12}$$

$$=293(F-1)k\Delta f/(k\Delta f)=293(F-1)$$

反过来，已知噪声温度，也可求噪声系数：

$$F_{dB}=10\lg(1+T/293) \tag{3.13}$$

例如，噪声温度为 20K 时，相应的噪声系数为 0.29dB；噪声系数为 5dB 时，相应的噪声温度为 630K。

容易证明，当噪声系数用分贝来表示时，噪声系数与载噪比有如下关系：

$$F_{\mathrm{dB}}=10\lg F=(C/N)_{\mathrm{dB入}}-(C/N)_{\mathrm{dB出}} \tag{3.14}$$

式中，$(C/N)_{\mathrm{dB入}}$、$(C/N)_{\mathrm{dB出}}$ 分别代表放大器输入端和输出端的载噪比。

3.1.4　信噪比与载噪比

1．信噪比

信噪比是衡量有线电视系统质量的一个重要参数。视频输出级信噪比的大小直接决定图像质量的好坏。在有线电视系统中，信噪比的定义为视频信号功率与噪声功率之比，记为 *S/N* 或者 *SNR*，即

$$S/N=P_{\mathrm{s}}/P_{\mathrm{n}} \tag{3.15}$$

信噪比用分贝表示为

$$(S/N)_{\mathrm{dB}}=10\lg P_{\mathrm{s}}/P_{\mathrm{n}}=10\lg P_{\mathrm{s}}-10\lg P_{\mathrm{n}} \tag{3.16}$$

如果信噪比过低，即使用户信号电平合适，收到的也只是一幅充满雪花点的干扰图像。因此，图像质量主要是由信号强度和信噪比两个参数来决定的。图像质量主观评价与国际上对电视图像的五级评分法及信噪比的关系见表 3.1。

表 3.1　图像质量主观评价五级标准

图像等级	主观评价	图像质量损伤程度	信噪比（dB）
5	优	图像上不觉察有损伤或干扰存在	45.5
4	良	图像上有稍可觉察的损伤或干扰，但不令人讨厌	35.5
3	中	图像上有明显觉察的损伤或干扰，令人感到讨厌	28.8
2	差	图像上损伤或干扰较严重，令人相当讨厌	24.3
1	劣	图像上损伤干扰严重，不能观看	22

信噪比与图像质量等级之间的关系可近似为

$$(S/N)_{\mathrm{dB}}=23-Q+1.1Q^2 \tag{3.17}$$

式中，Q 为图像质量等级。

2．载噪比

尽管信噪比指标的大小能够直接反映图像质量等级，但如果直接采用信噪比来评价系统或某一部分的噪声特性，则会给实际测量工作带来很大的麻烦。已知，有线电视系统传输的电信号是射频电视信号，即是经过调制的载波信号。要想测出信号的信噪比指标，则必须先对信号进行解调，这就要求测量仪器必须带有解调器，大大增加了测量仪器的成本，而且降低了测量精度。因此，对射频系统而言，通常用载噪比来描述系统的可靠性。

载噪比定义为指定频道内已调制信号（图像或声音）的平均功率与噪声的平均功率之比，记为 *C/N* 或者 *CNR*，即

$$C/N=P_{\mathrm{c}}/P_{\mathrm{n}} \tag{3.18}$$

载噪比用分贝表示为

$$(C/N)_{\mathrm{dB}}=10\lg\left(P_{\mathrm{c}}/P_{\mathrm{n}}\right)=10\lg P_{\mathrm{c}}-10\lg P_{\mathrm{n}} \tag{3.19}$$

有关模拟系统载噪比的工程计算，可参阅早期的有线电视技术的相关资料。

3．信噪比与载噪比的关系

调制方式不同，信噪比与载噪比之间的差值也不同。对于我国的PAL-D电视制式，信噪比与载噪比之间的关系可表示为

$$(S/N)_{\mathrm{dB}}=(C/N)_{\mathrm{dB}}-6.4\mathrm{dB} \tag{3.20}$$

即解调后的信噪比要比解调前的载噪比低6.4dB。

DVB属于调制传输系统，因此采用载噪比指标。解调后的信噪比S/N，数值上与接收机的载噪比$C_{\mathrm{rec}}/N_{\mathrm{rec}}$是相等的。输入到接收机的，由接收滤波器修正的信号载噪比C/N与解调后的信噪比S/N，当信号占有带宽用作系统噪声带宽时，有如下关系：

$$C_{\mathrm{rec}}/N_{\mathrm{rec}}=(C/N+10\lg\{(1-\alpha/4)/[1/(1+\alpha)]\} \quad (\mathrm{dB}) \tag{3.21}$$

对DVB-C滤波器α=0.15，$S/N=C/N+0.441$　(dB)

对DVB-S滤波器α=0.35，$S/N=C/N+0.906$　(dB)

实际数字通信系统的可靠性常以载噪比对误码率的关系曲线来描述，曲线的横坐标为C/N（或者E_b/N_0），纵坐标为BER，对某个C/N值，BER越小，系统可靠性越高。

3.2 系统非线性失真指标

在有线电视系统中，有许多的放大器、变换器等有源设备，当信号通过它们时都不可避免地要产生各种失真。失真分为两类，即非线性失真和线性失真。

非线性失真是因信号通过非线性元件时，不仅使各频率分量的幅度和相位发生变化而且还产生了新的频率成分，对有用信号形成干扰。在有线电视系统中，还因为要同时传输多套甚至几十套节目，在高频传输通道中还存在交调、互调、复合三次差拍失真等非线性失真，这些失真对有线电视系统的质量会产生很大的影响。

非线性失真的产物很多。二次失真产物有二次谐波干扰和二次互调干扰。二次谐波干扰是指频率为输入信号二倍频的干扰信号。二次互调干扰是指任意两个频率之和或差的总和(故又称为差拍项)。在二次项产物中，二次互调干扰项的振幅是二次谐波的两倍，项数是二次谐波干扰项数的N倍（N为系统能传输的电信号的频道个数），因而其项振幅干扰更为严重。在频道数较多的系统中，仅仅考虑差拍项，并把所有二次差拍项的总和称为组合二次差拍。

三次失真产物主要有输入信号的三次谐波失真，任意两个频率的和、差组合而成的三次互调失真，任意三个频率的和、差形成的三次差拍失真等。如果有三次互调、三次谐波、三次差拍的频率落入有用频道内，就会对该频道的图像产生斜纹状的干扰。三次失真产物的数量随频道数的增加而增加，个数最多的是三次差拍，个数最少的是三次谐波。一般都忽略三次谐波的影响。研究最多的是三次差拍和三次互调产物的组合，称为组合三次差拍。

3.2.1 交扰调制比

交扰调制（Cross Modulation，CM）是由于系统的非线性，使其他频道的信号叠加到所需频道而引起的，它没有产生新的频率成分。交扰调制比的定义为，在系统指定点，指定频道上已调载波有用调制信号峰-峰值与其他频道引入本频道的交扰调制信号峰-峰值之比，用分贝表示为

$$交扰调制比=20\lg\frac{指定频道上有用调制信号峰\text{-}峰值}{落入该频道的交扰调制信号峰\text{-}峰值}\ (\text{dB}) \qquad (3.22)$$

其中，其他频道引入本频道的交扰调制信号峰-峰值是在被测频道本身无调制信号时测得的由其他频道转移来的调制信号。其计算方法可参阅早期的有线电视相关技术资料。

3.2.2　载波互调比

载波互调比（Carrier to Inter-modulation ratio，C/IM）是用来描述由于系统的非线性失真，而出现一些原来没有的，由有用频率的和、差及倍数等组成的新的频率成分落入了有用频道中，对有用信号造成的干扰程度，它是射频信号非线性失真的一个重要指标。载波互调比的定义为，在系统指定点载波电压与规定的互调产物电压之比，常用分贝表示为

$$载波互调比=20\lg\frac{指定频道上的图像载波电压}{落入该频道的互调产物电压}\ (\text{dB}) \qquad (3.23)$$

通常，载波互调比指标在输入频道较少的情况下进行测量，来反映系统非线性指标的实际情况。在目前的情况下，显然不能全面和准确地反映实际网络的技术情况。

3.2.3　载波组合三次差拍比

组合三次差拍（Composite Triple Beat，CTB）是落在某一频道内所有三次差拍成分的总和，在频道数较多时，它是影响图像质量的最主要因素。载波组合三次差拍比的定义为，在系统指定点，图像载波电压与围绕在图像载波中心附近群集的组合三次差拍产物的峰值电压之比，用分贝表示为

$$载波组合三次差拍比=20\lg\frac{指定频道上的图像载波电压}{落入该频道的组合三次差拍峰值电压}\ (\text{dB}) \qquad (3.24)$$

3.2.4　载波组合二次差拍比

组合二次差拍（Composite Second Order，CSO）是指在多频道传输系统中，由于系统设备的非线性传输特性中的二阶项引起的所有互调产物。载波组合二次差拍比用分贝表示为

$$载波组合二次差拍比=20\lg\frac{指定频道上的图像载波电压}{落入该频道的组合二次差拍峰值电压}\ (\text{dB}) \qquad (3.25)$$

3.3　系统线性失真

所谓线性失真，是指由于电路的幅频特性和相频特性的不均匀性造成的各频率信号的比例失调，但并不产生新的频率成分。线性失真指标主要包括频道内幅频特性、色/亮时延差等。

3.3.1　幅频特性

频道内的幅频特性是指在某规定频道的频带范围内，系统输出端与输入端之间信号的增益随频率的变化情况。通常取图像载波频率处的幅度作为基准点（0dB），其他频率点的信号幅度用相对于基准点的分贝数表示。国标规定频道内幅频特性的不平度在整个频道范围内不

超过 ±2dB，在任意的 0.5MHz 范围内不超过 ±5dB。

3.3.2 色/亮时延差

当一个亮度分量与色度分量在幅度和时间上都有确定关系的复合信号通过系统时，输出端色度分量对亮度分量在时间上的偏移称为色/亮时延差。行标规定，现行信号的色/亮时延差为 $\Delta\tau \leqslant 100\text{ns}$。

3.4 系统的反射

3.4.1 有线电视系统的反射

1．产生反射的原因

在有线电视系统内部，由于各个器件和电缆的阻抗不匹配，会在电缆中形成若干反射波，因而在屏幕上出现右重影。有时，也会在直射波图像的左面看到重影，这种重影称为左重影。它是由于当地电视台的信号较强，直接从空中窜入电视机而引起的。由于这种信号到达屏幕的时间比电缆中传递的主信号到达屏幕的时间要早，因而其图像出现在主信号图像的左侧。由于反射而形成的重影是否严重，一是同反射波的强度相关，反射波的强度越大，重影越明显；二是同反射波的时延量有关，若时延量较小，使反射波与主波几乎同时到达，反射波形成的图像与主波图像几乎完全重合，人眼不能感觉出重影的存在，当时延量大到一定程度，使反射波图像与主波图像在屏幕上的距离为 1mm 以上时，重影就比较明显了。

反射波的时延量与电缆长度成正比，为了减少反射波形成的重影，除了尽量做到阻抗匹配外，也可通过选择合适的电缆长度来实现。电缆很短时，反射波的时延量较小，重影不明显；电缆很长时，虽然时延量很大，但电缆对反射波的衰减增加，使到达电视屏幕的反射波强度减小，重影也不明显。对于某种电缆，一定存在既不短又不长的某一特定长度，重影最为明显。这一长度就是在工程设计中要尽量避免的任意相邻两个放大器之间的电缆长度。因为时延和衰减量都与制作电缆的材料、所传输电视信号的频率等有关，故这个长度对于不同的电缆和不同频率的电视信号是不同的。一般来说，当电缆长度在 30m 以下或者 200m 以上时，电缆中反射波形成的重影都可以忽略。

2．衡量反射的性能参数

（1）反射系数

反射系数 ρ 定义为反射波电压 U_2 与主波（入射波）电压 U_1 之比，即

$$\rho=U_2/U_1 \tag{3.26}$$

可以证明，如果已知电缆的特性阻抗 Z_C 和负载阻抗 Z_H，则反射系数为

$$\rho=|(Z_H-Z_C)/(Z_H+Z_C)| \tag{3.27}$$

当 $Z_H=Z_C$，即阻抗匹配时，反射系数 $\rho=0$，入射波完全传递给负载，此时传输效率最高。

（2）反射损耗

反射损耗 Γ 定义为入射波电压与反射波电压之比的分贝值，即

$$\Gamma=20\lg(U_1/U_2) \tag{3.28}$$

显然，它与反射系数 ρ 具有如下的简单关系：

$$\Gamma=-20\lg\rho \tag{3.29}$$

当阻抗完全匹配时，反射损耗为∞dB；当出现全反射（短路或断路）时，反射损耗为 0dB。

反射损耗的定义方式比较符合有线电视系统中定义指标的习惯，即采用“有用信号与无用信号之比”来进行描述，因而在有线电视系统中应用广泛。所有系统设备无一例外均需测试反射损耗指标，对设备来说该指标的大小反映了设备输入/输出阻抗偏离标准 75Ω阻抗的程度。

（3）电压驻波比

当存在反射时，由于反射波与入射波的频率相同、振动方向相同、传播方向相反、相位差固定，反射波与入射波叠加在一起就会形成波形不向前传播的驻波。因为反射波强度比入射波强度要小得多，这个驻波电压的最小值（即波节电压）U_{min} 不等于 0。

电压驻波比 S 定义为驻波电压的最大值与最小值之比，即

$$S=(U_{max}/U_{min}) \tag{3.30}$$

式中，$U_{max}=U_1+U_2$，$U_{min}=U_1-U_2$。

在没有产生反射（$U_2=0$）时，$U_{max}=U_{min}$，驻波比 $S=1$，只要有一点反射，驻波比 S 就总是大于 1。S 越接近 1，说明反射越小，阻抗匹配越好。容易证明，电压驻波比 S 与反射系数 ρ、反射损耗 Γ 之间满足如下关系：

$$S=(1+\rho)/(1-\rho) \tag{3.31}$$

$$\rho=(S-1)/(S+1) \tag{3.32}$$

$$\Gamma=20\lg[(S+1)/(S-1)] \tag{3.33}$$

3.4.2 回波值

回波值是反映射频信号在传输过程中系统匹配好坏的一项指标。所谓回波值是在规定测试条件下测得的系统由于反射而产生的滞后于原信号，并与原测试信号内容相同的干扰信号的相关值。这时测得的结果既考虑了反射波的幅度，又考虑了反射波的时延量，与实际观看到的重影比较符合。尽管回波主要是在高频通道内产生，但回波值只能在视频部分测量。测试波形发生器发出正弦平方脉冲信号，送入调制器进行调制，输出射频信号进入待测系统，在系统输出口用标准解调器输出，送入示波器观察主波和回波的大小。由于回波（即反射信号）经过的路径与主信号的路径不一致，反射信号总是滞后一段时间，故反射信号与主信号叠加后，在电视屏幕上就会产生重影。回波值没有明确的物理定义，它完全是一个按规定的方法进行测量所得的实测值。

3.5 技术参数和计算公式

3.5.1 视频、射频传输参数

随着有线电视网络技术的发展，广播电视行业主管部门陆续颁布了 GY/T106—1999《有线电视广播系统技术规范》、GY/T180—2001《HFC 网络上行传输物理通道技术规范》、GY5075—2005《城市有线广播电视网络设计规范》、GY/T221—2006《有线数字电视系统技术要求和测量方法》等一系列行业标准，规范了有线电视网络的建设和发展。按照其性质可

分为视频信号技术参数、射频信号技术参数和上行传输通道主要技术参数。

1．视频信号技术参数

在视频上测量的系统性能主要有四种参数：色/亮时延差、回波值（Echo Ratio）、微分增益（DG）、微分相位（DP）。其中前两个指标已在前文介绍，后两个指标具体规定如下。

（1）微分增益

在彩色电视通道中，由于传输系统的非线性，叠加在不同亮度信号电平上的色度副载波会产生不同的增益变化，这个变化量的最大值就称为微分增益，以百分数（%）表示。微分增益即指系统允许的色彩饱和度随亮度变化而变化的最大值。行标 GY/T106—1999《有线电视广播系统技术规范》规定，下行信号的微分增益（DG）≤10%。正常情况下有些电视系统的微分增益不好，主要是由于调制器性能不良，与传输系统几乎无关。

（2）微分相位

在彩色电视通道中，由于传输系统的非线性，叠加在不同亮度信号电平上的色度副载波会产生不同的相位变化，这个变化量的最大值称为微分相位。微分相位指系统允许的色调随亮度变化而变化的最大值，通常以“°”表示。

2．下行模拟调制射频技术参数

（1）射频信号传输层指标参数

① 信道平均功率：对整个信道进行扫描，并通过对相邻抽样点的抽样功率值平均，把频道内每一个抽样点的功率值取平均值，便得到信道的平均功率。

② 调制误差率（MER）。

③ 误码率（BER）。

④ 载波抑制。

⑤ 相位抖动。

数字信号电平定义为，在有效带宽内所选射频或中频信号的均方根值功率。在实际信号能量的测量上数字电视调制和传统的模拟电视调制相比有很大的区别，对于 QAM 调制而言，其真正的输出信号电平是整个通带的能量总和，而模拟电视调制只需测量载波的能量。

（2）在射频上测量的系统性能参数

① 系统输出口电平：系统输出口指用户用来插接电视信号的用户终端盒上的输出端口。系统输出口的电平表示当系统正常工作时，系统输出口上的载波电平范围。

行标 GY/T106—1999《有线电视广播系统技术规范》规定系统输出口电平，电视为 60～80dBμV，调频广播为 47～70dBμV；GY/T221—2006《有线数字电视系统技术要求和测量方法》规定数字频道系统输出口电平为 50～75dBμV。

② 系统输出口的相互隔离度：在待测系统的频率范围内，任取一个频率的信号从系统内某个输出口输出，在另一个输出口测量其输出信号，信号在其间的衰减称作这两个输出口的隔离度，通常以测量出的最差值作为相互隔离度。相互隔离度越大，相互影响越小。

行标规定在 VHF 频段相互隔离度≥30dB，在 UHF 频段相互隔离度≥20dB。

③ 信号交流声比：信号交流声比（HM）是标准图像调制载波电压峰-峰值和交流声调制电压峰-峰值之比的对数形式，即

信号交流声比=20lg（图像调制载波电压峰-峰值/交流声调制电压峰-峰值）（dB）（3.34）

行标规定信号交流声比≥46dB。

④ 载噪比：国标规定模拟系统总的载噪比指标为 43dB。

⑤ 交扰调制比：行标规定交扰调制比≥46dB+10lg（N−1），N 为传输频道数。

⑥ 载波互调比：行标规定对电视频道内的单频干扰，载波互调比≥57dB；对电视频道内单频互调干扰，载波互调比≥54dB。

⑦ 载波组合三次差拍比：在传输频道数量较多时，组合三次差拍是影响传输信号质量的主要因素，行标规定载波组合三次差拍比≥54dB。

⑧ 载波组合二次差拍比：行标规定载波组合二次差拍比≥54dB。总体指标见表 3.2。

表 3.2　　下行模拟信号传输技术参数要求

序号	项　目		电 视 广 播	调 频 广 播
1	系统输出口电平（dBμV）		60～80	47～70
2	系统输出口频道间载波电平差	任意频道间（dB）	≤10 ≤8（任意 60MHz 内）	≤8
		相邻频道间（dB）	≤3	≤6（任意 600kHz 内）
		伴音对图像（dB）	−17± 3	
3	频道内幅频特性（dB）		任意频道范围内不超过± 2dB，在任意的 0.5MHz 范围内不超过± 0.5dB	任何频道内幅度变化不大于 2，在载频的 75kHz 频率范围内变化斜率每 10kHz 不大于 0.2
4	载噪比（dB）		≥43（B=5.75MHz）	≥51（立体声）
5	载波互调比（dB）		≥57（对电视频道的单频干扰） ≥54（电视频道内单频互调干扰）	≥60（频道内单频干扰）
6	载波复合（组合）三次差拍比（dB）		≥54	
7	交扰调制比（dB）		$\geqslant 46+10\lg(N+1)$ （N 为电视频道数）	
8	载波交流声比（%）		≤3	
9	载波复合（组合）二次差拍比（dB）		≥54	
10	色/亮时延差（ns）		≤100	
11	回波值（%）		≤7	
12	微分增益（%）		≤10	
13	微分相位（°）		≤10	
14	频率稳定度	频道频率（kHz）	± 25	± 10（24h 内） ± 20（长时间内）
		图像/伴音频率间隔（kHz）	± 5	
15	系统输出口相互隔离度（dB）		≥30（VHF） ≥22（其他）	
16	特性阻抗（Ω）		75	75
17	相邻频道间隔		8MHz	≥400kHz

3．下行数字调制射频技术参数

首先简要介绍误码率与调制误差率的概念，然后介绍有线数字电视下行传输技术的总体要求。

（1）误码率

误码率是指经过通信系统的传输，送给用户的接收数字码流与信源发送出的原码流相比，发生错误的字数占信源发出的总码字数的比例。对于二元数字信号，由于传输的是二元比特，因此误码率称为误比特率（BER），计算如下：

$$BER=\text{错误比特数}/\text{传输总比特数} \tag{3.35}$$

行标 GY/T221—2006《有线数字电视系统技术要求和测量方法》规定，误码率≤10E-11。

（2）调制误差率

调制误差率（MER）定义为矢量幅度的有效值与误差幅度的有效值的比值，用分贝表示。它是数字调制器特有的指标，也是最为关键的指标。行标 GY/T221—2006《有线数字电视系统技术要求和测量方法》规定 64QAM 时，*MER*≥24dB。

MER 直接从量的角度表征了星座的发散状况，全面衡量了数字调制器的输出信号质量，决定着 HFC 网络的覆盖范围及边缘接收效果。作为数字电视的特点，既存在"信号强度接收门限"，也存在"信号质量接收门限"。前者是机顶盒的"电平接收门限"，约为 40dBμV；后者即为"*MER* 接收门限"，对 64QAM 时为 24dB 能达到接收门限，达到准确无误则需要 30dB 以上。*MER* 可以被认为是信噪比测量的一种形式，它精确表明接收机对信号的解调能力，因为它不仅包括高斯噪声，而且包括接收星座图上所有其他不可校正的损伤。如果信号中出现的有效损伤仅仅是高斯噪声，那么 *MER* 等于 *S/N*。总体指标见表 3.3。

表 3.3　有线数字电视系统输出口技术指标

序号	项　目		单位	技术要求	备　注
1	数字频道输出电平		dBμV	50～75	一般不超过 65
2	频道间电平差	任意数字频道间	dB	≤10	
		相邻数字频道间	dB	≤3	
3	数字频道与模拟频道电平差		dB	−10～0	见 GY / T170—2001
4	调制误差率（*MER*）		dB	≥24	64QAM，均衡关闭
5	误码率（*BER*）			$\leqslant 1\times10^{-11}$	24h，RS 解码后
6	数字射频信号与噪声功率比 S_{drf}/N		dB	≥26	64QAM
7	载波复合三次差拍比		dB	≥54	见 GY/T 106—1999
8	载波复合二次差拍比		dB	≥54	见 GY/T 106—1999

4．上行传输通道主要技术参数

在射频上测量的系统性能参数，广播电视行业标准 GY/T180—2001《HFC 网络上行传输物理通道技术规范》规定如下。

① 上行通道频率范围：行标规定，上行通道频率范围为5～65MHz。

② 上行通道频率响应：行标规定，在7.4～61.8MHz范围内，上行通道频率响应≤10dB；在7.4～61.8MHz范围的任意3.2MHz带内，上行通道频率响应≤1.5dB。

③ 上行传输路由增益差：行标规定，上行传输路由增益差≤10dB。

④ 载波噪声功率比、载波/汇集噪声比、噪声功率比、载噪比（C/N）、载干比（C/I）均应≥22dB。噪声功率比（Noise Power Ratio，NPR）是一种测试指标，它用以检验频道内噪声和互调失真电平。NPR定义为相对于频道内噪声与互调失真电平的信号电平。

⑤ 载波/汇集噪声比=上行信号电平（双向通信设备上行射频接收端口）−上行汇集噪声电平（双向通信设备上行射频接收端口）。行标规定，工作频段为5.0～20.2MHz，载波/汇集噪声比≥20dB；工作频段为20.2～65.0MHz，载波 / 汇集噪声比≥26dB。

⑥ 信号载波交流声调制比应≤7%。

⑦ 群时延波动：5～65MHz范围的任意2MHz带内均应≤200ns。

⑧ 微反射－单回波：−10dB≤0.5μs，−20dB≤1.0μs；−30dB>1.0μs。

⑨ 标称上行端口输入电平是105（dBμV），此电平为单项业务设计标称值，非系统回传总功率电平。

3.5.2 IP传输层指标

RFC 4445媒体传输质量指标（Media Delivery Index，MDI）是由IneoQuest和Cisco共同提出的IP视频质量测试标准，2006年4月正式被RFC采纳。该测量指标的目的是帮助使用者能够快速地评估IP视频质量。MDI包括两个参数：延迟因素（Delay Factor）和媒体封包丢失率（Media Loss Rate）。延迟因素是把网络抖动和被测试的视频流速率相关联，用于指示在某一检测点，解码器需要多少缓存来避免由于网络抖动产生的封包丢失。媒体封包丢失率是指1s内媒体封包丢失数量。IP网络主要性能指标（GY5075—2005）：IP包平均传输延时<400ms；IP包丢失率平均值为1×10^{-3}；端到端总时延<120ms；用户接入认证平均响应时间<5s。其他指标建议应符合YD/T1170—2001《IP网络技术要求—网络总体》。

3.5.3 码流层传输指标

码流层指标是根据ISO/IEC13818-4和TR101-290规定，MPEG-2TS流测试分为三级优先级共22项。第一优先级为基本参数，正确解码的必要条件共有6项：传输流同步丢失（TS-sync- loss），只有获得同步，才可进行其他参数测试；同步字节出错（Sync-byte-error）；节目关联表出错（PAT-error），PAT出错或丢失，则不能对传输流进行正确解码；连续计数出错（Continuity-count-error）；节目映射表出错（PMT-error），PMT出错或丢失，则不能对传输的节目进行正确解码；包标识符出错（PID-error）。第二优先级为连续或定期地监测参数，共有6项：传输出错（Transport-error）、循环冗余校验出错（CRC-error）、节目时钟参考出错（PCR- error）、节目时钟参考精度出错（PCR-accuracy-error）、节目时间标记出错（PTS-error）、条件接收表出错（CAT-error）。第三优先级类主要用于应用监测。

在码流层还有一个重要参数是节目时钟参考（Program Clock Reference，PCR），它是由编码器或复用器每过40～100ms的间隔在自适应字段插入时钟参考，其主要作用是在编码器端重建系统时钟，使解码器与编码器同步。如果 PCR 值不准确，或者由于网络的延迟而使得 PCR 接收延迟，就会造成解码器要使用再生的系统时钟定时错误，而不能正确解码或同步。

3.5.4 系统指标的计算

在对有线电视系统进行分析时，常常习惯于将系统划分为前端、传输系统、用户分配网等若干部分，并可以很方便地分别计算出或测量出各部分的指标，此时，要计算系统的总指标，便需要将这些指标按照某种规律进行叠加。

实际中也经常会出现已知每一台设备的具体指标，要求由这些设备组成的串接系统总指标的情况，这时也要采用指标叠加公式。

1．指标叠加

由第 2 章的电压叠加规律，可得指标叠加规律如下。

（1）算术叠加（线性叠加、电压叠加）：这种叠加方法是直接将部分指标相加得到总的合成指标。若采用分贝表示，则要符合 20lg 转换法。

电压叠加适用的指标包括频道内的幅频特性、载波三次互调比、载波三次组合差拍比、交扰调制比。

（2）均方根叠加（功率叠加）：这种叠加方法若采用分贝表示，则要符合 10lg 转换法。

均方根叠加适用的指标包括载噪比（*CNR*）、交流哼声比、载波二次组合差拍比。

（3）减算叠加：这种叠加方法若采用分贝表示，则要符合 15lg 转换法。

减算叠加适用的指标包括微分增益 DG（%）微分相位 DP（%）、色/亮时延差、载波二次互调比。

① 载噪比合成符合功率叠加规律，如果知道系统中每台设备的载噪比，可按照式（3.36）计算系统载噪比 CNR_S（dB），式中的 CNR_i 是系统中每台设备的载噪比的分贝值。

$$CNR_s = -10\lg\left[\sum_{i=1}^{n} 10^{\frac{-CNR_i}{10}}\right] \tag{3.36}$$

② 载波组合三次差拍比合成符合电压规律，如果知道系统中每台设备的载波组合三次差拍比，可按照式（3.37）计算系统载波组合三次差拍比 CTB_S（dB），式中的 CTB_i 是系统中每台设备的载波组合三次差拍比的分贝值。

$$CTB_s = -20\lg\left[\sum_{i=1}^{n} 10^{\frac{-CTB_i}{20}}\right] \tag{3.37}$$

2．指标分配

全系统的指标是由系统各组成部分的指标合成的，因而在系统设计时必须有指标分配的概念，如果不在设计时分级控制，系统很难总体达标。指标分配可理解为指标叠加的逆过程。指标分配最主要的应用是在系统设计的过程中。

已知，国家标准中所规定的系统指标，是指从前端的信号输入口到系统输出口之间整个系统的指标，任何有线电视系统都必须确保其系统总指标全面符合要求。由于在进行系统设计时，往往将系统拆成前端（包括信号源）、传输系统、用户分配网三大部分来分别进行设计，要确保系统的总指标达到要求，就必须事先将系统总技术指标在这三个部分进行合理的分配，以便确定出各个部分分别应该满足的指标要求。而每个部分又可将分得的指标再分配给组成的各个设备和部件。通常情况下，对大、中型有线电视系统而言，只需要对系统的载噪比（*C/N*）、载波组合三次差拍比、载波组合二次差拍比等几个主要技术指标进行分配即可。每个部分分配的具体比例要根据系统的大小、传输干线的长短、干线传输的技术手段（电缆、微波、光缆）以及频道的多少来确定。可以说，系统设计过程中分配比例确定得是否科学合理，决定着系统的造价、质量和实现的难易程度。

分配原则：①前端系统噪声比指标占比稍大，失真指标占比稍小；②传输干线部分噪声比、失真指标占比中等或稍大；③用户分配网络噪声比指标占比稍小，失真指标占比稍大。

有线电视系统的技术指标应符合《有线数字电视广播系统技术规范》的要求，并留有一定余量。表3.4给出了有线电视系统各项指标的国标值和设计值。

表3.4　有线电视系统各项指标的国标值和设计值

项　　目	国标值（dB）	设计值（dB）
载噪比	43	44
交扰调制比	46+10lg（*N*-1）	47+10lg（*N*-1）
载波互调比	57	58
载波复合二次差拍比	54	55
载波复合三次差拍比	54	55

注：*N*为系统传输频道数，从表3.4中可看出五个指标值都比国家标准提高了1dB，即留有1dB的余量。

指标分配的大致比例可按表3.5来考虑，但具体确定比例的大小一定要结合系统的实际情况，具体问题具体分析。

表3.5　指标分配的经验比例

项　　目	前　　端	传 输 干 线	用户分配系统
载噪比	20%～50%	70%～40%	10%
交扰调制比	10%	30%～50%	60%～40%
载波互调比	10%	30%～50%	60%～40%
载波复合二次差拍比	10%	30%～50%	60%～40%
载波复合三次差拍比	10%	30%～50%	60%～40%

设总指标角标为T，部分指标角标为i，指标的分配比例（占比）为$a<1$，各个指标的总指标和部分指标及分配比例关系如下。

（1）载噪比*CNR*

① 已知部分指标和占比，求总指标，则总指标为$CNR_{\mathrm{T}}(\mathrm{dB})=CNR_i(\mathrm{dB})+10\lg a$。

② 已知总指标和占比，求部分指标，则部分指标为$CNR_i(\mathrm{dB})=CNR_{\mathrm{T}}(\mathrm{dB})-10\lg a$。

③ 已知总指标和部分指标，求占比，则占比为$a=10^{\frac{CNR_{\mathrm{T}}(\mathrm{dB})-CNR_i(\mathrm{dB})}{10}}$。

（2）载波互调比$IM_{\mathrm{T}}(\mathrm{dB})$同上有

$$IM_{\mathrm{T}}(\mathrm{dB})=IM_i(\mathrm{dB})+15\lg a,\qquad IM_i(\mathrm{dB})=IM_{\mathrm{T}}(\mathrm{dB})-15\lg a$$

$$a=10^{\frac{IM_T(dB)-IM_i(dB)}{15}}$$

（3）载波复合三次差拍比 *CTB*（dB）同上有

$$CTB_T(dB)=CTB_i(dB)+20\lg a, CTB_i(dB)=CTB_T(dB)-20\lg a$$

$$a=10^{\frac{CTB_T(dB)-CTB_i(dB)}{20}}$$

（4）载波复合二次差拍比 *CSO*（dB）同上有

$$COS_T(dB)=CSO_i(dB)+10\lg a, COS_i(dB)=COS_T(dB)-10\lg a$$

$$a=10^{\frac{CSO_T(dB)-CSO_i(dB)}{10}}$$

3. 前端系统输入电平的计算

前端输入电平即接收天线的输出电平，它应满足前端系统载噪比指标为原则。它们的关系为

$$(C/N)_h=E_A-F_h-2.4(dB) \tag{3.38}$$

式中，$(C/N)_h$为前端系统的载噪比设计值（dB）；E_A为前端输入电平 dbμv；F_h为前端设备噪声系数（dB，VHF：8dB，UHF：10dB）；2.4（dB）为常温下的天线热噪声。

当系统传输的频道数 N=28 时，如果其$(C/N)_h$大于 47dB，由此可求出前端所需的最低输入电平对 VHF 频段为 $E_A \geqslant 47+8+2.4=57.4$dBμV，同样对 UHF 频段为 $E_A \geqslant 59.4$dBμV。当接收天线的输出信号不能满足前端设备所要求的载噪比和输入电平时，应加装天线放大器。另一方面，前端输入电平也不能太高，过高的天线输出电平会使前端输入设备过载而产生失真，此时可利用衰减器来调整。一般前端输入电平以小于 90dBμV 为宜。

3.5.5 模/数混合传输的设计指标

模拟和数字信号混合传输时，仍按模拟系统指标设计，但数字频道射频（RF）电平分别降低模拟系统电平 10dB（当数字频道采用 64QAM 调制时）、5dB（256QAM 调制）。

全数字信号传输时的指标设计，目前国家新闻出版广电总局还没有统一标准出台的情况下，可以暂参照国际标准 ITU-J.112 附录 A（数字视频广播有线电视分配系统 DVB-C 的交互信道）及 IEC“数字调制信号的技术参数及要求”，传输通道指标为

$$C/N \geqslant 31dB(64QAM\ DVB\text{-}C) \tag{3.39}$$

调制误差率 $MER \geqslant 30$dB，通道内幅频响应在（−1～+1）dB 以内（8MHz 带内）。关于这部分内容将在本书第 13 章进行讨论。

3.6 网络系统其他性能参数

3.6.1 传送速率与符号映射

单位时间内在网络传输系统中的相应设备之间传送的字符（码元）、比特的平均数称为网络系统的传送速率。传送速率用来衡量网络传输系统的效率，有码元速率和信息速率两种表示法，其相应的单位为字符（码元）/秒、波特和比特/秒。

1. 码元速率

码元速率又叫作符号速率、数码率、键控速率、波特率，指每秒传送的码元个数，单位为“波特（Baud）”，1 波特即指每秒传输 1 个符号，以 R_c 表示。调制速率指的是信号被调制以后在单位时间内的变化，即单位时间内载波参数变化的次数，一般调制速率大于波特率，比如曼彻斯特编码。当数字信号用二进制表示时，称为二进制码元速率；当数字信号用多进制表示时，称为 M 进制码元速率。虽然有二进制码元和 M 进制码元之分，但码元速率与码元的进制无关，只与码元宽度 T 有关，即 $R_c=1/T$（Baud）。

2. 信息速率

信息速率又叫作比特率，指每秒传送的信息单位数，单位为比特/秒（bit/s），以 R_b 表示。码元速率与信息速率的关系是 $R_b=R_c\times\log_2 M$，式中 M 指码元进制数。

例如，假设数据传送速率为 120 符号/秒（symbol/s）（也就是波特率为 120Baud），又假设每一个符号为 8 位（bit），则其传送的比特率为（120symbol/s）×（8bit/symbol）=960bit/s。

特别指出的是，当 M=2 时，$R_b=R_c$，即码元速率等于信息速率。单位“波特”本身就已经是代表每秒的调制数，以“波特每秒（Baud per second）”为单位是一种常见的错误。其物理意义是信息速率等于码元速率乘以该信号一个码元所包含的信息量。

3. 字节到符号映射

此处的“字节”指的是传输流中每个字节的数据，在数字电视系统中，通常每个字节的数据量不变，为 8bit。“符号”指的是送到数字调制器的一组数据，一般是并行送出的，每组数据称作是一个符号，由于采用调制方法不同，一个符号包含的比特数目不相等。比特率和符号率都是描述数字传输系统传输数据能力的指标。数据系统在传输数据时，需要将二进制数据变换成调制波的符号，形成数据基带信号，然后经载波信号调制，将基带信号搭载到高频载波上进行传输，如图 3.3 所示。

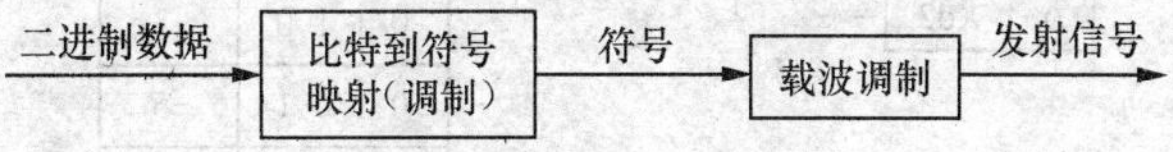

图 3.3 数字传输系统

如 QPSK 调制时，每 2bit 码元映射为一个符号，也就是 M=4；64QAM 调制时，每 6bit 码元映射为一个符号，M=64。不同调制携带二进制 bit 的关系见表 3.6。

表 3.6 不同调制携带二进制 bit 的关系

	QPSK	8VSB	16QAM	32QAM	64QAM
M	4	8	16	32	64
$\log_2 M$	2	3	4	5	6

在调制系统中，字节到符号的映射，依靠比特边缘映射的方法。在各种情况下，符号 Z 的 MSB 由字节 V 的 MSB 取代，相应的下一符号的有效位被下一字节的有效位取代。在 2^mQAM 调制中，处理器将从 k 字节映射到 n 个符号，有约束关系 $8k=n\times m$，表 3.7 以 64QAM

（其中 m=6，k=3，n=4）为例说明处理过程。

表 3.7　　用于 64QAM 的字节到 *m* 比特符号的转换

	←字节 *V*→		←字节 *V*+1→		←字节 *V*+2→	
自交织器输出	b7b6b5b4b3b2	b1b0	b7b6b5b4	b3b2b1b0	b7b6	b5b4b3b2b1b0
（字节）	↓MSB	↓		↓		↓LSB
至差分编码器	a5a4a3a2a1a0	a5a4a3a2a1a0		a5a4a3a2a1a0		a5a4a3a2a1a0
（6bit 符号）	←符号 *Z*→	←符号 *Z*+1→		←符号 *Z*+2→		←符号 *Z*+3→

注：1．b0 为每个字节或 *m* 比特符号的最低有效位；

2．变换中，每个字节产生的 *m* 比特符号不止一个，分别为 Z、Z+1 等，且 Z 在 Z+1 之前传输。

再如 16-SB 数字调制映射，因 16-VSB 中每个符号需要 4bit 信息，所以 1 个字节可以映射成 2 个符号，如图 3.4 所示。数据信号在对载波调制过程中会使载波的各种参数产生变化（幅度变化、相位变化、频率变化、载波的有或无等，视调制方式而定），波特率是描述数据信号对模拟载波调制过程中，载波每秒钟变化的数值，又称为调制速率。

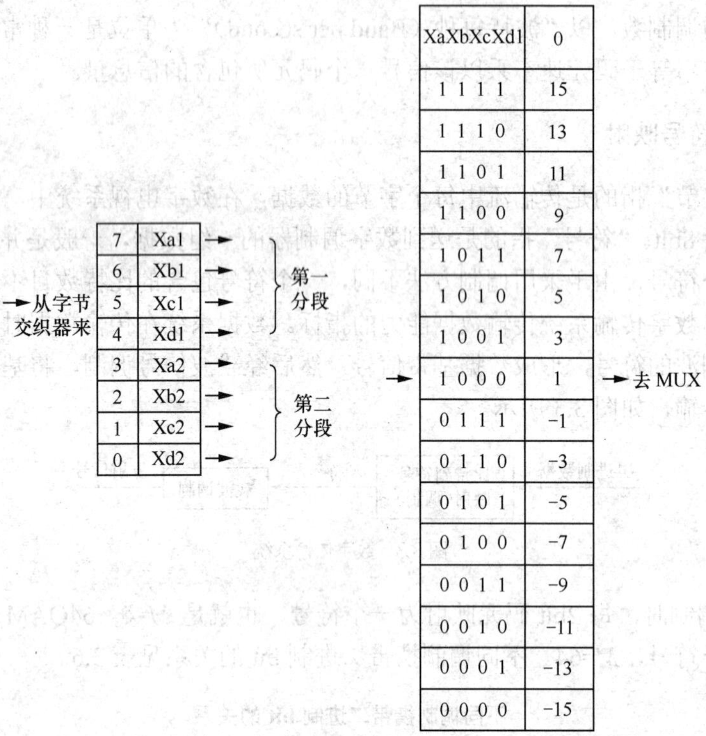

图 3.4　16-VSB 映射器

比特率与符号率都表示信息传输的速率，只是在传输系统的不同阶段，信号呈现出不同的形式，因此以不同的方式来衡量其信息的传输速率。例如，在收发端的信源和信道编译码阶段，信息通常表示为二进制形式，此时采用比特率为单位；而在调制器映射之后到解调器映射之前，信息以多元符号形式存在，这时采用符号率更方便。同样，信噪比是指传输信号的平均功率与高斯白噪声的平均功率之比；载噪比是指已经调制的信号的平均功率与高斯白噪声的平均功率之比。在调制传输系统中一般用载噪比指标，而在基带传输系统中一般用信噪比指标。

3.6.2　脉冲成形与滚降系数

经过信道编码后的数字信号（即基带脉冲）在传输前，以何种脉冲形式在信道中传输是一个需要考虑的实际问题。如果以数字信号的矩形脉冲为代表，则由于它的频谱是无限长的，要无失真地传送这样的信号通过受限信道后要产生频谱失真，同样在时域的波形也会产生畸变，并且会造成波形展宽，因此相邻的脉冲波形在时间上互相重叠，导致码间干扰。如果基带脉冲是某种适当的波形，那么虽然通过实际信道传输后相邻脉冲波形仍然会相互重叠，但可以保证在接收端对脉冲波形进行抽样识别时，其抽样点上不存在符号干扰，因而能够正确地恢复出所要传输的信息。所以，一般在调制发送前实施基带成形处理。基带成形就是产生符合实际信息频率特性的基带脉冲波形，一般在截短卷积码经过数据流由串到并的转换后做基带成形处理。上述频带受限的基带传输系统如图 3.5 所示。当调制和解调过程看作信道的一部分时，调制传输系统也可以用基带传输系统等效。

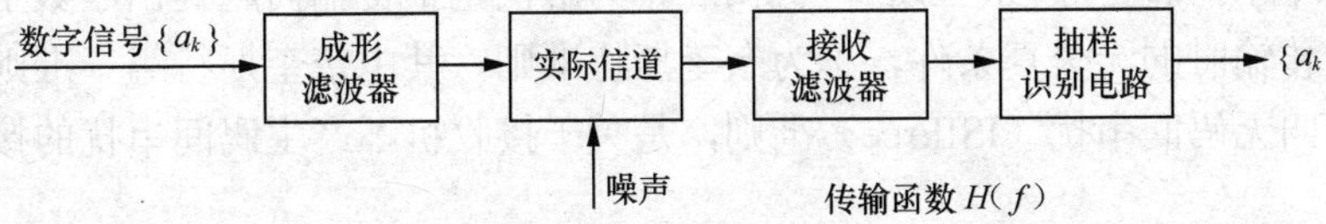

图 3.5　基带传输系统

图 3.5 中，从成形滤波器输入到接收滤波器输出的传输函数 $H(f)$ 称为基带传输特性。

理想低通滤波器的脉冲成形作为一个理想化的情况，如果基带传输特性为理想低通特性，截止频率为 f_H，如图 3.6 所示。设传输系统的延时 $\tau_d=0$，则理想低通传输特性为

$$H(f)=\begin{cases}1, & |f|\leqslant f_H \\ 0, & |f|> f_H\end{cases} \tag{3.40}$$

当用单位脉冲 $\delta(t)$ 去激励上述低通滤波器时，滤波器的输出 $h(t)$ 就是滤波器的冲激响应，如图 3.6（c）所示，即

$$h(t)=\int_{-f_H}^{f_H} H(f)e^{j2\pi ft}df=2H(f)\frac{\sin 2\pi f_H t}{2\pi f_H t} \tag{3.41}$$

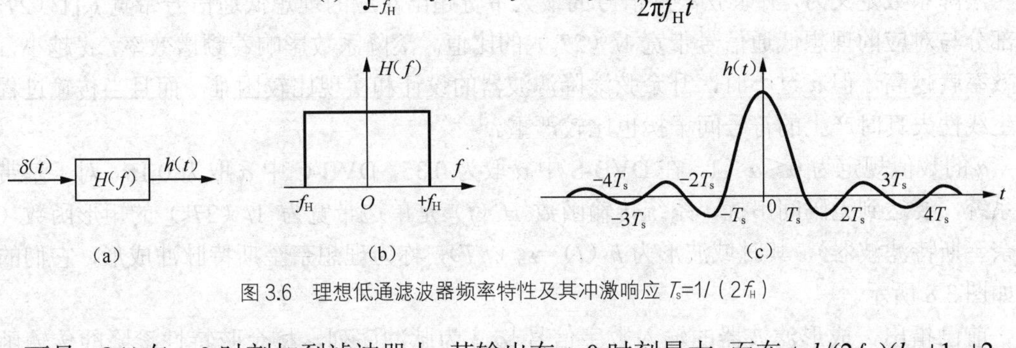

图 3.6　理想低通滤波器频率特性及其冲激响应 $T_s=1/(2f_H)$

可见，$\delta(t)$ 在 $t=0$ 时刻加到滤波器上，其输出在 $t=0$ 时刻最大，而在 $t=k/(2f_H)(k=\pm1, \pm2, \cdots)$ 时均为零。

这意味着如果发送端每隔 $1/(2f_H)$时间发出代表传送码$\{a_k\}$的脉冲，即 $a_{-1}\delta(t)$，$a_0\delta(t)$，$a_1\delta(t)$，…则滤波器输出将由每一个输入脉冲响应波形组成，而每个脉冲响应波形的峰值出现在其他脉冲响应的过零点时刻，如图 3.7 所示。在接收端对某一个发送脉冲的输出波形峰值取样时，前后脉冲的输出波形恰好为零，因此取样值只代表某个码，与前后码无关，也就是说无码间干扰。

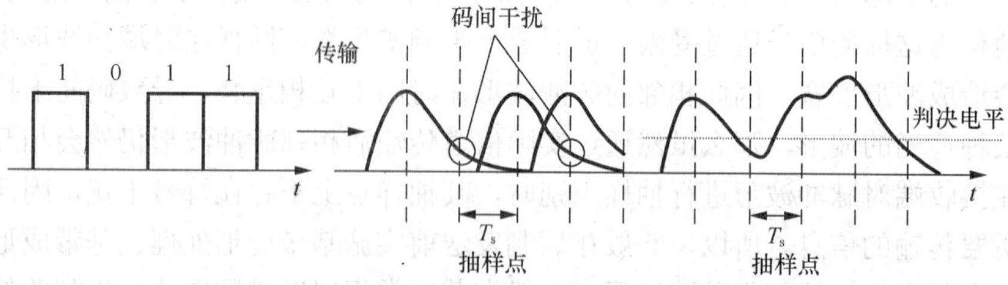

图 3.7 数字接收系统中码间干扰示意图

无码间干扰的充分条件。数字信号在传输过程中受到叠加干扰与噪声的影响，从而出现波形失真。瑞典科学家哈利•奈奎斯特在 1928 年为解决电报传输问题提出了数字波形在无噪声线性信道上传输时的无失真条件，称为奈奎斯特准则，其中奈奎斯特第一准则是抽样点无失真准则，也叫无码间串扰（ISIFree）准则，是关于接收机不产生码间串扰的接收脉冲形状问题。

理想奈奎斯特滤波系统（保证无码间串扰）的传输函数形状为矩形，其脉冲响应为无限长，显然该脉冲成形滤波器在物理上是不可实现的，只能近似，称为奈奎斯特滤波器和奈奎斯特脉冲。奈奎斯特滤波器的频率传输函数可以表示为矩形函数和任意一个实偶对称频率函数的卷积；奈奎斯特脉冲可以表示为 $\mathrm{sinc}(t/T)$函数与另一个时间函数的乘积。因此，奈奎斯特滤波器以及相应的奈奎斯特脉冲为无穷多个，其中常用的是升余弦成形滤波器，如图 3.8 所示。它以 $f_N=1/(2T_s)$为中心，具有奇对称的升余弦滚降特性，注意这里的“滚降”指的是它的频谱过渡特性，而不是波形的形状。用α表示滚降系数，则α=扩展量/奈奎斯特带宽=$\Delta\omega/\omega=\left[(3\pi/2T)-(\pi/T)\right]/(\pi/T)=0.5$，奈奎斯特带宽 W_N取奇对称点的值π/T，扩展量设为 x，则$\alpha=x/W_N$，在频率域描述则分子分母同除以 2π 有

$$\alpha=x'/f_N(x'、f_N \text{ 单位为 Hz}) \tag{3.42}$$

滚降系数定义为，升余弦滚降信号的最大带宽超出对应的理想低通信号带宽$f_N[1/(2T_s)]$的部分与对应的理想低通信号带宽 $1/(2T_s)$的比值。滚降系数影响着频谱效率，α越小，频谱效率就越高，但α过小时，升余弦滚降滤波器的设计和实现比较困难，而且当传输过程中发生线性失真时产生的符号间干扰也比较严重。

α的数值规定为$0\leqslant\alpha\leqslant1$，在 DVB-S 中$\alpha$取为 0.35，DVB-C 中$\alpha$取为 0.15。对于基带传输系统，要达到无码间串扰，系统传输函数 $H(f)$是单边带宽为 $1/(2T_s)$的矩形函数（理想奈奎斯特滤波器），其时域波形为 $h(t)=s_a(t/T)$，称为理想奈奎斯特脉冲成形，它们的波形如图 3.8 所示。

前已指出，成形滤波器的输入数字信号$\{\alpha_k\}$为脉冲序列，按余弦特性滚降的传输函数 $H(\omega)$可表示为

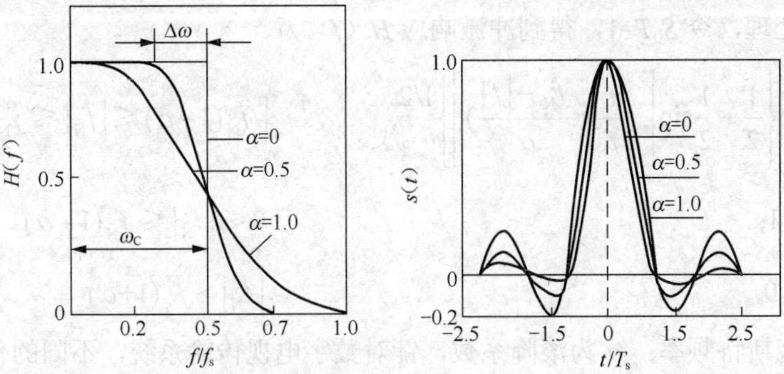

图 3.8　不同滚降系数时的升余弦滚降信号

$$H(\omega)=\begin{cases} T_s, & 0\leqslant|\omega|\leqslant\dfrac{(1-\alpha)\pi}{T_s} \\ \dfrac{T_s}{2}\left[1+\sin\dfrac{T_s}{2\alpha}\left(\dfrac{\pi}{T_s}-\omega\right)\right], & \dfrac{(1-\alpha)\pi}{T_s}\leqslant|\omega|\leqslant\dfrac{(1+\alpha)\pi}{T_s} \\ 0, & |\omega|\geqslant\dfrac{(1+x)\pi}{T_s} \end{cases}$$

很容易求出系统的冲激响应（也就是接收波形）为

$$h(t)=\frac{\sin\pi t/T_s}{\pi t/T_s}\cdot\frac{\cos\alpha\pi/T_s}{1-4\alpha^2t^2/T_s^2} \tag{3.43}$$

从升余弦的表达式和图中可以看到，当 $\alpha=0$ 时，就是理想奈奎斯特滤波器，此时的传输带宽是理想奈奎斯特滤波器的最小带宽；但当 $\alpha>0$ 时，系统传输带宽就超过了奈奎斯特最小带宽，这时码元速率 R_c 就小于 2 倍带宽，如果解调器在每个码元间隔内仅做一次采样，那么会因为采样点太少而不能可靠恢复模拟波形，产生失真。但是数字通信系统不需要恢复模拟波形，只需要在采样时刻无码间串扰就行，而升余弦系列滤波器在采样时刻具有无码间串扰特性，因此仍符合奈奎斯特第一准则，它所实现的频谱效率要比理论最高效率下降一个滚降系数 α 倍。注意：满足无符号间干扰的升余弦的滚降特性是包括发送滤波器、信道、接收滤波器的总的滤波特性，根据最佳接收原理，滤波特性在发射机和接收机之间的最好分配方案，是把满足奈奎斯特准则的滤波器响应在收发两端均分，也即如果发射机的输入端为冲激脉冲序列，则每个滤波器的冲激响应是总特性的均方根，此时无符号干扰，且接收滤波器与接收信号匹配。

一般地，在数字信号调制前，为匹配信道传输进行的升余弦滚降滤波，其滤波器的理论传输函数符合如下定义：

$$R_e\left[S(\omega)\right]=S(\omega)=\begin{cases} \dfrac{S_0T}{2}\left\{1-\sin\left[\dfrac{S_0T}{2\alpha}(\omega-\dfrac{\pi}{T})\right]\right\}, & \dfrac{\pi(1-\alpha)}{T}\leqslant|\omega|\leqslant\dfrac{\pi(1+\alpha)}{T} \\ S_0T, & 0\leqslant|\omega|\leqslant\dfrac{\pi(1-\alpha)}{T} \\ 0, & |\omega|>\dfrac{\pi(1+\alpha)}{T} \end{cases} \tag{3.44}$$

做归一化处理，令 $S_0T=1$，得到冲激响应 H（f）为

$$H(f)=\begin{cases}\left\{\dfrac{1}{2}+\dfrac{1}{2}\sin\left[\dfrac{\pi}{2f_N}\left(\dfrac{f_N-|f|}{\alpha}\right)\right]\right\}^{1/2}, & \left[f_N(1-\alpha)\leqslant|f_N|\leqslant f_N(1+\alpha)\right]\\ 1, & 0\leqslant|f_N|\leqslant f_N(1-\alpha)\\ 0, & |f_N|>f_N(1+\alpha)\end{cases} \tag{3.45}$$

式中，f_N 为奈奎斯特频率；α 为滚降系数，针对数字电视传输系统，不同的传输业务与信道采用不同的滚降系数。

3.6.3 E_b/N_0

在数字传输系统中，还经常用到另一个表示信号与噪声间强弱关系的参数，每比特能量与噪声强度功率之比，记为 E_b/N_0，它用来衡量传送的信号质量，表示有用信号的每比特能量 E_b 与单边带噪声密度 N_0 之比。由于采用不同的数字调制技术所实现的频谱效率也不同，为综合评价传输系统的优劣，需从频谱效率和可靠性两方面来衡量。误码率 BER 仅反映了系统的可靠性，而 E_b/N_0-BER 关系曲线则可以同时反映系统的有效性和可靠性，或者说在相同的频谱效率的基础上，反映了通信系统的可靠性。

E_b/N_0 与 CNR 直接的关系为

$$\frac{s}{N}=\frac{E_bR_b}{N_0W}=\frac{E_b}{N_0}\times\frac{R_b}{W}=\frac{E_b}{N_0}\times\xi_w\Rightarrow\frac{E_b}{N_0}=\frac{\frac{s}{N}}{\xi_w} \tag{3.46}$$

转换为分贝（dB），即

$$E_b/N_0\text{dB}=C/N(\text{dB})-10\lg\xi_w=C/N(\text{dB})-10\lg\frac{mR_s}{BW}(\text{dB}) \tag{3.47}$$

式中，m 为每个符号的比特数，对 QPSKm=2，对 64QAMm=6；R_s 为波特率；BW 为信号带宽；ξ_w 为频带利用率。E_b/N_0 归一化了不同调制格式的性能，可以用来比较不同的编码调制机制，这样把真实信号中每符号的比特数和符号率的影响都去除了。

E_b/N_0 物理意义：模拟信号在进行模/数转换后，处于任意两个量化电平中间的部分，就会与其后数/模转换出来的信号有微小差别，这相当于在原始信号上叠加了一个噪声，叫作量化噪声。量化噪声是白噪声，符合噪声叠加规律。在传送过程中还有各种干扰和噪声。

在实际工程计算时，往往以发射端发射功率除以信息速率来得到每比特能量。

3.6.4 频带利用率

频带利用率是衡量数字系统效率的重要指标，指单位带宽内所能实现的信息速率，单位是 bit/s/Hz，代表每赫兹（Hz）带宽的传输频道上可以传输比特率为多高的数字信息，表示为 $\eta=R_b/B$（bit/s/Hz）（式中，B 为系统所需的传输带宽；R_b 为系统的信息速率）。

频谱效率主要用于衡量各种数字调制技术的效率，在数量上等效于每个调制符号所映射的比特数。工程应用中传输信号通常采用升余弦滚降波形，它所实现的频谱效率要比理论最

高效率下降一个滚降系数 α 倍。

在比较数字系统效率时，单看传送速率是不行的，因为采用不同的调制方式，即使传送速率相同，所占用的带宽也不相同，见表 3.8。

表 3.8 几种调制方式的传送速率与占用带宽

调制方式	16QAM		32QAM		64QAM		128QAM		256QAM	
传送速率（Mbit/s）	20	28	25	35	30	42	35	49	40	56
占用带宽（MHz）	5.75	8.05	5.75	8.05	5.75	8.05	5.75	8.05	5.75	8.05

调制方式不同，频带利用率也不相同，见表 3.9。

表 3.9 常用调制方式的频带利用率（滚降系数 α 取值范围为 0.1～0.25；本表取值 0.15）

调制方式	每符号比特数	理想频带利用率（bit/s/Hz）$\log_2 M$	实际频带利用率（bit/s/Hz）
2PSK	1	1	≈0.75
QPSK	2	2	≈1.7
8PSK	3	3	≈2.7
16QAM	4	4	≈3.4
64QAM	6	6	≈4.8

注：实际频带利用率（bit/s/Hz）=理想频带利用率 ×（1-α）。

符号率=实际频带利用率 × 信道带宽。

由表 3.9 可知，2PSK、QPSK、8PSK 的频带利用率低，正确传送信号的可靠程度高；其余多电平调制方式提高了频带利用率，却降低了正确传送信号的可靠程度。

3.6.5 抖动性能

抖动是数字信号传输过程中的一种瞬时不稳定现象，它表示数字信号的各瞬间对于标准时间位置的偏差。抖动包括两个方面，一是输入信号脉冲在某一平均位置左右变化；二是提取的时钟信号在中心位置上的左右变化，这种抖动现象相当于对数字信号进行了相位调制。如果用示波器观察这种信号，则在稳定的脉冲图样的前沿和后沿上出现某低频干扰调制，其频率一般为 0～2kHz。抖动严重时，由于脉冲移位使接收机把有脉冲误认为无脉冲（或相反）。系统的传输速率越高，抖动的影响也越大。

产生抖动的原因很多，除了与定时提取电路的性能有关外，还与输入信号的状态有关；当输入码流中出现长连“0”码时，定时提取困难，也会产生定时抖动；在多级中继的系统中，每个中继器产生的抖动还会出现积累，使性能更加恶化。

由于抖动难以完全消除，因此在实际工程中，往往提出一些系统容许的最大抖动指标，作为对抖动的限制条件。

抖动的性能参数主要为三种：输入抖动容限期——系统容许输入信号的最大抖动范围；输出抖动——系统输出口的信号抖动特性；抖动转移特性——在不同的测试频率下，系统输入信号的抖动值和输出信号的抖动值之比（增益）的分布特性。

3.6.6 可靠性与寿命

对于一个数字系统而言，产品可靠性与寿命包括系统的两个终端接口间传输通道上所有产品的可靠性与寿命。通过对使用现场的实际调查，统计故障次数、记录每两次故障的间隔时间和每次故障的维修时间等，可以求出该系统的平均故障间隔时间和平均维修时间。

可靠性是产品在规定的条件下和时间内，完成规定功能的能力，常用故障率（λ）或平均故障间隔时间和平均维修时间来表征。

故障率（λ）表示产品工作到时间 t 的条件下，单位时间内发生失效的概率，常用 10^{-9}/h 作为基准单位，称为一菲物（fit）。

平均寿命时间（MTTF）为设备或系统发生失效前的平均工作时间，平均故障间隔时间（MTBF）指相邻两次故障的间隔时间，平均维修时间（MTTR）是排除故障需用的时间。另外，还有调制误差率、相位抖动、噪声富裕量、等效噪声劣化等参数。

现代城市双向有线数字电视网，必须具备实用性、先进性、规范性、可靠性、冗余性、管理性、发展性、性价比高等性能。网络应可提升现有业务，适应未来需求。

现代城市双向有线数字电视网是一个集数据、声音、电视于一体，三网融合的通信系统，欲使用户切身体会到需要、离不开，系统运行的可靠性是第一要务。必须按运营级的标准要求可靠性，年无故障工作时间率必须达到≥99.99%，即任一用户年有故障时间必须≤52min33.6s。网络可靠性的相关因素如下。

设备的平均无故障工作时间尽量长；设备散热好、工作温升低；设备数量尽量少；关键设备应可热插拔；关键设备应可主备切换；关键设备应可网元管理，网管可靠性比被管设备高一个数量级；电缆调制解调器、双向机顶盒应可报告工作参数；主干网络双路由；串行环节尽量少；尽量不停电供电；施工工艺严格；调试设置准确；维修养护及时。

【练习与思考】

1. 在有线电视系统中，热噪声比的大小与频率是否有关？理论分析基础热噪声功率电平是多少？

2. 何为噪声系数 F？通常设备均会产生噪声，此时对设备的噪声系数 F 要求是越大越好，还是越小越好？

3. 在噪声的计算中，为分析简便起见，有时把设备放大器本身在输出端产生的噪声折合到放大器的输入端，此时该设备等效输入噪声（$F-1$）P_{n0} 与放大器的倍数和外来噪声是否有关？

4. 视频信号比的含义是什么？电视图像质量主要是决定于信号电平的大小，还是噪声电平的大小，还是信噪比的大小？

5. 实际上对电视图像质量主观评价，用几级评分法？信噪比与图像质量等级之间的关系近似采用什么公式计算？

6. 在有线数字电视系统中，产生的失真可分为线性失真和非线性失真，造成它们失真的原因各是什么？在这两类失真中各主要表现在哪些参数指标上？

7. 有线数字电视网络中视频信号和射频信号的主要技术参数各有哪些？了解这些主要的参数指标在行标中的规定是多少？

8．在数字电视中，一个很重要的参数就是误码率，它的定义是什么？误码率在行标中的规定是多少？

9．有线数字电视网络中，要把载噪比、交扰调制比和载波互调比等主要指标，按比例合理地分配到有线电视前端、传输系统和分配系统中去，其分配的类别是什么？

10．字节到符号的映射原则是什么？

11．求 8-VSB 字节到符号的转换过程。

12．列表说明比特率与符号率的关系。

13．比较误码率和调制误差率，并说明其物理意义。

14．何谓滚降系数？对带宽有限传输系统，其对传输速率有何影响？

15．抖动的性能参数有哪些？产生抖动的原因有哪些？可靠性有哪些指标？

16．何谓码间串扰？它产生的原因是什么？对传输系统的性能有何影响？

17．消除码间串扰的方法有哪几种？并说明它们的基本思想。

18．证明符号率=实际频带利用率 × 信道带宽。

思考题

1．如何区分线性失真与非线性失真？

2．深刻理解技术指标的叠加与分配方法对网络分析与设计有何意义。

【研究项目】 有线数字电视网络技术参数的测试与网络故障排除

要求：

1．结合本地实际，研究学习有线电视技术参数所规定的各失真指标。

2．理解并掌握噪声系数、视频信噪比、误码率和 CTB、CSO、幅频特性等常用的性能技术参数。

3．IP 传输层和码流传输层有哪些指标？测试工具有哪些？选择一种工具做实际测试。

4．作业以研究报告形式提交，包含测试结果的现场数据记录。

目的：

1．学习有线电视网络的技术指标，掌握噪声、非线性失真、线性失真等系统性能技术参数。

2．学会测试数字电视的主要指标。

第4章 有线数字电视网络线缆与接插件

【学习提要】

熟悉同轴电缆和光纤的结构，了解光纤的传输原理，掌握同轴电缆和光纤的传输特性和传输指标以及分配器、分支器的主要特征和光功率分配耦合的原理及作用，着重讨论光纤/光缆传输特性及结构。本章重要概念有分配器、分支器、电源插入器、用户终端盒等几种常用的电缆接插件和光耦合器、光合波器、分光器、光隔离器等常用的无源光器件。

【引言】

同轴电缆和光纤同是有线数字电视网络传输系统的物理传输媒介。它们位于前端和用户的家庭网络之间，作用是将前端系统输出的各种信号不失真地、稳定地传输给用户。对同轴电缆、光纤和光器件的特性研究就成为提高有线数字电视网络的通信水平和促进光纤（同轴电缆）新技术发展的重要课题之一。深刻理解光纤（同轴电缆）传输原理和传输特性，正确选择光纤（同轴电缆）产品，成为优化有线数字电视网络系统设计的重要手段。

由同轴电缆、光缆构成一个完整的有线数字电视网络传输系统，除了光源、光检测及光纤外，还需要众多的电缆接插件和光器件，它们在网络传输中起着重要的作用，其性能的优劣将直接影响网络的传输指标。

4.1 同轴电缆

4.1.1 同轴电缆的结构与类型

同轴电缆是高频信号的传输介质，不仅在有线电视传输系统中用到它，在无线电视、广播电视发射台中也要用到它。在光纤传输技术实用化之前，同轴电缆网是有线电视网的主要网络形式。同轴电缆具有传输频带宽、能双向传输、接续容易等优点。

1. 同轴电缆的结构

同轴电缆由中心的铜质或铝质导体（内导体）、中间的绝缘塑料层（绝缘体）、金属屏蔽层（外导体）及主要起保护作用的外套层（护套）四部分组成。绝缘体使内、外导体绝缘并保持轴心相同，所以称其为同轴电缆。同轴电缆结构如图4.1所示。

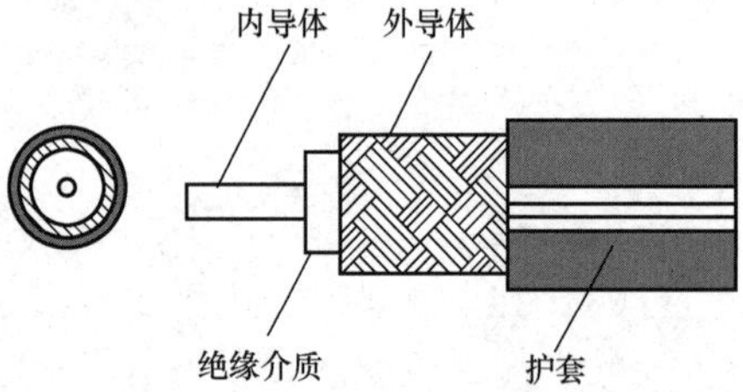

图4.1 同轴电缆结构图

同轴电缆的中心是内导体（又称芯线）。内导体可以用铜线、镀铜的钢线、镀铜的铝线制成。同轴电缆的绝缘体外有一层或若干层与中心导体同轴心的外导体（又称屏蔽层），一般由铜丝编织而成，或镀锡铜丝编织网内加一层铝箔而成，也有用金属管（铝管）或用波状铜管制成的。它具有良好的导电性能和物理性能，要求越均匀越好。外导体与内导体之间是绝缘介质，以使电缆不易受压变形。绝缘介质的电特性在很大程度上决定着同轴电缆的传输和损耗特性，经常使用的绝缘介质有干燥空气、聚乙烯（PEV）、聚丙烯、聚氯乙烯（PVC）和氟塑料材料的混合物，其结构有竹节、纵孔（藕式）、高发泡等形式。电缆的外导体外面有一个护套用以保护整个电缆，通常用质地较硬的聚乙烯或乙烯基类材料制成。由于护套填充物的不同成分，同轴电缆呈现黑色和白色。外导体的作用是防止自身射频信号的泄漏和外部射频信号的侵入，同时也是传输的射频信号和供电电源的“地”，跟内导体一起构成完整的传输回路。

2．同轴电缆的类型

同轴电缆种类很多：高频发射用的馈管内、外导体之间依靠绝缘垫片支撑，其间大部分是空气绝缘；实芯同轴电缆，其绝缘材料是聚乙烯，它在很高频率下的损耗角仍然很小，其相对介电常数 ε_γ 为 2.26～2.3；藕芯同轴电缆是将绝缘材料做成纵孔藕芯式，以降低介质损耗；物理发泡同轴电缆的绝缘材料是经过物理发泡处理使其增加许多空气微孔以降低介质损耗，同时提高防水防潮性能。国家制定了电缆型号命名方法，从电缆型号即能方便地了解电缆大概情况。我国电缆型号命名方法为××××-××-×-×。

第一部分字母由四部分组成，分别表示“分类代号”、“绝缘材料”、“护套材料”和“附加代号”。常用字母代号及其意义如下。

分类代号部分（S：同轴射频电缆；SE：对称射频电缆；YK：乙烯空气绝缘）。绝缘层材料部分（D：稳定聚乙烯空气绝缘；F：氟塑料；I：聚乙烯空气绝缘；R：辐射聚乙烯；U：聚四氟乙烯；W：稳定聚乙烯：X：橡皮；Y：聚乙烯；YF：泡沫聚乙烯）。护套材料部分（J：聚氨脂；M：棉纱编织；R：辐射聚乙烯；V：聚氯乙烯；X：橡皮；Y：聚乙烯）。附加代号部分（P：屏蔽；Z：综合式；D：镀铜屏蔽；SG：高压射频电缆；SJ：强力射频电缆；SL：漏泄同轴射频电缆；SS：电视电缆；ST：特种射频电缆；SZ：延迟射频电缆）。

第二部分的数字代表电缆的特性阻抗，如“50”代表特性阻抗为 50Ω 的电缆。

第三部分的数字代表电缆芯线绝缘层的外径，单位是 mm。从电缆型号的第三部分就可以大致知道电缆的粗细了。

第四部分是电缆的结构序号，代表屏蔽层。

例如，同轴电缆 SYV-75-7 的含义：S 代表同轴射频电缆；Y 代表绝缘材料是聚乙烯；V 代表护套材料为聚氯乙烯；75 代表特性阻抗是 75Ω；7 代表绝缘层外径为 7mm。

按照同轴电缆在 CATV 系统中的使用位置也可分为三种类型：①干线电缆，其绝缘外径多为 9mm 以上的粗电缆，要求损耗小，对柔软性的要求并不高；②支线电缆，其绝缘外径一般为 7mm 或以上的中粗电缆，要求损耗较小，同时也要求一定的柔软性；③用户线电缆，其绝缘外径一般为 5mm，损耗要求不重要，主要要求良好的柔软性、四层屏蔽。另外，还可以按照电缆的绝缘外径以及有无自承能力或有无铠装来进行分类。

为了便于从同轴电缆的型号大致看出其结构类型，下面给出我国电缆的统一型号编制方法（见图 4.2）。导体材料部分字母通常省略。

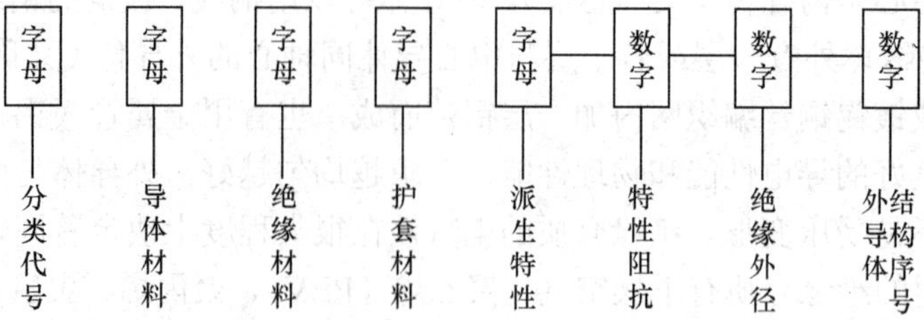

图 4.2 我国电缆的统一型号编制方法

4.1.2 同轴电缆的特性与指标

1. 特性阻抗

特性阻抗是同轴电缆的一个固有参数，其大小取决于电缆本身内外导体的结构尺寸以及内外导体间绝缘材料的特性。有线电视系统采用标准阻抗为 75 Ω 的同轴电缆。

信号传输匹配的条件是终端负载阻抗应等于电缆的特性阻抗，这样才不会产生能量反射，从而达到最佳传输效果。

若单位长度的电阻、电感、电导、电容分别以 R、L、G 和 C 表示，则其特性阻抗 $Z_0=\sqrt{(R+\mathrm{j}\omega L)/(G+\mathrm{j}\omega C)}$（$\omega=2\pi f$）。显然，特性阻抗随频率的不同而不同。如果假定内、外导体都是理想导体，即 R 和 G 可以忽略，则 $Z_0=\sqrt{L/C}$，这样特性阻抗就与频率无关，完全取决于电缆的电感和电容，而电感和电容则取决于导电材料、内外导体间的介质和内外导体的直径。

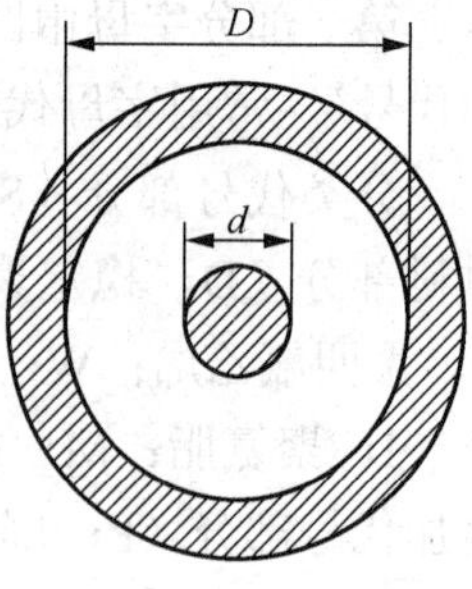

图 4.3 同轴电缆断面图

按照图 4.3 所给出的电缆尺寸、形状，可导出一个非常实用的公式：

$$Z_0=\frac{138}{\sqrt{\varepsilon_\gamma}}\times\lg\frac{D}{d}(\Omega)$$

式中，ε_γ 为绝缘体的相对介电常数，因材料的种类和密度而异。聚乙烯的 ε_γ 为 2.3 左右，空气为 1，发泡聚乙烯（PEF）则根据气泡含量及分布情况而定，气泡含量越大，则 ε_γ 越接近于 1，一般来说普通发泡为 1.5 左右，高发泡可达 1.2 左右。

当 δ_γ 确定后，电缆的特性阻抗取决于外导体的内径（D）与内导体外径（d）之比，也就是说，D/d 一定的话，电缆尺寸即使按比例扩大，其特性阻抗也仍保持定值（这正是射频电缆无论粗细其特性阻抗均为 75Ω的奥妙所在）。选择一定的 D/d 值，可使同轴电缆的特性阻抗做成 50Ω、75Ω、100Ω等规格，一般视频电缆采用 50Ω系列，而射频电缆则统一使用 75Ω系列（此时对射频信号衰减最小）。

2. 衰减系数

衰减系数反映了电磁能量沿电缆传输时的损耗程度，它是同轴电缆的主要参数之一。为了提高传输效率，通常都要求电缆的衰减系数尽可能小。衰减系数 β 与传输信号频率之间的

关系可近似表示为

$$\beta=\frac{3.56\sqrt{f}}{Z_0}\times\left(\frac{k_1}{D}+\frac{k_2}{d}\right)+9.31\sqrt{\varepsilon_r}\times f\times\tan\delta$$

式中，f 为工作频率（MHz）；Z_0 为特性阻抗（Ω）；D 为外导体内径（cm）；d 为内导体外径（cm）；k_1、k_2 为由内、外导体的材料和形状决定的常数；ε_γ 为绝缘介质的相对介电常数；$\tan\delta$ 为绝缘介质损耗角的正切值（聚乙烯 $\tan\delta=5\times10^{-2}$，发泡后可达到 $\tan\delta=2\times10^{-4}$）。

由衰减系数与传输频率之间的关系式可以看出，射频信号在同轴电缆中传输时的衰减是由内、外导体的损耗与绝缘材料的介电损耗共同引起的。关系式的前项是电缆导体直径对衰减的影响，为主要项，因为它与 f 的二次方根成正比，反映在双对数坐标上是一条斜直线；后项是介质对衰减的影响，为次要项，因为它与 f 成正比，在双对数坐标上是一条指数曲线。两者叠加的结果，在传输频率的低端，衰减系数基本由电缆直径决定，介质影响很小，但随着频率升高，介质影响会越来越明显。

显然，电缆直径越大，衰减值越小。在电缆直径一定的前提下，欲尽量减小高频损耗，只能是尽量增大介质中空气的比例，使 $\tan\delta$ 值减至最小，才能最大限度地消除介质的损耗影响。此时，电缆损耗可以逼近理想的斜直线，即 $\beta\propto\sqrt{f}$，将这种衰减值随频率增高而变大的特性称为衰减斜率。理想情况下，衰减斜率符合 $\beta_1/\beta_2=\sqrt{f_1/f_2}$（$\beta_1$、$\beta_2$ 分别为对应于传输频率 f_1、f_2 的衰减值，单位为 dB）。

由于电缆的衰减存在着斜率，因此，通常所说的电缆衰减值是指电缆在系统最高工作频率下的衰减值。任何电缆都是有一定寿命的，在使用一段时间之后，由于材料老化，导体电阻增加，绝缘介质的漏电加大，使电缆的衰减增加。当电缆的衰减量比标称值增加 10%～15% 时，该电缆就该被淘汰更新了。一般电缆的寿命在 7～20 年。

【工程计算】　工程上对 RF 信号采用对数的方式来计算和描述，如放大器的增益用“30dB”描述，分支器的分支损耗用“xxdB”表示等。

将信号功率取对数表示，如 20mV 对应的分贝数是 20lg20=26（dBmV）或 20lg20000=86（dBμV）。

如图 4.4 所示，A 点（线路输入点）信号功率是 95dBμV，经过 300m 的同轴电缆，进入放大器，放大后分支输出。

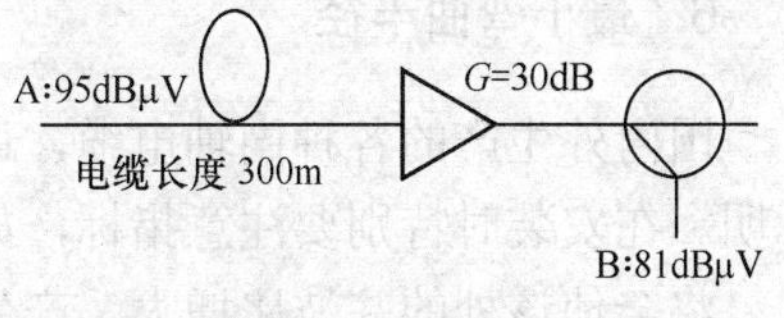

图 4.4　信号电平（功率）计算图例

假设同轴电缆上的损耗是 12dB/100m，放大器增益是 30dB，分支器的分支损耗是 8dB，那么 B 点（分支器输出端）的信号大小为 95−300×12/100+30−8=81（dBμV）。

3. 温度系数

温度系数定义为温度每升高 1℃电缆对信号衰减增加的百分数。一般温度系数为 0.2%（dB）/℃，表示温度每升高 1℃电缆衰减值在原基础上增加 0.2%（dB）。如果温度变化±25℃，电缆衰减值在原基础上变化±25×0.2%=±5%（电缆衰减值）（dB）。温度升高，电缆损耗增加；温度降低，电缆损耗减小。

4．屏蔽特性

电缆的屏蔽特性是用来描述电缆中传输信号不受外界杂波的干扰，也不会干扰外界的电磁场的屏蔽性能。这一性能的好坏主要取决于外导体的密封程度。网状编织层的密度越大、层数越多，铝管越厚屏蔽性能就越好。屏蔽特性以屏蔽衰减（dB）表示，分贝数越大表明电缆的屏蔽特性越好。一般来说，金属灌装的外导体具有良好的屏蔽特性，采用双层铝塑带和金属网也能获得较好的屏蔽效果。现在为了发展有线电视宽带综合业务网，接入网建设要求应用具有四层屏蔽的同轴电缆。对双向 HFC 网络，电缆的屏蔽衰减应大于 90dB。

5．回波损耗

回波损耗也称反射损耗，这里所说的反射，不是指由于电缆特性阻抗与负载或信号源不匹配所产生的反射，而是电缆本身原因所引起的内部反射。其主要分为两种情况：①同轴电缆的特性阻抗在长度方向上的一致性劣化，比如电缆制造过程中产生结构尺寸的偏差和材料的变形，电缆沿长度方向上的特性阻抗产生随机性或周期性不均匀的变化，而使信号电波在电缆内部产生复杂的反射；②施工引起的电缆变形或电缆老化引起材质变化，也会因为特性阻抗的不均匀而造成内部反射。电缆内部均匀性好坏可用回波损耗 R_L（Loss Ratio）来表示：

$$R_L(\text{dB}) = -20\lg\rho(\text{dB})$$

式中，ρ 为电缆输入端反射系数。反射系数越小，回波损耗 R_L 越大。通常情况下工作频率越高，其反射损耗也越小。从信号传输质量的角度来说，反射损耗应越大越好，因为 R_L 值越大，表明电缆内部结构越均匀，越不容易形成反射波，也就越难以形成驻波。反射损耗低的电缆易造成电视图像清晰度不佳、重影或网纹干扰等不良现象，还会影响到数字电视、数据传输的误码率。对典型的应用场景即光节点后的同轴电缆网只有 1 级放大器（即 N+1 场景）或光接收机/光工作站直接带无源同轴分配网（即 N+0 场景）结构，进行实际测试，数据表明 1GHz 以下微反射全部在 IEEE802.14 标准限值以内，1～1.2GHz 性能有微弱劣化，1.2～1.3GHz 性能急剧恶化，某些点微反射严重。这对建立有线数字电视网络的信道模型有重要的参考价值。

6．最小弯曲半径

国内外生产的各种同轴电缆，最小的弯曲半径差别很大，一般在电缆产品说明书上都会标明。在安装时特别要注意指标，如果电缆某处弯曲程度太大或被夹扁，特性阻抗就不均匀了，将会使该处的驻波比增大，产生反射。因此电缆弯曲时，一定要按照产品给定的最小弯曲半径进行，对于未标明最小弯曲半径的电缆，其半径一般应为电缆直径的 15～20 倍。

7．传输速度与波长缩短率

电波在电缆内的传播速度主要是由其绝缘体的特性决定的。它比自由空间的传输速度要慢，其具体大小为 $V_g=V_0/\sqrt{\varepsilon_\gamma}=3\times10^8/\sqrt{\varepsilon_\gamma}$ （m/s）。传输速度 V_g 发生变化后，电缆内相应的波长 λ_g 也将随之改变，$\lambda_g=V_g/f=V_0/\left(\sqrt{\varepsilon_\gamma}\times f\right)=\lambda_0/\sqrt{\varepsilon_\gamma}$ 。可见，λ_g 比自由空间的波长 λ_0 有所缩短，$1/\sqrt{\delta_\gamma}$ 称为波长缩短率，该值在聚乙烯中为 0.66，一般发泡聚乙烯为 0.82，高发泡聚乙烯为 0.89～0.9。波长的缩短势必引起时间延迟，这正是接收机串入直射波后引起前重影或同频干扰的原因。

4.2 光纤与光缆

光纤即光导纤维的简称。它是一种玻璃丝，其材料是石英（SiO_2），是通信网络的优良传输介质，得到广泛的应用。光纤通信是以光作为信息载体，以光纤作为传输媒介的通信方式。光纤通信以其宽带、大容量、低损耗、长中继、抗电磁干扰、体积小、重量轻、便于敷设等优点，成为当代长途通信最主要的手段。光纤通信技术也成为近 30 年迅猛发展起来的高新技术，给世界通信技术乃至国民经济、国防事业和人民生活带来了巨大变革。

4.2.1　光纤的结构与分类

类似于无线电波在波导中的传播，光在光纤中传播时也会激发出一定的电磁波模式，这种模式与光纤的粗细有关。芯径太细难以形成确定的传输模式，芯径太粗则使传输模式增多，使色散（关于色散的概念，4.2.2 小节再做介绍）严重。因此，光纤的芯径不能太粗或太细，一般为所传输光波长的几倍至几十倍。

1．光纤的结构

光纤是多层同轴圆柱体，如图 4.5（a）所示，自内向外为纤芯、包层、涂覆层，称为裸纤。包层外面涂覆一层硅酮树脂或聚氨基甲酸乙酯（30～150μm），然后增加保护套加以保护。纤芯和包层是高纯度石英材料，包层折射率略低于纤芯，与纤芯一起形成光的全反射通道，使光波的传输局限于纤芯内。

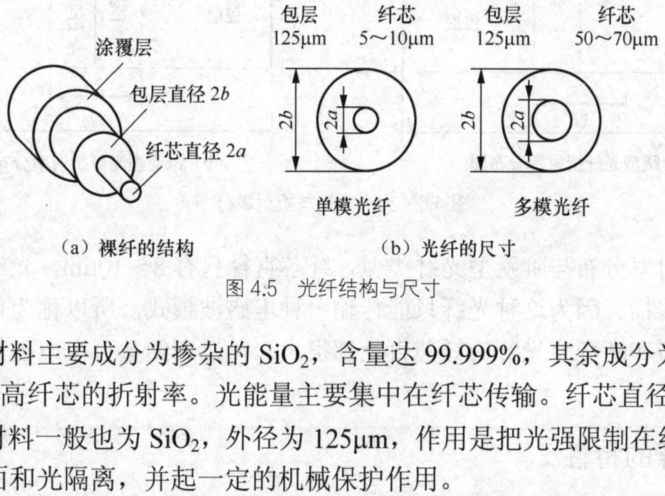

（a）裸纤的结构　　（b）光纤的尺寸

图 4.5　光纤结构与尺寸

纤芯：纤芯材料主要成分为掺杂的 SiO_2，含量达 99.999%，其余成分为极少量的掺杂剂如 GeO_2 等，以提高纤芯的折射率。光能量主要集中在纤芯传输。纤芯直径为 8～100μm。

包层：包层材料一般也为 SiO_2，外径为 125μm，作用是把光强限制在纤芯中。包层为光的传输提供反射面和光隔离，并起一定的机械保护作用。

涂覆层：为了增强光纤的柔韧性、机械强度和耐老化特性，还在包层外增加一层涂覆层，其主要成分是环氧树脂和硅橡胶等高分子材料。

2．光纤的分类

根据不同的分类方法，同一根光纤将会有不同的名称。按照光纤的材料分类，可以将光纤分为石英光纤和全塑光纤。石英光纤一般是指由掺杂石英芯和掺杂石英包层组成的光纤。

这种光纤有很低的损耗和中等程度的色散。目前通信用光纤绝大多数是石英光纤。全塑光纤是一种通信用新型光纤，尚在研制、试用阶段。全塑光纤具有损耗大、纤芯粗（直径 100～600μm）、数值孔径（NA）大（一般为 0.3～0.5，可与光斑较大的光源耦合使用）及制造成本较低等特点。目前，全塑光纤适合于较短长度的应用，如室内计算机联网和船舶内的通信等。按照光纤传输的模式数量，可以将光纤分为多模光纤和单模光纤。单模光纤是只能传输一种模式的光纤。单模光纤只能传输基模（最低阶模），不存在模间时延差，具有比多模光纤大得多的带宽，这对于高码速传输是非常重要的。单模光纤的模场直径仅几微米（μm），其带宽一般比渐变型多模光纤的带宽高一两个数量级。因此，它适用于大容量、长距离通信。按照 ITU-T 建议分类，为了使光纤具有统一的国际标准，国际电信联盟（ITU-T）制定了统一的光纤标准（G 标准）。按照 ITU-T 关于光纤的建议，可以将光纤分为 G.651 光纤（50/125μm 多模渐变型折射率光纤）、G.652 光纤（非色散位移光纤）、G.653 光纤（色散位移光纤 DSF）、G.654 光纤（截止波长位移光纤）、G.655 光纤（非零色散位移光纤）。为了适应新技术的发展需要，目前 G.652 类光纤已进一步分为了 G.652A、G.652B、G.652C 三个子类，G.655 类光纤也进一步分为了 G.655A、G.655B 两个子类。按照光纤横截面上折射率的径向分布情况，光纤分为阶跃型和渐变型两种，如图 4.6 所示。阶跃（Step Index，SI）多模光纤折射率 n_1 在纤芯保持不变，到包层突然变为 n_2；渐变（Graded Index，GI）多模光纤折射率不像阶跃多模光纤是个常数，而是在纤芯中心最大，沿径向往外按抛物线形状逐渐变小，直到包层变为 n_2。

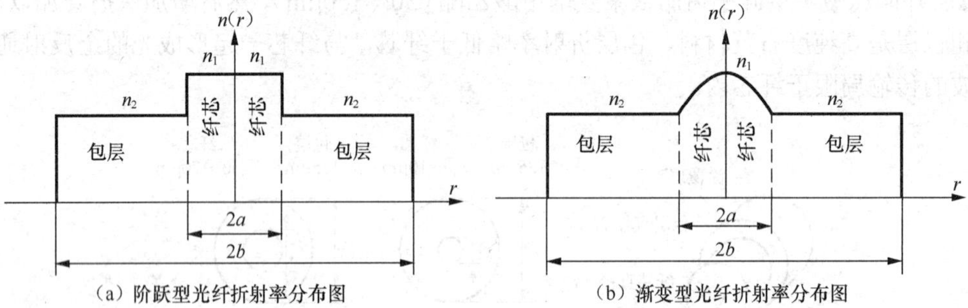

图 4.6　光纤类型与折射率分布

单模光纤折射率分布与阶跃型光纤类似，纤芯直径只有 8～10μm，光线以直线形状沿纤芯中心轴线方向传播。因为这种光纤只能传输一种电磁波模式，所以称为单模光纤。相对于单模光纤，阶跃型和渐变型光纤的纤芯直径都很大，可以容纳数百个电磁波模式，所以称为多模光纤。

4.2.2　光纤的特性

光信号经光纤传输以后要产生畸变和损耗。对于脉冲信号，不仅幅度要减小，而且波形要展宽。产生信号畸变的主要原因是光纤中存在色散。损耗和色散是光纤最重要的传输特性。

1．光纤的损耗

光波在光纤中传输，随着距离的增加光功率逐渐下降，这就是光纤的传输损耗，该损耗直接关系到光纤通信系统传输距离的长短，是光纤最重要的传输特性之一。自光纤问世以来，人们在降低光纤损耗方面做了大量的工作，1.31μm 光纤的损耗值在 0.5dB/km 以下，而 1.55μm 的损耗为 0.2dB/km 以下，这个数量级接近了光纤损耗的理论极限。形成光纤损耗的原因很多，其损耗机理复杂，计算也比较复杂 （有些是不能计算的）。降低损耗主要依赖于工艺的提高和对材料的研究等。光纤损耗的原因主要有吸收损耗和散射损耗，还有来自光纤结构的不完善。光纤对不同波长的光波的吸收损耗如图 4.7 所示。

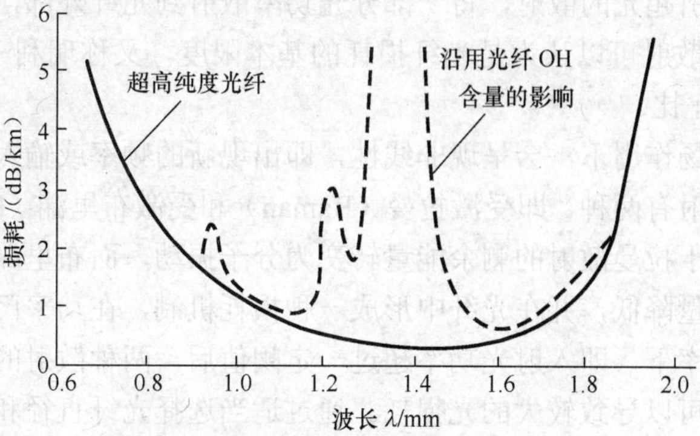

图 4.7 光纤对不同波长的光波的吸收损耗

（1）光纤的损耗系数

尽管引起光纤损耗的原因有多种，但在定义其损耗系数时，只考虑输入和输出光纤的光功率之比。

若用 P_i 表示输入光纤的功率，P_o 表示输出光功率，则在传输线中的损耗可定义为 $\alpha=10\lg\left(P_i/P_o\right)$（dB）。若该损耗在长为 L（km）的传输线上传输，且损耗均匀，则单位长度传输线的损耗即损耗系数为 $\alpha_L=\alpha/L=10L^{-1}\times\lg\left(P_i/P_o\right)$。

（2）吸收损耗

物质的吸收作用将传输的光能变成热能，从而造成光功率的损失。吸收损耗有三个原因，一是本征吸收，二是杂质吸收，三是原子缺陷吸收。光纤材料的固有吸收叫作本征吸收，它与电子及分子的谐振有关。对于石英（SiO_2）材料，固有吸收区在红外区域和紫外区域。其中，红外区的中心波长在 8～12μm 范围内，对光纤通信波段影响不大，对于短波长不引起损耗，对于长波长光纤引起的损耗小于 1dB/km；紫外区中心波长在 0.16μm 附近，尾部拖到 1μm 左右，已延伸到光纤通信波段（0.8～1.7μm 的波段），在短波长范围内引起的光纤损耗小于 1dB/km，在长波长范围内引起的光纤损耗小于 0.1dB/km。

由于一般光纤中含有铁、镍、铜、锰、铬、钒、铂等过渡金属和水的氢氧根离子，这些杂质造成的附加吸收损耗称为杂质吸收。金属离子含量越多，造成的损耗就越大。降低光纤材料中过渡金属的含量可以使其影响减到最小的程度。为了使由这些杂质引起的损耗小于 1dB/km，必须将金属的含量减到 10^{-9} 以下。这样高纯度石英材料的生长技术已经实现。目前，光纤中杂质吸收主要由于水的氢氧根离子的振动，基波振动在 2.73μm 波长，二次谐波振动在 1.39μm，三次谐波振动在 0.95μm，它们的各次振动谐波和它们的组合波，将在 0.6～2.73μm 的范围内，产生若干个吸收。

原子缺陷吸收是由于加热过程或者由于强烈的辐射造成的，玻璃材料会受激而产生原子的缺陷，引起吸收光能，造成损耗。对于普通玻璃，在 3000rad 的伽马（γ）射线的照射下，可能引起损耗高达20000dB/km。但是有些材料受到的影响比较小，如掺锗的石英玻璃，对于4300rad的辐射，仅在波长0.82μm引起损耗16dB/km。宇宙射线也会对光纤产生长期影响，但影响很小。

（3）散射损耗

由于光纤材料密度的微观变化以及各成分浓度不均匀，使得光纤中出现折射率分布不均匀的局部区域，从而引起光的散射，将一部分光功率散射到光纤外部，由此引起的损耗称为本征散射损耗。本征散射可以认为是光纤损耗的基本限度，又称瑞利（Rayleigh）散射。它引起的损耗与λ^{-4}成正比。

物质在强大的电场作用下，会呈现非线性，即出现新的频率或输入的频率得到改变。这种由非线性激发的散射有两种，即受激拉曼（Raman）和受激布里渊（Brillouin）散射。这两种散射的主要区别在于拉曼散射的剩余能量转变为分子振动，而布里渊散射转变为声子。两种散射使得入射光能量降低，并在光纤中形成一种损耗机制，在功率门限制以下，对传输不产生影响，在很高功率下，即入射光功率超过一定阈值后，两种散射的散射光强度都随入射光功率成指数增加，可以导致较大的光损耗。通过适当选择光纤直径和发射光功率，可以避免非线性散射损耗。在光纤通信系统设计中，可以利用拉曼散射和布里渊散射，尤其是拉曼散射，将特定波长的泵浦光能量转变到信号光中，实现信号光的放大作用。除了上述两种散射外，还有由于光纤不完善（如弯曲）引起的散射损耗。在模式理论中，这相当于光纤边界条件的变化使光功率由导模转入辐射模而引起，即部分模式能量被散射到包层中。由射线光学理论，在正常情况下，导模光线以大于临界角入射到纤芯包层界面上并发生全反射，但在光纤弯曲处，入射角将减小，甚至小于临界角，这样光线会退出纤芯外而造成损耗。

（4）石英光纤的总损耗谱

表4.1所示为石英光纤三个工作波长窗口（0.85μm、1.31μm和1.55μm）及其损耗值。

表4.1　　三个工作波长窗口及其损耗值

工作波长（μm）	1.55	1.31	0.85
损耗值（dB·km^{-1}）	0.2	0.4	2.5

2．光纤的色散

由于光纤中所传信号的不同频率成分，或信号能量的各种模式成分，在传输过程中，因群速度不同互相散开，引起传输信号波形失真、脉冲展宽的物理现象称为色散。光纤色散的存在使传输的信号脉冲畸变，从而限制了光纤的传输容量和传输带宽。从机理上说，光纤色散分为材料色散、波导色散和模式色散。前两种色散由于信号不是单一频率所引起，后一种色散由于信号不是由单一模式所引起。

材料色散。材料色散是由光纤材料自身特性造成的。

波导色散。波导色散是模式本身的色散，即指光纤中某一种导波模式在不同的频率下，相位常数不同、群速度不同而引起的色散。波导色散是光纤波导结构参数的函数，在一定的波长范围内，波导色散与材料色散相反为负值，其幅度由纤芯半径a、相对折射率差Δ及剖面形状决定。

通常通过采用复杂的折射率分布形状和改变剖面结构参数的方法获得适量的负波导色散

来抵消石英玻璃的正色散，从而达到移动零色散波长的位置，即使光纤的总色散在所希望的波长上实现总零色散和负色散的目的。正是这种方法才研制出色散位移光纤、非零色散位移光纤。

模式色散。模式色散是指多模传输时同一波长分量的各种传导模式的相位常数不同、群速度不同，引起到达终端的光脉冲展宽的现象。对于渐变型光纤，由于离轴心较远的折射率小，因而传输速度快；离轴心较近的折射率大，因而传输速度慢。结果使不同路程的光线到达输出面的时延差近似为零，所以渐变型多模光纤的模式色散较小。对于多模光纤，模式色散通常占主导地位。单模光纤只存在一个模式，所以单模光纤没有模式色散。图 4.8 所示为单模石英光纤中材料色散、波导色散及总色散与波长的关系。总色散为材料色散、波导色散的近似相加。从图中可以看到，在某个特定波长下，材料色散和波导色散相抵消，总色散为零。对普通的单模光纤，总色散为零的波长在 1.31μm，这意味着在这个波长传输的光脉冲不会发生展宽。在波长 1.55μm，虽然损耗最低，但在该波长上的色散较大，如将零色散波长从 1.31μm 移到 1.55μm，这就是色散位移光纤（DSF）。这种低损耗色散的光纤，对长距离大容量光纤通信系统十分有利。显然，为了把零色散波长从 1.31μm 移到 1.55μm，可以增加波导色散的绝对值。

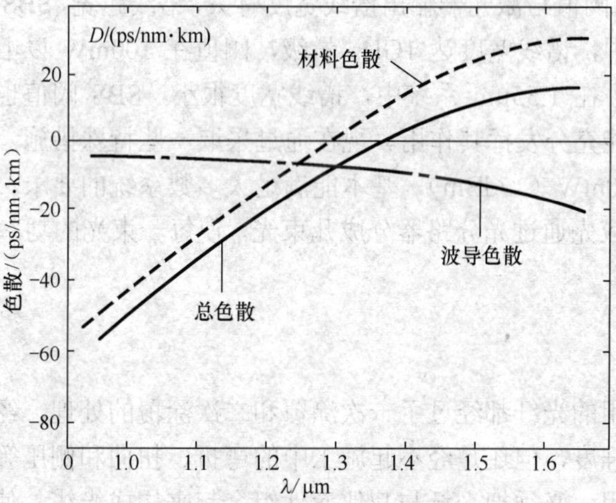

图 4.8 单模光纤色散–波长曲线图

单模光纤传输所用的光纤最普遍的是 G.652，其线径为 9μm。1310nm 波长的光在 G.652 光纤上传输时，决定其传输距离限制的是衰减系数。1550nm 波长的光在 G.652 光纤上传输时衰减系数很小，单纯从衰减系数考虑，1550nm 波长的光在相同的光功率下传输的距离大于 1310nm 波长的光传输的距离，但是实际情况并非如此，单模光纤带宽 B 与色散系数 D 的关系为 $B=132.5/(D_1 \times D \times L)$ GHz，其中 L 为光纤的长度，D_1 为谱线宽度（单位为 nm）。对于 1550nm 波长的光，其色散系数为 20ps/（nm · km），假设其光谱宽度等于 1nm，传输距离 L=50km，则有 $B=132.5/(D_1 \times D \times L)$ GHz=132.5MHz。也就是说，对于模拟波形，采用 1550nm 波长的光，当传输距离为 50km 时，传输带宽已经小于 132.5 MHz，如果基带传输频率 f 为 150MHz，那么传输距离已经小于 50km。

由上式可以看出，1550nm 波长的光在 G.652 光纤上传输时决定其传输距离限制的主要是色散系数。

3．受激布里渊散射

受激布里渊散射（Stimulated Brillouin Scattering，SBS）也称声子散射（Phonon Scattering）。受激布里渊散射主要是由于入射光功率很高，由光波产生的电磁伸缩效应在物质内激起超声波，入射光受超声波散射而产生的。散射光具有发散角小、线宽窄等受激散射的特性。也可以把这种受激散射过程看作光子场与声子场之间的相干散射过程。通常情况下，在向较长的光纤中发射激光时，如果超过了某个最大临界功率，则由于线宽和光纤类型的原因，可能会发生强烈的反射，从而导致在光纤另一端所观测到的功率达到最大极限值，这就是受激布里渊散射。受激布里渊散射（SBS）现象将对传输功率产生限制，并且引发信号噪声。

SBS 效应产生的频率较低的背向散射光，不仅使传输光受到衰减，还会破坏激光器的性能，引起激光器输出光功率的波动，产生较大的噪声，使系统的载噪比严重恶化。因此，在光纤传输系统中，入射到光纤内的光功率一定不能大于受激布里渊散射的阈值。

为了使光纤放大器的高输出功率能够有效地注入单模光纤，必须提高 SBS 门限功率，采用的方法主要是对信号光源做附加调制或对外调制器做附加调相，使入射光的谱宽增大。

分析表明，SBS 的阈值与激光器输出谱线宽度有关，谱线越宽，SBS 阈值越大。在 1.31μm 直接调制的光发射机中，谱线宽度达 1GHz 量级，阈值在 100mW 以上，故受激布里渊散射所造成的问题不突出。在 1.55μm 系统中，谱线宽度很小，SBS 阈值也随之减少，只有几毫瓦，使光纤放大器不能充分发挥其作用。现在通过采取一些特殊措施，可以使 1.55μm 系统的 SBS 阈值提高到 50mW（17dBm），基本能满足大多数系统的要求。对于那些输出功率大于 50mW 的系统，则应先通过光分路器分成几束光，使每一束光的功率在 50mW 以下，再输入光纤传输。

4.2.3 光缆

目前，光纤通信用的光纤都经过了一次涂覆和二次涂覆的处理，经过涂覆后的光纤虽然已具有了一定的抗张强度，但还是经不起施工中的弯折、扭曲和侧压等外力作用，为了使光纤能在各种环境中使用，必须把光纤与其他元件组合起来构成光缆，使其具有良好的传输性能以及抗拉、抗冲击、抗弯、抗扭曲等机械性能。

除了应该具有很高的机械强度和化学防护性能外，好的光缆还应该具有重量轻、尺寸小、较柔韧、防火、防动物撕咬以及对温度不敏感等性能。

1．光缆的基本组成

有多种形式的光缆结构设计，以适应不同的应用。目前光纤通信中使用各种不同类型的光缆，其结构形式多种多样，但无论何种结构形式的光缆，基本上都由缆芯、加强元件和护层三部分组成。

（1）缆芯

缆芯是由单根或多根光纤芯线组成的，其作用是传输光波。

（2）加强元件

加强元件一般有金属丝和非金属纤维，其作用是增强光缆敷设时可承受的拉伸负荷。加强元件分为中心放置加强件和外部放置加强件，绝缘材料加强件和金属材料加强件。

（3）护层

光缆的护层主要是对已形成缆的光纤芯线起保护作用，避免受外界的损伤。

2．光缆的种类

光缆按成缆结构方式不同可分为沟槽式、层绞式和套管式（松套封装型和紧套封装型）。

（1）沟槽式光缆

沟槽式光缆是将单根或多根光纤放入沟槽中，骨架中心是加强元件，如图 4.9（a）和（b）所示。这种结构的光缆抗侧压性能好，但制造工艺复杂。

（2）层绞式光缆

层绞式光缆是将若干根光纤芯线以加强元件为中心绞合在一起的一种结构，如图 4.9（c）所示。这种结构适用于芯线数较少的光缆。

（3）套管式光缆

套管式光缆是将数根一次涂覆的光纤放入同一根塑料管中，管中填充油膏，光纤浮在油膏中，如图 4.9（d）所示。套管式光缆的结构合理、重量轻、体积小、价格便宜。

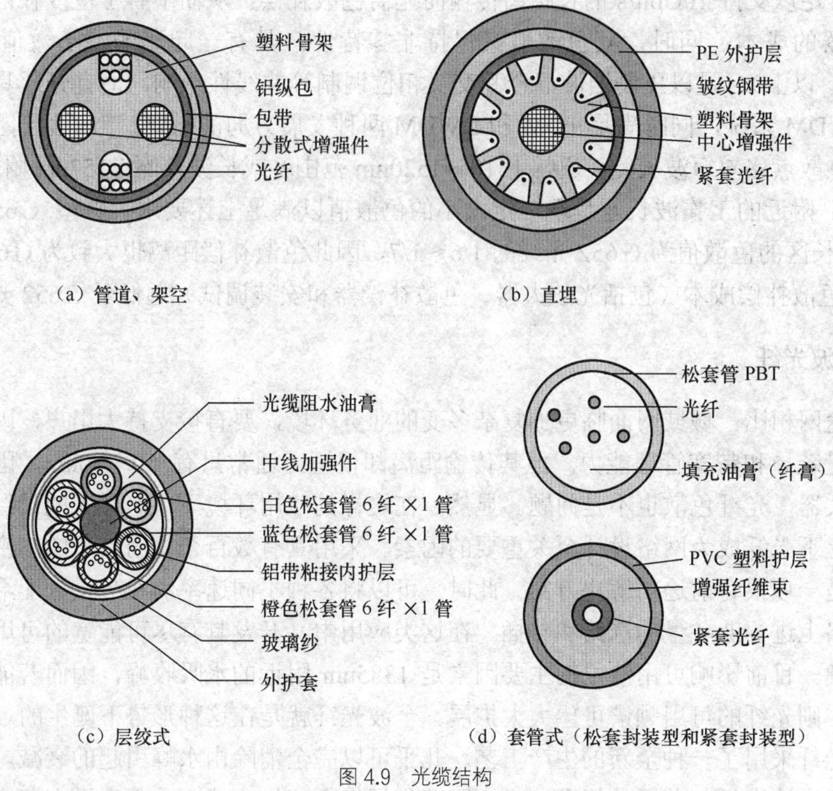

（a）管道、架空　（b）直埋

（c）层绞式　（d）套管式（松套封装型和紧套封装型）

图 4.9　光缆结构

3．光缆端别的识别

严格来讲，光缆应该按照端别次序敷设，因此应掌握光缆端别的识别。一般光缆（主要是层绞式光缆）端别是根据光缆中松套管色谱的顺序来识别的。光缆松套管的色谱一般有两种：①蓝、橘、绿、棕、灰、白、红、黑、黄、紫、粉红、天蓝（青绿）；②红、蓝、白、白、白、白。例如，某光缆的某一端采用上述第二种色谱，若该色谱按照顺时针顺序排列（顺时针方向为红、蓝、白、白、白、白），则此端为光缆的 A 端（里端，以红色封堵头标识）；相反，若按逆时针顺序排列（逆时针方向为红、蓝、白、白、白、白），则为光缆的 B 端（外端，以绿色封堵头标识）。

4.2.4 新型光纤

近几年来随着 IP 业务量的爆炸式增长，网络技术正开始向三网融合的方向发展，而构筑具有巨大传输容量的光纤基础设施是下一代网络的物理基础。传统的 G.652 单模光纤在适应上述超高速长距离传送网络的发展需要方面已暴露出力不从心的态势，开发新型光纤已成为开发下一代网络基础设施的重要组成部分。目前，为了适应干线网和城域网的不同发展需要，已出现了两种不同的新型光纤，即非零色散光纤（G.655 光纤）和无水吸收峰光纤（全波光纤）。

1．新一代的非零色散光纤

非零色散光纤（G.655 光纤）的基本设计思想是，在 1550nm 窗口工作波长区具有合理的较低色散，足以支持 10Gbit/s 的长距离传输而无需色散补偿，从而节省了色散补偿器及其附加光放大器的成本；同时，其色散值又保持非零特性，具有一起码的最小数值（如 2ps/（nm・km）以上），足以压制四波混合和交叉相位调制等非线性影响，适宜开通具有足够多波长的 DWDM 系统，同时满足 TDM 和 DWDM 两种发展方向的需要。为了达到上述目的，可以将零色散点移向短波长侧（通常 1510～1520nm 范围）或长波长侧（157nm 附近），使之在 1550nm 附近的工作波长区呈现一定大小的色散值以满足上述要求。典型 G.655 光纤在 1550nm 波长区的色散值为 G.652 光纤的 1/6～1/7，因此色散补偿距离也大致为 G.652 光纤的 6～7 倍，色散补偿成本（包括光放大器、色散补偿器和安装调试）远低于 G.652 光纤。

2．全波光纤

与长途网相比，城域网面临更加复杂多变的业务环境，要直接支持大用户，因而需要频繁的业务量疏导和带宽管理能力。但其传输距离却很短，通常只有 50～80km，因而很少应用光纤放大器，光纤色散也不是问题。显然，在这样的应用环境下，怎样才能最经济有效地使业务量上下光纤成为网络设计至关重要的因素。采用具有数百个复用波长的高密集波分复用技术将是一项很有前途的解决方案。此时，可以将各种不同速率的业务量分配给不同的波长，在光路上进行业务量的选路和分插。在这类应用中，开发具有尽可能宽的可用波段的光纤成为关键。目前影响可用波段的主要因素是 1385nm 附近的水吸收峰，因而若能设法消除这一水峰，则光纤的可用频谱可望大大扩展。全波光纤就是在这种形势下诞生的。

全波光纤采用了一种全新的生产工艺，几乎可以完全消除由水峰引起的衰减。除了没有水峰以外，全波光纤与普通的标准 G.652 匹配包层光纤一样。然而，由于没有了水峰，光纤可以开放第 5 个低损窗口，从而带来一系列好处：①可用波长范围增加 100nm，使光纤的全部可用波长范围从大约 200nm 增加到 300nm，可复用的波长数大大增加；②由于上述波长范围内，光纤的色散仅为 1550nm 波长区的一半，因而容易实现高比特率长距离传输；③可以分配不同的业务给最适合这种业务的波长传输，改进网络管理；④当可用波长范围大大扩展后，允许使用波长间隔较宽、波长精度和稳定度要求较低的光源、合波器、分波器和其他元件，使元器件特别是无源器件的成本大幅度下降，这就降低了整个系统的成本。

4.3 电缆接插件

4.3.1 分配器

分配器是把一路射频信号分为若干路信号的无源器件。常用的分配器有二分配器、三分配器、四分配器和六分配器。最基本的是二分配器和三分配器，用它们可以组成其他各种分配器，如四分配器是由三个二分配器组成的，而六分配器是由一个二分配器和两个三分配器组成的，依此类推。

1. 分配器的图形符号

图4.10所示为常用的二、三分配器的图形符号。

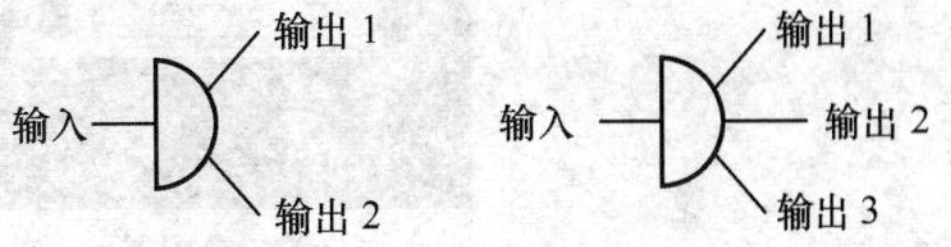

（a）二分配器　　（b）三分配器

图4.10　二、三分配器的图形符号

2. 分配器的分类

（1）按输出路数分类

分配器按输出路数分有二分配器、三分配器、四分配器、六分配器和八分配器等。从组成分配器电路的原理来看，最基本的是二分配器和四分配器。

（2）按工作频率范围分类

分配器按工作频率范围分有全频道型、5～550MHz、5～750MHz带宽型和1GHz宽带型。全频道型带宽为40～860MHz，可用于全频道或邻频道传输，常见于早期的有线电视系统；5～550MHz和5～750MHz带宽型技术性能要高于前者，用于要求较高的邻频系统；1GHz宽带型带宽为5～1000MHz，具有双向传输功能，适用于有线电视宽带综合业务网络。

（3）按使用环境条件分类

分配器按使用环境条件不同分有室内型和野外防水型，馈电型（也称过流型或过电型）和普通型。若要通过电缆给干线放大器或延长放大器馈电（一般为40～60V，50Hz），则要求在相应电缆通路中安装的分配器能够通过电源电流，这种分配器称为过流型，同时多是野外防水型；而对不过流的分配器则通常是普通型。

（4）按盒体结构分类

分配器按盒体结构分有塑料型、金属型、压铸型、密封防水型、明装与暗装（通常是面分配板）等。

3. 分配器的特性

下面以图4.10（a）所示二分配器为例对分配器的特性加以说明。

分配器有三个主要特性：①匹配特性，分配器各输出口所接有的阻抗与分配器输入口所呈现的阻抗均相等，并等于标称的75Ω阻抗，如图4.11（a）所示；②分配特性，分配器各输出口的信号均将分配器输入信号等分输出，如图4.11（b）所示；③隔离特性，当有信号加到分配器的一个输出口时，只要分配器输入、输出口保持匹配状态，加到输出口的这个信号将只从输入口送出，其他各输出口将不会出现这个信号，如图 4.11（c）所示。分配器实物如图 4.12 所示。

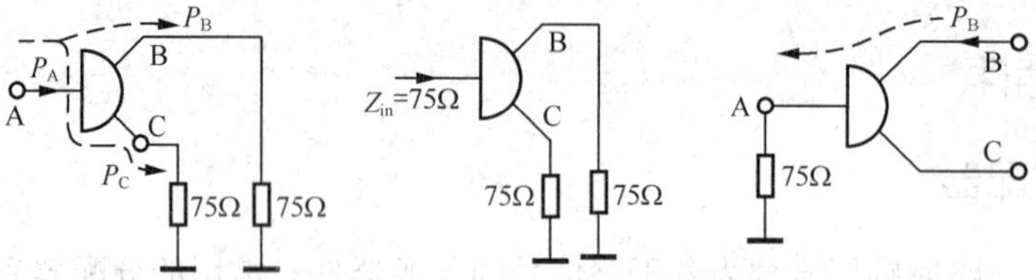

（a）　　　　（b）　　　　（c）

图 4.11　分配器的基本特性

（a）二分配器　　　　（b）六分配器

图 4.12　分配器的实物图

4．分配器的主要性能参数

分配器的主要性能参数有输出口的数目、分配损耗、相互隔离、反射损耗、通频带宽以及输入、输出阻抗为 75Ω等。

分配损耗通常用分贝（dB）表示，是输入电平与输出电平分贝数之差。相互隔离是指在分配器的某一输出端加入一信号，该信号电平与其他输出端信号电平之比，一般用分贝表示，相互隔离越大，表示分配器各输出端之间的相互干扰越小。反射损耗是衡量各部件阻抗偏离 75Ω标称阻抗大小的重要指标，反射损耗必须在规定的范围内才能保证阻抗匹配。分配器的主要性能参数见表 4.2。

表 4.2　　　　**分配器的主要性能参数**

项　目	频　段	性 能 参 数			
		二分配器	三分配器	四分配器	六分配器
分配损耗（dB）	VHF（≤）	3.7	5.8	7.5	10.5
	UHF（≤）	4	6.5	8	11
相互隔离（dB）	VHF（≥）	20			
	UHF（≥）	18			
反射损耗（dB）	VHF（≥）	16			
	UHF（≥）	10			

下面主要将分配损耗进行说明。

分配损耗是指分配器输入口电平与各输出口电平（各口的电平是相等的）的差。分配损耗的大小取决于输出口的数目。如果不考虑分配器内部元件各种损耗，送入分配器的信号功率 P_i 将全部等分到各输出口。若记各输出口的输出功率为 P_o，应有 $P_i=nP_o$，这里 n 是输出口的个数。

若记分配损耗为 L_s，按定义有

$$\begin{aligned} L_s &= 10\lg P_i - 10\lg P_o \\ &= 10\lg\left(P_i/P_o\right) = 10\lg n \end{aligned} \tag{4.1}$$

实际上，分配器内的元件有一定的损耗，使分配器的实际损耗比式（4.1）的值要大一些。

4.3.2　分支器

分支器跟分配器不同，它不是把信号分成相等的几路输出而是从信号中分出一部分送到支路上去。分出的这一部分比较小，主要输出部分仍占输入信号的大部分。因此分支器是一个既有主路输入端、主路输出端，又有一个或几个分支输出端的无源器件。

1. 分支器的分类

分支器的分类方法与分配器有很多相同之外，根据分支输出端的多少可以分为一分支器、二分支器、四分支器等；按工作频率范围分有全频道型、带宽型和双向传输宽带型等；按使用环境条件分有室内型和室外型、馈电型和普通型等；盒体结构有塑料、金属压铸外壳及串接分支板等。

2. 分支器的主要性能参数

分支器的主要性能参数有插入损耗、分支损耗、反向隔离、相互隔离和反射损耗等。分支器的输入、输出和分支端阻抗均为 75Ω。

插入损耗是分支器主路输入端信号电平与主输出端信号电平之差，用分贝表示。分支损耗是指信号在分支器输入端到分支输出端之间的损耗，用分贝表示时，即为分支器输入端信号电平与分支输出端电平之差。分支损耗在设计时常有−8dB、−10dB、−12dB 等，按 2dB 一挡衰减或按 4dB 一挡衰减，即−8dB、−10dB、−12dB 等方式。插入损耗小，分支损耗就大；插入损耗大，分支损耗就小。相互隔离表示分支器输出端之间的相互影响程度，用分贝表示，分贝数越大越好。反向隔离是指分支输出端与分支器主路输出端之间的损耗，用分贝表示，分贝数越大越好。反射损耗表示阻抗匹配程度，其含义与分配器相同。表 4.3 列出了分支器主要性能参数。

表 4.3　分支器的主要性能参数

项目		性能参数										
		二分支器						四分支器				
分支损耗（dB）	标称值	8	12	16	20	24	28	12	16	20	24	28
	允许偏差	±1.5										
插入损耗（dB）	VHF（≤）	3.5	2	1.5	1	0.5	0.5	3.5	2	1.5	1	1
	UHF（≤）	4.5	3	2	1.5	1.5	1.5	4.5	3	2	2	2

续表

项目		性能参数										
		二分支器						四分支器				
反向隔离（dB）	VHF（≥）	18	22	26	30	34	38	22	26	20	34	38
	UHF（≥）	18	17	21	25	29	33	17	21	25	29	33
相互隔离（dB）	VHF（≥）	22										
	UHF（≥）	18										
反射损耗（dB）	VHF（≥）	16										
	UHF（≥）	10										

4.3.3 衰减器、均衡器与电源插入器

1. 衰减器

衰减器是用来调整有线电视系统传输信号电平大小的装置，使之不致因为某一频道进入放大器的电平太高，而超过放大器的动态范围。衰减器有固定衰减器和可调衰减器两种，使用时要合理选择衰减器的衰减量，严格注意阻抗匹配。

衰减器的图形符号如图 4.13 所示。

（a）固定衰减器　　（b）可变衰减器

图 4.13　衰减器的图形符号

2. 均衡器

由于同轴电缆对电视信号的衰减程度与所传输的信号频率的二次方根成正比，因此电缆的衰耗-频率曲线是倾斜的。要在整个工作频段内取得平坦的响应特性，必须对电缆衰减的频率特性予以适当的补偿。补偿的方法有两种：一种是把放大器增益-频率曲线设计成与电缆衰耗-频率曲线互补，即放大器对低频段放大量小而对高频段放大量大；另一种是设计一个均衡器，使其较多地衰减低频段电平而较少地衰减高频段电平，再在均衡器的输出端设置一个具有平坦特性的放大器，即可将信号电平恢复到原来的水平。

（1）均衡器的图形符号

均衡器的图形符号如图 4.14 所示。固定均衡器及二分配器实物如图 4.15 所示。

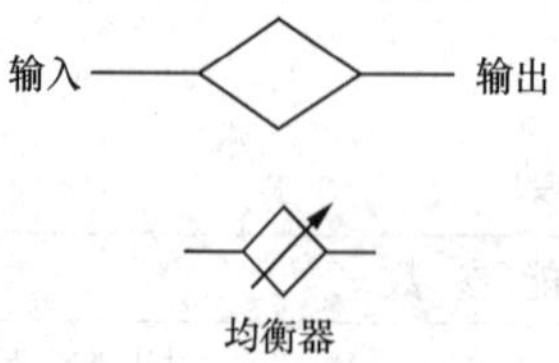

图 4.14　均衡器的图形符号

图 4.15　固定均衡器及二分配器实物图

（2）均衡器的分类

均衡器可按工作频带分类，有 V 段、U 段和邻频用三类，V 段、U 段均衡器常见于隔频传输系统；而邻频用的则相应有 300MHz、450MHz、550MHz、750MHz 均衡器，使用时只有在这些频率范围内，均衡器才具有相应的补偿作用。

在某一频带内工作的均衡器又分为固定均衡器和可变均衡器。固定均衡器是指均衡量固定，可变均衡器指均衡量在一定范围内可变。有线电视系统中使用较多的是固定均衡器。均衡器可以独立的形式外接在放大器的输入端（或输出端），也可以插片形式安装于放大器内部，成为放大器的一部分。为了适应放大器的集中供电，多数均衡器是过流型的。

此外，在实际系统中若出现中间某个频道电平比其他频道电平高的情况，这时就需要采用针对某点频率的频率响应均衡器。频响均衡器有某点向上均衡或向下均衡两种方式，如某点以上均衡量为 0.8dB，某点以下均衡量为 2dB 等。

（3）均衡器的主要技术参数

均衡器常用插入损耗、均衡值、均衡偏差、反射损耗、载流量等项指标来衡量其性能。

插入损耗为在工作频带的上限频率处，均衡器输入功率与输出功率分贝数之差。国标规定，VHF 频段插入损耗≤1.5dB，UHF 频段插入损耗≤2dB。

均衡值有两种表示方法：一种是均衡量，另一种是当量均衡值。各生产厂家的表示方法不同，在选用时必须注意。

均衡量为工作频带内下限频率与上限频率点间衰减量之差。采用不同的均衡量，可以补偿不同长度电缆的损耗。

当量均衡值是放大器级间的电缆长度在工作频带上限频率处的衰耗分贝数。

均衡量和当量均衡值有如下关系：

$$E=E_{\mathrm{d}}\left(1-\sqrt{f_{\mathrm{L}}/f_{\mathrm{H}}}\right)$$

式中，E 为均衡量；E_{d} 为当量均衡值；f_{L} 为下限频率；f_{H} 为上限频率。

均衡偏差为工作频带内规定频率点均衡值与理论均衡值的差。均衡偏差值越小，补偿的效果越好，国标规定为 ± 0.5～± ldB。

反射损耗是衡量均衡器输入端和输出端匹配程度的指标。反射损耗值越大，端口的阻抗匹配越好，国标规定，VHF 频段反射损耗≥16dB，UHF 频段反射损耗≥10dB。

载流量是衡量均衡器通过电流的能力。在采用集中供电方式的有线电视系统中，均衡器应能为后续放大器提供供电通路，也就是要能过流，其载流量有 1A、2A、4A、6A、10A 等。若均衡器是专为放大器配接使用的，则不需载流量要求。

3. 电源插入器

干线放大器安装在室外，就近接市电会有许多困难，因此通常采用电缆馈电方式，可以在前端或干线中任何一点对干线放大器集中供电。集中供电就需要电源供给器、电源插入器等设备。集中供电方式如图 4.16 所示。

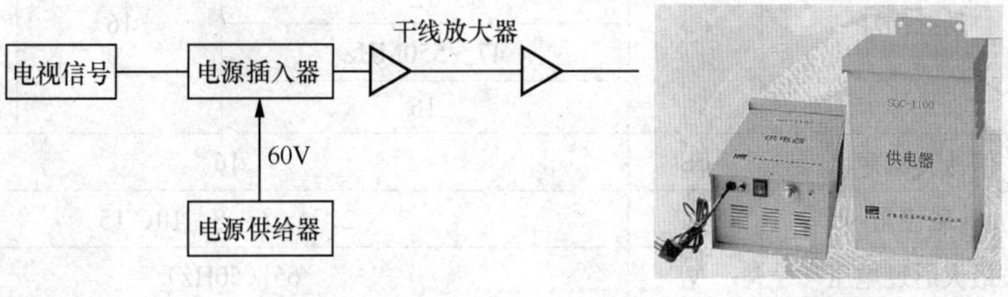

（a）示意图　　（b）实物图

图 4.16　集中供电示意图及实物图

电源供给器主要由加压变压器以及稳压、限流、保护电路构成。它将市电 220V 变换成稳定的交流 60V 输出。电源供给器输出的交流 60V 和前端输出的电视信号经电源插入器混合后经过电缆传送到干线放大器，由干线放大器内的开关电源转换成直流电源。

电源插入器本身是无源产品，是在电缆系统信号传输的过程中加入60V集中供电的设备。应该特别注意两个 RF/AC 端口的应用对象，当其中一个端口只需通过 RF 不需 AC 供电时，应在电源插入器内部拔掉相应的通电插子。

必须说明，电源插入器的产品形态可以是独立的产品或者是传输设备（光站、光接收机、放大器）中的附加功能。一般尽量采用具有电源插入功能的产品而不采用独立的电源插入器，以减少接头损耗和确保传输性能指标。

图 4.17 所示为分配网络常用的无源器件图符，制作工程图纸要用规范的图符。

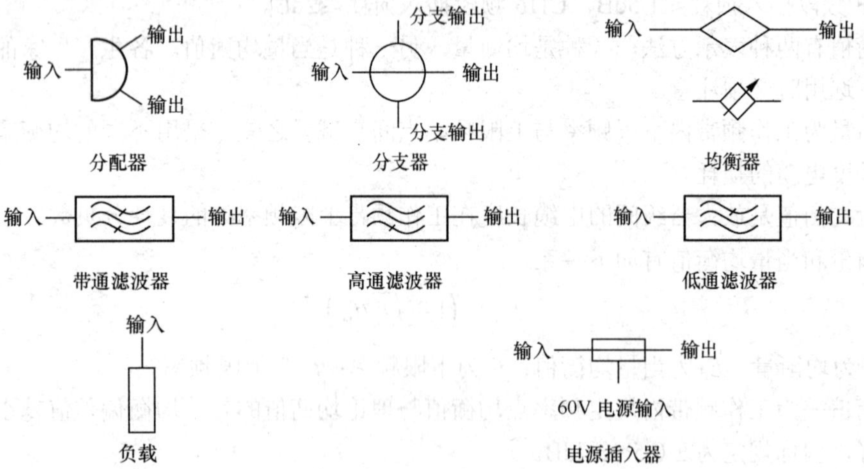

图 4.17　分配网络常用的无源器件图符

电源插入器的主要技术指标见表 4.4。

表 4.4　　电源插入器的主要技术指标

序号	项　　目	单位	性能参数		
			I类	II类	
1	频率范围	MHz	5～300（450、550）	47～230	470～800
2	插入损耗	dB	1	0.5	1.5
3	反射损耗	dB	5～30MHz	16	10
			12		
			47～550MHz		
			16		
4	信号交流声比	dB	16		
5	载流量	A	2、4、6、8、10、15		
6	最大通过电压	V	65（50Hz）		

注：载流量指每路通过值。

对电源插入器的检查，重点应检查射频端口的插入损失和带内平坦度插入损失一般≤1.5dB，带内平坦度在±0.75dB 内。

4.3.4　电缆连接头与用户终端盒

1．电缆连接头

电缆连接头是用于电缆与有线电视系统中的分配放大器、分配器、分支器、终端盒之间的连接装置，分为室外、室内电缆接头系列。

（1）室外常用电缆接头系列

在系统中，不同尺寸的电缆和不同型号的设备需要接头连接，电缆接头的接入尺寸因电缆的类型而异，一般公制接头常用的有 SYWV-75-9 电缆用接头和 SYWV-75-12 电缆用接头。有线电视系统中常用的接头见表 4.5。

表 4.5　　有线电视系统中常用的接头

名　称	图　示	功　能
针接头	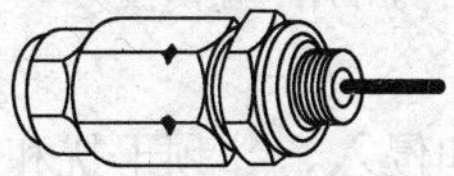	将干线和分配电缆接入到有源和无源设备上
馈线-主干接头	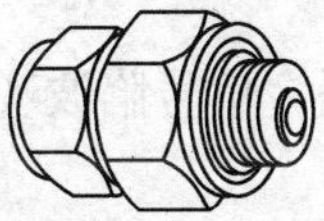	无内导体。电缆要露出足够长度的内导体，经过馈线-主干接头的机械固定，然后接入到有源和无源设备上
对接接头	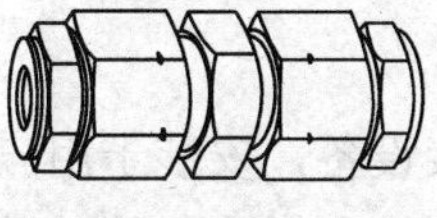	将两段电缆对接，这两段电缆特性阻抗应相同，尺寸可以不同
电缆负载	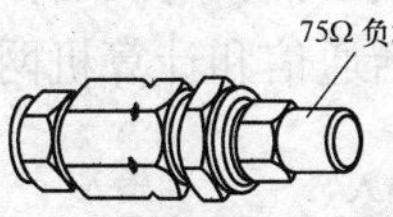	75Ω电缆负载，内部阻断 60V 交流电
外壳-外壳接头	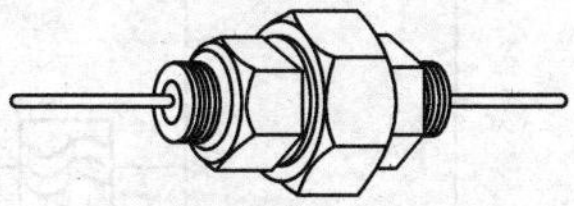	将两个设备直接相连
直角接头	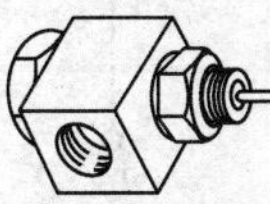	与馈线-主干接头或针接头对接。当与有源、无源设备连接时，电缆的弯曲半径超过要求时，采用直角接头
180°接头	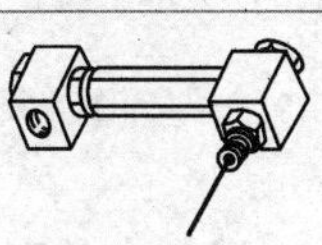	在电缆的弯曲半径太小、超过要求或电缆与设备进口缆方向不一致时使用

（2）室内常用 F 接头

室内常用 F 接头见表 4.6。

表 4.6　　　　　　　　　　　　室内常用 F 接头

名　称	图　示	功　能
F 型接头	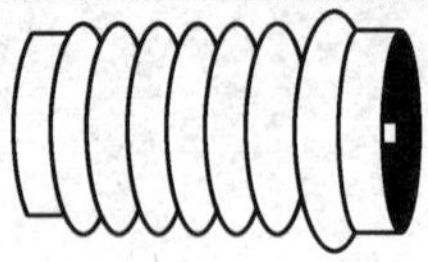	用户电缆接头
对丝接头	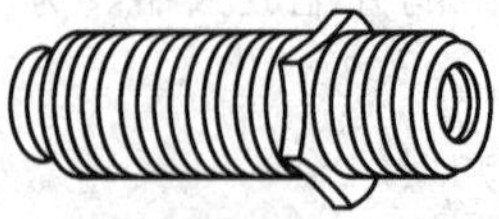	用户电缆对接
F-终端负载	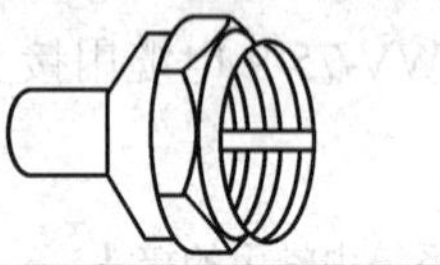	终接分配系统中分支器未接电缆的端口，实现阻抗匹配，减少反射

（3）接头安装

正确的接头安装是非常关键的，它可以防止信号的泄漏和侵入，同时避免设备和电缆受到腐蚀和浸泡。

不良安装会引起系统失配，造成信号的泄漏和侵入、邻频干扰和突发噪声，还会影响传输系统的幅频特征等指标。

接头松动会造成信号丢失、接地不良和信号泄漏。信号陷波（一种系统频率响应异常）是由于连接松动造成的。

2. 用户终端盒

用户终端盒是系统与用户终端设备之间的连接设备，安装于用户室内。它常包括面板、接线盒，与用户电视机连接时还必须配用一段用户线和插头。随着城镇综合业务网的发展，用户终端的功能机不仅限于电视和调频广播，还包括通信和计算机网络等。

（1）用户终端盒的种类

终端盒按输出口数目不同分为单输出口（TV）、双输出口（TV、FM）、三输出口（TV、FM、DP）三种；同时又分成单向传输和双向传输两类，双向网络终端中有高/低频滤波器。输出口配用的插头有两种，一种是 75Ω插头，另一种是 F 型插头。图 4.18 所示为常用的单向用户终端盒。

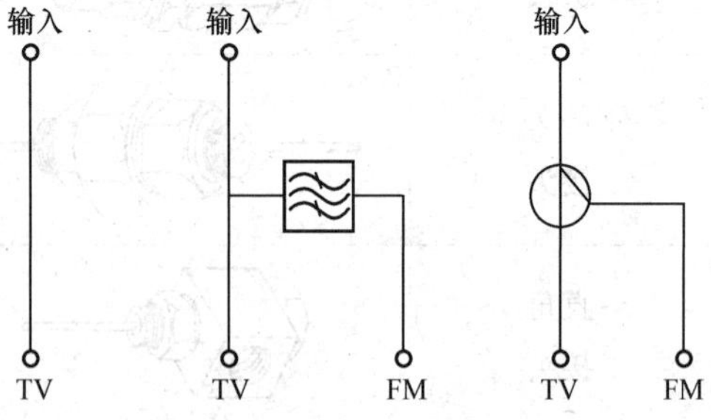

（a）　　　　（b）　　　　（c）

图 4.18　单向用户终端盒

图 4.18（a）只有一个 TV 直通输出口，只是一个接口转换器。

图 4.18（b）具有两个输出口，TV 直通输出，FM 与 TV 并联经 87～108MHz 带通滤波器输出。但是，这种用户终端盒有两个问题：当 TV 和 FM 同时使用时，在带通滤波器频段内，两输出口之间的隔离，只有一个带通滤波器的插入损耗，隔离太小，相互干扰；当 FM

输出口空闲时，带通滤波器和 F 型插座的分布参数，将影响 TV 输出口的带内不平度，使140MHz 附近发生陷波，这个频段的电平严重跌落。

图 4.18（c）是标准的单向用户终端盒，采用一个定向耦合器，主出端是 TV 输出口，分支端是 FM 输出口。TV、FM 之间是对角线隔离的关系，隔离损耗大。由于 FM 是分支端，即使空闲，也不会影响主通路，TV 输出口的带内不平度不受影响。

用户终端盒采用的定向耦合器，标准的分支损耗应该是 8dB，相应的插入损耗是 2dB。前端是混合后送出的高频信号，FM 比 TV 低 10dB，光电传输一直保持这个差距，直到用户终端盒输入端。当 TV 输出（69 ± 6）dBμV 时，FM 输出的是（53 ± 6）dBμV，即 47～59dBμV，正好符合要求。有的产品为了减小 TV 的插入损耗，使用 12dB 以上分支损耗的定向耦合器，相应的插入损耗是 1dB，当 TV 输出（69 ± 6）dBμV 时，FM 输出是（48 ± 6）dBμV，即 42～54dBμV，电平下限已超标 5dB，应禁止使用。

图 4.19 所示为双向系统常用的用户终端盒。

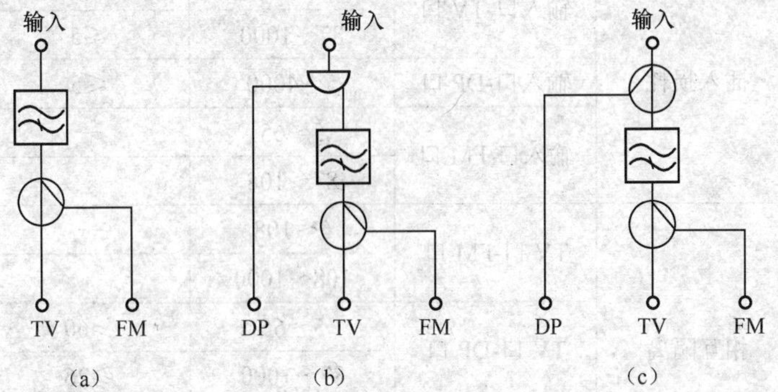

图 4.19　双向系统常用的用户终端盒

图 4.19（a）是双向系统的用户终端盒，是在通常使用的单向输出口之前加了一个高通滤波器（20MHz），用以阻断电视机、调频广播接收机混频外泄对上行通道的干扰。这是应用广泛的产品结构。

图 4.19（b）是标注的双向系统双向用户的双路用户终端盒，在单向用户的用户终端盒之前加了一个二分配器，用以分别给电视机和数据终端提供两个输出端口。

DP 口插入损耗为 4dB，TV 口插入损耗为 6.5dB，FM 口插入损耗为 12.5dB。若 TV 口输出 69dBμV，则 DP 口 64QAM 输出 61.5dBμV、256QAM 输出 65.5dBμV，FM 口输出 53dBμV。

加二分配器的优点是上行插入损耗较小，缺点是 TV 口插入损耗太大、DP 口下行电平偏高。

图 4.19（c）也是一种双向用户的用户终端盒，在单向用户的用户终端盒之前加了一个 8dB 分支损耗定向耦合器，用以给数字端口 DP 提供双向通路。

DP 口插入损耗为 8dB，TV 口插入损耗为 4.5dB，FM 口插入损耗为 10.5dB。若 TV 口输出 69dBμV，则 DP 口 64QAM 输出 55.5dBμV、256QAM 输出 59.5dBμV，FM 口输出 53dBμV。

加 8dB 分支损耗定向耦合器的优点是 TV 口插入损耗较小，缺点是 DP 口下行电平偏低、上行插入损耗偏大。

有的产品加 12dB 分支损耗定向耦合器，DP 口插入损耗为 12dB，TV 口插入损耗为 3.5dB、FM 口插入损耗为 9.5dB。若 TV 口输出 69dBμV，则 DP 口 64QAM 输出 50.5dBμV、256QAM

输出 54.5dBμV，FM 口输出 53dBμV。DP 口下行电平太低、上行插入损耗太大，显然不可取。

比较图 4.19（b）和图 4.19（c），单从电平关系看，似加 6dB 分支损耗定向耦合器更加合适，但是，分支损耗越小的定向耦合器，阻抗失配越严重，反射损耗难以做好。

随着互动电视业务的发展，电视机接口也需要双向信号传输，所以图 4.19（a）结构的用户终端盒（20MHz 高通滤波器）成为最简单、最具广泛适应性的用户终端盒，只有的确需要两个输出口的特殊应用时，才根据连接终端的用途专门定制。

（2）双向用户终端盒的性能参数

双向用户终端盒的性能参数见表 4.7。

表 4.7　　双向用户终端盒的性能参数

序　号	项　目	端　口	频率范围（MHz）	性能参数（dB）	
				双孔	三孔
1	插入损耗	输入口-TV 口	5～65	≥45	≥45
			87～1000	≤5	≤6
		输入口-DP 口	5～4000	≤5	≤6
		输入口-FM 口	5～65	—	≥30
			87～108		≤14
2	相互隔离	TV 口-FM 口	5～108	—	≥30
			108～1000		≥28
		TV 口-DP 口	5～65	≥60	≥60
			87～1000	≥26	≥22
		FM 口-DP 口	5～65	—	≥60
			87～1000		≥35
3	反射损耗	输入口	5～65	≥16	≥16
			87～550	≥16	≥16
			550～1000	≥14	≥14
		TV 口	108～550	≥16	≥16
			550～1000	≥14	≥14
		FM 口	87～108	—	≥16
		DP 口	5～65	≥16	≥16
			87～550	≥16	≥16
			550～1000	≥14	≥14
4	屏蔽系数	—	5～1000	≥90	≥90
5	耐压	输入口	—	电压，1min 不击穿	

（3）用户终端盒的安装要求

用户终端盒是系统与用户终端连接的端口，一般应安装在距地面 0.3～1.8m 的墙上，分明装和暗装两种方式。

明装时，用户系统应从门框上端钻孔进入用户，用塑料卡钉牢，卡距应小于 0.4m。布线要横平竖直，弯曲自然，符合弯曲半径要求。用户终端盒安装要牢固，不得松动，到用户终端的连线应小于15m。电缆与用户终端连接采用冷压F型连接器，用专用工具夹紧，接头不得松动。

4.4 无源光器件

光纤通信系统的传输线路，需要一些无源光器件来构成光纤线路的连接、分路、合路和其他功能。下面对几种常用的无源光器件的作用、原理及性能分别加以简单介绍。

无源光器件是指除光源器件、光检测器件之外，不需要电源的光通路部件。无源光器件可分为连接用的部件和功能性部件两大类。

连接用的部件是指各种光连接器，用作光纤与光纤之间、光纤与光器件（或设备）之间或部件（设备）和部件（设备）之间的连接。

功能性部件有光波分波器、光衰减器、光隔离器等，用于光的分路、耦合、复用、衰减等方面。

4.4.1 光功率分配耦合器

光纤耦合器是实现光信号分路/合路的功能器件。它能使传输中的光信号在特定的耦合区发生耦合，实现信号的再分配。它可以分为光功率分配器（也称光分路器或分光器）和波分复用耦合器。图4.20所示为常用耦合器的类型。

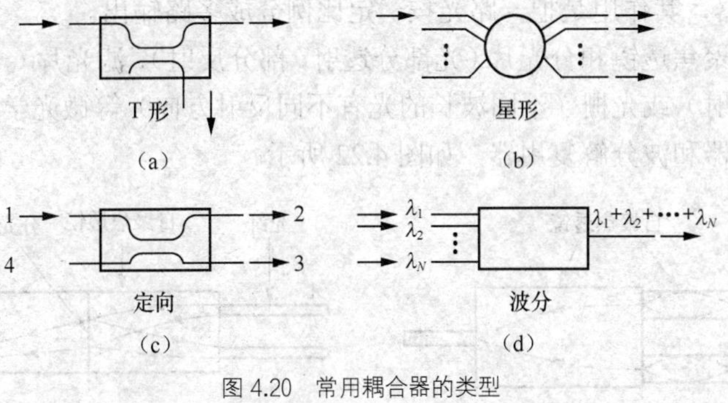

图4.20 常用耦合器的类型

T形耦合器是一种2×2的3端耦合器，如图4.20（a）所示，其功能是把一根光纤输入的光信号按一定比例分配给两根光纤，或把两根光纤输入的光信号组合在一起，输入一根光纤。这种耦合器主要用作不同分路比的功率分配器或功率组合器。

星形耦合器是一种$n\times m$耦合器，如图4.20（b）所示，其功能是把n根光纤输入的光功率组合在一起，均匀地分配给m根光纤，m和n不一定相等。这种耦合器通常用作多端功率分配器。

定向耦合器是一种2×2的3端或4端耦合器，其功能是分别取出光纤中向不同方向传输的光信号。如图4.20（c）所示，光信号从端1传输到端2，一部分由端3输出，端4无输出；光信号从端2传输到端1，一部分由端4输出，端3无输出。定向耦合器可用作分路器，不能用作合路器。

波分复用器/解复用器（也称合波器/分波器）是一种与波长有关的耦合器，如图4.20（d）所示。波分复用器的功能是把多个不同波长的发射机输出的光信号组合在一起，输入到一根光纤；解复用器是把一根光纤输出的多个不同波长的光信号，分配给不同的接收机。

耦合器的结构有许多种类型，其中比较实用和有发展前途的有光纤型、微器件型和波导型，图 4.21～图 4.23 示出了这三种类型的有代表性器件的基本结构。

光纤型把两根或多根光纤排列，用熔拉双锥技术制作各种器件。这种方法可以构成 T 形耦合器、定向耦合器、星形耦合器和波分解复用器。图 4.21（a）和（b）分别示出了单模 2×2 定向耦合器和多模 $n\times n$ 星形耦合器的结构。单模星形耦合器的端数受到一定限制，通常可以用 2×2 耦合器组成。图 4.21（c）示出了由 12 个单模 2×2 耦合器组成的 8×8 星形耦合器。

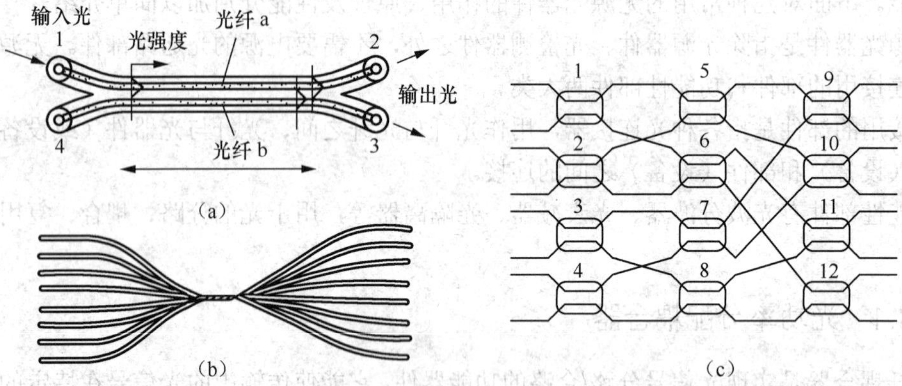

图 4.21　光纤型耦合器

在光纤有线电视系统中使用的光功率分配器一般都是 1×2、1×3 以及由它们组成的 $1\times M$ 光功率分配器，其作用是把一路光按一定比例分成多路输出。

微器件型用自聚焦透镜和分光片（光部分透射，部分反射）、滤光片（一个波长的光透射，另一个波长的光反射）或光栅（不同波长的光有不同反射方向）等微光学器件可以构成 T 形耦合器、定向耦合器和波分解复用器，如图 4.22 所示。

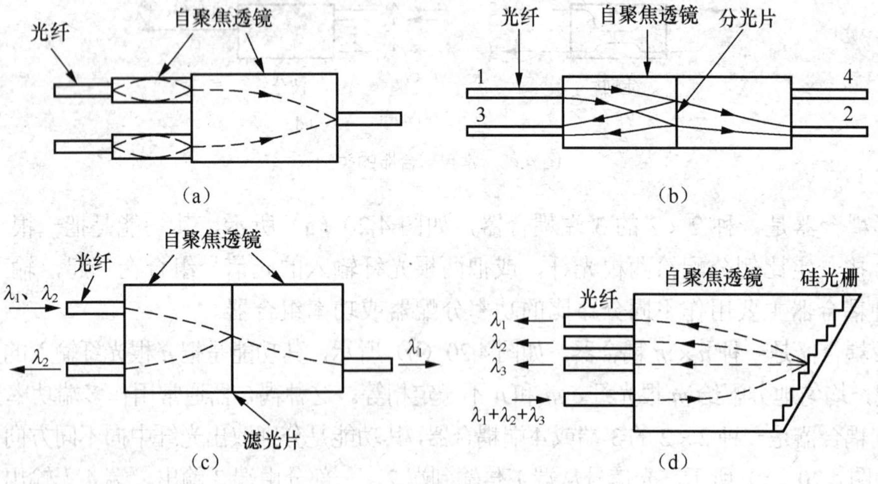

图 4.22　微器件型耦合器

波导型在一片平板衬底上制作所需形状的光波导，衬底作支撑体，又作波导包层。波导的材料根据器件的功能来选择，一般是 SiO_2，横截面为矩形或半圆形。图 4.23 示出了波导型 T 形耦合器、定向耦合器和用滤光片作为波长选择元件的波分解复用器。

光分路器技术指标如下。

设光分路器输入功率为 P_i，第 j 路输出光功率为 P_j……第 n 路输出为 P_n，则附加损耗为

$$A_f = 10\lg\left(P_i/\sum P_n\right) \quad (4.2)$$

第 j 路的分光比为

$$k_j = \left(P_j/\sum P_n\right) \quad (4.3)$$

第 j 路的插入损耗为

$$A_j = 10\lg\left(P_i/P_j\right) = A_f - 10\lg k_j \quad (4.4)$$

第 j 路理论分光损耗为

$$A_{kj} = -10\lg k_j \quad (4.5)$$

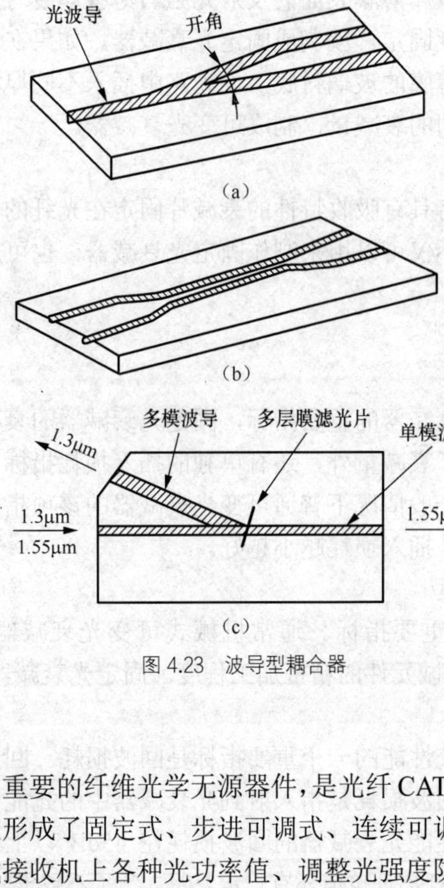

图 4.23 波导型耦合器

4.4.2 光衰减器

光衰减器是一种非常重要的纤维光学无源器件，是光纤 CATV 中的一个不可缺少的器件。到目前为止，市场上已经形成了固定式、步进可调式、连续可调式及智能型光衰减器四种系列。其应用主要包括测试接收机上各种光功率值、调整光强度防止接收机饱和或者在信号发射进 WDM 系统之前均衡载波功率。

1. 光衰减器的衰减原理

光衰减器的类型很多，不同类型的光衰减器分别采用不同的工作原理。

（1）位移型光衰减器

众所周知，当两段光纤进行连接时，必须达到相当高的对中精度，才能使光信号以较小的损耗传输过去。反过来，如果将光纤的对中精度做适当的调整，就可以控制其衰减量。位

移型光衰减器就是根据这个原理，有意让光纤在对接时，发生一定的错位，使光能量损失一些，从而达到控制衰减量的目的。位移型光衰减器又分为两种：横向位移型光衰减器、轴向位移型光衰减器。横向位移型光衰减器是一种比较传统的方法，由于横向位移参数的数量级均在微米级，所以一般不用来制作可变衰减器，仅用于固定衰减器的制作中，并采用熔接或粘接法，到目前仍有较大的市场，其优点在于回波损耗高，一般都大于60dB。轴向位移型光衰减器在工艺设计上只要用机械的方法将两根光纤拉开一定距离进行对中，就可实现衰减的目的，这种原理主要用于固定光衰减器和一些小型可变光衰减器的制作，如图 4.24 所示。

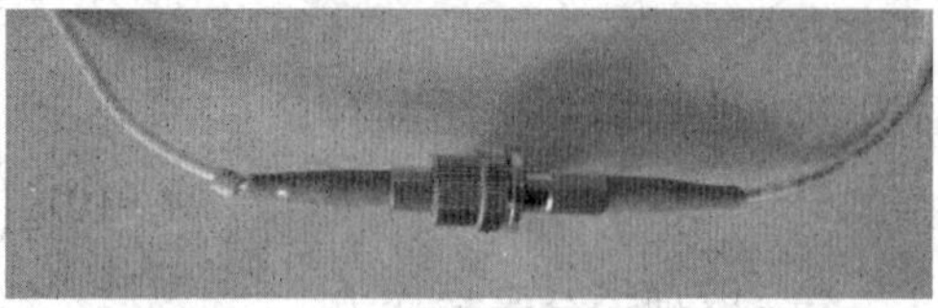
图 4.24 轴向位移型光衰减器

（2）薄膜型光衰减器

薄膜型衰减器利用光在金属薄膜表面的反射光强与薄膜厚度有关的原理制成。如果玻璃衬底上蒸镀的金属薄膜的厚度固定，就制成固定光衰减器。如果在光纤中斜向插入蒸镀有不同厚度的一系列圆盘形金属薄膜的玻璃衬底，使光路中插入不同厚度的金属薄膜，就能改变反射光的强度，即可得到不同的衰减量，制成可变光衰减器。

（3）衰减片型光衰减器

衰减片型光衰减器直接将具有吸收特性的衰减片固定在光纤的端面上或光路中，达到衰减光信号的目的，这种方法不仅可以用来制作固定光衰减器，也可用来制作可变光衰减器。

2. 光衰减器的性能指标

（1）衰减量和插入损耗

衰减量和插入损耗是光衰减器的重要指标，固定光衰减器的衰减量指标实际上就是其插入损耗，而可变光衰减器除了衰减量外，还有单独的插入损耗指标，高质量的可变光衰减器的插入损耗在 1.0dB 以下，一般情况下普通可变光衰减器的该项指标小于 2.5dB 即可使用。在实际选用可变光衰减器时，插入损耗越小越好。

（2）光衰减器的衰减精度

衰减精度是光衰减器的重要指标。通常机械式可变光衰减器的衰减精度为其衰减量的 ±0.1 倍，其大小取决于机械元件的精密加工程度。固定光衰减器的衰减精度很高。

（3）回波损耗

在光器件参数中影响系统性能的一个重要指标是回波损耗。回返光对光网络系统的影响是众所周知的。光衰减器的回波损耗是指入射到光衰减器中的光能量和光衰减器中沿入射光路反射出的光能量之比。高性能光衰减器的回波损耗在 45dB 以上。事实上由于工艺等方面的原因，光衰减器实际回波损耗离理论值还有一定差距，为了不致于降低整个线路回波损耗，必须在相应线路中使用高回损光衰减器，同时还要求光衰减器具有更宽的温度使用范围和频谱范围。

3. 光衰减器的应用范围

固定光衰减器主要用于对光路中的光能量进行固定量的衰减，其温度特性极佳。在系统的调试中，固定光衰减器常用于模拟光信号经过一段光纤后的相应衰减或用在中继站中减小富余的光功率，防止光接收机饱和；也可用于对光测试仪器的校准定标。对于不同的线路接口，可使用不同的固定衰减器。如果接口是尾纤型的，可用尾纤型的光衰减器焊接于光路的两段光纤之间；如果是在系统调试过程中有连接器接口，则用转换器式或变换器式固定衰减器比较方便。在实际应用中，常常需要衰减量可随用户需要而改变的光衰减器，所以可变衰减器的应用范围更广泛。例如，由于 EDFA、CATV 光系统的设计富余度和实际系统中光功率的富余度不完全一样，在对系统进行 BER 评估，防止接收机饱和时，就必须在系统中插入可变光衰减器。另外，在纤维光学（如光功率计或 OTDR）的计量、定标也将使用可变光衰减器。从市场需求的角度看，一方面光衰减器正向着小型化、系列化、低价格方向发展；另一方面由于普通型光衰减器已相当成熟、光衰减器正向着高性能方向发展，如智能化光衰减器、高回损光衰减器等。

4.4.3　光隔离器

半导体激光器及光放大器等对来自连接器、熔接点、滤波器等的反射光非常敏感，并导致性能恶化，因此需要用光隔离器阻止反射光。光隔离器是一种只允许单向光通过的无源光器件，其工作原理是基于法拉第旋转的非互易性。首先介绍光偏振（极化）的概念。

单模光纤中传输的光的偏振态（Stateof Polarization，SOP）是在垂直于光传输方向的平面上电场矢量的振动方向。

光隔离器的工作原理如图 4.25 所示。在任何时刻，电场矢量都可以分解为两个正交分量，这两个正交分量分别称为水平模和垂直模。这里假设入射光只是垂直偏振光，第一个偏振器的透振方向也在垂直方向，因此输入光能够通过第一个偏振器。紧接第一个偏振器的是法拉第旋转器，法拉第旋转器由旋光材料制成，能使光的偏振态旋转一定角度，如 45°，并且其旋转方向与光传播方向无关。

法拉第旋转器后面跟着的是第二个偏振器，这个偏振器的透振方向在 45° 方向上，因此经过法拉第旋转器旋转 45° 后的光能够顺利地通过第二个偏振器，也就是说光信号从左到右通过这些器件（正方向传输）是没有损耗的（插入损耗除外）。

另一方面，假定在右边存在某种反射（比如接头的反射），反射光的偏振态也在 45° 方向上，当反射光通过法拉第旋转器时再继续旋转 45°，此时就变成了水平偏振光。水平偏振光不能通过左面偏振器（第一个偏振器），于是就达到了隔离效果。

然而在实际应用中，入射光的偏振态（偏振方向）是任意的，并且随时间变化，因此必须要求光隔离器的工作与入射光的偏振态无关，于是光隔离器的结构就变复杂了。

一种小型的与入射光的偏振态无关的光隔离器结构如图 4.26 所示。

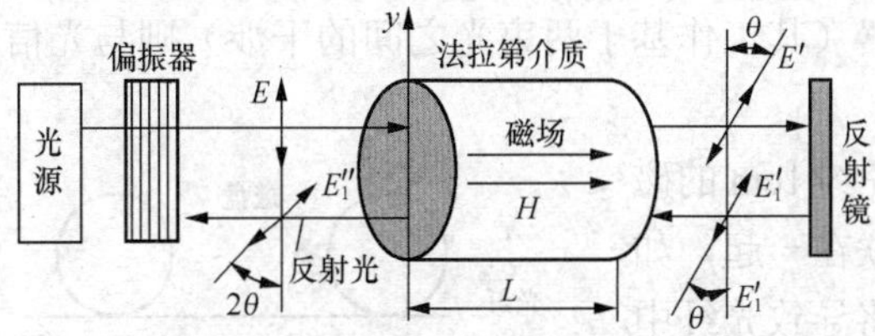

图 4.25　光隔离器的工作原理

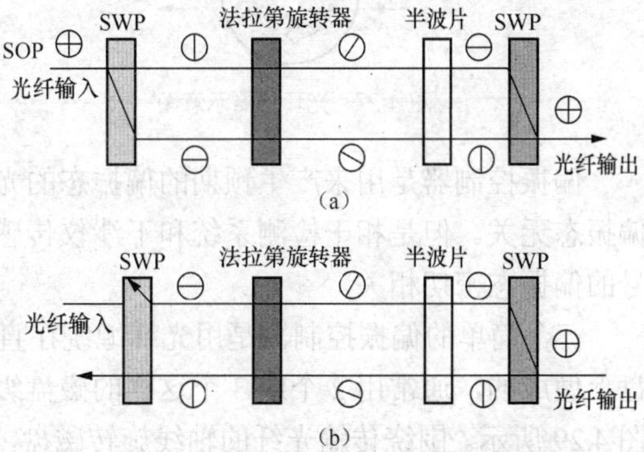

图 4.26　与入射光的偏振态无关的光隔离器结构图

具有任意偏振态的入射光首先通过一个空间分离偏振器（SWP）。这个 SWP 的作用是将入射光分解为两个正交偏振分量，让垂直分量直线通过，水平分量偏折通过。

两个分量都要通过法拉第旋转器，其偏振态都要旋转 45°。法拉第旋转器后面跟随的是一块半波片。这个半波片的作用是将从左向右传播的光的偏振态顺时针旋转 45°，将从右向左传播的光的偏振态逆时针旋转 45°。因而法拉第旋转器与半波片的组合可以使垂直偏振光变为水平偏振光，反之亦然。最后两个分量的光在输出端由另一个 SWP 合在一起输出，如图 4.26（a）所示。

另一方面，如果存在反射光在反方向上传输，半波片和法拉第旋转器的旋转方向正好相反，当两个分量的光通过这两个器件时，其旋转效果相互抵消，偏振态维持不变，在输入端不能被 SWP 再组合在一起，如图 4.26（b）所示，于是就起到隔离作用。在光纤链路中对光隔离器的最主要的要求是保护半导体激光器免受反射光的影响。光隔离器典型的插入损耗约为 1dB，而隔离度约为 30dB。

4.4.4 滤光器、环行器和偏振控制器

在密集波分复用技术和全光通信中，有一个关键的节点设备——光分插复用（OADM）设备。可调谐滤波器是实现 OADM 的关键器件，该器件在波分复用系统、全光交换系统等领域具有广泛的应用价值。波分复用（WDM）光网络的发展对光滤波器等光器件提出了更高的要求。目前，可调谐滤波器主要有下列几种类型：声光和电光可调谐滤波器、马赫曾德尔可调谐滤波器、法布里珀罗可调谐滤波器等。不论是哪一种可调谐滤波器，能用于光通信系统，必须满足下列要求：调谐范围要宽、增益不会变、带宽要窄、调谐要快、对温度不敏感。WDM 中光滤波器和光分波器/光合波器可用光纤布拉格光栅构建。

环行器的工作原理如图 4.27 所示，引导光从一个端口顺序达到下一个端口。也就是说，在端口 1 输入的光在端口 2 输出，在端口 2 输入的光在端口 3 输出，在端口 3 输入的光在端口 1 输出。环行器的插入损耗典型值低于 1dB，隔离度在 25dB 以上。与光隔离器类似，环行器中也使用法拉第旋转器。环行器可以用来分离沿同一光纤传送的发送信号和接收信号，例如，图 4.28 所示的一个双向通信系统。

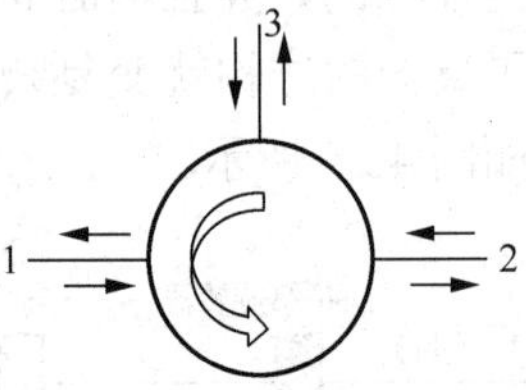

图 4.27　光环行器示意图

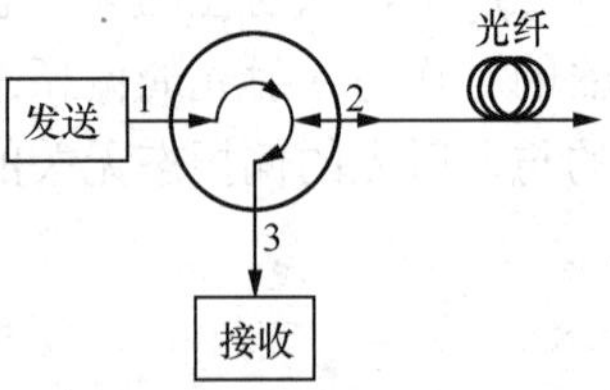

图 4.28　全双工光纤传输系统

偏振控制器是用来产生预期的偏振态的光纤器件。显然，多数工作的光纤系统与光束的偏振态无关。但是相干检测系统和干涉仪传感器（其工作基于两束光之间的干涉）则与光信号的偏振态密切相关。

一个简单的偏振控制器是用光纤缠绕在直径约 1cm 的磁盘上做成的，通常用 2 个或 3 个这样的磁盘级联在一起，如图 4.29 所示。围绕传输光纤的轴线旋转磁盘，将导致光纤中传输的两个相互正交的偏振光束的折射率有不同变化。适当

图 4.29　光纤偏振控制器

旋转磁盘，能够得到任何希望的偏振态。

4.4.5 光开关

光开关可以重新路由光信号。光开关在分布式网络、测试设备和实验中都是很有用的。随着光纤通信技术的发展和密集波分复用系统的应用，光联网已经成为网络发展的趋势。光联网络技术的实现主要依赖于光开关、光滤波器、光放大器、密集波分复用（DWDM）技术等器件和技术的进展。密集波分复用技术的发展是推动全光通信发展的重要因素，而光联网的提出将使设备制造商、电信运营商都面临巨大的机遇与挑战。光开关是全光交换中的关键器件，可实现在全光层的路由选择、波长选择、光交叉连接以及自愈保护等功能。根据工作原理的不同，光开关可分为机械光开关和非机械式光开光两大类，后者又可分为分立光学器件和集成波导式两类。光开关的主要技术指标有插入损耗、开关时间、消光比、串扰、回波损耗、寿命等。本小节介绍两类光开光器件：双位光开关与旁路光开光，通过这两个例子说明光开关的一些一般特性。

1. 光开关的性能参数

开关速度　开关速度也称开关时间或切换时间，任何光开关都具有一个以上的光通路，因此光开关的开关时间是以通道的开关时间为基础的。开关速度是对开关从一个位置转换到另一个位置的快慢程度的描述。通道开关时间包含两方面的情况：一是通道连通时间；二是通道关断时间。通道连通时间是指从光开关接收到控制信号开始，到连通光路的光功率达到稳定功率的 90%时的这段时间，以 ms 为单位。通道关断时间是指从光开关接收到控制信号开始，到光路的光功率达到稳定功率的 10%时的这段时间，以 ms 为单位。光开关的开关时间也分两种形式：一是光开关的接通时间，取所有通道接通时间的最大值；二是光开关的关断时间，取所有通道关断时间的最大值。应用于不同场合的光开关对开关时间的要求是不同的。例如，用于光分组交换的开关时间为 1ns，用于保护倒换的开关时间为 1～10μs，用于光通道设置的开关时间为 1～10ms。

插入损耗（Insertion Loss，IL）　通道的插入损耗是指输出端口的输出光功率与输入端口的输入光功率之比，以 dB 为单位。插入损耗与输入波长有关，也与开关状态有关。

图 4.30（a）给出了一个双位开关的例子。端口 1 的输入信号可以切换到端口 2 或端口 3。在下面的定义中，假设开关设置在端口 2，则用分贝表示的插入损耗为

$$L_{\mathrm{IL}}(\lambda)=-10\lg[P_2(\lambda)/P_1(\lambda)] \tag{4.6}$$

式中，P_1（λ）为端口 1 输入的中心波长为 λ 的光功率（mW）；P_2（λ）为输出到端口 2 的中心波长为 λ 的光功率（mW）。光开关的插入损耗是以工作窗口的两个典型波长 1310nm 和 1550nm 来定义的。光开关的插入损耗通常取所有通道插入损耗的最大值。

串扰（Crosstalk，CT）　串扰是对非耦合端口的隔离程度的度量。串扰与输入波长有关，也与开关状态有关，其定义为

$$L_{\mathrm{CT}}(\lambda)=-10\lg[P_3(\lambda)/P_1(\lambda)] \tag{4.7}$$

式中，P_1（λ）为端口 1 输入的中心波长为 λ 的光功率（mW）；P_3（λ）为输出到端口 3 的中心波长为 λ 的光功率（mW）。光开关的串扰通常取所有开关状态下通道串扰的最大值。

可重复性（Repeatability，REP） 通道重复性是指光开关在规定的切换次数（通常为100次）内，两个被测端口在连通状态下插入损耗最大变化值，以dB为单位。其定义为

$$REP_{12}=L_{ILmax}-L_{ILmin} \tag{4.8}$$

光开关的重复性是所有通道重复性的最大值。

最大允许光功率（MaximumAllowable OpticalPower，MAOP） 光开关的最大允许光功率是指能从任意连通通道传输的、可使器件正常工作而不导致器件或器件的元件永久性损伤的最大光功率。

另外还有偏振相关损耗、回波损耗、波长相关损耗等指标。

图4.30（b）、（c）解释了旁路开关的作用。在旁路状态时，端口1与端口4耦合，端口2与端口3隔离。在分支状态时，端口1和2耦合，端口3和4耦合。不发送和接收数据的站点即可被旁路。

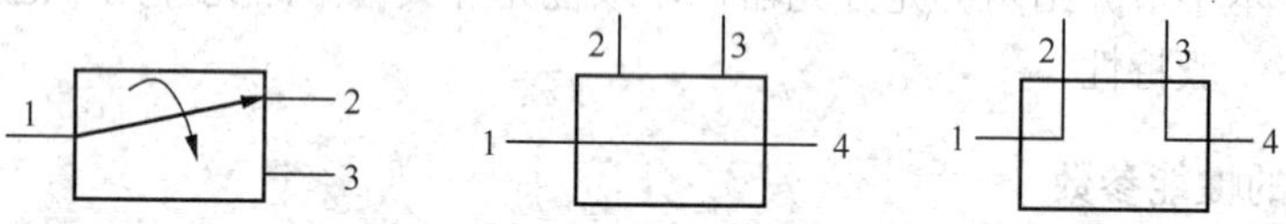

（a）双位开关　（b）旁路状态　（c）分支状态

图4.30 光开关的两类开关器件

2. 分类

按光开关端口数分为两类：①1 × N型光开关；②$M \times N$型光开关。按光开关驱动方式分为三类：①继电器光开关；②微电机（MEMS）式光开关；③光微电机（MOEMS）光开关。

3. 机械光开关

机械光开关通常分为普通机械光开关和微电机系统（Micro-Electro-Mechanical Systems，MEMS）光开关，前者通过移动光纤（准直器）或者棱镜、反射镜等偏转器件来实现光路的切换，后者也是移动这些器件，但是采用MEMS技术制作，因此从材料到工艺都有很大不同。

普通机械光开关的种类非常繁多，无法尽述。这些机械光开关的光路非常简单，关键在于改进工艺以提高可靠度和重复性，因此在结构和工艺设计时应注意考虑工艺容差。比如，光纤之间直接耦合，则对位移和间距非常敏感，机械设计和位移必须保证位置精度；通过准直器耦合，则对角度非常敏感，应尽量采用透射棱镜而不是反射镜，等等。

MEMS光开关是利用静电吸引、电磁驱动、电致伸缩、热偶弯曲等现象，用电压或者电流实现机械驱动。MEMS光开关分二维和三维MEMS两种，微镜阵列中的每个微镜都可以单独控制。前者的微镜只有两种位置状态，Bar（直通）态或Cross（交叉）态；后者的微镜可在三维精确转动。

三维MEMS比二维MEMS工艺复杂，而其优势是在同样端口数下，可以大大减少所需微镜数目。对于大端口数的光开关，一个关键要求是无阻塞，即任一输入端口可在任意时刻交换至任一输出端口，而不受其他端口状态的影响。为了实现一个$N \times N$的无阻塞MEMS光开关，二维MEMS需要N^2个微镜，三维MEMS只需要N个或者$2N$个微镜。

MEMS 光开光常用光纤透镜进行输入/输出耦合，因为用光纤直接耦合则因间距大而损耗较大，用准直器进行耦合则因光斑太大而 MEMS 驱动行程不够，而且体积较大。尽管采用光纤透镜，输入/输出端口间距因开关状态而不同，工作距离设计只能取其均值，因此整个器件结构设计时应考虑使链路间距尽量均匀。

4．其他类型光开关

传统的光开关技术主要采用固态波导和光机械两种技术。固态波导开关由于有较高的串音、损耗和功耗，只能在有限的开关阵列中应用，不适合向大规模的开关阵列中扩展；机械开关虽然有比较低的插入损耗和串音，但其设备庞大、可扩展性一般，也不适用于大规模的开关阵列。目前已经涌现了很多新技术，主要包括喷墨气泡光开关、液晶光开关、热光效应开关、声光效应开关、全息开关、液晶光栅开关等。

安捷伦（Agilent）公司结合喷墨打印和硅平面光波导两种技术，开发出一种二维光交叉连接系统。安捷伦公司的全光交换芯片曾在 OFC2000 年会上引起轰动。该设备由许多交叉的硅波导和位于每个交叉点的微型管道组成，微型管道里填充一种与折射率匹配的液体用以允许默认条件下的无交换传输。当有入射光照入并需要交换时，一个热敏硅片会在液体中产生一个小泡（Bubble），小泡将光从入射波导中的光信号全反射至输出波导。

液晶（Liquid Crystal）光开关是根据其偏振特性来完成交换的。典型的液晶器件包括无源和有源部分，它实现光交换主要由以下步骤来进行：首先把输入光分为两路偏振光；然后把光输入液晶内，液晶根据是否加电压来改变光的偏振状态（由于电光效应，在液晶上加电压将改变光的折射率，从而改变光的偏振状态）；最后光射到无源光器件上，根据光的偏振方向把光输出到预定的输出端口。

热光技术（Thermal-Optics）主要用来制造小的光开关，如 1 × 2、2 × 2 等，但通过在一块芯片上集成 1 × 2 光开关也可以组成较大的交换系统，如 64 × 64 端口。现在主要有两种类型的热光开关，即数字光开关（DOS）和干涉式光开关。干涉式光开关结构紧凑，但由于对光波长敏感，需要进行温度控制。数字光开关性能更稳定，只要加热到一定温度，光开关就保持同样的状态。最简单的器件是 1 × 2 开关，叫作 Y 形分路器。对 Y 形的一个分支加热时，材料的折射率就会发生改变，将阻止光沿着这个分支传输。数字光开关可以用硅和高分子聚合物制作，后者功耗小，但插损大。

通过全息（Holograms）反射在晶体内部生成布拉格光栅，当加电时，布拉格光栅把光反射到输出端口；反之，光就直接通过晶体。利用这种技术可以很容易地组成上千端口的光交换系统，并且它的开关速度非常快，只需几纳秒就可以把一个波长交换到另一个波长。由于没有可移动器件，可靠性比较好。根据 Trellis Photonics 公司，240 × 240 端口的交换系统的插损低于 4dB，端到端的重复性也比较好，但是它的功耗比较大，并且需要高电压供电。

液体光栅（Liquid Gratings）技术是液晶技术和全息技术的综合。液晶微滴置于高分子层面上，然后沉积在硅波导上面。当没有施加电压时，光栅就把一个特定波长的光反射到输出端口，而加上电压时，光栅消失即晶体是全透明的，光信号将直接通过光波导。

目前光开关主要应用包括光交叉连接（OXC）、用光开关实现网络的自动保护倒换、用 $1 \times N$ 光开关实现网络监控、光纤通信器件测试、光分插复用器（OADM）。OADM 主要应用于环形的城域网中，实现单个波长和多个波长从光路自由上下。用光开关实现的 OADM 可以通过软件控制动态上下任意波长，这样将增加网络配置的灵活性。随着光联网概念的提出，光开关技术已经成为未来光联网的关键技术。

4.4.6 光连接器

光纤（缆）技术的发展使光纤（缆）离最终用户越来越近，人们对较短链路的需求日益增大，连接器用量也大大增加。光纤活动连接器是实现光纤之间活动连接的无源光器件，它还有将光纤与有源器件、光纤与其他无源器件、光纤与系统和仪表进行连接的功能。

尽管光纤（缆）活动连接器在结构上千差万别，品种上多种多样，但按其功能可以分成如下几部分：连接器插头、光纤跳线、转换器、变换器等。这些部件可以单独作为器件使用，也可以合在一起成为组件使用。实际上，一个活动连接器习惯上是指两个连接器插头加一个转换器。

1. 连接器插头

使光纤在转换器或变换器中完成插拔功能的部件称为插头，连接器插头由插针体和若干外部机械结构零件组成。两个插头在插入转换器或变换器后可以实现光纤（缆）之间的对接，插头的机械结构用于对光纤进行有效的保护。插针是一个带有微孔的精密圆柱体，其主要尺寸如下。

外径为Φ（2.499±0.0005）mm；外径不圆度＜0.0005mm；微孔直径为Φ（126±0.5）μm；微孔偏心量＜1μm；微孔深度为 4mm 或 10mm；插针外圆柱体光洁度为∇14；端面曲率半径为 20～60mm。

插针的材料有不锈钢、全陶瓷、玻璃和塑料几种。现在市场上用得最多的是陶瓷，陶瓷材料具有极好的温度稳定性、耐磨性和抗腐蚀能力，但价格也较贵。塑料插头价格便宜，但不耐用。市场上也有较多插头在采用塑料冒充陶瓷，注意识别。

插针和光纤相结合成为插针体。插针体的制作是将选配好的光纤插入微孔中，用胶固定后，再加工其端面，插头端面的曲率半径对反射损耗影响很大，通常曲率半径越小，反射损耗越大。插头按其端面的形状可分为三类：PC 型、SPC 型、APC 型。PC 型插头端面曲率半径最大，近乎平面接触，反射损耗最低；SPC 型插头端面的曲率半径为 20mm，反射损耗可达 45dB，插入损耗可以做到小于 0.2dB；反射损耗最高的是 APC 型，它除了采用球面接触外，还把端面加工成斜面，以使反射光反射出光纤，避免反射回光发射机，斜面的倾角越大，反射损耗越大，插入损耗也随之增大，一般取倾角为 8°～9°，此时插入损耗约 0.2dB，反射损耗可达 60dB，在 CATV 系统中所有的光纤插头端面均为 APC 型。

2. 跳线

将一根光纤的两头都装上插头，称为跳线。连接器插头是跳线的特殊情况，即只在光纤的一头装有插头。在工程及仪表应用中，大量使用着各种型号、规格的跳线。跳线中光纤两头的插头可以是同一型号，也可以是不同的型号。跳线可以是单芯的，也可以是多芯的。跳线的价格主要由接头的质量决定。图 4.31 所示为常用的光纤跳线。

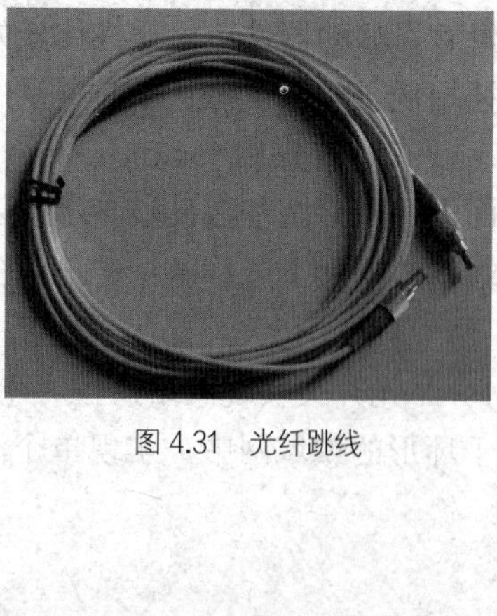

图 4.31 光纤跳线

3. 转换器

把光纤接头连接在一起，从而使光纤接通的器件称为转换器，转换器俗称法兰盘。常用光纤（缆）活动转换器的品种、型号很多，据不完全统计，国际上常用的有30多种。其中有代表性的有FC、ST、SC、D4、双锥、VF（球面定心）、F-SMA、MT-RJ转换器等，这些转换器都是不同国家、不同公司研制的产品，在一定的时期内，还会在一些国家和地区使用。随着光纤通信的进一步发展，必然还会产生新的光纤（缆）转换器。

FC型转换器。FC型转换器是一种用螺纹连接，外部元件采用金属材料制作的圆形连接器。它是我国采用的主要品种，在有线电视光网络系统中大量应用，其有较强的抗拉强度，能适应各种工程的要求。

SC型转换器。SC型转换器外壳采用工程塑料制作，采用矩形结构，便于密集安装，不用螺纹连接，可以直接插拔，操作空间小，使用方便。

ST型转换器。ST型转换器采用带键的卡口式锁紧结构，确保连接时准确对中。

这三种转换器虽然外观不一样，但核心元件——套筒是一样的。套筒是一个加工精密的套管（有开口和不开口两种），两个插针在套筒中对接并保证两根光纤的对准。其原理是，以插针的外圆柱面为基准面，插针与套筒之间为紧配合，当光纤纤芯外圆柱面的同轴度、插针的外圆柱面和端面以及套筒的内孔加工的非常精密时，两根插针在套筒中对接，就实现了两根光纤的对准。

开口套筒。开口套筒在转换器中使用最普遍，其主要尺寸：外径为Φ（3.2±0.01）mm，内径为Φ（2.5±0.02）mm，内孔光洁度为∇14，弹性形变小于0.0005mm，插针插入或拔出套筒的力为3.92～5.88N。开口套筒采用高弹性的材料，如磷青铜、铍青铜和氧化锆陶瓷制作，当插针插入套筒之后，套筒对插针的夹持力应保持恒定，这三种材料制作的套筒都在应用，但以铍青铜和氧化锆陶瓷居多。

不开口套筒。不开口套筒在转换器中应用较少，在光纤与有源器件的连接中应用较多，其外形尺寸与开口套筒基本上一致。不同之处在于它的内孔直径为Φ（2.5+0.0005）mm，即比插针的外径大1μm，既让插针能够顺利插入，同时间隙也不能太大，保证光纤与有源器件（如激光管、探测器）连接时，重复性、互换性达到要求的指标。

上述三种型号的转换器，只能对同型号的插头进行连接，对不同型号插头的连接，就需要下面三种转换器。即：FC/SC型转换器，用于FC与SC型插头互连；FC/ST型转换器，用于FC与ST型插头互连；SC/ST型转换器，用于SC与ST型插头互连。

4. 变换器

将某一种型号的插头变换成另一型号插头的器件叫作变换器，该器件由两部分组成，其中一半为某一型号的转换器，另一半为其他型号的插头。使用时将某一型号的插头插入同型号的转换器中，就变成其他型号的插头了。在实际工程应用中，往往会遇到这种情况，即手头上有某种型号的插头，而仪表或系统中是另一型号的转换器，彼此配不上，不能工作。对于FC、SC、ST三种转换器，要做到能完全互换，有下述6种变换器：SC-FC，将SC插头变换成FC插头；ST-FC，将ST插头变换成FC插头；FC-SC，将FC插头变换成SC插头；FC-ST，将FC插头变换成ST插头，SC-ST，将SC插头变换成ST插头；ST-SC，将ST插头变换成 SC 插头。

实际上光纤的活动连接除了采用上述的活动连接器外，如果是紧急抢修断光缆，而手头又没有熔接机，通常采用一种机械连接头（也称快速接线子）处理。其利用一个玻璃微细管来定位，用一套机械装置来紧固光纤，使用时先切开光纤，对端面进行清洁处理，光纤端头保留 6～8mm，然后将光纤的两个端面在玻璃微细管的中央对准后夹紧，拧紧两端的螺帽即可实现光纤的可靠连接。这种机械连接头的长度约 40mm，直径不超过 5.7mm，平均插入损耗小于 0.4dB，反射损耗大于 50dB，抗拉强度大于 1.25kg，更重要的是装配时间极短，是一种快速抢修必备工具。

4.4.7 光纤活动连接器的性能指标

1. 插入损耗

插入损耗定义为光纤中的光信号通过活动连接器之后，其输出光功率相对输入光功率的比率的分贝数。其表达式为 $I_L=-10\lg(P_o/P_I)$（dB），其中 P_I 为输入端的光功率，P_o 为输出端的光功率。插入损耗越小越好。从理论上讲影响插入损耗的主要因素有纤芯错位损耗、光纤倾斜损耗、光纤端面间隙损耗、光纤端面的菲涅耳反射损耗、纤芯直径不同损耗、数值孔径不同损耗。不管哪种损耗都和生产工艺有关，因此生产工艺技术是关键。

2. 回波损耗

回波损耗又称反射损耗，是指在光纤连接处，后向反射光功率相对于输入光功率的比率的分贝数。其表达式为 $R_L=-10\lg(P_r/P_I)$ dB，其中 P_I 为输入光功率，P_r 为后向反射光功率。反射损耗愈大愈好，以减少反射光对光源和系统的影响。改进回波损耗的途径只有一个，即将插头端面加工成球面或斜球面。球面接触使纤芯之间的间隙接近于“0”，达到“物理接触”，使端面间隙和多次反射所引起的插入损耗得以消除，从而使后向反射光大为减少。斜球面接触除了实现光纤端面的物理接触以外，还可以将微弱的后向光加以旁路，使其难以进入原来的纤芯。斜球面接触可以使回波损耗达到 60dB 以上，甚至达到 70dB。关于插头的类型定义前面已述，此处不多讲。在 CATV 系统中都选用 APC 型端面的接头，这种接头的反射损耗完全可以达到系统要求，当然加工工艺不好的 APC 接头反射损耗比 PC 型接头的还要低也是可能的。

3. 重复性

重复性是指对同一对插头，在同一只转换器中，多次插拔之后，其插入损耗的变化范围，单位用 dB 表示。插拔次数一般取 5 次，先求出 5 个数据的平均值，再计算相对于平均值的变化范围。性能稳定的连接器的重复性应小于 ± 0.1dB。重复性和使用寿命是有区别的，前者是在有限的插拔次数内，插入损耗的变化范围；后者是指在插拔一定次数后，器件就不能保证完好无损了。

4. 互换性

互换性是指不同插头之间或者同转换器任意置换之后，其插入损耗的范围。这个指标更能说明连接器性能的一致性。质量较好的连接器，其互换性应能控制在 ± 0.15dB 以内。

重复性和互换性考核连接器结构设计和加工工艺的合理与否，也是表明连接器实用化的重要标志。质量好的跳线和转换器，其重复性和互换性是合格的，即使是不同厂家的产品也可在一起使用，质量低劣的产品即使是同一厂家的产品互换性也很差。

4.4.8 活动连接器的使用

活动连接器一般用于下述位置：①光端机到光配接箱之间采用光纤跳线；②在光配线箱内采用法兰盘将光端机来的跳线与引出光缆相连的尾纤连通；③各种光测试仪一般将光跳线一端头固定在测试口上另一端与测试点连接；④光端机内部采用尾纤与法兰盘相连以引出/引入光信号；⑤光发射机内部，激光器输出尾纤通过法兰盘与系统主干尾纤相连；⑥光分路器的输入、输出尾纤与法兰盘的活动连接。

4.5 楼道分线盒与光纤接续盒

4.5.1 楼道分线盒

楼道分线盒的用途为适用于多层或者高层楼宇 FTTH 项目中，在楼道内完成配线光缆与入户线光缆的接续和分配功能。其特点：适合楼道竖井内安装；能保证骨架式带状光缆的固定、各种连接器件的固定、皮线光缆的固定；体积小、重量轻、容量大；掏纤、接续操作方便；支持直通、分支等接续方式。

4.5.2 光缆接续盒

光缆接续盒又叫光缆接头盒和熔接包，是光缆端头接入的地方，实现光缆的接续或者与光接收机的连接。光缆接续盒可阻止大自然中热、冷、光、氧和微生物引起的材料老化，并且具有优良的力学强度，坚固的光缆接头盒外壳及主体结构件能够忍受最恶劣的环境变化，同时起到阻燃、防水作用，使振动、撞击、光缆拉伸、扭曲等得到保护。光缆接续盒通常适用于室内或非露天的室外使用，不适合于露天使用，如要使用，应采取保护措施。其特点是适用于松套、骨架、束管等多种光缆结构，并能在架空、管道等环境中安装；适用于多种接续方法（直通、分支）；可靠的热缩式密封方式，密封性能卓越；重复开启方便。

4.6 光波分复用器件

4.6.1 光波分复用器的概念

光波分复用器按用途分为光分波器和光合波器两种，如图 4.32（a）、（b）所示。它们是波分复用（WDM）传输系统的关键器件。光合波器是将多个光源不同波长的信号结合在一起，经一根传输光纤输出的光器件。反之，将同一根传输光纤送来的多个不同波长的信号，分解为个别波长，分别输出的光器件称为光分波器。有时同一器件既可以作为光分波器，又可以作为光合波器使用。

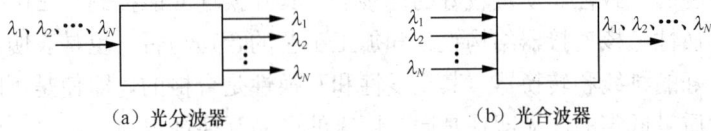

（a）光分波器　　　　（b）光合波器

图 4.32　光波分复用器示意图

光波分复用器的主要类型有熔锥光纤型、介质膜干涉型、光栅型和波导型四种。

4.6.2　光波分复用器的原理

在模拟载波通信系统中，通常采用频分复用方法提高系统的传输容量，充分利用电缆的带宽资源，即在同一根电缆中同时传输若干个信道的信号，接收端根据各载波频率的不同，利用带通滤波器就可滤出每一个信道的信号。同样，在光纤通信系统中也可以采用光的频分复用方法来提高系统的传输容量，在接收端采用解复用器（等效于带通滤波器）将各信号光载波分开。由于在光的频域上信号频率差别比较大，一般采用波长来定义频率上的差别，该复用方法称为波分复用。

在 WDM 系统中，充分利用了单模光纤低损耗区带来的巨大带宽资源，根据每一信道光波的频率（或波长）不同可以将光纤的低损耗窗口划分成若干个信道，把光波作为信号的载波，在发送端采用波分复用器（合波器）将不同规定波长的信号光载波合并起来，送入一根光纤进行传输；在接收端，再由一波分复用器（分波器）将这些不同波长、承载不同信号的光载波分开。

由于不同波长的光载波信号可以看作是互相独立的（不考虑光纤非线性时），从而在一根光纤中可实现多路光信号的复用传输。将两个方向的信号分别安排在不同波长传输即可实现双向传输。根据波分复用器的不同，可以复用的波长数也不同，从两个至几十个，一般商用化是 8 波长和 16 波长系统，这取决于所允许的光载波波长的间隔大小。

4.6.3　光波分复用器的要求及参数

光波分复用器是波分复用系统的重要组成部分，为了确保波分复用系统的性能，对波分复用器的基本要求是插入损耗小、隔离度大、带内平坦、带外插入损耗变化陡峭、温度稳定性好、复用通路数多、尺寸小等。

1．插入损耗

插入损耗 α 是指由于增加光波分复用器/解复用器而产生的附加损耗，定义为该无源器件的输入和输出端口之间的光功率之比，即 $\alpha=10\lg\left(P_{\mathrm{i}}/P_{\mathrm{o}}\right)$，其中 P_{i} 为发送进输入端口的光功率，P_{o} 为从输出端口接收到的光功率。插入损耗典型值为 1.5dB，好的器件应该有相同的插入损耗 α，也即一致性要好。

2．串扰抑制度

串扰（Crosstalk，CT）是指规定信道的信号功率被耦合到不需要此功率的信道上。信道这一术语在 WDM 系统中是指单个光载波的波长。串扰抑制度定义为其他信道的信号耦合进某一信道，并使该信道传输质量下降的影响程度，有时也可用隔离度来表示这一程度。对于解复用器 $C_{ij}=-10\lg\left(P_{ij}/P_i\right)$(dB)，其中 P_i 是波长为 λ_i 的光信号的输出光功率，P_{ij} 是波长为 λ_j 的光信号串入到波长为 λ_i 信道的光功率，C_{ij} 是解复用器输出端信道 λ_i 对信道 λ_j 的串扰抑制度。

3. 回波损耗

半导体激光器对从系统其他部分反射回的光能量是非常敏感的。反射光增加了发射光束中的噪声，降低了系统的性能。发射机附近的反射是主要的影响因素。在实用系统中有很多方法可以将反射减到最小。回波损耗是控制反射有效性的度量，以分贝为单位。回波损耗定义为从无源器件的输入端口返回的光功率与输入光功率的比，即

$$R_{\mathrm{L}}=-10\lg\left(P_{\mathrm{r}}/P_{\mathrm{j}}\right)(\mathrm{dB}) \tag{4.9}$$

式中，P_{j} 为发送进输入端口的光功率；P_{r} 为从同一个输入端口接收到的返回光功率。30dB 或 40dB 的回波损耗是设计优良的元器件的典型代表值，但对有些特殊应用，可能需要 50dB 甚至 60dB 的回波损耗。

4. 反射系数

反射系数是指在 WDM 器件的给定端口的反射光功率 P_{r} 与入射光功率 P_{j} 之比，即

$$R=10\lg\left(P_{\mathrm{r}}/P_{\mathrm{j}}\right)(\mathrm{dB}) \tag{4.10}$$

5. 工作波长范围

工作波长范围是指 WDM 器件能够按照规定的性能要求工作的波长范围（$\lambda_{\min}$～$\lambda_{\max}$）。

6. 信道宽度

信道宽度是指各光源之间为避免串扰应具有的波长间隔。

7. 偏振相关损耗

偏振相关损耗（Polarization Dependent Loss，PDL）是指由于偏振态的变化所造成的插入损耗的最大变化值。

【练习与思考】

1. 同轴电缆特性有哪些？

2. 同轴电缆的衰减常数通常以多少单位长度作为计量单位？它与传输频率的大小有何关系？

3. 同轴电缆的温度系数含义是什么？假设一同轴电缆干线全程衰减量为 180dB，电缆的温度系数为 0.2（dB）/℃，在夏天与冬天温差为 40℃的情况下，问同轴电缆在夏天的衰减量比冬天的衰减量多多少分贝？

4. 光纤通信系统由哪几部分组成？简述各部分作用。

5．简述通信网络的发展过程。

6．造成光纤传输损耗的主要因素有哪些？哪些是可以改善的？最小损耗在什么波长范围内？

7．什么是光纤的色散？对通信有何影响？多模光纤的色散由什么色散决定？单模光纤色散又由什么色散决定？

8．简述G.652光纤、G.653光纤、G.654光纤、G.655光纤和全波光纤的特征。

9．分配器有哪三个主要特征？若不考虑分配器内部元件各种损耗，分配器的损耗 L_S 应等于多少？什么是分支器？在分支器的主要技术参数中插件损耗和分支消耗的定义是什么？它们之间有何关系？

10．干线中的放大器为什么通常采用电源供电器、电源插入器等集中供电方式的设备？

11．用户终端盒是系统与用户终端采用的连接设备，其中标准的单向用户终端盒和双向用户终端盒的电原理图有何不同？结构中各元器件有什么作用？

12．连接器和跳线的作用是什么？

13．耦合器的作用是什么？它有哪几种？

14．光开关的作用是什么？主要分类、主要技术指标有哪些？

15．简述光隔离器的作用。简述光环形器的作用。

16．对于WDM系统中的信道，假设设备制造商给出以下参数：系统工作在1550nm附近时，信道间隔为100GHz。试问其波长间隔为多少？如果波长间隔分别为200GHz、50GHz和25GHz，重复计算上述问题。对这些不同的波长间隔，C波段能够容纳多少信道？

17．用两个耦合器和两个光纤布拉格光栅构建WDM合波/分波器略图，并简要举例说明。（假设有4个波长的光从传输光纤输入）。

思考题

1．光纤连接器、光耦合器、光合波器、光分波器、光隔离器的工作原理？

2．在不同的应用场合，大都使用哪些光纤连接器？光纤连接器的特性参数是什么？

3．新型光纤的发展趋势如何？

4．哪些同轴电缆、光纤产品需求量大？我国同轴电缆、光纤产品的生产在全球中的地位如何？

【研究项目】 我国同轴电缆与光纤产品技术发展状况调查

要求：

1．调研市场上有的分配器、分支器、电流插入口、用户终端盒等常用的电缆接插件和常用的无源光器件，以及光纤产品的型号、技术参数比较。在进行调研的基础上，撰写研究报告。

2．有关的产品及其市场的资料要真实、可靠，论证要清晰、准确。

3．研究报告篇幅不超过6000字。

4．需要提交电子文档及打印稿各一份。

5．结合本地实际，研究同轴电缆以及光纤在有线电视系统中的应用。

6．理解光纤（同轴电缆）传输原理和传输特性。

7．了解新型光缆的特性，调研市场上的光纤（同轴电缆）产品。

目的：

1．理解光纤（同轴电缆）传输原理和传输特性，了解我国光纤产品的型号、生产、销售情况。

2．了解光纤在有线数字电视网络系统设计中的应用。

指导：

1．通过对有线电视、通信公司等技术部门的调研及资料的检索获取需要的信息。

2．利用实习等机会向工程技术人员请教。

3．重点理解光纤（同轴电缆）传输原理和传输特性并了解新型光缆的特性。

4．对调研的资料要进行归纳、整理，在综合分析的基础上撰写研究报告。

5．研究报告中，应对同轴电缆、光纤产品类别、规模、产量、市场需求等做详细的阐述，并结合有关图表，说明我国同轴电缆、光纤产品市场的现状及发展趋势。

第5章 有线数字电视网络设备

【学习提要】

本章主要掌握电缆放大器的作用、特点和主要的技术指标；掌握光源和光检测器的概念及其在光纤通信系统中的作用；理解激光器的发光机理；理解发光二极管（LED）、半导体激光器（LD）、光敏二极管（PIN）、雪崩光敏二极管（APD）等的工作原理及其主要特性；理解掺铒光纤的激光特性和掺铒光纤放大器的工作原理；掌握 EDFA 的光路结构原理、特点及应用。

【引言】

电缆放大器和光通信器件是网络传输中的核心部件，它们的特点能直接影响网络传输的质量。在光纤通信系统中使用的光器件主要有光源和光检测器等。光源的作用是将电信号电流变换为光信号功率，即实现电-光的转换，以便在光纤中传输。目前，光纤通信系统中常用的光源主要有LD、LED、半导体分布反馈激光器（DFB）等。光检测器的作用是将接收的光信号功率变换为电信号电流，即实现光-电的转换。光纤通信系统中最常用的光检测器有半导体光敏二极管、雪崩光敏二极管。

由于光纤损耗的存在，任何光纤通信系统的传输距离都受到限制。因为损耗导致光信号能量的降低，在长距离光纤传输系统中，当光信号沿光纤传播一定的距离后，必须利用中继器对已衰减了的光信号进行放大。为了延长传输距离，需增强注入光纤的光功率；为了提高接收机的灵敏度，可在光信号进入接收机前进行放大等。这些功能的实现都需要放大器。掺杂光纤放大器在光纤通信中起着十分重要的作用，本章着重讨论掺铒光纤放大器。

5.1 电缆放大器

电缆放大器在有线电视系统中常见的是干线（分配）放大器，它的主要作用是以其对信号的放大量来抵消传输电缆对信号的衰减量。因此在有线系统中，放大器的配置是以放大器的增益和电缆的损耗来决定的。放大器根据其防水性能的好坏可以分为室外型和室内型两种标准。最后一级放大器的供电应主要采用独立供电，其接电方式应符合安全规定，电源引入线应满足功率要求，并留有余量。

5.1.1 电缆放大器的图形符号

常用的电缆放大器有干线放大器、桥接放大器及双向放大器，它们的图形符号如

图 5.1（a）、（b）、（c）所示，放大器实物如图 5.1（d）所示。

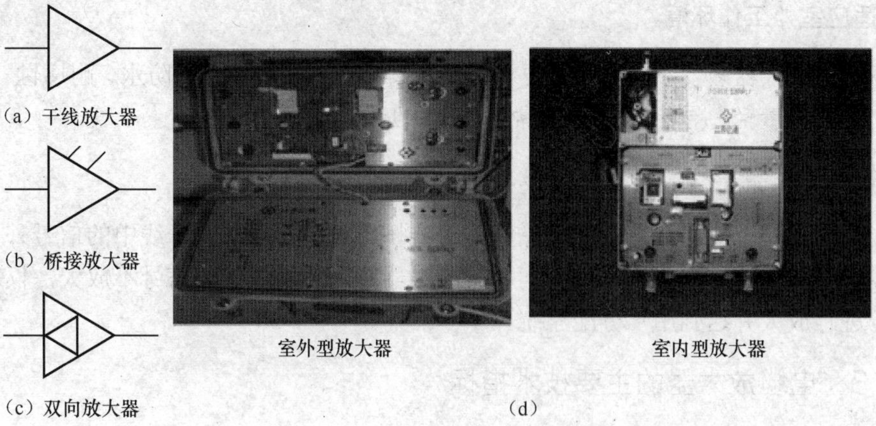

图 5.1　常用放大器的图形符号及放大器实物图

5.1.2　电缆放大器的特点

1．增益可调

在早期的有线电视干线网中有几台或几十台放大器级联工作。原则上，放大器的增益正好等于两台放大器之间的连接电缆的损耗。对传输干线来说，输出信号电平应该等于输入电平，也就是所谓的“0”增益。如果放大器的增益大于电缆损耗，则通过系统的信号电平将逐级增大，最终将导致系统中某一级放大器因过载而发生信号失真、交调等现象。倘若放大器的增益小于电缆损耗，则通过系统的信号电平将逐渐降低，最终导致在系统中某一级载噪比不合适。为此，对干线放大器提出了增益可调的要求。

2．斜率补偿

电缆对传输信号的衰耗与频率成直线关系，放大器若补偿电缆损耗，也包括斜率补偿。因此，要求放大器幅频特性曲线的斜率正好与电缆的衰耗相反，或者通过插入均衡器件进行斜率补偿。

3．自动增益功能

为了适应长距离电缆传输的需要，要求干线放大器具有自动增益控制（AGC）功能，有的还具有自动斜率控制（ASC）功能，两者兼有的又称自动增益斜率控制（AGSC）或自动电平控制（ALC）。这种干线放大器比较复杂，一般用于大型系统。对于传输干线比较短的小型系统，一般采用手动增益控制（MGC）的斜率均衡，并加上温度补偿的方法来实现增益控制。

4．双向功能

在具有双向传输的有线电视系统中，干线放大器配置为双向放大器，双向放大器中有双向分离器以分别处理正、反向信号。由于反向信号的频率范围常为 5～65MHz，其电缆损耗要小，因此反向放大器的增益比正向放大器要低。

5. 适应室外工作环境

由于干线放大器多安装在室外，要求采用压铸铝合金机盒，应能防水、耐腐蚀、强度好、耐气候变化、重量轻、导热性能及避雷性能好、工作寿命长。

6. 桥接放大器

桥接放大器是干线放大器的派生品种。干线桥接放大器除放大干线中的信号外，还分出几路支线信号传输给用户分配系统；而桥接放大器则对于干线中的信号不放大，仅对分出的几路信号进行放大并送到用户分配系统。

5.1.3 电缆放大器的主要技术指标

1. 标称输入电平

电缆放大器的标称输入电平满足干线放大器技术参数的输入电平范围内的中心点。

2. 标称增益

电缆放大器的标称增益也称典型工作增益，是在合适的自动电平控制和标称输入电平条件下，放大器能得到的增益。

3. 标称输出电平

标称输出电平是指在标称输入电平和在标称增益下干线放大器的输出电平。

4. 带内平坦度

电缆放大器的带内平坦度是指干线放大器传输频带内最高、最低幅频响应电平相对两者平均电平的偏差总量。要求干线放大器的平坦度达到±0.25～0.3dB。

5. 载波交流声比

载波交流声比是指载波与寄生调幅到载波信号上的电源交流峰值之比，用分贝表示。

6. 非线性失真

非线性失真主要包括 *CM*、*CSO*、*CTB*。干线放大器产品说明书给出的 *CTB* 都是在一定的频道数和输出电平下测试的，如果实际应用中频道数与给定条件不一致，应该进行修正。修正后 CTB 指标通过下式计算。

$$CTB_N=CTB_R+20\lg[(T-1)/(N-1)]$$

其中，N 为实际使用频道数，T 为测试 *CTB* 时的频道数，CTB_R 是厂家测试指标，CTB_N 是实际应用中指标。

7. AGC 和 ASC 特性

电缆放大器的 AGC 特性表示干线放大器输出电平受输入电平变化影响的大小；ASC 特

性表示干线放大器的输出电平斜率受输入电平斜率变化影响的大小。随着光纤向用户端延伸，光进铜退的网络发展趋势，带 AGC 和 ASC 特性的放大器目前用得不多，但早期有线电视网络或者偏远地区的有线电视网络还有使用，这两种特性放大器的主要功能是自动调整网络的电平指标，使网络良好运行。

8．噪声系数

干线放大器的噪声系数 N_F 在 7～10dB 范围内，其数值越小质量越好。单台干线放大器的载噪比 $(C/N)_A$ 与噪声系数的关系为 $(C/N)_A=S_i-N_F-2.4(\text{dB})$，其中 S_i 为输入信号电平，N_F 为干线放大器噪声系数；2.4 为传输电路热噪声。干线系统的载噪比为 $(C/N)_t=(C/N)_A-10\lg n$，其中 $(C/N)_t$ 为 n 个相同干线放大器串接干线系统的载噪比，n 为串接放大器级数。另外，还有最大输出电平和反射损耗等指标。放大器的工作原理框图如图 5.2 所示。

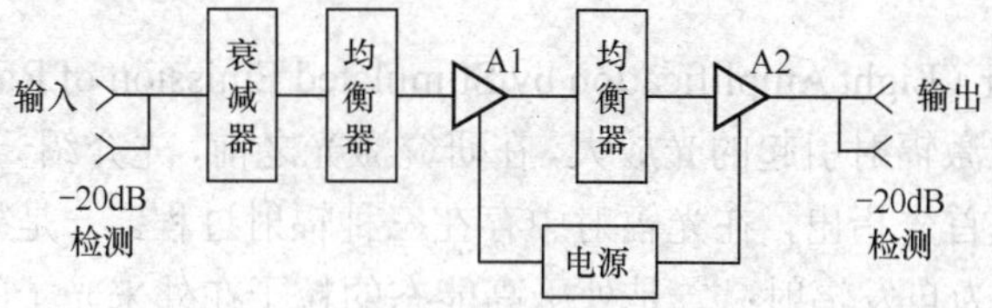

（a）某系列单向放大器的工作原理框图

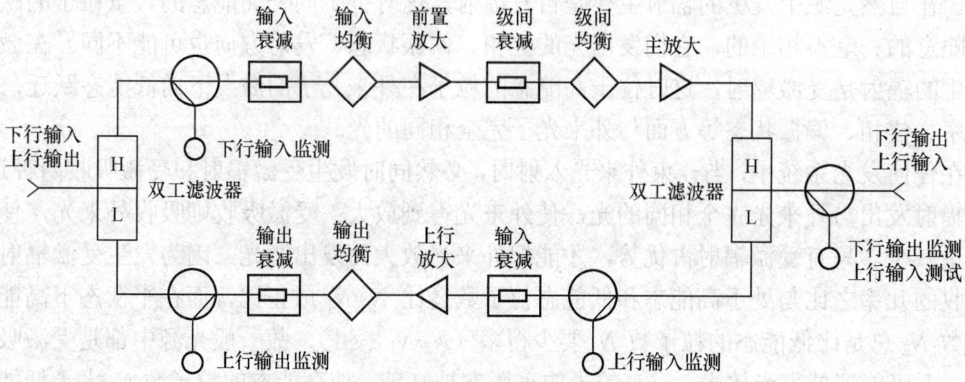

（b）某系列双向放大器的工作原理框图

图 5.2 放大器的工作原理框图

5.2 激光与激光器

在光纤通信系统中用光波作为载波，通过光纤这种传输介质，完成通信全过程。然而，目前各种终端设备多为电子设备，这就需要在输入端先将电信号变成光信号，也就是用电信号调制光源。

光源的作用是将信号电流变换为光信号功率，即实现电-光的转换。目前光纤通信系统中常用的光源主要有半导体激光器也称为半导体激光二极管或简称激光二极管（Laser Diode，LD）、半导体发光二极管（（Light Emitting Diode，LED）、半导体分布反馈激光器（DFB）等。

半导体激光器体积小、价格低、调制方便，只要简单地改变通过器件的电流，就能将光进行高速的调制，因而已发展成为光通信系统中最重要的器件。

激光器的基本结构由工作物质、泵浦源和光学谐振腔三部分构成。工作物质是激光器的核心，是激光器产生光的受激辐射放大作用源泉之所在。泵浦源为在工作物质中实现粒子数反转分布提供所需能源，工作物质类型不同，采用的泵浦方式不同。光学谐振腔则为激光振荡的建立提供正反馈，同时谐振腔的参数影响输出激光束的质量。激光器种类繁多，习惯上主要按照工作物质和工作方式进行划分。半导体激光器工作物质是半导体，采用注入电流方式泵浦。泵浦（Pumping）是指给激光工作物质提供能量使其形成粒子数反转的过程。在激光器中，外部能量通常会以光或电流的形式输入到产生激光的媒质之中，把处于基态的电子激励到较高的能级高能态，物理学家将这种状态称为激发态（Excited State）。

5.2.1 激光的产生

激光，英文名 Laser（Light Amplification by Stimulated Emission of Radiation ，Laser 按发音译为镭射），原义是受激辐射引起的光放大。在研究激光之前，先介绍一些受激辐射的概念。

1917 年，爱因斯坦首先指出，在光辐射中存在三种辐射过程。一是处于高能态的粒子自发地向低能态跃迁，称为自发辐射；二是处于高能态的粒子在外来光子的激发下向低能态跃迁，称为受激辐射；三是处于低能态的粒子吸收了外来光子的能量向高能态跃迁，称为受激吸收。在自然光源中发生的辐射主要是自发辐射，这时位于同一高能态的大量粒子的跃迁是完全随意的、毫不相干的，它们发出光的位相、偏振状态、发射方向也可能不同。在激光器中发生的辐射是受激辐射，这时位于高能态的粒子在外来光子的激发下向低能态跃迁，发出在频率、位相、偏振状态等方面与外来光子完全相同的光。

在任何发光系统中，当一束外来光入射时，必然同时发生受激辐射和受激吸收两种过程。受激辐射发出与外来光完全相同的光，使外来光得到放大；受激吸收则吸收外来光，使外来光能量减少。只有受激辐射占优势，才能把外来光放大而发出激光。因为发生受激辐射和受激吸收的几率之比与处于高能态和低能态粒子数之比 N_2/N_1 成正比，而在平衡态下高能态的粒子数 N_2 总是比低能态的粒子数 N_1 要少得多（$N_2/N_1 << 1$），故一般光源中都是受激吸收占优势，不可能把外来光放大。只有粒子的平衡态被打破，使高能态的粒子数 N_2 大于低能态的粒子数 N_1（这种情况称为粒子数反转），才能把外来光放大而发出激光。

要实现粒子数反转，首先要求产生激光的物质有合适的能级结构。具有可能实现粒子数反转能级结构的物质称为激活物质。但仅有激活物质还不够，也不一定能实现粒子数反转，还需要有必要的能量输入系统，供给位于低能态的粒子以能量，使其尽可能快、尽可能多地跃迁到高能态去，才能实现粒子数反转。这种通过外界不断供给能量，促使低能态粒子尽快跃迁的过程称为泵浦过程（或称激励过程）。

实现粒子数反转是产生激光的必要条件，还不是充分条件。要产生激光，还要有损耗极小的谐振腔。谐振腔的主要部分是两个互相平行的反射镜，激活物质所发出的受激辐射光在两个反射镜之间来回反射，不断引起新的受激辐射，使其不断被放大。

只有受激辐射放大的增益大于激光器内的各种损耗，即满足一定的阈值条件：

$$\rho_1\rho_2 \exp(2G-2a)L \geqslant 1 \tag{5.1}$$

才能输出稳定的激光。其中 ρ_1、ρ_2 为两个反射镜的反射率，G 为激活介质的增益系数，a 为介质的损耗系数，L 为谐振腔的长度。另一方面，激光在谐振腔中的来回反射，使到达输出端的光束有直接到达的，有经过一个来回、两个来回……到达的。只有这些光束两两之间在输出端的相位差 $\Delta\varphi = 2q\pi$，$q = 1$，2，3，…时，才能在输出端产生加强干涉，输出稳定的激光。设激活介质的折射率为 n，则

$$\Delta\varphi = (2\pi/\lambda)2nL = 4\pi nLf/c = 2q\pi$$

上式可化为

$$f = qc/(2nL) \tag{5.2}$$

式（5.2）称为谐振条件。c 是光速，λ 是光波长，f 是光频率。

这说明，在谐振腔长度 L 和折射率 n 确定后，只有某些特定频率的光才能形成光振荡，输出稳定的激光。说明谐振腔对输出的激光有一定的选频作用。

综上所述，实现粒子数反转，满足阈值条件和谐振条件，是产生激光的三个条件。

5.2.2 激光的特点

由于激光是以受激辐射的光放大为基础的发光现象，同以自发辐射为基础的普通光源相比，具有许多鲜明的特点。

1. 单色性好

已知，不同颜色的光具有不同的波长，如红光的波长在 0.647～0.700 μm。所谓单色光，实际是波长范围很小的一段辐射。谱线宽度越窄（波长范围越小），光的单色性就越好，在光通信中越容易被调制。

因为激光是在特定能级之间实现粒子数反转后产生的受激辐射，又经过谐振腔的选频作用，使其输出光的谱线宽度很小，即具有很好的单色性。例如，普通光源中单色性最好的氪灯发出 0.6057μm 光的谱线宽度为 4.7×10^{-7}μm，而一般氦氖激光器发出的 0.6328μm 光谱线宽度可达 10^{-10}μm，好的可达 10^{-12}μm，比氪灯提高 10 万倍。

2. 方向性好

通常用光的发散角来描述其方向性，发散角越小，方向性越好。普通光源中最好的探照灯，其发散角为 0.1rad。如果把它照射到离地球 40 万 km 的月球上，其光斑直径有几万 km。在激光器中，由于受激原子发光的方向与外来光相同，再加上谐振腔只允许沿轴线传播的光得到放大，使输出激光的方向性很好，发散角可达 10^{-5}rad，把它照射到月球上，光斑直径不到 2km。

3. 亮度高

由于激光器可以做到断续发光，使其能量积累到一定程度再突发出来，因而具有很高的功率，最大可达 10^{14}W，再加上激光的方向性好，使其亮度（单位面积的光源在给定方向上单位立体角范围内发出的辐射功率）极高，比太阳的亮度还要高出上千亿倍，只有氢弹爆炸瞬间的强烈闪光才能与之相比。

4．相干性好

所谓相干性是指两束光能够发生干涉，形成稳定的明暗相间干涉图像的特性。由于受激辐射原子发出的光在频率、相位、振动方向等方面都同外来光子一样，使激光具有很好的相干性，比较接近于理想的、完全相干的电磁波，在光通信、全息摄影和精密测量方面具有广泛的应用。

5.2.3 激光器

激光器是产生激光的器件或装置，主要包括工作物质（激活物质）、泵浦系统和谐振腔三部分。泵浦系统向工作物质输送能量，使其实现粒子数反转，而谐振腔则使受激辐射光不断被放大，以至输出稳定的激光。

1．激光器的性能指标

研究激光器的性能，主要应考察如下指标。

输出光功率：激光器在各项指标都正常的情况下输出的光功率。不同激光器的输出光功率是不同的，希望激光器输出的光功率越大越好。

相对强度噪声 RIN：单位频带宽度中噪声与输出光强的比值，常用 dB/Hz 为单位，希望它越小越好。

激光器的激励阈值：使激光器能正常工作的最小激励。当激光器的激励小于阈值时，激光器不能输出稳定的激光。对于半导体激光器，其激励阈值就是阈值电流；对于 YAG 激光器，激励阈值是指其激励光功率的最小值。

激光器的线性范围：激光器能线性工作的最大范围，要求它越大越好。对于半导体激光器，可以用其饱和电流（激光器输出饱和时对应的激励电流，当激励电流超过其饱和电流后，再加大激励，也不能使输出光功率增加）与阈值电流之差来近似代表其线性范围。实际上，在线性范围内，激光器的输出功率随注入电流变化的曲线也不是绝对的直线，希望它尽量接近直线，使其非线性失真尽可能小。当温度升高时，阈值电流以 1%～2%/℃的速度增大，饱和电流也相应降低，使激光器的线性范围减小。因此，在激光器内部通常要增加温控装置，保持其工作稳定。

激光器的温度特性：激光器的波长、噪声、阈值电流、饱和电流等性质随温度的变化情况，要求这种变化越小越好。

谱线宽度：激光器发出激光波长的范围，常用 $\Delta\lambda$ 来表示。激光器的谱线宽度越小，其单色性越好，相应的输出特性也越好。

除了以上参数外，描述激光器特性的指标还有发光效率、激光器寿命、工作稳定性等，不再赘述。

2．光通信中常用的激光器

由于光通信需要在各种环境条件下都能长时间连续稳定工作，故用于光通信的激光器体积小、重量轻、坚固耐用、寿命长、在室温下工作、能输出较高的连续功率，所输出的激光应具有单色性好、频带宽、光谱纯、频率稳定、线性好、易于调制的特点，其波长应与光纤的低损耗区相吻合。显然，同时符合这些条件的激光器主要是半导体激光器和部分固体激光器。

（1）激光二极管

激光二极管（LD）本质上是一个半导体二极管，又称为法布里－柏罗（F-P）激光器。已知，一个P型半导体和一个N型半导体结合在一起，就构成一个PN结，P型半导体中的多子（带正电荷的空穴）向N型半导体扩散，N型半导体中的多子（带负电荷的电子）向P型半导体扩散，在分界面两侧形成电荷堆积，这些电荷产生的电场阻止多子的进一步扩散。当在某些半导体材料的PN结两端加上正向电压（P区接电池的正极，N区接电池的负极）时，空穴将从P区向N区，电子将从N区向P区运动，空穴和电子将在中部（该区域称为发光层或有源层）复合发光。空穴和电子的复合发光实际是高能态的电子向低能态跃迁，多余的能量以光的形式释放出来。在激光二极管中，当正向电压足够大，使注入电流大于$1.6\times10^7\text{A/m}^2$时，就会在高低能态之间实现粒子数反转，发生受激辐射，发出与外来光的波长、位相、振动方向完全相同的光子。由于半导体两端的解理面反射系数较大，可以利用它们组成谐振腔，经过其反馈、选频作用，形成振荡，输出稳定的激光。

同其他激光器相比，激光二极管具有效率高、体积小、寿命长（可达100万小时）的优点，但其输出功率小（一般小于1mW）、线性差、单色性不太好（谱线宽度约5nm），使其在光纤有线电视系统中的应用受到很大的限制，不能传输多频道的高性能模拟信号。

（2）分布反馈激光器

将激光二极管发光层表面刻上波纹状的衍射光栅，就构成了一个DFB激光器。同激光二极管只在两个端面形成反射，进行反馈不同，DFB激光器依靠光栅中各个波纹峰的反射进行反馈。尽管每个波纹峰处的反射很小，但由于波纹峰很多，波纹周期完全相同，使反射光叠加成较大的反射，可得到较大功率（30mW以上）的输出；光栅还增强了谐振腔的选频作用，以保证激光器中只形成一个频率、一种模式的光振荡，做到单模输出。DFB激光器还采用了一些提高线性的措施，使其在注入电流大于阈值电流（高质量DFB激光器的阈值电流通常小于20mA）时，输出光功率基本与注入电流成正比。

同激光二极管相比，DFB激光器具有单色性好（谱线宽度仅为激光二极管的1/10）、温度系数小（波长随温度的变化比激光二极管小一个数量级，仅为零点几A/℃）、输出功率大、线性好、便于调制、容易引起单模振荡、可以传输较宽频带的优点，在光纤有线电视系统中具有广泛的应用。

（3）掺钕钇铝石榴石激光器

掺钕钇铝石榴石激光器（Nd：YAG）是一种固体激光器，激活物质是掺钕钇铝石榴石晶体中的三价钕离子Nd^{+++}，采用波长为0.808μm的氪灯或激光二极管进行光激励。Nd^{+++}在泵浦光的激发下从低能态跃迁到高能态，可以发出1.319μm或1.338μm的激光。掺钕钇铝石榴石激光器也是采用晶体的两个端面来作谐振腔的两个反射镜。为了避免这两种波长的光被模拟调制后互相干扰，可通过涂膜抑制1.338μm的光，使激光器只输出1.319μm一个波长的激光。掺钕钇铝石榴石激光器实际工作在单波长多模状态，以增强其抗多重反射性能，有利于发射机性能的提高。

掺钕钇铝石榴石激光器（Nd：YAG）具有输出功率大（50～200mW）、激励阈值低、能量转换效率较高、对反射不敏感的优点，其相对强度噪声RIN小于−170dB/Hz，是目前光通信中指标最高的激光器。

（4）可调谐激光器

光通信领域传统的光源均是基于固定波长的激光器模块，随着光通信系统的不断发展及应用推广，固定波长激光器的缺点逐渐显露出来：一是随着DWDM技术的发展，系统中的波长数达到了上百个，在需要提供保护的场合，每个激光器的备份必须由相同波长的激光器提供，这样导致备份激光器数量增加，成本上升；二是由于固定激光器需要区分波长，因此激光器的类型随着波长数的增加而不断增加，使得管理复杂、能耗增大；三是如果要支持光网络中的动态波长分配，提高网络灵活性，需要配备大量不同波长的固定激光器，但每只激光器的使用率却很低，造成资源浪费。针对这些不足，随着半导体及其相关技术的发展，人们成功地研制出可调谐激光器，即在同一个激光器模块上控制输出一定带宽内的不同波长，且这些波长值和间隔均满足ITU-T的要求。

对于下一代光网络而言，可调谐激光器是实现智能光网络的关键因子，可以为运营商提供更大弹性、更快波长供应速度，并最终实现更低的成本。未来长途光网络将是波长动态系统的天下，这些网络可以在很短的时间内实现新的波长分配，由于采用超长距离传输技术而无须使用再生器，从而节省大笔开支。可调谐激光器有希望为未来的通信网络提供新工具，用以进行波长管理、提高网络效率和开发下一代光网络，最吸引人的一个应用是可重配置光分插复用器（ROADM）。动态可重配置的网络系统将出现在网络市场中，大调节范围的可调谐激光器也将因此而获得更大的需求。

可调谐激光器从调谐原理上共有三种控制技术：电流控制技术、温度控制技术和机械控制技术。电控技术是通过改变注入电流实现波长的调谐，具有ns级调谐速度、较宽的调谐带宽，但输出功率较小。基于电控技术的主要有取样光栅分布式布拉格反射器半导体激光器（SG-DBR）和辅助光栅定向耦合背向取样反射激光器（GCSR）。温控技术是通过改变激光器有源区折射率，从而改变激光器输出波长的。该技术简单，但速度慢、可调带宽窄（只有几个nm）。基于温控技术的主要有分布反馈（DFB）和分布布拉格反射（DBR）激光器。机械控制主要是基于微电机系统（MEMS）技术完成波长的选择，具有较大的可调带宽、较高的输出功率。基于机械控制技术的主要有DFB、外腔激光器（ECL）和垂直腔表面发射激光器（VCSEL）等。

5.3 光端机

5.3.1 光发射机

1. 光发射机概述

光发射机（或称发送光端机）是将电端机来的信号经过处理后对光源进行强度调制，把电信号转换为光信号。对光发射机的主要技术要求如下。

（1）输出尽可能大的稳定光功率。输出光功率越大，系统可传输的距离越长，或者系统所允许的损耗越大。要求在环境温度变化或者LD器件老化过程中，输出光功率保持不变，可使光纤通信系统长时间稳定运行。

（2）具有尽可能大的光调制度m。由后面的讨论可知，光接收机的信噪比与m成正比，所以m越大，信噪比越高。但由于光源存在非线性失真，所以当光功率较大，或m较大时，会产生严重的非线性失真。

（3）具有尽可能小的非线性失真。在光纤通信系统中，光源的非线性是产生非线性失真的主要因素。发光二极管 LED 或激光二极管 LD 的 *P-I* 曲线（LED 或 LD 的输出光功率 *P* 与注入电流 *I* 的关系，即 *P-I* 特性）线性度都不太好，为了获得良好的线性度，需要进行非线性补偿。常用的补偿方法有负反馈法、预失真法、相移调制法等，其中预失真法比较简单实用，被广泛采用。

2. 光发射机原理

光发射机组成框图如图 5.3 所示。光源采用发光二极管 LED，发光二极管的优点是输出光功率与注入电流的线性关系较好、驱动电路简单、寿命长、受环境温度影响较小、价格便宜等，缺点是输出光功率小、发散角大、与光纤耦合效率低，因而广泛应用于中短距离、中小容量的光纤通信系统中。视频信号经缓冲放大后，一路送至 DG、DP 预失真校正电路，另一路送至箝位脉冲形成电路，利用电视信号的行同步脉冲，或者由于行同步脉冲形成的箝位脉冲，通过箝位电路控制送到预失真校正级和驱动级的电视信号。这是因为电视信号在传输过程中，由于级间耦合电路时间常数不够等原因，往往会丢失信号中的低频成分和直流分量。因而通过箝位电路恢复直流分量，以消除低频干扰，保持一定的动态范围，使预失真校正电路不因信号平均电平变化而超出校正范围，使发光二极管 LED 工作在 *P-I* 曲线线性校正范围内。

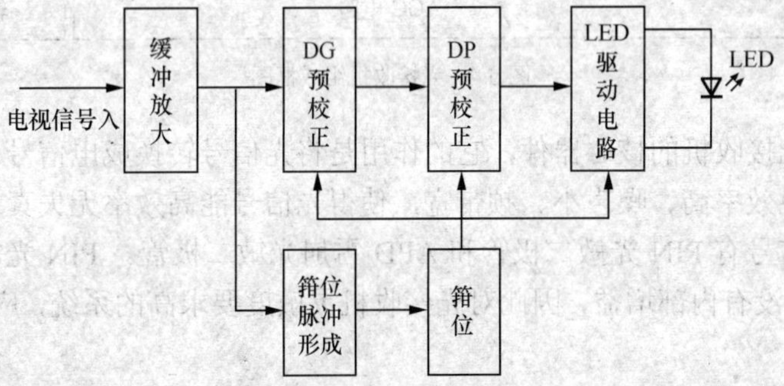

图 5.3 光发射机组成框图

5.3.2 光接收机

光发送机输出的光信号，在光纤中转输时，不仅幅度会受到衰减，而且脉冲的波形也会被展宽。光接收机的任务是以最小的附加噪声及失真恢复出由光纤传输、光载波所携带的信息，因此光接收机的输出特性综合反映了整个光纤通信系统的性能。本小节重点讨论光接收机前端的噪声特性、模拟及数字接收机的性能，如信噪比或误码率、光接收机灵敏度等。

1. 光接收机概述

光接收机是光纤通信系统的重要组成部分，它的作用是将由光纤传来的微弱光信号转换为电信号，经放大处理后恢复原信号。光接收机的性能对整个系统的通信质量有很大的影响，光接收机的主要性能指标如下。

（1）光接收机灵敏度。光接收机的灵敏度是指满足给定信噪比指标的条件下，光接收机所需要的最小接收光功率。所需要的最小接收光功率越小，光接收机灵敏度越高，接收弱信号的能力越强。影响光接收机灵敏度的主要因素是光检测器的响应度及光接收机的噪声，由于噪声存在，限制了光接收机接收弱信号的能力，因此如何降低光接收机的噪声已成为光纤通信系统中的一个重要研究课题。

（2）光接收机的动态范围。光接收机的动态范围是指光接收机灵敏度与最大可允许输入光功率的电平差。输入光功率过大，超过最大可允许的输入光功率，光接收机会出现饱和或过载现象，使输出信号产生失真，因此希望光接收机有大的动态范围。

光接收机组成框图如图 5.4 所示。由光纤传来的弱信号，经光电检测器转换为电信号，经前置放大、主放大、均衡放大、箝位电路送至功率放大，最后输出标准的视频信号，即在 75Ω电阻上输出 1V 峰-峰值。

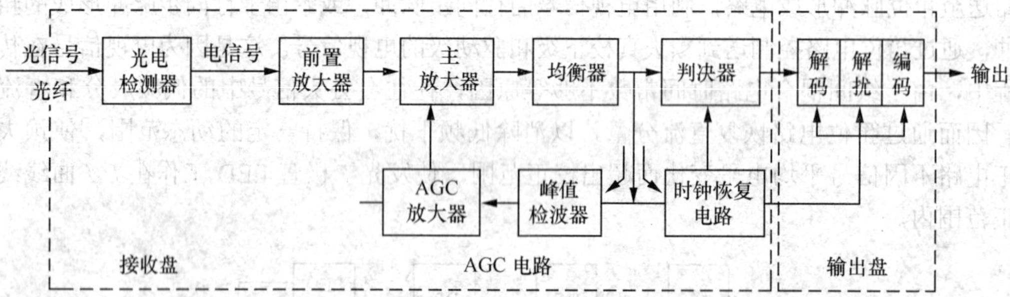

图 5.4 光接收机组成框图

光检测器是光接收机的核心器件，它的作用是将光信号转换成电信号。对光检测器的主要要求是光电转换效率高、噪声小、频带宽，使得光信号能高效率无失真地转换成电信号。目前，常用的光信号有 PIN 光敏二极管和 APD 雪崩光敏二极管。PIN 光敏二极管工作偏压低，使用容易，但没有内部增益，因此对光接收机灵敏度要求高的系统，应选用 APD 雪崩光敏二极管。

2．光工作站原理

为与工程实际相结合，现介绍一款光工作站的原理框图，学会阅读相关产品的技术指标，选择合适的产品进行网络建设是在实际工作中很重要的技术能力。光工作站是新一代有线电视双向光节点产品，它在 HFC 网络中完成下行光信号转换为射频电视信号和反向射频至反向光发射信号的转换过程并具有网管等特性功能。光工作站原理框图如图 5.5 所示。

该光工作站是为了适应现代双向 HFC 宽带传输网络的需要而设计的。下行通道将光信号转换为射频信号进行传输，上行通道将回传电信号转换为光信号进行传输。其标准配置为四路双向输出，其标准配置的输出电平 ≥108dBμV（0dBm 光功率输入）。其具有光 AGC 与网管功能，可根据网络的实际情况将光工作站配置为二路、三路、四路双向输出。

其工作电压为交流 60V 和 220V 两种供电方式。交流 60V 供电机型适宜集中供电，设有独立供电口及各个端口都可以向外馈电，交流工作电压 35～90V。该标准级光工作站可设置为单向和双向两种工作方式。

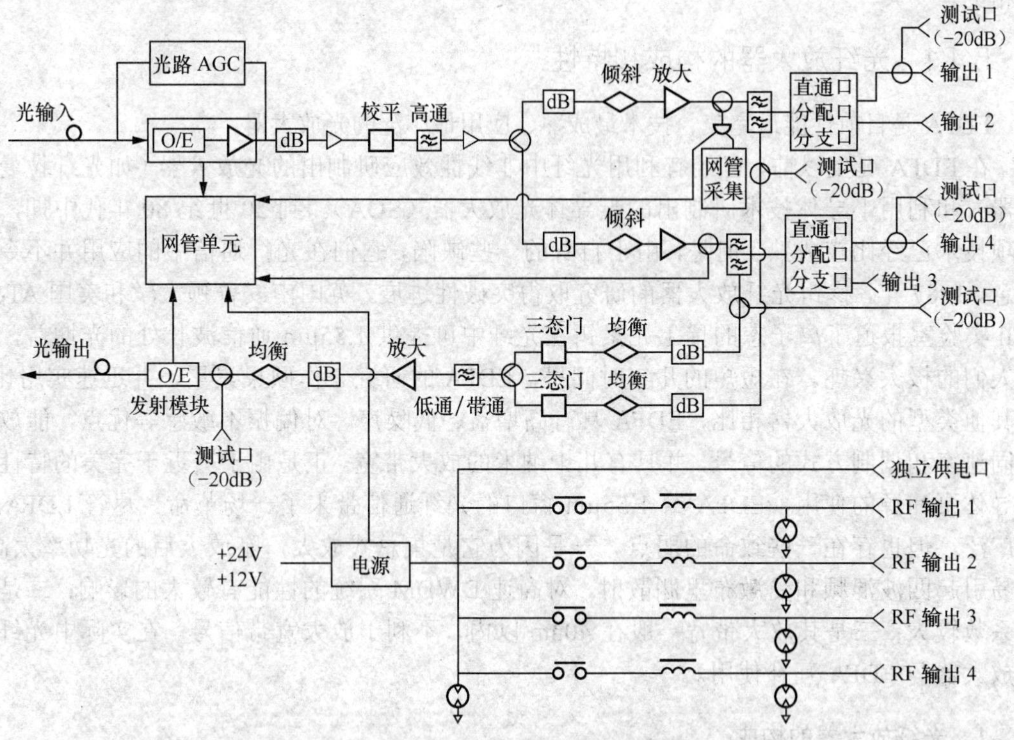

图 5.5　光工作站原理框图

5.4　光放大器

由于光纤损耗的存在，任何光纤通信系统的传输距离都受到限制。因为损耗导致光信号能量的降低，在长距离光纤传输系统中，当光信号沿光纤传播一定的距离后，必须利用中继器对已衰减了的光信号进行放大。为了延长传输距离，需增强注入光纤的光功率；为了提高接收机的灵敏度，可在光信号进入接收机前进行放大等。这些功能的实现都需要放大器。

光放大器有半导体光放大器和光纤放大器两种类型。半导体光放大器的优点是小型化，容易与其他半导体器件集成；缺点是性能与光偏振方向有关，器件与光纤的耦合损耗大。光纤放大器的性能与光偏振方向无关，器件与光纤的耦合损耗很小，因而得到广泛应用。

光纤放大器实际上是把工作物质制作成光纤形状的固体激光器，所以也称为光纤激光器。

20 世纪 80 年代末期，波长为 1.55μm 的掺铒（Er）光纤放大器（Erbium-Doped Fiber Amplifier，EDFA）研制成功并投入使用，把光纤通信技术水平推向一个新高度，成为光纤通信发展史上一座重要的里程碑。

掺铒光纤是一种向常规传输光纤的石英玻璃基质中掺入微量铒元素的特种光纤，它是一种主动光纤。掺入铒元素的目的是，促成被动的传输光纤转变为具有放大能力的主动光纤。由此可知，这种光纤的新特性——激光特性、光放大特性等与铒离子的性质密切相关。

5.4.1 光纤放大器的构成和特性

EDFA 是目前性能最完美、技术最成熟、应用最广泛的光放大器。

在 EDFA 诞生以前，已经有利用光纤中非线性效应研制出的光放大器（如光纤拉曼放大器）和利用半导体技术研制出的半导体光放大器（SOA）。到 20 世纪 80 年代中期，这几项技术已经比较成熟。但是，由于自身的一些缺陷，它们在光纤通信中的应用并不令人满意。1987 年，掺铒光纤放大器的研究取得突破性进展，英国南安普顿大学和美国 AT&T Bell 实验室报道了离子态的稀土元素铒在光纤中可提供 1.55μm 通信波长处的光增益，引起人们的极大兴趣。在短短的几年时间里，EDFA 的研究工作硕果累累，并迅速实用化。与其他类型的光放大器相比，EDFA 具有高增益、低噪声、对偏振不敏感等优点，能放大不同速率和调制方式的信号，并具有几十纳米的放大带宽。正是由于其近于完美的特性和半导体泵浦源的使用，EDFA 给 1.55μm 窗口的光纤通信带来了一场革命。尽管 EDFA 应用广泛，但也存在一些致命的弱点。一是因为它是集总式放大，刚放大后的光功率太高，容易引起四波混频和受激布里渊散射，对高速 DWDM 系统的性能有较大的影响；二是噪声系数较大；三是其放大带宽一般在 40nm 以内，不利于放大宽带信号。在实际中光纤拉曼放大器与 EDFA 互补使用。

1．光纤放大器的构成

图 5.6（a）为光纤放大器构成原理图，图 5.6（b）为实用光纤放大器构成框图。掺铒光纤（EDF）和高功率泵浦光源是关键器件，把泵浦光与信号光耦合在一起的波分复用器和置于两端防止光反射的光隔离器也是不可缺少的。设计高增益掺铒光纤（EDF）是实现光纤放大器的技术关键，EDFA 的增益取决于 Er3+的浓度、光纤长度和直径以及泵浦光功率等多种因素，通常由实验获得最佳增益。对泵浦光源的基本要求是大功率和长寿命。波长为 1480μm 的 InGaAsP 多量子阱（MQW）激光器，输出光功率高达 100mW，泵浦光转换为信号光效率在 6dB/mW 以上。波长为 980nm 的泵浦光转换效率更高，达 10dB/mW，而且噪声较低，是未来发展的方向。对波分复用器的基本要求是插入损耗小，熔拉双锥光纤耦合器型和干涉滤波型波分复用器最适用。光隔离器的作用是防止光反射，保证系统稳定工作和减小噪声，对它的基本要求是插入损耗小、反射损耗大。

2．光纤放大器的特性

图 5.7 所示为 EDFA 商品的特性曲线，图中显示出增益、噪声指数和输出信号光功率与输入信号光功率的关系。在泵浦光功率一定的条件下，当输入信号光功率较小时，放大器增益不随输入信号光功率而变化，基本上保持不变。当信号光功率增加到一定值（一般为−20dBm）后，增益开始随信号光功率的增加而下降，因此出现输出信号光功率达到饱和的现象。

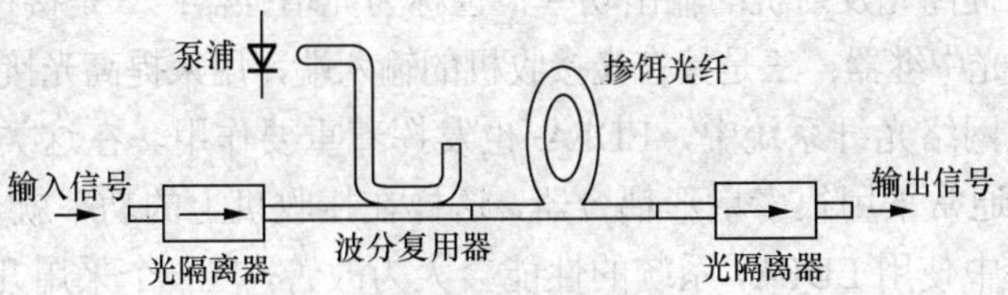

(a) 光纤放大器构成原理图

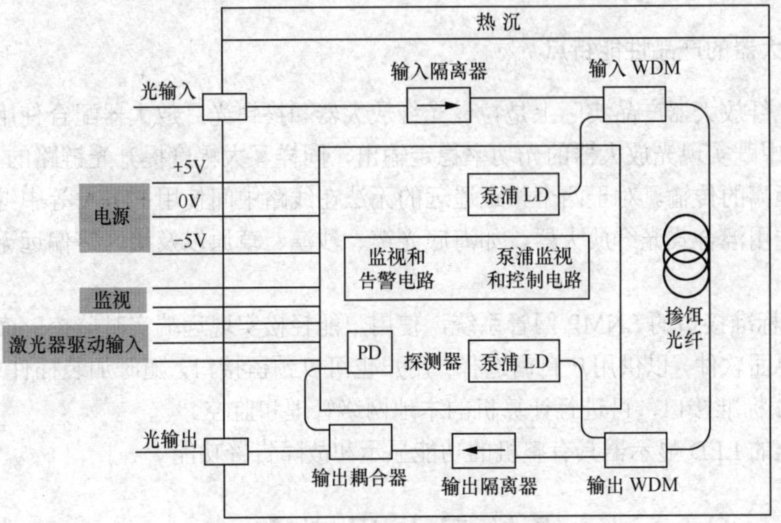

(b) 实用光纤放大器构成框图

图 5.6 光纤放大器构成框图

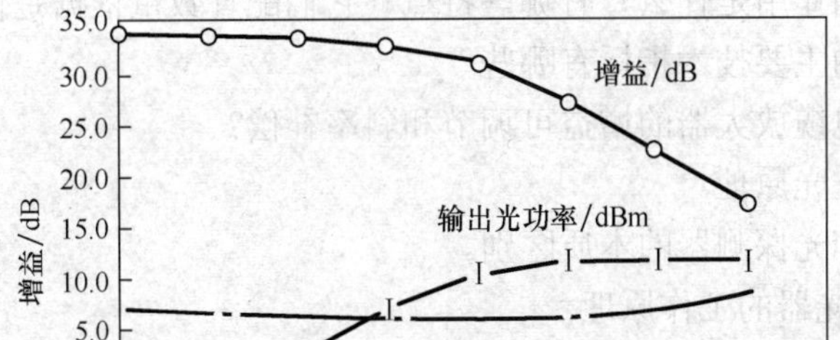

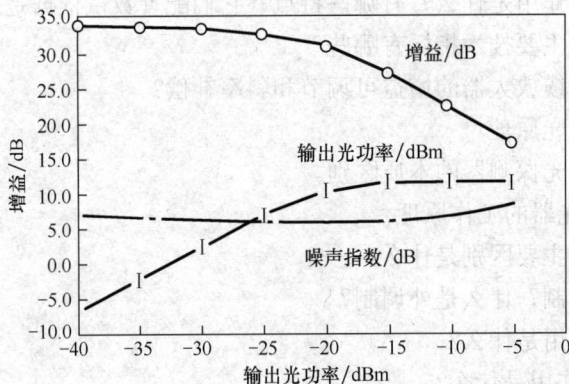

图 5.7 增益、噪声指数和输出光功率与输入光功率的关系曲线

5.4.2 光放大器的应用与产品性能

1. 光放大器的应用

由于 EDFA 具有插入损耗小、大带宽、增益与偏振态无关、低噪声、低串扰等优点，已在光纤通信系统中获得广泛的应用。光纤放大器一般用于三种情况：一是接在光发射机的输

出端，用来提高光发射机的输出功率，也称为光增强器；二是接在光纤线路中间，增加传输距离，也称为光中继器；三是接在光接收机的输入端，用来提高光接收机的灵敏度，也称预放器。

在局域网络光纤系统中，EDFA 也发挥着重要作用。在这类系统中，为了实现信息的交换和分配，通常采用很多星形耦合器，这样在接收机上的功率就会很弱，限制了系统的性能。如果在光路中使用 EDFA，系统的性能会大为改善，在一个采用几个星形耦合器和几个 EDFA 相结合的 LAN 实验中，实现了几乎无损耗的分配网。在副载波复用（SCM）多路电视分配网络中，利用 EDFA 可以大大增加用户数目。

2．光放大器的产品性能特点

某型号光纤放大器产品实际上是拉曼光纤放大器和掺铒光纤放大器配合使用，在常规的 1550nm 传输中既实现光放大器的光功率稳定输出，同样又大幅度提升光链路的 *CNR*。

实现长距离的传输。对于两个相距遥远的无法在线路中间使用 EDFA 等中继设备的通信站点，可以选用混合式光纤放大器，如海底光缆、沙漠、草原以及山区等偏远无人区站点间的通信链路。

带 RJ45 标准接口的 SNMP 网管系统，使用户能轻松实现远端实时监控；产品提供协议输出和网管界面软件，以供用户自由选择；用户也可以预留接口，随时加装插件式的网管板。

带 RS232 标准接口，可进行计算机的本地网络管理和监控。

前面板上的 LED 显示器具有整机的功能显示和故障告警功能。

【练习与思考】

1．电缆放大器的作用是什么？有哪些特点？它们配置数量依据是什么？
2．电缆放大器的主要技术指标有哪些？
3．为什么要求电缆放大器的增益可调节和斜率补偿？
4．简述半导体发光原理。
5．简述激光器和光探测器的本质区别。
6．简述 DFB 激光器的工作原理。
7．LED 和 LD 的主要区别是什么？
8．什么是直接调制？什么是外调制？
9．光探测器的作用是什么？
10．光接收机的作用是什么？
11．光纤通信中最常用的光电检测器是哪两种？
12．PIN 和 APD 探测器的主要区别是什么？
13．数字光接收机主要由哪几部分组成？
14．光接收机灵敏度的定义是什么？
15．监测光纤通信系统性能好坏通常采用什么最直观简单的方法？
16．光放大器的主要用途是什么？

思考题

1．EDFA 的工作原理？

2．光源和光电检测器在光纤通信系统中的作用？

【研究项目】 某型电缆放大器、光放大器与光端机技术分析

要求：

1．结合实际，研究电缆放大器的作用、特点和主要的技术指标。

2．理解光源和光检测器的概念及其在光纤通信系统中的作用。

3．结合实际应用，掌握EDFA的光路结构原理、特点等。

目的：

1．掌握光源和光检测器的原理。

2．掌握EDFA的光路结构原理、特点及应用。

指导：

1．通过对有线电视、通信公司等技术部门的调研及资料的检索获取需要的信息。

2．重点掌握光源和光检测器的原理以及EDFA的应用，理解光工作站的原理、技术参数。

3．报告中要重点阐述某种实际应用的产品（光接收机、电缆放大器），适当使用图表来阐述问题。

第6章 有线数字电视网络信息处理

【学习提要】

随着《NGB宽带接入系统 C-DOCSIS 技术规范》（GY/T 266—2012）、《NGB宽带接入系统 HINOC 传输和媒质接入控制技术规范》（GY/T 265—2012）、《NGB宽带接入系统 C-HPAV 技术规范》（GY 269—2013）等一批新标准的发布实施，信道编码技术（BCH、R-S、LDPC、卷积码等）、数字调制技术、正交频分复用调制传输技术等在有线数字电视网络中得到了更加广泛的应用。通过本章学习，掌握数字电视网络信息处理的基本知识，了解现代数字电视网络信息处理的新技术、新方法、新思路，以适应网络技术高速发展的需要。

【引言】

信道编码是数字电视传输区别于模拟电视的显著标志之一。香农（Shannon）定理为信道编码奠定了理论基础。1948 年，香农在其划时代的论文《A Mathematical Theory of Communication》中指出，通过对信息进行适当编码，信息可以在噪声信道中进行无损传输。同时，香农推导了限带信道在加性高斯白噪声下的信道容量，即

$$C = W\log_2(1+P_{av}/WN_0)=W\log_2(1+S/N) \tag{6.1}$$

式中，C 为信道容量（bit/s）；W 为信道带宽（Hz）；P_{av} 为信号平均功率（W/Hz）；N_0 为噪声的单边功率谱密度（W/Hz）。在数字通信系统中，用 E_b 代表每信息比特需要的传输能量，接收机接收到的功率为 $P_{av}=CE_b$。由第 3 章频带利用率（频谱效率）定义及式（6.1），可得到频谱效率的理论上限为

$$\eta_{W,\max}=\frac{R_b}{W}=\frac{C}{W}=\log_2\left(1+\frac{C}{W}\times\frac{E_b}{N_0}\right) \tag{6.2}$$

得到

$$\frac{E_b}{N_0}=\frac{2^{C/W}-1}{C/W}=\frac{2^{\eta_W}-1}{\eta_W}=\frac{S/N}{\eta_W} \tag{6.3}$$

由香农定理可知，当带宽 W 趋于无穷时，信道容量不会趋于无穷，而是趋于一个渐进值。此时 $C/W\to 0$，则有

$$\frac{E_b}{N_0}=\lim_{c/w\to 0}\frac{2^{C/W}-1}{C/W}=\ln 2=0.693$$

表示为分贝，则有

$$\frac{E_b}{N_0}(\text{dB}) = 10\lg 0.693 = -1.6(\text{dB}) \tag{6.4}$$

−1.6dB 称为香农限，也就是带宽无限的高斯白噪声信道达到信道容量所需的最低比特信噪比为−1.6dB，是通信系统传输能力的极限。

由式（6.3）可知，比特信噪比 E_b/N_0 去除了频谱效率因素，即去除了不同调制方式对系统的影响，能够更加客观地反映系统工作状况，所以在讨论系统性能时，通常采用 E_b/N_0 与 *BER* 的关系曲线。但 E_b/N_0 不可直接测得数据，其值需要通过计算得到。

传输系统达到特定的 *BER* 所需要的最小 E_b/N_0 值定义为功率效率（η_P）。

本章主要介绍有线数字电视网络传输系统中常用的几种信道编码技术、数字调制技术、正交频分多路复用等。

6.1 伪随机序列与能量扩散

6.1.1 伪随机序列

伪随机序列是由一个标准的伪随机序列发生器生成的，其中“0”与“1”出现的概率接近 50%。由于二进制数值运算的特殊性质，用伪随机序列对输入的传送码流进行扰乱后，无论原始传送码流是何种分布，扰乱后的数据码流中“0”与“1”的出现概率都接近 50%。扰乱虽然改变了原始传送码流，但这种扰乱是有规律的，因而也是可以解除的，在接收端解除这种扰乱的过程称为解扰。

M 序列是最长线性反馈移位寄存器序列的简称，它是由带线性反馈的移位寄存器产生的周期最长的一种序列，图 6.1 就是一个这样的电路。图中示出了 *n* 级移位寄存器，其中有若干级经模 2 加法器反馈到第 1 级。模 2 加法运算就是不进位的二进制加法，其规则是 $0\oplus 0=0$，$1\oplus 0=1$，$0\oplus 1=1$，$1\oplus 1=0$（同为 0，异为 1），不难看出，在任何一个时刻去观察移位寄存器的状态，必然是 2^n 个状态之一，其中每一状态代表一个 *n* 位的二进制数字；但是，必须把全 0 排斥在外，因为如果一旦进入全 0，不论反馈线多少或在哪些级，这种状态就不会再改变。所以，寄存器的状态可以是非全 0 的 2^n-1 状态之一。这个电路的输出序列是从寄存器移出的，尽管移位寄存器的状态每一移位节拍改变一次，但无疑是循环的。如果反馈线所分布的级次是恰当的，那么移位寄存器的状态必然各态历经后才会循环。这里所谓“各态历经”就是所有 2^n-1 个状态都经过了。由此可见，应用 *n* 级移位寄存器所产生的序列的周期最长是 2^n-1。同时由于这种序列虽然是周期的，但当 *n* 足够大时周期可以很长，在一个周期内 0 和 1 的排列有很多不同方式，对每一位来说是 0 还是 1，看来好像是随机的，所以又称为伪随机码；又因为它的某一些性质和随机噪声很相似，所以又称为伪噪声码（PN 码）。

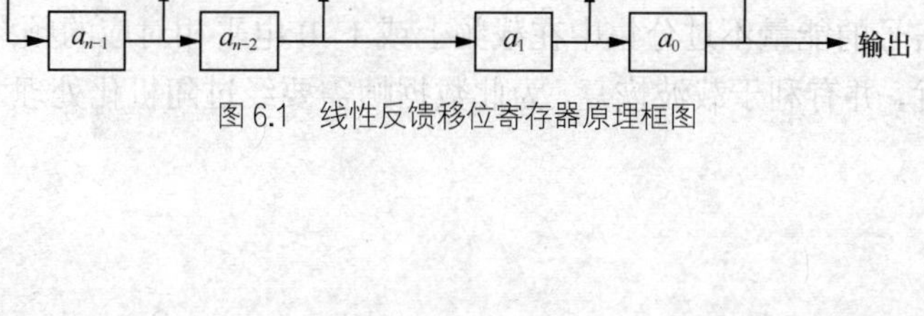

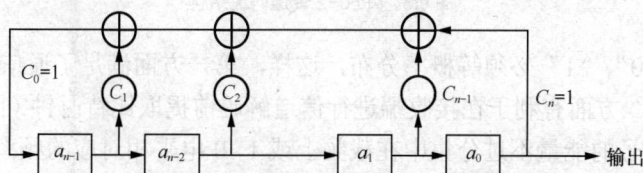

图 6.1　线性反馈移位寄存器原理框图

要用 n 级移位寄存器来产生 M 序列，关键在于选择哪几级移位寄存器作为反馈，这里扼要陈述选择的方法，但不予证明。

将移位寄存器用一个 n 阶的多项式 $f(x)$ 表示，这个多项式的 0 次幂系数为常数 1，其 k 次幂系数为 1 时，代表第 k 级移位寄存器有反馈线，否则无反馈线。注意，这里的系数只能取 0 或 1，x 本身的取值并无实际意义，也不需要去计算 x 的值。$f(x)$称为特征多项式，也称为生成多项式。例如，特征多项式 $f(x)=1+x^3+x^4$ 对应于图 6.2 所示的电路。

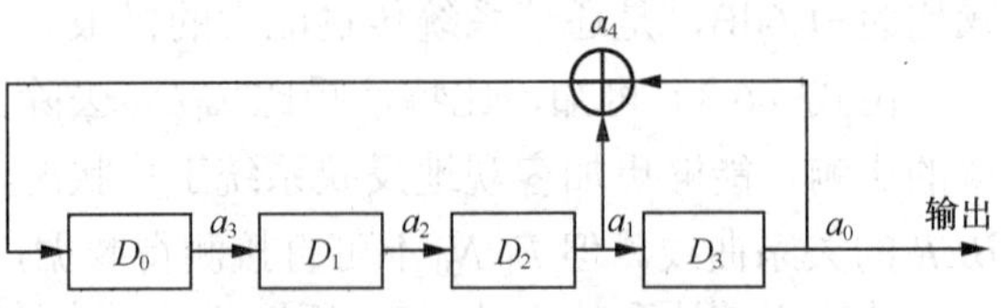

图 6.2 M 序列的产生框图

理论分析证明：当特征多项式 $f(x)$ 是本原多项式时，与它对应的移位寄存器电路就能产生 M 序列，如果加、减法采用模 2 运算，那么 $f(x)$ 的倒量 $g(x)=1/f(x)$ 代表所产生的 M 序列，这个序列各位的取值按 $g(x)$ 自低至高的幂次的系数。所谓“本原多项式”，即 $f(x)$ 必须满足以下条件：①$f(x)$ 为既约的，即不能被 1 或它本身以外的其他多项式除尽；②当 $q=2^n-1$ 时，则 $f(x)$ 能除尽 $1+x^q$；③当 $q<2^n-1$ 时，$f(x)$ 不能除尽 $1+x^q$。本原多项式又称不可约多项式、既约多项式或素多项式。

由上述可见，只要找到了本原多项式，就能由它构成 M 序列产生器。下面讨论有线数字电视传输流的能量扩展。

6.1.2 能量扩散

在经信源编码数字电视传输流复用之后，传输流将以固定数据长度组织成数据帧结构。欧洲数字视频广播-同轴电缆（DVB-C）标准的每个传输流复用帧的总长度为 188 字节（每个字节 8bit），其中包括一个同步字节 01000111（十六进制 47_H）。发送端的处理总是从同步字节的最高位，即 0 开始，每 8 个传送帧为一帧群。为区别每一帧群的起始点，第 1 个传送帧的同步字节每个比特翻转，由 47_H 变为 10111000（十六进制 $B8_H$），而第 2～8 个传送帧的同步字节不变。这样在接收端只要检测到翻转的同步字节，就说明一个新帧群的开始，如图 6.3 所示。

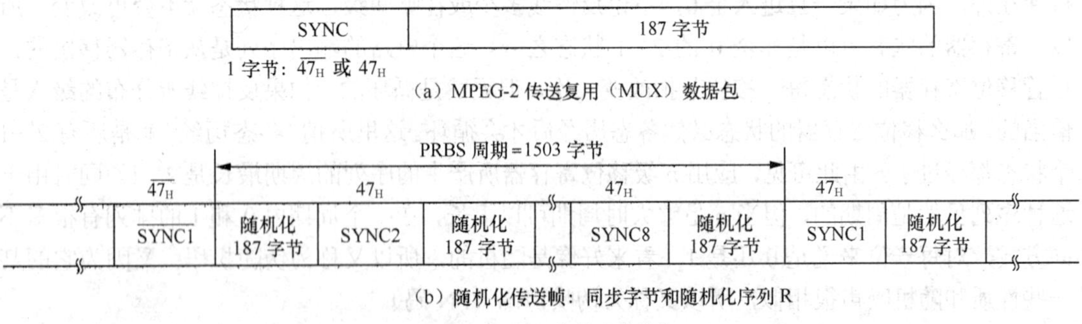

图 6.3 MPEG-2 传送码流结构

数据码流中“0”、“1”必须等概率分布，这样，第一方面满足了通信系统中性能指标计算的假设前提；第二方面有利于在接收端进行信道解码前提取比特时钟（同步时钟）；第三方面使得数字电视信号的能量不过分集中在载频上或 1、0 电平相对应的频率上，从而减少对其他通信设备的干扰，并有利于载波恢复。为此数据帧需要经过随机化处理才能达到上述目的，

进行随机化处理是通过伪随机信号发生器来实现的。其生成多项式为

$$f(x)=1+x^{14}+x^{15} \tag{6.5}$$

图 6.4 为其实现的电路框图。从信号功率谱的角度看，随机化过程相当于将数字信号的功率谱拓展了，使其分散开了，因此又称为“能量分散”。在 8 个传送帧开始时，对 15 个寄存器进行初始化，加载 100101010000000，通过对第一个同步字节自动翻转为 $B8_H$，向扰码器提供初始信号，这个过程称为传输流复用调整。发生器输出的第一位应与翻转后同步字节（$B8_H$）的第一位（即 MSB）相一致。为了向加扰器提供初始信号 100101010000000，在每 8 个传送帧中第一个个传送帧的同步字节（Byte）期间，扰码器继续进行，但输出“使能”端关断，也即第一个传送帧的同步字节并不加扰，未被随机化。因此随机序列帧群的总长度为 8×188−1=1503 字节。当调制器输入数据流不存在，或者它与传输流格式（1 个同步字节+187 个数据包字节）不一致时，也必须进行随机化，这是为了避免发送出未被调制的载波。

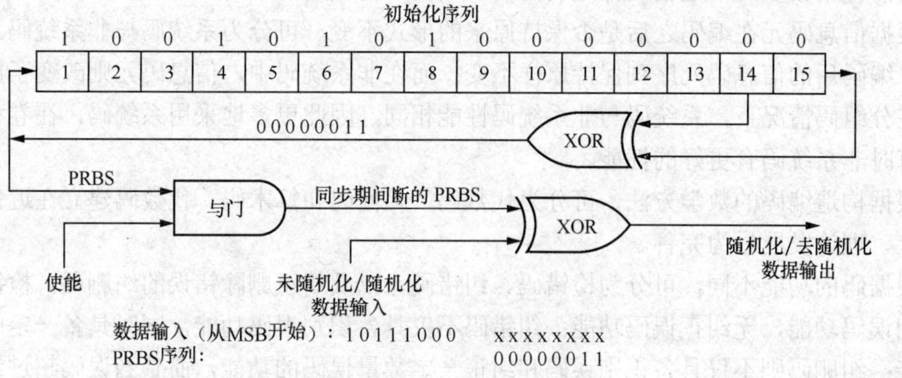

图 6.4 数据随机化/去随机化电路

6.2 差错控制编码

差错控制编码分为三种方式：反馈重发（ARQ，自动重发请求）、前向纠错（FEC）和混合纠错（HEC）方式。对具体纠错码，可以从不同角度将其分类，如图 6.5 所示。

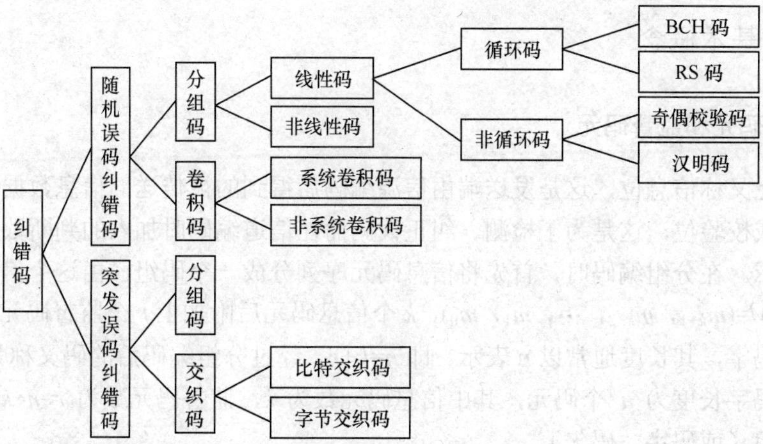

图 6.5 纠错码分类

6.2.1 纠错码的分类

按照纠正差错的类型不同，可以分为纠正随机差错的编码和纠正突发差错的编码。前者主要针对产生偶发性的随机误码的信道，如高斯信道等；后者主要针对产生突发性连续误码的场合，如瞬时脉冲干扰或瞬间信号丢失等情况。

根据监督码元与信息码组之间的约束关系，可以分为分组码和卷积码两大类。若本码组的监督码元仅与本码组的信息码元有关，而与其他码组的信息码元无关，则称这类码为分组码；若本码组的监督码元不仅和本码组的信息码元相关，而且还和与本码组相邻的前若干码组的信息码元也有约束关系，则这类码称为卷积码。

根据信息码元与附加的监督码元之间的检验关系，可分为线性码和非线性码。若编码规则可以用线性方程组来表示，则称为线性码；反之，若两者不存在线性关系，则称为非线性码。目前使用较多的信道编码都是线性码。线性码是代数码的一个最重要的分支。

根据信息码元在编码之后是否保持原来的形式不变，可分为系统码与非系统码。在系统码中，编码后的信息码元序列保持原样不变；而在非系统码中，信息码元则改变了原有的形式。在分组码情况下，系统码与非系统码性能相同，因此更多地采用系统码，在卷积码的情况下有时非系统码有更好的性能。

根据构造编码的数学方法，可分为代数码、几何码和算术码。代数码建立在近世代数的基础上，理论发展最为完善。

根据码的功能不同，可分为检错码、纠错码，以及纠正删除错误的纠删码。检错码仅具备识别误码功能，无纠正误码功能；纠错码不仅具备识别误码功能，同时具备一定的纠正误码功能；纠删码则不仅具备识别误码和纠正一定数量误码的功能，而且当误码超过纠正范围时可把无法纠正的代码删除，或者再配合差错掩盖技术。但实际上这三类码并无明显区分，同一类码可在不同的译码方式下体现出不同的功能。

按照对每个信息码元的保护能力是否相等，可分为等保护纠错码与不等保护纠错码。此外还有其他分类，在此不一一列举。在数字电视传输中常用的前向纠错（Forward Error Correction，FEC）码有 BCH 码、R-S 码、卷积码和 LDPC 码等。下面讨论差错控制编码的几个基本概念。

6.2.2 基本概念

1. 信息码元和监督码元

信息码元又称信息位，这是发送端由信源编码后得到的被传送的信息数据位。监督码元又称监督位或校验位，这是为了检测、纠正误码而在信道编码时加入的判断数据位，其长度通常以 r 表示。在分组编码时，首先将信息码元序列分成一个码组，由这个信息码元组成的信息码组为 $M=(m_{k-1}，m_{k-2}，\cdots，m_1，m_0)$，$k$ 个信息码元后附加上 r 个监督码元，就构成了信道编码后的码字，其长度通常以 n 表示，即 $n=k+r$。经过分组编码后的码又称为（n，k）码，即表示总的码字长度为 n 个码元，其中信息码元数为 k，监督码元数为 $r=n-k$，通常称其为长为 n 的码组（或码字、码矢）。

2．许用码组和禁用码组

在二元码情况下，每个信息码元 m_i 的取值只有 0 或 1，由这个信息码元组成的信息码组共有 2 个，即不同信息码元取值的组合共有 2*k* 组。信道编码后的总码长为 *n*。总的码组数应为 2*n*，即为 2*k*+*r*。其中，由 2*k* 个信息码组构成的编码码组称为许用码组；其余的（2*n*−2*k*）个码组称为禁用码组，不传送。发送端差错控制编码的任务正是寻求某种规则从 2*n* 个码组中选出许用码组。由于发送端发送的都是许用码组，所以接收端译码时只需判断接收到的码组是否是许用码组。若不是，就意味着发生了误码。纠错码的任务则是利用相应的规则来校正收到的码组，使之符合许用码组。

3．码长和码重

码组或码字中编码码元的总位数称为码组的长度，简称码长。码组中非零码元的数目称为码组的重量，简称码重。例如，“11010”的码长为 5，码重为 3。

4．码距和最小汉明距离

两个等长码组中对应码元位置上具有不同码元的位数称为码组的距离，简称码距，又称汉明（Hamming）距离。例如，“11010”和“01101”有 4 个码元位置上的码元不同，它们之间的汉明距离是 4。对于（*n*，*k*）码，许用码组为 2*k* 个，任两个码组之间的距离可能会不相等。为此，在由许用码组构成的码组集合中，定义任意两个码组之间距离的最小值为最小码距或最小汉明距离，通常记作 d_{min}，它是衡量一种编码方案纠错和检错能力的重要依据。以 3bit 二进制码组为例，在由 8 种可能组合构成的码组集合中，两码组间的最小距离是 1，如“000”和“001”之间，因此 $d_{min}=1$；如果只取“000”和“111”为许用码组，则这种编码方式的最小码距 $d_{min}=3$。最小码距 d_{min} 的大小与信道编码的检纠错能力密切相关。以下说明分组编码的最小码距与检纠错能力的关系。

5．最小码距与检错纠错

纠错编码的检错纠错能力主要取决于码组的码距。码距越大，检错纠错能力越强。一般情况下，通常用 *e* 表示检错能力（位数），用 *t* 表示纠错能力（位数）。对于分组码有以下结论。

（1）当码组用于检错时，若要检测任意 *e* 个差错，则要求最小码距应满足 $d_{min} \geqslant e+1$。

（2）当码组用于纠错时，若要纠正任意 *t* 个差错，则要求最小码距应满足 $d_{min} \geqslant 2t+1$。

（3）当码组同时用于检错和纠错时，若要纠正任意 *t* 个差错，同时检测任意 *e* 个差错（$e>1$），则要求最小码距应满足 $d_{min} \geqslant e+t+1$。这里所说的纠正 *t* 个差错，同时能检测 *e* 个差错的含义，是指当差错不超过 *t* 个时，误码能自动予以纠正，而当误码超过 *t* 个时，则不可能纠正错误，但仍可检测 *e* 个误码，这正是混合检错、纠错的控制方式。

对于上述结论，可通过图 6.6 示意说明。

在图 6.6（a）中，设码组 A 位于圆心，当码组 A 的误码不超过 *e* 个时，其位置移动将不会超过以 A 为圆心，以 *e* 为半径的圆。只要其他任何许用码组都不落入该圆内，则 A 发生 *e* 个误码时就不可能与其他码组混淆。也就是说，其他许用码组必须位于以 A 为圆心，以 *e*+1 为半径的圆上或圆外。

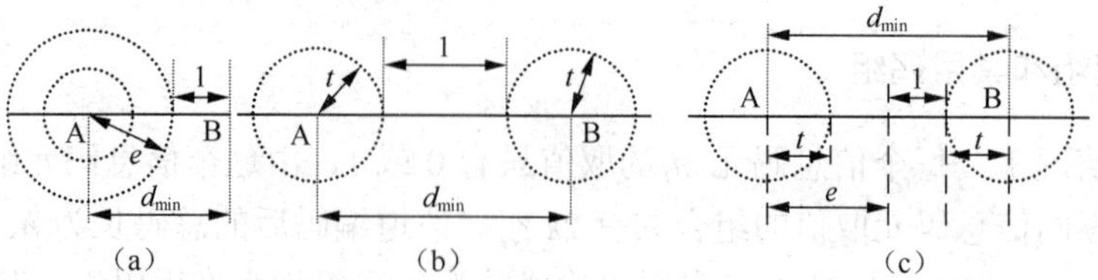

图 6.6 最小码离 d_{min} 与码的检错/纠错能力关系

在图 6.6（b）中，A、B 分别表示任意两个许用码组，若两者的误码都不超过 t 个，只要两个以 t 为半径的圆不相交，则当误码小于 t 个时，根据它们落在哪个圆内，就可正确地判断为 A 或 B，即可纠正错误。

在图 6.6（c）中，当误码都不超过 t 个时，可自动纠正，而当误码超过 t 个时，不能纠正错误，但仍然可以检测 e 个误码。

事实上，最小码距 d_{min} 只是表明了码字纠错范围的极限。一种编码方式的实际纠错能力还取决于码重的分布和特定的译码算法。其编码规则是在复杂性、可靠性和有效性之间的折中（有时还要考虑时延），其中复杂性是指提供信息传输所付出的代价，包括频率、时间、空间、功率等。一个好的编码就是要充分利用这些资源，传递尽可能多的信息。

6. 线性分组码

由于在信道编码中要涉及一些近世代数（比如有限域）及线性代数（比如有限域上的矢量空间、矩阵）等知识，这里做个简要介绍。

有限域是指有限个元素的集合，可以进行按规定的代数运算，其运算结果仍属于该集合中有限的元素。最简单的有限域是编码理论中最基本的{0，1}二元集合构成的有限域，称为伽罗华（Galois）域，即设{0，1}为一个二元集合，在其中规定如下的加法“⊕”和乘法“•”运算。

⊕	0	1
0	0	1
1	1	0

•	0	1
0	0	0
1	0	1

显然，集合{0，1}对所规定的加法“⊕”和乘法“•”是自封闭（所谓自封闭是指编码后的码组中任意两个码字对应位之模 2 和仍为一个许用码字）的，且容易验证这两种运算满足域所要求的全部运算规则。因此集合{0，1}所规定的加法和乘法构成一个域，称为二元域，记为 GF（2）。

又设 GF（2^k）为由 GF（2）元素的一切长度为 k 的序列组成的集合，并在其中规定了如下的加法及与 GF（2）元素的乘法。

加法：$x \oplus x' = (x_0 \oplus x'_0，x_1 \oplus x_1'，\cdots，x_{k-1} \oplus x'_{k-1})$。

乘法：$a \cdot x = (a \cdot x_0，a \cdot x_1，\cdots，a \cdot x_{k-1})$。

其中，$x=(x_0，x_1，\cdots，x_{k-1}) \in GF(2^k)$，$x'=(x'_0，x_1'，\cdots，x'_{k-1}) \in GF（2^k）$，$a \in GF(2)$。显然，GF（$2^k$）对所规定的加法及与 GF（2）元素的乘法是自封闭的。因此 GF（2^k）对所规定的加法及与 GF（2）元素的乘法构成 GF（2）上的一个矢量空间，仍然记作 GF（2^k），并称 GF（2^k）为 k 维矢量空间。

线性分组码是指码组中码元间的约束关系是线性的，而分组则是对编码方法而言的，即

编码时将每 k 个信息位分为一组进行独立处理，变换成长度为 n（$n>k$）的二进制码组。

信道编码可表示为由编码前的信息码元空间 U^k 到编码后的码字空间 C^n 的一个映射 f，即 f：$U^k \to C^n$，其中 $n>k$。若 f 进一步满足 $f(\alpha \boldsymbol{u} \oplus \beta \boldsymbol{u}')=\alpha f(\boldsymbol{u}) \oplus \beta f(\boldsymbol{u}')$，其中 α 与 $\beta \in$ GF（2）={0，1}，u 与 $u' \in U^k$，则称 f 为线性编码映射。进一步，若 f 为一一对应映射，则称 f 为唯一可译线性编码。而由 f 编写的码 $C=(c_1, c_2, \cdots, c_n)$ 称为线性分组码，$\boldsymbol{u}=(u_1, u_2, \cdots, u_k)$ 为编码前的信息分组，其中 k 为信息位，n 为码长，而 $R=k/n$ 为编码效率（码率）。

由上述定义可知，一个线性分组编码 f 是从一个矢量空间到另一个矢量空间上的一组线性变换。它也可应用线性代数理论中有限维的矩阵来描述。线性分组码是分组码中最重要、最具实用价值的一个子类，是代数编码的最基础部分。下面举一个例子说明概念。

若给出一个二元（7，3）线性分组码，即 $n=7$，$k=3$，$r=7-3=4$，$R=k/n=3/7$，这时输入编码器的信息位为 3 个一组，即 $\boldsymbol{u}=(u_0u_1u_2)$，可按下列线性方程编码。

$$\text{信息位}\begin{cases} c_0 = u_0 \\ c_1 = u_1 \\ c_2 = u_2 \end{cases} \qquad \text{监督位}\begin{cases} c_3 = u_0 \oplus u_2 \\ c_4 = u_0 \oplus u_1 \oplus u_2 \\ c_5 = u_0 \oplus u_1 \\ c_6 = u_1 \oplus u_2 \end{cases}$$

写成矩阵形式为

$$\boldsymbol{c} = (u_0u_1u_2)\begin{pmatrix} 100\ 1110 \\ 010\ 0111 \\ 001\ 1101 \end{pmatrix} = \boldsymbol{uG} = \boldsymbol{u}(\boldsymbol{I}\ \boldsymbol{Q})$$

式中，$\boldsymbol{c}$矩阵为$\boldsymbol{c}=(c_0c_1c_2c_3c_4c_5c_6)$；$\boldsymbol{u}$矩阵为$\boldsymbol{u}=(u_0u_1u_2)$；$\boldsymbol{I}$为单位方阵。

推广到 n 维情况，有

$$\boldsymbol{C}=\boldsymbol{uG}$$

即在一般情况下，一个 n 位的码组 $\boldsymbol{C}$，它可由 k 个信息位的输入消息 $\boldsymbol{u}$ 通过一个线性变换矩阵 $\boldsymbol{G}$ 来产生，称 $\boldsymbol{G}$ 为码的生成矩阵，且

$$\boldsymbol{G} = \begin{pmatrix} \boldsymbol{g}_1 \\ \boldsymbol{g}_2 \\ \vdots \\ \boldsymbol{g}_k \end{pmatrix} = \begin{bmatrix} g_{11} & \cdots & g_{1n} \\ \vdots & \ddots & \vdots \\ g_{k1} & \cdots & g_{kn} \end{bmatrix} \tag{6.6}$$

进一步，若生成矩阵 $\boldsymbol{G}$ 能分解为下列两个子矩阵时，即 $\boldsymbol{G}=(\boldsymbol{IQ})$，其中 $\boldsymbol{I}$ 为 k 维单位矩阵，则称 $\boldsymbol{C}$ 为系统码，又称为组织码，$\boldsymbol{G}$ 为系统码生成矩阵。

若将上述监督位线性方程组写为

$$\begin{cases} c_3 = u_0 \oplus u_2 = c_0 \oplus c_2 \\ c_4 = u_0 \oplus u_1 \oplus u_2 = c_0 \oplus c_1 \oplus c_2 \\ c_5 = u_0 \oplus u_1 = c_0 \oplus c_1 \\ c_6 = u_1 \oplus u_2 = c_1 \oplus u_2 \end{cases} \longrightarrow \begin{cases} 0 = c_0 \oplus c_2 \oplus c_3 \\ 0 = c_0 \oplus c_1 \oplus c_2 \oplus c_4 \\ 0 = c_0 \oplus c_1 \oplus c_5 \\ 0 = c_1 \oplus u_2 \oplus c_6 \end{cases}$$

写成矩阵形式为

$$\begin{pmatrix} 1 & 0 & 1 & \vdots 1 & 0 & 0 & 0 \\ 1 & 1 & 1 & \vdots 0 & 1 & 0 & 0 \\ 1 & 1 & 0 & \vdots 0 & 0 & 1 & 0 \\ 0 & 1 & 1 & \vdots 0 & 0 & 0 & 1 \end{pmatrix} \times \begin{pmatrix} c_0 \\ c_1 \\ \vdots \\ c_6 \end{pmatrix} = \begin{pmatrix} 0 \\ 0 \\ \vdots \\ 0 \end{pmatrix}$$

即 $\boldsymbol{HC}^{\mathrm{T}}=\boldsymbol{O}^{\mathrm{T}}$，$(\boldsymbol{P}\vdots \boldsymbol{C}^{\mathrm{T}})\,C^{\mathrm{T}}=\boldsymbol{O}^{\mathrm{T}}$，$(\boldsymbol{P}\vdots \boldsymbol{I})\,C^{\mathrm{T}}=\boldsymbol{O}^{\mathrm{T}}$。推广到 n 维一般情况有

$$\boldsymbol{HC}^{\mathrm{T}}=\boldsymbol{O}^{\mathrm{T}}$$

可见，上述监督关系的线性方程组，完全由 $\boldsymbol{H}$ 矩阵所决定。一般情况下，一个 $n-k$ 线性分组码，$\boldsymbol{H}$ 矩阵的 $n-k$ 行就对应 $n-k$ 个线性监督方程组，以确定 $n-k$ 个监督码元，故称 $\boldsymbol{H}$ 矩阵为线性分组码的监督矩阵，且

$$\boldsymbol{H} = \begin{pmatrix} \boldsymbol{h}_1 \\ \vdots \\ \boldsymbol{h}_k \end{pmatrix} = \begin{bmatrix} h_{11} & \cdots & h_{1n} \\ \vdots & \ddots & \vdots \\ h_{k1} & \cdots & h_{kn} \end{bmatrix} \tag{6.7}$$

进一步，若 $\boldsymbol{H}=(\boldsymbol{P}\vdots \boldsymbol{I})$，其中 $\boldsymbol{I}$ 为 $n-k$ 维单位方阵，这时 $\boldsymbol{C}$ 为系统码，相应的矩阵 $\boldsymbol{H}$ 称为系统码的监督矩阵。

由上述例子可见，线性分组码可以完全由生成矩阵和监督矩阵所决定。一般讨论编码问题常采用生成矩阵，而在讨论译码时，常采用监督矩阵。由于生成矩阵中每一行及其线性组合都是（n，k）码的码组（字），所以有 $\boldsymbol{HC}^{\mathrm{T}}=\boldsymbol{O}^{\mathrm{T}}$，$\boldsymbol{GH}^{\mathrm{T}}=\boldsymbol{O}$，则

$$\boldsymbol{GH}^{\mathrm{T}} = (\boldsymbol{I}\vdots \boldsymbol{Q})\begin{pmatrix} \boldsymbol{P} \\ \cdots \\ \boldsymbol{I} \end{pmatrix} = \boldsymbol{P} + \boldsymbol{Q}^{\mathrm{T}} = \boldsymbol{O} \tag{6.8}$$

只有当 $\boldsymbol{H}=\boldsymbol{Q}^{\mathrm{T}}$ 或者 $\boldsymbol{P}^{\mathrm{T}}=\boldsymbol{Q}$ 时式（6.8）才成立。这时生成矩阵与监督矩阵可以互相转换。式中，$\boldsymbol{O}$ 是一个 $k\times(n-k)$ 阶的 **0** 矩阵。这说明，$\boldsymbol{G}$ 与 $\boldsymbol{H}$ 生成的空间互为零空间。由线性空间理论，它们分别是线性空间 $\boldsymbol{V}_n$ 的 k 维和 $n-k$ 维的线性子空间 $\boldsymbol{V}_k$ 和 $\boldsymbol{V}_{n-k}$，它们是互相正交的。从线性空间及其物理意义看，线性分组码实质上是利用线性空间的扩展，即由 k 维扩展成 n 维，利用被扩展的 $n-k$ 维来发现、纠正信道传输中的差错。

码字多项式的概念：对任意一个 n 维矢量 $\boldsymbol{c}=(c_0c_1\cdots c_{n-1})$ 都可以用一个次数不超过 $n-1$ 的多项式 $c(x)=c_0+c_1x^1+\cdots+c_{n-1}x^{n-1}$ 唯一的确定，当 $\boldsymbol{c}$ 是一个码字时，称相应 $c(x)$ 为码字多项式。显然 $\boldsymbol{c}$ 与 $c(x)$ 是一一对应的，因此任何一个（n，k）码都可以等价地看作一类由 2^k 个次数不超过 $n-1$ 的多项式组成的集合。

码多项式的按模运算：若一任意多项式 $F(x)$ 被一 n 次多项式 $N(x)$ 除，得到商式 $Q(x)$ 和一个次数小于 n 的余式 $R(x)$，即

$$F(x)=N(x)Q(x)+R(x)\equiv R(x)\left[\text{模}N(x)\right] \tag{6.9}$$

这时，码多项式的系数仍按模 2 运算，即只取值 0 和 1，模 2 运算用加法代替减法。

例如，$x^3\equiv 1\left(\mathrm{mod}x^3+1\right);x^4+x^2+1\equiv x^2+x\left(\mathrm{mod}\,x^3+1\right)$。

6.3 BCH 码

BCH 码是一类最重要的循环码，能纠正多个随机错误。在讨论 BCH 码之前，给出循环

码的定义及生成多项式的概念，利用循环码重要性质，来讨论 BCH 码。

一个（n，κ）线性分组码，如果每个码字经任意循环移位之后仍然是一个线性分组码，那么就称此码是一个循环码。

在一个（n，k）循环码中，有唯一的一个 $r=n-k$ 次多项式 g（x），即

$$g(x)=1+g_1(x)+g_2(x^2)+\cdots g_{r-1}\left(x^{r-1}\right)+g_r\left(x^r\right)$$

它是该循环码多项式中次数最低的非零多项式。循环码中每个码元多项式都是此 g（x）的倍数式，或即每个码元多项式都能被 g（x）整除。反之能被 g（x）除尽的次数不大于 $n-1$ 次的多项式，必为码多项式。g（x）称为循环码的生成多项式。概括地说，要生成一个（n，k）循环码，就是要找到一个能除尽 x^n+1 的 $r=n-k$ 次生成多项式 g（x），由 g（x）来生成各个码多项式后，找出与码多项式相对应的循环码字，也就是说，一个长为 n 的循环码，它必为按模（x^n+1）运算的一个余式。

BCH 码有严密的代数结构，其纠错性能在短码长和中等码长下接近理论值，它分为二进制 BCH 码和多进制 BCH 码两类，本节介绍二进制 BCH 码，而下一节介绍的 R-S 码属于多进制 BCH 码。BCH 码的特点是它的码生成多项式 g（x）与最小码距 d 之间有明确的联系，可根据所要求的纠正 t 个误码的能力容易地构造 BCH 码。

6.3.1　BCH 码的结构

1．BCH 码的生成多项式

若循环码的生成多项式具有如下形式：$g(x)=LCM[m_1(x)，m_2(x)，\cdots，m_{2t-1}(\mathrm{x})]$，这里 t 为纠错个数，$m_i(x)$为 $x^n+1=0$ 的 n（n 为奇数）个根素多项式（不能再分解因式），LCM 表示取最小公倍数，则由此生成的循环码称为 BCH 码。满足上述形式的循环码生成多项式 $g(x)$ 称为 BCH 码生成多项式。LCM 中有 t 个因式，每个因式的最高幂次为 m，故监督码元数最多为 mt 位。

2．本原 BCH 码与非本原 BCH 码

BCH 码最小码距 $d \geqslant d_0=2t+1$（d_0 称为设计码距），它能纠正 t 个随机独立差错。BCH 码的码长 $n=2m-1$ 或是 $n=2m-1$ 的因子，通常称码长 $n=2m-1$ 的 BCH 码为本原 BCH 码，或狭义 BCH 码，而将码长为 $n=2m-1$ 的因子的 BCH 码（码长为 $n=$（$2m-1$）$/i$，$i>1$，且能除尽 $2m-1$）称为非本原 BCH 码。

3．BCH 码参数

对任何正整数 $m(m \geqslant 3)$和 $t(t<2m-1)$，存在一个如下参数的二元 BCH 码：码长 $n=2m-1$；监督元位数 $n-k \leqslant mt$；最小码距 $d \geqslant d_0=2t+1$。

6.3.2　BCH 码的特点

BCH 码的特点：译码时不用存储错误图样；对码在纠错范围内的 t 个随机错误的位置没有限制；可以由生成多项式 g（x）确定码的最小距离。

BCH 码的码长为奇数，为了得到偶数码长，并增加其检错性能，可以在 BCH 码的生成多项式中乘上一个（$1+x$）因式，从而得到（$n+1$，$k+1$）扩展 BCH 码，其码长为偶数。扩展后 BCH 码已不再具有循环性，但增加了码距，纠错能力加强。如果实际需要的 BCH 码码长 n 不是 $n=2^m-1$ 或不是 $n=2^m-1$ 的因子，则可采用缩短方式构造出（$n-r$，$k-r$）缩短 BCH 码。缩短的方法是将需要缩短的位数均以 0 值放在实际的信息码元之前，补齐本应有的 n 位；而监督码元的位数 $n-k$ 不变，所以纠错能力无变化。

6.3.3 BCH 码的工程应用

BCH 码的诸多优异性能在数字有线电视网络的接入网中得到应用，但对不同的 m、n、k、t 和 i 值下，用笔算来求解各种本原 BCH 码和非本原 BCH 码的生成多项式 $g(x)$ 既繁杂也没有必要，人们借助计算机进行因式分解已得出许多实用的 $g(x)$ 式子。工程上更主要的是如何应用 BCH 码，学会查阅并使用表 6.1～表 6.3 对实际设计工作很有帮助。

表 6.1　部分 BCH 码的生成多项式

整数 m	码长 n	信息 k	监督 r	码距 d_0	纠错 t	生成多项式 $g(x)$
3	7	4	3	3	1	x^3+x+1
4	15	11	4	3	1	x^4+x+1
4	15	7	8	5	2	$(x^4+x+1)(x^4+x^3+x^2+x+1)$
4	15	5	10	7	3	$(x^4+x+1)(x^4+x^3+x^2+x+1)(x^2+x+1)$
5	31	26	5	3	1	(x^5+x^2+1)
5	31	21	10	5	2	$(x^5+x^2+1)(x^5+x^4+x^3+x^2+1)$

表 6.2　部分本原 BCH 码

m	n	k	t	$g(x)$	备　注
3	7	4	1	$(13)_8$	$(13)_8=(1011)_2$　$g(x)=x^3+x+1$
4	15	11	1	$(23)_8$	$(23)_8=(10011)_2$　$g(x)=x^4+x+1$
4	15	7	2	$(721)_8$	$(721)_8=(111010001)_2$　$g(x)=x^8+x^7+x^6+x^4+1$
4	15	5	3	$(2467)_8$	$(2467)_8=(010100110111)$ 同样可写出 $g(x)$ 此处略去

表 6.3　某些非本原 BCH 码

m	n	k	t	$g(x)$
8	17	9	2	$(727)_8$
6	21	12	2	$(1663)_8$
11	23	12	3	$(5343)_8$
10	33	22	2	$(5145)_8$

1．BCH 编码与电路

现以（15，7）BCH 码的 $g(x)$ 多项式为例说明 BCH 码的编码电路。由表 6.1 可查得（15，7）BCH 码的生成多项式为

$$g(x)=g_1(x)g_2(x)=\left(x^4+x+1\right)\left(x^4+x^3+x^2+x+1\right)=x^8+x^7+x^6+x^4+1$$

编码电路如图 6.7 所示，每一码组的 7 位信息码元先通过开关 k1 直接输出，同时通过开关 k2 进入移位寄存电路。移位寄存器中 x^8、x^7、x^6、x^0 的 5 条反馈线使 7 位信息右移 8 位时实现 g（x）除法，所得余数即为监督码元，它通过开关 k1 直接输出（此时开关 k2 断开），附加在信息码元之后，此时输出的数据总数为 15bit，从而完成一帧 BCH 编码。然后移位寄存器清零，电路复位。（15，7）BCH 编码电路输入、校验、输出比特时序图如图 6.8 所示。这样得到的 15 位码组必定可被 g（x）除尽，也即意味可被 g_1（x）和 g_2（x）除尽。此电路使用 8 个移位寄存器、4 个加法器和 2 个门电路即可实现。

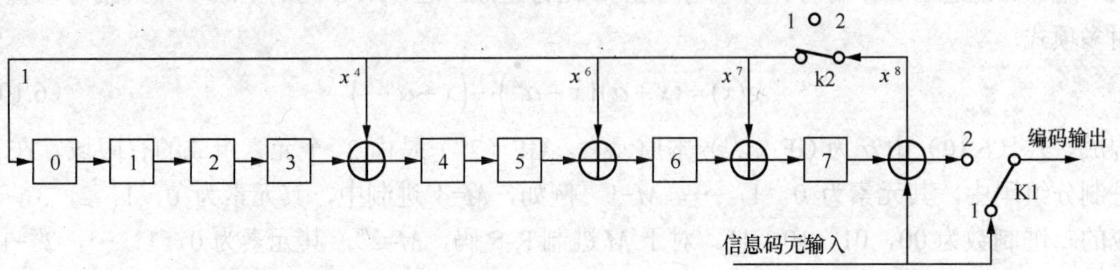

图 6.7 （15.7）BCH 编码电路

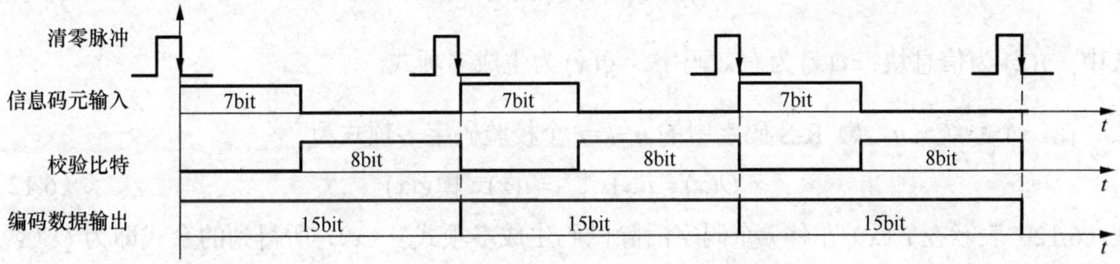

图 6.8 （15.7）BCH 编码电路输入、校验、输出比特时序图

2．BCH 译码方法和电路

BCH 码属于循环码，图 6.9 所示为 BCH 译码电路。输入信号一路送给校正子计算器，另一路送给 k 级缓存器。校正子计算电路经过计算后把数据送给错误图样识别器，最后由错误图样识别器送出的信号与 k 级缓存器送出的信号进行模 2 加就得到纠错后的信号输出。

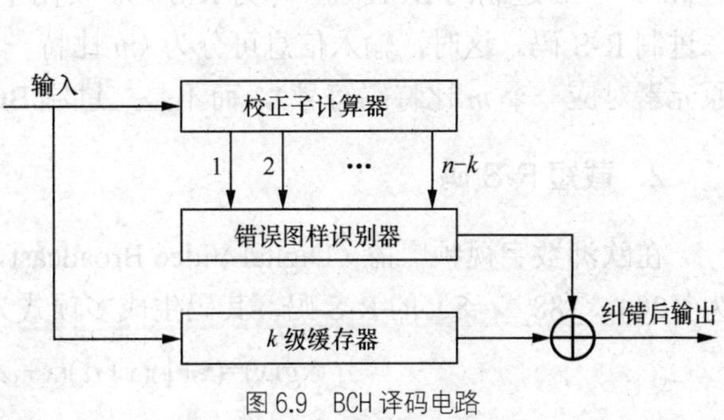

图 6.9 BCH 译码电路

6.4 R-S 码

R-S 码即里德-所罗门码，它是能够纠正多个错误的多进制 BCH 码，在数字电视中 R-S 码为（204，188，t=8），其中 t 为可纠错符号数，对应 188 信息符号，监督段为 16 字节（开销字节段）。实际中实施（255，239，t=8）的 R-S 编码，即在 204 字节（包括同步字节）前

添加 51 个全“0”字节，产生 R-S 码后丢弃前面 51 个空字节，形成截短的（204，188）R-S 码。R-S 的编码效率是 188/204。

6.4.1 R-S 码的结构

1. R-S 码的生成多项式

与二进制循环码（BCH 码）相比，R-S 码不仅是生成多项式的根取自 GF（2^m）域，其码元符号也取自 GF（2^m）域。也就是说，在一个（n，k）R-S 码中，输入信号每 km 比特分成一组，每组包含 k 个符号，每个符号由 m 比特组成。这样 R-S 码的生成多项式就可以直接由多项式：

$$g(x)=(x+\alpha)\left(x+\alpha^{2}\right)\cdots\left(x+\alpha^{n-k}\right) \tag{6.10}$$

构成。式（6.10）中 α 为 GF（2^m）本原元素。GF（2^m）是由 2^m 个元素组成的有限域，在 M 进制分组码中，其元素为 0，1，…，$M-1$。例如，$M=4$ 进制中，其元素为 0，1，2，3，对应的二进制数为 00，01，10，11。对于 M 进制 R-S 码，$M=2^m$，其元素为 0，1，…，2^m-1。编码后得到的有效码字是

$$c(x)=g(x)i(x) \tag{6.11}$$

式中，$i(x)$ 为信息块；$c(x)$ 为有效码字；$g(x)$ 为生成多项式。

在一个系统（n，k）R-S 码字中的 $n-k=r$ 个校验码字多项式为

$$Q(x)=i(x)x^{m-k}=i(x)x^{r}\text{模}g(x) \tag{6.12}$$

式（6.12）表示在 i（x）左移 r 个码字后除以码生成多项式 g（x），所得到的余式即为 Q（x）。

定义：对于任意选取的正整数 S，可构造一个相应码长为 $n=M^s-1$ 的 M 进制的 BCH 码，其码元符号取自有限域 GF（M），而 M 为某个素数的幂。当 $S=1$，$M>2$ 时所建立的码长为 $n=M-1$ 的 M 进制的 BCH 码，称为 R-S 码。实用中 $M=2^m$（$m>1$），码元符号取自域 GF（2^m）二进制 R-S 码。这时，输入信息可分为 km 比特一组，每组 k 个符号由 m 比特组成（每个本原元素对应一个 m 比特码符号），而不是二进制 BCH 码中 1 比特。

2. 截短 R-S 码

在欧洲数字视频广播（Digital Video Broadcast，DVB）系统中，信道编码采用（n，k，t）为（204，188，t=8）的 R-S 码，其码生成多项式为

$$g(x)=(x+1)(x+\alpha)(x+\alpha^{2})\cdots\left(x+\alpha^{15}\right)$$

其本原多项式 f（x）为

$$f(x)=x^{8}+x^{4}+x^{3}+x^{2}+1$$

本原根 α 为 00000010（十六进制表示时 α =（02）$_{\text{HEX}}$）。n=204 字节，k=188 字节，即 188 个符号要用 16 个监督符号，总码元数为 204 个符号，m=8 比特（1 个字节），监督码元长度为 $2t$=16 个字节，纠错能力为一段码长为 204 字节内的 8 个分散的或者连续的符号（字节）错误，识别 16 个有差错的符号。此码长度在原理上应为 $n=2^m-1=2^8-1=255$ 字节，编码

时，先在 R-S 编码器输入的 188 个具体的信息字节前面加入 51 个全 0 字节，组成 239 字节的信息段，然后根据 R-S 编码电路在信息段后面生成 16 个监督字节，编码完成后，再将这些空字节丢弃，即得到所需的（204，188）码，在解码器中重新插入 51 个全 0 字节。R-S 码一个很好的特性是任何一种 R-S 码通过截断得到的 R-S 码仍然是一个最大码，即其纠错能力保持不变，从而 R-S（204，188）具有与 R-S（255，239）相同的纠错能力。

3. R-S 码的基本参数

对于 M 进制的（n，k）R-S 码有如下参数。码长用 n 表示：$n=M-1=2m-1$（$m\geqslant 2$，为整数）个符号或 m（$2m-1$）比特。信息段：k 个符号或 km 比特。可纠错能力：纠正 t 个符号或 mt 比特错误。监督码元数目 r：$r=2t=n-k$ 个符号，或 $2mt$ 比特。最小距离 d_0：$d_0=2t+1$ 个符号，或 $md_0=m$（$2t+1$）比特。输入信息块分为 km 比特一组，每组 k 个符号，每个符号有 m 比特。R-S 码同时具有纠正随机与突发差错的能力，且纠突发能力更强。R-S 码可纠正的错误图样有连续长度 $b_1=$（$t-1$）$m+1$ 比特的单串突发，连续长度 $b_2=$（$t-3$）$m+3$ 比特的两串突发……连续长度 $b_i=$（$t-2i+1$）$m+2i-1$ 比特的 i 串突发。

6.4.2 R-S 码的特点

R-S 码是块码。R-S 码是以很多符号组成块来工作的，符号一般来说由 8 比特构成，因此 R-S 码属于典型的以符号为基础的块码。由于 R-S 码输入信息按块分组为 km 比特一组，每组 k 个符号，每个符号有 m 比特，能够纠正 t 个符号 m 位的二进制码组，至于一个 m 位的二进制码组中有一位错误，还是 m 位全错了，并不重要，所以 R-S 码特别适用于存在突发错误的信道，也适用于纠随机误码。如果一个符号中出现 1 比特的差错，就是出现了一个符号干扰；或者在一个符号中所有比特都发生了错误，这也是符号干扰。例如，R-S（255，223）可以消除 16 个符号干扰，在最坏的情况下，可能出现 16 比特干扰，每个可能在不同的符号（字节）中，因此解码器可以消除 16 个比特干扰；在最好的情况下，出现 16 个整个字节的干扰，这样解码器消除 16×8 个比特干扰。

R-S 码的检错、纠错能力。一个有 k 个信息字节（这里 1 个符号=1 个字节）和 $2t$ 个校验字节的 R-S 码称为 R-S（$k+2t$，k）码，它能最多纠正每个码字的 t 个有差错的符号，识别 $2t$ 个有差错的符号。

R-S 码是极大最小距离码。由于线性分组码（n，k）的 singleton 限为 $d_{\min}\leqslant n-k+1$，而 R-S（$k+2t$，k）码的最小距离 $d_0=$（$k+2t$）$-k+1=2t+1$ 个符号，从这个意义上说，R-S 码是一个极大最小距离码，也就是说对于给定（n，k）的分组码，没有其他码能比 R-S 码的最小距离更大。任何一种缩短的 R-S 码仍是一个最大码，纠错能力保持不变。

R-S 码便于设计。一个（n，k）R-S 码的最小距离和码重分布完全由 k 和 n 两个参数决定，这非常便于根据指标来设计和选择 R-S 码。R-S 码属于循环码，有严格的代数结构，其编译码方法简单。下面通过例子简述其应用。

6.4.3 R-S 码在工程中的应用

到目前为止，R-S 码纠错技术已经用于国内外大部分的数字电视传输标准。下面通过简单例子说明 R-S 码编译码技术的实现电路，利于加深理解。

1．R-S 码编码电路

假设要完成（7，5）的 R-S 编码，输入信息码字为 B_4、B_3、B_2、B_1和 B_0五组。B_4=101（α^6）、B_3=100（α^2）、B_2=010（α^1）、B_1=100（α^2）、和 B_0=111（α^5），对它们需生成两个 R-S 监督码字 Q_1 和 Q_0。据此，可写出信息多项式 i（x）为

$$i(x)=\alpha^6x^4+\alpha^2x^3+\alpha x^2+\alpha^2x+\alpha^5 \tag{6.13}$$

码生成多项式 g（x）为

$$g(x)=(x+1)(x+\alpha)=x^2+(1+\alpha)x+\alpha=x^2+\alpha^3x+\alpha \tag{6.14}$$

为得到监督码字，将信息多项式 i（x）左移两位（r=7−5=2）得到

$$i(x)x^2=\alpha^6x^6+\alpha^2x^5+\alpha x^4+\alpha^2x^3+\alpha^5x^2$$

然后除以 g（x），其余式 Q（x）=（$\alpha^2x+\alpha^2$），即监督码字 Q_1 和 Q_0 为 $Q_1=\alpha^2$、$Q_0=\alpha^2$，于是，两个校验码 Q_1 和 Q_0 应为 100 和 100。此时 R-S（7，5）码为α^6、α^2、α、α^2、α^5、α^2和α^2，对应的码多项式 C（x）为

$$C(x)=B_4x^6+B_3x^5+B_2x^4+B_1x^3+B_0x^2+Q_1x+Q_0 \tag{6.15}$$

具体实现电路如图 6.10 所示，由伽罗华乘法运算电路、移位寄存器及模 2 和电路等组成。图 6.10 中，每输入 5 个 3bit 的符号，它们在输出的同时，去往监督码字 Q_1 和 Q_0 生成电路。本原根 α =010，每个信息符号与相应的 GF 元素相乘后经模 2 和电路给出 Q_1 和 Q_0，接续在 5 个信息符号之后输出，完成 R-S（7，5）编码。

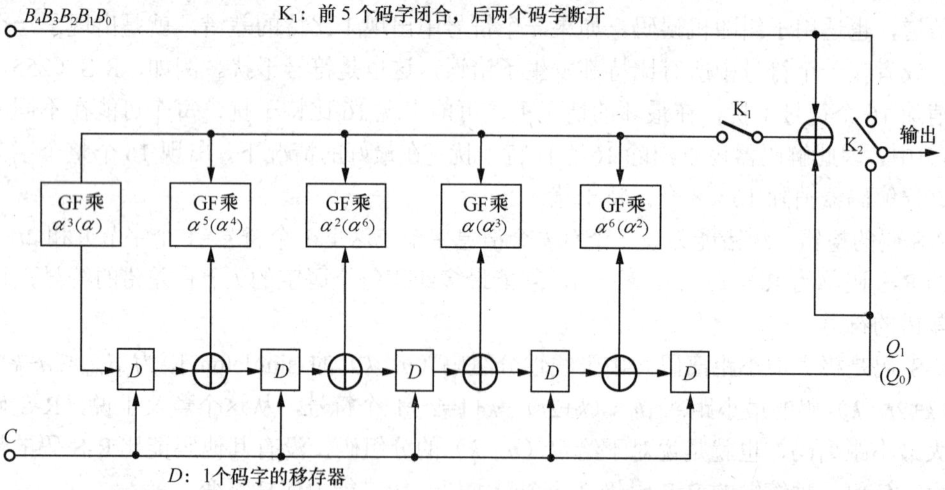

图 6.10　R-S（7，5）码编码电路框图

2．R-S 码译码电路

图 6.11 为 R-S 码编译码一般原理图。R-S 码译码方法分为时域与频域两种，译码的基本原理是，根据接收到的码字多项式 r（x）求出错误图样 e（x），再根据 r（x）=c（x）−e（x）求出 c（x），即 c（x）=r（x）+e（x）。

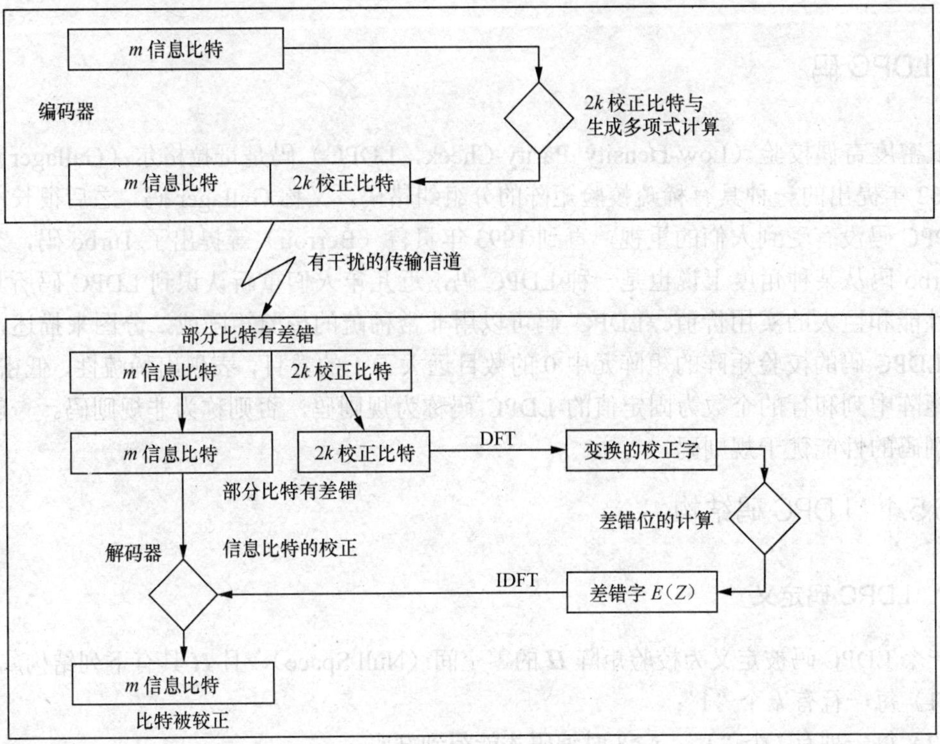

图 6.11　R-S 码编码、频域解码原理图

译码步骤：

① 计算校正子（伴随式）；

② 确定错误位置多项式；

③ 寻找错误位置；

④ 寻找错误值；

⑤ 纠正错误。其中第 4 步是 BCH 译码中不需要的（思考为什么？）。

目前比较成熟的 R-S 译码算法是基于硬判决的代数译码算法。时域译码是根据接收到的码字来求错误位置，无需进行转换，实现较容易；频域译码则是通过错误位置的傅里叶变换来求错误位置。但 R-S 码一个很大的问题是，其软判决译码算法还在发展之中且复杂度较高，由于硬判决译码和软判决译码相比有 2～3dB 的损失，所以 R-S 码在最新确立的标准中逐步被能够进行软译码的编码取代，如 LDPC 编码等，具体请见下节。

所谓解调器硬判决译码是指当信道的调制器输入和解调器输出到译码器均为二元信号，解调端输出的符号经过判决输出 0、1，然后再经过译码的形式，即编码信道的输出是 0、1 的硬判决信息，译码器中信号之间的差别用汉明距离来表示。所谓软判决是指当解调端输出的符号没有经过判决（不是二元信号），而是直接输出模拟量（多值信号），然后经过译码的形式，即编码信道的输出是没有经过判决的匹配滤波器的输出，译码器中信号之间的差别用欧氏距离来表示。由于软判决充分利用接收信号的信息，因此比硬判决更有优势，当然其实现难度也增加了。现代信道编码思想体现在：信道编码在编码端采用长码的随机编码，解码端基于状态转移的图的迭代译码的软解码思想。一般而言，由于硬判决在译码前被判决了一次，信息有所损失，因此软判决比硬判决的性能要好 1～2dB。

6.5 LDPC 码

低密度奇偶校验（Low-Density Parity-Check，LDPC）码是哥拉格尔（Gallager）最早于 1962 年提出的一种具有稀疏校验矩阵的分组纠错码，又称 Gallager 码。之后很长一段时间 LDPC 码没有受到人们的重视，直到 1993 年贝鲁（Berrou）等提出了 Turbo 码，人们发现 Turbo 码从某种角度上说也是一种 LDPC 码，近几年人们重新认识到 LDPC 码所具有的优越性能和巨大的实用价值。LDPC 码可以用非常稀疏的校验矩阵或二分图来描述，也就是说 LDPC 码的校验矩阵的矩阵元中 0 的数目远大于 1 的数目，表现出稀疏性、低密度性。校验矩阵中列和行的个数为固定值的 LDPC 码称为规则码，否则称为非规则码。一般来说非规则码的性能优于规则码。

6.5.1 LDPC 码结构

1. LDPC 码定义

一个 LDPC 码被定义为校验矩阵 $\boldsymbol{H}$ 的零空间（Null Space），且 $\boldsymbol{H}$ 具有下列结构属性。

（1）每一行有 k 个“1”；

（2）每一列有 j 个“1”，$j \geqslant 3$ 时编码才能得到好码；

（3）记 λ 为任意两列具有共同“1”的个数，则它不大于 1；

（4）k 和 j 与 $\boldsymbol{H}$ 中的长度和行数相比是很小的。

即对于 LDPC（n，j，k）码定义为二进制线性分组码，校码长为 n、校验矩阵 $\boldsymbol{H}$ 有固定列重量 j（每列包含 1 的个数）和固定行重量 k（每行包含 1 的个数）。也就是说，校验矩阵 $\boldsymbol{H}$ 有 N 列 M 行，因此，M 表示码字的校验方程个数，且有 2^K 个码字，这里 K 是消息长度 $K=M-N$，码率 $R=K/N=1-M/N=1-j/k$。

2. LDPC 码校验矩阵与 Tanner 图

LDPC 码的校验矩阵 $\boldsymbol{H}$ 低密度的含义：LDPC 码的校验矩阵 $\boldsymbol{H}$ 是一个几乎全部由 0 组成的矩阵，每一行和每一列中 1 的数目是固定的（规则码），其每一列 1 的个数是 $j \geqslant 3$，每一行中 1 的个数是 k，每一列之间 1 的重叠数目不大于 1。例如，标准的 LDPC（20，3，4）码的校验矩阵如图 6.12 所示。这个校验矩阵水平方向上分成 j=3 个相等的子矩阵，每个子矩阵中每列含有单个“1”。一般而言，第一个子矩阵按照某种预先决定的方式来构造。第一个子矩阵看上去像一个变平的单位矩阵，也就是说，一个单位矩阵，其一行中每个“1”被 k 个“1”代替，相应的列数也按此倍增。随后的子矩阵是随机置换第一个子矩阵。从图 6.12 看出 λ=1，由码是线性分组码，最小距离 $d_{\min}$=6。

LDPC 校验矩阵可以很方便地用泰纳（Tanner）双向图（也称二分图（Bi-partite Graph））来表示。在 Tanner 图中，所有的点分成两组，所有的边（Edge）有且仅有两个点组成连线，并且这两个点分别在两个组中。与校验矩阵对应的 Tanner 图中，下面一组点（称为变量节点或比特节点，代表编码后的码字比特位）与校验矩阵里的每一列一一对应，上面一组点（称为校验节点，代表了编码比特组成的校验方程）与校验矩阵里的每一行一一对应。边表示下面某个比特出现在上面的某个校验方程中，对应 H_{mn} 非零元素，也就是说对变量节点 n 和校验节点 m，变量节点和校验节点本身不存在直接连接的边；一条边连接变量节点和校验节点，当且仅当变量节点包含在校验和之中。图 6.13 所示为 LDPC（20，3，4）码 H_{mn} 的 Tanner 图表示，共 15 行、20 列，第一行 q_1 的 4 个 1 对应 4 列 $x_1x_2x_3x_4$，等等。若某个校验方程中出现了某个码字比特，即某个比特参与了某个校验约束，此时校验矩阵的相应元素不为零，则在相应的变量节点和校验节点之间连一条边。

1	1	1	1	0	0	0	0	0	0	0	0	0	0	0	0	0	0	0	0
0	0	0	0	1	1	1	1	0	0	0	0	0	0	0	0	0	0	0	0
0	0	0	0	0	0	0	0	1	1	1	1	0	0	0	0	0	0	0	0
0	0	0	0	0	0	0	0	0	0	0	0	1	1	1	1	0	0	0	0
0	0	0	0	0	0	0	0	0	0	0	0	0	0	0	0	1	1	1	1
1	0	0	0	1	0	0	0	1	0	0	0	1	0	0	0	0	0	0	0
0	1	0	0	0	1	0	0	0	1	0	0	0	0	0	0	1	0	0	0
0	0	1	0	0	0	1	0	0	0	0	0	0	1	0	0	0	1	0	0
0	0	0	1	0	0	0	0	0	0	1	0	0	0	1	0	0	0	1	0
0	0	0	0	0	0	0	1	0	0	0	1	0	0	0	1	0	0	0	1
1	0	0	0	0	1	0	0	0	0	0	1	0	0	0	0	0	1	0	0
0	1	0	0	0	0	1	0	0	0	1	0	0	0	0	1	0	0	0	0
0	0	1	0	0	0	0	1	0	0	0	0	1	0	0	0	0	0	1	0
0	0	0	1	0	0	0	0	1	0	0	0	0	1	0	0	1	0	0	0
0	0	0	0	1	0	0	0	0	1	0	0	0	0	1	0	0	0	0	1

图 6.12 Gallager 给出的（20，3，4）规则 LDPC 码的校验矩阵

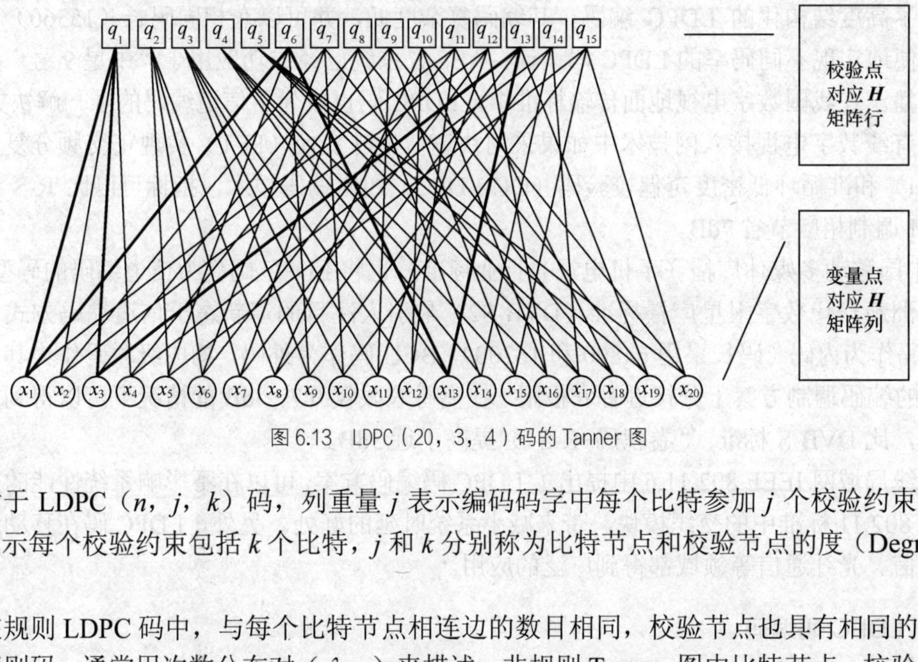

图 6.13 LDPC（20，3，4）码的 Tanner 图

对于 LDPC（n，j，k）码，列重量 j 表示编码码字中每个比特参加 j 个校验约束，行重量 k 表示每个校验约束包括 k 个比特，j 和 k 分别称为比特节点和校验节点的度（Degree）或次数。

在规则 LDPC 码中，与每个比特节点相连边的数目相同，校验节点也具有相同的特点。对非规则码，通常用次数分布对（λ,ρ）来描述。非规则 Tanner 图中比特节点、校验节点之间的度可能不同，因此对于非规则构造的 LDPC 码，它的校验矩阵 $\boldsymbol{H}$ 的列重量不相同，是一个变化的值，这是非规则码与规则码之间的重要区别。

LDPC 码的主要参数包括列重量、行重量、围长（Girth）（围长是指二分图中最短环的长

度)。Tanner 图中的环是指连接变量节点和校验节点的起始和结束于同一节点，并且不重复包括中间同一节点的路径。Tanner 图的围长是指其最短环的长度。

6.5.2 LDPC 码特性

目前设计最好的 LDPC 码距离香农限仅有 0.0045dB，性能优于 Turbo 码，而且 LDPC 码的译码复杂度低于 Turbo 码，且可实现全并行的迭代操作，因此特别适用于高速链路的数据传输。此外，LDPC 码还具有以下特性。

- 具有较大灵活性和较低的差错平底（Error Floors）特性。所谓差错平底特性，是指当增大信噪比时，误码率不再减小。
- 描述简单，对严格的理论分析具有可验证性。
- 由于码长较长时，相距甚远的信息比特可能参与同一校验，使得连续的突发差错对译码的影响不大，因此码本身具有很好的抗突发差错的能力。

LDPC 码是线性码，它的奇偶校验矩阵中非零元素很少。LDPC 码的整体性能都由奇偶校验矩阵的列和行的重量分布参数（j，k）来定义，码长 n 也是在给定（j，k）的条件下获得的。

6.5.3 LDPC 码在工程中的应用

目前，LDPC 码被认为是迄今为止性能最好的码，已有很多系统采用 LDPC 码。我国新一代广播电视标准的信道编码都采用 LDPC 码，如新闻出版广电总局广播科学研究院研制的新一代卫星电视广播系统（Advanced Broadcasting System-Satellite，ABS-S），前向纠错编码只使用了高度结构化的 LDPC 编码，其编码复杂度低，并可以在相同码长（15360）的条件下，方便地实现不同码率的 LDPC 码设计，ABS-S 系统已经成功应用于“中星 9 号”卫星的电视广播。在我国数字电视地面传输标准中，LDPC 码也成为了信道编码的唯一解决方案。

在有线数字电视接入网技术中如果采用快速傅里叶变换（FFT）实现正交频分复用调制（OFDM）和准循环低密度奇偶校验码（QC-LDPC）纠错编码技术，指标可以比 R-S 编码、64QAM 调制相应节省 7dB。

《中国移动多媒体广播（手机电视）行业标准》也将 LDPC 码作为信道编码的码型。

欧洲新一代数字卫星广播标准（DVB-S2）最引人注目的革新在于信道编码方式，它将 LDPC 码作为内码（码长采用 64800 和 16200），BCH 码作为外码，构成级联码作为其纠错方案。新的编码调制方案十分接近香农极限，在离香农限仅 0.7～1dB 的情况下可以得到无误码的接收，比 DVB-S 标准（“卷积码+R-S”）提高了近 3dB。

无线局域网 IEEE 802.11.n 中提出了 LDPC 码编码方案，可以在不影响系统性能的前提下省去原 802.11 标准中的交织模块，带来减小系统时延的好处。另外，LDPC 码在移动通信、数据通信、光纤通信等领域都得到广泛的应用。

1. LDPC 码编码

目前还未找到完善系统的 LDPC 码编码理论，人们对 LDPC 码编码方法的研究主要集中在如何直接利用稀疏的校验矩阵进行编码，以使编码复杂度随码长线性增长。综合考虑在保证 LDPC 码性能的基础上，设计出复杂度（运算、存储）低的编码方法。对 LDPC 码编码方法的研究主要分为两步，首先是奇偶校验矩阵的构造，然后是基于奇偶校验矩阵的编码算法。

（1）校验矩阵的构造。LDPC 码校验矩阵的构造方法可分为两大类：一类是随机构造法，其校验矩阵与生成矩阵不规则，使得编码复杂度高，如 Gallager 构造法、旋转矩阵构造法和变量节点的局部环长最大法也即渐进边增长（Progressive Edge Growth，PEG）法等；另一类是结构化构造法，它由几何、代数和组合设计等方法构造其校验矩阵有某种特殊的结构，因而其硬件实现极其简单，如准循环（Quasi Cyclic，QC）构造法。准循环 LDPC 码（QC-LDPC）是一种具有循环结构的结构化 LDPC 码，其生成矩阵也具有准循环形式，这决定了它可以利用移位寄存器进行编码。双对角线结构的 QC-LDPC 码可以由校验矩阵直接生成码字，因此能实现简单快速编码。自适应调制编码要求可变码长、码率的 QC-LDPC 码等。QC-LDPC 码的校验矩阵具有准循环形式，这种结构特征决定了其较低的编解码复杂度，其编码算法及硬件实现正成为研究的热点，在现代有线数字电视网络中有广阔的应用前景。

（2）编码算法。在传统的编码过程中，一般由生成矩阵开始。尽管 LDPC 码的奇偶校验矩阵是非常稀疏的，但其生成矩阵却无法保证，这样就可能导致编码的运算和存储复杂度大大增加。另外一种常想到的方法是由稀疏奇偶校验矩阵 $\boldsymbol{H}$ 通过矩阵运算转化为生成矩阵 $\boldsymbol{G}$，再根据 $\boldsymbol{G}$ 来进行编码，这样计算复杂度很高，不实用。目前出现了一些新的编码算法，不再产生生成矩阵，直接利用校验矩阵进行编码，以期获得低的复杂度，如 LU 分解法、贪婪算法、非规则重复累加（Irregular Repeated Accumulation，IRA）方法等，在此不再详述。

Gallager 指出对于满足参数（n，j，k）的全体 LDPC 码，必定存在另一个参数 δ，随着码长 n 增加，几乎所有的码都有最小的距离 $n\delta$，δ 不随 n 变化而变化。所以，大多数码的最小距离随 n 线性增长。

Richardson 和 Urbanke 也讨论过一些关于 LDPC 码译码的分析和码的重量分布 j（x）和 k（x）的问题。对于在通信信道（BSC、BEC 和 AWGN 等）中传输和采用置信传播译码的 LDPC 码，必定存在参数 σ，称为阈值，当数据在参数为 σ 的信道中传输，且随着迭代的次数增加，错误的概率趋于 0，或者错误概率达到比较低的正数界限时，参数 σ 通常定义为信道参数（如信道 AWGN 的噪声散射）。行和列的重量优化过程就是在低的 SNR 条件下不断优化（提高）阈值。这种在给定重量分布 j（x）和 k（x）的条件下来计算阈值的过程称为密度演进（Density Evolution）。但是，这种分析是近似的，在给定重量分布和特定码长的情况下，并没有给出任何一种构造出码字的方法。

2. LDPC 码译码算法

LDPC 存在多种译码算法，由于校验矩阵的稀疏性，LDPC 码译码方法相对比较简单，其运算量随码长线性增长，但不同的译码方法要进行的运算不一样，译码性能会有差异，硬件实现难度也不同。总体而言，性能好的译码方法对应的复杂度高，而复杂度低的译码方法性能相对就要欠缺一些。例如，置信传播（Belief Propagation，BP）译码算法要进行复杂的乘法运算等，比特翻转（BF）译码算法仅需要简单的“异或”和大小比较等运算，适应于光纤通信等信道条件很好的情况。通常可用 BF 算法来粗略地判断校验矩阵 $\boldsymbol{H}$ 对应的 LDPC 码是否具有良好的纠错性能，而 BP 译码算法的性能优于 BF 译码算法。

对 BP 译码算法的各种简化算法成为研究的热点，在保障译码性能的基础上降低复杂度是未来发展的方向。在实际应用中，要根据 BER 性能要求和硬件条件等因素综合考虑，在译码性能和复杂度之间进行折中，选择合适 LDPC 码的译码方法，开发相应的硬件产品。

LDPC 译码算法中基于置信概率传播的迭代译码算法（和积算法）在高码率下性能最好，其他简化的迭代算法一般也都是以和积算法为基础发展而来的，其主要思想是通过在变量（信息）节点和校验节点之间来回传递信息，最终找到正确的码组。这一过程在 Tanner 图上可以直观地表示出来，信息在 Tanner 图中沿着连接变量（信息）节点和校验节点的边双向传递。变量（信息）节点接收与之相连的校验节点送来的节点信息，然后根据这些信息计算出反馈给各校验节点的信息；校验节点开始接收与之相连的变量（信息）节点送来的信息，然后根据这些信息计算出反馈给各变量（信息）节点的信息，如此往返形成迭代。每次迭代结束后，对每个变量（信息）节点进行判决，得出一个码组，再通过校验矩阵验证码组正确性。如果译码成功，则译码结束；否则继续迭代，直到达到预先设定的最大迭代次数。如果超过一定迭代次数（如 30），仍然没有得到译码结果，则可以认为译码失败。

根据迭代过程中传递信息的不同形式，可以将 LDPC 的译码方法分为硬判决译码和软判决译码。如果在译码过程中传递的信息是比特值，称为硬判决译码，如 BF 译码算法；如果在译码过程中传递的信息是与后验概率相关的信息，称为软判决译码，如 BP 译码算法。

根据信息的表示形式，BP 译码可分为概率 BP 算法和可信程序对数似然比例（Log-likehood-ratio-based-progration，LLR-BP）算法。概率 BP 算法的消息是用概率形式表示的，是 BP 算法的通用形式，可适用于非二进制的 LDPC 码的译码；而对二进制 LDPC 码，消息可以表示为对数似然比形式，相应的译码算法称为 LLR-BP 译码。

BP 算法核心思想来源于神经网络的思想，容易想到的一点是，让节点之间传递的信息不仅是变量的值是“0”还是“1”，还可传递它以多大的把握认为这些值是“0”还是“1”。目前，主流的 LDPC 译码都采用这种传递概率信息的方法或其变化形式。该算法利用接收到的软信息在变量节点和校验节点之间进行迭代运算，从而获得最大编码增益，因此具有很好的性能，适用于对性能有较高要求的场合。在 BP 算法的迭代过程中，如果译码成功，译码过程立即结束而不是进行固定次数的迭代，从而有效地减少了算法的迭代次数，降低了运算复杂度。如果算法在预先限定的最大迭代次数到达后仍未找到有效的译码结果，译码器将报错，这时的译码错误为可检测的。同时，BP 算法是一种并行算法，在硬件中并行实现能够极大地提高译码速度。

和积译码的步骤：假定信道为高斯白噪声信道，设 LDPC 码的码长为 N，信息位为 K，码率为 $R=K/N$，校验位为 $M=N-K$，在 GF（q）上，生成矩阵 $\boldsymbol{G}$ 把要发送的信息 $\boldsymbol{S}=\{s_1, s_2, \cdots, s_k\}$ 编码为发送码字 $\boldsymbol{X}=\{x_1, x_2, \cdots, x_n\}$。校验矩阵 $\boldsymbol{H}$ 是一个 $M\times N$ 阶的矩阵，在 GF（q）域上满足

$$HX^{\mathrm{T}}=0 \tag{6.16}$$

发送码字 $\boldsymbol{X}$ 经过广义信道后，解码器收到的解调器软输出为

$$\boldsymbol{Y}=\left\{y_1,y_2\cdots,y_n\right\}=\left\{x_1+n_1,x_2+n_2,\cdots x_N+n_N\right\}=\boldsymbol{N}+\boldsymbol{X} \tag{6.17}$$

式中，$\boldsymbol{N}=\{n_1, n_2, \cdots, n_{\mathrm{N}}\}$ 为高斯信道引入的噪声矢量，均值为 0，方差为 σ^2。在 GF（2）上，进入高斯信道的 $\boldsymbol{X}$ 符号 1 和 0 分别使用双极性输入 $\pm b$ 发送，这样发送符号具有能量 b^2，信噪比为 $E_{\mathrm{b}}/N_0=b^2/（2R\sigma^2）$。解调输出 Y 如式（6.17）所示，译码的过程就是找到最可能的矢量 $\boldsymbol{X}$ 使得式（6.16）成立。矢量 $\boldsymbol{X}$ 的似然度 Likelihood（$\boldsymbol{X}$）是 $\boldsymbol{X}$ 中各个分量的似然度的积，可表示为

$$\text{Likeihood}(\boldsymbol{X})=\Pi_n f_n^{x_n} \tag{6.18}$$

式中，$f_n^{x_n}$ 为信道输出的似然度，在 GF（2）域上 x_n 可以取 0、1，即 f_n^1 表示译码为 1 的概率，f_n^0 表示译码为 0 的概率。这样，在 AWGN 信道上有

$$f_n^1=1/\left[1+\exp\left(-2by_n/\sigma^2\right)\right],\quad f_n^0=1-f_n^1 \tag{6.19}$$

LDPC 码长为 N，这样在 GF（2）域上 Likelihood（$\boldsymbol{X}$）共有 2^N 种取值。定义两个集合，一个是信息点的集合：

$$N(m)=\{n:H_{mn}=1\} \tag{6.20}$$

式中，$N(m)$ 为参与校验点 m 的所有信息点的集合。以图 6.13 为例，$N(8)=\{3, 7, 14, 18\}$。另一个是校验点的集合：

$$M(n)=\{m:H_{mn}=1\} \tag{6.21}$$

式中，$M(n)$ 为信息点 n 参与的校验点的集合。以图 6.13 为例，$M(5)=\{2, 6, 15\}$。

$N(m)\backslash n$ 表示参与校验点 m 剔除了 n 的所有信息点集合；$M(n)\backslash m$ 表示信息 n 参与的剔除了校验比特 m 的所有校验点的集合。

和积算法包括两个交错的迭代步骤，与 $\boldsymbol{H}$ 中非零元素相联系的变量 Z_{mn} 和 L_{mn} 分别在这两个步骤交错更新。

Z_{mm}^x：给定校验点 m 以外的所有校验点的信息，信息点 n 为 x（x 取 0 或 1）的概率。

L_{mn}^x：如果信息点 n 固定为 x（x 取 0 或 1），并且其他信息点具有可分离的分布，形式如 $\{Zmn': n'\in N(m)\backslash n\}$，在此前提下，校验点 m 成立概率。

小结：译码本质上是一个统计推测问题，也就是说，给定一系列观测值（对应码字在噪声信道下输出），推测哪个码字最有可能被发送（也就是最大似然译码），或者推测每个单独码符号的最有可能的值（符号最大后验译码）。描述符号最大后验译码的最重要的算法是在因子图上进行消息传递的和积译码算法，和积算法是通过两个很简单的更新规则和一个简单的终止规则定义的，应用在贝叶斯网络上著名的 BP 算法是和积算法的特例。当消息传递算法的信道输出符号集和译码过程中发送信息的符号集相同，都为实数集，即采用连续的消息时，适当地选择信息映射函数，就是 BP 算法。

6.6　卷积码

卷积码是纠错码中的又一大类。在一个二进制分组码（n，k）中，由于码字中的 $n-k$ 个校验元仅与本码字的 k 个信息元有关，与其他码字无关，因此分组码的编译码是对各个码字孤立进行的。从信息论的观点看，这种做法必然会损失一部分相关信息，而卷积码的出现使人们有可能利用这部分相关信息。卷积码的编码不仅与本子码的 k 个信息元有关，而且还与此前若干个子码中的信息元有关，因此卷积码的编码器需要有存储此前若干个子码信息元的记忆部件。在同等码率和相似的纠错能力下，卷积码编码比分组码简单。但是卷积码的数学结构不像分组码那样严密，因此译码方法较为复杂。

6.6.1　基本概念

为了进行卷积编码，将比特序列组成的信息送入移位寄存器组成的卷积编码器中，通过移位寄存器不同抽头的组合，得到编码输出数据。

现借助图 6.14 所示的卷积编码器说明其结构，并解释一些基本概念。在图 6.14 所示的卷

积编码器中，每次输入 1 个比特而产生 2 个比特的输出，输入帧宽度 m=1bit，输出帧宽度 n=2bit，编码效率 $R=m/n$=1/2。编码器的记忆，即存储器深度，是以实现输入以前的对编码做出贡献的比特数量来定义的。如果移位寄存器的数量（长度）为 S，则存储深度为 Sm。本例中，S=4，m=1，故 Sm=4。另一个概念是"约束长度"K，它是所有参与编码过程的比特总数。在该例子中，$K=(S+1)m$=5。图示编码器共有 $2^{SM}=2^4$=16 种可能的状态。

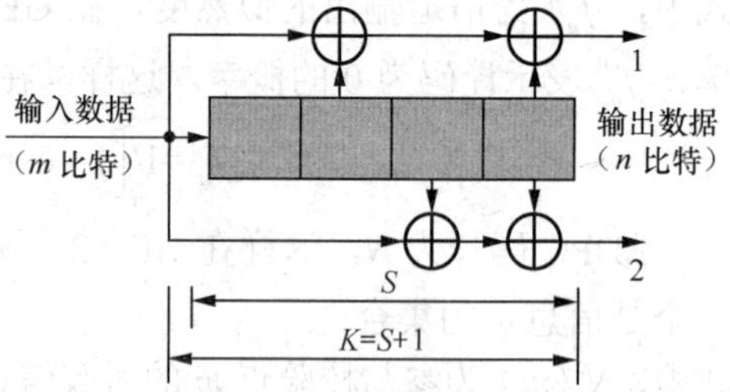

图 6.14　卷积编码器

卷积码编码器是通过移位寄存器的数量和抽头位置的配置来表明其特征的。卷积编码器特征通常用生成多项式 g 来表示，多项式系数归并通常用八进制表示。对于图 6.14 所示的编码器，$g_1=1+x^2+x^4$（系数从高次到低次八进制表示（25）$_8$=010101），$g_2=1+x^3+x^4$（（31）$_8$），生成多项式的最低次项代表移位寄存器的现实输入，而最高次项代表有延时的最后移位寄存器的抽头输出。整个卷积码的编码过程可以看成是输入序列与由移位寄存器和模 2 相加器的连接方式决定的另一个序列的卷积，因此称为"卷积码"。描述卷积码的方法有两类，即图解表示和解析表示。解析表示较为抽象难懂，而用图解表示法来描述卷积码简单明了。常用的图解表示法包括树状图、网格图和状态图等，基于篇幅原因这里就不详细介绍了。

6.6.2　卷积编码器举例

现以图 6.15 所示的简单卷积编码器为例，说明卷积编码的基本原理。

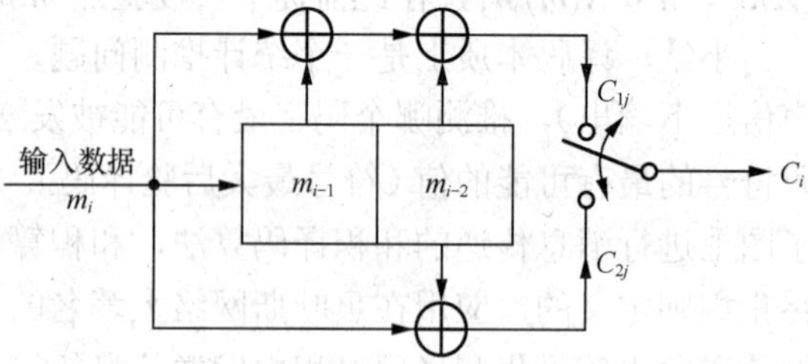

图 6.15　卷积编码器举例

图 6.15 所示卷积编码器的特征数据：

输入帧宽	m=1
输出帧宽	n=2
编码率	$R=m/n$=1/2
记忆	Sm=2
可能的状态	$2^{sm}=2^4$=16
约束长度	K=（S+1）m=3
生成多项式 1	$g_1=1+x+x^2$
生成多项式 2	$g_2=1+x^2$

由图可知编码器的输出：

$$C_{1j}=m_{i-2}\oplus m_{i-1}\oplus m_i;\quad C_{2j}=m_{i-2}\oplus m_i$$

式中，m_i 为现实时刻的输入码元；m_{i-1} 与 m_{i-2} 为前一时刻与更前一时刻输入并移位存储在寄存器 1（左边）和 2（右边）的码元，即代表编码器的状态；⊕ 代表模 2 加法（不进位的二进制加法）运算。

设移位寄存器的初始状态为 00，当输入第一位信息为 1 时，即 m_i=1，m_{i-1}=0，m_{i-2}=0，则 C_{1j} = 1，C_{2j} = 1，输出 C_i=11；接着当输入第二位信息仍为 1 时，则此时 m_i=1，m_{i-1}=1（由

前一时刻输入移位形成），m_{i-2}=0，则 $C_{1j}=0$，$C_{2j}=1$，输出 C_i=01；以此类推，可得出相应于输入序列的编码器输出序列，见表6.4。

表6.4　编码器状态，输入、输出关系

输　入	m_i	1	1	0	1	0	0	0
原状态	m_{i-2}　m_{i-1}	00	01	11	10	01	10	00
输出	C_{1j}　C_{2j}	11	01	01	00	10	11	00
过渡到新状态	m_{i-2}　m_{i-1}	01	11	10	01	10	00	00

6.6.3 卷积码译码

卷积码的译码方法可分为代数译码和概率译码两大类。代数译码根据卷积码本身的代数结构进行译码，也就是利用生成矩阵和监督矩阵来译码，在代数译码中最主要的方法就是大数逻辑译码。概率译码则在计算时考虑信道的统计特性，计算较复杂，但纠错效果好，典型的算法有序列译码、维特比（Viterbi）译码。目前在数字通信的前向纠错中广泛使用的是概率译码方法，随着硬件技术的发展，概率译码已占统治地位。

Viterbi 译码算法是一种卷积码的解码算法，缺点是随着约束长度的增加算法的复杂度增加很快。该算法基于最大似然准则，Viterbi 算法是最大似然序列估计（MLSE）最常用的算法。

1. 卷积码译码原理

假设卷积编码器的输入序列为 M，输出（发送）序列为 C，C 经过信道传输后，在接收端收到的序列为 $\boldsymbol{R}$。由于信道中噪声的影响，在传输中不可避免地会产生误码，因此接收序列为 $\boldsymbol{R}=\boldsymbol{C}+\boldsymbol{E}$，其中 E 为信道噪声引入的误差。

当接收端收到 $\boldsymbol{R}$ 后，译码器的任务就是按照极大似然译码准则，找出一个 $\boldsymbol{C}'$，使 $\boldsymbol{C}'$最接近于 $\boldsymbol{C}$。因此译码算法也就是找到与 $\boldsymbol{R}$ 有最小距离的 $\boldsymbol{C}'$，并以 $\boldsymbol{C}'$作为 $\boldsymbol{C}$ 的最佳估计。若 $\boldsymbol{C}'=\boldsymbol{C}$，则说明信道噪声引起的错误全部被纠正。

2. 维特比译码

Viterbi 译码算法是最大似然译码的一种简化，它并不是在网格图上一次比较所有可能的路径，而是接收一段比较一段，选择一段有最大似然的码段，从而达到整个码元是一个有最大似然值的序列。

译码步骤如下。

（1）画网格图。该网格图与发送端卷积码网格图相同。

（2）将接收序列 R 以码长 n 为单位分段，各段记为 R_1 R_2，…，R_i，i 为编码器输入序列长度。

（3）逐段计算最小累计码距，确定最佳路径。

Viterbi 是最常用的 MLSE 算法，其硬判决最大似然译码示意图如图6.16所示，算法步骤如下。

（1）从某一级节点 $j=m$ 开始，计算进入每一状态的单个路径与接收序列 R_j=（r_0，r_1，…，r_{j-1}）的汉明距离 d_j，称为路径度量；由于有限状态机的马尔可夫性，从节点 $j=m$ 起的后续码仅为与 j 时刻的当前状态有关，而与之前任何到达该状态无关。因此，在进入每一状态的 2^k 个路径中，仅需保留路径度量最小的一个（称为幸存路径），存储每一状态的幸存路径及其路径度量。

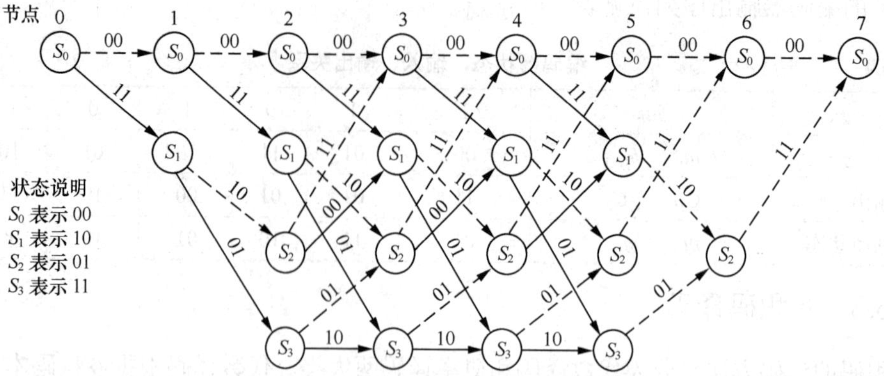

图 6.16 Viterbi 译码算法图示

（2）j 增加 1，把此时刻进入每一状态的所有分支与接收序列相应码元的汉明距离（称为分支度量）和同这些分支相连的 j 时刻的幸存路径的度量相加，得到新一组路径度量值 d_{j+1}，比较并保留幸存路径及其度量。这样译码过程延伸了一个分支。

（3）继续进行，直到译码结束，路径度量最小的幸存路径就是译码序列。

整个维特比译码算法可以简单概括为“相加—比较—保留”。译码器运行是前向的、无反馈的，实现过程并不复杂。

维特比算法的复杂度。（n，k，N）卷积码的状态数为 $2^{k(N-1)}$，对每一时刻要做 $2^{k(N-1)}$ 次“加—比—存”操作，每一操作包括 2^k 次加法和 2^{k-1} 次比较，同时要保留 $2^{k(N-1)}$ 条幸存路径，在“滑动窗维特比算法”时需要 $2^{k(N-1)}L$ 个存储单元。由此可见，维特比算法的复杂度与信道质量无关，其计算量随码序列的长度线性增长，但其计算量和存储量都随约束长度 N 和信息元分组 k 呈指数增长。因此，在约束长度和信息元分组较大时并不适用，此时常用缩减状态维比特译码，即在每一时刻只处理部分状态，在此不详述。

为了充分利用信道信息，提高译码可靠性，可以采用软判决维特比译码算法。此时解调器不进行判决而是直接输出模拟量，或者将解调器输出符号进行多电平量化，然后送往译码器，即译码器输入是没有经过判决的“软信息”。

与硬判决算法相比，软判决译码算法的路径度量采用“软距离”而不是汉明距离，最常采用的是欧几里德距离，也就是接收波形与可能的发送波形之间的几何距离。在采用软距离的情况下，路径度量的值是模拟量，需要经过一些处理以便于相加和比较，因此使计算复杂度有所提高。除了路径度量以外，软判决算法与硬判决算法在结构和过程上完全相同。

一般而言，由于硬判决译码的判决过程损失了信道信息，软判决译码的性能要比硬判决译码好约 2.5dB。由于软判决译码性能明显优于硬判决，目前使用卷积码的系统一般都会选择使用软判决译码。还要指出的一点是，不管采用软判决还是硬判决，由于维特比算法基于序列的译码，其译码错误往往具有突发性。

6.7 交织码

前面讨论的信道编码是如图 6.5 所示的随机误码纠错码。这类纠错码主要用于无记忆信道，即针对独立差错（随机错误）设计的。在实际应用中，比特差错经常成串发生，这时纠独立差错的信道编码将无能为力。传输信道成串发生突发误码，往往引起前后码元间有一定相关性误码，产生此类误码的信道可称为有记忆信道。前面介绍的R-S码虽也可以用于有记忆信道，纠正突发错误，但是它的能力有限，一般仅用于纠正单个短突发错误，且必须附加监督码元，对信道编码的编码效率不利。

下面要讨论的是可以纠正很长的突发差错，而且也不限于一个突发的交织码。在某种意义上说，交织码是一种信道改造技术，它通过信号设计将一个原来属于突发差错的有记忆信道改造为基本上是独立差错的随机无记忆信道。这样，前面介绍的各类用于无记忆信道纠正独立差错的信道编码仍可照样使用。交织编码原理框图如图6.17所示。

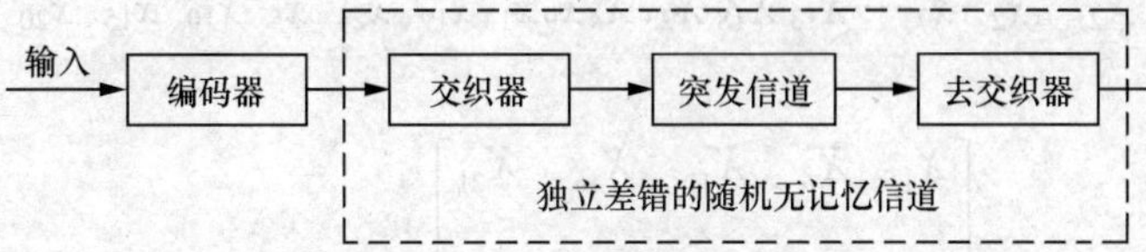

图6.17 交织编码的原理框图

从原理上看，交织技术并不是一种以逻辑代数为基础的纠错编码方法，它只是改变原有码元序列的传输顺序。按照改变传输顺序的规律，交织码可分为周期交织和伪随机交织两类。周期交织又分为块交织（矩阵交织）和卷积交织，周期交织指交织规律有明确的周期性，序列内数据之间的交织间隔（通常称为交织深度，以英文字母“*I*”标记）恒定。所谓随机交织，指交织不采用唯一的单个交织深度而采用有变化的“*I*”值，但其变化仍有一定的规律。周期交织包括比特交织和字节交织两种形式。

由于块交织是交织技术的基础，所以下面通过块交织的例子，介绍交织码的概念及特点、卷积交织及伪随机交织实现的原理。

6.7.1 交织码的基本概念

现以块交织为例加以说明交织码的基本概念。

假设，发送一组信息 $\boldsymbol{X}_1=(x_1x_2\cdots x_{24}x_{25})$，首先将 $\boldsymbol{X}_1$ 送入交织器，同时将交织器设计成按列写入、按行取出的 5×5 阵列存储器；然后从存储器中按行输出，送入突发差错的有记忆信道，信道输出送入去（反）交织器，它完成交织器的相反变换，即按行写入、按列取出信息，去交织器仍为一个 5×5 阵列存储器，按去交织器的列取出的信息，其差错规律就变成了独立差错。图6.18为块交织编码实现原理框图。

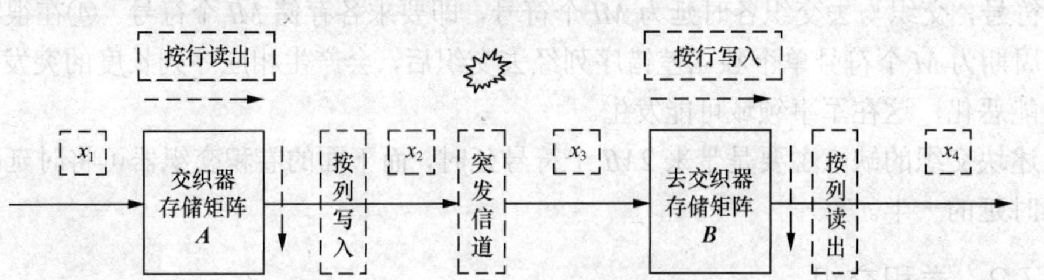

图6.18 块交织编码器实现框图

这里一组信息 $\boldsymbol{X}_1=(x_1\ \ x_2\ \ x_3\ \ x_4\cdots\ \ x_{23}\ \ x_{24}\ \ x_{25})$ 输入交织器存储矩阵 $\boldsymbol{A}$：

$$\begin{array}{c} \rightarrow \text{按行读出} \\ A=\begin{bmatrix} x_1 & \cdots & x_{21} \\ \vdots & \ddots & \vdots \\ x_5 & \cdots & x_{25} \end{bmatrix} \end{array} \downarrow \text{按列写入}$$

交织器存储矩阵 $\boldsymbol{A}$ 输出 $\boldsymbol{X}_2$:

$$\boldsymbol{X}_2=(x_1\ \ x_6\ \ x_{11}\ \ x_{16}\ \ x_{21}\ \ x_2\ \ x_7\cdots x_{19}\ \ x_{24}\ \ x_5\ \ x_{10}\ \ x_{15}\ \ x_{20}\ \ x_{25})$$

假设突发信道产生两个突发，第一个产生于 $x_1\ \ x_6\ \ x_{11}\ \ x_{16}\ \ x_{21}$ 连错 5 个，第二个产生于 x_{13}，x_{18}，x_{23}，x_4 连错 4 个，故突发信道输出，也即去交织器存储矩阵 $\boldsymbol{B}$ 的输入 $\boldsymbol{X}_3$:

$$\boldsymbol{X}_3=(X_1\ \ X_6\ \ X_{11}\ \ X_{16}\ \ X_{21}\ \ x_2\ \ x_7\cdots X_{13}\ X_{18}\ X_{23}\ X_4\ x_9\ x_{14}\ x_{19}\ \ x_{24}\ \ x_5\ \ x_{10}\ \ x_{15}\ \ x_{20}\ \ x_{25})$$

去交织器存储矩阵 $\boldsymbol{B}$:

$$\boldsymbol{B}=\begin{bmatrix} X_1 & X_6 & X_{11} & X_{16} & X_{21} \\ x_2 & x_7 & x_{12} & x_{17} & x_{12} \\ x_3 & x_8 & X_{13} & X_{18} & X_{23} \\ X_4 & x_9 & x_{14} & x_{19} & x_{24} \\ x_5 & x_{10} & x_{15} & x_{20} & x_{25} \end{bmatrix}$$

反交织器存储矩阵 $\boldsymbol{B}$ 输出 $\boldsymbol{X}_4$:

$$\boldsymbol{X}_4=\left(X_1x_2x_3X_4x_5X_6x_7x_8x_9x_{10}X_{11}x_{12}X_{13}x_{14}x_{15}X_{16}x_{17}X_{18}x_{19}x_{20}X_{21}x_{22}X_{23}x_{24}x_{25}\right)$$

由上述分析可见，经过交织矩阵与反交织矩阵的信号设计后，原来信道中产生的突发错误，即 5 个连错和 4 个连错变成无记忆随机性的独立差错。

推广至一般情况，称这类交织器为周期性的块（分组）交织器，分组长度为

$$L=MI \tag{6.22}$$

故又称为（M, I）块（分组）交织器。它将分组长度 L 分成 M 列 I 行并构成一个交织矩阵。M 称为交织器的约束长度（简称长度）或宽度，I 称为交织深度，在工作中预先把每个数据包的长度设定为 MI 大小。这种分组周期交织方法的特性可归纳为如下几点。

①任何长度 $l\leqslant M$ 的突发差错，经交织变换后，成为至少被 $I-1$ 位隔开后的一些单个独立差错。②任何长度 $l>M$ 的突发差错，经去交织变换后，可将长的突发变换成短突发，其突发长度为 $l_1=[l/M]$。③完成交织与去交织变换在不计信道时延的条件下，两端间的时延为 $2MI$ 个符号，交织与去交织各时延为 MI 个符号，即要求各存储 MI 个符号。④在很特殊的情况下，周期为 M 个符号单个独立差错序列经去交织后，会产生相应序列长度的突发错误，使通信性能恶化，这在军事领域可能发生。

上述块交织的缺点主要是带来 $2MI$ 个符号延时，而下面的卷积交织器可将时延减少到块交织器时延的一半。

6.7.2 卷积交织

块交织的交织结构一经确定，较难改变参数，并且数据存储上需要容量较大的 RAM，

它引起的附加传输延时量又达 2*MI* 个时钟周期，其数值较大。另一种实用的交织技术是卷积交织方法，它以先进的 FIFO 移位寄存器替代 RAM 作为数据存储单元，在同样的交织深度 *I* 下存储容量可以减少，附加的传输延时随之也能减少。这种交织方法由福奈（Forney）提出，在当前的有线数字电视广播系统中得到优先选用。图 6.19 为卷积交织器实现框图。

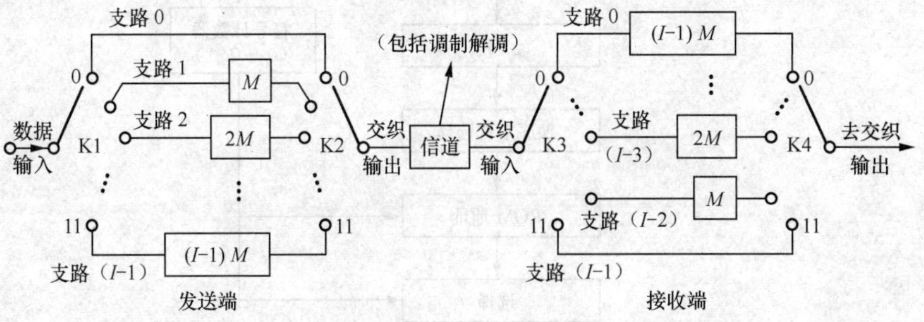

图 6.19　卷积交织器实现框图

图 6.19 中，*M* 表示容量为 *M* 个数据的 FIFO 移位寄存器，2*M* 表示容量为 2*M* 个数据的 FIFO 移位寄存器，等等。交织器和去交织器都有 *I* 条支路，发送端的切换开关 K1 与 K2 同步工作，接收端的切换开关 K3 与 K4 也同步工作，在每个切换点上开关停留一个数据的传输时间。可以看出，这里的交织深度等于 *I*。

在交织器中，输入的每个数据包单元的长度设定为 *MI* 个数据（这里的 *M* 相当于块交织器存储矩阵中的 *M* 列）。实际中，数据的单位为字节，也即图 6.19 在数字电视广播内实际应用于字节（8bit）交织中。每个数据包的第一个字节为同步字节，因此输入至支路 0 中的同步字节立即输出。但是从图 6.19 中可见，在接收端的去交织器中，支路 0 内有（*I*−1）*M* 个字节的 FIFO 移位寄存器。所以从发送端的交织器输入到接收端的去交织器输出，支路 0 内传输的同步字节总共延时（*I*−1）*M*=*IM*−*M*（*IM* 为 1 个数据包的传输时间长度）。交织器中输入的数据包第二个字节进入支路 1，它延时 *M* 字节，而在去交织器中支路 1 有（*I*−2）*M* 个字节的 FIFO 移位寄存器，故支路 1 内传输的数据字节总延时为 *M*+（*I*−2）*M*=*IM*−*M*。其他各支路的情况依此类推。所以，综合交织器和去交织器，每条支路内传输的字节同等地延时 *IM*−*M* 个字节周期。

块交织中，交织和去交织后每个数据的总延时为 2 个数据包（2*MI*）的传输时间，而卷积交织中，每个数据的入出总延时不到 1 个数据包的传输时间。显然，从数据延时值看，后者优于前者。

6.7.3　伪随机交织

块交织和卷积交织都属于固定的周期性排列，显然，这类交织器均避免不了在特殊情况下发生周期性独立差错不断变成突发性差错的可能性。为克服这种意外的突发差错，在进行交织之前首先通过一次伪随机的再排序处理，其实现框图如图 6.20 所示。

先将信道的各个符号按顺序写入交织器的存储器，在一个分组的符号全部写入后，用存储在地址 ROM 中的伪随机换序关系将这些符号读出，以对它们进行排列。可以用两个

RAM 以倒换的方式实现对存储器的存储：当每个符号写入一个存储器时，则可从另一个存储器中读出符号来，在完成这一轮时两个存储器的作用倒换并选用新的一个伪随机换序排列方式。

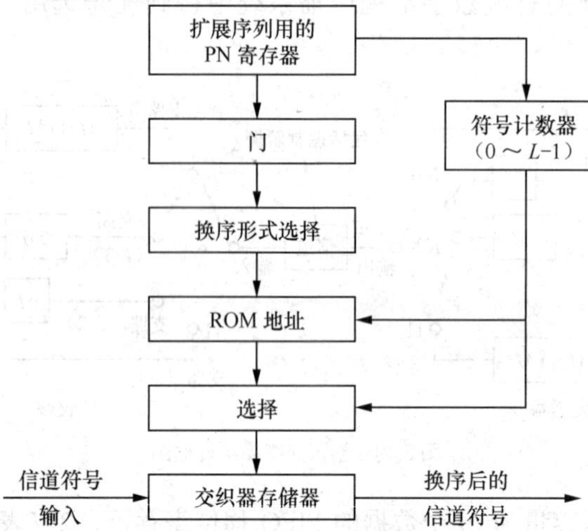

图 6.20 伪随机交织器的实现框图

去交织器只是完成相反的排列，就不做进一步的介绍。

6.7.4 性能的分析比较

突发信道在各次突发干扰之间的间隔可有几种情况。一种情况是周期性突发干扰过程，在这种情况下，每隔 P 个符号发生一次 B 个符号的突发误码。把参数 P 叫作干扰周期，B 叫作突发周期，而 $\delta=B/P$ 称为作用系数。这种干扰过程的一个典型例子就是脉冲雷达所产生的射频干扰。另一种情况是随机突发干扰过程，这种情况则比较复杂，对这种过程来说，其突发长度固定等于 B，作用系数的平均值为 δ，并且有指数分布的间隔分布时间。根据各种编码方式的原理，可以在各种干扰过程下，对无交织、周期性交织与伪随机交织的性能进行分析与比较。对于卷积码系统而言，在随机误码或短的周期性突发误码下，不管是否使用交织器，都会工作得很好。但是，当突发误码长度不是很短或 δ 不是很小时，采用交织技术是必不可少的。周期式与伪随机式交织方案是分组码与卷积码所用的两种主要方案。周期式方案是试图在译码器输入处产生最大间隔的误码，而伪随机方案是产生随机性的误码。一般认为，当与误码参数 B 与 P 完全匹配时，周期式方案可以取得更好的性能。但是，当这些参数变化时，它比伪随机交织器的应变能力要差得多，也就是说，周期式交织器并不适用于对抗有意的干扰。因为了解去交织器的结构后便有助于干扰，干扰者可能产生以 B 的小整数倍符号为间隔的各个单个误码，将这个过错周期性地关闭与打开，即可得到任何需要的作用参数。在去交织器处，所有误码都将落在同一行内，并将作为一次长的突发进入译码器，从而使性能严重恶化。假如信道误码是随机突发的，并且最大的突发长度受限时，则周期式交织器方案可给出最好的性能。交织器的参数 B 应按最大的突发长度来选择。当干扰环境不能明确地表征或了解（如有意干扰）时，伪随机交织技术是最有利的，所需交织器的长度应恒大于周期性突发误码下周期性交织器的长度。

表 6.5　　各种误码下交织器的使用情况

误码类型	无交织器	周期性交织器	伪随机交织器
随机误码	可以	不用	不用
已知的周期性突发误码	当 B 与 δ 不太大时，可以不用交织器	当 $BP\geqslant 3$ 时，应使用	不用
随机突发误码	除对小的 B 与 δ 外，性能很差	性能最好	性能较好
有意干扰	不可以	对周期性突发误码无应变能力	应变能力最大

从表 6.5 中可以看出，对于最大长度受限的随机突发误码来说，通常选用周期性交织器。但是，周期性突发误码是较容易应付的，并且对于小的作用系数与中等长度（约为所传输符号约束长度的一半）的突发误码来说，需要使用交织技术，与正规突发参数相匹配的周期性交织器对突发误码参数（δ 为常数下）的有限变动来说有一定的应变性，但对有些情况来说（如有意干扰），周期性交织方法并不能提供充分的应变能力。随机交织方法能够提供最大程度的应变能力，因此，当干扰条件不能肯定时，最好采用伪随机交织的方法，尤其是对于军用抗干扰通信系统来说，不仅能有效地将各种衰落引起的突发误码转化为随机误码，而且还是对付敌方有意干扰最有效的手段，又能起到保密的作用。

6.8　高效率信道编码

6.8.1　级联码

级联码是一种由短码构造长码的一类特殊的、有效的方法，用这种方法构造出的长码不需要长码所需的那样复杂的译码设备。通常采用一个非二进制的码作为外码，其编码率为 R_1，采用二进制的编码（分组码或卷积码）作为内码，其编码率 R_2，而传输的源数据率为 R_u，那么在信道上传输的总数据率 R_0 为 $R_0=R_u/(R_1R_2)$。为了能够校正长的块差错，可在两个编码器之间插入内交织编码器。内交织编码器不是插入新的数据冗余，而是对数据重新整理，是原来一个接着一个的比特相互隔离开一个交织深度 I。若内码和外码的最小距离分别是 d_1 和 d_2，级联码的最小距离至少为 $d_1\times d_2$。级联码原理性框图如图 6.21 所示。

图 6.21　级联码原理性框图

6.8.2　网格编码调制

现代通信系统中，实现差错控制的信道编码译码器及完成射频信号传输的调制解调器是系统中的两大主要组成部分，前者保证误码率低而信息传输可靠，后者保证单位频带内运载的数据多而信息传输快速。一般地说，信息传输可靠和信息传输快速两者是有矛盾的，如何做到既可靠又快速是通信系统设计和实践中的重要研究课题。

前面研究的信道编码是在低的频谱效率 $\eta<1$ 条件下的高可靠性信道编码。1982 年，昂

格尔博克（Ungerboeck）提出网格编码调制（Trellis Coded Modulation，TCM），开创了高频谱效率 $\eta>1$ 条件下信道编码的研究。

1. TCM 的基本概念

网格编码调制是一种集空间编码，它将编码与调制相结合，利用信号集的冗余度来获取纠错能力。TCM 具有以下基本特点。

（1）在信号空间中信号点数目比无编码调制情况下对应的信号点数目要多，这些增加的信号点使编码有了冗余，而不牺牲带宽。

（2）采用卷积编码规则，使信号点之间引入相互关系，仅有某些信号点图样或序列是允许用的信号序列，并可以模型化成为网络状结构，因此命名为“网格编码”。

（3）TCM 通过最大化欧氏距离，使得其在高斯白噪声下性能表现优异，但是在衰落信道下并不理想。

2. 欧氏距离与汉明距离

两个码组中对应位置不同二进制码元的个数表示两个码组的距离称为汉明距离。对于卷积码，通常称其从同一状态出发、又终止于同一状态的两条路径间的最小汉明距离为自由汉明距离。最小汉明距对于编码方案的检错、纠错能力是十分重要的，只有尽量增大码组间的码距，才能有效地抵御信号传输过程中的干扰，提高编码的检错、纠错能力。

对于单纯的编码而言，最小汉明距离是其译码性能的决定性参数，但当联合考虑编码调制时，最小欧氏距离才是衡量系统性能更有效的参数。欧氏距离是一组信号波形或相应信号向量相似性的一种度量，对于二维星座图中的两个信号点，欧氏距离就是两点之间的空间距离。传统的纠错编码是以汉明距离作为度量准则进行设计的，但汉明距离最佳的编码方案在映射成高阶调制信号时并不能保证获得好的欧氏距离属性。实际上，仅在一维的 BPSK 和二维的 QPSK 调制时，汉明距离才与欧氏距离等价。而在一般的多进制调制中，汉明距离和欧氏距离之间不存在单调的对应关系。

3. 集分割与 TCM 编码

信号空间的子集划分是昂格尔博克于 1982 年发表的文章中提出的，是在信息码字与已调制信号之间进行映射变换，利用计算机搜索出一批由子集划分方法得到的有最大欧氏距离的码，这类码称为 UB 码。

网格编码调制的基本原理是通过集分割方法将编码器对信息比特的编码转化为对信号点的编码，使得在信道中传输的信号点序列遵从一定的规则。TCM 编码器的一般结构如图 6.22 所示。

TCM 信号的形成包括以下 3 个部分。

（1）卷积码编码

发送端将输入的 n 比特信息经串并变换后分为两路，其中一路 m（$m<n$）比特信息进入码率为 $m/(m+1)$ 的（$m+1$，m，N）卷积码编码器中扩展成 $m+1$ 个编码比特，而另一路 $n-m$ 比特信息不进行编码。可以将得到的 $n+1$ 个编码比特视为（$n+1$，n，N）卷积编码器的输出。

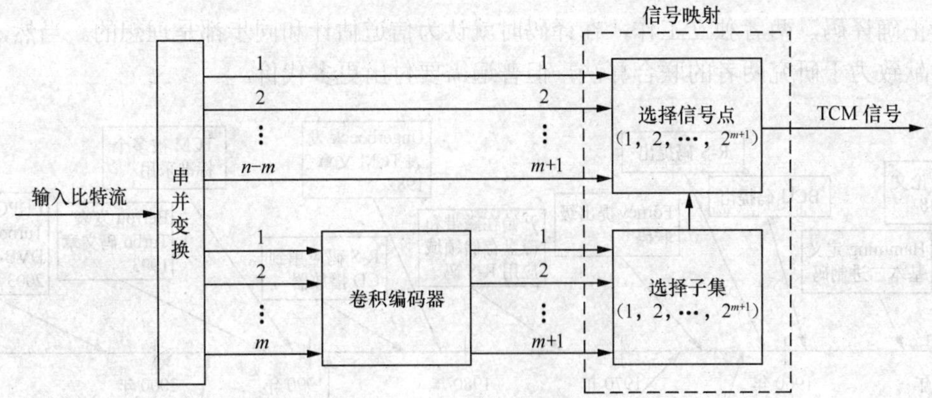

图 6.22 TCM 编码器的一般结构

（2）星座集分割

选择 $M=2^{n+1}$ 个星座点的多元调制（如 MPSK、MQAM），将其星座逐级分割，各级子集内均匀分布的星座点数目依次减半，而欧氏距离逐级增大，一直分割到子集内只含欧氏距离最大的 2 个星座点。

（3）编码比特向星座比特的映射

编码调制的关键在于如何将信道编码与调制有机结合。这里用上述所编的 n+1 个编码比特去选择星座分割的子集及各子集中的星座点，该过程就是映射过程。其中，m+1 个编码比特与 2^{m+1} 个子集建立起映射关系，选择 2^{m+1} 个子集中的一个，$n-m$ 个没有编码的比特用来选定所在子集中的 2^{n-m} 个信号点中的一个。

4. TCM 译码

TCM 译码一般采用基于欧氏距离的维特比译码算法，译码的任务是在网格图中选择一条路径，使相应的译码序列与接收序列之间的欧氏距离最小。译码过程分为以下两步。

（1）确定每个子集中的最佳信号点，即每个子集中离接收信号点最近的点。

（2）将每个子集选出的信号点及相应的平方距离度量对应到维特比算法的分支中，以便在整个网格图中找到一条信号路径，该路径与接收信号序列的距离二次方之和最小。

6.9 信道编码小结

作为信道编码部分的小结，图 6.23 给出了 FEC 纠错码发展历程图，其中包括从 1948 年起到 2003 年为止 FEC 码编码理论发展的关键节点。

这里还需要指出的一点是，理论上真正的“最佳”编码应该是根据一个特定的信道特性和参数来设计的，然而信道模型千变万化，而且即使是在同一信道在不同的时间也有可能发生较大变化。因此，很难针对每一种信道来定制相应的信道编码，通常信道编码的研究都是基于高斯白噪声信道来展开的。在实际接收机中，可以利用信道估计和补偿技术先把实际信道“转变”成近似高斯白噪声信道的特性，再对译码算法进行一些修正，此外接收机同步（包括载波同步和时钟同步等）恢复得好坏也对译码性能有非常大的影响。有的研究人员将接收机划为“内接收机”和“外接收机”，内接收机完成同步和信道补偿等参数估计工作，外接收机负责正确译码，两者独立工作，在译码时就认为信道估计和同步都是理想的。当然，也有大量文献致力于研究两者的联合算法，但普遍需要付出更多代价。

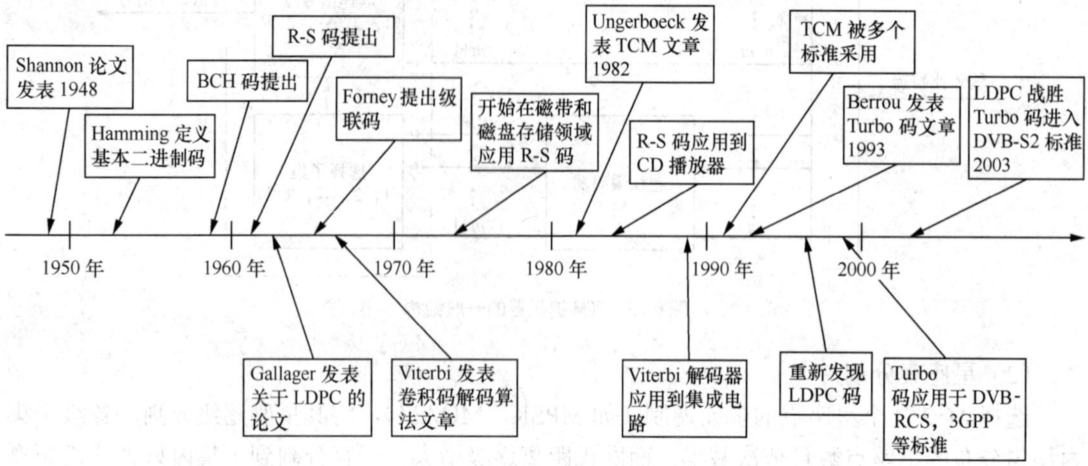

图 6.23　FEC 纠错码发展历程

6.10　数字电视信号调制和解调

在国内外的数字电视标准中，调制的种类可分为单载波调制和多载波调制。单载波调制主要有 QPSK、Offset-QAM、16QAM、32QAM、64QAM，多载波调制有 OFDM。

6.10.1　数字调制概述

1．数字调制的理由

数字调制就是将数字符号转换成适合信道传输特性的波形的过程。基带调制中这些波形通常具有整形脉冲的形式，而在带通调制中，则利用整形脉冲去调制正弦信号，此正弦信号称为载波，将调制后的载波转换为电磁场，传播到一定区域就实现了信号的传输。之所以调制后传输有如下几点原因。

（1）与天线尺寸匹配。从电磁场与天线理论知道，发射端与接收端的天线尺寸取决于波长和应用场合。

（2）频分复用。如果一条信道要传输多路信号，则需要用调制来区别不同的信号。

（3）扩频调制。利用调制将干扰的影响减至最小。

（4）频谱搬移。利用调制将信号放置于需要的频道上，在接收机中，射频信号到中频的转换就是一例。

（5）提高频谱利用率，将信道编码与调制结合可以提高传输效率。

载波信号的一般表达式为

$$s(t) = A(t)\cos[\omega_c t + \varphi(t)] = \underbrace{A(t)\cos\varphi(t)\cos\omega_c t}_{\text{同相分量}} - \underbrace{A(t)\sin\varphi(t)\sin\omega_c t}_{\text{正交分量}}$$

从上述表达式可以看出载波信号有3个特征分量：幅度$A(t)$、频率ω_c与相位φ。因此，数字调制可以对载波的幅度、频率和相位，或者三者之间的联合进行调制，相应地得到幅移键控、频移键控、相移键控以及幅度相位联合键控（或称为正交振幅调制）。

2. 线性调制解调模型

图6.24所示为线性调制解调模型。它将调制分为两个基本功能模块：基带处理和频谱搬移。由于数字视频传输系统是带宽有限系统，所以通常采用M进制调制。此时基带处理模块从二进制序列a_n中提取$k=\log_2 M$个bit形成组，对每个组进行基带成形滤波，再从$M=2^k$个与信道特性匹配的模拟载波波形$\{S_i(t), i=0, 1, \cdots, M\}$中按确定的映射关系选择其中之一完成频谱上搬移，使传输信号的带宽限制在以载波频率f_c为中心的一个频带宽度上。经过信道传输后，接收端的解调器完成调制器的逆过程，即首先对接收信号进行滤波和下变频，将其恢复为基带信号，再在基带完成匹配滤波、判决等功能。

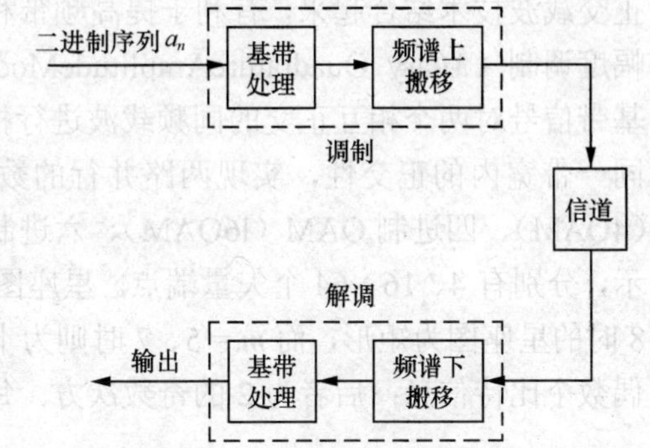

图6.24 线性调制解调模型

3. 常用的数字调制

目前数字电视传输系统，常用的数字调制方式是PSK和QAM或它们的变形。数字调制又分为二进制和多进制调制，统一表示为MPSK和MQAM，这里$M=2n$，n为正整数。更高的多进制调制（M越大），意味着更高的频谱效率，但也意味着更低的功率效率。
$A(t)\cos\varphi(t)$称为同相分量（I分量），$A(t)\sin\varphi(t)$称为正交分量（Q分量）。如果以I分量为横轴，Q分量为纵轴，在直角坐标系中把符号映射后所代表的坐标点表示出来，得到的图像称为调制矢量，或称星座图。若把上述数字调制方式以星座图表示，则得到图6.25。从图6.25中可以看到，当$M=4$时，4PSK就等同于4QAM，随着M的增加，MQAM比MPSK有更高的频率效率，但对系统非线性更敏感。

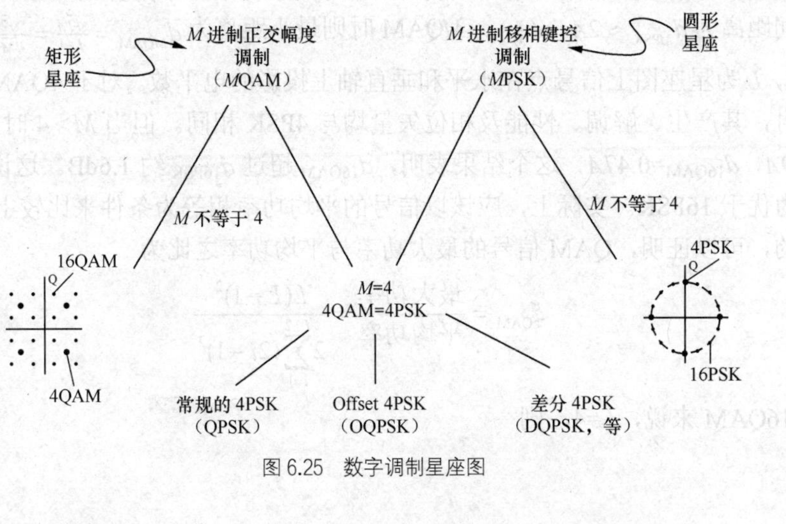

图6.25 数字调制星座图

6.10.2 正交幅度调制

数字幅度调制、数字频率调制和数字相位调制，这三种数字调制方式是数字调制的基础。比较不同调制方式的重要指标有两个；一是频带利用率，即在单位频带内所能传输的最大比特率；二是功率利用率，即在误码率到达要求时所需的最小信号功率与噪声的功率比值。对于实际的通信系统而言，这两种指标常常是不能偏废的，但允许有所侧重。如果把多进制与正交载波技术结合起来，有利于提高频带利用率。能够完成这种任务的技术称为 *m* 进制正交幅度调制（*M*-ary QuadratureAmplitudeModulation，*M*QAM）方式。*M*QAM 是用两路独立的基带信号对两个相互正交的同频载波进行抑制载波双边带调幅，利用这种已调信号的频谱在同一带宽内的正交性，实现两路并行的数字信息的传输。该调制方式通常有二进制 QAM（4QAM）、四进制 QAM（16QAM）、六进制 QAM（64QAM）……对应星座图，如图 6.26 所示，分别有 4、16、64 个矢量端点。星座图常为矩形或十字形。其中，$M=2^m$，$m=2$、4、6、8 时的星座图为矩形，而 $m=5$、7 时则为十字形。前者 *M* 为 2 的偶数次方，即每个符号携带偶数个比特信息；后者为 2 的奇数次方，每个符号携带奇数个比特信息。

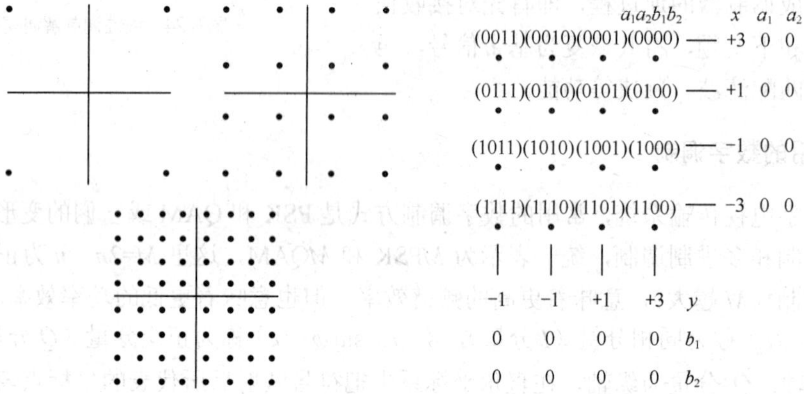

（a）4QAM、16QAM、64QAM 星座图　　（b）16QAM 信号电平与信号状态关系

图 6.26 *M*QAM 星座图

设已调制信号的最大功率（最大幅度 *A*）相等的条件下，不难算出 *M*PSK 时星座图上相邻信号点间距离为 $d_{MPSK} \approx 2A\sin(\frac{\pi}{M})$，*M*QAM 时则最小距离为 $d_{MQAM} = \frac{\sqrt{2}A}{L-1} = \frac{\sqrt{2}A}{\sqrt{M}-1}$。其中 $M=L^2$，*L* 为星座图上信号点在水平和垂直轴上投影的电平数。对于 4QAM，当两路信号幅度相等时，其产生、解调、性能及相位矢量均与 4PSK 相同。但当 $M>4$ 时，如 $M=16$ 时，$d_{16PSK}=0.39A$，$d_{16QAM}=0.47A$，这个结果表明，d_{16QAM} 超过 d_{16PSK} 约 1.6dB。这说明 16QAM 的抗干扰能力优于 16PSK。实际上，应该以信号的平均功率相等为条件来比较上述信号的距离才是合理的，可以证明，QAM 信号的最大功率与平均功率之比为

$$\xi_{QAM} = \frac{\text{最大功率}}{\text{平均功率}} = \frac{L(L-1)^2}{2\sum_{i=1}^{L/2}(2i-1)^2} \tag{6.23}$$

对于 16QAM 来说，$L=4$，则

$$\xi_{16QAM}=\frac{最大功率}{平均功率}=\frac{L(L-1)^2}{2\sum_{i=1}^{L/2}(2i-1)^2}=1.8 \tag{6.24}$$

至于 16PSK 信号的平均功率，因为其包络恒定，就等于其最大功率，所以 $\xi_{16PSK}=1$。此时 d_{16QAM} 又可加大为 $\sqrt{\xi_{16QAM}}$ ，16QAM 相邻信号距离超过 16PSK 的 1.62 倍，约 4.19dB。

*M*QAM 如同 *M*PSK 一样可用正交调制方法产生，不同点是 *M*PSK 在 $M>4$ 时，同相与正交两路基带信号的电平不是互相独立的，而 *M*QAM 同相与正交两路基带信号的电平是相互独立的。图 6.27 中串/并变换器将速率为 R_b 的输入二进制序列分成两个速率为 $R_b/2$ 的两电平序列，$2\to L$ 电平变换器将每个速率为两电平序列变成速率为 $R_b/\log_2M$ 的 L 个电平序列，然后分别与两个正交的载波相乘、相加后即产生 *M*QAM 信号。*M*QAM 信号解调同样可采用正交的相干解调的方法，其框图也画在图 6.27 中。同相和正交的 L 电平基带信号用有 $L-1$ 个门限电平的判决器判决后，分别恢复出速率等于 $R_b/2$ 的二进制序列，最后经并/串变换器将二进制序列合成一个速率为 R_b 的二进制序列。注意，这里的 $L=\log_2M$。

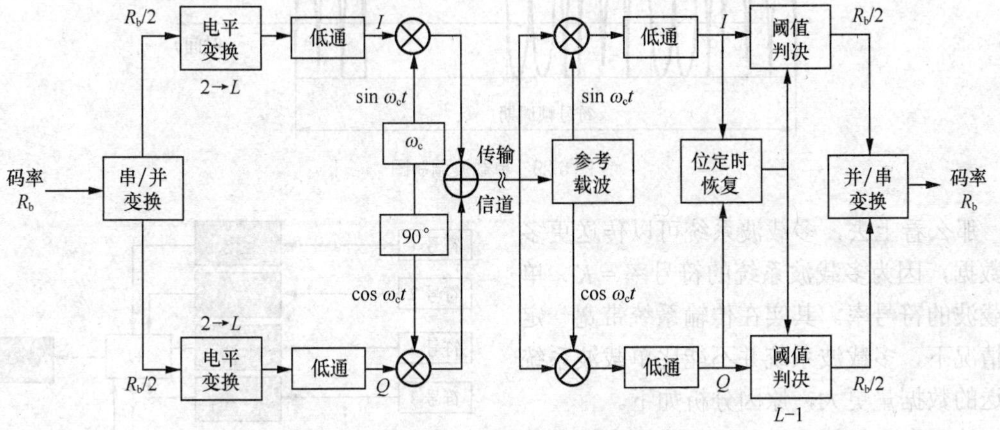

图 6.27　QAM 调制与解调框图

6.10.3　单载波与多载波调制

在数字电视广播系统中，可采用单载波和多载波两种方式来传输数据，在调制之前，对输入的串行数据进行符号映射，进而构成数据符号帧，之后按照不同的调制方式，将符号数据调制到载波上，形成射频传输信号，如图 6.28 所示。

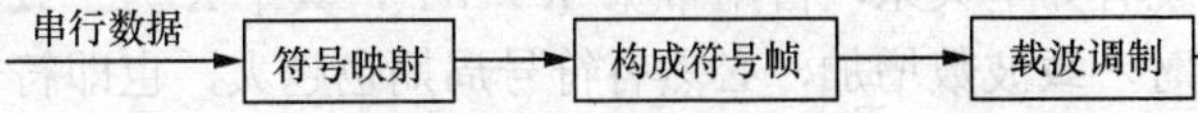

图 6.28　数据载波调制一般形式

符号映射是将数据比特按照 BPSK、QPSK、16QAM、64QAM、8-VSB 等不同的映射方案，形成数据符号，是输入数据比特到符号数据的映射。QPSK 一次可表示的数据范围是 4 个，对应了 QPSK 波形的 4 个状态（通过相位变化表示）。16QAM 一次可表示的数据范围是 16 个，对应了 16QAM 波形的 16 个状态（通过不同幅度和相位变化表示）。8-VSB 是一种 8 电平的映射方式，它将 3 个输入比特映射为载波的 8 个幅度电平，相位不变，可参考图 3.4。

那么，在相同的符号周期 T_s 中，它们传递的数据量是不同的。比如，T_s=1s 时，QPSK 可以传递的数据率是 2bit/s，而 16QAM 传递的数据率是 4bit/s。对单载波调制方式，将 *n* 个符号组成一个符号帧，每个符号对应了调制载波的幅度和相位，按照符号排列的顺序，依次串行地将符号变换为对应的载波，将这些载波在时间轴上串联在一起，就构成了输出的单载波波形，如图 6.29 所示。

对于多载波调制，由 *n* 个符号组成的符号帧中，每个数据符号分别对应一个不同频率的子载波，把这 *n* 个子载波相加后，得到输出的传输信号，如图 6.30 所示。单载波数据符号对应载波在时间轴上是串行拼接的，而多载波在时间轴上是并行拼接的。因此，单载波系统中，每个符号周期 = 符号帧周期/*n*；多载波系统中，每个符号周期 = 符号帧周期。

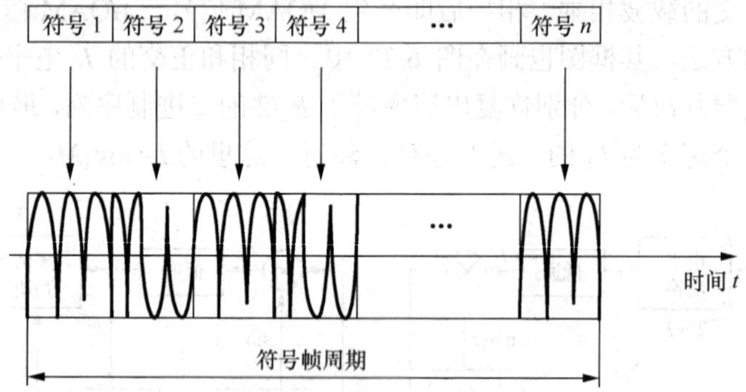

图 6.29　单载波调制图

那么看上去，多载波系统可以传送更多的数据，因为多载波系统的符号率 = $K\times$ 单个载波的符号率。其实在传输系统带宽一定的情况下，多载波系统并不能比单载波系统传送的数据量更大，原因分析如下。

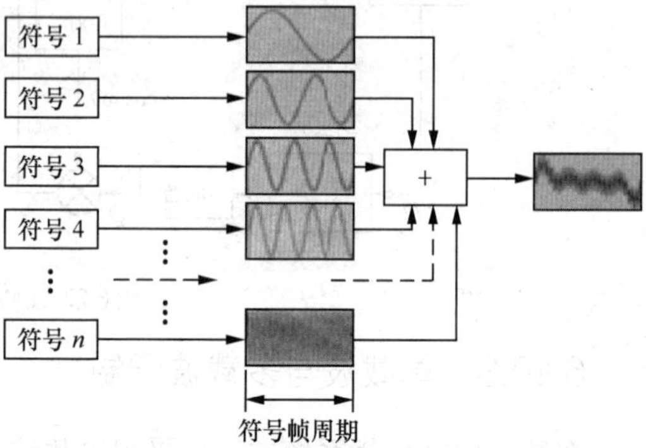

图 6.30　多载波调制

按照奈奎斯特（Nyquist）准则，一个基带数据传输系统的单边带最高频带利用率为 2 码元（symbol）/Hz（实际只有 1.4～1.82 码元（symbol）/Hz），而当载波采用双边带调制时，带宽需增加一倍，频带利用率变成 1 码元（symbol）/Hz，此时传输系统的奈奎斯特滤波器带宽与符号率相同。

对正交的多载波系统有如下关系：占用带宽=$K\times 1/T_s$，其中 K 为子载波数，T_s 为符号周期。当占用带宽为定值时，载波数增加，必然有符号周期也越大，也即符号率越小，这说明对带宽有限系统，理想的有效符号率与载波数无关。

6.11　正交频分复用

正交频分复用（Orthogonal Frequency Division Multiplexing，OFDM）调制是一种多载波调制技术，其子载波之间保持正交性且有重叠。OFDM 的概念诞生于 20 世纪五六十年代。由于 OFDM 系统中的载波数量常常很多，在实际应用中不可能像传统的频分复用

（Frequency-Division Multiplexing，FDM）调制系统中那样，使用振荡器和锁相环阵列进行相干解调。直到 1971 年威尼斯特（Weinstein）提出了一种用离散傅里叶变换（Discrete Fourier Transform，DFT）实现 OFDM 的方法，简化了系统实现，才使得 OFDM 技术实用化。Weinstein 的核心思想是将通常在频带实现的正交频分复用信号转化为在基带实现，其先得到 OFDM 的等效基带信号，再乘以一个载波将等效基带信号搬移到所需的频带上。

在过去的几十年中，OFDM 作为高速数据通信的调制方法，率先在数字音频广播（DigitalAudio Broadcasting，DAB）领域得到应用，目前此技术在有线（地面）数字视频广播、无线局域网（802.11 和 802.16）、第三代和第四代移动通信等方面得到了实际应用。

OFDM 技术的主要思想就是在频域内将给定信道分成许多正交子信道，在每个子信道上使用一个子载波进行调制，而且各子载波并行传输。这样就可以把宽带变成窄带，解决频率选择性衰落问题了。在传统的频分复用传输系统中，各个频带没有重叠，频谱利用率低。但 OFDM 的各个子载波是相互正交的，子载波间有部分重叠，所以它比传统的频分复用技术提高了频带利用率。

6.11.1　OFDM 基本原理

图 6.31 为 OFDM 系统基本原理框图，在发射端，高速串行基带码流经过串/并变换为 N 路并行的低速信号，然后分别用 N 个子载波进行调制。基带码流可以是实数或复数。也就是说，每一路子载波可以采用脉幅调制（Pulse Amplitude Modulation，PAM）、QPSK、MQAM 等数字调制方式，不同的子载波采用的调制方式也可不同。

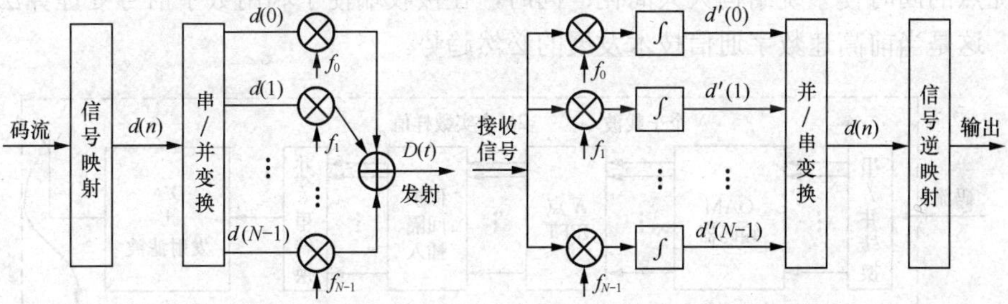

图 6.31　OFDM 系统基本原理框图

假设每一路并行信号的符号周期为 T_s，那么令子载波间隔 Δf=1/T_s。不失一般性，可以把子载波表示为复数形式，即

$$\psi_k(t)=\mathrm{e}^{\mathrm{j}2\pi f_k t},\ k=0,1\cdots,\ N-1,\ f_k=f_0+k\Delta f=f_0+k/T_s \tag{6.25}$$

发射机的输出信号为

$$D(t)=\mathrm{Re}\left[\sum_{k=0}^{N-1}d(k)\psi_k(t)\right]=\mathrm{Re}\left[\sum_{k=0}^{N-1}d(k)\mathrm{e}^{\mathrm{j}2\pi(f_0+k/T_s)t}\right] \tag{6.26}$$

容易证明，子载波在符号周期 L 内互相正交，即

$$\int_{\tau}^{\tau+T_s}\psi_k(t)\psi_l^*(t)\mathrm{d}t=\begin{cases}0, & k\neq l\\ T_s & k=l\end{cases} \tag{6.27}$$

式中，τ 为任意常数。利用这个正交性，在理想信道和理想同步下，在接收端很容易推出

$$d'(k)=\frac{1}{T_s}\int_0^{T_s}\left(\sum_{k=0}^{N-1}d(k)\psi_k(t)\psi_l^*(t)\mathrm{d}t=d(k)\right) \tag{6.28}$$

可见，接收端利用子载波之间的正交性可以正确地恢复出每个子载波的发送信号，不会受到其他载波发送信号的影响。

6.11.2 OFDM 调制的 DFT 实现

在 OFDM 系统中，对每一路子载波都要配备一套完整的调制解调器。在子载波数量 N 较大时，系统的复杂度将使其无法被接受。1971 年，Weinstein 等将 DFT 应用于 OFDM，圆满地解决了这个问题。

如果把 f_0 看作调制信号的唯一载波，那么发射机的输出信号 D（t）的复包络可以表示为

$$D_l(t)=\sum_{k=0}^{N-1}d(k)\mathrm{e}^{\mathrm{j}2\pi\frac{k}{T_\mathrm{s}}t} \tag{6.29}$$

其奈奎斯特抽样点的样值为

$$D(n)=D_l(t)\Big|_{t=nT_\mathrm{s}}=\sum d(k)\mathrm{e}^{\mathrm{j}2\pi kn} \tag{6.30}$$

式（6.30）恰恰是发射码流{d（k），k=0，1，2，…，N−1}的离散傅里叶逆变换。

因此，OFDM 系统可用图 6.32 所示的等效形式来实现。其核心思想是将通常在载频实现的频分复用过程转化为一个基带的数字预处理。在实际应用中，DFT 的实现一般可运用快速傅里叶变换（Fast Fourier Transformation，FFT）。经过这种转化，OFDM 系统在射频部分仍可采用传统的单载波模式，避免了子载波间的交调干扰、多路载波同步等复杂问题，在保持多载波优点的同时使系统结构大大简化；同时，在接收端便于利用数字信号处理算法完成数据恢复，这是当前高速数字通信技术发展的必然趋势。

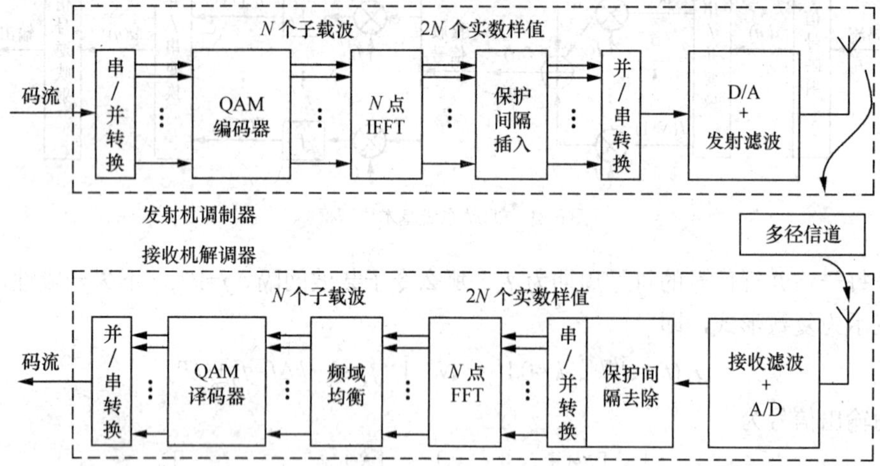

图 6.32 OFDM 系统的实现

6.11.3 OFDM 调制的特点

1．OFDM 调制的优点

（1）抗多径干扰；

（2）支持移动接收；

（3）构建单频网（Single Frequency Network，SFN），易于频率规划；

（4）陡峭（高效）的频谱效率，好的频谱掩模；

（5）便于信道估计，易于实现频域均衡；

（6）灵活的频谱应用；

（7）有效的实现技术，利用 FFT 算法用单载波调制实现 OFDM；

（8）易于实现天线分集和多进多出（Multiple-Input Multiple-Output，MIMO）系统；

（9）OFDM 实验室和场地测试表现良好；

（10）OFDM 在众多新制定的国际标准中得到采用，是未来宽带通信的主流技术。

2．OFDM 调制的不足

（1）对频率偏移和相位噪声敏感。这是一个接收机的实现问题，对于 OFDM 调制技术，需要更好的调谐器，以及更好的定时和频率恢复算法。相位噪声的影响把模型划为两部分：一是公共的旋转部分，它引起所有 OFDM 载波的相位旋转，容易通过参考信号来跟踪；二是分散的部分，或者载波间干扰部分，它导致类似噪声的载波星座点的散焦，补偿困难，将稍微降低 OFDM 系统的噪声门限。

（2）高的峰值平均功率比。峰值平均功率比（Peak to Average Power Ratio，PAPR）是指当发射机输出信号为非恒包络信号时，其峰值功率和平均值功率的比值。对单载波调制系统来说，PAPR 值主要由频谱成形滤波器的滚降系数决定。而对于多载波的 OFDM 调制系统来说，因为 OFDM 信号是由一系列相互独立的调制载波合成的，所以根据中心极限定理，OFDM 的时域信号在 N 比较大时，其分布渐近于高斯分布。一般而言，当 $N > 20$ 时，其分布就很接近于高斯分布了，而一般的 OFDM 系统中，N 都可达几百以上。所以，从理论上讲，OFDM 信号的 PAPR 分布与高斯分布是极为相似的。

决定 OFDM 信号的 PAPR 因素有两个，一个是调制星座的大小，另一个是并行载波数 N。调制星座越大，PAPR 就可能越大；多个子载波叠加的结果有时会出现较大的峰值。

较高的 PAPR 值意味着发射机不仅要有更好的线性范围，或采用更大功率的发射机以适应输出功率回退，避免进入发射机的非线性区；而且需要更好的滤波，以减少邻频道干扰。PAPR 的缺点只影响数量少的发送端，不影响数量巨大的接收用户。

（3）插入保护间隔降低了约 10%的传输有效码率。在 OFDM 系统中，OFDM 信号结构是块结构，每个信号块称为 OFDM 符号，它在时域中由两部分组成，一个是数据部分，另一个是保护间隔。OFDM 信号块的数据部分是在频率域定义的。OFDM 信号块的保护间隔是为了抗多径干扰必须有的，其保护间隔长度一般大于传输多径信号的传播延时。

6.11.4　TDS-OFDM 调制

我国地面数字电视传输标准采用了自主原创的时域同步正交频分复用（Time Domain Synchronous OFDM，TDS-OFDM）调制技术。图 6.33 所示为 TDS-OFDM 与编码的正交频分复用（Coded-OFDM，C-OFDM）的结构比较。

在 OFDM 系统中，同步设置是最重要的环节之一，也是 OFDM 系统最重要的创新点。在欧洲 C-OFDM、日本的频带分段传输正交频分复用（Bandwidth Segmented Transmission OFDM，BST-OFDM）和现在大多数 OFDM 系统中，系统同步是通过在频域 OFDM 符号中插入导频而实现的，即采用频域同步技术，适用于频域处理技术。

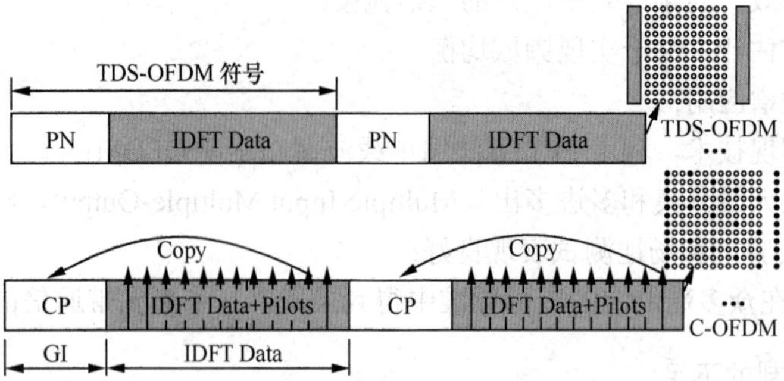

图 6.33 TDS-OFDM 与 C-OFDM 比较

TDS-OFDM 以伪随机噪声（Pseudo-Noise，PN）序列填充传统 OFDM 的保护间隔。PN 序列具有类似随机噪声的一些统计特性，但与真正的随机信号不同，它可以重复产生和处理。PN 序列除了作为 OFDM 块的保护间隔外，在接收端还可以用作信号帧的帧同步、载波恢复与自动频率跟踪、符号时钟恢复、信道估计等用途。由于 PN 序列帧头与数据帧体正交时分复用，且 PN 序列对于接收端来说是已知序列，所以 PN 序列和帧头与数据帧体在接收端是可以被分开的。接收端的信号帧去掉 PN 序列后可以看作具有零填充保护间隔的 OFDM。因此，PN 序列作为同步序列，既可用于实现同步，也可用于信道估计。在接收端用该 PN 序列通过相关计算获得对于无线信道的时域冲击响应的估计。

TDS-OFDM 采用时域和频域混合处理技术，巧妙利用 OFDM 保护间隔的填充技术，无须插入过多的导频信号，有效地提高了系统的频谱利用率，同时也提高了传输系统的抗噪声干扰性能，更好地支持移动状态下接收。

6.12 数字电视调制性能比较

6.12.1 调制方式举例

在国内外的数字电视标准中，调制的种类可分为单载波调制和多载波调制。单载波调制主要有 QPSK、Offset-QAM、16QAM、32QAM、64QAM，多载波调制有 OFDM。

在国内外数字电视传输标准中，信道传输处理方案大体相似，但在调制方式上却有不同选择，不同的传输方式（有线 HFC 网、卫星、地面广播、3G 和 4G 蜂窝网等）采用不同的调制方式。

设 SDTV 未经压缩时的数据传输速率为 216Mbit/s，经 H.264 数据压缩后其速率为 1Mbit/s。又设采用 8-VSB 数字调制，此时的频谱利用系数为 5.3bit/s/Hz，则调制后信号的带宽为 1Mbit/s/（5.3bit/s/Hz）≈0.19MHz。在采用 6MHz 模拟带宽的传输线路中，可传 30 路数字 SDTV 信号。此处的计算方法是工程设计中常使用的估算方法。

设有 HDTV 图像质量的信号，经 H.264 数据压缩后其速率为 4Mbit/s，采用 64QAM 数字调制，频谱利用系数理论值为 6bit/s/Hz，则经数字调制后信号的带宽为 4Mbit/s/（6bit/s/Hz）≈0.67MHz。在采用 20MHz 模拟带宽的传输线路中，可传输的节目数为 20MHz /0.67MHz≈29 套 HDTV 节目。

6.12.2 调制后的几项性能

1. 压缩率不同对同样调制后信号带宽不同

采用不同压缩标准的电视信号选用同一种调制，调制后信号的带宽不同。设经 H.264 标准压缩后的数字电视视频信号速率为 1Mbit/s，经 64QAM 调制（频谱利用系数理论值为 6bit/s/Hz），则经调制后信号的带宽为 1Mbit/s/（6bit/s/Hz）≈0.17MHz。在与上例相同的图像质量情况下，设经 MPEG-2 标准压缩后的数字电视信号速率为 4Mbit/s，经 64QAM 调制（频谱利用系数理论值为 6bit/s/Hz），则经调制后信号的带宽为 4Mbit/s/（6bit/s/Hz）≈0.67MHz。因此，采用的调制方式相同，但压缩标准不同，调制出来的信号带宽不同。

2. 频谱利用系数不同对同样调制后信号带宽不同

同一种速率的数字电视信号选用同一种调制但频谱利用系数不同，调制后信号的带宽不同。设经 H.264 标准压缩后的数字电视信号速率为 1Mbit/s，经 8-VSB（频谱利用系数值为 5.3bit/s/Hz）调制后，信号带宽为 1Mbit/s/（5.3bit/s/Hz）≈0.19MHz。设数字电视信号速率仍为 1Mbit/s，经 16-VSB（频谱利用系数值为 7.1bit/s/Hz）调制后，信号带宽为 1Mbit/s/（7.1bit/s/Hz）≈0.14MHz。因此，采用的调制方式相同，但频谱利用系数不同，调制出来的信号带宽不同。

3. 速率相同不同调制后信号带宽不同

同一种速率的数字电视选用不同的调制方式，调制后信号的带宽不同。设数字电视速率为 1Mbit/s，选用 QPSK 调制（频谱利用系数理论值为 2bit/s/Hz）时，调制后信号带宽为 1Mbit/s/（2bit/s/Hz）= 0.5MHz。设数字电视速率仍为 1Mbit/s，选用 OFDM-64QAM 调制（频谱利用系数理论值为 6bit/s/Hz）时，调制后信号带宽为 1Mbit/s/（6bit/s/Hz）≈0.17MHz。因此，数字电视信号的速率相同，但调制方式不同，调制出来的信号带宽不同。

4. 数字信号模拟传输

数字电视信号经数字调制后，相当于模拟信号，可以在模拟信道中传输。经压缩后的数字电视信号速率以比特每秒（bit/s）为单位，再经数字调制后信号的频率单位变成赫兹，赫兹是惯用的模拟信号带宽单位。所以，数字电视信号经数字调制后，相当于模拟信号，可以在模拟信道中传输。

对于 QAM 而言，在一个 8MHz 标准电视频道内，各个指标见表 6.6。

表 6.6　　DVB-C 在 CATV 网中应用实例

MPEG-2，有用比特率 R_U（Mbit/s）	R-S 编码后，总比特率 R'_U（Mbit/s）	电缆符号率（MBaud）	占用的带宽（MHz）	调制方式
38.1	41.34	6.89	7.92	64QAM
31.9	34.61	6.92	7.96	32QAM
25.2	23.34	6.85	7.86	16QAM

续表

MPEG-2，有用比特率 R_U（Mbit/s）	R-S 编码后，总比特率 R'_U（Mbit/s）	电缆符号率（MBaud）	占用的带宽（MHz）	调制方式
31.672 PDH	33.367	7.87	7.90	32QAM
18.9 16.0 12.8	25.52 17.40 13.92	3.42 3.48 3.49	3.93 4.00 4.00	64QAM 32QAM 16QAM
9.6	10.44	2.74	2.00	64QAM
8.0	8.70	2.74	2.00	32QAM
6.4	6.96	2.74	2.00	16QAM

在进行数字电视传输系统设计时，调制方式的选择依赖于所采用的传输信道特性；通过对数字电视传输系统中常用的几种数字调制方式的功率谱特性及其频谱利用率进行数学分析，得出调制方式与频谱利用率关系请见表 6.7。

表 6.7　各种调制方式的频谱利用率　（单位：bit/s/Hz）

调 制 技 术	理 论 值	实 用 值
BPSK（DBPSK）	1	0.9
QPSK（DQPSK）	2	1.4
8PSK（DPSK）	3	2.2
16APSK（16DAPSK）	4	3.3
16QAM	4	3.3
32QAM	5	4.3
64QAM	6	5.3
128QAM	7	6.1
256QAM	8	6.6
1024QAM	10	6.6
OFDM-16QAM	4	3.3
8-VSB		5.3
16-VSB		7.1

注：表中实用值为经验数据，供参考。

【练习与思考】

一、填空题

1．数字电视信源的压缩编码标准是________。

2．在数字电视的信道编码系统中，随机化处理的作用是________，R-S 编码的作用是________，卷积交织的作用是________。

3．衡量数字调制方式性能好坏的指标一般来说有两个，一个是________，另一个是________。

4．R-S（204，188）码具有纠正________位错误的能力。

5．16QAM 的抗干扰能力比 16PSK 的抗干扰能力________。

二、问答与计算题

1．试解释能量扩散的整个过程。

2．请说明单载波调制与多载波调制的技术特点。

3．简述 OFDM 技术原理与关键技术。

4．数字电视信号的信道编码有何意义？

5．信道编码一般有哪些主要结构，各有什么要点？

6．对于采用 2/3 和 7/8 两种形式的内码编码速率，试比较它们的信息传输效率和纠错能力。

7．R-S 码的编码有何特长？使用 R-S（208，188）码、R-S（255，245）码、R-S（255，235）码和 R-S（207，187）码，分别计算它们的信息位、纠错位和汉明距离，并比较它们能纠正多少字节误码。

8．证明 $x^{10}+x^8+x^5+x^4+x^2+x+1$ 为 R-S（15，5）循环码的生成多项式，并画出实现此循环码的编码器电路。

9．在数字电视传输系统中，常用的 R-S 码都是在 GF（2^8）有限域上计算得到其对应的截断码，例如 DVB-C R-S（204，188）就是 R-S（255，239）的截断码，请问截断码与原码有何异同点？采用截断码有何优点？如何实现截断码？

10．简述卷积码的特点，就卷积码的维特比译码方法进行评述。

11．什么是交织技术？为什么要在数字图像信号传输信道中设计交织？如何理解经过交织后的数据，其纠错能力大大增强？举例说明。

12．分析 DVB-C 卷积交织/解交织的基本工作原理，设其信道中 R-S 码为 R-S（204，188，8）。

13．在数字电视的信道编码中，R-S 编码、卷积交织和 TCM 网格编码是常用的形式，请问它们在抗干扰、引入冗余度和结构的复杂性等方面存在哪些异同点？阐述网格编码（TCM）与译码的要点。

14．数字调相又称移相键控，请问二相移相键控与 16 相移相键控有何异同点？

15．对于四相移相键控（QPSK），如果给定相位是 0、π/2、π 和 3π/2。

（1）求出 QPSK 四种信号表达式；

（2）分别求出正交分量 $mQ(t)$ 和同相分量 $mI(t)$ 的变换规则，可用表格表示；

（3）设计一个能够产生上述 QPSK 信号的电路。

16．为什么说 16QAM 能够通过两路独立的 QPSK 产生？请设计一个电路，并就此分析原理。

17．如何理解“信道编码是增加冗余度”的编码过程？举例说明。

18．阐述 C-OFDM 信号形成的基本要点，它是如何克服同频干扰的？举例说明。

19．何谓 LDPC 码的定义、参数？简述编译码要点、规则与非规则 LDPC 码的区别？

20．如果已知采用 R-S 纠错可纠正 8B 随机噪声，问 R-S 纠错与卷积交织在一起使用（交织深度 I=12）时，可纠正的错误字节总数应是多少？

21．在格状编码中，什么叫作欧氏距离？如何增加欧氏距离？为增加欧氏距离，在 TCM-QAM 中为何要采用非均匀星座的 QAM 调制？

22．试证明 TCM-8VSB 比 TCM-4VSB 信噪比高 3.32dB。

23．为增加欧氏距离，在 8VSB-TCM 结构中，应采用何样的映射方法？

三、思考题

1．比较信道解码的硬判决与软判决的实现思路，了解现代信道编码的思想形成。

2．通过查找资料，解释频率交织与时间交织原理。

3．比较数字电视调制后的几项性能指标。

【研究项目】

1．利用 Matlab 软件设计一个 M 序列加扰解扰仿真实验系统

要求：

设计严谨，功能完备；界面流畅，使用方便；扩充性强，易于维护；性能良好，安全可靠。

指导：

M 序列是数字电视传输系统最常用和最重要的比特序列，由于通常假设信源序列是随机序列，而实际信源发出的序列不一定满足这个条件，特别是出现长 0 串时，给接收端提取定时信号带来一定困难。解决这个问题可用 M 序列对信源序列进行“加扰”处理，以使信源序列随机化。在接收端再把“加扰”了的序列，用同样的 M 序列“解扰”，恢复原有的信源序列。最后完成对 M 序列加扰解扰的仿真实验，完成项目。

2．伪随机交织编码器仿真设计

要求：

根据 6.20 顶层设计流程，基于开发软件 Quartus-II 进行程序设计、功能仿真和综合。

指导：

在 Quartus-II 软件平台下，运用 FPGA 器件中存储器资源和宏模块，交织器顶层设计采用原理图设计方式，各模块采用 VHDL 语言设计，其中随机数的生成电路利用 Matlab 软件中的 DSP Builder 工具的图形转换来实现。

3．利用 Matlab 软件设计 OFDM 信号

要求：

利用 Matlab 的 M 语言设计 OFDM 的信号仿真，并利用设计的 Matlab 应用软件对 OFDM 信号的保护间隔进行分析比较。

指导：

1971 年威尼斯特（Weinstein）提出了一种用离散傅里叶变换（DFT）实现 OFDM 的方法，简化了系统实现，才使得 OFDM 技术实用化。Matlab 语言是仿真离散傅里叶变换的良好工具，本项目第一步先设计 OFDM 实现算法，第二步用 Matlab 语言实现，第三步比较插入保护比特和移去保护比特的误码率变化，最后完成项目。

第7章 有线数字电视网络前端系统

【学习提要】

前面几章介绍了网络的基本概念、性能指标；通过接插件、有源器件、设备、线缆等相互连接成网络；数字电视有线网络的信息处理,包括有线数字电视网络常用的信道编码技术、数字调制技术、正交频分复用技术等。本章介绍数字电视信号的形成，以信息论、数字电视传输组成为基础，概述图像/视频编码的发展，定义数字电视传输功能分层。本章重点内容是有线数字电视前端系统的组成、原理、关键设备，互动点播电视前端系统，前端的技术要求，现代有线电视网的前端类型，视频点播设备部署。

【引言】

有线数字电视前端功能模块细分为以下几个部分：数字电视信源系统、业务系统、存储播出系统、复用加扰系统、条件接收系统、用户管理系统、编码调制系统、回传处理系统以及其他辅助系统。从系统结构上看，前端是信号源与传输系统之间的“接口”，它既是信号源所提供的各种信号的“接收者”，又是传输系统所要求的高质量复合射频信号的“提供者”，同时还是与用户进行双向交流的“对话者”，也是系统实现各种控制的“管理者”。前端所处的位置和所扮演的角色决定了它应有的功能和系统对它的技术要求。从前端信号格式来看，传统的数字电视前端系统采用基于欧洲国际数字视频广播（DVB）组织的数字有线广播系统标准（DVB-C），采用 MPEG-2 压缩编码的传输流、异步串行接口（Asynchronous Serial Interface， ASI）的传输方式，这种方式已经发展和使用了很长时间，技术比较成熟。随着数字电视内容的增多和新兴业务的发展，传统的以 DVB-C 为基础的传输模式很难适用快速发展的数字电视新业务，功能扩展不够灵活。基于互联网协议（Internet Protocol ，IP）的数字电视传输方式得到了欧美国家及亚洲一些国家的广泛使用，并得到运营商认可，我国在较发达地区也进行了大胆的探索和实践，DVB+OTT 模式逐渐被行业认可。广电网络在三网融合中，正以一种全新业态提供全方位的服务。

7.1 前端系统基础

7.1.1 数字电视信号的形成

模拟电视信号经过模/数转换、信源的压缩编码、转码、适配、复用、加扰等主要环节形成数字电视传输流。本小节对这些技术做介绍，为讨论前端系统的基础知识。

1. 模拟电视信号的模/数转换

模/数（A/D）转换的框图如图 7.1 所示。

图 7.1 电视信号 A/D 转换框图

（1）取样：时间上连续的取值变为有限个离散取值。

（2）量化：幅度上无限多种连续的样值变为有限个离散值 。

（3）编码：把量化后的信号按照一定的对应关系转变成一系列数字编码脉冲的过程。

2. 视音频编码标准

国际上有两个负责视音频编码的标准化组织，是国际标准化组织（ISO）/国际电工委员会（IEC）和国际电信联盟（ITU）。

（1）MPEG 系列标准

① MPEG-1（ISO/IEC 11172）压缩标准为 VCD 所采纳；

② MPEG-2（ISO/IEC 13818）的压缩标准为 DVD 采纳；

③ MPEG-4（ISO/IEC 14496）是为交互式多媒体通信制定的压缩标准，其中 MPEG-4 的第 10 部分（MPEG-4 AVC）即为 ITU-T 的 H.264；

④ MPEG-7 是为互联网视频检索制定的压缩标准。

（2）H.26X 系列标准

① ITU-T 的 VCEG 制定的压缩标准 H.26X 都是针对单一矩形视频对象的，其追求的是更高的压缩效率。

② ITU-T 的 VCEG 制定的标准有：

- H.261（被国际电信联合会选定为电视会议的视频压缩标准）；
- H.262（该标准同 MPEG-2 完全一样，是 ISO/IEC 同 ITU-T 组成的联合编码专家组 JVT 制定的压缩标准，VCEG 发布的是 H.262，MPEG 发布的是 MPEG-2）；
- H.263（该标准被国际电信联合会选定为可视电话的视频压缩标准，有增强型版本 H.263+、H.263++）；
- H.264（该标准同 MPEG-4 的第 10 部分（MPEG-4 AVC）完全一样，是 ISO/IEC 同 ITU-T 组成的联合编码专家组 JVT 制定的新一代音视频编码标准，VCEG 发布的是 H.264，MPEG 发布的是先进编码标准 AVC（为 MPEG-4 的第 10 部分），面向多种实时视频通信应用）。

3. MPEG 视频压缩原理

（1）MPEG 视频压缩原理框图如图 7.2 所示。

① 利用了具有运动补偿的帧间压缩编码技术以减小时间冗余度；

② 利用 DCT 技术等以减小图像的空间冗余度；

③ 利用熵编码则在信息表示方面减小统计冗余度。

这几种技术的综合运用，大大增强了压缩性能。

（2）MPEG-2 压缩编码的主要步骤如下。

① 去除行、场逆程。

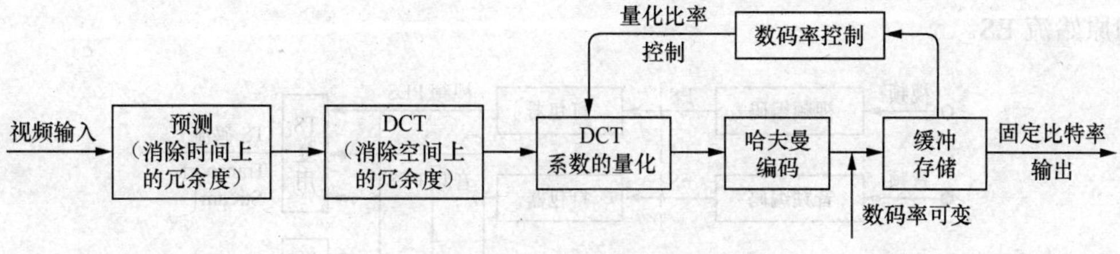

图 7.2 MPEG 视频压缩原理框图

② 去除垂直的色度冗余：水平、垂直方向各只保留一个色度：4:2:0。

③ 分解像块：把 720×576 像素转换为 8×8 的多个像素块组，90×72 个。

④ DCT 变换：把 8×8 的像块通过 DCT 变换为 64 个系数，为压缩做准备。

⑤ 非线性量化：利用人眼的生理特征对不同的分量系数进行不同的量化。

⑥ 进行之字形读出和游程长度编码，降低码率。

⑦ 进行统计编码：哈夫曼编码，概率大的编短码，概率小的编长码。

⑧ 在图像的运动方向上进行运动估值和运动补偿。

⑨ 进行差值编码。

⑩ 形成 I、B、P 帧不同的方式编码。

MPEG-2 标准支持恒定码率传输、可变码率传输，具有可分级性等突出优点，在编码方式上极为灵活。在图 7.3 中，来自数字接口电路的输入视频信号，第一步与上一场（或帧）进行运动检测，以便实施运动补偿——预测编码，利用图像之间内部客观存在的冗余性，实质上就是求帧（场）间差值。第二步把取得的分散的数据信号实施离散余弦变换（DCT），利用 DCT 将分散的高 / 低频系数集中起来。第三步分两种方法来处理：第一种方法是将 DCT 后的数据进行量化，而后将其变字长编码——哈夫曼（Huffman）编码或算术编码，这种方法目前最成熟，应用也最多；第二种方法是将得到的含有高 / 低频系数的视频信号，根据其频率高低对人眼视觉感应不一样的特点，实施不同的压缩——采用具有多分辨率特性的小波变换或具有分层传输能力的子带分解编码，或其他压缩方法，最后经变字长编码输出。第二种方法是目前在数据信号压缩中最先进，也是最具发展前景的，它的压缩比相当高。

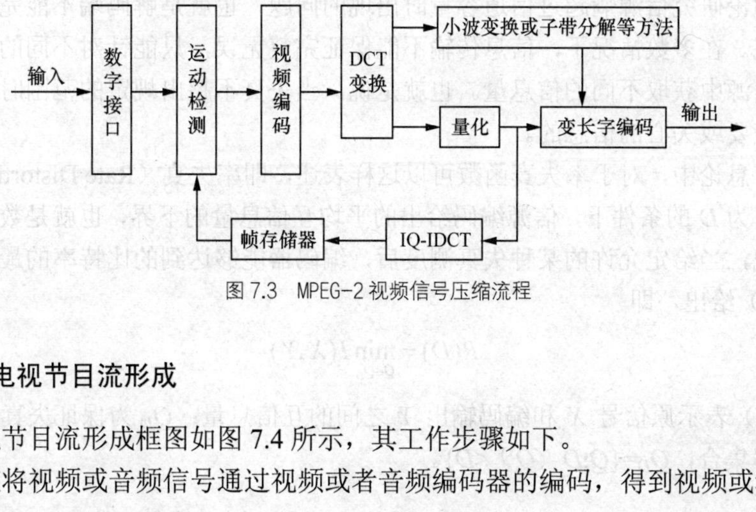

图 7.3 MPEG-2 视频信号压缩流程

4. 数字电视节目流形成

数字电视节目流形成框图如图 7.4 所示，其工作步骤如下。

（1）系统将视频或音频信号通过视频或者音频编码器的编码，得到视频或者音频信号连续的原始流 ES。

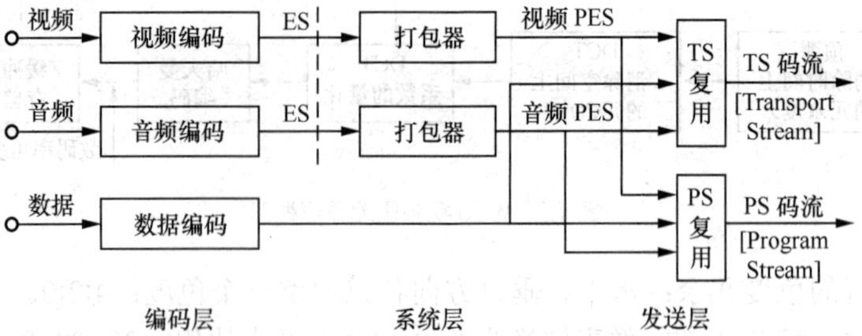

图 7.4 数字电视单节目流形成框图

（2）将视频或者音频的原始流进行分组打包，得到相应的视频或者音频的分组原始流 PES。PES 长度可变，视频一帧一个包，音频不大于 64KB。

（3）视频或者音频的 PES 数据，再根据应用要求，通过节目流 PS 复用得到节目流，或者是通过传送流 TS 复用得到传送流。

7.1.2 数字视频编码技术

1. 信息论基础

香农（Shannon　C．E）信息论的基本思想是从概率统计的观点对信息传输问题进行建模，并提出在有噪声信道中进行数据传输的基础理论。它由信息度量、信源编码、信道编码三部分组成。香农信息论与正交变换技术一起奠定了图像与视频编码技术的理论基础，对图像与视频编码有着极其重要的指导意义，它们一方面给出了图像与视频编码的理论极限，另一方面也指明了图像与视频编码实现的技术途径。

1948 年，香农在其经典论文《通信的数学理论》中，以统计的数学方法系统地阐明了通信系统中信息的基本概念、信息度量的统计方法和编码理论，即经典信息论，首次提到信息率——失真函数的概念；1959 年又进一步确立了信息率——失真理论，从而奠定了数据压缩的理论基础。

率失真理论研究信源熵超过信道容量时出现的问题，也就是解码端不能完整地获取所有信息时的情况。在多数情况下，信息传输不能保证完整无误，只能针对不同的需求和应用，人们从同一信源中获取不同的信息量。也就是说，当失真不超出规定的范围时，用户还是能够获得其所需要或关心的信息的。

在香农信息论中，对于率失真函数可以这样表述，即率失真（Rate Distortion,R-D）函数是在允许失真为 D 的条件下，信源编码给出的平均互信息量的下界，也就是数据压缩的极限码率。或者说，当给定允许的某种失真测度后，编码器能够达到的比特率的最低限，由率失真函数 R（D）给出，即

$$R(D)=\min_{Q\in Q_D} I(X,Y) \tag{7.1}$$

式中，I（X,Y）表示原信号 X 和编码输出 Y 之间的互信息量；Q_D 为保证失真在允许范围 D 内的条件概率集合，$Q_D=\{Q:D(Q)<D\}$。

虽然率失真函数对信源编码具有理论上的指导意义，但是要确定一个具体信源的率失真函数却很困难。这是因为一方面信源信号的概率分布很难确定，另一方面即使知道了信源的概率分布，式（7.1）的求解也非常复杂。因此香农虽然给出了信源编码的理论极限，却没有给出能达到这种极限的具体编码方法。在实际应用中，如果编码器的参数可以事先确定，人们关心的往往是信源在特定编码器下的率失真曲线。率失真函数曲线一般如图 7.5 所示，图中 D 表示失真度（Distortion），R（D）为相应的率失真函数，也就是编码的最低比特率。当 D 为零时，对应着无失真编码的情况，此时 R（D）的值就等于信源的熵 H（X）。

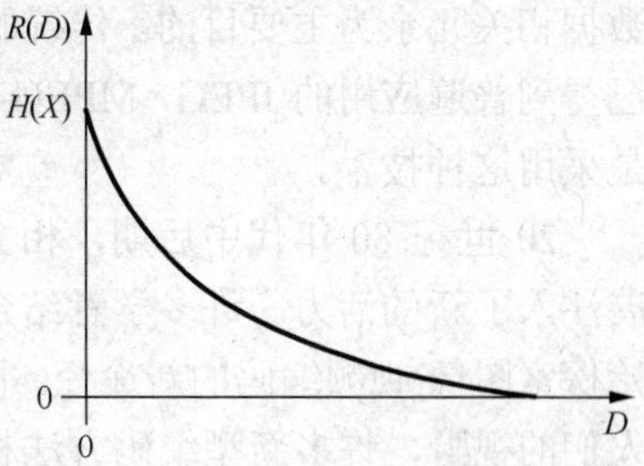

图 7.5 率失真函数曲线

率失真函数 R（D）的意义在于，对于给定的失真度 D，可能找到一种编码方案，其编码比特率接近于 R（D）。如果知道了信源的率失真函数，实际编码器能够实现的编码比特率 R 不低于 R（D）。

信源编码的主要目标是压缩每个信源符号的平均比特数或信源的码率，使传输代码的平均长度可任意接近但不低于符号熵，使概率与码长匹配。Shannon 的信息论指出，对于相关性很强的信源，条件熵可远小于无条件熵。因此解除符号间的相关性（成独立源）可进一步压缩码率，也就是使有记忆信源转换成无记忆信源序列。一般信源输出的每个符号所能载荷的信息量远大于该信源符号的实际信息量，简单地说，1bit 码元（有用与无用之和）不等于 1bit 的信息量或信息熵（有用的）。对于含有 n 个二进制符号的独立信源 X（$a_1,a_2,\cdots$，a_n），其总信息熵为

$$H(x) = -\sum_{i=1}^{n} P(a_i)\log_2(a_i) \tag{7.2}$$

式中，P（a_i）为符号 a_i 的概率，且 $\sum_{i=1}^{n} P(a_i) = 1$。严格地说，信息理论中的信息熵与信息量有区别：对于一个信源，不管它是否输出符号，只要这些符号具有某些概率特性，必存在信源熵值；信息量则是只有当信源输出符号被接收端收到后才有意义，它是信宿的信息度量。信息熵与信息量的共同点是其对信源概率的统计。

图像编码的方法很多，可以以多种方式对其进行分类。最常用的一种分类方法分为无损压缩（Lossless Coding）与有损编码 （Lossy Coding）。前一种方法能够精确地重建原始图像，重建图像并未引入任何误差；而后一种方法则会引入失真，只是它尽量使失真不明显。

2．图像/视频编码技术发展

传统的压缩编码以香农信息论为出发点，用概率统计模型描述信源。香农编码定理指出，在不产生任何失真的前提下，通过合理的编码，对于每一个信源符号分配不等长的码字，平均码长可以任意接近于信源的熵。在这个理论框架下，出现了几种无失真信源编码方法，如游程编码（Run-length Coding）、哈夫曼编码（Huffman Coding）、算术编码（Arithmetic Coding）等。这些通常称为熵编码（Entropy Coding），这种无失真编码的压缩率是很有限的，对较复杂的自然图像，压缩率一般不超过 2。显然，无失真熵编码压缩率的限制，使其难以满足大多数应用场合的需求。

除熵编码外，实现信源冗余压缩主要依靠变换编码、预测编码、矢量量化以及运动补偿等传统编码技术。这类有失真信源压缩的目的是去除图像/视频数据中的冗余信息和对视觉不重要的细节分量，以尽可能少的码字来表示所处理的图像。传统编码技术的编码实体是像素或像素块，并以显示器件（如 CRT 等）为图像/视频应用系统的最后环节，以消除图像/视频数据相关冗余为主要目的。传统的图像/视频编码技术，现在也被称为第一代编码技术，至今已得到普遍应用的 JPEG，MPEG-1，MPEG-2、H.261 以及 H.263 等压缩编码国际标准主要就是采用这种技术。

20 世纪 80 年代中后期，相关学科的迅速发展和新兴学科的不断出现，为图像编码的发展注入了新的活力。许多学者结合计算机视觉、模式识别、小波分析、分形几何等理论，开始探索图像/视频编码的新途径。同时，关于人类的视觉生理、心理特性的研究成果也开拓了人们的视野，许多新型编码方法相继提出。Kunt M 于 1985 年首先提出利用人眼视觉特性的第二代图像编码的思想，受到人们的广泛关注。与此同时，分形编码、模型编码等一些新型编码方法也得到了发展。

传统的图像/视频编码技术并未考虑信息接收者的主观特性，也不关心图像/视频信息的具体含义和重要程度等，只是力图去除数据冗余，这是一种低层次的编码技术。真正代表图像/视频编码方向的是基于内容的第二代编码技术，它所关心的是如何去除图像/视频内容的冗余，它认为人眼是图像/视频信号的最终接收者，图像/视频编码时应充分考虑人眼视觉特性的影响，这是目前图像/视频编码最为活跃的一个领域。

20 世纪 90 年代以来，移动通信的迅猛发展，因特网在全球范围的日益普及，网络传输以及各种新兴多媒体业务向图像/视频编码提出了许多新的要求，图像/视频编码的研究已从面向存储转为面向传输。除了传统的良好压缩性能与重建质量外，人们还要求压缩编码算法能够灵活地提供关于质量、分辨率、信噪比等可扩展编码结构，实现嵌入式编码、多分辨率编码及抗误码传输，能在无线移动环境向用户提供个性化服务。这些都极大地促进了图像/视频编码技术的进步。

应该特别指出的是，20 世纪 80 年代后期，小波变换的发展为人们提供了一种新的有效的多分辨率的信号处理工具，也为实现各种灵活可扩展的图像编码算法奠定了基础。在小波理论的指导下，基于小波的图像应用研究取得了许多成果，这些成果正逐步标准化，应用领域得到进一步的推广。

（1）熵编码。熵编码的基本原理就是去除图像信源在空间和时间上的相关性，去除图像信源像素值的概率分布不均匀性，使编码码字的平均码长接近信源的熵而不产生失真。由于这种编码完全基于图像的统计特性，因此有时也称其为统计编码。

①哈夫曼编码。哈夫曼于 1952 年提出一种编码方法，完全依据符号出现概率来构造异字头（前缀）的平均长度最短的码字，有时称为最佳编码。哈夫曼编码是一种可变长度编码（Variable Length Coding，VLC），各符号与码字一一对应，是一种分组码。哈夫曼编码的特点如下。

- 哈夫曼编码的算法是确定的，但编出的码并非是唯一的。
- 由于哈夫曼编码的依据是信源符号的概率分布，故其编码效率取决于信源的统计特性。
- 哈夫曼码没有错误保护功能。
- 哈夫曼码是可变长度码，码字字长参差不齐，因此硬件实现起来不大方便。

- 对信源进行哈夫曼编码后，形成了一个哈夫曼编码表，解码时，必须参照这一哈夫编码表才能正确解码。

②算术编码。算术编码是一种非分组编码，它用一个浮点数值表示整个信源符号序列。算术编码将被编码的信源符号序列表示成实数半开区间［0，1）中的一个数值间隔。这个间隔随着信源符号序列中每一个信源符号的加入逐步减小，每次减小的程度取决于当前加入的信源符号的先验概率。

③游程编码。游程编码（RLE）也称行程编码或游程（行程）长度编码，其基本思想是将具有相同数值（如像素的灰度值）的、连续出现的信源符号构成的符号序列用其数值及串的长度表示。以图像编码为例，灰度值相同的相邻像素的延续长度（像素数目）称为延续的游程，又称游程长度，简称游程。

（2）预测编码。预测编码的基本原理就是利用图像数据的相关性，利用已传输的像素值对当前需要传输的像素值进行预测，然后对当前像素的实际值与预测值的差值（预测误差）进行编码传输，而不是对当前像素值本身进行编码传输，以去除图像数据中的空间相关冗余或时间相关冗余。

（3）变换编码。变换编码不直接对空间域图像数据进行编码，而是首先将空间域图像数据映射变换到另一个正交向量空间（变换域），得到一组变换系数，然后对这些变换系数进行量化和编码。

变换编码系统通常包括正交变换、变换系数选择和量化编码 3 个模块。为了保证平稳性和相关性，同时也为了减少运算量，在变换编码中，一般在发送端的编码器中，先将一帧图像划分成若干个 $N \times N$ 像素的图像块，然后对每个图像块逐一进行变换编码，最后将各个图像块的编码比特流复合后再传输。在接收端，对收到的变换系数进行相应的逆变换，再恢复成图像数据。正交变换本身并不能压缩数据，它只把信号映射到另一个域，但由于变换后系数之间的相关性明显降低，为在变换域里进行有效地压缩创造了有利条件。各坐标轴上方差的不均匀分布正是正交变换编码实现图像数据压缩的理论基础。图像经过正交变换能够实现数据压缩的物理本质在于，经过多维坐标系中适当的坐标旋转和变换，散布在各个坐标轴上的原始图像数据在选择适当的新坐标系中集中到了少数坐标轴上，因而有可能用较少的编码比特来表示一个图像块，从而实现图像数据压缩。

综上所述，预测编码和变换编码各有千秋，但总的来说，变换编码的形式更多、灵活性更强。可见，如果将不断发展的自适应运动补偿的预测编码和日臻完善的变换编码结合起来，也就是说，将熵编码与熵压缩的这种混合编码技术有机地结合起来，在视 / 音频信号的压缩编码中必将有无限潜力。这也是“预测编码消除时间冗余度+DCT 变换编码消除空间冗余度+量化和变字长统计编码（VCL）消除统计冗余度”的一套混合编码技术，经过 60 多年的发展，依然在数字图像处理中具有较强生命力的原因。

7.1.3 统计复用及码率修正

1. 统计复用的引出

统计复用（Statistical Multiplexing，STAMUX）是指对带宽受限的多节目复用系统，根据各路节目的统计特性动态分配各路节目的码率的方法。在数字电视多套节目信号传输中，几路相互独立的数字电视节目信号采用统计复用技术共享一个信道，能使总码率低于每路信号源所产生的最大码率之和。有线（卫星）数字电视、地面数字视频广播等也采用统计复用技术在一个固定带宽信道内传输尽可能多的视频节目，以更有效地利用有限的频谱资源。采用统计复用技术传输可获得统计增益，以充分利用网络资源。

在数字电视传输时，如采用一个传输通道的总速率为38Mbit/s，在38Mbit/s中，通常用1Mbit/s为有条件接收（CA）发送授权控制信息（ECM），授权管理信息（EMM）数据用2Mbit/s；电子指南（EPG）发送服务信息（SI）再保留1Mbit/s，所以可使用的数字电视节目总速率为34Mbit/s，一般来说，目前一套节目平均速率为5Mbit/s，因此在一个传输流中最多复用6套节目。如采用统计复用技术，可传送7～8套电视节目，所以通过统计复用更加经济地利用信道资源。

多路数字电视信号复接后在一个信道上传输时，如果简单地采用恒定比特流复接，会造成资源的浪费。因为这样没有考虑各个独立视频信源的统计特性，使得复杂节目可能一直以较低的质量传送，而相对简单的信号则使其输出缓存利用率较低，有时甚至处于填充（Padding）状态，这样信道资源没有合理利用。

统计复用是根据信号的特点，动态地调整每路信号的码率。统计复用在节目传输中所起到的巨大作用是十分明显的，因为它有效地减少数字编码特有的影响，也就是减少那些由图像内容引起的偶然而短暂的图像质量下降现象，从而抑制主观上不能接受的干扰。

数字电视信源输出通常采用两种方式：固定比特率（Constant Bit Rate，CBR）和可变比特率（Variable Bit Rate，VBR）。CBR使输出码率保持恒定，便于信道传输控制，但它忽略了图像活动差异，容易造成图像画面质量的波动。VBR使量化因子固定，保证图像质量不变，但由于图像活动差异，造成输出码率变化较大，使传输控制复杂。采用优质的统计复用技术，这些问题都可得到解决。

统计复用（STAMUX）技术采用时间位移的方法，把瞬时码率高于设定值的部分位移到瞬时码率低于设定值的地方传输。它主要采用缓存的方法来进行节目流的预测和调整。用统计复用方法降低码率不损伤图像质量。对VBR节目更为有效，对总体码率降低的贡献一般在15%以下。

2. 统计复用的基本原理

可变码率（VBR）编码按图像复杂度调整输出码率，较固定码率（CBR）编码的图像质量更加稳定。当多路可变码率编码的视频业务在同一固定速率信道内传输时，采用统计复用技术可使各业务码率相互补偿动态分配固定的信道容量。这样，不但各视频业务的图像质量得以保持稳定，而且充分利用了信道资源，能获取较高的统计复用增益（统计复用增益定义为在一定速率信道内，可传输的经过复用且具有同等或更佳图像质量的VBR视频业务数目对可传输的CBR视频业务数目之比），在同样的信道中传输更多套视频节目。可变码率编码传输控制比较复杂，而且在固定速率信道内传输容易产生信元丢失（Cell Loss）。

统计复用弥补了VBR编码视频的缺陷。在传输N路VBR业务时，采取降低各业务互相关性的办法，避免各业务码率同时达到最大或最小，使各业务码率复用（累加）时，不同码率相互补充，使复合业务的码率小于各路业务码率的累加和，即

$$C(n) < \sum_{n=1}^{n} X_i(n) \tag{7.3}$$

式中，X_i（n）为各 VBR 业务的码率；C（n）为统计复用后的码率。实现统计复用的关键问题是如何对图像序列随时进行复杂度评估，如何实时进行视频业务的动态分配带宽。如图 7.6 所示，对于复用业务仍然存在的小幅度波动可采用缓存器加以吸收，以进一步平滑业务。

3. 统计复用实现方法

(1) 基于帧平移法的 VBR 视频统计复用

H.264 编码 VBR 视频业务具有明显的伪周期，如图 7.7 所示。以 GOP（12 帧）为周期，出现 I 帧较大的尖峰，在每个 GOP 中，按照 P 帧的间隔出现较小的峰值。这表明 I 帧码率远大于 B、P 帧码率，而 P 帧码率又要大于 B 帧的码率。

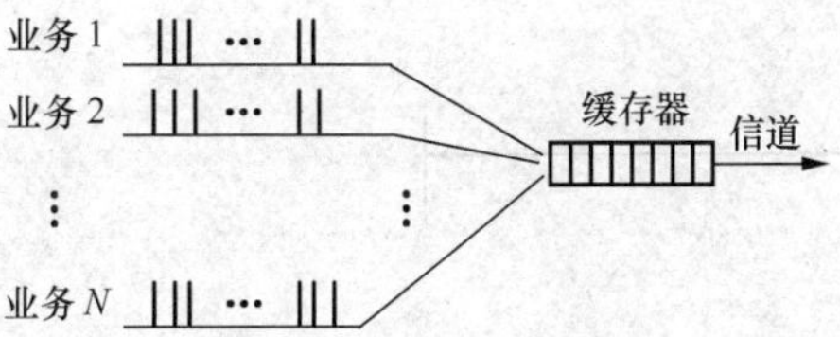

图 7.6　统计复用实现过程

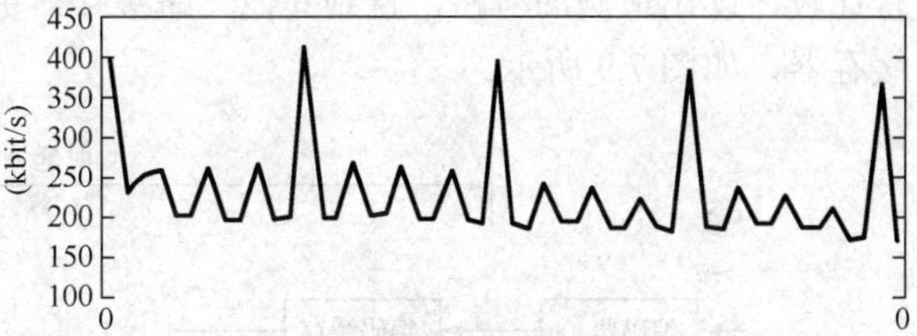

图 7.7　VBR 业务帧分布

这种业务不利于信道接入，如果按最大峰值（I 帧码率）分配信道容量，则多数时间码率小于峰值，必然浪费信道资源；若以平均码率分配信道带宽，则业务接入信道前，须利用缓存器吸收最大峰值超出平均值的部分。由图 7.7 可知，I 帧的码率超出 B、P 帧，所以图 7.6 中缓冲器的容量必须很大，这将增加传输时延，而且峰值码率（I 帧）出现的时间很短，降低了缓冲器的使用效率。为此，通过引入帧平移法实现统计复用，如图 7.8 所示。利用 I、P、B 帧码率的差异。以第 1 路视频业务为基准，将后续接入的业务相对前一业务滞后一帧，这样就可以利用不同帧类型码率分布的差异减小各业务同时达到峰值的概率。

I B B P B B P B B P B B I B B P B B P ··· 第1路
I B B P B B P B B P B B I B B P B B ··· 第2路
I B B P B B P B B P B B I B B P B ··· 第3路

图 7.8　帧平移法

帧平移法较为简单，但也存在缺点：平移方式固定，不能根据各视频业务活动性的实际变化而进行相应的调整。这主要是由于帧码率分布不能有效反映该帧内各局域活动性对码率的影响。

(2) 基于宏块条互相关的 VBR 视频统计复用

H.264 编码视频在帧以下还有两个层次：宏块条和宏块（MB）。宏块由 16 ×16 个像素组成，对于 720×576 的图像，通常一行 4～5 个宏块构成 1 个宏块条，因此，一帧有 36 个宏块条。对于同一个序列，尽管 I、P、B 帧的码率相差较大，但各帧 36 个宏块条码率样本的包络形状大致相同，这说明 VBR 编码的视频业务能较好地反映画面的活动性。因此可利用不同宏块条的码率的差异对各路 VBR 视频业务按某种方式进行滞后平移，以减小复用时各路业务宏块条的码率样本的互相关程度，达到平滑复用业务的目的。

基于宏块条互相关的 H.264 VBR 视频业务统计复用充分利用图像活动性所提供的细节，根据互相关的函数极小点的位置对不同业务的宏块条样本实现平移，减小各业务间的互相关度，降低复用后业务的波动，有效地平滑业务流量。

（3）缓存器反馈控制法

统计复用的控制策略一般有两种。第一种是在编码过程开始前，对将要编码的信号进行预测，并结合各路缓存器的状态决定每一编码器要输出的码率，以使所有经过编码的图像尽量达到一种用户可接受的质量。这种方法能很快地对图像的变化做出反应，但需要专门的协处器来进行预测。第二种则相对简单，由编码器统计各帧编码后的比特数及其质量好坏（这通常可由平均量化步长反映出来），并把该信息送给复用控制器，复用控制器则根据编码器送来的图像特性及各缓存器的状态负责各路视频缓存器的读出控制。这种方法减少了硬件实现的复杂度，但对于图像瞬时变化的敏感程度不如第一种，它通常在几帧之后才做出反应。

对于第二种策略，在每一个编码器后加入缓存器，复用控制器先对这些缓存器的状态进行比较，读出最满的一路，直到其他一路缓存器更满。实际实现时，解码器端同样需要一个缓存器，如图 7.9 所示。

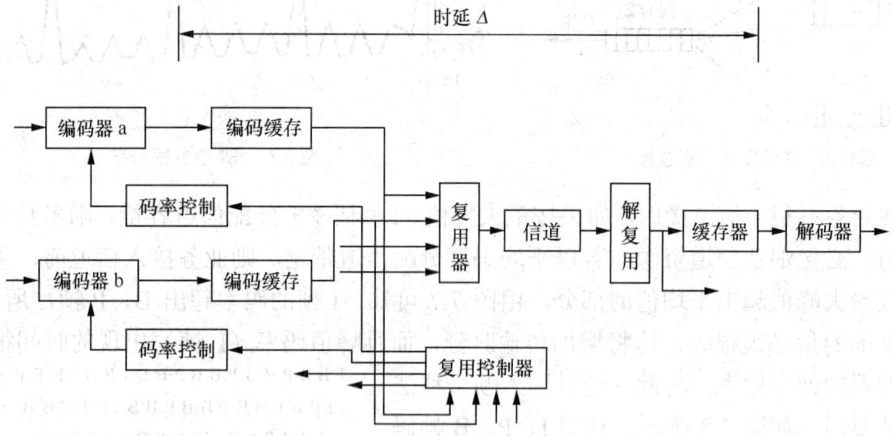

图 7.9　统计复用系统简图

为保证解码器正常工作，复用控制器必须防止编码器及解码器两端的缓冲器溢出。这可由下面较为简单的方法实现：由于编码器输出至解码器输入的时延是固定值 Δ,也就是说，解码器在 Δ 时间间隔内必须得到它所需要的数据流，否则该解码器的缓存区将下溢出。所以复用控制器应保证编码器在时刻 t 编码的数据在 $t+\Delta$ 时刻之后必须被解码。复用控制器内对竞争失败的各路编码器缓存区内的数据设有计时器，若某一路的数据在编码之后 Δ 时间内还一直未竞争成功，则中断原来的判决，优先发送该路数据（这通常表示该路视频信号一直较其他信号简单得多）。

（4）基于率失真理论的联合码率控制

统计复用技术利用视频 VBR 编码技术有效地利用信道容量，但存在下列缺点：①统计复用遵循大数定律，即只有复用业务的数目 N 足够大（N>10）时，各路码率相互补偿，才能产生高的统计复用增益；若信道容量有限，同时传输的业务数目不多，则复用后总码率波动仍较大，在固定速率信道中传输容易丢失数据。②统计复用虽然避免各业务峰值码率直接累加，但因图像内容变化不能预知，故复用后总输出码率在某一时间段仍可能超过信道容量，致使传输过程中丢失数据，特别是丢失重要信息（如包头、DCT 直流及低频系数）时，严重影响图像甚至该图像所在整个 GOP 的质量。

在广播式数字电视领域，信道容量往往有限，同时传输的视频节目数较少（如 36Mbit/s 卫星转发器只能同时传输 6 路码率为 5 Mbit/s 的 CBR 节目）。另外，当广播式数字电视对图像质量要求较高时，单独的统计复用技术难以满足广播式数字电视需要，因而又提出联合码率控制技术。以率失真理论为基础，在一定近似条件下，建立信源各路节目的率失真关系，进而在保持各路节目失真度一致的前提下，为它们分配相应的比特数。

①TM5 码率控制策略。首先介绍在单路节目中采用的 H.264 Test Model（TM）5 码率控制策略，其分为以下三个步骤。

第一步：比特率分配。这一步以图像组为单元，对其中的每一个图像按其性质分配比特数。首先根据编码比特数和量化级大小计算编过图像的复杂度 $X_{I.P.B}=S_{I.P.B}Q_{I.P.B}$，其中 $S_{I.P.B}$ 为最近已编码 I、P、B 帧的编码比特数，$Q_{I.P.B}$ 为相应的帧平均量化级。由于 I、P、B 复杂度不同，反映其不同的压缩效率，据此可给 I、P、B 帧分配以不同的比特数，从而实现符合图像内容的高效压缩。通常，I 帧可分配比特数为 P 帧的 2~3 倍，为 B 帧的 4~6 倍。

第二步：码率控制。这一步根据图像已编部分码字的实际比特数与目标比特数之间的符合情况来调整当前的量化级。利用虚拟缓存器，通过每个宏块实际编码比特数与分配的目标比特数的差最终完成量化尺度因子的调节，并且这种差值在虚拟缓存器里是积累的。

第三步：自适应量化调整。前面各步基本上是从一个组或图像的角度对量化级进行调整。在图像内复杂度变化较大时，它的控制能力明显不足，因此须用每一宏块的复杂度对量化级再进行一次调整。以均方差为块复杂度计算标准，再根据整个图像的平均复杂度求得调整参数，最后求出最终的宏块量化级。

CBR 编码主要采用 TM5 控制策略使输出码率保持恒定。

②联合码率控制。H.264 图像编码的核心是混合编码。由于混合编码中变字长编码产生不均匀码流，这就与通常信道传输所要求均匀码流产生矛盾。为了使之在恒定速率的信道上传输，必须在编码器末端设置一缓存器，以平滑输出码流速率。为了防止上溢和下溢，必须采取码率控制策略，如上述的 TM5。

在多路节目复用的情况下，一个频道可以平均划分给各个信源，每个信源的编码器各自独立工作。与上述方法不同的是，联合码率控制在保证信道中传输恒定速率比特流的前提下，允许各信源以变速率码流编码，以适应不断变化的信源需求，如图 7.10 所示。

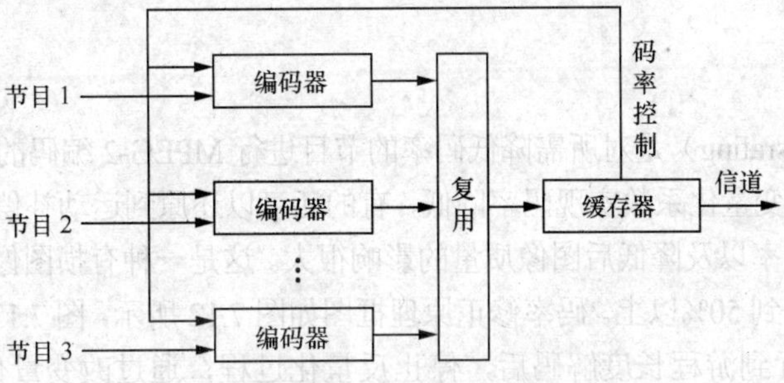

图 7.10　联合编码方式示意图

它采用一信道缓存，取代各信源编码器后接的缓存器，码率控制也是基于此信道缓存的。

这样就赋予了各编码器更大的灵活度，同时保证在复用后的比特流速率恒定。

设在一个可用频道中有 N 个节目实现复用。为使问题简化，进一步假定在任一时刻各信源传送的图像类型保持一样。在此基础上定义超帧：由某一时刻来自于 N 个信源的 N 个编码帧构成。与帧的 I、P、B 类型一致，超帧同样具有 I、P、B 三种类型，并且由构成帧的类型决定。这样，确定目标比特数的方法与 TM5 中的方案完全相似，只是将针对帧的参量改为针对超帧的参量，从而得到待编超帧的目标比特数。

由于各路构成帧的复杂程度不同，为使它们的重建质量保持一致，必须相应地分配不同数目的比特，在满足 $D_1=D_2=\cdots=D_n$ 时，其表达式为

$$\sum_k R_k = T \quad k=1,\ 2,\ 3,\ \cdots,\ N \tag{7.4}$$

式中，T 为超帧的目标比特；R_k 为第 k 路节目帧的目标比特；D_k 为第 k 路节目的失真度量。

很显然，如果能确定各路节目图像的率失真函数关系，那么问题就迎刃而解了。但是，由于视频信源的统计特性随时间甚至图像的不同区域而不断变化，使得率失真关系难以确定，造成了将率失真理论应用于多路节目编码比特分配的复杂性。

根据各路节目的复杂度而动态地分配比特，可减小图像序列在时间轴上的质量差异，降低在时间轴上变化剧烈的质量波动，而对质量波动较小序列的影响不大。

图 7.11 为统计复用示意图，左边有 6 路独立节目电视信号，每一路信号都是随时间速率可变的，右边是经统计复用后的信号。经过统计复用以后，各路信号处于填充状态，统计复用后的信道总速率恒定不变，该总速率低于 6 路独立电视节目速率之和，经济地利用了信道资源。在接收端通过解统计复用就可恢复各路独立的节目电视信号。

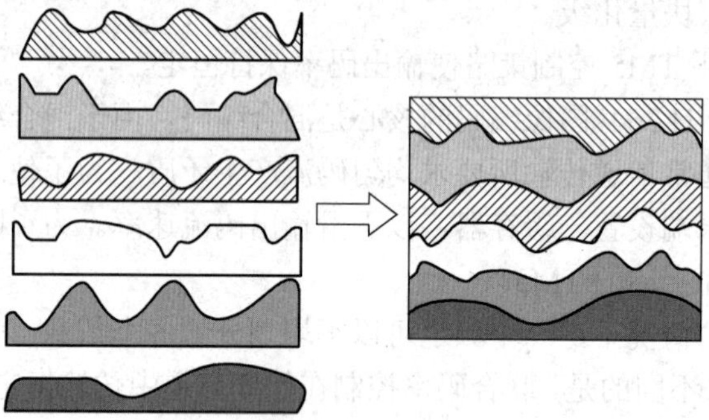

图 7.11 统计复用示意图

4. 码率修正

码率修正（Transrating）是对所需降低码率的节目进行 MPEG-2 编码的逆过程处理，一般还原到量化层，通过改变量化系数实现码率降低，有的还可以还原到运动补偿和估值层。其算法的不同对码率降低的效率以及降低后图像质量的影响很大。这是一种有损图像质量的修正方法，对码率降低的贡献可达到 50%以上。码率修正原理框图如图 7.12 所示，图 7.13 为码率修正效果图。

将解码过程执行到游程长度解码后，停止反量化过程，通过改变量化矩阵的量化系数，再重新量化、编码，输出调整后的新码流。由于没有解码还原到 DCT 和 A / D （这两步骤对图像的损伤最大），采用这种方法实现的码率转换对图像的损伤相对较小。

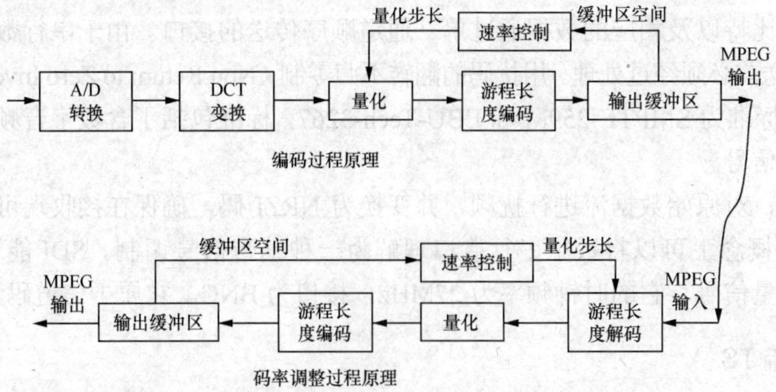

图 7.12　码率修正原理框图

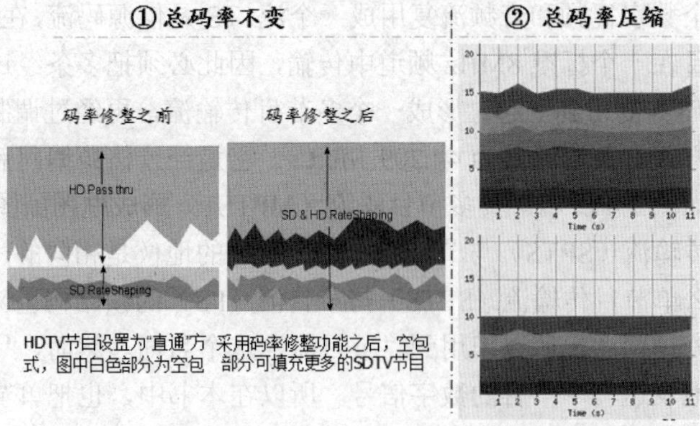

图 7.13　码率修正效果图

工程实际中，比较好的处理方法是同时采用统计复用和码率转换两种方法，对不同的节目设置不同的优先级。当多路视频信号所需带宽同时出现峰值时，系统首先采用统计复用降低码率，如果仍然无法满足，将根据优先级自动进行带宽分配，对优先级低的节目先进行码率转换，依此类推，直到满足带宽要求。这样能很好地满足图像质量和带宽的要求，显著地提高传输效率。

7.1.4　数字电视信号的基带传输

数字信号的传输方式通常可分为基带传输和载波传输两类。所谓基带传输就是把数字信号通过码型变换，变为适于传输的码型，并经过发送低通滤波器滤除部分高频分量，通过光纤、电缆、双绞线或微波等进行传输。数字基带信号的典型波形是二进制矩形脉冲信号。例如，SDI 传输标准和 ASI 传输标准。基带传输系统结构框图如图 7.14 所示。

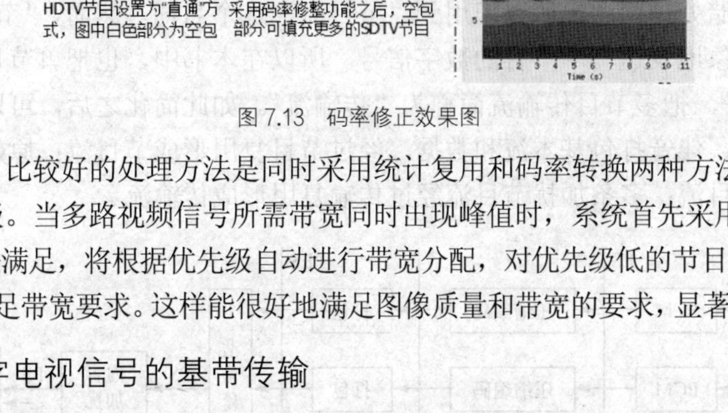

图 7.14　基带传输系统结构框图

1. SDI 传输标准

SDI 是数字串行接口（Serial Digital Interface，SDI）的英文首字母缩写。串行接口是把数据字的各个比特以及相应的数据通过单一通道顺序传送的接口。由于串行数字信号的数据率很高，在传送前必须经过处理。用扰码的翻转不归零制（Non Return to Zero Invert，NRZI）[①]来进行编码，其标准为 SMPTE-259M 和 EBU-Tech-3267，标准包括了含数字音频在内的数字复合和数字分量信号。

在传送前，对原始数据流进行扰频，并变换为 NRZI 码，确保在接收端可靠地恢复原始数据。这样在概念上可以将数字串行接口理解为一种基带信号调制。SDI 能通过 270Mbit/s 的串行数字分量信号。它的时钟频率为 27MHz，接口为 BNC。它属于信道码流。

2．传输流 TS

传输流 TS（Transport Stream）指在 MPEG-2 中，基于数据包的方法，把有一个或多个独立时基的一个或多个数字视频和音频流复用成一个流。TS 是信源码流，在标准模拟频道传输，通常把多个电视节目在一个标准 8MHz 频道中传输，因此必须把多条经过条件接收处理过的单节目传输流（SPTS）复用到一起，形成一个多节目传输流，再经过调制器调制传输。其传输最高码率与调制方式有关，通常为 44.209 Mbit/s。它是经过信源编码后的压缩码流，其单节目码流形成框图如图 7.4 所示，其多节目码流（MPTS ）形成框图如图 7.15 所示。

其中，单节目传输流（SPTS）与节目流（PS）所处的地位是相同的，如果节目流复用机制也是一样的，那么单节目传输流（SPTS）与节目流（PS）的帧结构也应当是相同的。在本书中，不讨论存储处理问题，所以未用到“节目流”这个名词。然而，“节目流”，这个名词确实能够比较形象地表达一个节目的数字信号。所以在本书中，也把单节目传输流（SPTS）简称为“节目流”，把多节目传输流简称为“传输流”。如此简化之后，可以顺理成章地说，图像打包基本流、伴音打包基本流和数据，经过节目复用形成节目流；原始节目流经过内容加扰形成加扰节目流；多条加扰节目流经过传输复用形成传输流。

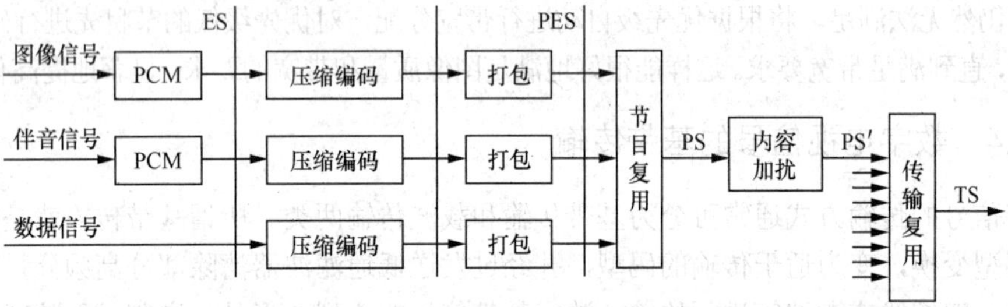

图 7.15　节目流与传输流形成框图

3. ASI 传输标准

异步串行接口（Asynchronous Serial Interface，ASI）是用于传输码流的一个标准 DVB 接口。ASI 在实际中应用较普遍，是许多 MPEG-2 数据流处理设备大多配置的一种接口，它采用像 SDI 一样恒定的传输速率 270Mbit/s，但允许不同设备的原始数据流速率不是 270Mbit/s（小于该值），由传输设备填充入专用数据字符（逗号 K28.5，001111 1010 或 110000 0101）予以补足。ASI 的传输链路可采用电缆或光缆，ASI 协议结构分为三层：第 0 层、第 1 层、

① 编码后电平只有正负电平之分，没有零电平，是不归零二进制编码。

第2层。它的时钟频率为27MHz，接口为BNC。

传输的数据是字节同步的MPEG-2传送包。首先要对字节进行8B/10B编码，然后对10比特字进行并/串转换，并插入同步字，接收时将略掉这些同步字，如图7.16所示。

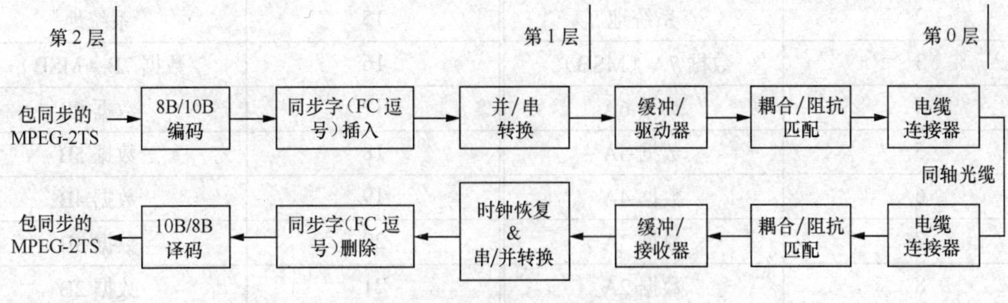

（a）同轴电缆构成的ASI传输链路

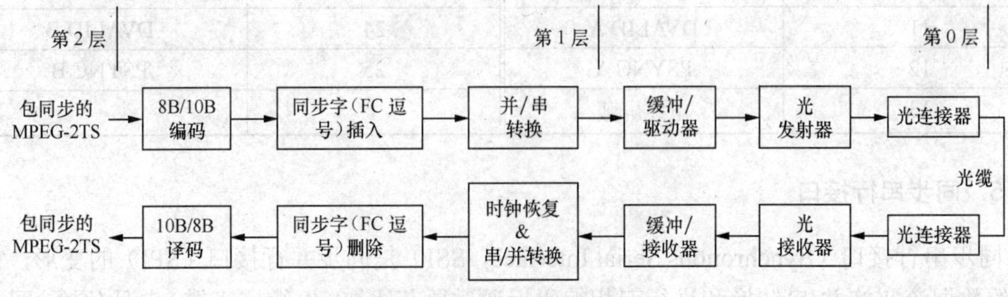

（b）光缆构成的ASI传输链路

图7.16 电缆和光缆为传输线的ASI系统

对于ASI测试有最小输入灵敏度、最大输入电压、输出幅度、上升时间、下降时间、确定性抖动、传送包模式、反射损耗等。

（1）标准规定ASI输入接口最小灵敏度至少为200mV。

（2）确定性抖动小于等于370ps。

（3）输出接口的幅度大于等于720mV。

4．同步并行接口

同步并行接口（Synchronization Parallel Interface，SPI）用于在中、短距离内传输数据率可变的MPEG-2TS流，由TS流中的字节时钟实现数据信号同步传输。物理链路采用25芯的同轴电缆，接插件为25针D型超小型连接器，电信号为平衡型输出、输入的低压差分信号（LVDS）。图7.17所示为并行传输系统的示意图，其中的12对都是双绞线，另有一根电缆屏蔽线。25针连接器的引脚安排见表7.1。

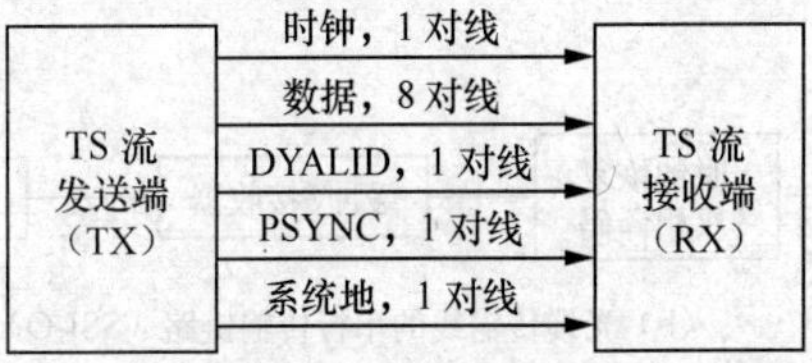

图7.17 MPEG-2TS并行传输系统

表 7.1　　25 针连接器信号线分配表

引脚	信号线	引脚	信号线
1	时钟 A	14	时钟 B
2	系统地	15	系统地
3	数据 7A（MSB）	16	数据 7B（MSB）
4	数据 6A	17	数据 6B
5	数据 5A	18	数据 5B
6	数据 4A	19	数据 4B
7	数据 3A	20	数据 3B
8	数据 2A	21	数据 2B
9	数据 1A	22	数据 1B
10	数据 0A	23	数据 0B
11	DVALID A	24	DVALID B
12	PSYNC A	25	PSYNC B
13	电缆屏蔽		

5．同步串行接口

同步串行接口（Synchronous Serial Interface，SSI）是同步并行接口（SPI）的变形，它对SPI 的数据流实施并/串转换和进行双相编码后通过单芯线缆（电缆或光缆）向外传输。图 7.18 所示为使用电缆和光缆为传输线的 SSI-C 和 SSI-O 传输链路。

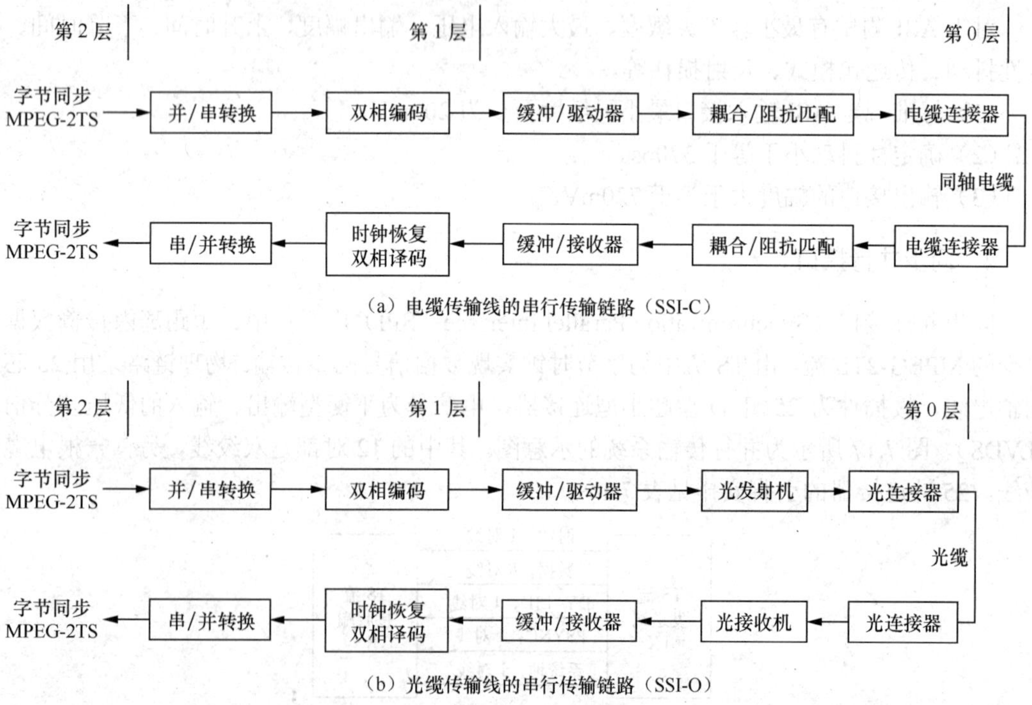

图 7.18　电缆和光缆为传输线的 SSI 系统

由图 7.18 可见，在 SSI-C，SSI-O 中实现压缩视频或压缩音频的信号处理设备间点对点链接时，其信号链路上信号协议分为第 2 层、第 1 层、第 0 层三层结构。其中第 0 层为电缆或光缆传输物理层，规定了两种点对点的链接规范。

（1）电缆介质。电缆介质有下列特性：标称阻抗 75Ω；单位长度的信号插入损耗随数据率增高而增大，数据率低时允许电缆长度较长，根据电缆的类型不同可达到 100～200m；连接器为 BNC 型接插头；线路驱动器输出峰—峰电压规定为 1V±0.1V。

（2）光缆介质。光缆介质可以是单模光纤或多模光纤，ITU-T 规定了光发射器与光接收器之间串行数据传输用光纤的规范：单模光纤为 ITU-T G.654 或 G.652；多模光纤为 ITU-T G.651。光纤连接器为 IEC 874-14 中的 SC 型连接器，传输距离可达到几千米。

ASI 传输模式下传输速率恒定，没有数据时插入 K28.5 同步字节；而 SSI 模式下，传输的速率就是数据的速率。

6．三次群数字码流接口

三次群数字码流接口（Digital Signal 3，DS3）指信号的速率和格式，数据速率为 45Mbit/s。IUT-T 标准 G.703（Physical/Electrical Characteristics of Hierarchical Digital inter Faces）规定了在 PDH 和 SDH 网络上传输的接口标准。根据标准可以依靠网络上数据速率的不同分成多种接口形式，分别有 64kbit/s（E0）接口、1544kbit/s（E1）接口、6312kbit/s（E2）接口、34368kbit/s（E3）接口、44736kbit/s（DS3）接口和 155520kbit/s（STM-1）接口等。其中适配器是实现 ASI 模式和 DS3/E3 模式相互转换的设备。E3 接口模式定义的数据速率是 34368kbit/s，比特精度为 ±668bit/s，编码方式采用 HDB3 方式。峰值电压 1V；脉冲宽度 14.55ns。DS3 接口模式定义的数据速率是 44736kbit/s，比特精度为±895bit/s，编码方式采用 B3ZS 方式，电压范围在 0.36～0.85V。

7．DS3-ASI 适配器

DS3-ASI 适配器（DS3-ASI Adapter）是将 45Mbit/s 信号转换成 ASI 信号的器件。网络适配器是完成 ASI 到其他网络接口的数据格式的适配和反向适配，并且根据其他具体网络情况，具有加解扰、R-S 编码解码等功能。图 7.19 所示为网络适配器在实际组网中的作用。

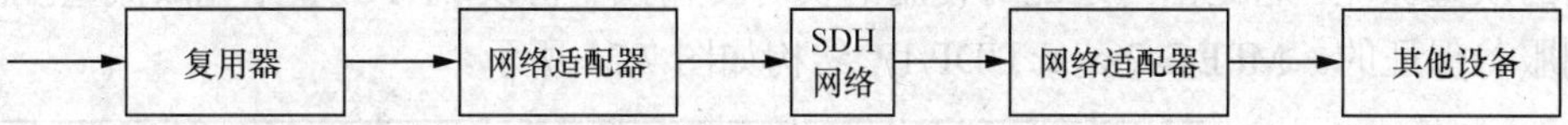

图 7.19 网络适配器在组网中的作用

一般网络传输前，都是 ASI 的数据流格式，为了更好地利用带宽，需要在传输前用复用器复用为一个更大码率的 ASI 流，然后通过网络适配器进行格式的转换和接口转换，转换后的数据通过 SDH/PDH 网络传输，在接收端先由网络适配器把 SDH 接口信号转成 ASI 的信号，然后再分给其他 ASI 的设备。

网络适配器的实现采用 ASI 到 DS3 的双向适配模式，可以同时适配 ASI 到 DS3 和 DS3 到 ASI，具体的实现过程如图 7.20 所示。

对于 DS3 到 ASI 的适配来说首先要进行成帧/不成帧、MSB/LSB 的适配检测，然后适配多种协议（Tandberg、R-S 解码、解交织、解扰等数据格式），最后将 DS3 的数据速率转换成 ASI 的数据速率后从 ASI 输出口传输。

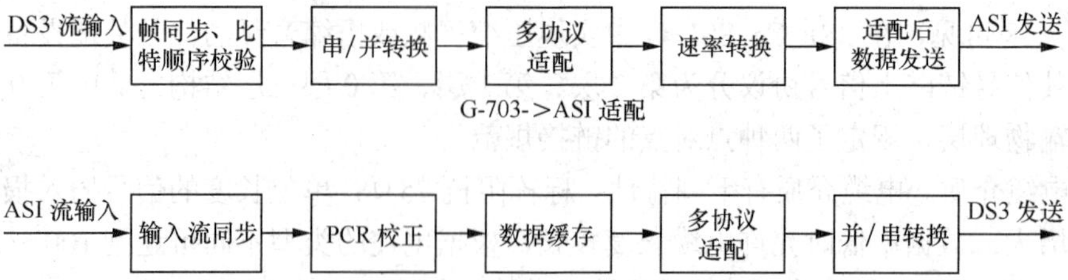

图 7.20 适配器的实现过程

在 ASI 适配 DS3 的过程中，适配器需要对输入 ASI 流同步、做 PCR 的校正，多协议适配根据用户设置产生多种格式（加扰、交织、成帧/不成帧等格式）的 DS3 流，最后转换成串行数据后从 DS3 输出端口发送。

8．IP 流承载 TS 流

数字电视信号的传输除了采用上述方式进行外，目前应用广泛的还有 IP 流承载 TS 流（TS over IP 或者 MPEG over IP）方式。随着 IP 技术的广泛应用，数字前端运行的周边环境大量采用 IP 技术进行数据的交换和传输，这就要求从核心设备送出的 TS 流必须能够承载到 IP 流上，以便灵活方便地应用。视音频传输主要考虑它的实时性，一般有以下两种方法传输。

（1）采用用户数据报协议（User Datagram Protocol，UDP）传输。UDP 用在网络环境比较简单的实时传输中，是一个无连接的传输层协议，传输效率高且时延小，它不提供传输的服务质量保证。随着传输带宽不断增长，UDP 在视频传输中得到广泛应用。但当网络情况比较复杂，可能会有传输抖动、丢包和乱序时，UDP 则无法处理。每 7 个 188 字节的 TS 包封装成一个 UDP 包。

（2）采用实时传送协议（Real-Time Transport Protocol，RTP）传输。RTP / RTCP 提供了一个在复杂网络环境下保障实时传输的机制，但是需要应用层的分析和决策。因此利用 RTP/RTCP 保障实时传输的功能优劣，取决于应用层软件开发者的能力和经验，这是特别要注意的。RTP 是一个提供端到端传输服务的实时传输协议，它是一个应用层和传输层之间的协议，应用程序要求传输的实时数据在 RTP 层封装后再交给 UDP 封装传输。RTP 本身不提供传输的质量保证，它是由与之配对使用的实时传输控制协议（RTCP）来完成流量控制和拥塞控制服务保证的。MPEG-2 over UDP/IP 结构如图 7.21 所示。

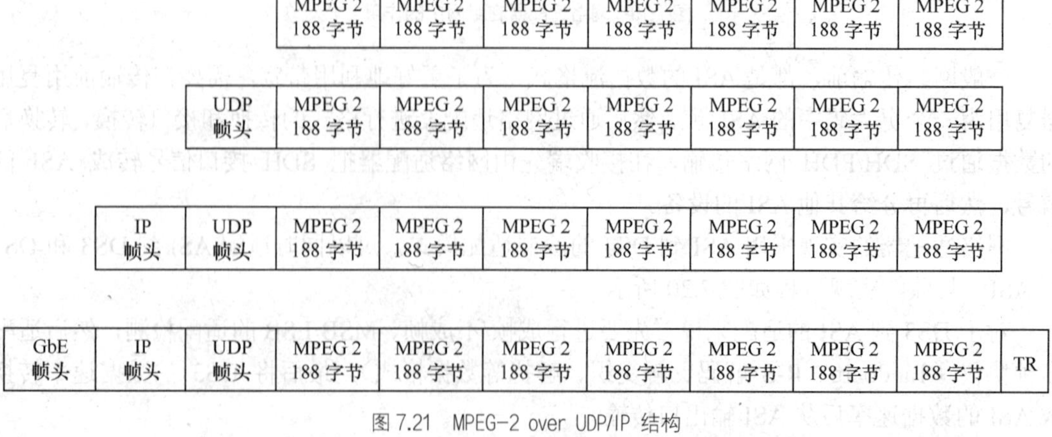

图 7.21 MPEG-2 over UDP/IP 结构

9．适配器的选型

作为 ASI 网络接口的双向适配设备，适配器一般进行成对检测，并且在实际网络上进行检测得到的数据最为准确。

（1）TS 码流在经过双向适配后不能出现标准不允许的码流错误；

（2）多协议测试，看适配器能否与尽量多的市场上的主流适配器进行连通；

（3）测试适配器的 ASI 输出接口，并且看适配器是否具有尽量多的 ASI 输出接口；

（4）R-S 编码解码的支持，这对信号误码较高的情况下有重要的意义；

（5）功能上的支持，看一个适配器是否能够支持双向适配、是否具有码流恢复等比较重要的功能，看适配器是否可以具有 DS3/E3 等接口。

（6）故障兼容测试，主要是指插拔输入的 TS 流或者 DS3/E3 接口，看适配器能否正常恢复工作。

7.1.5 传输系统组成与功能分层

数字电视按传输途径可以分为卫星数字电视、有线数字电视、移动多媒体广播和地面数字电视。与模拟电视相比，数字电视的清晰度和抗干扰能力大大加强，彻底解决了雪花、重影等模拟电视中存在的问题，图像质量大幅度提高，传输的节目数量也由原来的几十套增加到几百套，还可以收听几十套的立体声数字广播。更重要的是，用户可根据自己的兴趣和喜好点播自己想看的节目，改变传统的“你播我看”式的单向广播电视收视方式，与此同时还可以得到内容广泛、安全可控的信息服务。

数字电视系统可以按节目流程环节划分功能模块，即演播室、信号传输、信号分配和接收；按信号传输和分配方式分类，有地面无线电视广播（地面数字电视）、移动多媒体广播、卫星电视信号传输和卫星直播（卫星数字电视）、有线传输和分配（有线数字电视）；按清晰度分类，有标准清晰度数字电视（SDTV）、高清晰度数字电视（HDTV）。图 7.22 所示为数字电视传输系统组成与功能分层。

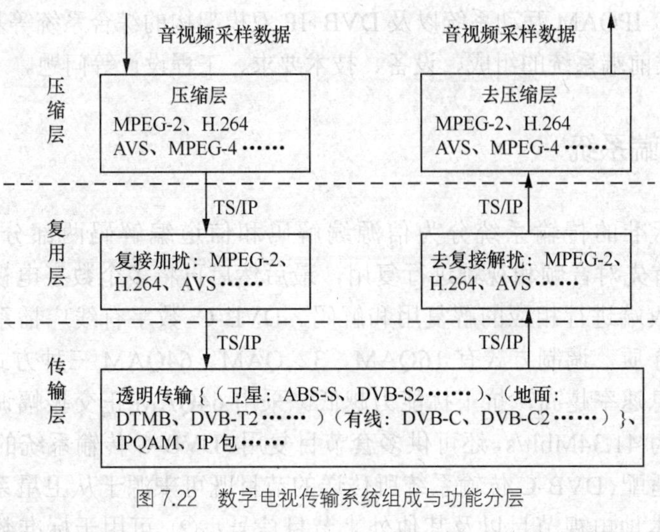

图 7.22 数字电视传输系统组成与功能分层

数字电视的功能分层如下。

压缩层：通过信源编码去除图像的时间相关性，图像的空间相关性，人眼和耳朵的视觉、听觉惰性，事件间的统计特性。

复用层：复用层对多路压缩后的码流进行复用，形成一路数据，以便在一个电视频道内进行传输，或者通过下一代互联网传输。

传输层：在有线数字电视网络中，传输层主要包含信道编码、调制和信道解码、解调部分。

数字电视由以下五个环节组成。

信源编码：就是把原始的模拟电视信号用数字编码来表示，也称为数字化、模/数转换（A/D转换），然后进行压缩。数字电视信号源有三项，分别为视频数据流、音频数据流和辅助数据流。辅助数据流包括管理数据、有条件接收数据以及与节目有关的数据。

码流复用：就是把上述三项数据流合成一路，采用以“包”为单位的时分复用方式。首先把上面说的三项数据流分割成一定长度的包（也称分组），在“包”的头部加上标识，作为区分是属于哪个流的标志，以便在接收时把它们区别开；然后把它们合流为单一的复用流，一个视频数据流、一个音频数据流、一个辅助数据流合成一套节目流；最后多套节目流再合成为传输流或者 IP 包，通过公共互联网传送。

信道编码和调制：对于数字电视网而言，上述数据流不适于在传输通道中传输。为了使信号适配于传输信道，减少传输过程的差错，还需要对数据流进行必要的处理（再编码），这种做法叫信道适配，也称为信道编码，其作用主要是负责误码的检错和纠错。调制的作用是把基带数据流搬移到高频载波上去，把基带信号变成频带信号，使之可以在频分复用的模拟信道中传输。

传输信道：有 HFC、数字干线、卫星、无线、存储介质等。

接收终端：就是机顶盒，或者通过家庭网关接机顶盒，或者智能电视。它是实现上述四个环节的逆过程，把从信道上接收的数据流还原成原始的模拟电视信号。

数字电视信号通过卫星、地面（广播信道、通信信道）、有线信道传输，各种数字电视标准的最主要的差别就是在信道部分处理方式不同，就有线数字电视网络而言主要是指数字电视的传输层与卫星、地面传输层处理方式不同。本书主要讨论 DVB-C 系统、DVB-C2 系统、基于 IP 架构系统、IPQAM 互动系统以及 DVB+IP 双模架构的综合系统等基于有线数字电视网络运营商的几类前端系统的组成、设备、技术要求、工程设计等问题。

7.2 DVB-C 前端系统

基于 DVB 标准的传输系统分为信源编解码和信道编解码两部分。信源编码采用 MPEG-2 码流，首先对音频和视频进行复用，最后然后再将多个数字电视节目流进行传输复用，最后在接收端进行相应的解复用和解码。DVB-C 数字有线广播系统标准，以有线电视网作为传输介质，调制方式有 16QAM、32 QAM、64QAM 三种方式。对于 QAM 调制而言，传输信息速率越高，抗干扰能力越低。采用 64QAM 正交振幅调制时，一个 PAL 通道的传输码率为 41.34Mbit/s，还可供多套节目复用。DVB-C 传输系统的主要特点：① 可与多种节目源相适配，DVB-C 传输系统所传送的节目既可来源于从卫星系统接收下来的节目，又可来源于本地电视节目以及其他外来节目信号；② 可用于标准数字电视，又可用于 HDTV。

7.2.1 数字电视前端的构成

电视前端系统是电视广播网络的信息源、交换中心，是整个电视广播系统的核心。数字电视前端系统包含的内容更加广泛，是电视数字化的重要环节之一。数字电视广播不仅能提高节目传送能力，还能够传送模拟电视广播不能传送的其他业务。从这个意义上说，数字电视前端系统还包括数字电视信源、中间件、准视频点播、编码复用、条件接收、用户管理、节目监控及网络管理设备。图7.23所示为一个典型的数字电视前端系统。

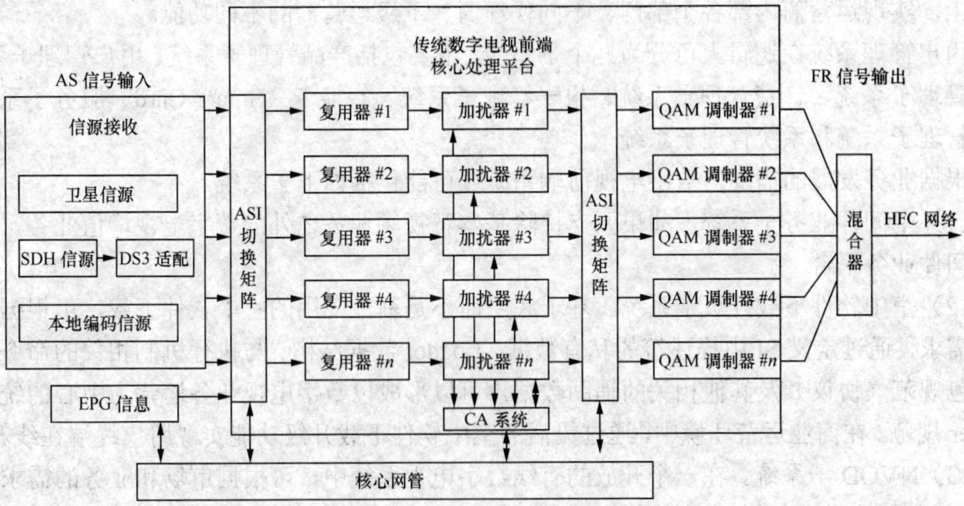

图7.23 典型数字电视前端系统

传统数字电视前端系统有如下特点：采用独立功能的设备，设备数量较多，线路链接复杂；只能针对节目链路进行备份，无法实现端口、系统、节目备份；需要用ASI矩阵进行信号调度和设备备份，不灵活；系统维护难度大，调整困难；系统功能少，接口单一。

数字电视前端系统一般包括节目输入、节目处理、条件接收（Conditional Access, CA）及用户管理系统（SMS）等几个部分。

1．节目输入

节目输入部分接收来自不同网络的各种数字电视节目，如卫星、开路、上级骨干SDH网络以及本地自办模拟节目等多种节目来源。不同节目来源接收到的信号格式和控制方式不相同，需要将它们转换为统一的格式后再送入信号处理部分，如本地自办模拟节目需要经过音视频编码等。

2．节目处理

节目处理部分包括传输流（Transport Stream, TS）的解扰、复用与业务信息（SI）处理等，它是数字电视前端的核心。在这部分主要完成的功能是对所有节目进行解扰、截取、复用等处理，更新业务信息以保证用户终端的正常工作，并且所有的应用数据均能正确地插入。

3．条件接收系统

条件接收系统（CAS）是数字电视广播实行收费所必须采用的系统，也是数字电视平台不可缺少的部分。CAS 负责完成用户授权控制与管理信息的获取、生成、加密、发送以及节目调度控制等工作，保证只有已被授权的用户才能收看节目，从而保护节目制作商和广播运营商的利益。

4. 用户管理系统

数字电视用户管理系统（Subscriber Management System, SMS）是一个贯穿计费、客服、账务、产品、资源管理各个环节，支撑数字电视业务运营的核心系统。系统设计基于不同角色的权限管理，用户可按照实际运营的需要分配不同的角色和权限，在共享一个软件平台的基础上，实现运营商内部各个部门、不同代理商、下级运营商的不同功能。

用户管理系统在逻辑上可分为九个子系统，主要包括产品管理子系统、用户管理子系统、设备管理子系统、计费管理子系统、报表管理子系统、智能卡（Smart Card）服务子系统、分级管理子系统和系统管理子系统。

根据业务发展的需要，数字电视前端系统还可能包括如下子系统。

（1）中间件业务子系统。如果要支持除基本音视频业务之外的数字电视增值业务，则需要中间件业务平台。

（2）空中软件下载升级子系统。基于底层而不是基于应用的空中软件下载，可根据运营商的需求，通过定义 SI 中描述符的私有数据、Loader 数据结构、与执行机制相关的命令包和数据包规范（协议）及其他相关的辅助数据，可以形成以数字电视业务运营为中心的统一的 Loader 规范。在商业运营环境中，通过灵活的空中软件下载升级功能实现用户终端在线升级。

（3）NVOD 子系统。在一个开放的有线数字电视系统中，可根据市场和业务的需求建立 NVOD 子系统。该子系统主要由视频服务器、硬盘阵列、节目压缩编码器及相应软件、节目上传服务器、播控服务器及相应软件等组成。

5. 节目分配网络

对 DVB-C 系统节目分配网络主要是数字电视信号的信道编码与载波调制传输网络，具体在下一节讲解。

7.2.2 信道编码与高频调制

有线数字电视网络系统中的信道编码和高频调制部分如图 7.24 所示，其输入来自本地 MPEG-2 节目源、分配链路或再复用系统，其输出去往高频有线信道。

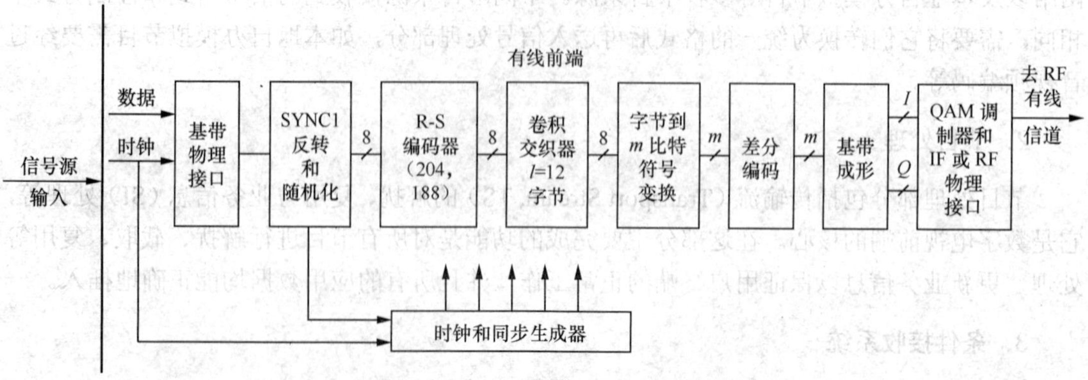

图 7.24 DVB-C 信道编码与高频调制框图

1．基带物理接口

图 7.23 中的第一个方框是基带物理接口，其作用是使传送流的数据结构与信号源格式相匹配。输入的数据为 MPEG-2 传送复用包（见图 6.3（a）），输入时钟为 270MHz 的基准振荡信号。

2．同步反转和数据随机化

（1）同步反转

如前面所述，为了标识每个数据帧中第 1 个数据包的出现，第 1 个传送帧的同步字节每个比特翻转，由 47_H 变为 10 111 000（十六进制：$B8_H$），同步反转（SYNC1 反转）即完成此作用，而第 2~8 个传送帧的同步字节不变，这样在接收端只要检测到翻转的同步字节，就说明一个新帧群的开始。

（2）数据随机化

数据随机化的实现方法是用一个伪随机二进制序列（PRBS）发生器产生一个 PRBS 流，与输入数据流的逐个比特进行 XOR（异或）运算。DVB-C 系统采用的 PRBS 生成多项式为

$$G(x)=1+x^{14}+x^{15} \tag{7.5}$$

图 6.4 所示为实现式（7.5）的逻辑电路框图。如图 6.3（b）所示，实际经过 1503 字节=12 024 比特后重新初始，与输入数据进行异或运算，依此不断地反复运行。图 6.4 既是对输入数据实施随机化的电路，也是对已随机化的数据实施去随机化的电路。

3．R-S 编码

DVB 系统中的 R-S 编码是在每 188 字节后加入 16 字节的 R-S 码（204，188，t=8）。监督码组的码生成多项式为

$$\prod_{i=0}^{15}(x+a^i)=(x+a^0)(x+a^1)\cdots(x+a^{15}) \tag{7.6}$$

式中，$a=02_{HEX}$。本原域生成多项式为

$$G(256)=x^8+x^4+x^3+x^2+1 \tag{7.7}$$

4．卷积交织

为提供抗突发干扰的能力，在 R-S 编码后采用字节为单元的交织，称为字节交织或卷积交织，交织深度 I=12 字节。采用基于 Forney 方法的交织电路，它由以字节为单元的 FIFO 移位寄存器组成，有 0～11 条，共 12 条支路。

5．字节到 m 比特符号的映射变换

实际系统中，有线数字电视广播一般采用 64QAM 调制，如果传输介质性能极好，也可以采用 128QAM 甚至 256QAM 调制，在保证必要低的误码率 BER 值下能使信道传输达到更高的码率，容纳更多的节目数量。相同的频道带宽下，256QAM 比 64QAM 传输码率可增大一倍。

由于 MQAM 中的 M 值可取为 $M=2^m=16$、32、64、128 和 256 等多种不同数值，也即 M=4、5、6、7、和 8 等不同值，在卷积交织后需实施字节（8bit）到 $m$bit 符号的映射变换，而后再将 $m$bit 分成两个 $m/2$（m 为偶数时）比特，以形成一路 I 信号及一路 Q 信号。

根据每字节 8bit 和 $m$bit 值的大小，应该将 k 个字节变换成 n（整数）个 $m$bit 的符号，也即存在等式：

$$8k=n\times m \tag{7.8}$$

在 64QAM 情况下，$m=6$，$k=3$，$n=4$。

6. 差分编码

由于 QAM 调制通常采用双边带抑制载波（DSB-SC）方式，已调波中不存在载波本身，接收端在解调时必须先恢复出频率和相位正确的参考载波，为此 DVB-C 系统采用旋转不变的 QAM 星座图。为此需要对 m 比特符号进行差分编码。如图 7.25 所示，对于字节到 m 比特符号变换器的输出，无论 m=4～8（对应于 16QAM～256QAM）中的哪一整数值，都将它的前两个最高位比特 A_k 和 B_k 进行差分编码，得到 I_k 和 Q_k，随后在实施 QAM 调制时 I_kQ_k=00、10、11、01 决定了星座图中星座点的象限位置。其余的 $q=m-2$ 个比特形成 2^q 个星座点，在四个象限内各配置一组。

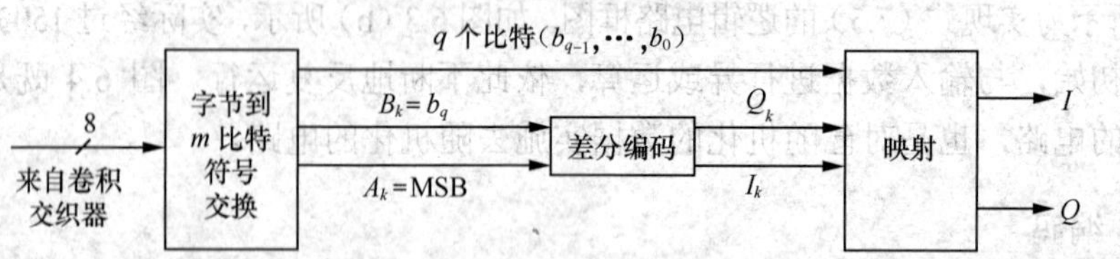

q=2，16QAM 时；q=3，32QAM 时；q=4，64QAM 时；q=5，128QAM 时；q=6，256QAM 时

图 7.25 QAM 调制中两个最高位差分编码

A_k、B_k 生成 I_K、Q_k 的差分编码表见表 7.2。

表 7.2 A_k、B_k 生成 I_k、Q_k 真值表

前一输入	A_{k-1}	0				0				1				1			
	B_{k-1}	0				1				1				0			
当前输入	A_k	0	0	1	1	0	0	1	1	0	0	1	1	0	0	1	1
	B_k	0	1	1	0	0	1	1	0	0	1	1	0	0	1	1	0
当前输出	I_k	0	0	1	1	1	0	0	1	1	1	0	0	0	1	1	0
	Q_k	0	1	1	0	0	0	1	1	1	0	0	0	1	1	0	0

具体的差分编码逻辑式依照表 7.2 可运算出式（7.9），这也是图 7.24 中“差分编码”框内的逻辑电路功能。

$$\begin{aligned} I_k &= \overline{(A_k \oplus B_k)}(A_k \oplus I_{k-1}) + (A_k \oplus B_k)(A_k \oplus Q_{k-1}) \\ Q_k &= \overline{(A_k \oplus B_k)}(A_k \oplus Q_{k-1}) + (A_k \oplus B_k)(A_k \oplus I_{k-1}) \end{aligned} \tag{7.9}$$

7. 基带成形

DVB-C 系统的升余弦滤波器的滚降系数 α=0.15， 在 8MHz 带宽的信道内理论上可传输

的最大符号率为 8/（1+α）≈6.96MBaud/s（Baud 即波特，也即每秒的符号数，每个符号包含的比特数取决于 MQAM 中的 M 值）。传输速率由以下公式计算得到。

$$传输速率=\frac{8}{1+\alpha}\times\frac{188}{204}\times\log M$$

$$R_{64\mathrm{QAM}}=6.875\times\frac{168}{204}\times\log 64=6.875\times\frac{188}{204}\times 6=38.014\mathrm{Mbit/s}$$

$$R_{256\mathrm{QAM}}=6.875\times\frac{188}{204}\times\log 256=6.875\times\frac{188}{204}\times 8=50.686\mathrm{Mbit/s}$$

表 7.3 给出在 16QAM，32 QAM 和 64QAM 调制下有线传输中可达到的符号率和它们占用的具体带宽值（MHz）。

表 7.3　有线网 8MHz 内的数据传输参数

有用比特率 R_a（Ts 流）（Mbit/s）	R-S（204，118）编码后的总比特率 R'_a	符号率（MBaud/s）	占用带宽（MHz）	调射方式 MQAM	每符号比特数（bit/Symbol）
38.1	41.34	6.89	7.92	64QAM	6
31.9	34.16	6.92	7.96	32QAM	5
25.2	27.34	6.84	7.85	16QAM	4

8．数字信号电平

我国的行业标准 GY/T 170—2001《有线数字电视广播信道编码与调制规范》中对数字已调制信号的射频电平做出规定，将数字 QAM 调制的功率电平（RMS）相对于模拟 VSB 调制的功率电平（峰值），设定为−5～0dB。

9．数字频道载频位置

QAM 调制采用抑制载波的双边带正交平衡调幅（DSB-SC），故而被调制载波应处于中频频带或高频频带的中央频率位置上，即 f_0=（f_{max}+f_{min}）/2，已调制信号频谱左右对称，能量分布较均匀。

7.3 DVB-C2 前端系统

欧洲数字电视广播（DVB）标准组织在 1994 年制定了数字有线电视标准 DVB-C，它规定了单一载波 QAM 调制和 R-S 信道编码。

自从 1994 年以来，增强的数字传输技术已经有了长足发展。在数字传输技术发展的基础上，为充分利用同轴电缆射频资源，提升单位时间单位带宽可携载的比特信息量，2007 年，欧盟有线电视运营商提请 DVB 组织起草一个高效物理层编码调制传输技术标准（要求是利用现代高效物理层编码调制技术重新设计用于 HFC 网络的射频调制传输系统，相对传统 DVB-C，增加灵活的低层信令控制系统，频谱利用率增加至少 30%）“有线电视第二代数字传输系统的帧结构、信道编码和调制（Digital Video Broadcasting （DVB）；Frame structure channel coding and modulation for a second generation digital transmission system for cable systems（DVB-C2）”，基于此标准的有线电视系统，简称 C2 系统。2011 年 4 月 DVB-C2 作为欧洲电信标准化协会（European Telecommunications Standards Institute, ETSI）标准 EN 302 769 V1.2.1 发布。

现在的标准文本 EN 302 769 V1.2.1 描述了 HFC 有线电视网络数字电视广播第二代传输系统，规定了信道编码、调制、下层信令协议，供数字电视业务和通用数据流使用。

DVB-C2 标准的主要内容分为：① 范围；②参考；③定义、符号和缩写词；④DVB-C2 系统结构；⑤ 输入处理；⑥比特交织编码和调制；⑦ 数据片包生成；⑧层 1 部分 2 信令的编码和调制生成；⑨ 帧建立；⑩OFDM 生成。本书的 DVB-C2 前端，主要是指基于此标准的信源码流输入、信道编码和高频调制部分。

7.3.1 C2 系统结构概述

1. 系统模型

一般的 C2 系统模型如图 7.26 所示。

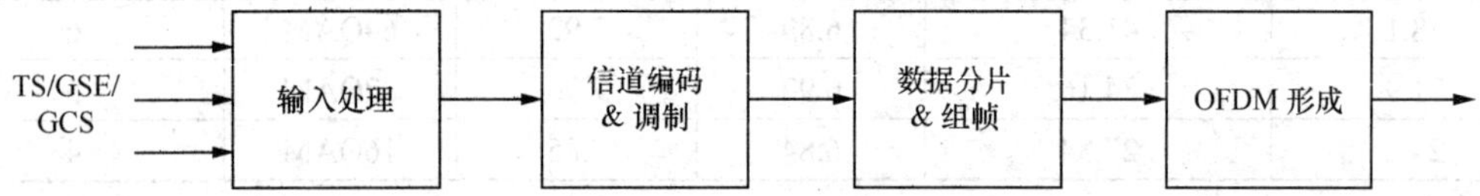

图 7.26 C2 系统总体框图

C2 系统由输入处理、比特交织编码和调制、数据片+帧建立和 OFDM 生成 4 部分组成。系统输入可以是一个或多个 MPEG-2 传送流和/或一个或多个通用封装流（Generic Encapsulated Stream, GSE）。在输入处理之前有输入预处理器（不是 C2 系统的部分），输入预处理器可以是业务分割器或传送流（Transport Streams ，TS）的解复用器，用于分离进入 C2 系统的输入业务。系统输入是一个或多个逻辑数据流，然后这些流载入专用的物理层管道（Physical Layer Pipe，PLP）。系统输出是在单个射频频道发送单个信号。

2. 主要特色

OFDM 在 DVB-C2 中的应用使得 DVB-C2 比单载波系统更具灵活性和高效性。下面对其主要特性进行简单的介绍。

（1）物理层信道组合

DVB-C2 系统具有对单个数据片及全部信号的灵活动态的带宽分配功能，这样就可以将物理层很多相邻的信道以高效的方式联合在一起。在物理层进行信道联合（Combine Channels）比在 MAC 层进行信道绑定（Channel Bundling）更有优势。例如，这种方法可以使用 6MHz 带宽独立有线信道的边缘部分，而这部分带宽在 DVB-C 系统中被斜坡滤波器占据。信道联合这一特性进一步提高了 DVB-C2 的传输效率，例如，4 个有线信道联合而成的信道总码率要比单个信道的 4 倍总码率要高。

（2）无固定的频道宽度要求

DVB-C2 的另一个优点是可以将单独的数据片映射到特定的 OFDM 子载波上，从而对应于 OFDM 特定的子频带。此外，DVB-C2 可以使 L1 的信号传输具有周期结构，重复周期为 6MHz 带宽（在欧洲，重复周期为 8MHz）。由于需要接收的信号带宽等于或小于 6MHz，因此，尽管 DVB-C2 信号的全部带宽为 18MHz，接收装置仍可以使用 6MHz 带宽的频率窗来接收 6MHz 的数据，也即支持 6MHz 带宽接收。实际上，接收端仅对 6MHz 频率窗中的子载波进行解码，如图 7.27 所示。

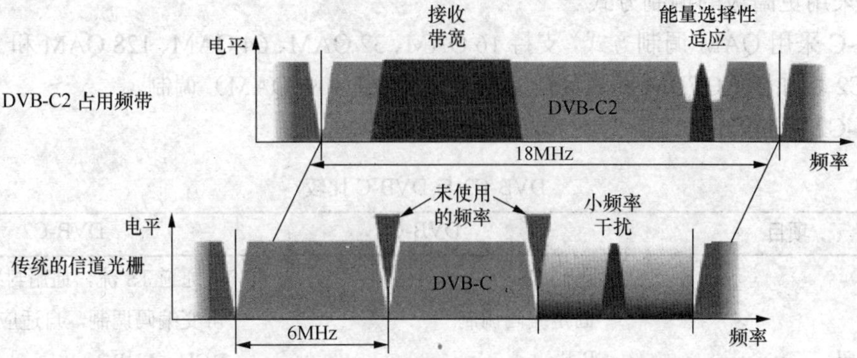

图 7.27 基于 OFDM 传输技术的 DVB-C2 系统特征

（3）防止窄带干扰

图 7.27 进一步显示出 DVB-C2 的另一个有用的特性，即通过削弱子载波信号功率来选择性地适应信号功率密度分布，从而达到防止同频干扰的目的。这一特性在同频中传输需要保护的无线电安全信号时能发挥很好的作用。对于信道中的其他部分，DVB-C2 仅仅降低了传输临界频率（Critical Frequencies）的子载波功率。

（4）高效率的信道编码

对于前向纠错（Forward Error Correetion,FEC）编码，DVB-C2 采用 BCH 外编码与 LDPC 内编码相级联的纠错码技术。LDPC 编码具有强大的纠正传输误码功能，而使用 BCH 码则可以降低在特定传输条件下接收机 LDPC 解码的误码率。

（5）支持可变的编码调制

DVB-C2 编码系统支持可变的编码调制 （Variable Coding and Modulation ，VCM），编码效率范围宽，提供了多种码率（1/2～9/10）选择和调制方式，不同业务类型（SDTV、HDTV、音频等）可以使用各自的调制方式和编码速率，从而实现针对不同的有线用户业务需求提供不同级别的误码保护。频谱效率从 1 bit/s/Hz～10.8bit/s/Hz 的 6 种星座分布，提供给有线网络运营商选择。

（6）自适应编码和调制（ACM）功能

在交互式服务和点到点应用中，VCM 和回传信道结合可以实现自适应编码调制，这项技术可根据不同终端反馈的不同信道传播条件自适应调整，对不同帧采用不同的误码保护和调制类型，以提供更精确的信道保护。C2 系统自适应编码和调制（ACM）功能是按逐帧为基础优化的信道编码和调制。

（7）支持多信源格式

DVB-C 规定了唯一的数据格式——MPEG-2 传输流，而 DVB-C2 系统拥有灵活的输入码流适配器，可处理不同格式的一个或多个输入码流（打包的或连续的）。这使得 C2 系统大大拓展了应用领域，而没有明显增加系统的复杂性。即不管是广播业务（TS 流）还是基于 IP 的业务，C2 将能使供给用户的数字业务包显著地扩大。为了使透明传输可行，定义了物理层管道（Physical Layer Pipe ,PLP），它是一个数据传输的适配器。一个 PLP 适配器可以包含多个节目 TS 流，或单个节目、单个应用以及任何基于 IP 的数据。输入 PLP 适配器的数据被数据处理单元转换为 DVB-C2 所需要的内部帧结构。

（8）采用更高级的调制方式

DVB-C 采用 QAM 调制方式，支持 16 QAM、32 QAM、64 QAM、128 QAM 和 256QAM，但 DVB-C2 增加了 COFDM 和更高阶 QAM（一直到 4096QAM）调制。

DVB-C2 与 DVB-C 比较见表 7.4。

表 7.4 DVB-C2 与 DVB-C 比较

项目	DVB-C	DVB-C2
输入接口	单一 TS 流	多通道 TS 流，通用封装流
模式	固定编码调制	可变编码调制，自适应编码调制
前向纠错码	R-S	BCH，LDPC
交织	位交织	位交织，时频交织
调制	单载波 QAM	COFDM
导频	NA	离散，连续导频
保护间隔	NA	1/64，1/128
星座映射	16～256QAM	16～4096QAM

3. C2 的相关术语

由于 DVB-C2 系统的众多术语（尤其是信息结构方面的术语）在我国尚无正式对应的译名，以下根据标准正文的第 3 部分：定义、符号和缩略语（Definitions, symbols and abbreviations）给出的定义和作者的理解，对涉及的相关术语做简要说明。

- 物理层帧（C2 Framed）：DVB-C2 中固定时分复用（TDM）的物理层帧，即物理层信息结构，它可进一步划分成尺度可变的数据切片，并以一个或多个前导符作为开始。
- 物理层管道 （Physical Layer Pipe，PLP）：携带一个或多个数据切片的一个物理层逻辑信道。

注：① 在一个 PLP 中的所有信号分量同享相同的传输参数，如鲁棒性和延迟等。

②一个 PLP 可能携带一个或多个业务。在多个 PLP 绑定（PLP Bundling）的情况下，一个 PLP 可能在几个数据切片中载送。对于每个 XFECFrame 传输参数可能是变化的。

- 前向纠错映射帧（XFECFrame）：QAM 调制时，前向纠错帧映射到 QAM 星座所产生的信息结构。
- 物理层管道绑定（PLP Bundling）：一个物理层管道经多个数据切片传送。
- 物理层管道号（PLP_ID）：PLP_ID 长度为 8bit 字段，用以标识在 C2 信号中唯一的一个物理层管道的编号。
- 公共物理层管道（Common PLP）：Common PLP 是一个特殊的物理层管道，内含为多个 PLP（TS 流）的共享数据。
- 数据物理层管道（Data PLP）：Data PLP 携带有效载荷数据的物理层管道。
- 基带帧（Base Band Frame，BBFrame）：BBFrame 一个经模式和流适配后的输入信号格式。

- 基带帧头（BBHeader）：BBHeader一个基带帧的起始字段。
- 前向纠错帧（FECFrame）：FECFrame是一次LDPC编码操作产生的一组比特之集合，即LDPC编码块的信息结构。LDPC编码块比特数,短码为16200bit，长码为64800bit。

注：在数据切片携带单个PLP，调制和编码方式一定的情况下，前向纠错帧的帧头信息（FECFrame Header information）可在层 1 第 2 部分（Layer1 part2）中携带,并且等同于XFECFrame中的数据切片包。

- 前向纠错映射帧（(XFECFrame)：XFECFrame 指QAM调制时，前向纠错帧映射到QAM星座所产生的信息结构。
- 数据切片（Data Slice）：Data Slice携带一个或多个物理层管道，占用一定子频带的多个正交频分复用信元（OFDM Cells)。它是由每个数据符号中信元地址连续的固定范围内的一组OFDM信元所组成的集合，并且除前导符之外，横跨整个的C2 Frame。
- 数据切片包（Data Slice Packet)：Data Slice Packet是一个包含相应FECFrame帧头的前向纠错映射帧（XFECFrame ）。
- 数据符号（Data Symbol）是指在一个C2 Frame中没有前导符的一个OFDM符号。
- 前导符（Preamble Symbol）是指在每个C2 Frame开始处传送、携带层1第2部分信令数据的一个或多个OFDM符号。
- 前导符头部（Preamble Header）是指在前导符起始位置传输、固定大小、携带层 1 第2部分数据的长度和交织的参数的信令。
- 陷波凹槽（Notch）是指一组没有能量传播的相邻OFDM信元。
- 第1层L1（Layer 1）是指DVB-C2信令框架的第1层，是物理层的信令参数。
- 第1层第1部分（L1-partl ）是指携带相应XFECFrame的调制和编码参数的数据切片包的包头中的信令。对于每个XFECFrame, L1-partl参数可能是变化的。
- 第1层第2部分（L1-part2）是指在前导符中周期性传输的第1层信令，此信令携带更详细的关于C2系统、数据切片、陷波凹槽和物理层管道信息。在每个C2 Frame中，L1-part2的性能参数可能改变。
- 层 1 块（L1 Block）是指L1-part2在频域周期性重复的COFDM信元的集合。层 1 块是在前导符中传送的。
- 第2层（Layer 2）是指DVB-C2信令框架中的第2层，是传输层的信令参数。
- 空包（Null Packet）是指包识别符Packet_ ID =0x1 FFF、不携带有效数据、用于填充的MPEG包。
- 模式适配（Mode Adapter）是指输入信号处理模块，提供基带帧（BBFrame） 输出。
- DVB-C2信号（DVB-C2 signal）是指由在L1-part2 block中相应的前导符加以描述的信号。
- C2系统（C2 System）是指一个完全传送DVB-C2信号的系统。

7.3.2 DVB-C2发送端系统结构

DVB-C2发送端完成从输入数据流到有线电视信道传输信号的转换，除正常的数据流外，还传送信令，用以传送系统的配置信息。为了对数据流和信令进一步控制，有时需要插入帧头。与 DVB-C 相比，DVB-C2 系统在结构上做了大幅度修改，其发送端系统结构如图 7.28 所示。

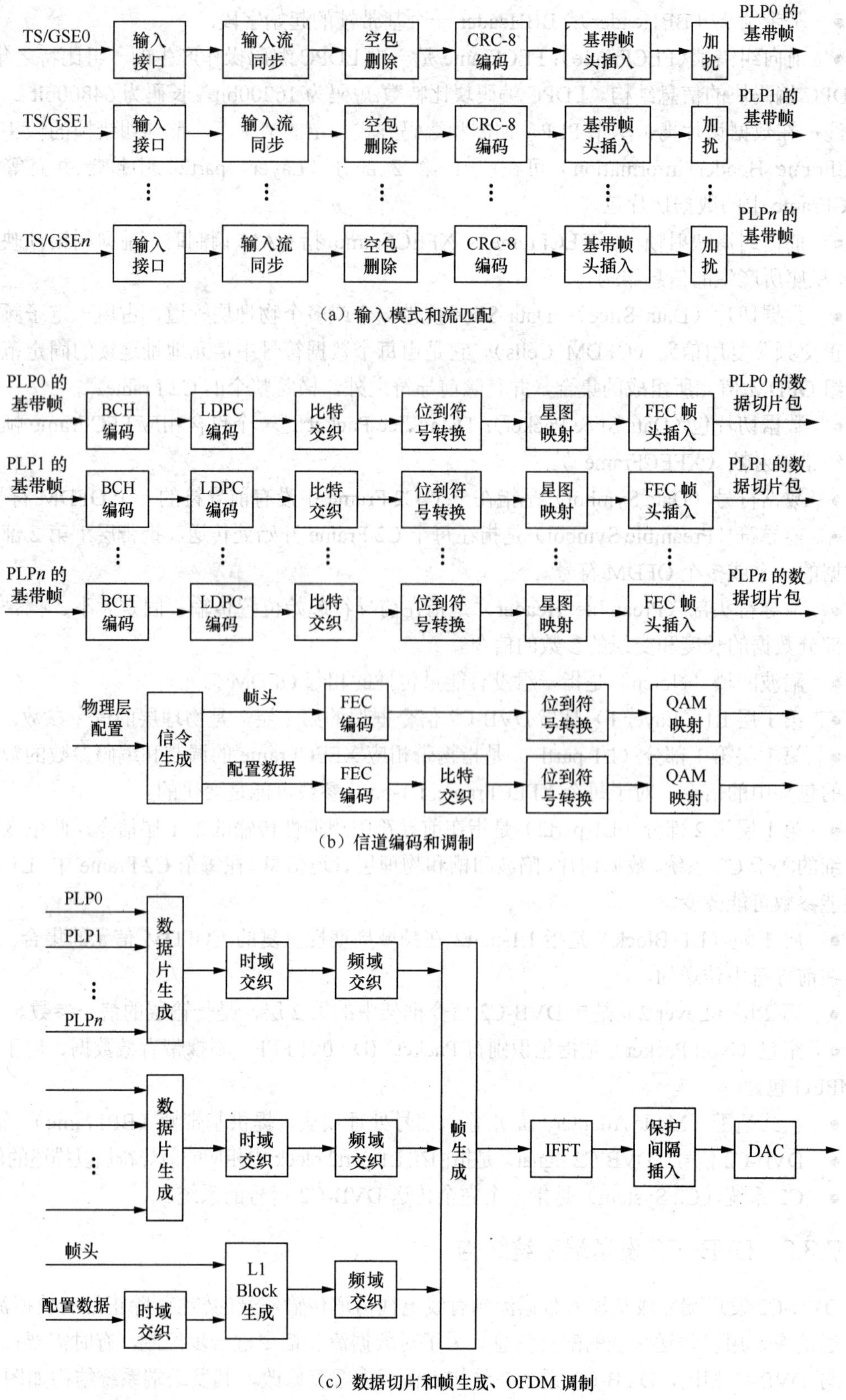

（a）输入模式和流匹配

（b）信道编码和调制

（c）数据切片和帧生成、OFDM调制

图7.28 DVB-C2发送端系统结构

DVB-C2 的输入可以是一个或多个来自 MPEG-2 多路复用器的 MPEG-2 TS 流，也可以是一个或多个通用封装流（GSE）、通用连续流（GCS）或通用固定长度的分组流（GFPS）。这些数据流通过各自对应的物理层通道((PLP)进行处理并发送出去。输入数据流经图 7.28（a）的输入模式和流匹配后，进入图 7.28 （b）进行信道编码、串行比特流到符号流的转换、星座映射，生成复序列前向纠错（XFEC）帧，与相应的帧头复接为数据切片包，再在图 7.28（c）中组合成数据切片。

在图 7.28（b）中，根据物理层配置信息生成的系统信令也要进行前向纠错、比特交织、串/并转换和星座图映射，然后进入图 7.28 （c）进行时域交织，添加相应的帧头，进行频域交织后，再与经时域交织、频域交织处理的数据切片一起送入帧生成模块，生成有效的 OFDM 符号。最后进行 OFDM 调制，经 DAC 后得到相应的输出信号。

1. 输入模式和流匹配

（1）输入模式匹配

DVB-C2 系统可输入一个或多个数据流，一个 PLP 传送一个数据流，每个 PLP 独立进行模式匹配，如图 7.28 （a）所示。该模块主要用来适配各种输入流格式，把输入数据分割成数据段，然后在每个数据段的开头插入帧头，具体可分为输入接口、输入流同步、空包删除、CRC-8 检错和基带帧头插入。

①输入接口。输入接口的功能是把输入的电流信号映射成比特形式。DVB-C2 支持的输入数据格式有 MPEG-2 TS 流、通用封装流、通用连续流和通用固定长度分组流。

②输入流同步。DVB-C2 调制器在数据处理的过程中会对用户数据产生不同程度的延迟，输入流同步的功能是通过某种操作，确保在不同输入数据格式下都有恒定比特率和固定的端到端延迟。 输入流同步模块是可选的，但是当 C2 帧中的 FEC 块个数不同时，该模块一定要启用。

③空包删除。该模块仅适用于 TS 流输入。TS 流传输时，要求发送端复用器的输出和接收端分离器的输入的数据比特速率是常数，且端到端的延迟为常数。为了进行速率匹配，一些 TS 流中含有大量空包。为避免不必要的发送负载，要进行空包识别并删除，接收端再在原位置插入空包，这样不仅减轻了发送端负载，而且降低了信息传输速率和误码率。

④ CRC-8 检错编码。CRC（循环冗余编码）具有检错能力强、易于实现的特点，是目前应用最广的检错码之一。DVB-C2 标准采用 CRC-8 校验，对普通模式下 GFPS 或 TS 数据进行检错。 DVB-C2 对去除同步字后的用户包进行 CRC-8 编码，编码结果附在的后面。码生成多项式为

$$G_8(x) = x^8 + x^7 + x^6 + x^4 + x^2 + 1 \tag{7.10}$$

在数据区域的前端需要插入一个长为 10 字节的帧头，来描述数据格式。DVB-C2 标准中的基带帧头有两种模式:普通模式和高效模式，如图 7.29 和表 7.30 所示。当前的模式在基带帧头的模式区进行标记。

MATYPE （2 字节）	UPL （2 字节）	DFL （2 字节）	SYNC （1 字节）	SYNCD （2 字节）	CRC-8 MODE （1 字节）

图 7.29 普通模式

MATYPE（2 字节）	ISSY 2MSB（2 字节）	DFL（2 字节）	ISSY 1LSB（1 字节）	SYNCD（2 字节）	CRC-8 MODE（1 字节）

图 7.30 高效模式

其中：

MATYPE：描述输入流格式、模式匹配类型。

UPL：基带帧数据区的用户分组长度。

DFL：基带帧数据区长度。

SYNC：针对 TS 流，该字节是用户分组内同步字的复制。对于 GCS，SYNC=0x00~0xB8 预留给传输层协议信令，0xB9~0xFF 分配给用户。

SYNCD：该帧的数据区开始到第一个 UP 的距离。

CRC-8 MODE：帧头前 9 个字节的 CRC-8 编码结果（(1 字节）与模式区域（1 字节）的异或。模式区域为 0 时，表示普通模式;为 1 时，代表高效模式。

（2）流匹配

流匹配模块包括规划器、填充和基带扰码三部分。其输入来自模式匹配模块，由基带帧头和数据区组成，输出是基带帧。基带帧的格式如图 7.31 所示。

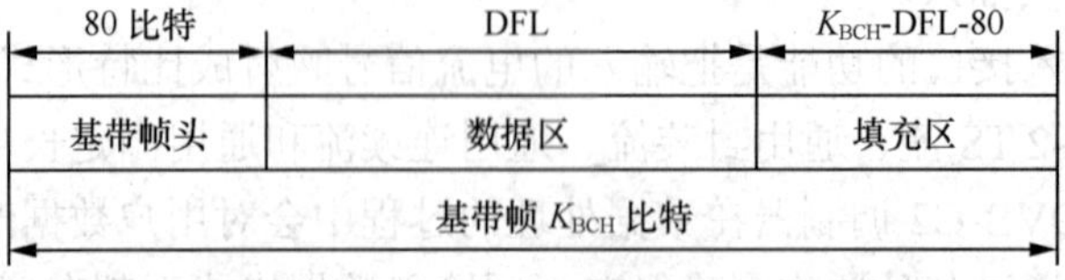

图 7.31 DVB-C2 基带帧格式

为了正确生成信令中的某些参数，规划器要和数据切片商量好，C2 帧中的哪个数据切片包含哪些 PLP 数据。

为使基带帧为定长 K_{BCH}，数据区后需要添加 K_{BCH}-DFL-80 比特个零。帧长 K_{BCH} 与所选的编码率和调制方式有关。

基带扰码，即随机化处理，目的是使生成的基带帧不出现能量太过集中的情况，采用的伪随机序列生成多项式为

$$G(x)=1+X^{14}+X^{15} \tag{7.11}$$

初始化序列为 100 101 010 000 000，在每一基带帧扰码开始时初始化一次。

2.信道编码和调制

（1）信道编码

信道编码模块输入长为 K_{BCH} 比特的基带帧，输出长为 N_{LDPC} 比特的 FEC 帧。纠错编码采用 LDPC 编码与 BCH 编码级联的形式，主要分三个阶段:外码保护（BCH 编码）、内码保护（LDPC 编码）和比特交织。

由于 DVB-C2 系统中采用的 BCH 码和 LDPC 码都是系统码，因此基带帧经过 BCH 编码和 LDPC 编码后得到的数据帧格式如图 7.32 所示。

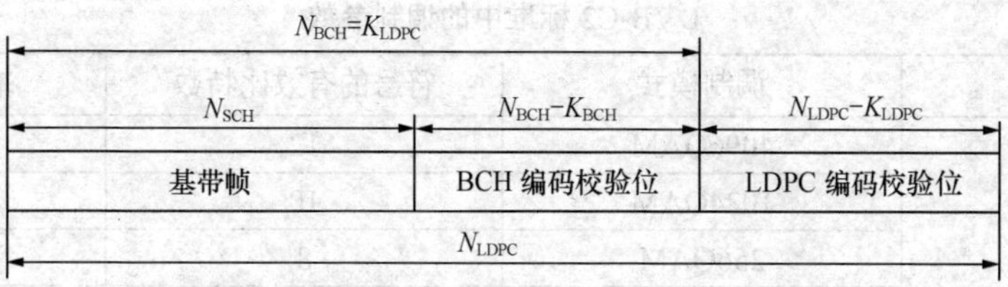

图 7.32　DVB-C2 比特交织前的数据帧格式

其中，K_{BCH} 指基带帧长度，即 BCH 编码的信息位长度，N_{BCH} 表示 BCH 编码后的码长；K_{LDPC} 指 LDPC 编码的信息位长度；N_{LDPC} 指 LDPC 编码后的码长。

基带帧经 BCH 编码后，得到的校验比特直接附在基带帧的后面，再送入 LDPC 编码模块，LDPC 编码后的校验比特再附到 BCH 码校验比特的后面。

DVB-C2 标准中，前向纠错编码后的数据帧长度有两种:长帧（64800 比特）和短帧（16 200 比特）。它们分别有 5 和 6 种码率可选择，以满足不同服务的需要。

每一种码率都对应了不同的 LDPC 码 H 矩阵和 BCH 码生成多项式，因此实际上 DVB-C2 中共有 11 种不同参数的 BCH+LDPC 级联码，具体的编码参数见表 7.5 和表 7.6 所示。

表 7.5　　DVB-C2 标准中长帧编码参数表

LDPC 码率	DCH 码信息位长度	DCH 编码后码长	DCH 码纠错能力	DCH 码校验位长度	LDPC 编码后码长
2/3	43040	43200	10	160	64800
3/4	48408	48600	12	192	
4/5	51648	51840			
5/6	53840	54000	10	160	
9/10	58192	58320	8	128	

表 7.6　　DVB-C2 标准中短帧编码参数表

LDPC 码率	BCH 码信息位长度	BCH 编码后码长	BCH 码纠错能力	BCH 码校验位长度	LDPC 有效码率	LDPC 编码后码长
1/2	7032	7200	12	168	4/9	16200
2/3	10632	10800			2/3	
3/4	11712	11880			11/15	
4/5	12432	12600			7/9	
5/6	13152	13320			37/45	
8/9	14232	14400			8/9	

（2）调制

调制模块首先将来自 FEC 编码模块的串行比特流转换成并行的符号，然后再根据不同的调制方式，对符号进行星座图映射产生 I、Q 序列。经过该模块处理后，输入的前向纠错帧就变成了复序列（I，Q）输出，称为复序列前向纠错帧。表 7.7 给出了 DVB-C2 标准支持的调制模式、每个符号的有效比特数以及星图映射后每帧所包含的符号个数。

表 7.7　　DVB-C2 标准中的调制参数

LDPC 码长	调制模式	符号的有效比特数	输出符号个数
64800	4096QAM	12	5400
	1024QAM	10	6480
	256QAM	8	8100
	64QAM	6	10800
	16 QAM	4	16200
16200	4096QAM	12	1350
	1024QAM	10	1620
	256QAM	8	2025
	64QAM	6	2700
	16QAM	4	4050
	QPSK	2	8100

3. 数据切片生成

一个或两个 XFEC 帧生成一个数据切片包。数据切片包有两种类型:类型 1 只传送 XFEC 帧，XFEC 帧的起始位置由信令中的 PLP START 参数决定；类型 2 在 XFEC 帧前面插入帧头，帧头中会携带一些必要的参考信息，如该包携带的 XFEC 帧所在的 PLP 号、编码码率、调制方式以及该包中含的 XFEC 帧个数。

然后进行数据切片时域和频域交织，信令的前向纠错编码、调制和时频交织。

4. OFDM 帧生成

OFDM 帧生成模块的作用是，根据输入流匹配模块中的规划器产生的动态信息和系统配置数据，把信令数据子载波符号和普通数据子载波符号放到相应的 OFDM 子载波上。另外，为了进行帧同步和载波同步，以及信道估计和跟踪相位噪声，要在 OFDM 符号中插入导频载波。

本节分析了 DVB-C2 标准及其优势，给出了发送端系统结构框图，同时对关键模块的工作原理做了详细分析，包括输入模式和流匹配、编码和调制、时域和频域交织、帧生成等模块。

为了适应 C2 系统的需要，可遵循的网络升级改造的主要趋势：一是提高频谱利用率，克服频谱危机；二是优化 HFC 网络，扩展业务容量；三是提升功率效率，提高用户体验；四是节能，优化空间利用率；五是面向市场，标准化程度高，升级改造透明。高频谱利用率传输技术满足以上要求，应成为网络升级改造首选。

7.4 IP 架构的前端系统

7.4.1 基于 IP 的前端系统

基于 IP 的传输方式与传统 ASI 信号传输方式不同，IP 传输方式以少量的双绞线替代复杂的设备连线，以交换机替代原来复杂的矩阵，提供了通用的千兆位以太网接口，方便数字电视业务接入。系统使用全IP组网之后，网络调度更加灵活，后期业务嵌入更加方便、数据传输密度更大。图7.33为基于IP传输前端示意图。

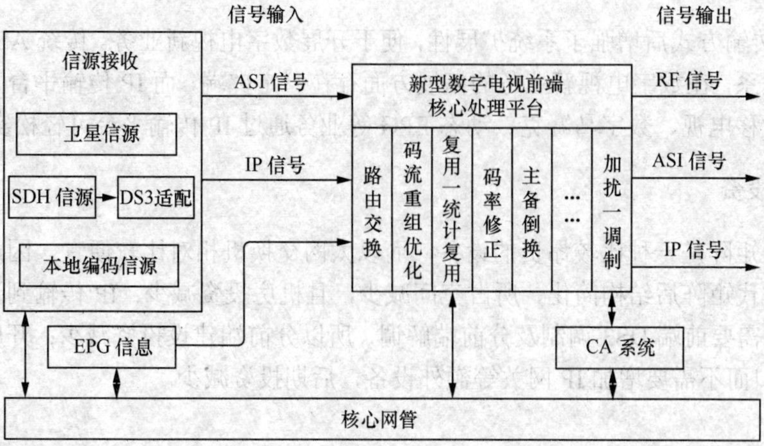

图7.33　基于IP传输前端示意图

图7.33所示节目源部分包括来自上一级的IP信号、本地编码后输出的IP信号以及卫星接收机IP格式的信号，经编码（或转码）后的节目信号进入千兆位以太网交换机，由交换机进行汇聚后送入复用加扰器，复用器对输入的节目流进行复用、加扰等处理。对有线电视，复用后的多节目流以UDP组播方式送入以太网交换机，QAM调制器接收以太网数据，经过QAM调制后输出射频（RF）信号进入本地HFC网络（有线电视）；对于地面数字电视，复用器输出ASI或者IP格式的TS流，通过节目传输网络送到发射站点调制发射，或者复用器输出数据到交换机后可直接通过IP传输网输送到下级前端作为节目源使用。

7.4.2　IP构架前端系统的优势

基于IP的数字电视前端传输平台与传统ASI传输平台相比，拥有非常多的优点和特性，特别是在数字电视新业务、新功能的拓展方面具有传统方式不可比拟的优势。

1．结构简单

采用IP传输后系统结构变得相对简单，设备之间的连线大幅减少，摈弃原有的矩阵和跳线架，节省了大量机架空间，减少了中间环节，使系统简洁明了，更易于管理和维护。

2．安全性高

用交换机替代矩阵，矩阵为单设备运行，而交换机可采用1+1热备份机制，从而提高了系统的安全性，使系统更加稳定、可靠。

3．灵活性强

采用IP传输方式后系统灵活性大大提高。利用IP传输数字电视节目，系统组建将变得非常灵活，编码器、复用器、调制器等设备可以集中放置在中心机房，也可以随意放置在远端任何有IP网络的地方。如编码器，平时可以放置在机房使用，若某个地方要进行重要会议直播，则可以把编码器直接放在现场，在现场进行节目录制、编码后以IP方式送到前端机房。

4. 扩展性好

采用IP传输方式后增强了系统扩展性，便于开展数字电视新业务。传统ASI传输平台由于其结构的关系，在数字电视新业务的拓展方面存在一定弊端，而IP传输平台正好解决了这个问题，如时移电视、数字马赛克、动态EPG等业务通过IP传输平台可轻松实现。

5. 节省投资

ASI切换矩阵是一种比较昂贵的设备，而以太网交换机相对比较便宜，因此设备投资减少；交换机替代矩阵后结构简化、所占空间减少，且机房投资减少；IP传输到远端直接调制输出发射，不需要前端DS3调制及分前端解调，所以分前端建设投资减少；开展新业务直接使用GbE接口而不需要增加IP网关等额外设备，后期投资减少。

7.5 点播电视前端系统

目前在各大广电网络公司中，基于下一代广播电视网（NGB）的VOD系统建设已经成为未来的趋势，本节内容主要介绍基于NGB的VOD系统，并剖析它的工作原理，了解其工作过程。

7.5.1 基本概念及系统模型

视频点播（Video on Demand，VOD），即视频点播技术的简称，也称为交互式电视点播服务，即用户可以自主选择观看视频内容的服务。VOD从根本上改变了用户过去被动式看电视的不足。VOD系统的视频播出方案主要有两种方式：一种是基于NGB的广播方式下传视频信号的VOD，和原有的网络系统兼容，采用DVB编码协议，格式为MPEG-2，用户的点播信息通过IP网络回传至前端系统；另一种是基于IPTV模式的点对点下传视频信号的VOD，此方案的VOD业务和传统的广播业务分离，视频流采用IP封装，利用IP单播/多播技术将视频业务送到宽带接入网，最终到达用户机顶盒；回传也直接采用IP技术，考虑到带宽限制，其编码格式一般采用MPEG-4或者H.264。两种方式的根本区别在于下行信号的信道不同，前端系统的构成基本相同。下面介绍基于广电NGB网络的VOD系统涉及的主要概念。

元数据（Metadata）：描述数据的数据，是对内容元素及其关系、形式、相关使用规则、义务和其他事项的结构化描述，可以嵌入内容元素或与之相关联。

内容（Content）：数字媒体内容，以文本、数据、图形、图像、音频、视频、动画及其组合为表现形式的数字化作品和素材。

媒资（Asset）：媒体资产，媒体内容和描述媒体内容的元数据的组合。

内容注入（Content Ingestion/Asset Ingestion）：将统一打包的节目内容和元数据通过网络或其他方式从内容提供方传送至视频点播系统的过程。

内容分发（Content Distribution/ASSET Distribution）：将节目内容传输到接近用户的边缘设备（边缘内容分发节点或流服务器）的过程。

服务组（Service Group）：用于在视频点播类应用中，标识用户终端所在物理位置的区域。

边缘 QAM 调制器（Edge QAM，EQAM）：是将 IP 输入调制到 RF 信号上，采用 QAM 输出的多频点调制器，作为边缘设备，可放置于系统的前端、分前端、小区等网络的任意节点上。

资源管理系统（Resource Management System，RMS）：包括传输资源、媒体流服务资源和业务能力资源的统一管理，根据用户所在传输网络、用户属性、业务平台的服务能力进行资源分配，以保证视频点播服务的可管可控。资源管理系统按功能划分为边缘资源管理（Edge Resource Management，ERM）和流资源管理（Video Stream Resource Management，VRM）。

授权码（Entitlement Code）：通过一定规则生成的认证码，用于计费、认证、授权信令交换时的信息核对。

终端认证令牌（Token）：通过一定规则生成的认证码，用于计费、认证、授权信令交换时标识终端的合法性。

节目内容标识（Content ID）：由有线电视网络运营商生成，标识媒体内容和描述媒体内容的元数据的组合，保证唯一性。

产品（Product）：有线电视网络运营商向终端用户提供的业务、定价、计费规则、优惠的组合。

产品标识（Product ID）：产品编号，由有线电视网络运营商生成。

业务包（Service Package）：有线电视网络运营商将一批可用于运营的内容根据一定的运营规则形成的组合。

业务运营支撑系统（Business & Operation Support System，BOSS）：NGB 视频点播系统的外围支撑系统，负责管理用户，包括用户开户、销户、用户账户更新以及用户订购关系管理；负责管理产品，包括产品定义、产品的资费优惠策略管理、产品与 NGB 视频点播系统业务包关联关系管理；负责实现 NGB 视频点播系统计费。

基于广电 HFC 网络的 VOD 服务系统模型如图 7.34 所示，其前端系统一般由视频服务器、各种档案管理服务器及控制网络部分的设备组成。

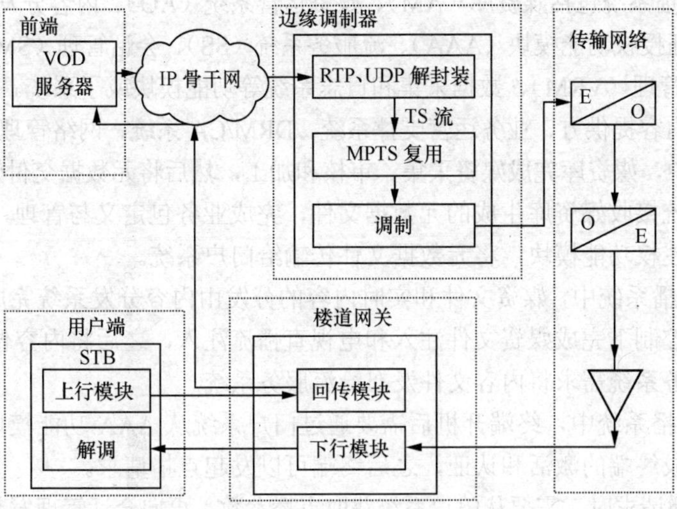

图 7.34　VOD 服务系统模型框图

7.5.2 视频点播系统架构、功能模块

1. 系统架构

下一代广播电视网（NGB）视频点播系统是 NGB 业务平台的重要组成部分，可以提供视频点播、频道回放、时移电视等业务。NGB 视频点播系统架构如图 7.35 所示。

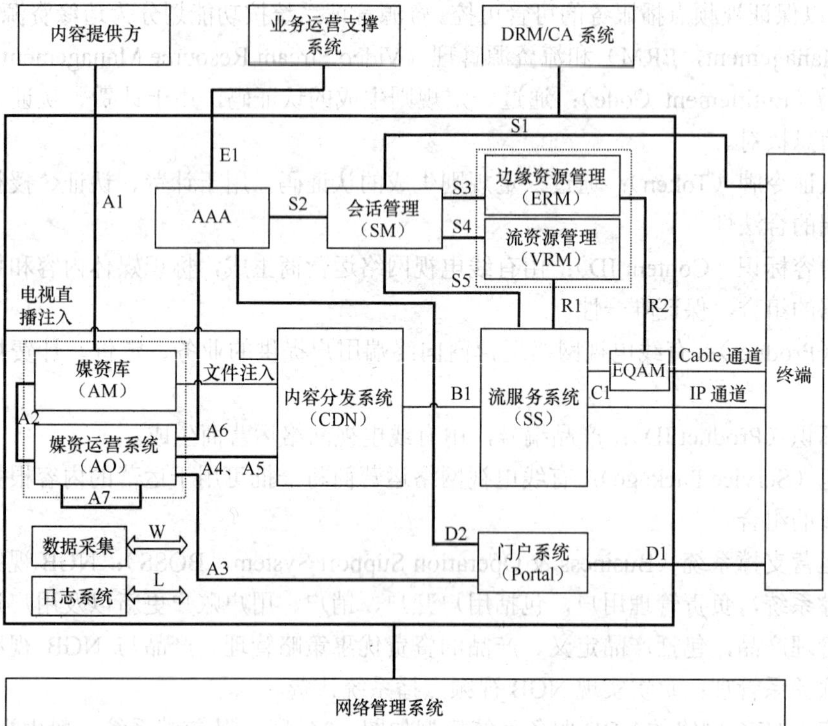

图 7.35 NGB 视频点播系统架构

NGB 视频点播系统包括媒资库（AM）、媒资运营系统（AO）、内容分发系统（CDN）、门户系统、计费认证授权功能模块（AAA）、流服务系统（SS）、会话管理（SM）、边缘资源管理（ERM）、流资源管理（VRM）、数据采集和日志系统等功能模块或子系统。NGB 视频点播系统外围系统包括内容提供方、业务运营支撑系统、DRM/CA 系统、网络管理系统。在 NGB 视频点播系统架构中，媒资库完成媒资采集、审核和加工，然后将元数据交付媒资运营系统。

媒资运营系统接收媒资库生成的元数据文件，完成业务包定义与管理，并将业务包信息同步给计费认证授权功能模块，将元数据文件传输给门户系统。

NGB 视频点播系统中，媒资文件和实时内容的分发由内容分发系统完成。内容分发系统在媒资运营系统控制下完成媒资文件注入和电视直播流注入，之后将内容传输到接近用户的设备，并按流服务系统需求将内容文件发布给流服务系统。

NGB 视频点播系统中，终端开机后需要通过门户系统从 AAA 功能模块获取用户 Token 等相关参数，完成终端的激活和认证，之后终端可以发起点播请求。

终端发起点播请求时，需要从门户系统获取点播参数，再向会话管理发起点播请求。会话管理收到用户点播请求后，首先通过 AAA 完成用户的业务认证，然后向边缘资源管理和流资源

管理为该点播请求申请边缘资源和流资源，并在用户认证和会话资源申请成功后向流服务系统发起推流申请。流服务系统收到推流申请后，根据推流申请进行建流，并将流控参数通过会话管理回传给终端。至此，终端可以通过流控参数向流服务系统请求到节目流，并可进行播放控制。

点播结束时，终端向会话管理发起点播结束请求。会话管理收到点播结束申请后，首先向流服务系统申请释放服务流，再向边缘资源管理和流资源管理申请释放边缘资源和流资源，并在流服务和会话资源释放后将用户点播信息发送给 AAA。

2．功能模块

（1）媒资库

媒资库（AM）通过远程网络（如卫星广播或 IP 骨干）或其他方式，将内容提供方的媒资采集到有线电视网络运营商本地，并对采集的媒资进行审核、加工。

（2）媒资运营系统

媒资运营系统（AO）接收媒资库生成的元数据文件，进行业务包定义与管理、节目元数据的编排（包括节目与栏目绑定、节目与业务包绑定），实现业务包同步、EPG 模板管理、节目生命周期管理（节目上线、更新、下线）、业务包生命周期管理（上线、更新、下线）、内容发布控制、实时流注入控制以及元数据发布功能。

（3）内容分发系统

内容分发系统（CDN）包含中心内容分发节点和边缘内容分发节点，将内容从有线电视网络运营商前端媒体库传输到接近用户的边缘设备（边缘内容分发节点或流服务器）。

（4）流服务系统

流服务系统（SS）实现流服务功能，完成向终端推送用户所选择的节目或流，流服务系统需支持本标准指定的内容编码格式、封装格式、传输格式。

（5）门户系统

门户系统（Portal）实现终端认证、终端业务导航功能并提供给终端点播控制参数与连接参数（包括会话管理功能模块访问地址等）。

（6）会话管理功能模块

会话管理功能模块（SM）完成终端与服务端之间的会话机制，实现各类互动点播的请求处理和会话保持功能，包括用户鉴权申请、资源申请、流服务申请、会话状态控制以及资源释放。

（7）边缘资源管理功能模块

边缘资源管理功能模块（ERM）实现边缘资源（EQAM）的管理功能，处理其他系统的资源申请，进行资源分配和资源释放。

（8）流资源管理功能模块

流资源管理功能模块（VRM）实现点播流服务资源的管理功能，处理其他系统的流服务申请，进行流服务分配。

（9）计费认证授权功能模块

计费认证授权功能模块（AAA）提供互动点播过程中的用户认证鉴权，针对互动点播业务进行细化的权限控制；针对按次付费类型的点播，收集相应的业务使用记录，并将其汇总后发送给业务运营支撑系统，以在业务运营支撑中进行批价和计费动作；同时提供用户在使用互动点播过程中的记录查询，满足个性化应用展现要求。AAA 功能模块还负责媒资运营系统定义管理的业务包信息与业务运营支撑系统同步功能。

（10）数据采集功能模块

数据采集功能模块对用户操作的行为进行采集，采集可通过门户及流服务系统，对用户的访问与点播行为进行记录，并提供对外的接口，对数据进行分析与处理。

（11）日志系统

日志系统对NGB视频点播系统各功能模块日志进行采集，主要用于错误诊断和事件跟踪。

7.5.3 分布式部署架构

NGB视频点播系统的分布式部署架构如图7.36所示。

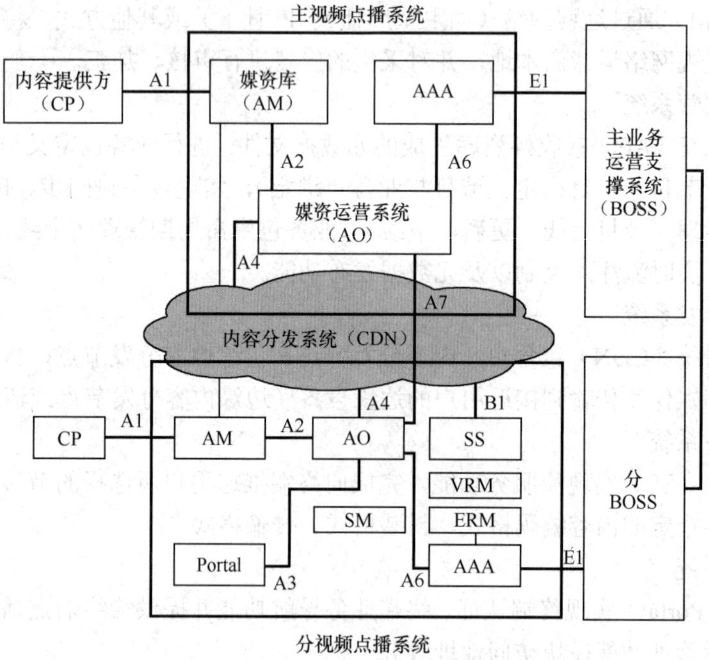

图7.36 NGB视频点播系统的分布式部署架构

当内容提供方需要注入内容到主视频点播系统时，内容提供方通过调用A1接口将内容注入主视频点播系统媒资库（AM），AM将审核通过的内容的元数据信息发送给主系统媒资运营系统（AO），主系统AO通过A4、A5接口控制已审核过的内容从媒资库注入内容分发系统CDN；主系统AO根据运营策略将内容组合、打包为业务包后将业务包信息通过A6、E1接口同步给主业务运营支撑系统；主系统AO通过A7接口将元数据信息（包括节目元数据信息、编排元数据信息、业务包信息）同步到分系统AO。

当需要注入内容到分视频点播系统时，内容提供方通过调用A1接口将内容注入分视频点播系统媒资库AM，分视频点播系统AM将审核通过的内容的元数据信息发送给分系统媒资运营系统AO，分系统AO通过A4、A5接口控制已审核过的内容从媒资库注入内容分发系统CDN；分系统AO通过A7接口将元数据信息同步到主系统AO。

当主系统AO管理的业务包信息发生变化时，通过A6、E1接口将业务包信息同步到主BOSS；主BOSS反馈成功后，主系统AO通过A7接口将业务包信息同步到分系统AO。

分系统AO可以将主系统AO同步来的业务包进行重新组合和打包，打包完毕后通过A6、

E1 接口将新的业务包信息同步到分 BOSS；分 BOSS 反馈成功后，分系统 AO 通过 A7 接口将新的业务包信息同步到主系统 AO。

分系统 AO 将元数据信息通过 A3 接口发布到 Portal，终端用户即可通过访问 Portal 观看点播内容。

7.5.4 NGB 视频点播系统流程

1 内容发布流程

内容发布流程如图 7.37 所示。

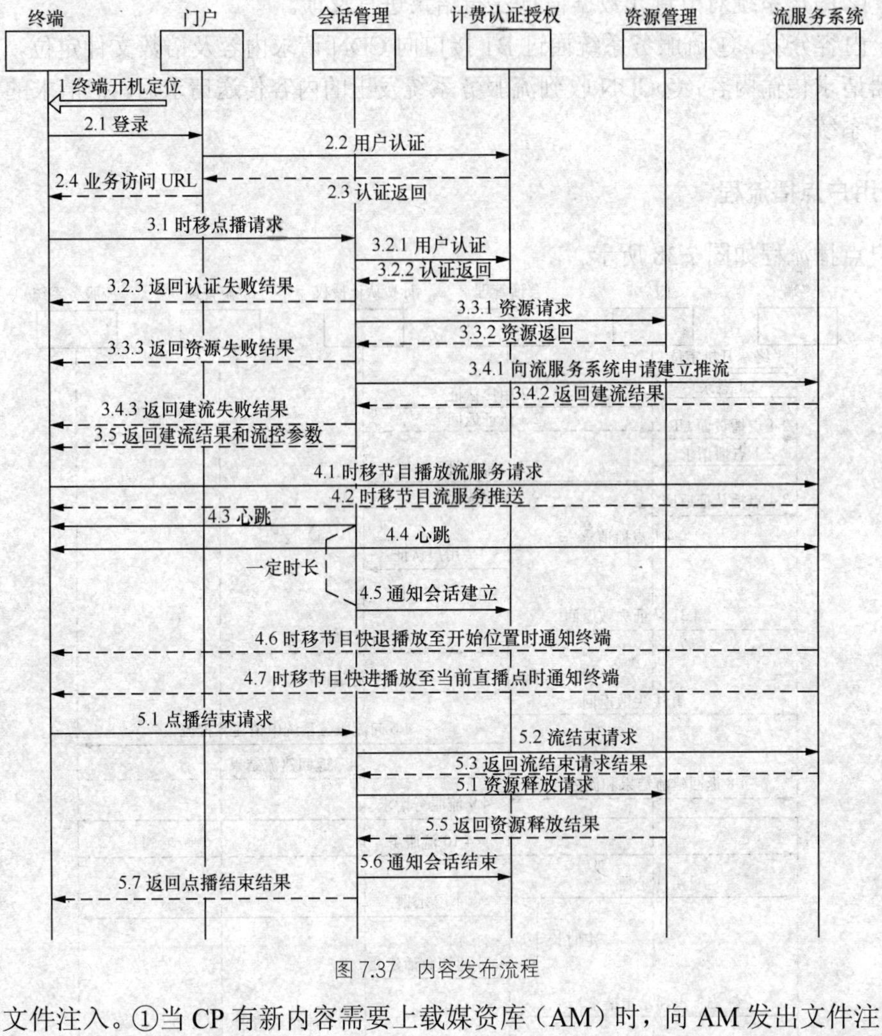

图 7.37 内容发布流程

（1）文件注入。①当 CP 有新内容需要上载媒资库（AM）时，向 AM 发出文件注入请求，约定上传/下载 URL 地址；②AM 在收到文件注入请求信息后，响应成功或失败代码；③CP 收到注入请求成功回复后，通过约定方式实现 CP 到 AM 的内容注入。

（2）元数据交付。媒资库将元数据文件审核、加工后，通过 A2 接口将元数据文件交付给媒资运营系统。

（3）内容发布。①当媒资运营系统（AO）有新的内容需要发布到内容分发系统（CDN）时，通过 A4 接口向 CDN 发出内容发布请求，约定内容 URL 地址和协议（FTP、HTTP 等协议）；②CDN 接收到内容源 URL 后，通过约定协议从 AM 下载内容实体文件；③CDN 对内容注入请求响应成功或失败代码。

（4）实时内容注入。①当有实时内容需要注入内容分发系统时，媒资运营系统（AO）通过 A5 接口向内容分发系统（CDN）发出内容注入请求；②CDN 对实时内容注入请求响应成功或失败代码。

（5）运营数据同步。①媒资运营系统（AO）通过 A6 接口同步业务信息包给 AAA；②AAA 对业务包信息同步结果进行反馈。

（6）节目元数据发布。①媒资运营系统（AO）通过 A3 接口将节目元数据信息发布至门户系统；②门户系统对节目元数据信息发布结果进行反馈。

（7）内容分发。①流服务系统通过 B1 接口向 CDN 请求内容及倍数文件定位，并向指定的服务器请求传输内容；②CDN 收到流服务系统发出的内容传送请求后，把请求的内容发送给流服务系统。

2. 用户点播流程

用户点播流程如图 7.38 所示。

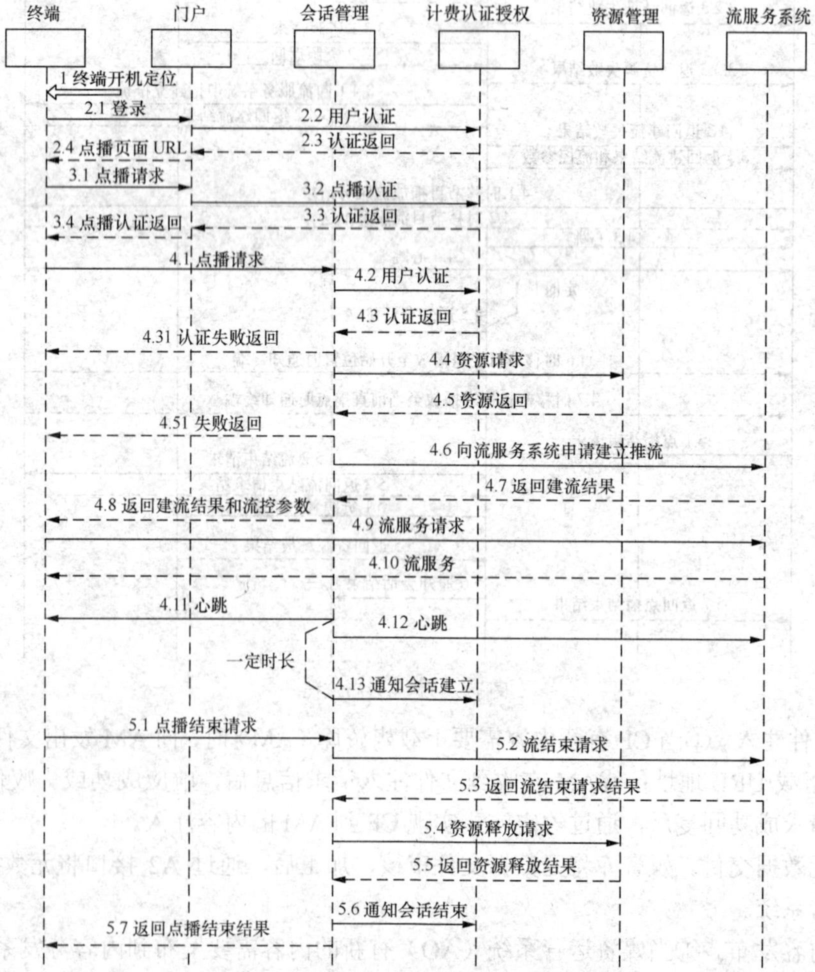

图 7.38 用户点播流程

终端向会话管理发起点播请求（心跳线改为心跳）：

（1）终端通过 S1 接口 SETUP 命令向会话管理发起点播请求，请求命令中包含 x-userID（用户 ID）、Entitlement Code、终端接收业务流的方式、Service Group 等信息。

（2）会话管理收到终端的点播请求后，通过 S2 接口向 AAA 发起认证请求，请求中包含 user ID（用户 ID）、Entitlement Code 等信息。

（3）AAA 通过对 Entitlement Code 的比对进行用户认证，并将认证结果及播放列表参数返回给会话管理。

（4）会话管理收到 AAA 返回的认证结果后，根据结果进行处理。如果认证失败，则通过 S1 接口通知终端认证失败。如果认证成功，则通过 S3 接口的 SETUP 命令向边缘资源管理请求资源，请求命令中包含 Service Group、要求的带宽等信息；通过 S4 接口的 SETUP 命令向流资源管理请求资源，请求命令中包含 Service Group、QAM 的 IP 和端口号、播放内容和要求的带宽等信息。

（5）边缘资源管理选择合适的 QAM 等资源并将其地址通过 S3 返回给会话管理；流资源管理选择合适的流服务系统并将其地址通过 S4 返回给会话管理。

（6）会话管理收到资源请求结果，并根据结果进行处理。如果资源请求失败，则通过 S1 接口通知终端资源请求失败。如果资源请求成功，则通过 S5 接口的 SETUP 命令向相应的流服务系统发起建流请求，请求命令中包含 x-user ID，终端接收节目流的方式、地址、端口，以及所请求的节目或节目列表等信息。

（7）流服务系统通过 S5 返回建流结果，返回信息中包含 Session 和 Control Session，Session 用于维护会话管理器和流服务系统间的会话，Control Session 用于终端和流服务系统间的流控操作。

（8）会话管理收到流服务系统的建流结果后，通过 S1 向终端返回建流结果和流控参数，包括 QAM 方式对应的频点、符号率、调制参数及流服务器地址、控制端口、超时参数等信息。

（9）终端收到会话管理器返回的流控参数后，通过 C1 接口的 PLAY 命令请求流服务，请求命令中包含播放起始位置、播放速度等控制参数。

（10）流服务系统根据终端请求，为终端提供流服务。

（11）流服务过程中，终端和会话管理通过 S1 接口的 GET_PARAMETER 命令维持心跳。

（12）流服务过程中，终端和流服务系统通过 C1 接口的 GET_PARAMETER 命令维持心跳。

（13）流服务开始一定时长后，会话管理通过 S2 接口通知 AAA 会话建立。

3．时移流程

时移流程如图 7.39 所示。时移节目流服务过程如下。

（1）终端收到会话管理器返回的流控参数后，通过 C1 接口的 PLAY 命令请求时移节目流服务，请求命令中包含播放起始位置、播放速度等控制参数。

（2）流服务系统根据终端请求，为终端提供时移节目流服务。

（3）流服务过程中，终端和会话管理通过 S1 接口的 GET_PARAMETER 命令维持心跳。

（4）流服务过程中，终端和流服务系统通过 C1 接口的 GET_PARAMETER 命令维持心跳。

（5）流服务开始一定时长后，会话管理通过 S2 接口通知 AAA 会话建立。

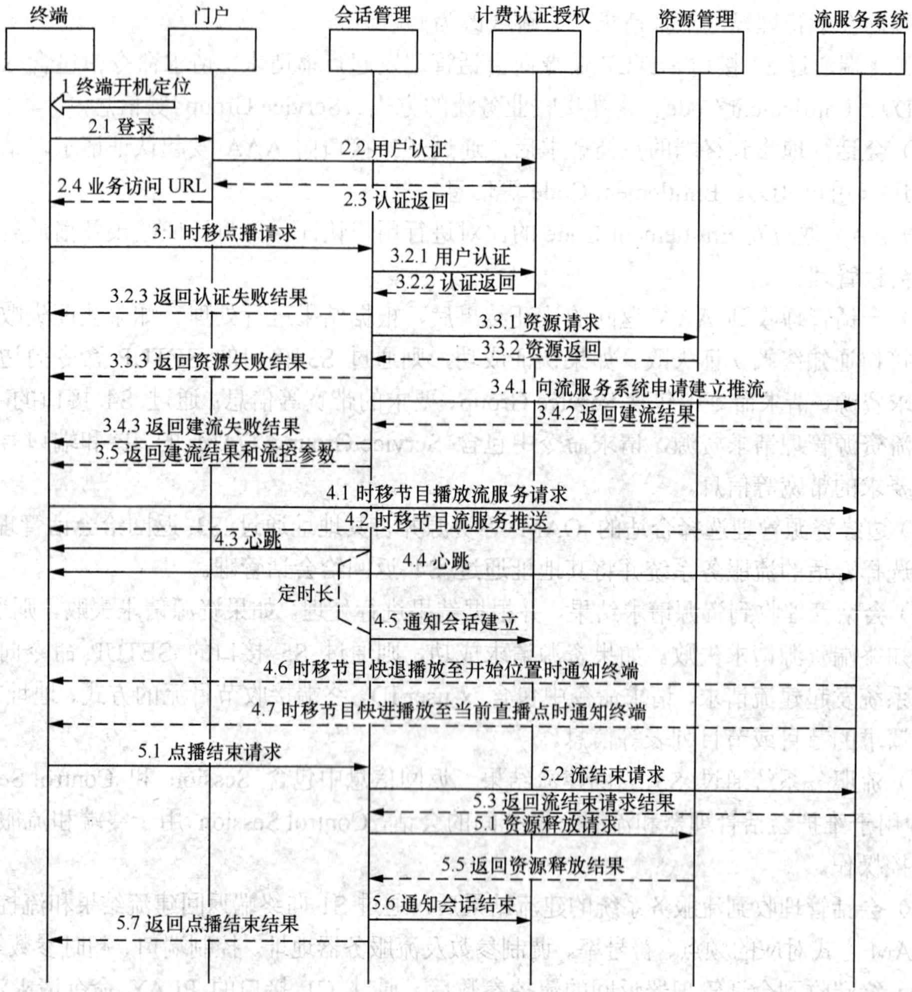

图 7.39　时移流程

（6）在时移节目流服务过程中，当节目快退至节目开始位置时，流服务系统分别通过 C1 和 S5 接口的 ANNOUNCE 命令通知终端和会话管理；终端和会话管理可以向流服务系统请求新的时移节目流服务，流服务系统为终端推送新的时移节目流服务。

（7）在时移节目流服务过程中，当节目快进至当前节目直播点时，流服务系统通过 C1 接口的 ANNOUNCE 命令通知终端。

4．业务包及产品同步流程

业务包及产品同步流程如图 7.40 所示。

（1）业务包同步。

① 媒资运营系统完成业务包的定义、更新或删除后，通过 A6 接口通知 AAA 进行业务包同步，业务包包括内容信息及指导价格信息；②AAA 接收到同步信息后，返回消息接收成功与否；③AAA 通过 E1 接口，通知 BOSS 系统由媒资运营系统生成的业务包信息；④BOSS 系统返回给 AAA 业务包信息同步的结果；⑤AAA 根据结果由 A6 接口通知媒资运营系统，同步成功或失败。

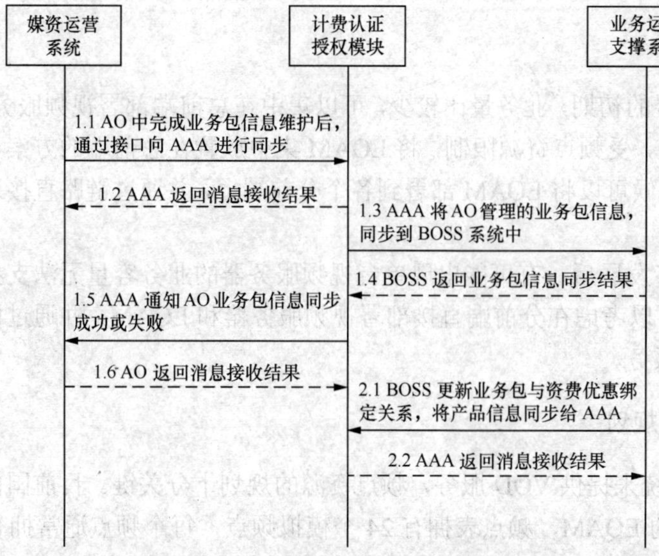

图 7.40　业务包及产品同步流程

（2）产品同步。①BOSS 系统将业务包与资费优惠信息进行绑定形成产品，通过 E1 接口与 AAA 同步；②AAA 返回 BOSS 系统产品同步结果。

7.5.5 EQAM 部署

采用 HFC 工作方式，其中一个关键设备是 EQAM 调制设备，EQAM 设备集“复用、加扰、调制、频率变换”功能为一体，它通过 DVB/IP 的 GbE 千兆以太网 IP 接口，接收来自 IP 网络的 TS 流数据，然后进行 IP 解析、IP over TS 处理、TS 路由、复用等数据处理，再进行 QAM 数字调制及上变频，输出用于有线电视平台传送的 RF 射频 QAM 信号。通常，一个射频输出端口输出 1, 2, 3, 4,…，8 个相邻的 QAM 调制频道。根据上述的规范流程，在采用 EQAM 设备的情况下，对于视频点播中的下行视频信号，需要通过服务区来进行机顶盒用户的定位。视频服务器会把相应的视频流传输到对应区域的 EQAM，视频信号经过 EQAM 转换后，广播到用户所在的 HFC 网络中，在分析之前先介绍几个概念。

用户收敛比：在同一时刻并发用户使用资源的比例，如有 100 个用户，在同一时刻其中有 5 个用户在使用资源，那么用户收敛比为 5%（1:20）。

空分组：分配给交互 VOD 可用频道组成一个频点集合，这个集合组成交互系统定义的一个服务域的空分组，并且每个空分组里面需要包含 482MHz 频点（主频点，用于机顶盒接收分组信息）。每个空分组对应不同服务域，每个空分组内频点不能相同。每个 EQAM 可以分成多个组，每个组也可以包含多个 EQAM。

频点表：由运营商指定的用于 VOD 业务的所有频点组成的集合。例如，某省级广电网络运营商用于 VOD 业务的频点共 16 个，这 16 个频点组成一个频点表，见表 7.8。

表 7.8　　VOD 业务频点表　（频点单位:MHz）

序号	频点	序号	频点	序号	频点	序号	频点	序号	频点	序号	频点	序号	频点	序号	频点
1	482	3	498	5	514	7	530	9	546	11	562	13	578	15	594
2	490	4	506	6	522	8	538	10	554	12	570	14	586	16	602

1．部署方式

在互动电视开展的初期，业务量比较少，可以集中在总前端部署视频服务器和 EQAM 设备。随着业务的发展，受频点资源限制，将 EQAM 集中放置在总前端的方案可能无法满足业务量的要求，这个时候可以将 EQAM 部署到各个分前端上，并通过链路直接连接到中心的视频服务器上。

当业务量进一步发展后，有可能出现单台视频服务器的业务容量无法支撑全网并发用户的情况。这个时候可以考虑在分前端直接部署视频服务器和 EQAM，并通过内容分发网络来实现内容的分发和服务。

2．EQAM 频点规划

采用 EQAM 系统来提供 VOD 服务，频点资源的规划十分关键。目前国内大多使用的是 24 路/64QAM 调制的 EQAM，频点表拥有 24 个模拟频点，每个频点通常拥有 38Mbit/s 的网络带宽速率，如果采用 MPEG-2 视频编码格式，按照 MPEG-2 标清节目源的峰值码率 5Mbit/s，每个频点最多可以容纳 7 个 VOD 的 MPEG-2 标清节目，一台 EQAM 调制器可同时播放 168（24×7）路节目。如果一个城市的有线电视用户数为 40 万户，假设有 20%用户（高端用户）开通了视频点播业务，用户收敛比为 50% ,那么在同一时间产生的并发流数为 40 万×20%×50%=4 万个，一个 EQAM 可以支持的并发流数为 168 个，那么每台可支持的用户数为 168/（0.2×0.5 ）=1680 户，共需要 40000/168=238 台 EQAM 调制器。

在上述条件下，如果全部为标清用户，全网共需要 40000/7≈5715 个频点资源。按该地区有 50 个分前端机房计算，平均每个分前端需要 115 个频点资源。以全网预留 24 个频点资源计算，每个分前端必须具备大约 5 个不同射频信号（每个射频信号有 24 个频点进行频分复用），对 5 台光发射机进行强度调制，也即每个分前端部署用于 VOD 服务的光发射机不少于 5 台。

一般地，可根据如下条件进行 EQAM 频点规划和设备配置。一台 EQAM 配置 3 个 QAM 板，每个 QAM 板有 2 个 RF 输出口，每个 RF 输出支持 4 个连续的频点（大约支持 40 个标清用户或 16 个高清用户）。关于每个频点用户量的计算方法：每个频点支持 38Mbit/s，一个标清用户点播大约占用 5Mbit/s，一个高清用户点播大约占用 8Mbit/s，每个频点支持大约 7（38Mbit/s/5Mbit/s）个标清用户，每个频点支持大约 4（38Mbit/s/8Mbit/s）个高清用户。

7.5.6 视频服务器部署

视频服务器与传统的数据服务器在很多方面有显著不同，需要解决许多问题来支持各种新功能。同时，它的高速数据传输能力保证了用户对大量影片、视频节目、游戏、商务信息以及其他服务的近乎即时访问。它的最大特点是可以实现多人从不同起点观看同一节目，从而避免了精彩节目被一个用户独占的情况。

视频服务器最简单的工作原理即接受用户的点播请求，并根据服务器的运行状况和网络状况，以合适的通道发送视频流给用户。大型的交互平台往往拥有海量的用户和海量的内容，因此运营级的视频服务体系往往由一个支持巨量网络吞吐带宽的服务器集群组成，可以在一个很大的范围之间任意伸缩其网络吞吐性能。

从全球范围来看，VOD 视频服务器主流采用集中-分布式结构，视频服务器通过 CDN 技术等自适应算法，来保证播出服务器 Cache 的高命中率，以降低内容的调度次数。运营商可以根据网络拓扑、节点分布和带宽等网络情况，以及投资成本和运维条件等综合考虑，进行适当的部署架构选择。“业务与承载分离，管理与服务分离”是设计交互平台的首要原则，“集中式管理，分布式服务”使得架构设计更为灵活和具有拓展性，同时结合市场容量需求和网络规划条件进行合适的部署架构设计，可以使交互平台最大程度地服务于交互业务发展。

【练习与思考】

一、填空题

1．数字电视信源的压缩编码标准有__________________。

2．音频编码的主要标准有_____________________。

3．数字电视信号基带码型有________________。

4．熵编码属于______编码。有损编码有________________。

5．数字电视网络前端有____。

6．基于 NGB 的 VOD 服务系统视频服务器部署的特点_______________。

二、问答题

1．统计复用方法有哪些？各自的特点是什么？画出码率修正的原理框图。

2．画出数字电视传输系统及功能框图。

3．IP 前端系统优势有哪些？

4．请回答传统 QAM 与 EQAM 的不同点？

5．简述 DVB-C2 系统的关键技术有哪些？主要特色表现在哪些方面？

6．画出基于 NGB 的 VOD 服务系统模型、系统架构及分布式架构框图。

7. 基于 NGB 的 VOD 服务系统的 EQAM 部署原则有哪些？EQAM 频点规划关键步骤有哪些？

8．画出基于 NGB 的 VOD 服务系统时移电视流程，并说明主要步骤。

三、思考题

目前，基于 IPQAM 的 VOD 解决方案的相关规范主要有时代华纳提出的 ISA（Interactive Services Architecture）、Comcast 提出的 NGOD （Next Generation On Demand）以及国家新闻出版广电总局的 NGB 标准。其中 ISA 架构的流控协议采用基于 ISO/IEC DSM-CC 标准的 SSP 和 LSCP，而前端服务器实体之间采用 CORBA 实现，实现的复杂性相对较高。NGOD 则是在 RTSP 的基础上提出，实体交互基于 Web Service 实现，在推流部分国内有大量的商用案例。NGB 是以自主知识产权技术标准为核心的，可同时传输数字和模拟信号的，具备双向交互、组播、推送播存和广播四种工作模式的，可管可控可信的，全程全网的宽带交互式下一代广播电视网络，但是由于标准刚刚制定尚无实施的案例。国内外 IPQAM 厂商的产品都支持 ISA 规范，而 ISA 规范由于本身定义的复杂性，造成整个系统的复杂度提高，也直接导致了系统实现的成本非常大。目前，主流 IPQAM 厂商设备均已支持 NGOD 标准。通过比较 ISA、NGOD

和 VOD over NGB 的架构，对有线网络视频分发技术体系进行分析，提出对融合视频分发平台的建设思路或方案。

【研究项目】参加广电网络公司实习基地实习，设计一个小区的基于 NGB 的 VOD 服务系统方案

要求：

从需求分析开始，进行技术方案设计和工程实施方案设计，列出设备清单、型号、主要技术指标，最后设计测试方案（有条件实施的记录测试数据）。

第8章 前端系统构建及设备

【学习提要】

本章主要介绍前端系统的设计、功能需求、技术要求，编码器（转码器）、复用器、调制器的工作原理及技术实现方案，设备的主要技术指标，前端系统网络管理的基础知识。

【引言】

通过前几章的学习，已知有线数字电视前端的功能有信源（如卫星数字电视信号、数据信号等）的集成、数字电视信号的调度、复用处理、数字电视信号的加扰、数字电视信号的调制、数字电视信号的传输，如 IP 传输、RF 传输等。从发展过程来看，有线数字电视前端平台经历了两个阶段，即传统的独立式数字电视前端平台和高度集成的新型数字电视前端平台。

传统的独立式数字电视前端系统有如下特点：采用独立功能的设备，设备数量较多；线路连接复杂；只能针对节目链路进行备份，无法实现端口、系统、节目备份；需要用 ASI 矩阵进行信号调度和设备备份，不灵活；因为设备多，网管复杂；系统维护难度大，调整困难；系统功能少，接口单一。新型数字电视前端系统有如下特点：集中处理所有节目，系统集成度高，集中网管；可以实现设备、板卡、端口、节目的自动或手动备份；节目传送可以是 ASI、IP 光纤、网线，接口丰富；具有加扰、统计复用、码率修正、广告插播等功能；信号调度灵活。数字电视前端系统发展趋势：高度集成化、功能化、模块化；基于 IP 技术的路由交换和传输技术；电信级设计，大容量的无源背板技术；高度可靠性，稳定运行；智能化发展，多颗粒度的自动备份，网管便利，向分布式系统、新一代的互动视频业务模型——交换式数字视频（Switched Digital Video，SDV；Switched Digital Broadcast，Switched Broadcast Video）网络结构和软件定义网络（Software Defined Networking，SDN）结构演变。

8.1 前端系统设计

一般来说，系统设计的具体任务是一方面要选定系统的最佳组成方式和所用设备的类型，另一方面还要确定系统的工作状态，以使系统的各个部分都能最充分地发挥作用。

从前面的介绍中已经了解到，前端是整个有线电视系统的心脏，因而对它的设计要求非常高。总的要求是在有线电视系统规划的指导下，综合考虑标准、技术、业务、投资、规模及地理条件，既满足当前要求，又给未来向综合网络运营商的发展留有余地。下面将要介绍的只是有关前端设计的基本原则。

8.1.1 前端设计的主要任务

就目前的情况下，前端设计的主要任务就是遵循省级、地（市）级、县（区）级三级前端系统统一技术、信源、业务，安全播出的原则，根据网络建设的具体需要（系统规模、功能多少、节目套数等），依据国家标准对电气性能指标的要求，经过计算和分析比较，进行频道配置、设备组合和选型，确定最佳的结构模式和组成方法，并充分发挥所有设备的作用，从而高效而稳定地为传输系统提供优质复合信号。

8.1.2 前端设计的主要内容

1. 合理分配系统指标

全系统的指标是由系统各组成部分的指标合成的，因而在系统设计时必须有指标分配的概念，如果不在设计时分级控制，系统很难总体达标。但由于各具体工程的系统模式不同、使用设备不同、传输距离不同，因此要对系统设计提出一种统一而又准确合理的各部分指标分配办法往往是行不通的。实践经验告诉我们，在大多数情况下，可以采用静态设计留余量的指标分配办法，即根据系统规模的实际大小，按照大家公认的经验比例来给前端分配指标，前端的具体设计围绕该分配的指标来进行。指标分配的经验比例大致可按表 8.1 来考虑，但具体确定的比例大小一定要结合系统的实际情况，具体问题具体分析。对当今的众多大型系统甚至超大型多级系统而言，由于系统使用频率越来越高、容量越来越大、范围越来越广，因而各个环节矛盾重重、错综复杂，在设计时要通盘兼顾已变得十分困难，此时任何固定的指标分配方案显然都不尽合理。为此，必须采用动态设计法，即对前端指标的要求应该在条件许可的前提下尽可能地高，以使它占用系统指标的比例尽量减小，从而留出足够的指标余量给传输分配部分，此时应具体算出前端指标实际占用的比例和留给后级指标的具体大小，如果不能满足要求，则还应设法调整前端方案，选用更高档的前端设备，使前端指标再上一个台阶（此时性能指标因素是第一位的，价格因素已退居第二位）。

表 8.1 指标分配的经验比例

项　目	前　端	干　线	用户分配系统
C/N	20%～50%	70%～40%	10%
C/CSO	10%	30%～50%	60%～40%
CM	10%	30%～50%	60%～40%
C/CTB	10%	30%～50%	60%～40%

2. 选择最佳信号源

信号源是建设高质量有线电视网的基础。信号源的质量不好，在前端处理及干线传输部分，无论采取什么措施，信号质量都无法提高。

3. 节目规划与频道配置

从信号源能够提供的所有节目中做出合理规划，优选出一批信号质量好、节目内容丰富的卫星电视节目，自办节目开办的频道数量应视节目制作能力和资源丰富程度而定。

4．确定前端的组成方式

信号来源、性质不同，前端的处理办法也不相同，因而每一通道所需的设备和组合方式也不相同。如何根据信号来源和性质去确定每一通道所需的设备组合正是前端结构设计的主要任务，其发展趋势是采用 DVB 与 IP 融合方式。

5．绘制前端系统配置图

绘制邻频前端系统配置图，应包括信号源部分，如各种接收天线、接收机、自办节月源等；信号处理部分，如调制器、解调器、混合器、分配器等；若有双向传输功能及系统自动管理功能，还应画出相应的设备及接线图；若有光缆传输，还应画出相关设备及接线图。数字电视工程规模大、系统复杂，绘制设备连接图是至关重要的。因为，这是最为原始的工程档案，是发现问题、讨论问题和解决问题的基础。图 8.1 为数字电视实验室系统设备配置图。

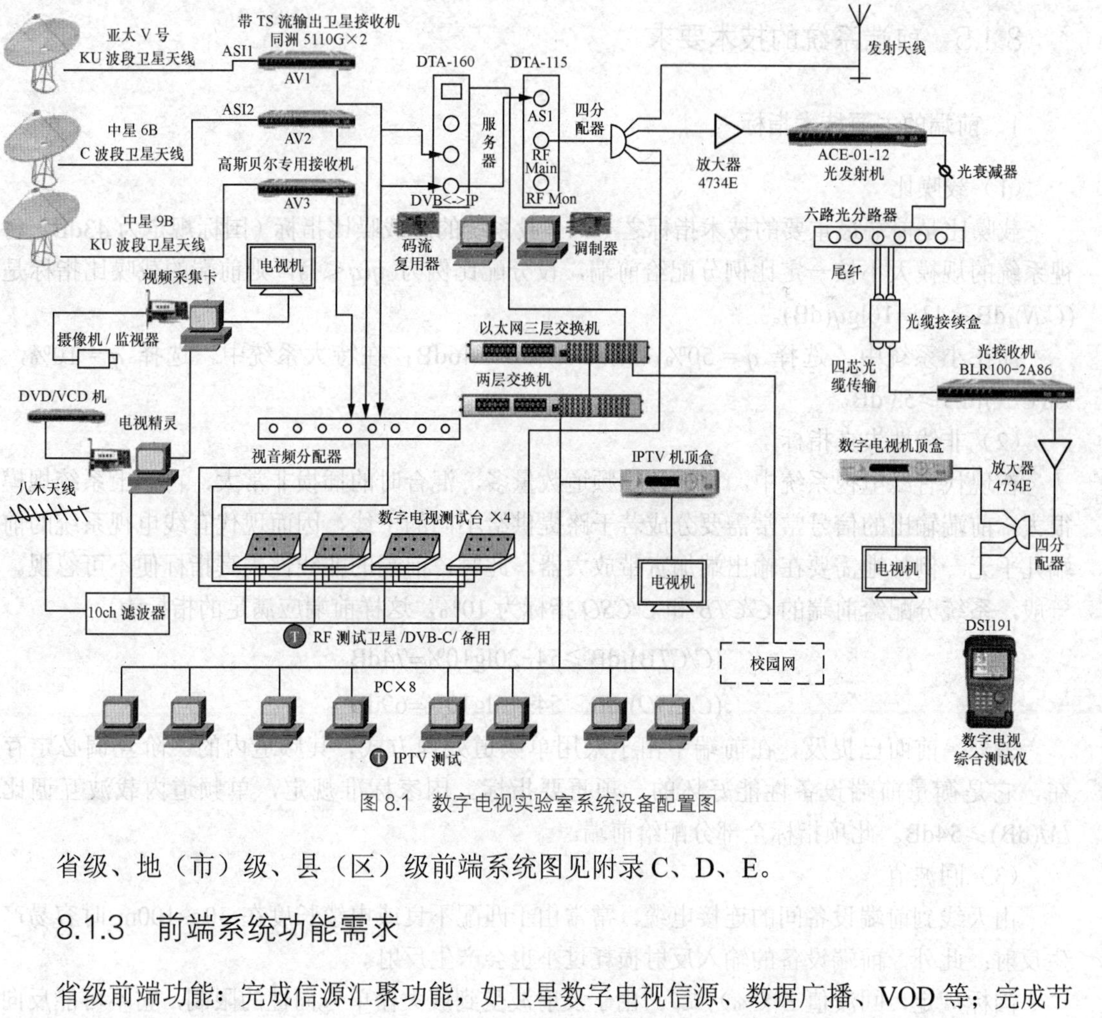

图 8.1 数字电视实验室系统设备配置图

省级、地（市）级、县（区）级前端系统图见附录 C、D、E。

8.1.3 前端系统功能需求

省级前端功能：完成信源汇聚功能，如卫星数字电视信源、数据广播、VOD 等；完成节目组包功能；完成 TS over IP 功能，通过 IP 方式将数字电视信号传输至全省。

地（市）级前端功能：接收来自省干线网 DWDM 的 GE 信号；实现节目的加扰功能；插入本地节目及本地 EPG 信息；实现对每个节目包的调制功能；通过 RF 传输或 IP 方式覆盖区县；完成分前端系统的安播功能。

在使用加扰 IP 传输方案中，县（市、区）数字电视分前端除了转播省辖市前端传输的公共节目外，还将具有如下功能：可插入本地自办节目；可定义本地自办节目的 EPG 排序；可有选择地删除市平台节目进行传输；可进行本地数据广播的插入；可进行重大事件紧急字幕插播；可定义开机画面和 EPG Banner 字幕；可进行多画面监测与 QAM 信号指标监测。

8.1.4 前端系统设备选型

为提高数字电视信号的质量和可靠性，有线数字电视前端设备的选型非常重要。前端设备选型主要考虑以下几点。

各种前端设备指标符合标准，系统各设备之间的接口应具备开放性；关键设备如加扰器与复用器应支持同密；系统配置应充分考虑播出的安全性，并应有合理的备份；系统主要设备的故障可实现自动切换；播出的可靠性与维护的方便性。

8.1.5 前端系统的技术要求

1. 前端的主要技术指标

（1）载噪比

载噪比是前端最重要的技术指标之一，一般系统的总载噪比指标（国标规定为 43dB）将视系统的规模大小按一定比例分配给前端，设分配比例为 $q(q<1)$，则前端的载噪比指标是 $(C/N)_1\mathrm{dB}\geqslant 43-10\lg q(\mathrm{dB})$。

如在小系统中，选择 $q=50\%$，则$(C/N)_1\mathrm{dB}\geqslant 46\mathrm{dB}$；在特大系统中，选择 $q=10\%$，则$(C/N)_1\mathrm{dB}\geqslant 53\ \mathrm{dB}$。

（2）非线性失真指标

在现代有线电视系统中，由于传输频道数量多，混合时的插损非常大，再加上系统规模很大，前端输出的信号常常需要分成若干路提供给不同的干线，因而现代有线电视系统的前端几乎无一例外地需要在输出端加宽带放大器，此时，前端的非线性失真指标便不可忽视。一般，系统分配给前端的 C/CTB 和 C/CSO 指标为 10%，这样前端应满足的指标为

$$(C/CT\mathrm{B})_1\mathrm{dB}\geqslant 54-20\lg 10\%=74\mathrm{dB}$$

$$(C/CSO)_1\mathrm{dB}\geqslant 54-15\lg 10\%=69\mathrm{dB}$$

另外，前面已提及，在前端中由于采用单频道处理方式，其频道内的三阶互调必定存在，它是衡量前端设备性能好坏的一项重要指标。国家标准规定，单频道内载波互调比 $IM(\mathrm{dB})\geqslant 54\mathrm{dB}$。此项指标全部分配给前端。

（3）回波值

由天线到前端设备间的连接电缆，常常由于匹配不良或电缆长度在 30～100m 时容易产生反射；此外，前端设备的输入反射损耗过小也会产生反射。

国标规定，回波值 E（%）$\leqslant 7$。由于反射波受到放大器单方向性的限制，它不可能反向

通过放大器而只局限于一定范围内，要求整个CATV系统中各个部分的回波值均应控制在7%之内。

（4）微分增益失真（DG失真），微分相位失真（DP失真）

微分增益失真和微分相位失真两项指标主要针对调制器、解调器和视频处理电路，其次是频道型部件，而在宽带传输和分配系统中几乎无损失。所以，系统的这两项指标可以考虑全部分配给前端。

（5）色/亮度时延差

色/亮度时延差主要是由系统内部部件或设备的群时延造成的，群时延是相位频率特性的斜率。在CATV系统中，它主要产生于前端窄带滤波器频率特性的畸变。因此，这项指标也全部分配给前端。国标规定，色/亮度时延差（ns）≤100。

（6）频道内幅频特性

频道内幅频特性一般用不平度来衡量。频道内幅频特性的好坏主要取决于频道滤波器质量的优劣，一般与宽带设备无关，因此，这项指标也理所当然地全部分配给前端。国标规定，电视广播任何频道内幅度变化不能大于±2dB，在任何0.5MHz频带内，幅度变化不大于0.5dB。

2．邻频道传输对前端的特殊要求

图8.2为模拟电视系统邻频传输频谱图，对邻频前端有以下一般性技术要求。

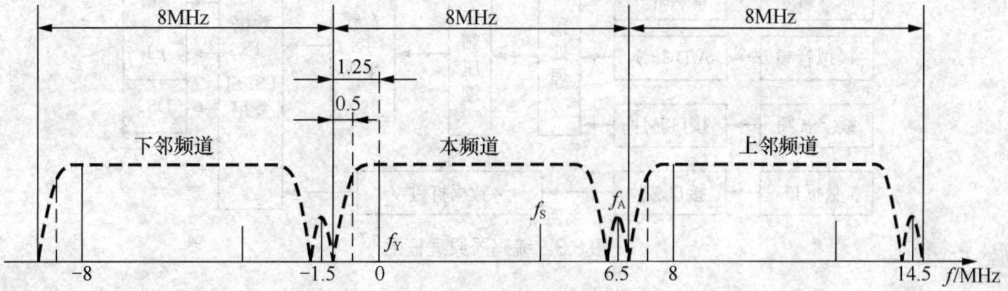

图8.2 模拟电视系统邻频传输频谱图

（1）相邻频道抑制≥60dB，带外寄生输出抑制≥60dB。

（2）系统中所有V/A比可调，一般要求V/A比为17dB，14～23dB连续可调，具体调整按实际效果确定。

（3）图像载频偏差在±20kHz以内（长时间）。

（4）对设备内变频器产生的非线性失真严格控制，采用陷波器抑制失真。

（5）相邻频道电平差≤2dB，防止电平高的频道对电平低频道产生交调串像。

（6）要有宽频带、高隔离度的混合器。由于邻频传输系统的电视频道多，故混合器的频带要宽，其隔离度为-30dB，插入损耗为-20～-15dB，反射损耗应优于16dB，传输特性要平坦。

8.2 编码器原理与实现

8.2.1 编码器原理

编码器的基本功能是将基带的数字视频音频信号进行压缩，并且通过ASI/SPI等接口输出符合 MPEG-2 标准的 TS。而解码器是编码器的逆过程，通过将输入的 TS 解压缩，输出模拟或者数字的视频音频信号。

编码器的输出码率是可以设置的，一般 4:2:0 压缩方式编码器的输出码率是 1～15Mbit/s；4:2:2 方式下输出的视频码率可以达到 50Mbit/s，音频可以从 32～384kbit/s 设置。编码器的输出分辨率在低码率下可以设置成多种分辨率。

根据应用的场合不同，编码器一般具有模拟视频音频接口、数字视频音频接口，在传输上除了支持 ASI/SPI 等接口外，还支持 DS3/E3、EI、IP 等接口，有的编码器还具有数据、图文接口。为了应用灵活方便，编码器具有 PAT、PMT、SDT、NIT 等常用 PSI/SI 的自动生成功能。

如图 8.3 所示，编码器从原理上主要可以分为四部分，分别是视频处理压缩、音频处理压缩、TS 复用和接口协议转换。如果输入的是模拟信号，则需要把模拟信号变成符合 ITU-R BT 601/656 标准的数字基带信号（A/D 转换），然后进入预处理模块进行去噪、时基校正等处理，之后进入压缩模块进行压缩。

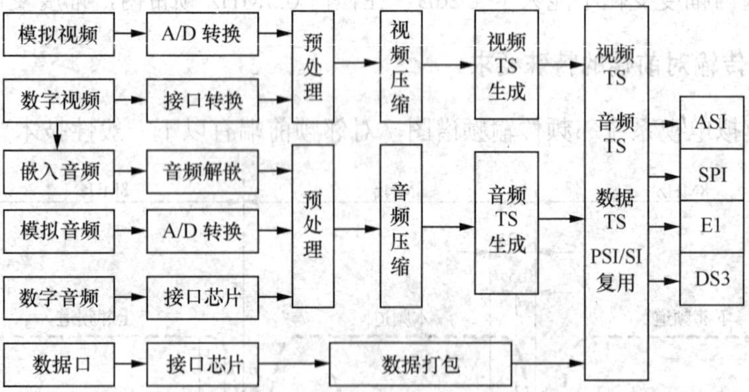

图 8.3 编码器原理框图

音频处理包含模拟音频的模拟/数字转换、音量的处理等，之后进行压缩编码。

复用部分是将视频音频和数据、PSI/SI 部分复用在一起，而接口协议转换是将最终的 TS 转换成需要的各种接口，如 ASI、DS3、E1、SPI 等都是有可能用到的接口。

8.2.2 编码器硬件实现

在视频编码技术应用的初期有两种发展趋势，一种是使用专用硬件进行实时视频编码；另一种是使用纯软件进行离线的非实时图像、视频编码。由于处理器性能和存储器密度的不断提升，软、硬件之间的设计差别渐渐模糊，能够支持视频编码的平台广泛出现。一般根据实际应用的具体特征和需求，有三种主要的处理平台支持视频编码系统的实现：通用处理器（General Purpose Processor，GPP）平台、数字信号处理器（Digital Signal Processor，DSP）平台、专用硬件（Dedicated Hardware）平台。如今的通用处理器平台已经能够达到十分可观的实时编码性能，如个人计算机（ Personal Computer， PC），由于集成电路的发展、广泛的应用需求和价格竞争等因素得到快速发展，PC 中处理器由低频到高频、由单核到多核，其性能不断提升，具有很强的图像、视频处理能力。与此同时，专用硬件在特定环境下的应用也是不可替代的，如高端的视频处理、极低功耗系统等应用环境。近些年来出现了媒体处理器（Media

Processor)，它属于一种计算能力较强的数字信号处理器（DSP），其功能与作用处于通用处理器和专用硬件之间，并且对音视频处理和通信提供了有力支持，在软硬件方面都有一定的灵活性。

转码器作为一种特殊编码器的应用，其具体的实现方法也是编码器应用中一项重要的技术。

下面从编码器的实现方法出发，首先分别介绍编码器在不同平台下的典型实现范例，然后介绍一种 MPEG-2 到 AVS 转码器的实现过程。

1. 基于高性能服务器的视频编码器实现

基于通用处理器的高性能服务器视频编码的实现主要侧重在软件优化加速方面，尤其是近些年来，随着计算机体系结构以及集成电路设计制造技术的快速发展，通用处理器的处理能力得到显著提升，特别是引入了用于加速多媒体处理的 SIMD（Single Instruction Multiple Data）指令集，如 Intel 公司基于 Pentium 处理器的 MMX（Multi-media eXtension）指令集、流指令扩展指令集 SSE（Streamlng SIMD Extension）、AMD 公司开发的 3Dnow！指令集、Sun 公司 UltraSPARC 处理器的 VIS 指令集以及 Motorola 公司 PowerPC 处理器的 AltiVec 指令集，使得在单核、多核（或者多个通用处理器）上实现视频实时编解码成为可能。基于通用处理器的编解码实现的共同特点是采用通用处理器提供的多媒体指令集进行优化，通过多线程、多核（或者多处理器）来获得所需的计算能力，优点是设计灵活，易于验证和维护，并且开发周期短。但通用处理器自身的成本较高，又需要大量外设的支持，功耗巨大。基于高性能服务器的视频编码器，本质上是串行执行的视频编码器，所有工作由软件完成，在编写实时编码代码时根据服务器的性能满足以下几项要求。

（1）最大化编码帧率，帧率越高观看舒适度越高，但是对硬件要求也越高。

（2）最大化图像尺寸，发挥服务器性能尽可能处理分辨率更高的图像。

（3）最大化图像质量，编码过程不可避免会有信息的损失，造成图像质量下降，所以要尽可能少地降低图像质量。

（4）最小化延时，从输入源视频数据到输出编码数据，时间尽可能短。

（5）最小化代码量。

（6）提供灵活的 API，以便使编码器的使用更加灵活。

（7）保证代码的稳健性，以保证编码器的稳定性。

图 8.4 为基于高性能服务器的高清视频编码器整体结构图，包括编码器和接口部分。编码器需要能够接收多种形式的未编码源数据，并且能够根据不同要求输出编码后的码流。

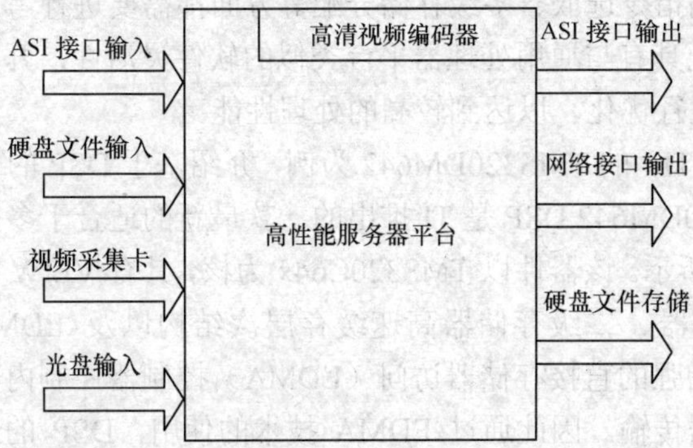

图 8.4 基于高性能服务器的高清视频编码器整体结构图

基于服务器的视频编码器都是以 H.264、AVS 或者其他参考模型（Reference Model）代码为基础的，对参考模型进行优化，加快处理速度。相应的编码器内各个功能模块在参考模型代码中体现为不同的函数，要实现实时的编码就必须使得各个功能模块总执行时间满足实时的要求。这就必然使得参考模型中某些复杂的功能执行相应的转换或简化，如在执行运动估计时使用三步法、钻石法等快速搜索方法，在执行帧内预测时执行快速模式判决等。在优化的过程中应注意的几个原则如下。

（1）最小化编码函数之间的相关性。

（2）最小化函数之间的数据流。

（3）最小化函数调用开销，这可能意味着对相关代码进行合并和简化。

（4）尽快传送已编码宏块数据，若等待整帧编码完成再传递，那么编码的延时将会增加。

在所有实现方式中，基于通用处理器的高性能服务器实现方式是最为灵活的，对后续视频编码功能的更新、改进都大有益处。但是由于为提高速度而执行的优化是对参考模型的简化，故降低了图像质量。

2. 基于 DSP 的视频编码器实现

与通用处理器相比，DSP 内部增加了一些加速数字信号处理的专用部件，能够更为有效地实现一些复杂的数字信号算法，如音频压缩、通信、信号滤波、降噪等，而且 DSP 功耗也相对较低。近年来随着多媒体的广泛推广，出现了为满足数字视频系统需求的专用 DSP，称为“媒体处理器”，如德州仪器（TI）公司的 DM 系列处理平台、飞利浦（ Philips）公司的 TriMedia 系列处理平台、美国模拟器件（ADI）公司的 Blackfin 系列处理平台、Equator 公司的 MAP 系列处理平台等。一般媒体处理器采用超长指令字（Very Long Instruction Word，VLIW）结构，VLIW 处理器在一个时钟周期内能够在多个数据字上执行多种操作，对视频编码中计算密集型的运动估计和 DCT 变换等部分的设计实现十分有效。此外，一些平台中还采用了协处理器（Co-processor）来分担一部分视频处理操作，例如，TriMedia 系列处理平台中就包含了图像协处理器和变长解码协处理器，其中图像协处理器能够分担视频图像的前、后处理操作，变长解码协处理器能够分担 MPEG-2 的解码操作。媒体处理器平台提供专门的视频处理硬件单元和视频处理指令，使得 DSP 在视频压缩和处理方面具有更强的性能。使用 DSP 进行视频编码开发，需要从软件、硬件两个角度进行综合考虑：从软件角度看，DSP 编译器能够支持高级语言，所以可以较容易修改或添加功能；从硬件角度看，处理器的 VLIW 结构、功能增强的汇编指令选取、多级存储分配等方面都需要进行考虑，才能够实现高度优化。可见，DSP 平台既具有与通用处理器平台类似的软件灵活性，开发周期也比较短，同时还能够根据硬件特点进行优化，以达到较高的处理性能。

本书以德州仪器（TI）的 TMS320DM642 为例，介绍基于 DSP 的 CIF 格式视频实时编码器的实现方法。TMS320DM642 DSP 是 TI 推出的一款最新的适合于多媒体应用的可编程定点 DSP，其结构如图 8.5 所示。该器件以 TMS320C64x 为核，具有 VLIW 架构、256KB 的 SRAM 和 32MB 的外部存储器、二级存储器高速缓存层次结构以及 EDMA 引擎等关键特性。TMS320DM642 通过增强的直接存储器访问（EDMA）控制器控制内部存储器、外部存储器和外围设备之间的数据传输。因此通过 EDMA 技术的使用，DSP 的速度能够得到改善。与通用 C6000 指令相比，TMS320DM642 扩展了 88 条指令，并能依据不同的条件灵活地选择最佳指令，以便于芯片能够获得更好的性能，并且更易实现图像处理，是当前应用较多的 DSP 视频编码芯片。

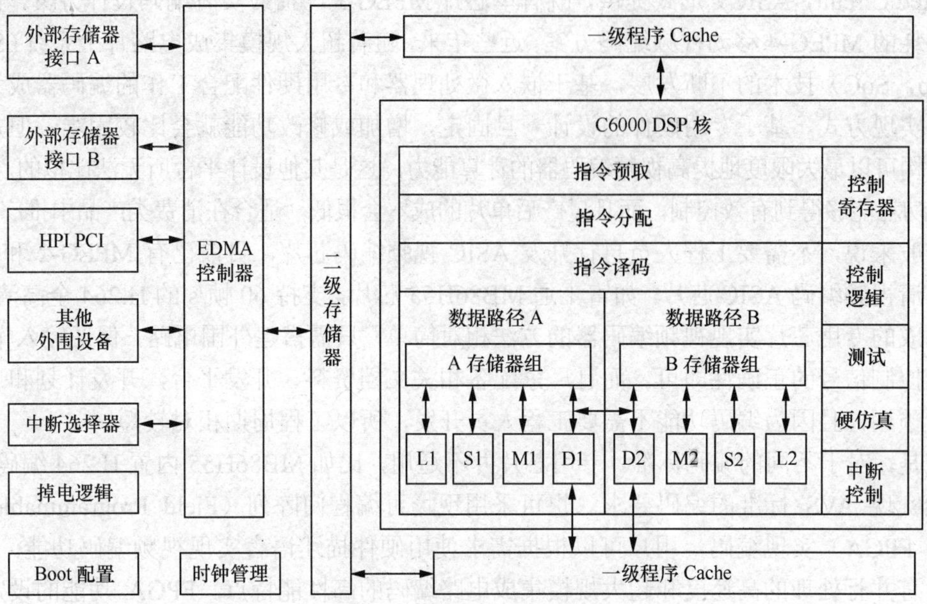

图 8.5 TMS320DM642 芯片结构图

由于 DSP 处理器的多数操作依然是串行执行，所以代码的架构与通用处理器平台相似。但由于通用处理器 CPU 和 DSP 处理器的 CPU 具有不同的结构，所以 H.264 编码器参考模型未经优化直接移值到 DSP 平台，编码速度不足以满足实时处理的要求。因此，依据 DSP 的结构特点进行适当优化显得非常必要，其实现流程一般分三个阶段：第一阶段产生和评估 C 代码；第二阶段优化和评估 C 代码；第三阶段编写和评估线性汇编。

优化过程要结合 DSP 的特点，如增强直接存储器访问（EDMA）技术是一种高效的数据传输手段，若在编码过程中需要频繁地处理大量待传输的数据，它能够在没有 CPU 干预的情况下独立完成与外设之间的数据传输。与 DMA 控制器相比，EDMA 提供了 16 个增强通道，可以在可设置优先级的情况下实现数据传输的连接。同时，EDMA 和 CPU 能够同时运行，这在很大程度上提升了 DSP 的处理速度。另外，Cache 是一种存在于存储器和 CPU 之间的高速小型化的存储器设备，它能从存储器有效地读取程序和数据。为了满足视频编码器实时编码的要求，必须提高代码执行的性能，最高效率地使用 Cache，可以减少数据的读取延时，从而提高编码器性能。DM642 拥有两级高性能 Cache 结构，一级程序 Cache 和一级数据 Cache，它们都有 16KB 的独立存储器，并且均可以被存入两级 Cache 中。两级 Cache 可以被设置为 RAM 或者 RAM 的一部分。因为一些 SRAM 通常用于存储数据（如宏块、参考帧、全局数组），所以可以将 Cache 设为 64KB。

经优化后，基于 DM642 的编码器能够满足视频实时编码的要求。

3. 基于专用硬件的视频编码器实现

在专用硬件平台上进行开发不具备软件开发的灵活性，由于要进行硬件电路的设计，整个编解码器芯片的设计、验证周期也比较长，但是因为可以采用专用的硬件结构，计算能力会得到很大的提高。早期的基于专用硬件的编码以专用集成电路（Application Specific Integrated Circuit，ASIC）形式提供，既有单芯片 MPEG-2 广播级实时编码设计方案，也有基于低功耗的 MPEG-4 移动视频编码方案。近些年来，随着超大规模集成电路片上系统（System on Chip，SoC）技术的不断发展，基于嵌入微处理器和专用硬件配合工作的编码器成为一种重要的实现方式。基于专用硬件的设计一旦固定，增加或修改功能就会比较困难，但是专用硬件结构可以最大限度地提高视频编码器的计算能力，这是其他设计平台所无法比拟的。此外，芯片的功耗能够得到有效控制，而且量产后单片的成本会很低，适合在消费类产品中推广。

一般来说，不需要工程人员自行开发 ASIC 视频编码芯片，目前已有 MPEG-2 和 H.264 实时高清视频编码 ASIC 芯片，如富士通 MB86H55 芯片，支持 60 帧/s 的 H.264 全高清编码。使用现成的专用芯片实现视频编码器的方法相对简单，只需搭建外围电路，保证输入/输出接口以及控制信号的正确性即可。而且厂家配备相关文档资料、开发平台，开发计划和进程可以进行预期，且因为编码功能不需要工程人员开发，所以工程周期相对较短。

但是，对于不同的编码标准，专用芯片并不通用，比如 MB86H55 内置 H.264 编码核心，并不能实现 AVS 标准的编码要求。也可采用现场可编程门阵列（Field Programmable Gate Array，FPGA）实现编码，用户可以根据需求使用硬件描述语言实现视频编码功能，FPGA 同样具有并行处理的高速度和超大规模集成电路编码的高性能特点。FPGA 功能的设定是较为灵活的，相比 ASIC 来说工程人员有更大的自主性。但是由于 FPGA 跟 ASIC 同为流水线并行处理方式，故参考模型的移植工作量非常大，移植过程类似于 ASIC 芯片设计过程，周期非常长。

FPGA 的设计采用自顶向下的方法。自顶向下的设计是从系统级开始，把系统分成若干个基本功能单元，然后再把每个基本单元划分为下一级的基本单元，一直这样分下去，直到可以直接用 EDA 元件库中的基本单元实现为止。自顶向下的设计流程如图 8.6 所示，其核心是采用 HDL（Hardware Description Language）语言进行功能描述，由逻辑综合（Logic Synthesis）将较高层次的设计描述由软件自动地转化为较低层次的描述，将综合器产生的网表文件配置于指定的目标器件中，并产生最终的可下载文件，完成物理实现。在设计过程的每一个环节，仿真器的功能验证和门级仿真技术保证设计功能和时序的正确性。在芯片设计时，很重要的一项是要对芯片的可测性进行分析。对于研究型的设计，除了需要测试电路的总体性能外，还需要对内部各个模块电路性能进行测试，验证各个模块的工作是否正常。同时，若某个模块达不到预期性能，则应对其进行优化。因此，单有芯片总的输入和输出引脚是不够的，还需对电路中各关键模块的输入、输出节点进行仿真验证。

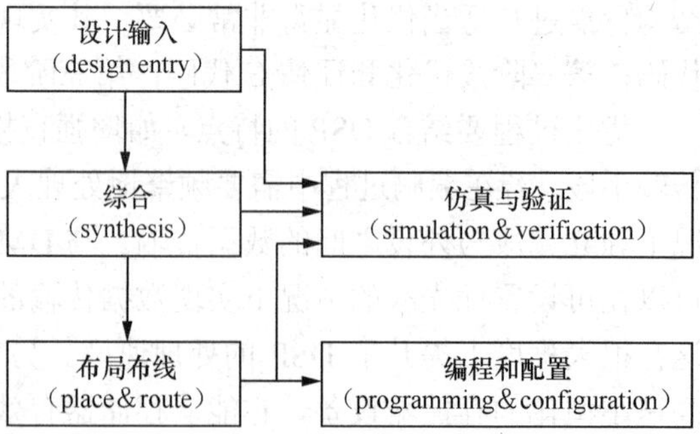

图 8.6 基于 FPGA 的 AVS 标准高清视频编码器

4. 转码器的实现

数字视频转码技术就是对编码后的视频数据进行端到端的处理，使其从一种格式转变为另一种格式。所谓的格式包括编码标准、空间分辨率、帧速率、数据传输率等，其中任何一项特征发生改变都认为是发生了转码。实现转码功能的设备称为转码器，属于编码器的范畴。转码器的输入、输出都是压缩数据，如图 8.7 所示。转码器首先将输入的码流解复用后，分别进行音视频的解码，然后进行新的编码过程，最后再复用出可以传输的码流。与传统的编码器不同，转码器中不仅包含编码过程还包括对视频的解码过程，如将视频全部解码后再进行编码，这无论从图像的质量还是系统的计算复杂度而言都是无法忍受的，所以如何利用原有的码流与所需码流的公有信息进行选择性编解码是实现转码的核心技术问题。

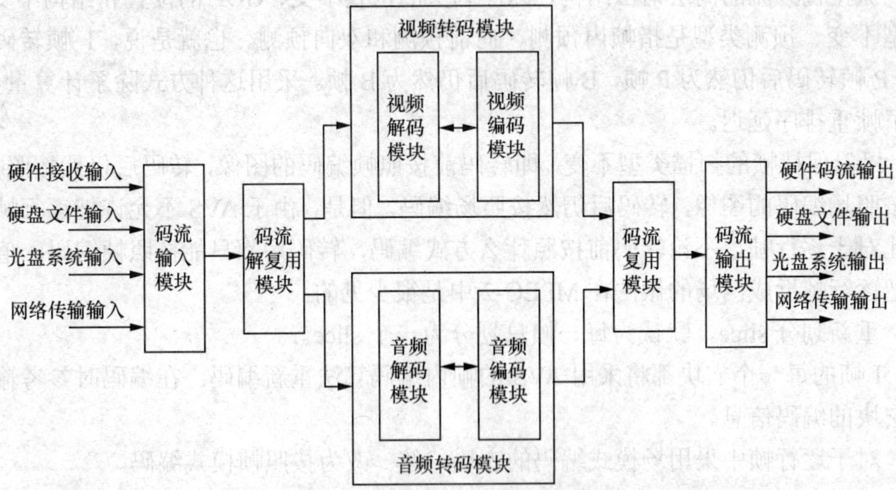

图 8.7 转码器的系统框图

下面以一个 MPEG-2 到 AVS 转码的实例为基础，简要介绍其具体实现过程。

MPEG-2 作为较为成熟的国际音视频编码标准已广泛地用于许多领域，大部分的节目都是以 MPEG-2 的形式存在。但随着人们生活质量的不断提高，传统的编码技术已无法满足人们日益增长的视频需求。但新制定的标准节目源较少，阻碍了其推广应用。因此，通过转码器将现有 MPEG-2 格式的节目源转换到新标准格式，有很大的现实意义。

为了更好地兼容 MPEG-2，AVS 视频流的高层语法结构和 MPEG-2 是一样的。AVS 和 MPEG-2 视频流都由序头和帧组成，GOP 结构为可选项。帧的编码方式有帧内预测编码、向前预测编码和双向预测编码。每一帧由图像头和若干 slice 构成，每个 slice 由 slice 头和若干编码宏块组成。

AVS 视频编码算法和 MPEG-2 有很大区别，使用 MPEG-2 到 AVS 的转码必须在像素域进行，而且必须妥善处理。转码器。主要技术方法分为级联像素域转码与压缩域转码，根据 MPEG-2 与 AVS 视频特点的不同，像素域的解决方案是一种较为有效的办法。

如图 8.8 所示，首先把输入码流完全解码，然后再重新编码。在编码过程中尽量利用输入码流的编码信息，如视频序列头信息、宏块编码模式信息和运动矢量信息等，来提高编码速度。这样，就既保证了转码的高质量，又降低了运算量。为了更好地兼顾视频速度与视频质量，在转码中需遵循以下原则。

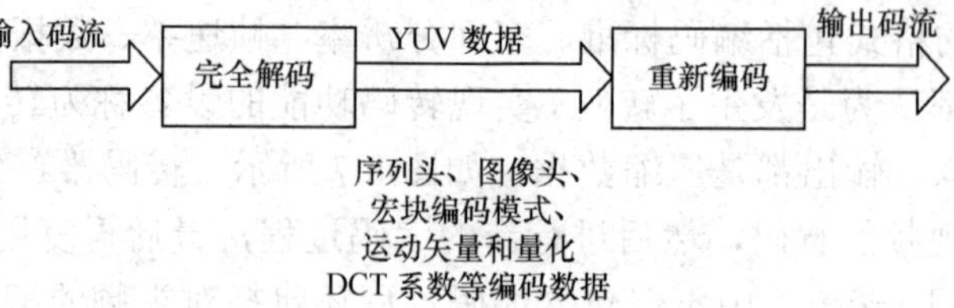

图 8.8 增强像素域转码

（1）暂时不支持可伸缩编码，即对于包含可伸缩编码的 MPEG-2 视频流，不作速度上的要求。

（2）对于 4:4:4 格式的 MPEG-2 视频流，首先下采样为 4:2:0 格式，速度上仍然不作要求。

（3）保持视频流的高层语法结构，即序列头的位置不变、GOP 的位置和结构不变、帧的预测类型不变、预测类型是指帧内预测、向前预测和双向预测。也就是说，I 帧转码后仍然为 I 帧，P 帧转码后仍然为 P 帧，B 帧转码后仍然为 B 帧。采用这种方式除了计算量小以外，还避免了帧重排序延迟。

（4）尽量保持帧的扫描类型不变，即转码前按照帧编码的图像，转码后仍然按照帧编码，转码前按照场编码的图像，转码后仍然按照场编码。但是，由于 AVS 不允许把逐行帧拆成两场，因此对于逐行帧，不论转码前按照什么方式编码，转码后都只能按照帧编码。值得一提的是，把逐行帧拆成两场的做法在 MPEG-2 中是很少见的。

（5）重新划分 slice，默认为每一帧只划分为一个 slice。

（6）I 帧的每一个宏块都将采用 AVS 的帧内编码算法重新编码。在编码时参考输入码流中对应宏块的编码信息。

（7）对于逐行帧中采用场模式编码的宏块，统一改为按照帧模式编码。

（8）对于 MPEG-2 视频流中采用跳过（skip）模式编码的宏块，转码时直接按照跳过模式编码，不再进行宏块编码模式选择和运动补偿。

（9）对于 MPEG-2 视频流中运动矢量非零但非零 DCT 系数个数为 0 的宏块，转码时不再进行宏块编码模式选择和运动补偿，直接采用转码前的运动矢量。

（10）对于 MPEG-2 视频流中采用其他模式编码的宏块，包括 P 帧和 B 帧中采用帧内模式编码的宏块，转码时重新进行宏块编码模式选择和运动补偿。在搜索运动矢量时，以转码前的运动矢量为中心在一个较小的范围内进行。

8.3 复用器功能与实现

8.3.1 复用器功能

数字电视节目的复用包括两个阶段，对音/视频 PES 包的节目复用和对 TS 流的系统级复用。复用器分为复用器和再复用器，其中复用器是将单节目 TS 流复用成多节目 TS 流，而再复用器是将多个单节目 TS 流或者多节目 TS 流复用成一个多节目 TS 流。随着技术的发展和数字电视系统的发展，单纯的复用器已经很少见到了，现在市场上的主流复用器基本具有再复用功能。图 8.9 为 TS 流系统级复用原理框图。

系统复用对各路 TS 流的 PSI 进行搜集并分析其码流，得到各路 TS 码流中相应视频、音频和数据信息的码率，对各路节目的包标识 PID、数字电视节目专用信息 PSI、节目时间参考 PCR 等信息进行处理，对不同节目的 TS 可能出现的相同 PID 值进行修改，并与本地产生的这类数据重新整合为复用后新的 PSI 等系统级控制信息，同时插入符合 DVB-SI 规范的业务信息。

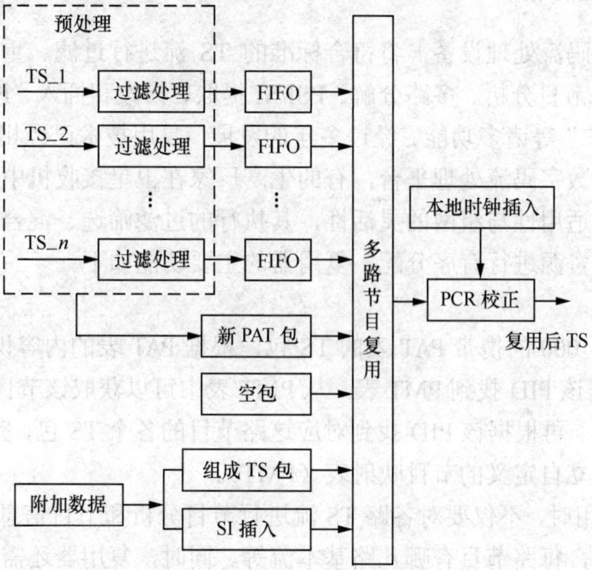

图 8.9 TS 流系统级复用原理框图

接收端解码显示过程中需要面对时间参考和同步问题。在 TS 形成过程中，根据 TS 头信息中包含的系统时序时钟（System Time Clock， STC）的参考及 PES 头信息里出现的显示时间戳（Presentation Time Stamp，PTS）和解码时间戳（Decoding Clock Stamp，DTS）在 ES 打包成 PES 时注入 PES 包中。当多路 TS 再进行复用时，在带有 PCR 标志位字段的 PCR 字段的 TS 流离开复用器时刻，校正或重新插入新的节目参考时钟。为了了解复用器的功能，传输流结构如图 8.10 所示。

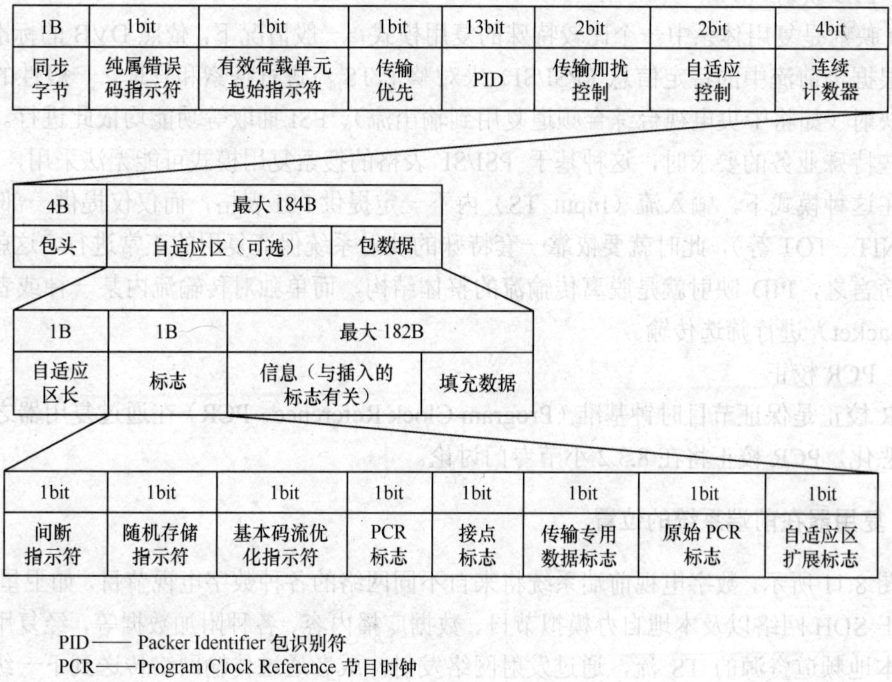

图 8.10 传输流结构

1. 复用器的主要功能

复用器作为一个码流处理设备，将符合标准的 TS 流进行过滤、重新复接，涵盖输入多节目 TS 流（MPTS）节目分析、多路分解、PSI/SI 提取、修改和插入、PID 映射、PCR 校正、码率调整、“过载保护”等诸多功能。经过多年的发展，复用技术已经相当成熟，新一代复用器已经成为一个综合数字码流处理平台，有的生产厂家在卫星接收机中增加复用器功能，大大增强了产品的市场适用性与组网的灵活性，其执行的过滤筛选、混合重整功能保证整个平台能够按照预定频点资源进行有序分配。复用器的主要功能如下。

（1）TS 复用

寻找 PID 为 0x0 000 的携带 PAT 表的 TS 包，根据 PAT 表的内容识别出携带 PMT 表的 TS 包的 PID，并根据该 PID 找到 PMT 表，从 PMT 表中可以获取该节目视频 PID、音频 PID 以及辅助数据 PID 等，再根据该 PID 找到对应这路节目的各个 TS 包，完成一路节目的识别，保存其内容，据此建立自定义的节目映射表（PMT）。

当多路 TS 流复用时，不仅要对各路 TS 流进行节目分析和节目信息收集，还要判断输入码流总共有几路节目，每路节目有哪几路基本流等。同时，复用器还需要对输入的码流进行基本流的 PID 更换和 PSI 信息重构，根据修改后的 PMT 构造 PAT 包和 PMT 包。当将所有选择的节目的 PAT 信息写完后，加上 4 个字节的 CRC 检验字段，用 0xFF 去填充余下的字节，直到 PAT 包长度为 188 字节的整数倍。

（2）TS 过滤

TS 过滤是过滤掉没有设置输出权限的业务，以确保未来的成型节目平台上的节目能够严格按照预定的计划执行。

（3）PID 映射

PID 映射是复用体系中一个比较特殊的复用模式，一般情况下，依照 DVB 的标准，复用器可以根据当前流中的特定信息（PSI/SI）来对整个 TS 流进行搜索和管理，一般性的操作如节目的映射（如将中央电视台综合频道复用到输出流）、PSI 抽取等功能均依此进行。但是当面对一些特殊业务的要求时，这种基于 PSI/SI 表格的搜索复用模式可能无法采用，如 EPG 插入。在这种模式下，输入流（Input_TS）内不一定提供 PSI 表格，而仅仅提供一部分 SI 表格（如 NIT、TOT 等），此时就要依靠一套特殊的映射系统保证复用的正常进行，这就是 PID 映射。简言之，PID 映射就是脱离传输流的整体结构，而单独对传输流内某一种或者几种传输包（packet）进行筛选传输。

（4）PCR 校正

PCR 校正是保证节目时钟基准（Program Clock Reference，PCR）在通过复用器之后没有明显的恶化。PCR 校正将在 8.3.2 小节专门讨论。

2. 复用器在前端系统的位置

如图 8.11 所示，数字电视前端系统将来自不同网络的各种数字电视节目，如卫星、开路、上级骨干 SDH 网络以及本地自办模拟节目、数据广播内容、各种附加数据等，经复用器复用成适合本地频道资源的 TS 流，通过发射网络发射，或者通过传输网络传送到下一级前端或发射站点。

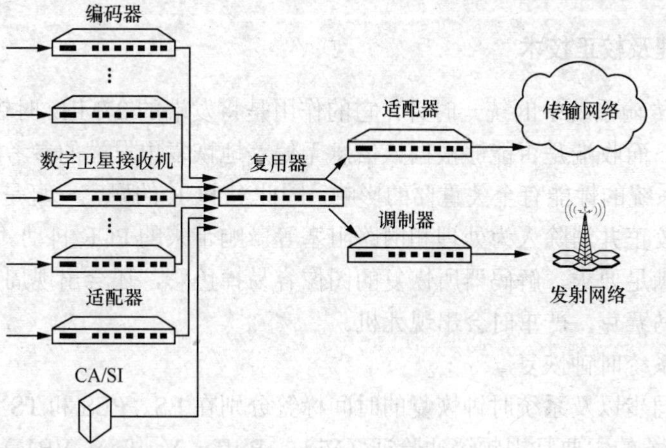

图 8.11 复用器在数字电视系统中的位置

8.3.2 复用器实现技术

1. TS 复用器的关键技术

复用器的关键技术包括 PCR 的校正、PSI 信息的提取与重构。

（1）PCR 校正

PCR 由 33bit 基值（base）和 9bit 扩展值（extension）组成，PCR 值以系统参考时钟周期为单位记录了源端的时间信息，对整个数字电视系统的同步起关键作用。在节目复用器中，有一个分为两段的 42bitPCR 计数器，分别对应传输流 PCR 字段的基值和扩展值。扩展值以节目复用器系统参考时钟（27MHz）为基准在 0～299 循环计数，每计到 300 时清零，同时基值加 1，在 PCR 字段最后 1 个字节离开节目复用器前的那一时刻，基值和扩展值分别被插入 TS 包的相应位置。在接收端，通过对 PCR 值的提取，利用锁相环电路恢复出与源端基本一致的 27MHz 时钟，作为接收端工作的基准时钟。在再复用器中，由于输入 TS 流的各个包经过再复用器的处理后延时各不相同，有必要对各个节目 PCR 字段的内容分别进行修正，这种操作称为 PCR 校正（PCR correnction）。其基本算法表示为

$$PCR_{out}=PCR_{in}+\Delta$$

式中，PCR_{in} 和 PCR_{out} 分别为同 PCR 字段在进入复用器和离开复用器时的数值；Δ 为 PCR 字段数据随着相应的传输流包在整个再复用器进行各种处理后产生的延时总和。

（2）PSI 信息的提取与重构

PSI 信息记录了关于信道、传输流和节目的基本信息。它主要包括节目关联表（PAT）、节目映射表（PMT）、网络信息表（NIT）和条件接收表（CAT）。复用器需要提取各个输入 TS 流的 PSI 信息，输出 TS 流由多个输入传输流和数据组合而成，根据输出流的组成结构重新生成输入 TS 的 PSI 信息，并插入输入 TS 流中随节目内容传输。PSI 的插入可以看作再复用器数据插入功能的一个特例。为了保证码流的随机接入性，MPEG-2 标准规定 PSI 表的重新间隔不得超过 100ms，而 DVB 标准则更加严格，要求不得超过 40ms.

2．PCR 原理及校正技术

PCR 是整个传输系统中的统一时钟，它的作用是将发端的 27MHz 时钟以 PCR 时间戳的形式注入码流中，而收端是否能够根据该信息无偏差地恢复出发端的参考时钟以达到收发时钟的同步，这对系统的性能有至关重要的影响，因此对 PCR 的研究一直是热点问题，其中主要的难点是如何校正并消除人为处理和网路阻塞等影响带来的 PCR 抖动。如果不进行校正或者校正精度不能满足要求，解码器所恢复的图像容易掉色彩，还会出现周期性的黑屏现象，同时图像会伴有马赛克，严重时会出现死机。

（1）同步及系统时钟恢复

用于视音频同步以及系统时钟恢复的时间标签分别在 ES、PES 和 TS 这三个层次中。在 ES 层，与同步有关的主要是视频缓冲验证（Video Buffer Verifier，VBV），用以防止解码器的缓冲器出现上溢或者下溢；在 PES 层，主要是在 PES 头信息里出现的显示时间戳（PTS）和解码时间戳（DTS）；在 TS 层中，TS 头信息包含节目时钟参考（PCR），用于恢复出与编码端一致的系统时序时钟（STC）。

编码端有频率为 27MHz 的共同系统时钟，此时钟用来产生指示音频和视频的正确显示和解码时序的时间标签，同时可用来指示在抽样瞬间系统时钟时间的瞬时值，传输流中的 PCR、PTS/DTS 等均为对该共同系统时钟的采样值。PCR 是由对系统时钟脉冲触发的计数器状态抽样而来的，放在 TS 包头的自适应区中传送，如图 8.12 所示。PCR 共占 6B，其中 6bit 预留，42bit 有效位。42bit 的 PCR 分为两部分：33bit 的 PCR-Base 和 9bit 的 PCR-Ext。PCR-Base 是由 27MHz 脉冲经 300 分频后的 90kHz 脉冲触发计数器，再对计数器状态进行取样得到的。PCR-Ext 是由 27MHz 脉冲直接触发计数器得到的。PCR-Base 的作用是在解码器切换节目时，提供解码器 PCR 计数器的初始值，以让该 PCR 值与 PTS、DTS 最大可能地达到相同的时间起点。 PCR-Ext 的作用是通过解码器端的锁相环（Phase Locked Loop，PLL）电路修正解码器的系统时钟，使其达到和编码器一致的 27MHz。

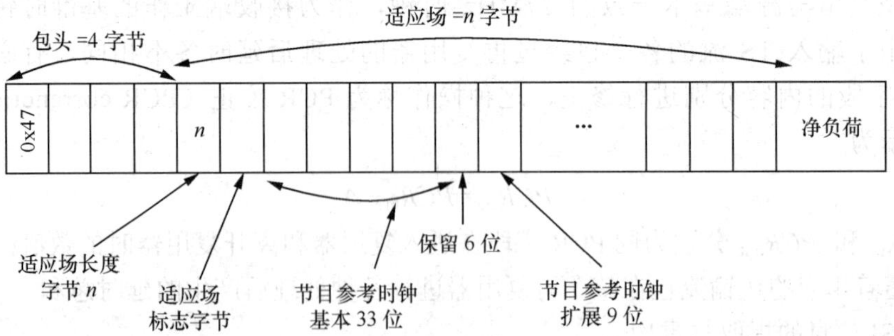

图 8.12 包含 PCR 的 TS 包结构

解码端捕获 PCR，恢复本地的 STC，作为音视频同步控制的基准，并依据 PTS（DTS）时间标签来安排解码和显示时间表，使音视频分别同步于 STC，以实现音视频之间的同步。当新节目的 PCR 到达解码器时，需要更新时间基点，STC 就被置位。通常第一个从解复用器中解出的 PCR 被直接装入 STC 计数器，其后 PLL 闭环操作。当一个新节目的 PCR 到达解码器时，此值被认为是锁相环的参考频率，用来与 STC 的当前值比较，产生的差值经过脉宽调制后输入低通滤波器并经放大，输出控制信号控制振荡器（VCO）的瞬时频率，VCO输出的频率是在27MHz左右振荡的信号，作为解码器的系统时钟。27MHz时钟经过波形整理后输入计数器中，产生当前的STC值，其33bit的90kHz部分用于和PTS/DTS比较，产生解码和显示的同步信号。一个单元解码后被显示，PCR计数器重新计数，开始下一个单元的工作。

（2）非均匀延时和PCR抖动

通常情况下，经过复用和再复用后，PCR值并不能完全精确地反映信源编码端的时间信息，这种现象称为PCR抖动（PCR jitter）。非均匀延迟是复用过程中引起PCR抖动的主要原因。下面通过一个例子说明非均匀延迟。假若在某TS流中，复用前PCR_1和PCR_2之间的原始码速率是a，两者的间隔为m_1（bit），显然，根据PCR原理得到$a = m_1/\Delta PCR$。由于传输过程中的各种原因，PCR_1和PCR_2之间的码流速率变为b，两者间隔为m_2，如果要求$b=m_2/\Delta PCR$（即变化后的PCR仍然能够准确地反映当前速率），则必须有

$$(a/b)=(m_1/m_2) \quad 或者 \quad (a/m_1)=(b/m_2)$$

满足上式的延迟称为均匀延迟，否则称为非均匀延迟。显然，在一个随机变化的网络中均匀延迟几乎是不可能的。引起非均匀延迟的原因主要有两大类：一类是由数据在网络中传输时端到端的非均匀传输延迟造成的，这类抖动一般来说都比较小，大多数系统是可以容忍的；另一类是根据传输的需要人为地改变码速率所引起的，码流复用和码速率调整所引起的PCR抖动都属于这一类，这类情况所引起的抖动一般是比较大的。

复用器增加的PCR抖动量主要还有以下几个来源：①本地27MHz时钟与节目复用器中系统参考时钟不一致；②本地27MHz时钟与输入TS流时钟不一致；③本地27MHz时钟与输出TS流时钟不一致。PCR抖动较大会对收端恢复同步时钟产生很大的影响，如果抖动过大会进一步影响图像画面的效果。不同的系统能够容忍的最大抖动是不同的，在DVB系统中要求小于500ns，因此要对PCR进行校正。

（3）PCR校正的方法

不同的复用器中，由于PCR校正实现的方法各不相同，以附加PCR抖动大小（即校正精度）为主要指标的性能差别也很大。下面分别介绍几种PCR校正方法。

① 基于相同时基的PCR校正方案。在ISO /IEC 13818协议中并没有对PCR的时基做明确规定，即1路TS流中多路节目的PCR可以使用相互独立的时基，也可以使用统一时基（显然现实中不同节目的产生是不相关的，所以往往在复用时保留原有不相关的时基），PCR的作用在于为收端提供一个时钟基准，所需要的是PCR之间的差值，而每一个PCR的绝对值是没有意义的。所以利用一个本地27MHz时钟按照ISO / IEC 13818协议的规则重新生成42bit PCR值，当TS流中存在多路节目时，不区分当前的PCR域内为哪一路节目的PCR，而是利用一个统一的时钟根据时间在每一个PCR域内顺序置入新的PCR值，这样多路节目的PCR共享一个时基，而在恢复时钟时无须判断是哪一路节目的PCR，只需要根据PCR的先后顺序进行锁相恢复即可。由于第二次PCR置入是在速率变化之后，最终输出的PCR值可以无抖动地反映调整之后的码流速率，可见尽管码率调整使得PCR出现抖动，但是重新置入PCR使得抖动消除。

② 基于相同时基的PCR校正策略的改进。基于相同时基的PCR校正方法存在一定的弊端，由于采用本地27MHz时钟进行PCR的重新置入，最终恢复出来的27MHz时钟必然是本

地的参考时钟。假如这个时钟与原参考时钟有偏差，那么这个偏差将不断积累。假如原参考时钟是产生 PS 流时产生 PCR 的参考时钟（这个时钟也是最终收端所需要的时钟基准），这个偏差的积累最终可能导致缓冲区的溢出，并使解码产生不良效果，所以在置入时准确地恢复出原 27MHz 时钟，使重新置入 PCR 参考时钟无偏差或偏差较小。基于此，对该方案提出了改进。

具体方法是从第一次 PCR 的重新注入开始，每一次重新注入 PCR 之前，首先通过码流中的原有 PCR 恢复出参考时钟，并用这一时钟来产生新的 PCR，如图 8.13 所示。从节目复用开始采用该方案，可以解决时钟偏移量积累的问题。

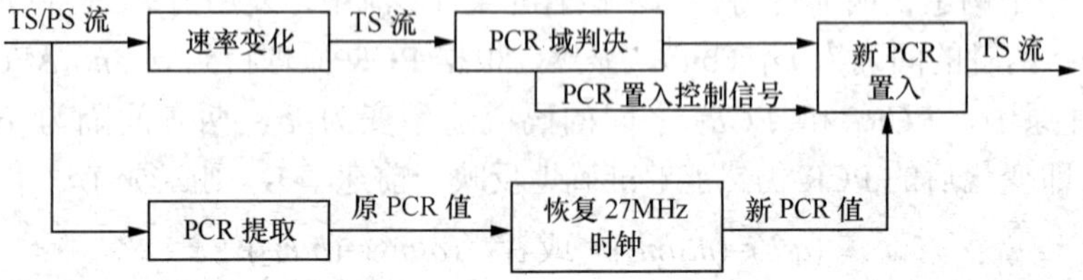

图 8.13 PCR 校正方案

③ 改进的 PCR 校正算法。改进的 PCR 调整方法有别于原来的方法，它不是对原有 PCR 值进行修改，而是重新生成正确的 PCR 值，并替代原有的 PCR 值。基本原理是用本地 27MHz 时钟计数值代替原有的 PCR 值，同时保存它们之间的差值，再用这个差值调整 PTS 和 DTS 值。如图 8.14 所示，原 PCR 值进入 PCR 校正模块，被本地 27MHz 时钟计数值代替输出，同时计算两者的差值并保存到 RAM 中；原 PTS/DTS 值进入 PTS/DTS 校正模块，原 PTS 和 DTS 值减去保存在 RAM 中的相应差值，输出正确的 PTS 和 DTS 值。

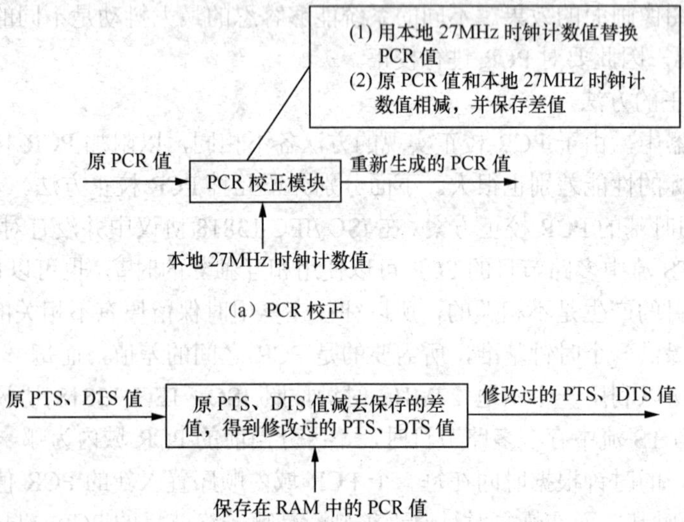

（a）PCR 校正

（b）PTS、DTS 校正

图 8.14 改进的 PCR 校正方案

8.3.3 统计复用

统计复用（Statistical Division Multiplexing，SDM）有时也称为标记复用、统计时分多路复用或智能时分多路复用，能实现带宽动态分配。统计复用从本质上讲是异步时分复用，有别于普通复用方式的固定时隙分配形式，它能动态地将时隙按需分配，根据信号源是否需要发送数据信号和信号本身对带宽的需求情况来分配时隙。

数字电视节目复用器主要完成对TS流的再复用功能，形成多节目传输流（MPTS），用于数字电视节目的传输任务。输入复用器的各个节目传送的码率不是恒定的，在同一时刻图像复杂程度不一样（如含运动画面时码率高，而静止画面较多时码率低）。统计复用可以在同一频道内各个节目之间按图像复杂程度分配码率，有效利用带宽，在一个电视频道内传送更多或质量更高的节目。

实现统计复用的关键因素：一是如何对图像序列随时进行复杂程度评估，有主观评估和客观评估两种方法：二是如何适时地进行视频业务的带宽动态分配。

8.4 典型IP化的前端设备

8.4.1 DVB-IP网关

DVB-IP网关是一种对传统DVB-ASI格式的数据和IP数据进行转换的设备，同时它还有一定的路由交换功能，实现实时的TS包与IP包之间的双向封装和发送，使数字节目得以在IP网络上传播。ASI接口可以配置成24路输入或输出。DVB-ASI包括ASI输入、IP输出的产品和IP输入、ASI输出的产品，利用这两种设备，可以通过光纤将两组ASI设备把相聚很远的两个地方连接在一起，根据选择不同的光模块，距离可以从几百米到100多千米不等，光信号速率最高可配置到3.25Gbit/s。通过网关软件控制，可以对各路ASI信号起到路由交换作用。例如，在中心机房输出的ASI数据通过该网关路由，在各个分前端通过光纤接收，然后ASI数据输出连接传统的QAM调制器或者其他传统ASI设备。在光纤两端分别放上一对ASI输入/输出网关，可以在两地起到信息交换作用。利用ASI-IP网关，可以将传统的QAM调制器靠近用户部署，缩短到用户的传输距离，提高QAM调制射频信号的指标。

8.4.2 媒体传输交换设备

媒体传输交换设备是一个全双向全IP的流媒体交换处理中心，可连接8个速度最高为4.25Gbit/s的光纤收发模块，总的物理带宽可达32Gbit/s。在广播数字电视应用方面，其遵守DVB标准，可对多达32路的TS流进行路由交换和加扰。也就是在DVB加密功能上，相当于传统的32路加扰器和复用器，IU相当于原来的64U，替代原来多个机柜的设备空间，能够健壮地同密6种以上CA。

8.4.3 边缘调制器

边缘调制器（EQAM或者IPQAM）是一款可软件配置的QAM调制器，采用软件方式直接生成射频信号，没有上变频过程，因而能达到很高的技术指标。每台EQAM支持48/72/144/192频点，4邻频、6邻频、8邻频及24邻频灵活配置。因为EQAM是用软件直接生成射频，没有上变频的过程，所以有很高的射频指标。

在HFC网络中，单向广播信道宽裕、双向交互信道拥塞的现状，可以通过EQAM的方式，仅将交互信道用于传送上行点播信号、控制信令和少量的下行EPG信息，将大量的视频流下行信号承载在宽裕的广播信道上，从而提高了系统的交互和承载能力。EQAM集“复用、加扰、调制、频率变换”功能于一体，它将 DVB-IP-GbE 输入的节目流重新复用在指定的 MPTS 中，再进行 QAM 调制和频率变换。

8.5 QAM 调制器特性要求

有线前端构成中，信道编码和字节到 *m* 比特符号变换之后的重要电路是 QAM 调制器，其性能十分影响有线数字电视系统的质量，行业标准 GY/T 170 中给出的 QAM 调制特性见表 8.2。

表 8.2　QAM 调制器特性要求

调制	64QAM π/2 旋转不变编码；QAM 调制器（发射端）与 QAM 解调器（接收端）均应支持 64QAM
载波频率	适合于 8MHz 间隔，处于频道带的中央
载波频率精度	对于频率范围上限处测量的 64QAM，精度+/−20 × 10^{-6}
频率范围	87MHz～1GHz； 接收机能工作于指定的整个频率范围内
符号率	STB 应至少支持 6～6.952MBaud/s 符号率范围内的数据速率。对于支持用于上行控制的带内信令的系统，该值应是 8kBaud/s 的整数倍
相位噪声	＜−75dBc/Hz@1kHz ＜−85dBc/Hz@10kHz ＜−100dBc/Hz@100kHz 及以上
信号码元编码	差分正交编码和正交格雷码编码
发射频谱限带	升余弦二次方根特性；滚降系数 α = 0.15
调制 I/Q 幅度失衡	＜0.2dB
调制 I/Q 时间差	＜0.02*T*（*T*=符号周期）
调制正交失衡	＜1.0°
RF 物理接口输入的接收电平（下行带内信道）	50～80dBμV（BMS）（75Ω）
解调器输入的 C/N（白噪声）	64QAM：≥30dB@BER＜1 × 10E−2（纠错后） （即 40Mbit/s 时每 7h 一个未纠正的差错）
数字 QAM 信道（RMS）与模拟 VSB 信道（峰值）间的功率电平差	−10～0dB

8.6 前端系统构建考虑

有线数字电视系统主要应用在具有 HFC 网络覆盖的城市，我国各个城市在以前已经建设了完备的 HFC 网络，为建设有线数字电视系统提供了良好的基础。目前，我国大部分城市都已经或正在建设有线数字电视系统，并且我国目前绝大部分用户都是有线数字电视用户。但是网络的可运营性，还没有做到精细化管理、个性化服务，为此在构建前端系统时注意先进性、可靠性、标准化、安全性、开放性等要素外，还要特别注意网络化远程操作管理，整个系统管理实现图形化。

8.6.1　整体网管

随着数字电视平台的搭建，整个平台涉及的设备数量增多、种类增加，且各种设备的控制和设置的方式各不相同，因此建立网管子系统，实现对主前端和各分前端所有的编码器、数字卫星接收机、复用器、网络适配器、加扰器、QAM 调制器等前端设备统一有效地集中管理与监控非常有必要。

同时，由于数字电视是集中付费的业务体系，提供流畅稳定的服务给消费者是运营商在技术上考虑最多的问题，因此对于整个平台的所有硬件设备运行状态和故障需要进行实时地监控和远程管理，并能够根据所承载业务的重要程度对主用设备进行优先级排序。统一网管系统正是因这种需要而产生的，让用户实时、全面掌握所有设备的状态，搭建一个集中的数字电视平台。集中统一网管有以下两种实现方式。

1. 带外网管

带外组网方式是指利用非业务通道来传送管理信息，使管理通道和业务通道分离。带外网管方式是数字电视系统里比较有效的网管实现方式，从各节点的设备通过以太网口相连并跨路由，在一个全基于 IP 的网络环境中，进行设备管理。由于 IP 网的发展迅速，基于此种方式的网管系统以更自如和高效的、更易接受的方式展现给用户。在此方式中，可以把网管与数字电视系统完全独立，它们在两个独立的网络或通道中以及两个不同的平台上运行，由于各设备集成了可被控制和可被管理的机制，保证了带外网管系统对设备实行统一的全实时管理。

图 8.15 为基于 IP 网络的带外网管系统拓扑图。带外网管组网特点如下。

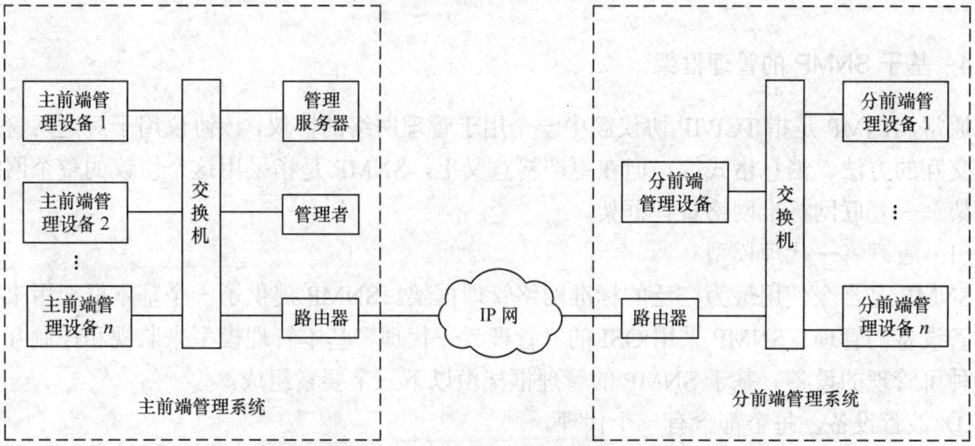

图 8.15　基于 IP 网络的带外网管系统拓扑图

- 优点：比带内方式提供更可靠的设备管理通路。当承载业务的设备出现故障时，能及时定位网上设备信息，并实时监控。
- 缺点：带外方式要求另外提供设备组网，提供同业务通道无关的维护通道。

2. 带内网管

带内网管方式是指网管信息与业务流通过同一个网络通道传输，可以充分利用下传和回传通道，节省项目成本。带内网管组网特点如下。

- 优点：组网灵活，不用附加网管设备，节约用户成本。
- 缺点：业务通道发生故障时，无法进行维护工作。

3. 网管的技术标准

与传统广播电视相比，互动电视系统由于大量应用双向网络互联技术，更容易实施一些用于管理网络的专用网络管理产品。一个网络若不能很好地进行管理，则该网络就很难充分发挥作用，对互动电视系统也是如此。随着网络中增加更多的异构设备、更多的功能和更多的用户，管理这些资源的难度显然就更大了。

就网络管理发展来看，面对当今大规模、复杂和异构的多厂商产品互联的计算机网络，国际标准组织一直致力于定义一种标准化的公共的网络管理体系结构和协议，简化对庞大的、异构的、多厂商产品构成的网络系统的管理。这些网络管理的标准规范对于互动电视系统的网络管理也有重要的指导意义。

在过去的十几年里，致力于为网络管理开发相应的服务、协议和体系结构，并有相当影响力的主要有三个国际组织：国际标准化组织（(ISO)、国际电信联盟电信标准化部（ITU-T)、Internet 工程任务组（Internet Engineering Task Farce，IETF)。其中 IETF 制定的简单网络管理协议（Simple Network Management Protocol， SNMP）尽管经过不断发展，仍不完美，但 SNMP 已经成为 TCP/IP 互联网网络管理的事实上的标准。互联网网络管理标准主要规定了网络管理信息结构和网络管理通信协议两方面。有关互联网网络管理的标准非常多，人们制定并发布了各个方面的 SNMP 标准，尤其是有关 MIB 库的标准，而且这些标准在不断更新扩展。

4. 基于 SNMP 的管理框架

通常，SNMP 是指 TCP/IP 协议簇中一个用于管理网络的协议，该协议用于规定网管信息传输交互的方法、消息格式等。但在更严格意义上，SNMP 是指采用这个协议的整个网络管理框架——互联网标准网络管理框架。

（1）管理者—代理模型

SNMP 是当今使用最为广泛的标准网络管理框架。SNMP 提供了一个基本框架用来实现对被管设备的管理。SNMP 采用 OSI 的“管理者—代理”基本管理模型来监视和控制互联网上各种可管理的设备。基于 SNMP 的管理框架由以下三个要素组成。

① 被管设备，每个都含有一个代理。

② 网络管理中心或网络管理系统，每个都含有一个管理者。

③ 管理者和代理之间的管理协议，也就是 SNMP 协议。

在 SNMP 管理模型中，管理者是管理的主动方。通常情况下，在网络管理中心上的用户运行网管应用程序，向所要管理的被管设备发起“取请求”或“设置请求”操作。被管设备包含处于被动等待状态，准备为“请求”提供服务的代理。代理对管理者发来的“请求”操作进行分析，如果该操作是允许的并且是可能实现的，就执行该操作，发送相应的“响应”报文，然后回到“等待”状态。

代理的主要功能之一是将管理者的标准请求信息转换成本地数据结构，进而转化为与该

“请求”等效的操作，并执行该操作，返回相应的“响应”报文。

代理也可以主动向管理者发送“陷阱”报文。“陷阱”是报告异常或预定义事件的报文。管理者收到报告后，视具体情况决定是否与代理进一步交换报文，以判定该问题的性质，并决定下一步的动作。

（2）SNMP 参考模型

图 8.16 所示的 SNMP 参考模型说明了 SNMP 网络管理框架的一般结构，也说明了网络管理系统的各个组成部分及其相互关系。

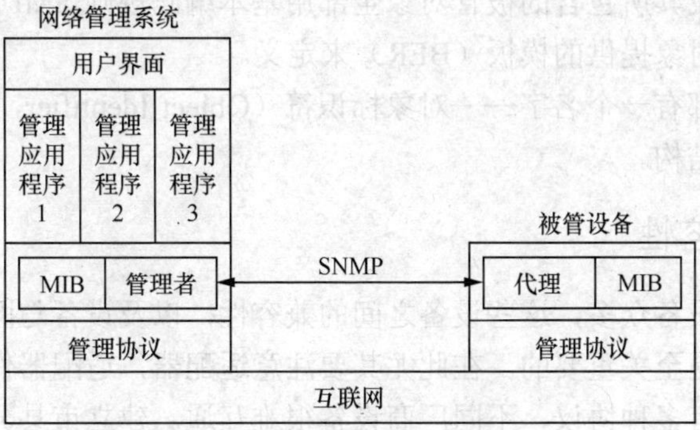

图 8.16 SNMP 参考模型

SNMP 参考模型由以下四个主要部分构成。

① 互联网络。在 SNMP 参考模型中，互联网络是采用相同协议、通过网关相连的一个或多个网络的集合。

② 管理协议。管理协议是网管中心与被管设备的通信规则。管理协议往往是一组网络协议集。SNMP 采用的协议是互联网络中使用的 TCP/IIP 管理协议集，SNMP 是一个应用层协议。

③ 网络管理系统。在管理参考模型中，为了明确与被管设备的区别，网络管理系统也称为网络管理中心，它通过 SNMP 与互联网中被管的设备通信。网络管理系统有以下四个主要部件。

- 管理者（管理进程）。
- 管理者 MIB 库。
- 管理应用程序。
- 用户界面。

④ 被管设备。SNMP 参考模型中的被管设备是指含有代理的网络设备，它也要用管理协议与网络管理中心的管理进程通信。被管网络实体包含以下两个关键部件。

- 代理。代理也可称为代理进程，代理的用途是接收管理进程的请求，检查其合法性，然后进行相应处理，最后发出响应。代理也可以主动发送陷阱报文，以报告预定义的事件。
- 代理的 MIB。代理的管理信息库是用户所关心的变量集合。

5. SNMP 的管理信息结构

管理信息结构（Structure of Management Information，SMI）定义了 SNMP 管理信息的组织、组成和标识，是定义被管对象和协议信息交换方式的基础。

SMI 的一个基本用途就是定义被管对象。按照 SMI 定义的 SNMP 被管对象具有三个属性：名字、语法和编码。

（1）名字

每一个被管对象都有一个唯一的标识符作为其名字。

（2）语法

每一个被管对象的抽象数据结构用抽象语法记法 1（ASN.1）定义。

（3）编码

发送和接收报文及其所包含的被管对象全部用基本编码规则 SMI 为 MIB 定义被管对象以及协议，使用被管对象提供的模板（BER）来定义。

每一个被管对象都有一个名字——对象标识符（Object Identifier，OID），所有对象标识符形成一个树形层次结构。

8.6.2 设备兼容性

组成前端系统的设备众多，这些设备之间的兼容性，以及设备与网络之间的兼容性，对前端系统质量的影响是至关重要的。在此尤其要注意适配器，适配器作为与各种设备与设备相连接的设备，存在有多种协议，不同厂商设备很难互通。建立市县分前端或者接收上级前端传输节目时，均需要适配器，同时还有 DS3 输入的 QAM 也含有适配层。这都对适配器的兼容性提出了很高的要求。

8.6.3 核心设备对系统质量的影响

编码器、复用器、加扰器、QAM 调制器、转码设备、互动系统的视频服务器、互动系统的边缘调制器等作为前端系统的核心设备，其性能对整个平台质量有显著的影响。而这些产品的性能好坏，不仅取决于生产厂家的实力，还取决于厂家的技术水准和自主研发能力。另外，厂商的技术实力也是判断一个厂商是否有持续技术支持的重要标准。

【练习与思考】

问答题

1．邻频前端的重要技术要求有哪些？设计流程如何？要考虑哪些因素？

2．编码器主要功能有哪些？实现方案有哪些？各自的特点及适应性如何？

3．设计转码器主要原则和考虑的因素有哪些？

4. 前端系统的主要设备有哪些？在网络中的哪些位置？画出三网融合实验室的前端组成框图，并简述各个设备的功能。

5．复用器的主要功能、关键技术和实现原理如何？

6．对前端设备的集中统一有哪两种形式？各自的特点是什么？并在实验室实际登录复用器、卫星接收机、转码器进行设备配置操作，记录参数。

7．请回答传统 QAM 与 EQAM 不同点。

8．简述 SNMP 管理框架，画出 SNMP 参考模型，并加以说明。

【研究项目】 新媒体生产管理运营平台——转码方案设计及实现

要求：

从需求分析开始，进行方案设计，亲自动手实践，设计工作流程，最后设计测试方案、记录测试数据。

指导：

FFmpeg 是一个开源免费跨平台的视频和音频流方案，属于自由软件。它提供了录制、转换以及流化音视频的完整解决方案。它包含了非常先进的音频/视频编解码库 libavcodec，为了保证高可移植性和编解码质量，libavcodec 里很多 codec 都是从头开发的。

基于 FFmpeg 软件，以个人计算机模拟平台服务器、转码平台和用户终端，使用附带安卓系统的智能手机模拟新媒体手机移动终端实现小型转码平台，该平台可以模拟实现网络直播过程，即实现从摄像头实时调取视/音频信息转码并发布、对影视剧进行直接转码并发布、模拟基于新媒体的电台音乐播放服务、实现服务器自动记录收到请求和响应的时间及地址端口号、转码过程中给视频添加水印。

第9章 条件接收与中间件

【学习提要】

理解条件接收（CA）系统的概念、CA 系统的构成要素，掌握 CA 系统工作流程、CA 系统实现方式，了解 DCAS 与 DRM 系统。理解中间件在数字电视发展中的作用，掌握中间件的系统建构，重点掌握中间件的协议模型，了解开放式中间件的必要性与可行性，了解 NGB 终端中间件架构技术。

【引言】

广播电视已经进入到数字化时代。采用全数字传输，可以大大提高视听质量，节约频率资源，使服务内容和形式更加丰富多彩。在模拟电视的时代，电视台主要靠广告费盈利；在数字电视时代，电视台可以有更加灵活的盈利方式，比如对部分节目或服务向观众收费。要实现向观众收费，必须有条件接收系统（Conditional Acess System，CAS）的支持。

条件接收，简单地讲就是在电视节目传输过程中，规定一些节目只有特定的用户可以接收，或者说，只有经过适当授权的用户才能收看该电视节目。条件接收系统与电视广播系统是相对独立的，它并不是由电视广播的数字化产生的新技术。模拟电视广播也有条件接收系统，而广播电视数字化更加有利于条件接收的实现，并且促使条件接收系统更加成熟与多样化。数字 CA 技术已经在有限宽带网络中有了成熟的应用，而网络、多媒体和计算机技术的快速发展向 CA 系统提出了新的挑战。未来 CA 技术应该向更加灵活、更加开放、更加安全的平台化方向发展。

CAS 主要实现节目的加扰，即在前端系统的控制字 CW 的控制下，连续不断地对被传送的全部内容（视、音频流和数据流）进行扰乱，使只有使用恰当的解码器和密钥才能收到正确的信号。CAS 相关的概念：①控制字 CW 指用于解码器中的电子密钥。解扰的关键是必须掌握伪随机序列发生器的初始条件，初始条件受控于控制字 CW，有了 CW 就可以恢复加扰时使用的伪随机序列，可以实现对信号的解扰。CW 是 CA 的关键，必须可靠的传输。CW 由前端加密后经网络传送到用户机顶盒的智能卡上，经解密后产生密钥。为了防止被破译，CW 要不断改变，一般每隔 5～20s 改变一次。②同密是一种加扰方式。该方式通过同一种加扰算法和控制字使多个条件接收系统一同工作。这种方式便于多级运营管理，为多级运营商选择 CA 系统提供灵活性（不必大家都使用同一 CA 系统）。而每台机顶盒也只须选用一种 CA 系统，不必装多个 CA 系统。这样便于不同的 CA 开发商在同一网络中公平竞争。③多密也是一种加扰方式，也称公共接口 CI 方式。它是针对接收端机顶盒而言的。在多密方式下，每台机顶盒通过公共接口 CI 对不同的 CAS 解密，即用同一台机顶盒接收不同 CA 系统的加密节目，当 CA 更换时，仅需更换 CA 模块，不必换盒，从而实现机卡分离。机顶盒是通用的，卡是由不同运营商管理的。机顶盒交换网络，只需换卡。④加扰指在前端系统的控制字 CW 的控制下，连续不断地对被传送的全部内容（视、音频流和数据流）进行扰乱，使不用恰当的解码器和密钥就不能收到正确的信号。解扰是加扰的逆过程。⑤授权控制信息 ECM 是一种特殊的电子密钥信号和信道寻址信息，就是与 CW 有关的加密编码和接收参数信息。ECM 传送加密后的密钥和节目标识、收视条件、加扰算法、提供商等。ECM 是在前端形成的，把控制字发生器产生的加扰控制字，按一定的数据编码格式加密、打包，送到复用器中传送。在接收端，ECM 用来控制解扰。⑥授权管理信息 EMM 是授权用户对某个业务进行解扰的信息。对用户在什么时间看，看什么节目授权。EMM 传送对 CW 加密的密钥 SK。在前端，EMM 发生器从用户管理系统取得授权信息（用户标识号、智能卡号、用户授权信息等）和密钥，编码后形成 EMM 数据包，加密送到复用器中传送。在接收端，EMM 也用于控制解扰。⑦用户个人分配密钥 PDK 是一个数列，是机顶盒的唯一地址码，由 CA 系统自动生成并严格控制，存放在用户智能卡中。在用户端，智能卡通过 PDK 对 EMM 和 ECM 解密，取出 CW，实现对加扰传输流的解扰。

数字电视的中间件是在业务应用程序和操作系统之间嵌入的一个中间解释层软件，它规定一组支持数字电视应用功能的 API（Application Program Interface，应用程序接口），使业务应用程序与接收机硬件平台的具体构造无关，使其具有与硬件平台无关和模块标准化的特征。

9.1　CA 系统概述

数字电视是将传统的模拟电视信号经过抽样、量化和编码转换成二进制数代表的数字式信号，然后进行各种功能的处理、传输、记录、存储、监测和控制的一种全数字处理过程的端到端系统。正是这种全数字化的特点，使人们可运用各种数字技术使电视设备获得比原有的模拟电视设备更高的技术性能，同时还具备了模拟设备无法实现的功能，也是这个特点使 CA 在数字电视系统中在提高服务质量和安全性能的同时变得易于实现。

CA 系统就是对视频、音频和数据等信息加密、传输并为合法用户接收解密的过程，以只有获得授权的用户才能使用相关业务的方式实现数字电视广播系统的有偿服务。CA 广播电视运营商管理手段的拓展，使运营商能够对用户收到的信息进行授权控制，它被认为是广播电视行业打破以广告为主要收入的单一经营模式，实现多元化经营的技术基础和有力工具。

CA 系统的任务是保证有线数字电视广播业务仅被授权接收的用户所接收，其主要功能是对信号加扰、对用户电子密钥的加密以及建立一个确保被授权的用户能接收到加扰节目的用户管理系统。

9.2　CA 技术的发展

有线电视 CA 系统的发展，经过以下几个阶段：早期模拟系统的信道加扰系统、数字电视的内容加密系统、多密算法系统、可更换算法系统和平台化软硬件分离系统。有线数字电视系统走过了由引进国外技术到自主创新的艰难历程。可以说没有 CA 技术的自主创新，就没有中国广电的发展。

9.2.1 CA 系统的起源

国内数字电视的 CA 技术参照十多年前源自欧洲的 DVB 标准，世界上其他国家数字电视标准也是参照 DVB 标准，如日本的 ISDB、北美的 ATSC，与 DVB 标准不同的仅仅是信道传输部分，后端信源解码和 CAS 的标准与 DVB 标准基本相同。所以，现在数字电视的后端标准以及 CA 技术全世界是一样的。

基于 DVB 标准的数字电视芯片也同样起源于欧洲，最初的 DVB-SIM 同密标准是不开放的，参与制定该标准的欧洲公司近水楼台先得月，所以国外最早的 CA 公司均来自于欧洲。随着欧洲的 DVB 标准被世界各地采用，欧洲 CA 公司的市场扩展到了全世界，在最初的几年时间内，几乎垄断了整个世界的数字电视 CA 技术市场，逐渐形成了大家熟知的商业和技术模式，至今仍影响着世界数字电视 CAS 市场和整个数字电视产业链，造成了机顶盒的混乱，对中国广电运营商的规模化发展造成了不良影响。

9.2.2 CAS 市场现状

数字电视 CA、浏览器、其他增值应用等实际上都是应用软件，传统商业模式下，分别由不同的软件公司提供，通过众多机顶盒厂家将这些软件集成组合到种类繁多的机顶盒上，然后，这些公司再联合向运营商推销。按照传统的商业模式，运营商在选定了 CA、浏览器等前端软件后，再选择机顶盒。在这个过程中，运营商选择机顶盒的标准主要是看机顶盒厂家的规模和业绩，单方面认为这样就可以保障机顶盒的售后服务，很多运营商忽视了机顶盒不仅仅是一个硬件设备，重要的售后服务更体现在软件上。如果运营商选择的机顶盒混乱，当发现所用 CA 出现安全隐患的时候，除了必须更换智能卡外，还需要对机顶盒软件进行升级，当涉及的机顶盒厂家很多的时候，这将是一个庞大的工程，几乎不可能完成，除非连机顶盒一起换掉。所以，当发现所采用的 CA 出现像 CW 共享这样的安全隐患时，CA 公司基本上束手无策。同样，也是由于机顶盒混乱，使运营商无法开展新的增值应用。中国的数字电视运营商在技术上处于弱势，所采用的 CA 标准不一样，很容易被看似市场化的 CA 公司和机顶盒厂家的联合推销分割包围，形成一个个市场孤岛。在中国广电网络数字化进程中，运营商为此付出了沉重代价。因为移动通信手机的智能卡和主机实现了机卡分离，方便了运营，所以就有更多的人寄希望于机顶盒也能机卡分离，认为只要实现了机顶盒的机卡分离，就可以使机顶盒变得通用，成本降低，加快数字电视的发展。这就是长久以来，大家寄希望于数字电视 CA“机卡分离”的原因。

9.2.3 机卡分离

首先，数字电视的“机卡分离”概念很大程度是参照手机行业的“机卡分离”。但数字电视和手机通信行业的“机卡分离”有着很大的不同，很多人对电信的“机卡分离”有误解，主要是加密体制的问题。

在手机通信中也有加密解密的过程，但移动通信加密有明确详尽的标准，并且通信的加密算法和密钥不在智能卡里，而在手机和基站内，智能卡仅作为身份识别和存号码之用，计费和授权系统是在电信的机房里而不是在智能卡里。移动通信过程中，手机每切换一个蜂窝，都要更换对音频流的加密密钥，其保密水平比数字电视 CA 还要高。

正是因为移动通信的加密解密不在智能卡中进行，所以才能够做到机卡分离。而数字电视的智能卡因为含有核心的算法和密钥，以及私有的机顶盒 CA 通信接口，要实现机卡分离必须采用不同的思路。

有线数字电视系统“机卡分离”的难点，是因为高度私有的智能卡 CA 的存在，以及需要保密的 CW 通信过程。同时，现在广电网络运营商普遍要求 CAS 的机卡绑定功能，恰恰和“机卡分离”的诉求相反，这也是导致“机卡分离”政策难以实施的原因之一。有没有更好的解决办法？我们可以从推动半导体及 IT 技术迅猛发展的个人计算机市场中得到启示。计算机系统的持续革新已经创造了新的抽象层，从最初的操作系统到如今的虚拟化，每次都抽象底层的硬件，同时在上层创造一个新的用于竞争和革新的平台。然而在网络方面，软硬件的功能划分就不那么清晰了，正确的可编程平台变得难以捉摸，以至于人们开发了动态网络、网络处理器和软件路由。一个逐步显现的趋势指出，越来越多的网络基础设施将用数据通道之外的软件来定义。对比计算机领域，PC 工业已经找到一个简单可用的硬件底层（x86 指令集）。在软件定义方面，顶层（应用程序）和底层（操作系统和虚拟化）都在爆炸式地发展。开源方面，有大量开发者参与了标准化进程，加速了创新。可见，硬件底层+软件定义的网络+开源文化就能推动创新，网络创新亦需如此。一个简单稳定通用的底层需要具备以下属性。

（1）允许应用程序的繁荣发展。比如在因特网领域，稳定的 IPv4 带来了 Web 的繁荣。

（2）允许其顶部的基础设施能用软件定义。比如因特网领域的路由协议、管理等。

（3）体系结构本身能够快速创新。个人计算机 CPU 芯片技术之所以发展迅速，就是因为 PC 界实行了严格的软硬件分离，让软硬件各自按照自己的轨迹，在各自的专业领域中竞争发展。

9.2.4 软硬件分离

“机卡分离”的终极目标就是软硬件分离，而“机卡分离”的诉求则是因为硬件智能卡 CA 的存在不能实现“软硬分离”而做出的妥协。

这里所说的软硬件分离，是指机顶盒的硬件及运行平台由机顶盒厂家提供，或者仅仅提供硬件生产，不再像以前再对品种繁多的 CAS、数据广播、增值服务甚至中间件等软件进行集成，大大降低其软件工作量，专注于高质量硬件平台的生产。CAS、数据广播、增值服务等软件供应商单独针对通用开放的机顶盒硬件平台独自开发软件，开发完成后交由运营商下载使用。基于通用的机顶盒硬件平台，可以有更多的软件公司参与机顶盒软件的开发，这样一来，就可以打破少数 CA、数据广播等软件公司的垄断，有利于数字电视事业的良性发展。

计算机技术的快速发展，加速实现了软硬件分离。有线电视领域也已经出现了软件定义宽带接收（Software Defined Broadband Access，SBA）技术和软件定义网络（Software Defined Network，SDN）技术。SBA 技术的核心就是硬件和功能实现的完全分离，其硬件部分包括基本的射频处理单元和输入/输出接口，其余部分则是高速数字信号处理（DSP）和内存单元，而 CA 加扰器、QAM 调制解调、线缆调制解调器、信源编解码器（包括 MPEG 编解码器、DVB-IP 转码器）等功能全部由软件实现。SDN 是由美国斯坦福大学 Clean Slate 研究组提出的一种新型网络创新架构，其核心技术 OpenFlow 通过将网络设备控制面与数据面分离开来，从而实现了网络流量的灵活控制，为核心网络及应用的创新提供了良好的平台。SDN 网络具有三个基本特征：①控制与转发分离。转发平面由受控转发的设备组成，转发方式以及业务逻辑由运行在分离出去的控制面上的控制应用所控制。②控制平面与转发平面之间的开放接口。SDN 为控制平面提供开放的网络操作接口，也称为可编程接口。③逻辑上的集中控制。

逻辑上集中的控制平面可以控制多个转发面设备，也就是控制整个物理网络，因而可以获得全局的网络状态视图，并根据该全局网络状态视图实现对网络的优化控制。

9.3 可下载条件接收系统技术规范

9.3.1 DCAS 系统架构

原国家广播电影电视总局颁布的 GY/T 255—2012《可下载条件接收系统技术规范》中可下载条件接收系统（Downloadable Conditional Access System，DCAS），即为满足“软硬分离”的 CA 标准。DCAS 是利用机顶盒芯片的高级安全特性功能开发的系统，通过芯片片内的一次性可编程（One Time Programmable，OTP）区域存储 CA 的相关信息，如密钥、密钥发生函数等。DCAS 原理图如图 9.1 所示。

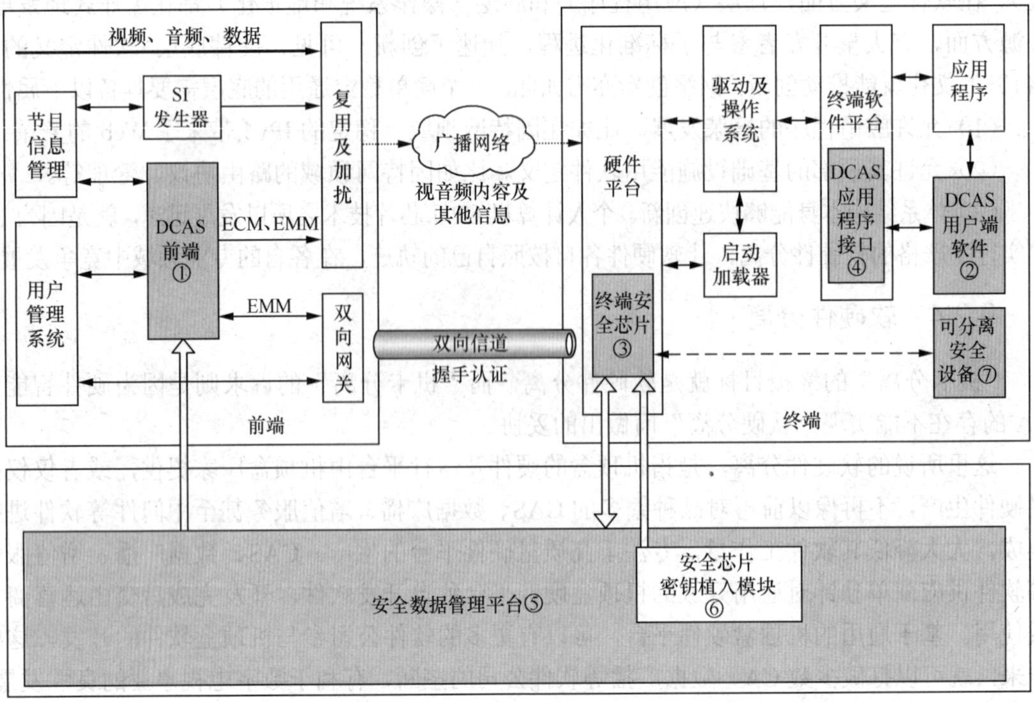

图 9.1 DCAS 原理图

DCAS 由前端、终端盒安全数据管理平台组成，包括 7 个功能模块：①DCAS 前端；②DCAS 用户端软件；③终端安全芯片；④终端软件平台的 DCAS 应用程序接口；⑤安全数据管理平台；⑥安全芯片密钥植入模块；⑦可分离安全设备（该标准中暂不做定义）。DCAS 是一套完整的端到端业务保护系统，具有传统条件接收系统所有的授权控制和管理功能，能够同时支持 DCAS 终端和传统条件接收终端，并可以通过双向信道和广播信道对终端进行授权，授权效率高、系统安全性好。接收终端可以通过 DCAS 用户端软件下载，实现在不同 DCAS 系统终端间的灵活切换，从而实现终端业务保护水平化。DCAS 密钥机制由根密钥派生、层级密钥、安全数据管理等机制构成。DCAS 根密钥派生机制使不同 DCAS 系统能够基于同一终端安全芯片派生出个性化根密钥，从而使 DCAS 终端能够根据所下载的 DCAS 用户端软件实现对相应 DCAS 前端加密内容的解密；DCAS 层级密钥机制通过握手认证功能实现 DCAS 终端安全芯片、DCAS 用户端软件和 DCAS 前端的相互鉴真和互信，保障了 DCAS 层级密钥的密钥安全传输和处理；DCAS 安全数据管理机制运用数据分散安全管理的方法，保障了 DCAS 系统的安全性和中立性。DCAS 安全机制综合运用 DCAS 密钥机制、软硬件安全处理技术和安全管理手段，对 DCAS 前端、终端安全芯片和用户端软件以及安全芯片密钥植入模块进行安全保护，保证端到端系统安全。

DCAS 安全数据交互关系如图 9.2 所示。

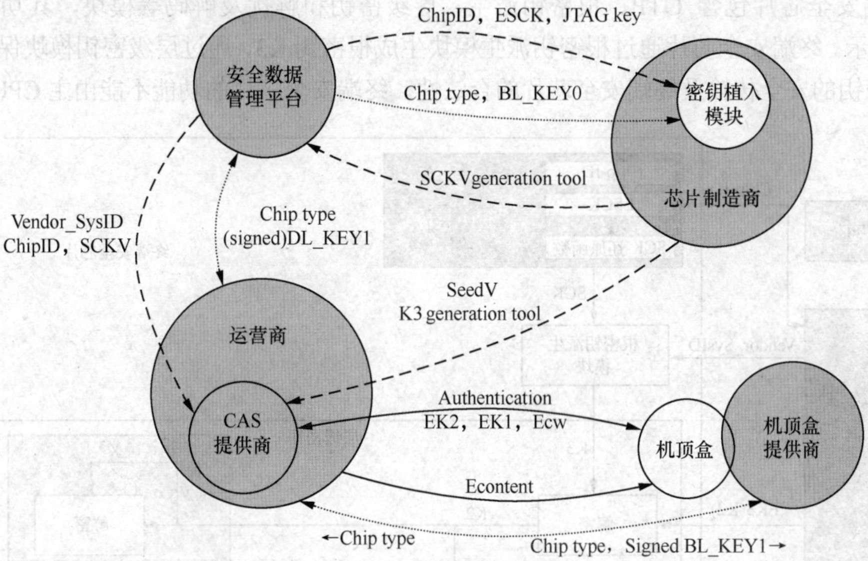

图 9.2　DCAS 安全数据交互关系

DCAS 的运营流程如下。

① 芯片厂商向安全数据平台申请一定数量的 Chip ID 和 ESCK。

② 芯片厂商完成此批芯片的生产后通知安全数据平台。

③ 安全数据平台向所有 CA 厂商发布消息，通知新的芯片将进入 DCAS。

④ CA 厂商获取芯片数据；从安全数据平台获取 Chip ID、SCKV 和根密钥派生函数及从芯片厂商获取 SeedV。

⑤ CA 厂商根据 SCKV 和 SeedV 计算根密钥 K3。

⑥ CA 厂商将新的一批 K3 更新到各地前端服务器。

⑦ 一段时间后，使用新芯片的终端被消费者购买，在某运营商网络中开机运行。

⑧ CA 通过双向握手认证得知新芯片进入系统。

⑨ CA 使用已经保存的根密钥 K3 加密 K2，使用 K2 加密 K1，使用 K1 加密控制字 CW。

⑩ CA 下发加密后的 K2、K1、CW，终端收到后即可解扰码流进行观看。

图 9.2 缩略语如下。

ChipID	芯片标识（Chipset Identification）。
ESCK	加密的安全芯片密钥（Encrypted Secure Chipset Key）。
PID	包标识（Packet Identification）。
SCK	安全芯片密钥（Secure Chipset Key）。
SCKV	安全芯片密钥厂商派生密钥（Secure Chipset Key Vendor）。

SeedV　　　　　　掩码密钥厂商派生密钥（Seed Vendor）。
SI　　　　　　　业务信息（Service Information）。
SMK　　　　　　　掩码密钥（Secret Mask Key）。
Vendor_SysID　　　条件接收供应商系统标识（Vendor System Identification）。

9.3.2　终端安全芯片功能

终端安全芯片包含 OTP、根密钥派生、层级密钥和解扰及解码等模块，其功能框图如图 9.3 所示。终端安全芯片通过根密钥派生模块生成根密钥 K3，通过层级密钥模块保障控制字和其他密钥的安全传输及终端安全芯片的合法性。终端安全芯片的功能不能由主 CPU 实现。

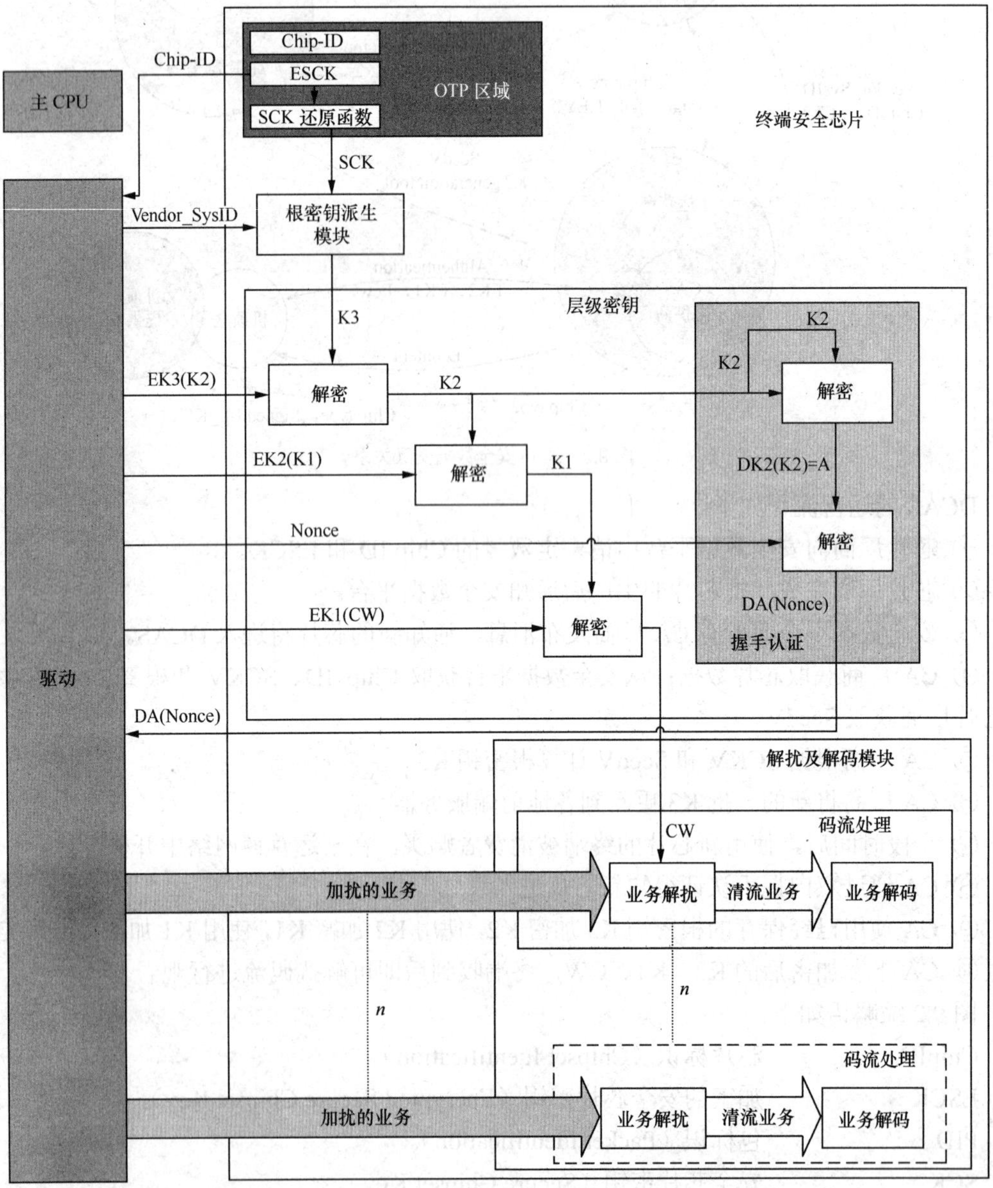

图 9.3　终端安全芯片功能框图

三层密钥机制确保控制字在终端的传输安全。三层密钥机制通过从根密钥派生模块获得的根密钥K3，依次解密EK3（K2）、EK2（K1）、EK1（CW）获得解扰所需的控制字；同时K2配合前端发送的握手信息（nonce）完成与DCAS前端的握手认证。

终端安全芯片应遵循以下流程解密加扰业务。

① 应接收密文EK3（K2），使用K3解密该密文，并生成K2。

② 应接收密文EK2（K1），使用K2解密该密文，并生成K1。

③ 应接收密文EK1（CW），使用K1解密该密文，并生成CW。

④ CW用于解密加扰业务。

EK3（K2）表示用密钥K3加密的数据K2，EK2（K1）表示用密钥K2加密的数据K1，EK1（CW/Key）表示用密钥K1加密的数据CW。K3是派生根密钥，长度为16字节；K2是用于解密K1的密钥，长度为16字节；K1是用于解密CW的密钥，长度为16字节；CW是用于解扰业务的密钥，长度为9或16字节。

层级密钥算法如下。

- 在使用TDES算法时，密钥每7比特后增加1比特冗余位，将112比特密钥补齐为129比特（16字节）。
- 层级密钥中的AES是指FIPS PUB 197中定义的标准AES-129算法，计算使用129比特，模式为ECB。

DCAS技术要点如下。

- 在节目解扰过程中，CW解密及节目解扰都在机顶盒芯片内完成，不存在传统接触式CA的CW被泄露的风险，因此安全性较高。
- 将CA模块在机顶盒系统中应用化，并实现可下载和可替换化。原有机顶盒CA处于系统层模块，如果需要替换CA就必须进行Loader升级和更换智能卡，而DCAS更换CA则只需更换机顶盒DCAS应用。
- DCAS层级密钥机制确保了控制字在终端的安全传输，其通过从根密钥派生模块获得的根密钥K3，依次解密EK3（K3）、EK2（K1）、EK1（CW）获得解扰所需的控制字；同时K2配合前端发送的握手协议完成与DCAS前端的握手认证。

9.4 软硬件分离后的CAS

解决数字电视未来的发展问题首先要解决CAS不能从硬件中分离出来的问题，而解决这个问题就必须把CA软件从智能卡的保护中解放出来，要做到这一点就必须抛开智能卡。在智能卡CAS技术中，智能卡的主要作用是保护解密算法及密钥不被泄露。如果不用智能卡，同样也要解决这个问题。在目前技术水平下，软硬件分离后这两个问题很容易解决。

9.4.1 解密算法及密钥的保护

在软硬件分离的框架之下，CA软件可以当作一个单独的模块，可以临时从码流里面下载执行。如果黑客从FLASH或码流里获得CA的信息，只能得到被加密目标码，假设黑客有足够的人力财力，也要花费半年以上的时间才能破解。因为CA是作为一个单独的模块，可以在用户没有察觉的情况下每天都变，没等黑客破解完又变了，所以这种破解没有任何意义，不会对数字电视的安全传输造成影响。假如黑客这时破解的是智能卡 CA 就彻底崩溃了，直到这种智能卡被替换掉为止，还不能解决 CW 共享问题。利用这种技术可以根据不同的运营商设计不同的 CA，甚至将 CA 模块的设计交由广电运营商自己去定义，而智能卡 CA 技术不可能做到这些。

以前，智能卡保护下 CA 的保密措施非常关键，关系到该 CA 的成败以及被保护运营商的利益，也因此运营商在安全性上对 CA 公司的依赖性很强。然而，智能卡 CA 并非牢不可破，要解决 CW 共享的安全缺陷，还必须更换机顶盒。许多运营商特别是卫星直播运营商因为 CA 被破而无法补救，造成的损失惨痛，就充分证明了这一点。在 CA 设计上，没有绝对的保密，关键是在算法密钥被破解后能不能有效地补救。

9.4.2 硬件克隆保护

从上述分析可知，软硬件分离后如有盗版，破解算法乃至破解机顶盒软件都没有意义，唯一的办法就是复制机顶盒。也许有人会问，就像台式计算机兼容机随便运行盗版软件那样，克隆的机顶盒也可以照常使用。其实不然，虽然每台计算机看上去都一样，但每台计算机的 CPU、硬盘都有自己唯一的 ID 号，有的显卡、FLASH 也有 ID。也就是说，每一个 CPU、每一块硬盘都是不一样的。如果克隆两台完全一样的计算机，几乎没有可能。

真正能够生产高水平的机顶盒芯片公司，一般也是国际上有名的公司，让多个公司同时帮助盗版也是不可能的。所以，选用国际著名公司的机顶盒芯片，就可以避免机顶盒硬件被克隆。再说了，这种克隆要一个一个地进行，谁会为了几百元人民币收视费而兴师动众付出几百万美元巨额代价去一台一台地克隆机顶盒？而且还很容易受到反制。因此，认为无卡 CA 算法和密钥被破解后，只能更换机顶盒的观点是错误的。

所以，软硬件分离后的数字电视 CAS 的安全性取决于半导体公司，而不是现在的 CA 公司，哪个实力更强、更值得信任已经很清楚了。

9.4.3 智能卡 CA 的 CW 共享安全隐患

早期的数字电视智能卡 CA 在被破解之后，因为没有 CW 网络共享隐患，可以通过更换智能卡解决。随着网络技术的发展与普及，CW 网络共享逐渐成了数字电视盗版的主要方式。CW 共享绕过了智能卡 CA 的所有安全防线，直接将受保护的 CW 从机顶盒中取出，通过串口或网络扩散出去，面对这种安全隐患，更换智能卡也无济于事，目前唯一彻底解决的办法是发展无卡 CA，更换机顶盒。

随着各地高清节目的开播，高清节目的高收费将是 CW 共享数字电视盗版的重灾区，在高清机顶盒的选型上，采用无卡 CA 技术，将是一个未雨绸缪的明智选择。

9.4.4 数字电视 CAS 的未来

智能卡 CA 是一种受保护的数字电视应用软件技术，也因此被披上了神秘的面纱，又因特殊的商业推广模式而被人为地神化，给很多运营商造成了巨大的安全隐患，并已经开始制约数字电视技术与产业的良性发展。软硬件分离是数字电视发展的必然趋势，发展无卡 CA 技术是必由之路，在这种情况下运营商甚至可以自己制定标准，掌握 CA 技术。数字电视 CA 技术突破传统，进行技术创新，是摆脱被动进入良性发展的关键。

9.5 CA技术及标准

9.5.1 MPEG-2中与CA有关的规定

MPEG-2的系统部分在其传送流（Transport Stream，TS）数据包的语法结构中，规定了两个加扰控制位。在打包基本流（Packetized Elementary Stream，PES）数据包的语法结构中，也规定了两个加扰控制位。这使得加扰既可以在TS层实施，也可以在PES层实施。但是不论在哪一层实施，TS包的头部信息（包括自适应域）总是不加扰的。在PES层实施加扰时，PES包的头部信息是不加扰的。另外，MPEG-2的PSI表总是不加扰的。

MPEG-2为CAS规定了两个数据流，即ECM（Entitlement Control Message）和EMM（Entitlement Management Messages），其stream_id值分别是0xF0和OxF1。MPEG-2没有规定ECM和EMM的PES包PES_packet_length以后的数据含义。但是，ECM一般用来传送直接解扰信息， EMM用来传送用户的付费情况或权限，包括对ECM进行解密的信息。对ECM和EMM进行加密的方法由各CAS自由选择。

MPEG-2在PSI表中规定了CAT（Conditional Access Table），其table_id值为0x0l，传送CAT的PID固定为0x0 001。CAT通过一个或多个CA描述子提供一个或多个CAS与它们的EMM流以及特有参数之间的关联。CA描述子也可以出现在PMT（Program Map Table）中，如果位于promgram_info_length之后，则其CA_PID域指出的是解扰整个节目的ECM；如果位于Es_info_length之后，则其CA_PID域指出的是解扰相应基本流的ECM。

9.5.2 DVB中与CA有关的规定

欧洲的DVB标准在MPEG-2的基础上进一步规定了一些传输规范。首先，DVB规定了两个加扰控制位的含义（在TS层和在PES层一样），即00 = 未加扰，01 = 保留，10 = 使用偶密钥，11 = 使用奇密钥。

一个灵活的广播系统应当能够在PES层实施加扰。为了避免客户端的解扰设备太复杂，DVB对在PES层实施的加扰做了以下一些限制。

- 加扰不能同时在两个层次上实施；
- 加扰的PES包的头不能超过194；
- 除了最后一个TS包外，携带加扰PES包的TS包不能有自适应域。

当被广播数据跨越广播媒体边界（如从卫星到有线）的时候，经常需要用新的CA信息替换原有的CA信息。为了灵活高效地实现CA信息的替换，DVB运用了如下规定。

- PID等于某个CA描述子的CA_PID值的TS包只能携带CA信息，不能携带其他信息；另一方面，CA信息只能出现在这些TS包中，不能出现在其他地方。
- 在同一个TS包中，两个CA提供商不应使用相同的CA_PID。

另外，DVB还规定了一个用表传输CA信息的机制。把ECM、EMM以及将来的授权数据放在CMT（CA Message Table）中，更方便于过滤。为CMT分配了l6个table_id，0x90～0x9F，其中0x90、0x91固定用于传送授权控制信息，其他的由CAS自由分配。

9.6 典型 CA 系统构造

数字电视广播中的 CA 系统主要由节目信息管理系统、用户管理系统、加密解密系统、加扰解扰系统、复用系统等组成，如图 9.4 所示。

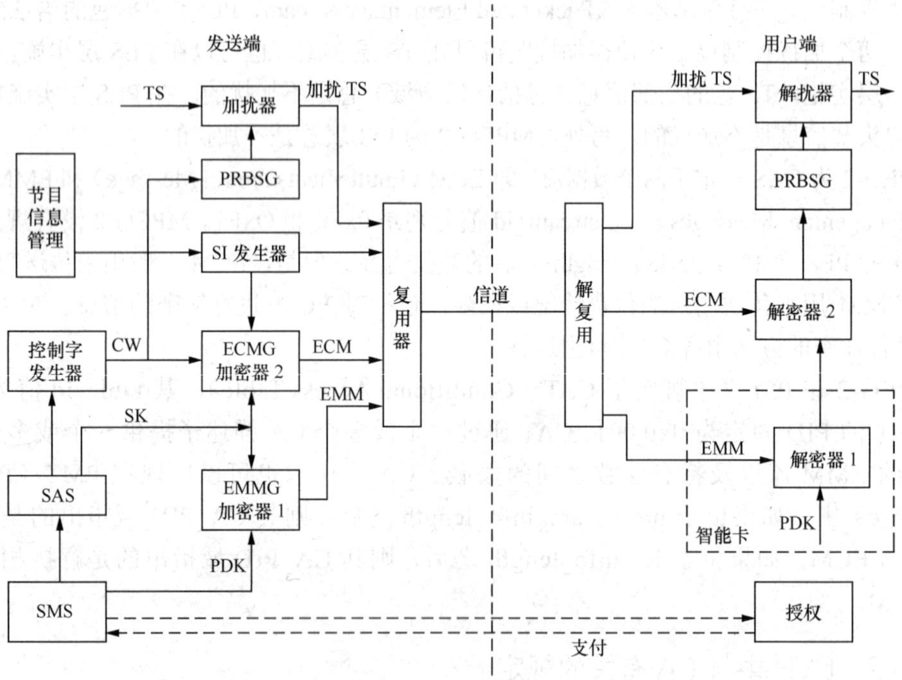

图 9.4 常用 CA 系统图

9.6.1 节目信息管理系统

节目信息管理系统主要功能是为即将播出的节目建立节目表，其中包括将要播出的各个节目的 CA 信息。节目管理信息被 SI 发生器用来生成 SI 和 PSI 信息，被控制系统用来控制节目的播出，被 CA 系统用来做加扰调度和产生 ECM，同时送入用户管理系统。

9.6.2 用户管理系统

用户管理系统主要对用户和智能卡进行管理，包括管理和编辑用户信息、用户设备信息，对用户的节目预定信息、用户授权信息、财务信息等进行处理、维护和管理。

9.6.3 加解扰系统

加扰是 CA 系统的重要组成部分，也是最基本的操作。加扰就是为了保证节目传输安全而在前端 CA 系统的控制下改变被传送业务流的某些特征，即对传输流进行有规律的扰乱，使得未授权的接收者不能得到正确的业务码流。数字电视 CA 系统的加扰方法，通常使用伪随机序列（PRBS）对原始数据做运算，得到加扰了的视音频信号。在接收端只要使用相同的 PRBS 和已经加扰的数据序列做相同的运算，将会完全恢复原始序列。

9.6.4　控制字

控制字是用于加扰的控制信息。解扰的关键是掌握伪随机序列发生器的初始条件，初始条件受控于控制字，有了控制字就可以恢复加扰时使用的 PRBS 对信号进行解扰，因此控制字的安全传送是 CA 系统的关键。

9.6.5　加解密系统

在 CA 系统中有两种加密单元，对授权管理信息和对授权控制信息进行加密处理。ECM 中携带了对控制字的加密解密、接收参数，如节目说明及接收节目所需的条件等。EMM 携带了终端的授权信息，用于订购节目信息等。

9.7　CA 系统的安全技术

9.7.1　CA 系统三级密钥体制

安全性无疑是 CA 系统成败的关键。常用的 CA 系统一般采用三级密钥体制。

首先是对音视频、数据流的加扰，它是扰码序列对信息流进行加密处理的过程。扰码序列是伪随机二进制序列，它具有近似随机序列的功率谱特征，不同的是它具有周期，但周期很长，一般是数小时甚至是数天。图 9.4 中 PRBSG 指扰码序列生成器。生成器的初始条件受控于控制字（CW），在初始条件已知的情况，可以推测出生成的扰码序列。根据这个原理，只要在接收端有一个相同的扰码生成器，同时将 CW 发送给接收端用于控制它，运用对应的解扰算法就可以对相应的信息流解扰恢复原始信号。在这里 CW 起到了“种子”的作用，只要获得了 CW，系统就被破解了。所以如何将 CW 安全送到接收端，就成了 CA 系统的核心。后面的两重加密过程便是为实现 CW 的安全传送并达到授权控制的目的。

为实现保密，使用授权密钥 KS 对控制字 CW 加密形成授权控制信息（ECM），复用到传送流当中。同时使用分配密钥 KD 对授权密钥 KS 加密形成授权管理信息（EMM），也复用到传送流当中。分配密钥 KD 通常固化在智能卡中，用户通过购买智能卡方式获得，避免广播方式的信道传送有被窃取的可能。如果将授权密钥 KS 通过安全通道分配给用户，一样也能起到保护控制字的效果，为什么要再加一层加密操作呢？这种体制是为了实现授权控制的目的。例如，用户对某一业务授权期限到了（如没有按时缴费），系统通过用户管理系统的确证，将该业务的授权密钥 KS 修改成 KS1，但对用户发送的仍然是 KS 经 KD 加密而成的授权管理信息 EMM，用户虽然可以解密获得 KS 但还是不能享受该业务。

由以上的加密过程可以看出，一个已获得授权的接收端使用相关业务要依次获取 EMM、ECM。对这些信息的提取要依靠节目管理系统提供的 PSI/SI 信息（特殊节目信息/节目信息）。节目管理系统将节目的加密情况（是否加密）、加密系统类型（是何种 CA 系统加密）等信息描述在 PSI/SI 信息中，其中最重要的是两种信息表，即条件接收表（CAT）和节目映射表（PMT）。CAT 针对具体 CA 系统中的用户授权情况，它含有标识具体 CA 系统的 CA_System_Id 和用于获取 EMM 信息的索引 EMM_Pid，通过这两项内容就可以获得用户所在 CA 系统的 EMM 信息。PMT 是针对节目的加密情况，它也含有 CA_System_Id 信息（用于表示节目是用何种 CA 系统加密的）和 EMM_Pid（用于告知用户如何搜索 ECM）。CA_System_Id 可唯一标识 CA 系统，分配到用户的智能卡中含有这项内容，用户端的条件接收过程就是从读取卡内的 CA_System_Id 开始的，获取相应的 EMM、ECM 后，解密解扰的工作就按与发送端相逆的顺序开始了。

9.7.2 CA 系统安全体制

安全性是条件接收的灵魂，CA 系统在原理的设计不仅体现运行安全体系同时也体现系统破解后可使用的应对方案。这种稳健安全体制表现在以下三个方面。

1. CW 的变换机制

CW 是系统构架的基础，是条件接收的核心。CW 一般为 60B，所以它的编码空间是已知的。CW 不可能不变，在实际中 2～10s 变化一次。若是对 CW 攻击，即使获得一个 CW，它的使用期限也是十分有限的。这种变化机制使对 CW 的盗取变得没有意义。

2. SK 的升级体制

对加密电路 A 的算法攻击是当前最常使用的一种破解途径，同时它的成功率也是最高的。若是已知加密算法和 SK 就可以由 ECM 解出 CW，CW 的变化机制也失去作用。强健的加密算法是保证安全的关键。如果算法被破解，当前的 SK 就必须升级，使盗版卡失去效用，所以 SK 足够大的编码空间也是提升系统安全等级的必要条件。

3. 智能卡的电路设计

智能卡是一块内置有微处理器、RAM、ROM 和 E2PROM 的芯片，存储分配密钥、解密算法和操作程序。分配密钥是整个 CA 系统的最后安全防线，它的重要性不言而喻，所以智能卡的电路特别是存储分配密钥的 ROM 设计成不可扫描方式，一旦被检测，ROM 中数据自动被擦除。同时，为防止操作程序被复制，将存储区分段保存应用程序，每段程序各有不同的保密代码。

没有一种加密算法是永不被破解的。现阶段许多国外著名的 CA 系统有被破解的记录，基本上都是第二和第三种方式的攻击，现在最有效的做法是更换智能卡，彻底更新两种加密算法。这种做法虽花费比较大，却是最有效增大破解周期的做法。

9.8 CA 系统的实现方式

从原理可以看出，CA 系统的最重要特性是信息保密。事实上，很多 CA 系统使用的加密算法都是各个系统运营商私有而且是绝对保密的。这种特性决定了各个 CA 系统的排他性和不通用性。为解决这个问题，欧洲 DVB 标准组织定义了同密（Simulcrypt）和多密（Multicrypt）两种形式的 CA 系统。

9.8.1 同密条件接收

若发送端有多个 CA 系统加入，同密方式的做法基于各个运营商之间的商业协议，采用相同控制字生成器和扰码生成器，并使用通用加扰算法对信号加扰。不同系统之间的差别是从对 CW 的加密开始的，各个系统使用自己的加密算法对 CW 和授权密钥 KS 加密。用户管理系统可以公用也可以分开。节目管理系统会将各种 CA 系统的标识 CA_System_Id 以及 EMM、ECM 索引信息一一对应描述在 PSI/SI 信息中，原理如图 9.5 所示。

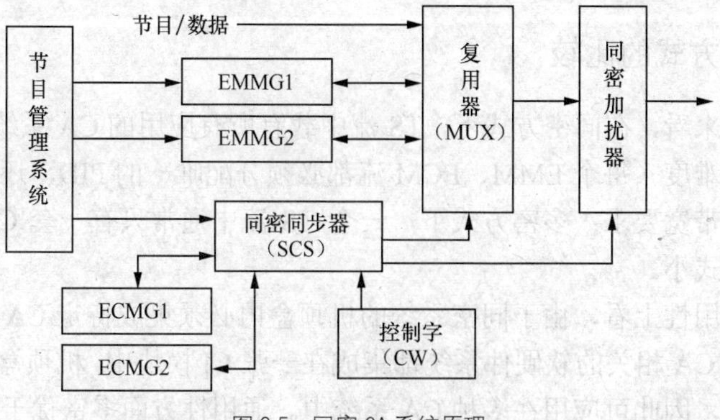

图 9.5 同密 CA 系统原理

集成了其中一套 CA 系统的接收解码器（STB）从插入的智能卡中读出对应 CA_System_Id，根据这个标识获取 EMM、ECM 索引信息进而滤取出具体信息发送回智能卡。

智能卡中集成了两套私有的解密算法，对应于前端生成 EMM 和 ECM 的加密算法，从而获得 CW，送到接收解码器 STB 中，STB 的解码芯片中有集成了通用解扰算法的解扰器，用这个解扰器就可以恢复出原始信号。用户只要获得其中一种机密系统的授权就可以收看节目。这种方式下对信号的加解扰是使用通用算法的，所以保证这种方式的通信安全全靠智能卡，两层私有加密电路是其中的关键。这种做法要求将条件接收系统嵌入接收机中。

9.8.2 多密条件接收

了解了同密的原理，多密系统的原理就容易理解了。它们不同的是对于多密系统各种 CA 系统运营商使用各自不同的 CW、不同的扰码生成器和加扰算法，相同的是后面的两层加密算法也是私有的。这使接收端不能使用解码芯片中的公共解扰算法电路，但使用条件接收模块可很好地解决这个问题。它是将接收端所需的三层解密电路都集成到一个使用通用接口标准的模块中，模块中集成了微处理芯片和滤取 CAT、EMM、ECM 所需的硬件电路，主机需要做的就是滤取出节目对应的 PMT，获取 CA 相关的信息按通用接口标准协议规定的格式发送到模块就可以了。模块与主机间的命令接口提供模块和主机部分的通信方法却不需要主机了解具体的细节操作。这种通用接口的应用，使一台机顶盒可以使用多个 CA 运营商的模块，也就是可以收看由不同 CA 系统控制的节目。同密和多密方式的原理如图 9.6 所示。

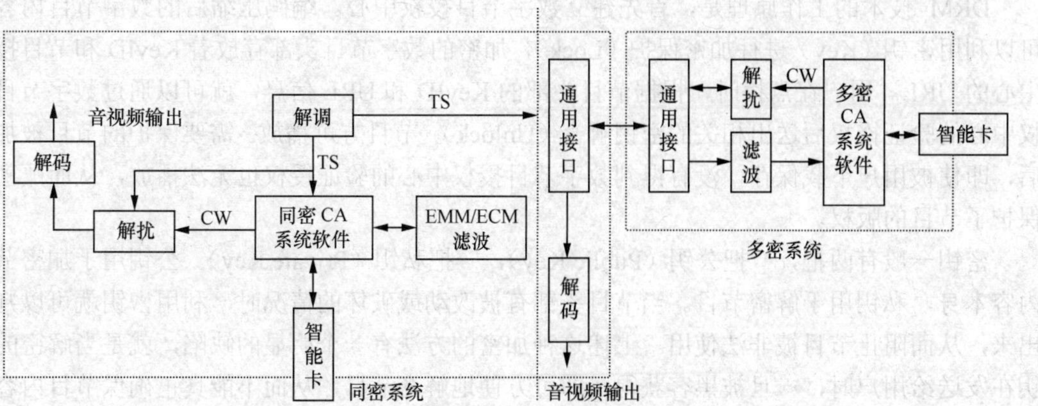

图 9.6 同密和多密 CA 系统接收原理

9.8.3 两种方式的比较

从通信成本上来看，在同密方式下，TS 流中载有所有应用的 CA 系统的 EMM 和 ECM，增加了发送端复用难度（每个 EMM、ECM 流都必须分配唯一的 PID，还有一些同步要求），同时也增加了通信带宽要求；多密方式下，一个 TS 流中通常只有一套 CA 系统的应用，所以信息量比同密方式小。

从机顶盒的通用性上看，由于同密系统的机顶盒内必须集成特定 CA 系统软件，而多密方式的接收机将与 CA 相关的软硬件系统都集成在一张 CI 模块中，机顶盒可应用任何符合通用接口标准的模块，因此可应用在多种 CA 系统中。通用性方面多密优于同密。

从安全性上看，多密方式的控制字 CW 形式和三层加密算法都是私有的，若要破解至少需要已知两套加密算法；而同密算法使用的 CW 编码空间是公开的，而且使用的解扰算法是通用的，所以它比多密系统少了一层防破解防线。再次，由于支持同密系统的机顶盒与智能卡之间的通信接口比多密系统开放，盗密者很容易从主机与卡的通信接口间盗取通信数据进行分析或用于激活另外解码器，达到盗版的目的。事实上当前破解的系统大多使用这种途径，所以在接口安全上同密系统也比多密系统差。

9.9 DRM 系统

9.9.1 基本概念

DRM 的英文全称为 Digital Rights Management，即为数字版权管理，指的是出版者用来控制被保护对象的使用权的一些技术，这些技术保护的有数字化内容（如软件、音乐、电影）以及硬件，处理数字化产品的某个实例的使用限制，本术语容易和版权保护混淆。版权保护指的是应用在电子设备上的数字化媒体内容上的技术，DRM 保护技术使用以后可以控制和限制这些数字化媒体内容的使用权。数字版权管理是随着电子音频视频节目在互联网上的广泛传播而发展起来的一种新技术，其目的是保护数字媒体的版权，从技术上防止数字媒体的非法复制，或者在一定程度上使复制很困难，最终用户必须得到授权后才能使用数字媒体。

9.9.2 工作原理

DRM 技术的工作原理是，首先建立数字节目授权中心。编码压缩后的数字节目内容，可以利用密钥（Key）进行加密保护（Lock），加密的数字节目头部存放着 KeyID 和节目授权中心的 URL。用户在点播时，根据节目头部的 KeyID 和 URL 信息，就可以通过数字节目授权中心的验证授权后送出相关的密钥解密（Unlock），节目方可播放。需要保护的节目被加密后，即使被用户下载保存，没有得到数字节目授权中心的验证授权也无法播放，从而严密地保护了节目的版权。

密钥一般有两把，一把公钥（Public Key），一把私钥（Private Key）。公钥用于加密节目内容本身，私钥用于解密节目。当节目头部有被改动或破坏的情况时，利用密钥就可以判断出来，从而阻止节目被非法使用。上述这种加密的方法有一个明显的缺陷，就是当解密的密钥在发送给用户时，一旦被黑客获得，即可方便地解密节目，从而不能真正确保节目内容提供商的实际版权利益。

毫无疑问，加密保护技术在开发电子商务系统中正起着重要的防盗版作用。比如，在互联网上传输音乐或视频节目等内容，这些内容很容易被复制。为了避免这些风险，节目内容在互联网上传输过程中一般都要经过加密保护。也就是说，收到加密的数字节目的人必须有一把密钥（Key）才能打开数字节目并播放收看。因此，传送密钥的工作必须紧跟在加密节目传输之后。

对内容提供商而言，必须意识到传送密钥工作的重要性，要严防密钥在传送时被窃取。互联网上的黑客总是喜欢钻这些漏洞，因此需要一种安全的严密的方式传送密钥，以保证全面实现安全保护机制。

9.10 数字电视中间件概述

9.10.1 什么是中间件

数字电视中间件提供数字电视业务应用的运行环境，包括对数字电视内容格式和传输协议的支持，并为数字电视业务应用提供软件接口。

数字电视中间件的目的是保证数字电视业务应用的互操作性和平台无关性。一方面，通过定义和规范数字电视系统的传输协议、内容格式和系统应用框架，实现数字电视业务系统的互操作性；另一方面，中间件作为一个独立的软件层运行在数字电视系统的接收终端上，位于接收终端操作系统和业务应用之间，为业务应用提供运行支撑环境，使得数字电视业务应用能独立于接收终端硬件和操作系统，实现业务应用和接收平台无关的目标。

为支持交互业务和数据业务，数字电视接收机的软件功能和计算能力越来越强大，逐渐向标准的以计算为核心的平台结构靠拢。通常，数字电视接收机采用图 9.7 所示的软件结构。

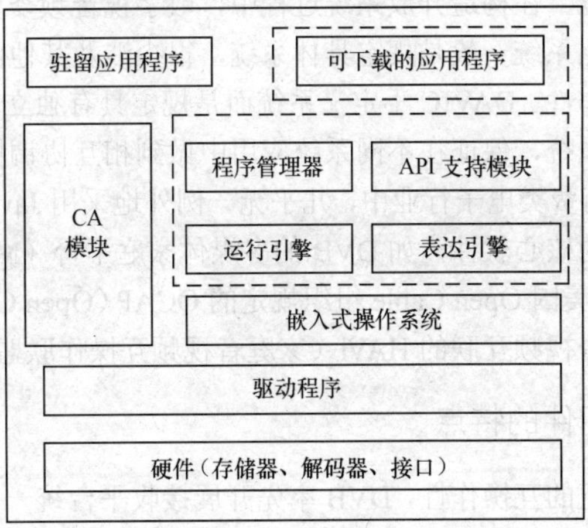

图 9.7 数字电视接收机软件结构

在接收机硬件层之上是设备驱动程序，它们通常与特定的操作系统紧密联系。APT 是一种规范化软件接口，其目的是隐藏底层硬件和操作系统的功能实现细节，使业务应用程序能独立开发并适合不同的操作系统和硬件。

目前市场上的接收机有带解释器（如 OpenTV、MediaHighWay、HTML 浏览器等）和不带解释器两种方式。没有解释器意味着业务应用与接收机具体的操作系统、CPU 等捆绑在一起，即使是针对同一种 API 开发的业务应用，对于不同的接收平台，必须将代码重新编译后才可能运行。带解释器的软件平台则相对灵活，它的业务应用程序是按照一种业务描述语法定义的，其运行可通过解释器转换成 CPU 代码实现，因而对不同硬件平台和操作系统的适应能力大大增强，可以实现跨平台和多业务。问题是现有的解释器并没有统一语法，相互之间不兼容，因而也没有办法支持市场需求。虽然 HTML 浏览器是目前采用最广泛的解释器，但它的计算能力偏弱，无法对计算提供足够支持。

简单地说，中间件是接收机中的一个软件模块。中间件位于应用程序和操作系统等接收机资源层之间，其作用是隔离应用程序和接收机软硬件资源。

9.10.2 中间件的作用

电视数字化带来电视业务的多样性，而这种多样性造成目前数字电视业务系统间的独立性和互不兼容。统一业务系统是在统一平台上实现数字电视业务的互操作，已成为研究的重点。

数字电视接收机中间层软件系统可以为接收机制造商和业务提供商建立一个理想的开发与推广平台。“中间件”是在业务应用程序和操作系统之间嵌入一个中间解释层软件，它规定一组支持数字电视应用功能的 API，使业务应用程序与接收机硬件平台具体构造无关，使其具有与硬件平台无关和模块标准化的特征。在中间件发展过程中，逐步向统一平台和统一业务支持的方向过渡。

早期的中间件（如 OpenTV、MediaHighWay、PowerTV 等系统）由于技术体系互相独立，造成不同中间件系统支持的数字电视业务互不兼容，接收机也不能通用，形成分块分割的垄断市场，既不利于整个数字电视推广的进程，又制约了自身技术的发展。

在数字电视业务系统和业务支撑环境发展过程中，符合国际或工业界标准化的开放平台结构逐步占据了主导地位。在构造开放系统过程中，数字视音频委员会（DAVIC）起了相当大的作用。传统的标准化系统一般是规定具体系统，很少涉及其他的领域，而 DAVIC 强调的是应用系统间的互操作性。DAVIC 不定义系统而是规定具有独立功能的工具箱，由这样定义的工具箱来构成不同系统，保证在不同系统应用中做到相互协调操作。从国际上开放业务平台的发展情况看，在消费类电子行业中，几乎无一例外地采用 Java 软件技术作为嵌入式系统跨平台和多业务支持的核心软件，如 DVB 的多媒体家庭平台（MHP）、ATSC 的数字电视应用软件环境（DASE）、美国 Open Cable 组织规定的 OCAP（Open Cable 应用平台）、ISO/IEC 的 MHEG-6、支持家庭音视频互联的 HAVi（家庭音视频互操作联盟）等。

9.10.3 开放中间件的特点

为使电视能具有广泛的互操作性，DVB 率先开展接收平台统一化工作，需要对接收机软件结构、数据传送协议、内容格式、运行解释器、应用的安全性、 用户操作的交互性等方面进行规范。DVB 将这种规范的结果称为 MHP。

1. MHP 的两个引擎

MHP 最核心的两个引擎是运行引擎和内容引擎。

（1）运行引擎（或称解释器或虚拟机）

运行引擎提供编程运行环境，它允许针对不同的硬件接收平台和操作系统， 能够按一种统一的方式运行业务。在众多的软件技术里，Java 编程环境成为首选， 原因是它的跨平台能力强，得到了软件业界的广泛支持，并且开发工具丰富，是当前最为完整的跨平台软件机制。

（2）内容引擎

内容表达的关键是支持哪些内容格式。除了 DVB 以前定义的 MPEG 音视频格式和常用的图片、文字外，MHP 对是否将 HTML 列入其中经过了长时间争论，这涉及是否内置 HTML 浏览器的问题。最终 MHP 将 HTML、XML 纳入其内容表达之中，但作为一种妥协，MHP 划分了三个实现档次，即增强广播（不支持 HTML）、交互广播（HTML 作为选件）以及 Internet 接入（支持 HTML 和 XML）。由于 Internet 内容的广泛性，引入 Internet 内容已成为无法抗拒的潮流，MHP 只有与之结合才有生命力。

2. 规定统一的 API

根据不同的应用对象和基本平台要求，API 划分了许多类别。MHP 使用虚拟机概念，为不同的软硬件提供公共接口，虚拟机基于 Java 规范，定义为 DVB-J。

（1）DVB-J API 可以分为三组：由 Sun 定义和控制的 Java APIs，如基本的 Java APIs、表述 APIs 和业务选择 APIs（Java TV）；由其他组织定义和控制的 APIs，如表述/GUI APIs（HAVi）和非 CA 智能卡 APIs（Open Card Forum）以及由 DVB 定义和控制的 APIs；其他对 Java APIs 的扩展和限制，如数据存取 APIs、SI（业务信息）和选择 APIs、I/O 输入 APIs、公共基础结构 APIs 和其他 APIs。

对于已经存在的许多不同 APIs 的 DVB 系统，DVB-J 提供插件接口来实现继承的 APIs。即插功能可以在制造过程中完成，也可以在销售过程中完成，或者通过智能卡、DVB 公共接口或多媒体卡在以后升级，或由广播业者或网络业者通过网络下载。安全性方面，在下载和开始下载应用时，必须对内容提供者提供的资源进行授权并检查应用的真实性。

（2）DVB-MHP 是第一个完整定义开放业务中间件的软件系统。目前，各国和工业联盟组织也加快了定义自身系统中间件的进程，其中有美国 ATSC 定义的数字电视应用软件环境 DASE、Cable Labs 根据 MHP 建立的有线电视应用平台 OCAP、日本无线电工商协会 ARIB 定义的中间件暂且称为 ARIB。

（3）支撑整个中间件软件体系的基础。比较 DVB-MHP、ATSC-DASE、OCAP 和 ARIB，它们的共同点是都规定两种语言即过程型语言 Java 和表达型语言 HTML 作为中间件的构成基础。过程型语言是中间件的主要应用编程语言，是支撑整个中间件软件体系的基础；表达型语言则是为适应广泛采用的超媒体内容需要而设计的。这两种语言已在编程世界广泛使用，开发工具种类多，易于得到，这为它们在数字电视中间件中推广应用奠定了很好的基础。这是开放中间件编程环境与专有技术中间件的本质区别。

9.11 中间件系统架构

9.11.1 软件总体模型

NGB 终端中间件是运行在数字电视接收终端中的软件，按功能层次划分处于接收终端资源层之上、应用层之下；其向下屏蔽了资源层的差异，向上为应用的开发提供一套完整、统一的应用编程接口（API）；中间件与资源层协同工作，能承载和支撑各种不同的应用。NGB

终端中间件在数字电视接收终端中所处的功能层次及与外围的接口示意如图 9.8 所示。由图 9.8 可知，终端中间件与外围有三类接口：应用编程接口，即中间件提供给应用的接口；系统移植接口，即中间件访问资源层的接口；应用信令，即中间件与运营前端交互的接口。

NGB 终端中间件在整个 NGB 系统中所处的上下文环境如图 9.9 所示。

图 9.8 NGB 终端中间件在数字电视接收终端中所处的功能层次

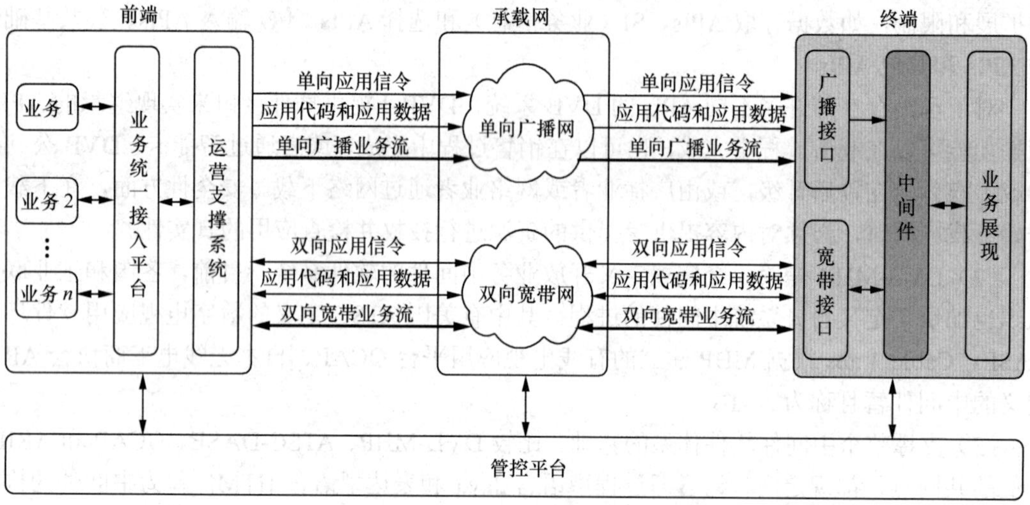

图 9.9 NGB 终端中间件在整个 NGB 系统中所处的上下文环境

NGB 终端中间件所能支撑的数字电视接收终端的输入/输出模型如图 9.10 所示。

NGB 终端中间件所能支撑的数字电视接收终端具备从单向广播网和/或双向宽带网接收数据的能力，并通过双向宽带网回传交互数据；解压缩图像、处理多媒体数据，并将混叠后的音、视频信号输出给扬声器、显示器等输出设备；接收处理遥控器、键盘、鼠标等输入设备发出的用户指令。NGB 数字电视接收终端采用中间件可以提升应用的互操作

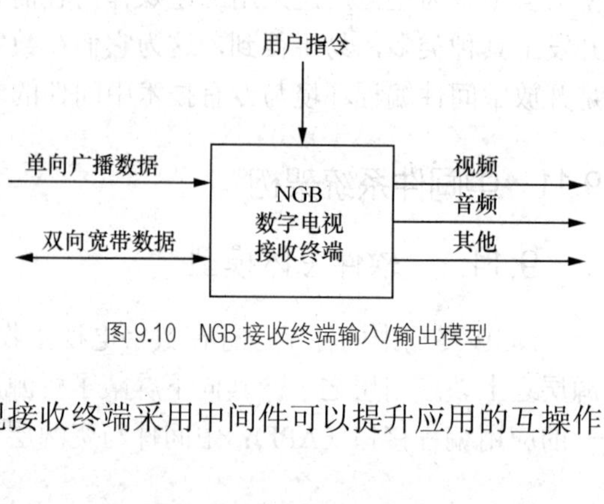

图 9.10 NGB 接收终端输入/输出模型

性，即同一款终端能够运行不同应用提供商开发的应用，同一个应用能够运行在不同的终端之上。

NGB 终端中间件所能支撑的应用，按其与广播节目内容的关联关系可分为节目内容关联型应用和独立型应用。节目内容关联型应用是指应用与一个或多个广播业务关联或与广播业务中的一个或多个广播事件关联，选择或切换广播业务对应用的生命周期和运行状态有影响；独立型应用是指应用未与任何广播业务关联，广播业务的切换对应用的生命周期和运行状态无影响。NGB 终端中间件所能支撑的应用，按应用开发技术类型可分为 NGB-J 和 NGB-H 应用。NGB-J 应用是指采用 Java 编程语言开发的应用的统称；NGB-H 应用是指采用 HTML、JavaScript、CSS 等 Web 技术开发的应用的统称。NGB 终端中间件软件架构示意如图 9.11 所示。

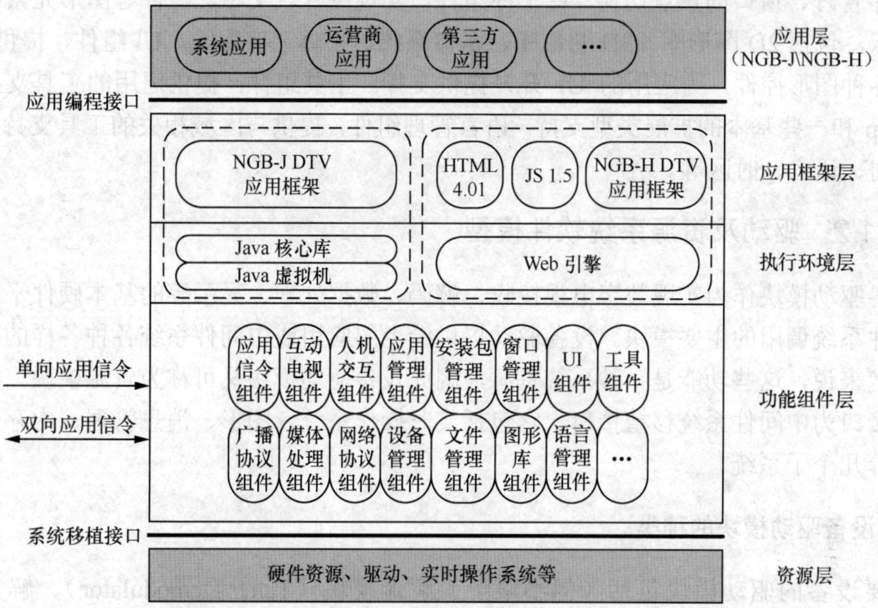

图 9.11　NGB 终端中间件软件架构

NGB 终端中间件按功能层次内部可分成应用框架层、执行环境层和功能组件层。应用框架是指某特定应用领域中程序间的共同结构，让该领域中的程序员，按照共同结构来开发程序，使程序间具有一致性，增加了程序的清晰度，降低了程序设计的难度，实质上就是指为应用开发所提供的抽象度、集成度更高的 API 的实现。

执行环境是指 NGB 应用代码的执行解释环境。对于 NGB-J 应用，其运行时环境为 Java 虚拟机和 Java 核心类库；对于 NGB-H 应用，其运行时环境为 Web 引擎。

功能组件是指为了支撑基本数字电视应用和各种增值应用而提供的软件包，NGB 终端中间件应支持如下组件。

应用信令组件，实现与运营前端的交互，并向应用管理模块报告运营商发出的应用生命周期控制指令。广播协议组件，实现调解调控制、PSI/SI 解析、DSM-CC/DC/OC 解析等。互动电视组件，基于双向网络的交互式音视频业务的信令交互控制，实现与会话管理交互信令，请求、释放交互音视频会话资源；实现与流服务系统交互信令，请求建立推流、VCR 操作、停止推流等操作；实现与会话管理、流服务系统的心跳维护。

人机交互组件，鼠标、键盘、遥控器等输入事件的响应处理，并进行前面板等显示控制。媒体处理组件，主要提供本地媒体文件和媒体流的播放与控制。网络协议组件，为网络相关的各类应用开发提供良好的协议支持。设备管理组件，负责电视终端各种自带及外接设备的统一管理，包括存储设备、有线/无线网卡、外设管理等。应用管理组件，负责应用的启动、调度及生命周期管理，应用间消息分发。安装包管理组件，负责应用的安装、卸载管理，提供有关安装包的解析、数字签名验证等功能。文件管理组件，屏蔽底层文件系统类型，向上对应用提供统一的文件访问接口。系统内存、外部存储器中的文件都必须通过文件管理组件来访问。另外文件系统需要提供安全设计，保证用户应用无法访问自己没有权限的文件，从而保证整个系统的文件安全。窗口管理组件，负责窗口的加入与移除、窗口布局的绘制、窗口的Z序管理、窗口的焦点切换。图形库组件，实现图片、文字、控件等图形元素绘制、渲染、显示，包括2D图形库、3D图形库、窗口系统、字体 / 字库等。UI组件，提供UI开发所需的各种图形控件，为应用的 UI 开发提供支撑。工具组件，提供通用的工具支持，包括Zip/Unzip和一些基本的扩展类型支持。语言管理组件，提供与区域相关的工具支持，包括货币、时间、语言、时区等。

9.11.2 驱动及资源系统软件模型

设备驱动模块作为实现数字电视接收、解码、数据处理、显示等的基本硬件平台接口，是中间件系统调用的主要模块。设备驱动提供给上层应用或中间件系统各种各样的功能，从某种角度来说，这些功能是一种系统资源，因此设备驱动模块又可称为资源模块。驱动模块的上层接口为中间件系统移植接口，它包括实时操作系统、图形、消息管理、内存管理和设备驱动等几个子系统。

1. 设备驱动模块的种类

主要设备的驱动模块包括（但不限于）解调模块（Tuner/Demodulator）、解复用模块（Demux）、音频解码模块（Audio Decoder）、视频解码模块（Video Decoder）、输入设备模块（Input Device）（包括遥控器、前面板按键和键盘）、前面板显示模块（Frontboard Display）、电视/录像控制模块（TV/VCR）、串口模块（Serial Port）、TCP/IP 模块、存储模块（Flash/Eeprom/HD）、智能卡模块（Smart Card）、CA条件接收模块、解扰模块（Descramber）、时钟模块（Clock and Timer）、并行口模块（Parallel Port）、软件下载模块（Loader）、调制解调摸块（Modem）。

2. 资源模块层软件的结构

资源模块层可以有不同的结构，中间件并不对资源模块层的结构设计做出具体的硬性规定，各个软件设计可根据不同的硬件平台及驱动层模块的具体功能做出不同的设计方案。不管方案如何，各个模块之间应有一定独立性，这意味着硬件平台所提供的各设备资源模块均被看作是一个个独立的模块，对这些模块的调用均可按对象方法看待，任何调用均看作是资源的利用。对于某些临界保护的设备，其对象是一个实际的驱动，执行驱动对应的硬件操作；而某些对象是一个虚拟的设备，在调用该对象时由设备服务器层进行处理和解释，并执行相应的功能，但实际没有唯一对应的设备进行响应，或许是几个设备的一个组合，或许是一个逻辑的数据处理。

3．资源模块与调用层的关系

资源模块具有下面一些特征。

（1）每个资源模块均对应着一个相应的下层驱动设备，此设备由硬件或软件组成。

（2）每个资源模块相对于其他的资源模块而言单独运行，它控制自身的硬件行为，处理中断，通过事件/消息和其他资源模块及应用程序单独通信。

（3）中间件可以在多个线程里同时或不同时调用同一个资源模块功能，对相同资源模块的调用及其环境值的保护均由资源模块封装层进行协调和管理。

（4）资源驱动模块的功能调用可以是实际对应的硬件操作（如解调），也可以是虚拟的设备（如数据装载等）。

（5）对于应用层，每一个资源模块的调用都看作是独立的行为，各资源模块之间的相互关系和系统资源共享等处理是系统设计和开发者的任务。

（6）应用程序对资源模块请求数据的回传方式有两种，一种是同步返回，即直接通过调用接口返回值返回；另一种是异步返回，即驱动层执行到需要回传数据给客户端时以消息方式传给应用程序。

4．运行和通信机制

（1）运行机制

应用线程对设备驱动模块的每次调用可能是同步或异步的。同步调用为阻塞方式，被调函数返回的请求信息是可用的。异步调用为非阻塞方式，在被调函数返回时请求信息不可用或部分不可用，设备驱动或资源模块发送一条消息给调用者，以返回有效数据和执行状态。

运行机制是对应用调用线程而言的，运行策略可能不同。

（2）通信机制

在异步调用过程中，资源驱动模块层的异步信息或事件信息通过事件（Event）发送给应用线程，发给应用程序的事件统一通过一个事件队列进行处理，每个事件由一个类型和代码（Type、Code）唯一确定，调用的结果通过事件中的数据指针（Data）返回给事件处理者。基于事件原理的通信机制也可以在其他情况下使用， 如一个线程向其他线程发送信息。

在使用事件通信机制时，目标线程必须首先向事件管理器注册，给出需要监听的事件类型和其回调函数地址。当事件到来之时，事件管理器调用回调函数并传递给它一个事件指针，并且将其存储的客户数据（Client Data）返回给回调函数。

在多个线程可以执行的情况下，RTOS 调度程序负责决定执行哪一个线程。

所有的线程（包括驱动层线程和应用程序线程）均可以使用事件管理器，所以每个事件管理函数应当是线程安全的。

9.12　中间件传输协议模型

传输协议是数字电视接收机与前端播出系统，以及与外界进行对话、沟通等网络类通信时规定的数据传输协议。单向广播是数字电视的主要传输方式，利用交互通道进行双向数据传输是数字电视的新特征。单向广播的主要载体是 MPEG-2 传输流，数字音视频和数据都是通过传输流进行交付的，交互通道则主要采用 IP 方式传递数据。

9.12.1 单向广播通道

中间件标准中定义的协议为数据广播应用和交互业务提供了一般的解决方案。广播式的应用在由业务提供者到业务消费者之间构成一个下行流通道组成的系统，是一种单向传输。

广播数据传递使用MPEG-2定义的DSM-CC UU（Digital Storage Media-Commant And Control User to User，数字存储媒体—命令和控制—用户对用户）方式的轮播。DSM-CC 中定义了两种轮播方式，数据轮播（Data Carousel）和对象轮播（Obejct Carousel）。数据轮播把数据分为固定大小的数据包发送，有两层数据检索机制，是一种面向底层数据的传输协议。对象轮播在数据轮播基础上封装一层对象检索机制，适合于应用层面上使用。广播传输协议还支持通过多协议封装来传送 IP 数据。广播通道传输协议模型如图 9.12 所示。

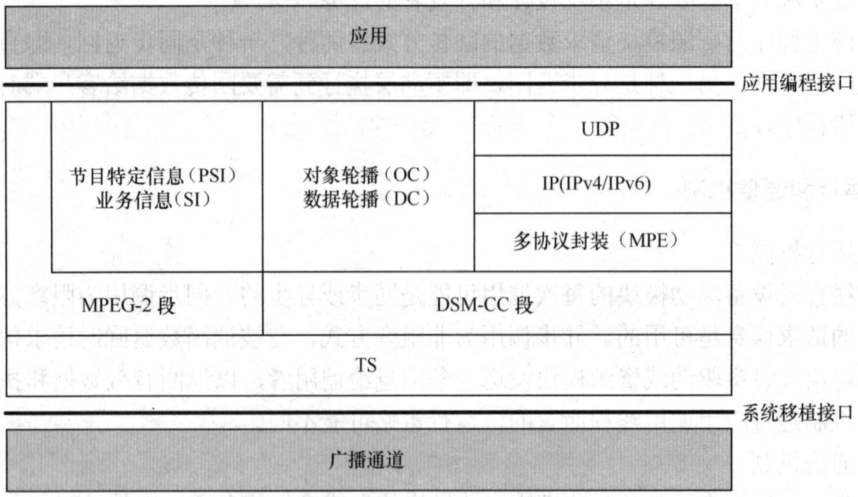

图 9.12 广播通道传输协议模型

如图 9.12 所示。传输流携带数据采用两种方式，MPEG-2 段（Section）和 MPEG-2 PES。广播通道利用 MPEG-2 传输流，MPEG-2 段在数字电视应用中传递实时性要求不高的非连续数据，对中间件而言，用 MPEG-2 段传送应用程序、相关数据及 SI 信息，可称之为一种数据的管道。传递应用程序常用的是 DSM-CC 轮播方式，即建立在数据轮播基础上的对象轮播。对象轮播指定三种对象：文件、流和事件，应用程序最常用的传递方式按文件对象处理。当然，也可以采用 IP 方式传送应用程序，建立在多协议封装上的数据报（UDP）不能回传确认数据是否可靠到达，这是由单向广播特点所决定的。因此，轮播方式更适用于广播环境。MPEG-2 PES 用来传送实时性要求高但对传输错误要求低的场合，即传送数字音视频流，也可以传送对错误不十分敏感的数据流，这种方式称为“流”方式。

广播通道的传输协议归纳有 MPEG-2 传输流（Transport Stream）、MPEG-2 段数据部分（Sections）、DSM-CC 对象轮播（Object Carousel）、DSM-CC 数据轮播（Data Carousel）、多协议封装（Multiprotocol Encapsulation）、互联网协议（Internet Protocol）、用户数据报协议（User Datagram Protocol）、业务信息（Service Information）。

9.12.2 双向交互通道

交互式数字电视应用需要回传通道的支持，通过下行流通道与回传通道，构成交互应用的双向环境。双向交互通道所包含的网络有多种可能的配置，这些配置覆盖了当前的各种广播形式，包括卫星、地面、有线、卫星主天线（SMATV）、公共电话交换网（PSTN）、综合业务数据网（ISDN）等。

交互通道传输协议模型如图 9.13 所示。在该模型中，传输协议分为与物理网络相关的协议和与网络无关的协议。与网络相关的协议指具体交互通道采用的传输物理网规范，而建立在这些物理网络上被广泛使用的与网络无关的协议是 TCP/IP。此外，还有一种常用协议是建立在 TCP/IP 之上的超文本传输协议 HTTP（Hypertext Transfer Protoco1），它提供对互联网网页浏览的支持。至于其他的两种协议——DSM-CC 和 UDP，实际中较少应用。

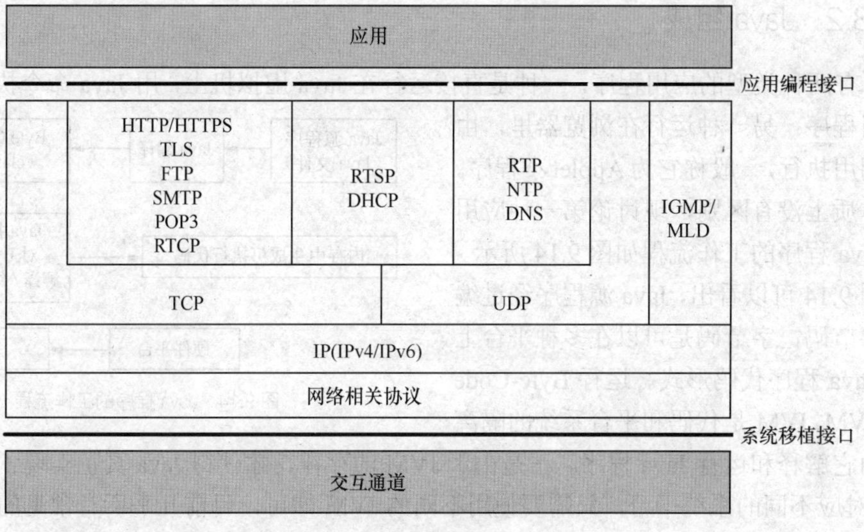

图 9.13 交互通道传输协议模型

交互通道协议归纳有：网络相关协议（Network Dependent Protocols），其内容分别是 CATV、PSTN/ISDN、DECT、GSM、LMDS 和 SMATV 等；互联网协议（Internet Protoco1）；传输控制协议（Transmission Control Protoco1，TCP）；UNO-RPC，由在 CORBA/IIOP 中定义的互联网 Inter-ORB 协议组成；UNO-CDR，由在 CORBA/IIOP 中定义的互联网 Inter-ORB 协议组成；DCM-CC 用户到用户协议；超文本传输协议（HTTP）。

9.13 中间件的运行引擎——Java

9.13.1 Java 技术

Java 于 1991 年由美国 SUN 公司提出，1995 年真正得到发展。目前 Java 语言越来越受到开发人员的欢迎，这与 Java 的一些特性有着密切的关系，如 Java 的开放性、平台无关性、安全性等，其中最大的特色在于它从语言本身这个层次上提供安全性。SUN 公司从一开始就将 Java 定位成一个开放型的编程语言，任何个人和组织都可以免费得到 SUN 公司的 JDK 以及一系列相关规范，同时任何个人或者组织开发的 JVM（Java Virtual Machine，Java 虚拟机），只要符合 JVM 规范，并经过 SUN 测试认可即可推向市场。Java 本身的 JVM 使得 Java 可以运行于目前几乎所有的系统平台上，这就形成了“写一次代码，到处可以运行”的优势，对用户来说非常方便。Java 的一系列安全机制可防止系统资源的非法调用和浪费。

Java 是 SUN 公司推出的新一代面向对象的程序设计语言，特别适合于 Internet 应用程序开发，它的平台无关性直接威胁到 Wintel（Windows & Intel 的缩写，意指微机的体系结构由 MS-Windows 操作系统和 Intel 的 CPU 组成）的垄断地位。Java 作为软件开发的一项革命性的技术，其地位已被确立。Java 语言正在不断发展和完善，较通用的编译环境有 JDK（Java Develop Kit，Java 开发工具包）与 JWS（Java Work Shop，Java 办公室），还有很多其他公司也开发出很多 Java 语言的编译器与集成开发环境。

9.13.2 Java 组成

Java 有两种类型的应用程序，一种是直接运行在 Java 虚拟机上，用 Java 命令执行，这种称为应用程序；另一种运行在浏览器里，由浏览器调用执行，一般称它为 Applet 小程序。这两者本质上没有区别，现讨论第一种应用程序。Java 程序的工作流程如图 9.14 所示。

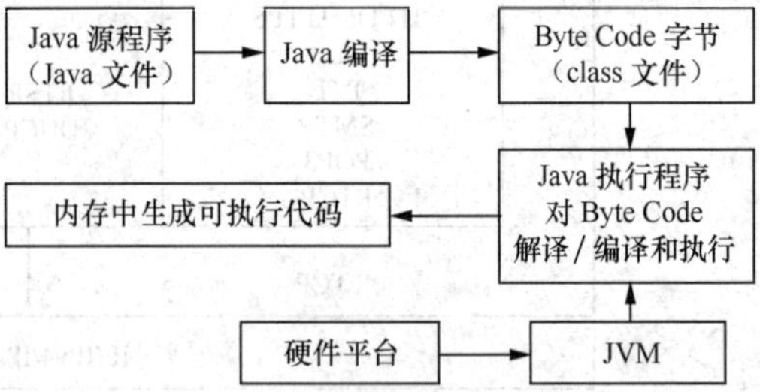

图 9.14 Java 程序的工作流程

由图 9.14 可以看出，Java 源程序经过编译形成字节码，字节码是可以在多种平台上运行的 Java 程序代码形式。运行 Byte-Code 代码靠 JVM，JVM 是代码和平台系统的隔离接口，由它解释和运行 Java 程序。正是由于 JVM 的存在，才使得 Java 真正实现了“平台无关性”，对应不同的系统平台，只需要使用不同的 JVM 即可，目前几乎所有常见的操作系统都有自己对应的 JVM。

9.13.3 Java 虚拟机

Java 虚拟机 （JVM）实质上是介于软硬件之间的一种数据接口。它通过对不同系统硬件驱动的解释，实现同一个功能代码在不同硬件平台上的运行，对用户（开发人员）来说，完全可以不去理会所使用的系统平台，他面对的只是 JVM，从而实现平台的无关性。SUN 公司提供了常用 JVM（Windows 和 Linux 等）和 JVM 规范。由于 Java 属于开放技术，任何人都可以开发有自己特色的 JVM，只要符合 JVM 规范即可，当然 JVM 必须通过虚拟机测试，才能保证 Java 的兼容性。

9.14 China TVOS 中间件技术 TVM

中国智能电视操作系统 China TVOS 是拥有自主知识产权的操作系统，2014 年 2 月 26 日，TVOS 通过了专家委员会的评审验收，并正式发布了 TVOS 1.0 版本。此项目起步于 2010 年 10 月，于 2012 年 4 月正式开始，2013 年 11 月完成。其大致分为三个阶段：第一阶段为关键技术跟踪研究和应用阶段；第二阶段为创新总体技术思路、确定总体技术方案和形成创新工作机制阶段；第三阶段为软件研发与测试及终端集成和业务开发阶段。传统 DVB 机顶盒以 Java 中间件实现为主，新兴 OTT 网络机顶盒以 Android 操作系统为主。TVOS 在应用执行环境层创新性地提出了 TVM（TVOS Virtual Machine）环境，可支撑 Java ME 应用和 NGB 中间件规范定义的 NGB-J 应用，在应用框架中采用了“垫片”机制，引入了 Android 4.0.3 API。TVOS 完全兼容 Android 应用。

TVM 向用户提供在 TVOS 系统环境中运行 Java ME 应用的能力，业务目标是使现有基于 Java ME（NGB 中间件）平台开发的应用能够无缝迁移到新的 TVOS 环境中运行。

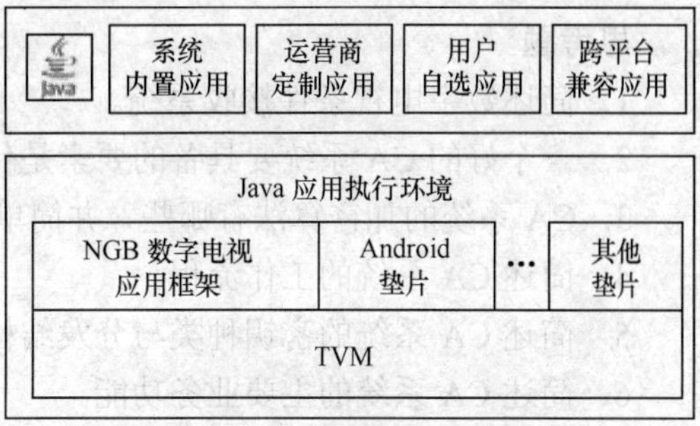

图 9.15　TVM 上下文环境

9.14.1　TVM 环境

TVM（TVOS Virtual Machine）是一种针对数字电视领域的 Java 应用程序执行环境，其上下文关系如图 9.15 所示。

TVM 执行环境用于支撑数字电视 Java 应用、NGB-J 扩展应用，以及其他基本 Java 应用的生成、加载和运行。TVM 环境位于 TVOS 的执行环境层，即功能组件层之上，Java 应用框架层之下。基于基本应用框架和 NGB-J 应用框架的 Java 应用将运行于 TVM 模块构造的运行环境之内。TVM 运行时环境由应用管理模块在启动应用时启动，并在应用的生命期内由应用管理模块管理（暂停、恢复、重启等）。

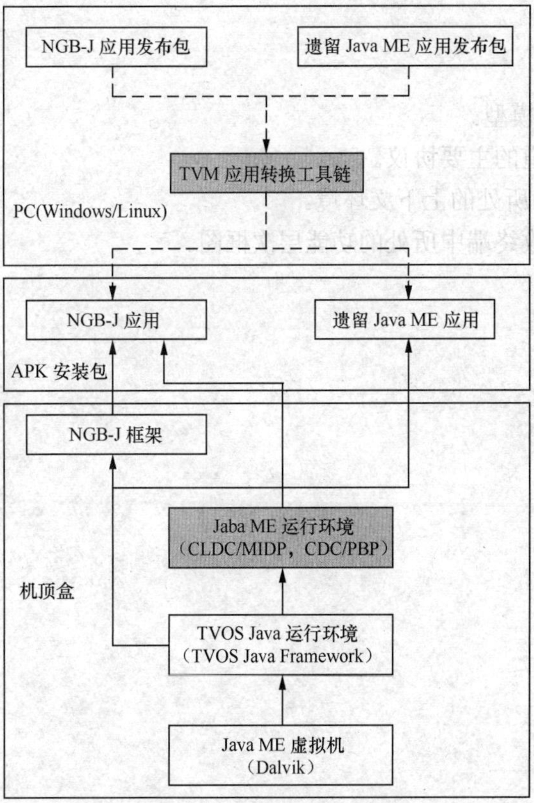

图 9.16　TVM 流程框架图

TVM 环境主要包括 Java 核心库和 Dalvik 虚拟机。Java 核心库提供了 Java 编程语言核心库的大多数功能；Dalvik 虚拟机负责 Java 字节码的解释和执行，系统应用管理器会为每一个 Java 应用启动相应的 Dalvik 虚拟机实例，即每个 Java 应用都运行在独立的进程空间，TVOS 可同时支持多个 Dalvik 虚拟机实例。

9.14.2　TVM 方案概述

TVM 总体方案是在 TVOS 系统之外提供一套包转换工具链，用来将 Java ME 应用（.JAR 文件的形式存在）转换为 Android 应用（.APK 文件的形式存在）；同时实现 Java ME API 到 TVOS 系统的移植，在 TVOS 系统之内提供支撑 Java ME 应用的基础库环境。TVM 在 TVOS 系统中的流程如图 9.16 所示。

图 9.18 中上半部分由虚线表示的是 NGB-J 和 J2ME 应用包经过 TVM 转换工具链转换为 APK 文件，下半部分由实线表示的是 Java ME 运行时环境由 Java ME 虚拟机和 TVOS Java 运行时环境支撑，最终使得转换生成的 APK 文件可以在 TVOS 系统的 Java ME 运行环境中运行。

【练习与思考】

思考题

1. 简述数字电视条件接收系统。
2. 一个好的 CA 系统要具备的要素是什么？
3. CA 系统的加密算法有哪些？并简单论述。
4. 简述 CA 系统的工作流程。
5. 简述 CA 系统的密钥种类与分发结构。
6. 简述 CA 系统的主要业务功能。
7. 简述 CA 系统的基本原理。
8. 简述 CA 系统的发展趋势。
9. 简述 DCAS 原理及层级密钥体制。
10. 什么是数字电视中间件？
11. 简述中间件在数字电视发展中的作用。
12. 简述中间件系统架构。
13. 简述中间件 Java 平台的种类。
14. 简述开放数字电视平台中的图形参考模型。
15. 简述 NGB 中间件广播通道、双向通道的主要协议。
16. 简述 NGB 终端中间件在 NGB 系统中所处的上下文环境。
17. 画出 NGB 终端中间件在数字电视接收终端中所处的功能层次框图。
18. 何谓加扰与加密的区别？
19. 简述 DCAS 系统安全数据交互关系。

第 10 章 综合业务运营支撑系统

【学习提要】

本章介绍有线数字电视网络业务运营支撑系统(Cable Business Operation Support System，Cable BOSS) 目前的运营状况、相关概念、Cable BOSS 的架构和主要功能、Cable BOSS 的数据模型、Cable BOSS 的技术实现、Cable BOSS 的实施指南及相关案例分析。

【引言】

Cable BOSS 是满足有线电视数字化及未来多业务的综合业务运营支撑系统，是有线数字电视网络不同业务运营模块通过接口访问，从而实现共享资源、信息互通和精确运行的保证系统，可以为多业务运营提供统一运营支撑平台、为客户提供统一服务平台、为有线网络产业链提供统一集成平台的综合性系统。

10.1 运营商 BOSS 概况

1997 年，移动通信的业务尚很弱小，互联网的春天也未到来，固话通信依然是中国电信的核心业务和发展重点。为解决日益增长的用户需求和 IT 管理能力不足之间的矛盾，催生出电信业信息化建设的一个重要标志——电信“97 系统”，即“市话业务计算机综合管理系统”。

在 97 系统的 9 个子系统中，全面贯穿“客户营销”的思维，以营业受理为龙头，以机线资源管理为基础，以配线配号、定单管理、综合管理查询为支撑，以数据共享为目的，并实现了业务的构件化组装。可以说，从 97 系统开始，BOSS 开始形成基本雏形。

2001 年，从中国电信分拆独立一年之后，中国移动联合多家咨询公司为传统电信企业计费系统进行了战略研究和系统再设计，业务运营支撑系统——Business & Operation Support System 的概念被正式提出。根据“业务支撑网建设五年规划”，中国移动于 2002 年底完成了初步的 BOSS 集中化和客户集中化。

我国电信竞争大格局的形成，市场竞争的日趋激烈，使得电信运营商意识到本身的生存和发展危机，从而更加重视自身的建设和对客户的争夺，这对电信网络的业务能力和服务能力提出了新的要求，由此引发了新一轮的竞争，竞争的焦点从资源的竞争逐渐转向了以软投资的加大为标志的质量竞争。电信运营商们的 BOSS 系统、客户分析系统和 OA 系统为核心的软投资的增加，为广大的设备系统集成商们提供了广阔的市场，并且拉开了产业链上下游各个环节之间的或合作或竞争的帷幕。

10.1.1 概念

OSS/BSS 是电信运营商的一体化、信息资源共享的支持系统。OSS 的历史可以追溯到 1984 年，AT&T 的第一次拆分让世界电信市场首次引入了竞争。随之市场竞争加剧，要求运营商们不仅能保持客户群的忠实度、减少客户流失，还必须保证一定的经营利润。OSS/BSS 于是就应运而生了，其中 OSS 是主体，BSS 是基础，从客户的角度看，OSS 和 BSS 之间没有区别。随着“以客户为中心”理念的盛行，服务商也渐渐淡化了 OSS 和 BSS 之间的区别。

1．运营支持系统

运营支持系统（Operation Support System，OSS）包含用于运行和监控网络的所有系统，如报告或计费系统。它不是网络本身，而是整个运营基础结构，包括运营网络系统和客户服务系统，其中客户支持功能是由业务支持系统（BSS）执行的。

2．业务支持系统

业务支持系统（Business Support System，BSS）的设计目标包括客户关系管理（CRM）、业务供应链管理（SCM）、经营决策支持系统（DSS）。

3．业务和运营支撑系统

业务和运营支撑系统（Business & Operation Support System，BOSS）以客户服务、业务运营和管理为核心，以关键性事务操作（客户服务和计费为重点）作为系统的主要功能，为网络运营商提供一个综合的业务运营和管理平台，提供全面的解决方案。

10.1.2 系统功能

BOSS 系统功能主要包括三个领域：计费、服务保障与服务实施。随着新的网络技术的推出，每个领域都将受到其特有的一系列问题的影响。

针对不同的运营商（如固定网络经营者、移动网络经营者、IP 网络经营者、数据网络经营者等），以及不同的服务对象，BOSS 通常有以下几类主要业务及其功能。

1．面向多种业务的功能

多种业务有固定话音及数据、无线话音及数据、无线数据等。其功能主要有工单调度、资源管理等融合的营业系统、多业务融合的计费系统与账务系统、统一的客户服务系统、统一的客户关系管理（CRM）系统、业务开通与保障、业务开发与决策、服务水平协议（SLA）/服务质量保证（QoS）管理以及应用集成等。

2．面向大众化 IP 业务的功能

面向大众化 IP 业务的功能主要有营业系统、账务系统、计费系统、客户服务、客户分析、业务开发与规划、业务激活、业务保障和应用集成等。

3．面向精准数据业务的功能

面向精准数据业务针对个人用户特别是大客户的企业用户所需的个性化服务。其流程复

杂、多样化，主要功能有营业系统、工单调度、资源管理、计费系统、账务系统、客户服务系统、CRM 系统、业务开通与保障、业务开发与决策、SLA/QoS 管理以及应用集成等。

根据目前中国电信运营业发展趋势，未来中国电信行业运营支撑系统市场规模将继续扩大，并保持较高的增长速度。系统的发展主要是向新一代网络的 BOSS 系统建设和无线的 BOSS 系统建设方向迈进。

10.2　Cable BOSS 概念

10.2.1　BOSS 的发展沿革

1. BOSS 的由来

业务运营支撑系统（Business Operation Support System，BOSS）是以客户服务、业务运营和管理为核心，以关键性事务操作（客户服务和计费）作为系统的主要功能，为网络运营商提供一个综合的业务运营和管理平台，提供全面的运营解决方案。

BOSS 最早是由电信行业在运营支持系统（Operation Support System，OSS）和业务支持系统（Business Support System，BSS）组合的基础上提出的，主要目的是为运营商的业务运营信息化提供完整支撑，通过 BOSS 提升企业运营效率，实现业务运作的精细化和自动化。实践表明，BOSS 的建设是提高电信企业竞争力的关键，并为电信运营商广泛认可。

2. BOSS 的内涵和外延

（1）BOSS 的内涵

BOSS 的内涵（核心功能）主要包括计费和结算、营业和账务、客户服务以及决策支持四个功能模块。

① 计费和结算模块：计费包括处理计费数据采集和批价两个过程。结算包括网内和网间两种结算。

② 营业和账务模块：营业指受理和处理用户的业务请求；账务将用户使用网络的情况汇总形成账单。

③ 客户服务模块：实现为客户提供快速方便服务和及时提供新业务的两个保证；从更高的角度来看，实现多元化、个性化、交互式、异地服务的要求。

④ 决策支持模块：通过动态、有选择性地采集和更新数据源的有效信息及企业外部相关信息，进行智能化地分析、处理、预测、模拟等，最终向各级决策管理者或专业人员提供及时、科学、有效的分析报告，做好信息、智力支持工作。

在发展过程中，不同运营商形成了不同的 BOSS 体系，主要区别在于 BOSS 的功能边界和范围。目前主流的 BOSS 体系主要以 BSS 部分为核心，包括一部分跟 BSS 关系紧密的 OSS 部分。

（2）BOSS 的外延

随着 BOSS 体系的完善及外部环境的变化，形成了多样的 BOSS 外延体系（全局信息化框架），也即所谓的大 BOSS 概念。BOSS 的外延是指以 BOSS 为核心构建的基于企业全局视角的企业信息化框架，集成了 BOSS 系统、基础网络管理系统、增值业务平台和其他企业信息化系统。

10.2.2 电信 BOSS

1. 电信 BOSS 的参考标准

电信行业的 BOSS 规范和框架几乎无一例外地参考电信管理论坛（Telecommunication Management Forum，TMF）发布的下一代运营系统和软件（Next Generation Operation System & Software，NGOSS）标准。NGOSS 核心内容包括以下三个方面。

（1）采用增强型电信运营图（enhanced Telecom Operations Map，eTOM）体系。

（2）采用共享信息和数据（Shared Information & Data，SID）方式设计共享数据核心模型。

（3）采用技术无关体系架构（Technology Neutral Architecture，TNA）确定的框架结构。

中国移动、中国电信和中国联通三大电信运营商的 BOSS 系统都是参考 NGOSS 进行规划和建设的，既有联系也有区别。

2. NGOSS 主要特征

NGOSS 的目标是贴近运营商需求，使系统开发变得更迅速、更灵活、成本更低。NGOSS 从系统（即插即用规则）、过程（企业事务过程模型）、信息（关联事务共享数据）、产品四个方面保证 OSS 具备标准化、逐步演进、互连互操作、端到端的管理和高度自动化的特点。NGOSS 提出一系列的文档、信息模型和代码，分析研究企业核心业务流和信息技术；提出一套指导 OSS 建设的系统框架和设计即插即用的 OSS 组件方法，帮助开发商迅速开发支撑系统。

NGOSS 采用软件组件技术，对一电信运营企业业务流程进行建模，侧重于业务流程和信息模型的定义、系统框架的定义等关键元素。

NGOSS 主要特征表现如下。

（1）以客户为中心。

（2）软件设计组件化。

（3）业务流程抽象化。

（4）共享信息服务。

（5）实行接口契约。

10.2.3 Cable BOSS 基本概念

1. Cable BOSS 的含义

Cable BOSS 是为满足有线数字电视网络智能化以及未来多业务运营的综合业务运营支撑系统，是有线数字电视网络不同业务运营模块通过接口访问，从而实现共享资源、信息互通和精准运行的保障系统。

Cable BOSS 涵盖了计费、结算、账务、业务管理和客服等方面，并根据业务需要与相关外部系统进行互联。

2. Cable BOSS 的作用

（1）为多业务运营提供统一运营支撑平台。

（2）为客户提供统一服务平台。

（3）为有线网络产业链提供统一集成平台。

3. Cable BOSS 和电信 BOSS 的不同

我国电信网大多数均已采用了 BOSS，但由于行业提供的业务重点不同，现有的电信运营支撑系统不能直接拿来就用。Cable BoSS 和电信 BoSS 主要的差异如下。

（1）管理架构。全国电信企业都是完全的自上而下的垂直管理架构，而目前各地广电网络公司则是相对独立的管理架构，管辖和隶属关系不明显。

（2）信息化程度。电信行业经过十多年的信息化建设，从企业内部管理到运营都有较完整和健全的 IT 系统，而有线网络信息化建设起步很晚，信息化程度总体偏低且参差不齐。

10.3　Cable BOSS 的架构和主要功能

10.3.1　Cable BOSS 系统架构

Gable BOSS 是由多个子系统组成的集成系统，对系统架构来说主要是明确系统边界以及各子系统之间的关系。随着业务的多样和复杂，Cable BOSS 将会越来越庞大，边界不能一成不变。针对不同运营单位的具体需求，应对系统边界适当调整，进行增扩或者裁剪。

10.3.2　Cable BOSS 功能框架

Cable BOSS 功能架构如图 10.1 所示，主要包括业务子系统、公共子系统和技术架构三个部分。

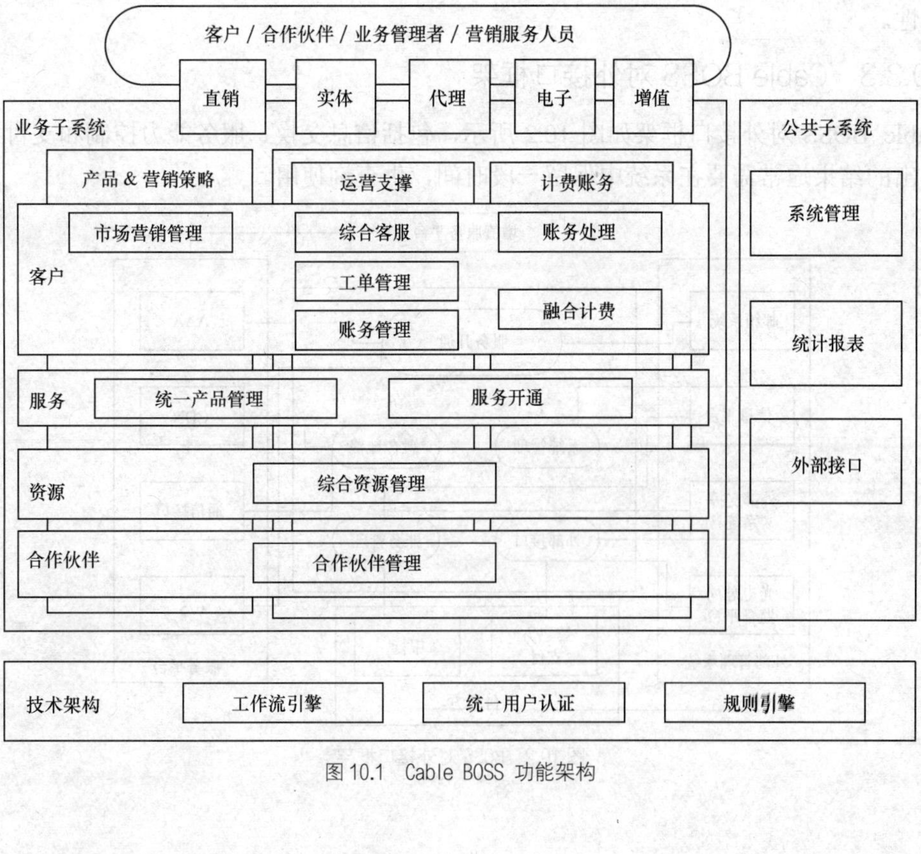

图 10.1　Cable BOSS 功能架构

1. 业务子系统

业务子系统是 Cable BOSS 系统的核心。从运营层面（纵向）分析，它包括产品&营销策略管理、运营支持管理和计费账务处理。从所管理对象层面（横向）分析，它包括对客户、服务、资源及合作伙伴的管理业务子系统的功能模块。

2. 公共子系统

公共子系统是 Cable BOSS 子系统所有模块的公用部分，它的功能虽然不与具体业务相关联，但却是 Cable BOSS 运行所必须的。公共子系统的功能模块及说明见表 10.1。

表 10.1　　公共子系统功能模块表

子系统名称	子系统说明
系统管理	包括权限控制、系统维护（应用程序的启动、监控、系统备份等功能）、操作日志的权限。 此外，还包括对系统运行所必须的基础数据（局数据）的管理
统计报表	周期的数据统计，并展现为报表； 此外需要考虑统计报表与查询之间的区别以及功能划分。统计报表偏向于处理周期性的、具有固定格式输出的查询，并且其结果通常需要在系统中保留一段时间
外部接口	BOSS 系统与所有外部系统之间的接口

3. 技术架构

技术架构为业务子系统和公共子系统提供基础技术平台，以使 BOSS 具有更好的扩展性和灵活性。

10.3.3 Cable BOSS 对外接口框架

Cable BOSS 对外接口框架如图 10.2 所示，包括信息交换、服务能力控制和支付三类接口。输出的结果通常需要在系统中保留一段时间，供查询使用。

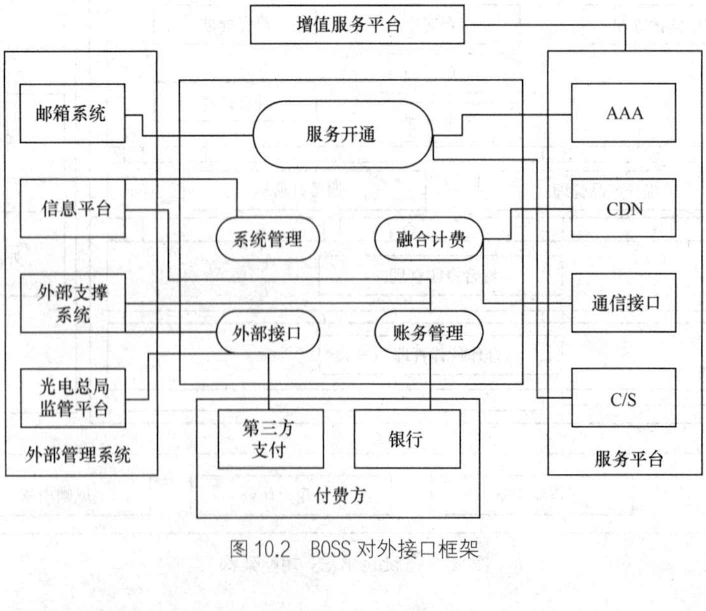

图 10.2　BOSS 对外接口框架

10.3.4 系统功能

由于具体业务流程和业务模式上的差异，各个运营单位在定义功能时也存在差异，包括数据模型、功能模块和子系统的划分等。由于核心业务流程基本相同，功能模块差异相对较小，映射功能模块也基本类似。定义时遵循的原则如下。

（1）功能覆盖能够满足 Cable BOSS 的基本支撑需求。

（2）功能聚合和模块划分尽量明确、清晰。

（3）细节的功能点差异不体现。

（4）功能描述尽量以结果为主，不涉及模型和具体业务规则。

10.3.5 Cable BOSS 的具体功能

1．市场营销管理

市场营销管理充分体现了以市场为导向、以客户为中心的思想，以客户管理为核心，提供多种方式的营销手段和统计数据支持，并为员工的绩效考核提供全方位的支持。

2．综合客服

综合客服是指运营单位通过服务渠道、利用服务界面向最终用户提供的各种服务。服务包括营业受理、投诉建议、自助服务和客户关怀四类。营业受理类服务包括新装、业务变更、管理停开机、促销设备、业务回退、营业日轧账、销户等；投诉建议类服务包括客户对产品、服务的投诉及建议管理；自助类服务包括信息查询、在线订购等；客户关怀类服务是指客户回报活动。

3．工单管理

工单管理负责执行已生成的工单，进行跟踪记录、工单分发和工单回执管理等，确保客户上门服务的质量和效率，具体包括工单流程、工单环节和工单任务三个管理。工单流程管理完成工单流程的配置、调度和监控。工单环节管理是对工单流程中的任务节点进行配置管理。工单任务管理完成工单的创建、查询、处理、撤销和实现工单的流程化管理。

各地的工单处理流程由于业务条件的不同有所差异，因此必须灵活定制，并按照定制的处理流程流转和处理相应的业务数据。

4．账务管理

账务管理是对账务处理生成的账单、综合客服生成的费用进行管理、核算的过程，包括缴费管理、欠费管理、呆坏账管理、托收管理、账单管理、账务调整、信用/积分管理和挂账管理。

5．统一产品管理

统一产品管理对用户提供服务的定价过程进行管理，即对服务、产品、促销、资费包、费率和科目等相关实体以及实体之间相关性的定义和维护，具体包括服务管理、资费管理、产品封装和产品目录管理。

6. 综合资源管理

综合资源管理主要管理系统中的逻辑资源和物理资源。逻辑资源包括 IP 地址和标准地址；物理资源包括终端资源、赠品、票据和卡资源管理。

7. 合作伙伴管理

合作伙伴管理包括合作伙伴信息管理、结算数据采集、结算策略管理、结算账务处理。

8. 账务处理

账务处理是将综合计费形成的详细信息与账户资料及账务资费相结合，进行基于个人或集团的合账和优惠处理，形成进行实时信用控制的综合账单数据，以作为向客户收费的依据。账务处理包括出账管理、出账回退和销账管理等。

9. 融合计费

融合计费是对多业务计费数据的采集、批价计费和入库，实现系统处理的高正确率、高处理性和高扩展性。融合计费可实现实时计费、实时反算和准实时计费。

10. 系统管理

系统管理是 Cable BOSS 系统中最基础的模块，提供整个 Cable BOSS 系统初始数据设置相关的所有基本操作，包括基础数据维护、权限管理、模板管理、规则管理和任务管理等。

11. 服务开通

服务开通提供对网元的配置和指令的配置，完成网元的建立、指令的解析和分发处理，并提供对网元的手动重连、指令的手动发送、强制下线和开通状态的同步，具体包括配置管理、开通处理和开通监控等。

12. 统计报表

统计报表负责进行 Cable BOSS 的报表统计、生成、发布及前端展示。实时性要求较高的统计类型的报表包括日报表、营账报表、结算报表、数据业务报表和一些临时要求的报表。其具体功能包括提供统计结果的保存和按要求提取数据，可采用多种方式保存，文本类型包括文本文件或规定格式的 Excel 文件。统计报表主要指运营型统计报表，包括业务类报表、收入类报表、资源类报表、用户类报表和账务类报表。

通过后台的统一任务调度进行定期的数据生成，存放到相关的中间表中，并通过第三方报表工具显示相关的报表数据。

10.4 Cable BOSS 的数据模型

10.4.1 Cable BOSS 信息模型

信息模型是现实世界到机器世界的映射和抽象，IT 系统能否准确地反映现实则完全依赖准确的信息模型，信息模型在 Cable BOSS 方案里面至关重要。模型的设计是 IT 系统建设中重要的一环，因为模型能够直接反映业务部门的需求，同时对系统的物理实施具有重要的指导意义。

信息模型的构建是从业务活动入手，按照科学方法对业务活动进行抽象、归纳和聚合，从而形成以信息流的方式来映射具体的业务活动。整个模型的构建遵循技术无关架构（Technology Neutral Architecture，TNA）的要求，具备如下特点。

（1）从核心业务入手，尽量屏蔽业务差异性，保证业务和模型的映射唯一性；

（2）以业务功能架构为蓝图，归纳和聚合信息，保证信息完整；

（3）按照功能架构规划的高内聚、松耦合原则设计数据模型，保证数据的高复用性；

（4）保持功能和数据模型的一致性，数据模型具备充足的可扩展性和灵活性，能够应对业务和功能的快速变化。

满足上述特点的信息模型可以认为能够准确反映业务活动及业务部门需求，才能作为 Cable BOSS 方案的重要基础和组成部分。

10.4.2 共享信息模型

共享信息模型（Shared Information Data/Model，SID）是 Cable BOSS 体系中的一个核心思想，旨在提供一套标准的、公共的术语和一个参考模型的框架，构建企业信息框架的基础。其主要解决的是信息、数据共享的问题，这是因为，一方面一般运营单位前期的系统建设是一种静态的、相对独立的运行支撑系统，这些独立的系统大多是按照各部门的需求建立的，会逐渐出现信息孤岛的现象，比如计费与营业之间存在着产品、用户等比较紧密的数据耦合关系，如果缺乏一个统一规范的模型进行控制，同时可能由不同的集成商实现，很容易出现信息孤岛，出现大量的因数据不同步、性能等原因引起支撑上的问题；另一方面在实际建设 Cable BOSS 系统过程中，也存在不同有线网络、不同的集成商对信息模型的理解各有不同，包括相应的实体定义和实体包含的属性等，导致在应用和实现层面存在沟通和理解上的偏差。

需要说明的是，本书提供的模型，在概念模型和逻辑模型上已得到广泛认可，而物理模型由于功能需求和技术实现上的不同会有很大的区别，为避免分歧，本书不提供物理模型，所提供的模型仅作为参考，在实际规划设计和建设时可根据此模型进行修改完善以适应自身需求。

10.4.3 数据模型

图 10.3 所示为 Cable BOSS 可参考的概念模型。客户域主要指使用运营单位产品和服务的独立个体（个体客户）、个体群集（集团客户）和特殊客户群（特殊客户）。客户可以从属一个或多个地域，可以根据具体的消费行为产生一个或多个用户，同时也是市场营销推广的主体。如跨品牌的市场营销只能针对客户而不能针对用户，客户可以拥有自己的账户用于支付各种消费，同时可以定制个性的账单。

地域信息是运营单位非常重要的一类资源，包括地址、业务区等各类属性，现阶段开展的业务一般要求用户有自己所属的具体地址；同时地域也是广电运营单位开展各类业务非常重要的条件，如针对某一地域的客户推出不同的产品或实施不同的优惠策略、机顶盒业务资源进行区域限制等。

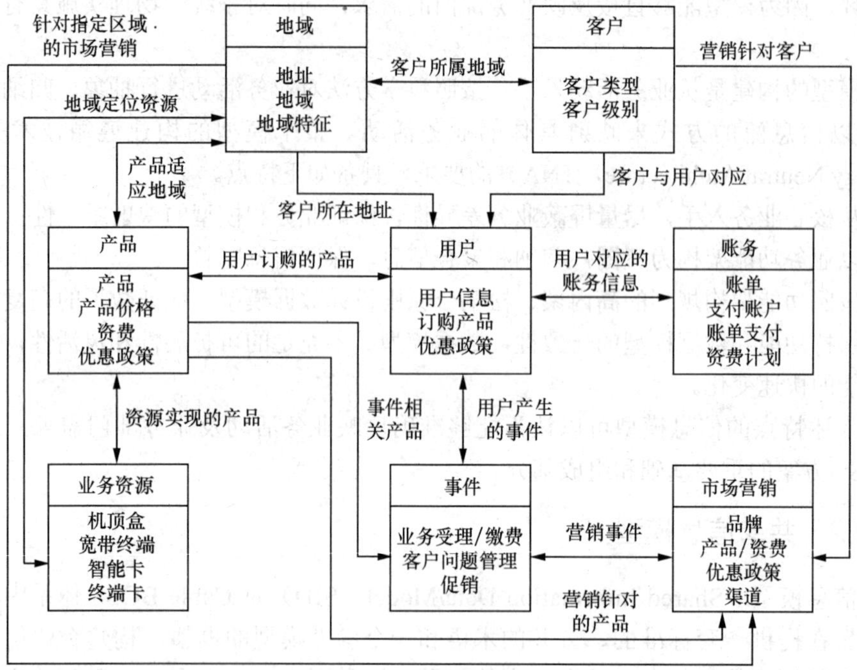

图 10.3　Cable BOSS 概念模型

用户域是信息模型的核心域之一，用户是具体业务或服务的使用者，用户是承载广电服务的最小计费对象，是广电服务的载体，它往往是通过客户签订服务协议使用某种类型的业务产生的。地址仅仅是用户使用的一类资源而非必要条件。用户通过占用业务资源产生消费事件。客户的消费行为包括用户的消费事件和其他一次性的服务消费。用户计费产生的账单通过账务域的支付账户进行销账处理。

账务域是信息模型的核心域之一，包含账户、账单、支付计划等属性。客户拥有账户，用户产生账单，账户与账单之间根据支付计划产生销账行为。实际应用过程中账务域也会同市场营销发生间接关联，如推出预存多少送多少的营销模式，它们之间的关联是可选的，应视业务需要而定。

产品域是运营的核心域之一，它包含了各种向用户推出的服务的打包和定价。产品借助业务资源向用户提供服务，如数字节目通过机顶盒、智能卡、网络等业务资源传递到用户，不同的数字节目可以进行各类打包操作，可以针对不同的地域（如城、乡）、不同的客户（如普通客户、低保、酒店、合作单位等）有不同的价格策略，推出不同的优惠方案，市场营销可以采取跨品牌的产品捆绑，如付费节目同宽带、点播等业务进行捆绑销售。

业务资源域主要集中在业务开展所必需的业务资源，分为实体资源和虚拟资源，它是实现客户服务的基本要素。实体资源包括开展数字业务所需的机顶盒、智能卡等，开展数据业务所需的 Cable Modem 等；虚拟资源包括开展 IP 电话所需的号码资源，开展数据业务所需的静态 IP 地址等。广义的业务资源还应包括网络资源。

事件域主要描述运营单位跟客户之间在运营活动中产生的交互的关系和属性。事件包含两大类，即客户产生的事件和用户产生的事件。客户产生的事件包括投诉、业务办理、促销、自服务、回访等主动或被动事件；用户产生的事件主要包括使用产品触发的计费事件。事件发生后会对其他域产生相应的影响。

市场营销域主要描述运营单位用于市场推广和营销活动的定义和关系。针对不同的客户制定不同的营销策略，营销策略通过市场营销活动向客户推广，客户通过事件进行市场营销活动的响应，事件会触发对产品等其他域的影响。

10.5 Cable BOSS 技术实现

10.5.1 软件体系架构

Cable BOSS 系统采用分层结构开发和设计，将界面、业务逻辑和数据分离，实现系统内部松耦合，以灵活、快速地响应业务变化对系统的需求。系统层次结构划分为数据层、业务逻辑层和展示层，通过各层次组件间信息和服务的承载关系，实现系统功能。

Cable BOSS 分层的技术体系架构如图 10.4 所示。

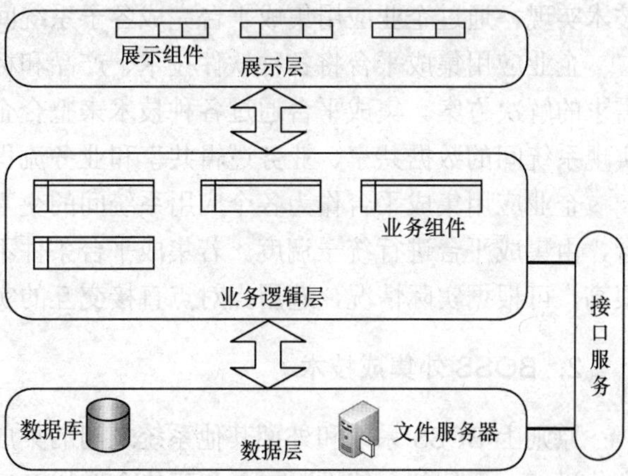

图 10.4 Cable BOSS 分层的技术体系架构

1. 数据层

数据层负责系统的数据存储及维护数据的完整性与一致性。数据层为业务逻辑层的业务组件提供数据服务，通过业务组件处理，形成可供其他组件和外部系统调用的信息服务，最终完成特定的业务功能。数据可以根据需要存储在数据库管理系统、文件或外部存储设备中。

2. 业务逻辑层

业务逻辑层包含各种类型的业务组件，组件是能够完成特定的业务功能或原子功能的处理过程的集合，通过对数据的封装、分布和处理来实现功能，并可为其他组件提供调用服务。组件的构建原则：保证数据输入/输出的一致性和完整性；能够有效屏蔽数据模型、格式、分布的差异，实现业务逻辑与数据的解耦合；聚合内聚性较高的操作和逻辑，提供适当粒度的处理服务，高内聚、低耦合，可重复使用，包括系统内外部不同环境的使用。

3. 展示层

展示层包括一系列用于展示和人机交互的展示组件，各展示组件依据展示环境、应用功能以及采用技术的不同提供不同的展示形式和人机交互操作界面，能够为系统提供诸如客户端、瘦终端、浏览器、界面调用等一系列应用环境下的展示服务。展示组件通过对业务逻辑层的业务组件调用并生成独立的人机交互界面来完成业务功能跟人机交互的集成，从而实现完整的业务功能。

4．接口服务

接口服务是通过留意业务组件的调用或者对数据的直接访问和封装来生成面向系统外部的一组接口信息服务。系统和外部的所有交互均通过不同接口信息服务的组合和控制来实现。

10.5.2 Cable BOSS 集成技术

1．BOSS 内集成技术

BOSS 内子系统之间的集成采用企业应用集成（Enterprise Application Integration，EAI）技术实现，通过企业应用集成平台完成各子系统间的信息流转和控制交互。

企业应用集成平台将各种软件技术、产品和标准进行有机的结合，为企业提供各种集成需求的解决方案。集成平台通过各种技术来整合企业内部使用的商业套件或自开发的系统，实现系统间的数据共享、业务逻辑共享和业务流程集成。

企业应用集成平台作为各个应用系统间的交互中枢，原则上各子系统都需要通过集成平台，由集成平台进行统一调度。若集成平台条件不具备或在某些特别情况下，如实时性要求很高，可根据实际情况，选用点对点直接交互的实现方式。

2．BOSS 外集成技术

原则上 BOSS 系统和外部其他系统之间的集成也应该通过 EAI 来实现，考虑到业务发展变化迅速，而外部系统不断加入和变化会增加 EAI 集成的难度，因此，在有限的情况下建议采用 EAI 集成，在条件不具备的情况下采用点对点接口的集成方式更快速有效。

10.5.3 基础设施要求

Cable BOSS 基础平台要求均为考虑大规模应用时的基础平台要求，对于小规模应用的情形可以适当降低标准，运营商及供应商和集成商可酌情参考。

基础平台主要包括主机、存储设备、网络、中间件及数据库。

10.5.4 安全架构

Cable BOSS 的安全架构完全遵循信息安全层次架构，分为物理、网络、系统和应用四个层次，关键要素为策略、技术、管理。Cable BOSS 安全架构如图 10.5 所示。

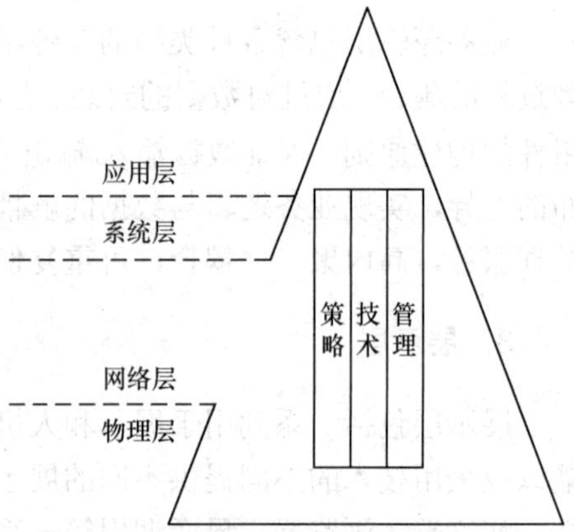

图 10.5 Cable BOSS 安全架构

1．安全要素

（1）安全策略

安全策略必须贯穿于 Cable BOSS 的每个安全层次上，针对不同层次要设定相应的安全策略，以保证层次内和层次间的安全，每个层次安全策略都要全面考虑 4A（账户、认证、授权、审计）的要求，力求全面和不留死角；同时，安全策略的制定要兼顾性价比和实际物理应用环境，避免不切实际的部署和要求。安全策略应当采取实际可行的一系列有效安全保障手段来保证信息安全，同时也应该允许基于不完全信任安全策略之上的安全手段来获得可信任安全。

（2）安全技术

安全技术是为解决某一类型的安全问题而适用的技术手段，是在安全策略之上而选用的一系列技术手段的组合。安全技术有其适用的范围和要求，面向不同的安全层次和指标时，需要进行谨慎的评估和技术选型。

（3）安全管理

安全策略的实施除了技术之外，还依赖于管理机制的建立以及推动。安全管理就是构建一系列规范、制度和流程来管理和控制安全策略的实施，安全管理强调角色职责和环节执行，从更高的层次上保证安全策略没有偏移地实施和推动。

2．层次安全设计和要求

（1）物理层

物理层安全设计主要考虑两方面的安全要求：物理设备安全和物理环境安全。在 Cable BOSS 的体系内，物理层安全更多集中表现在主机、存储设备以及各类终端的设备安全及存放设备的机房安全上。设备安全防护体现在设备和设备系统的管理层面和物理设备以及介质的电子电气工程技术特性上。

（2）网络层

网络层安全设计主要考虑的是外部访问控制和网络可用性两方面。外部访问控制重点在于防范来自于网络外的恶意访问和攻击；网络可用性的重点在于保证网络本身的连接健壮，不受篡改和阻断。网络层主要采用的安全防护技术和手段包括防火墙和路由链路备份等。

（3）系统层

系统层安全设计针对的主要是保证系统正常运行和系统内数据的一致准确，重点是用户安全和数据安全。用户安全采用的管理手段包括系统用户的账户管理、身份验证、单点注册等方式，而数据安全则采用加密存储、联机备份、RAID 机制以及容灾等技术手段来保证。

（4）应用层

应用层安全设计的对象主要是系统各类应用的正确运行和应用数据的准确可信。针对应用运行采用的手段包括对应用的审计监控以及人机操作的安全管理，防止非授权的应用调用和执行、防止应用的异常终止和出错。针对应用数据的准确性保证采用的手段包括数据一致性稽核、数据审计和业务数据监控等方式，保证应用数据的正确处理和展示，防止恶意篡改和人为出错。

10.6 Cable BOSS 的实施指南

10.6.1 实施管控

Cable BOSS 的实施管控是一个系统工程，有通用的系统化的方法来组织和协同各种具体工作。在探讨 Cable BOSS 实施的方法、原则、步骤、保障等方面的具体内容前，有必要简单介绍 IT 管控体系，因为 Cable BOSS 也属于 IT 系统之一，所以 Cable BOSS 的实施管控也遵循 IT 管控体系框架内的方法和标准，从战略层面出发，结合组织机构、流程、管理模式、制度乃至规范各个方面的构建、调整和改进，有条不紊、循序渐进地推进。

由于本书的目标重在提供可落地、可理解的方案和实施指导，所以在具体工作方法引导上会提供更多的说明和阐释，而在体系理论上则只做简单介绍。在本节首先会简单介绍 IT 管控体系，然后由 IT 管控体系的理论和方法引申出 Cable BOSS 的实施方法论和具体实施要素，按照顺序逐步展开说明，最后根据体系要求总结 Cable BOSS 的实施风险，并给出风险管理建议。

1. IT 管控体系构建

在 Cable BOSS 建设发展过程中，需要清晰地表明运营单位的企业战略与信息化能力的关系，以明确 BOSS 系统在企业中的地位，得出与有线运营单位发展战略相匹配的 BOSS 系统战略规划。

信息化能力包括两个方面，一是支撑有线运营单位发展的信息化系统能力，二是运营单位对于信息化系统规划建设工作管理控制的能力。这两个方面相互对应相辅相成，形成对有线运营单位发展的综合支撑。

2. 管控阶段工作

在有线运营单位信息化建设发展的过程中，尤其是 Cable BOSS 的建设过程中，基本生命周期可分为系统建设时期和系统运维时期两大阶段，在这两大阶段中，系统建设期又可划分为规划阶段和实施阶段，系统运维期又可划分为运行阶段和评估阶段。因此，IT 管理控制体系要从这两大阶段四小阶段分别进行领域的界定，以真正达到有效管理控制的目的。

10.6.2 建设管控

1. 建设方法论

Cable BOSS 建设的方法论可以参考 NGOSS 的方法论，定义为规划—设计—实施—改进（Planning-Design-Implementation-Improve，PDII）的方法论，如图 10.6 所示。

（1）规划

Cable BOSS 的建设必须先进行规划，规划的目的是通过已有的各种行业标准、规范及案例经验结合企业自身实践，在需求驱动的基础上，对整个 BOSS 的建设目标、阶段和最终形态做完整的规划，通过规划对 BOSS 的实际建设做可落地的引导。规划的具体执行是多个角色参与的，包括有线电视企业自身、BOSS 供应商以及第三方咨询机构。

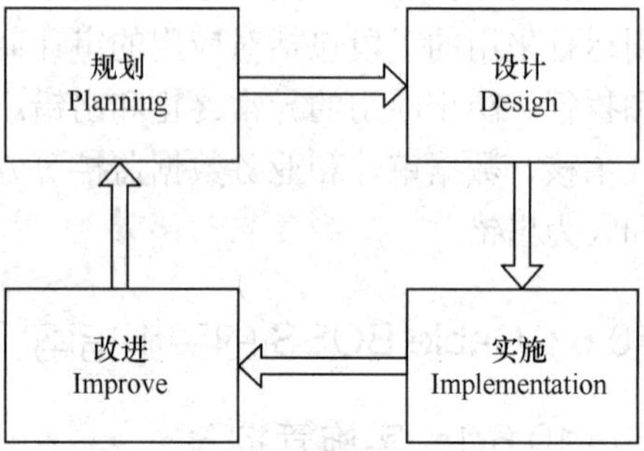

图 10.6 PDII 方法论

（2）设计

在进行了完整规划之后，就可以根据规划的阶段目标对自身的 BOSS 进行设计，设计的目的在于确立 BOSS 的体系架构及功能边界，包括首期建设的目标系统形态。设计是让规划落地成为一个可实施的系统必须的过程，设计的结果是具备操作性的 BOSS 建设方案。设计的执行角色包括运营单位自身、BOSS 供应商或其他独立设计机构，其中运营单位作为指导和需求提出者，供应商和设计机构作为实际设计者。

（3）实施

在有了具备操作性的 BOSS 方案之后，就需要进入具体的 BOSS 建设实施环节，根据方案进行实际的研发、测试、部署和系统上线，在确定的建设周期内，按照既定的目标有序可控地进行 BOSS 建设，并且保证实际建设不偏离原有目标，达成最终的系统实现。实施的执行角色包括有线运营单位、BOSS 供应商和集成商，其中运营单位主要作为管控和指导者，供应商和集成商负责具体实施。

（4）改进

在系统已经部署实施之后，随着运营的深入及市场的变化，已有的 BOSS 系统需要不断地改进以适应新的要求，改进的驱动力来自于运营单位本身，运营单位针对变化的需求提出新的意见和建议，供应商按照意见和建议对 BOSS 整体进行改进升级，同时配合运营商完成新一轮的规划。此外，改进也可以由供应商自发驱动，在有了新的 BOSS 产品之后，可以由运营单位评估决定是否进行改进。改进是一个循环往复的过程，在一个 BOSS 的生命周期内，执行最频繁的就是改进，通过改进不断提升整个系统的能力、效率以及稳定性、可靠性等。改进的执行角色包括运营单位和 BOSS 供应商，运营单位是驱动者，同时也可以是实际执行者，供应商通常作为具体执行者来完成对 BOSS 的改进。

2. 实施目标和原则

（1）实施目标：参考业界最佳实践以及同行先进经验，部署实施合理适用的 BOSS 系统；逐步以 BOSS 为核心建立有线运营单位的企业信息化中心；通过 BOSS 不断提升企业管理水平和运营服务水平；采用成熟、先进的 IT 技术，提升整个 BOSS 系统的价值和企业利益。

（2）实施原则：系统整合集中；适度超前；按需合理配置；分阶段分步骤实施；规划先行，因地制宜逐步演进。

3. 实施要素

实施要素是指在建设 BOSS 之前或建设过程当中，各运营单位必须先确定的内容。

（1）系统部署模式

系统部署模式是指采用何种方式在企业范围内部署应用系统，选择不同的系统部署模式直接影响系统建设的规模、系统维护和管理的成本、人员的配备、岗位的设置，是实施前需要重点关注的实施要素。由于各有线运营单位规模及运营管理模式均不一样，因此在部署时需要考虑选择合适的部署模式。

（2）数据准备和继承

信息/数据模型代表着企业核心的运营理念和业务概念，与功能和流程相比，具有更高的稳定性和更长的生命周期，每一次企业核心信息/数据模型的变革都与企业运营理念的改革密切相关。

（3）基础架构准备

各个应用系统有公用的基础架构，依赖基础架构实现企业间系统的集成，提高了企业信息化成熟的程度。基础架构的明确化和公用化为系统实施模式提出了新的要求，应从基础架构入手，应特别重视数据的整合、集中和标准化。遵循这个原则，在系统实施过程中，要重点分析基础架构在应用系统中的作用、基础架构与应用系统建设的相依性等，明确与基础架构建设相关的问题，从而在各运营商的实施规划中，明确基础架构的建设实施方案。

（4）系统实施演进路径

各运营单位既有共同的问题，也有因为现状不同而各自要面对的问题，各运营单位在全面分析自身的相关系统现状的基础上，选择合适的系统部署模式，并根据选择的系统部署模式进行系统实施路径的总体规划，这是系统实施的一个关键。

（5）系统建设战略合作伙伴的选择

BOSS 作为运营单位的核心运营平台之一，对整个企业的运营起着极其重要的作用。同时，由于业务系统的建设具有持续性，因此，在系统的实施过程中，合理地选择系统建设的战略合作伙伴就显得非常重要。

（6）流程与岗位准备及调整

在有线运营单位的运营过程中，有线电视网络、组织结构和业务运营是企业运营的三大体系，运营支撑系统是支撑三大体系正常运作的核心平台。企业的组织结构调整、业务运营流程再造和运营支撑系统的建设及改造是相辅相成的，企业组织结构调整和业务运营流程再造会要求运营支撑系统的支撑，运营支撑系统的建设会帮助企业固化和细化企业组织结构调整和业务运营流程再造的结果。

（7）IT 组织与管控支撑

运营支撑系统是提升企业核心竞争力的关键要素，鉴于 IT 组织和管控支撑体系对于系统建设、维护、使用和系统生命周期管理的重要作用，需要明确项目实施和管理的 IT 的组织体系，明确系统生命周期管理中需求管理、供应商管理、项目管理、版本管理和运行管理的流程、要素和组织体系。

4. 实施保障

（1）人员/组织的落实

BOSS 建设是在对遗留系统进行整合的基础上全面建设的运营单位核心运营支撑系统，它将涉及不同部门、不同系统的改造和更新，还可能要对遗留系统进行一定的改造或从原有系统获取接口功能、数据，这就要求维护人员、使用人员积极配合；另外，项目也可能涉及一定的流程调整以及加强对员工工作的监控管理，可能触及部分人的现有利益；再者，项目完成后可能会改变现有的工作习惯。总之，在实施过程中会碰到很多的阻力，这就需要得到最高领导坚决大力的支持，是一个“一把手”工程。

同时，项目的成功实施，在很大程度上也取决于实施团队人员的素质和组织配合，就企业来说，应确保内部精通业务和技术出色的员工积极参与。在人员和组织上，项目团队应该包括项目管理人员、业务人员、应用系统基础平台建设人员和应用系统开发人员。

（2）项目管理的保障

由于 BOSS 系统项目实施过程，是一个牵涉到对原有的众多系统的改造和替换的过程，实施的难度和风险都非常大。因此，在项目的管理过程中，必须从项目管理办公室、项目进度、人员配置、质量、文件、关注事项、变更、风险和软硬件供应商管理等多个角度进行考虑，并制定多种预设的活动和文件模板。

同时，项目管理还承担在此基础上建立完善的管理变革促进、考核和知识转移机制，确保项目能顺利实施。

10.6.3 系统部署

1. 部署现状分析

整个有线电视行业的 IT 系统部署现状主要有下面三种形态。

（1）支撑和业务系统均较健全，但是各自独立，几乎不能协同。

（2）业务系统较健全，支撑系统比较简单，支撑工作存在大量手工行为。

（3）业务系统和支撑系统均很简单，运营模式维持十年前的状态。

2. 部署模式建议

模式一：针对第一种情况，由于原有系统非常多，因此，在一步到位风险非常大的情况下，建设 BOSS 可以考虑长期并行模式，其步骤如下。

（1）先行规划，制定周期计划及项目组织实施计划。

（2）寻求合作伙伴，开始部署。

（3）原有系统保持不动，另外建立环境部署新 Cable BOSS 系统。

（4）新 Cable BOSS 系统部署成功以后，跟原有系统并行一段时期。

（5）并行期间可以不断修正和完善，同时完善数据整理。

（6）在系统并行验证通过后，逐个分阶段割接原有系统。

（7）原有系统全部割接完毕后，Cable BOSS 系统上线。

模式二：针对第二种情况和第三种情况，由于原系统较少，因此，在充分准备的情况下，可以一步到位地建设 Cable BOSS 系统，其步骤如下。

（1）规划准备，制定计划，建立项目管理机制。

（2）寻求合作伙伴，进行集成部署。

（3）进行数据整理工作。

（4）直接利用原有基础设施并购买新物资准备实施。

（5）原有系统下线。

（6）数据迁移，系统验证后直接割接上线。

【练习与思考】

思考题

1．什么是 Cable BOSS？

2．简述 Cable BOSS 接口框架。

3．简述 Cable BOSS 的具体功能。

4．简述 Cable BOSS 软件体系结构。

5．简述 Cable BOSS 集成技术与安全架构。

6．简述 Cable BOSS 数据模型的特点。

7．简述有线数字电视网 Cable BOSS 系统的发展趋势。

8．简述有线数字电视网为何要建设 Cable BOSS 系统。

【研究项目】 省、市内 Cable BOSS 的案例研究

要求：

1．结合本地实际，研究市内有线数字电视网络 Cable BOSS 系统工程设计的原则、内容等。

2．指出系统的特点、性能指标。

3．设备选型与配置。

4．了解 Cable BOSS 与业务融合及演进。

目的：

1．了解 Cable BOSS 工程设计的基本内容。

2．掌握 Cable BOSS 工程设计的基本方法。

指导：

1．通过对省、市有线电视等技术部门的调研、资料的检索，获取需要的信息。

2．利用实习等机会向工程技术人员请教。

3．重点阐述系统的整体结构、主要技术指标、设备的选型。

4．重点研究实际的 Cable BOSS 系统设计的需求分析、技术研发的思路与关键技术。

第 11 章 有线数字电视网络信息传输

【学习提要】

本章理解调幅光纤干线传输系统的基本组成、多路调幅光发射机的工作原理、数字光传输系统的基本组成和特点及技术指标，了解 SDH、MSTP、宽带 IP 以及 WDM 传输技术，延伸学习有线数字电视机顶盒的组成、软件、硬件技术特点，了解家庭网络技术等。

【引言】

无论是在全国、全省性的有线电视干线传输网，还是在本地模拟有线电视网中，光纤传输都是一个极为重要的传输方式。根据高频副载波调制方式的不同，可以把光纤传输系统分成调幅、调频和数字光纤三类，分别适用于不同的情况。由于调频光纤系统占用带宽较大，该系统一般不直接用在有线数字电视网络中，所以本书对此系统不予介绍。SDH、ATM、MSTP、宽带 IP 以及 WDM 传输技术，这些都是学习有线数字电视网络必须了解与进一步学习掌握的内容，也是网络系统设计的基础。

11.1 调幅光纤干线传输系统

11.1.1 基本组成

图 11.1 为调幅光纤干线传输系统的原理框图，从光发射机到光接收机的链路就是光纤干线部分。光发射机把前端送来的经过调幅处理的多路混合高频电视信号调制到光信号上，送入光分路器，分成若干路，分别耦合进不同的光纤进行传输。若传输距离过大，则应在中途加光纤放大器，对光信号进行直接放大后再继续传输。光信号到达接收端后，被光接收机接收下来，解调为电信号，再送入用户分配系统进行分配。

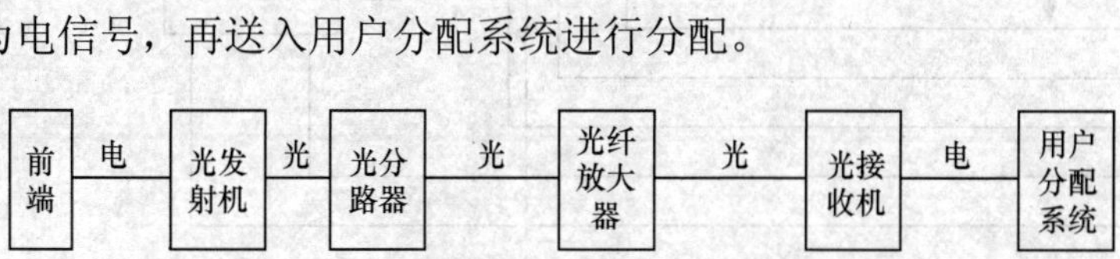

图 11.1 调幅光纤干线传输系统的原理框图

前端和用户分配系统与前面几章介绍的电缆系统相同，光分路器和光纤放大器已在前面的章节做了介绍，不再赘述。本节主要介绍多路调幅光发射机和光接收机的基本原理及其主要组成部分。

调幅光纤干线传输系统一般采用星形拓扑结构，即从光分路器输出的多路光信号分别进入一根光纤，直接传到位于用户小区中心的光节点，而不在中途分路。

11.1.2 直接调制光发射机

按照强度调制的方式不同，多路调幅光发射机又可分为直接调制光发射机和外调制光发射机两种。

直接调制光发射机是利用高频电视信号来控制半导体激光器的偏流，进而控制激光器的输出光强，一般采用 DFB 激光器作为光源。DFB 激光器以及用它制成的光发射机的寿命已超过 10 万小时。

1. 基本原理

DFB 直接调制光发射机的原理框图如图 11.2 所示。图 11.2 可分为两部分，虚线左边是高频激励电路，右边是调制与激光输出电路。从前端输入的高频电视信号经过两级放大、一级电调衰减器、一级预失真补偿电路和过调开关，对激光器的偏流进行控制。从末级放大器输出端还分出一部分信号经过峰值检波、直流放大去控制由 PIN 二极管组成的电调衰减器，来实现自动增益控制（AGC）。当 AGC 失效或管理人员误操作引起输出电压过高时，被放大的直流信号将起动过调开关，断开高频电视信号至激光器的通路，对激光器进行保护，并通过发光二极管在面板显示过调制指示。为了减少光发射机输出的非线性，这里让高频电视信号在进入激光器之前先经过一个宽带驱动与预失真补偿电路，使其预先产生一个与激光器产生的失真相位相反的失真，在调制后正好与激光器产生的失真互相抵消。在左半部分的输出端还分出一路信号（-20dB），用于高频监测。

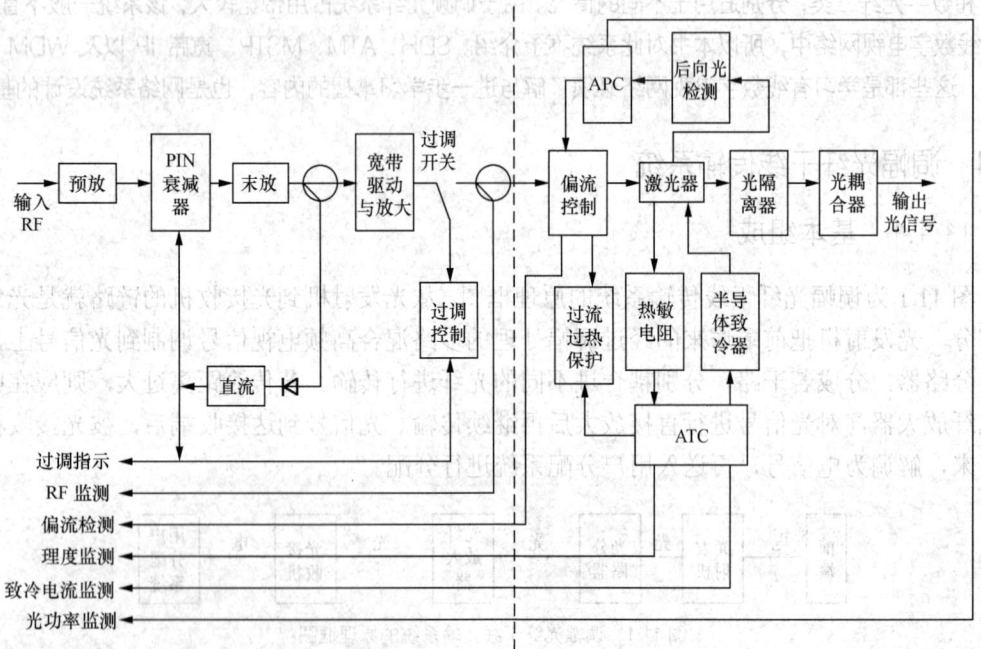

图 11.2 DFB 直接调制光发射机的原理框图

从左半部分输出的高频信号经过偏流控制电路进入激光器，对 1.31μmDFB 激光器的输出进行调制，被调制后的激光经过光隔离器和光耦合器输出。

激光器的特性对温度变化非常敏感，温度升高会使激光器的阈值电流加大，辐射效率发生变化，输出光功率变小。因此，需要有自动温度控制电路（ATC），使激光器芯片的温度基本保持不变。这里的自动温度控制电路主要包括热传感器（通常用热敏电阻）、控制电路和微型半导体致冷器等。

2．性能指标

（1）非线性失真指标

采用失真补偿措施后，DFB 直接调制光发射机的载波组合三次差拍比 *C/CTB* 和载波二次互调比 *C/CSO* 都可达 60dB 以上，完全可以满足光纤有线电视系统传输多路电视信号的要求。由于采用了微处理器进行自动增益控制，当系统传输的频道数改变后，各频道的调制度 n 发生变化，但总调制度不变，因而只是光发射机的载噪比指标发生变化，非线性失真指标仍然保持不变。

（2）噪声

光发射机的噪声在光纤有线电视系统中起主要作用，而 DFB 激光器的相对强度噪声 RIN 则又在光发射机噪声中占据主导位置。如前所述，激光器的相对强度噪声是由于谐振腔内的载流子和光子密度的随机涨落而引起的，它定义为单位频率间隔的量子噪声相对于信号光强的分贝数。RIN 同激光器的注入电流有关，当注入电流在阈值附近时 RIN 最大。RIN 还同传输信号的频率有关，低频时较小，高频时较大。一般 DFB 激光器的 RIN 小于−155dB/Hz，在光纤有线电视系统所需的频带（1GHz）内，可达−160dB/Hz 以下。

（3）光调制度

已知，光调制度可以用注入电流定义为

$$m = \Delta I/I_{\rm O} = \Delta I/(I_{\rm b} - I_{\rm th})$$

式中，m—光调制度

ΔI—输入激光器的电流振幅

$I_{\rm o}$—是与激光器的平均输出。光强对应的激光器注入电流。

$I_{\rm b}$—激光器工作点电流。

$I_{\rm th}$—激光器的阈值电流。

在光纤有线电视系统中，调制度越大，载噪比越好，但非线性失真指标越差，应选择一个合适的调制度。

从前端输出的多路电视信号在频域上是分离的，在时域上却是互相叠加的。若各频道信号的相位相同，这种叠加是算术叠加。设每个频道的调制度都是 m，则 N 个频道的总调制度为 mN。实际上各频道信号的相位是随机分布的，当频道数大于 10 时，复合高频信号波形呈正态分布。根据概率论中的中心极限定理，组合正态分布均方差为

$$\mu = \sqrt{\mu_1^2 + \mu_2^2 + \mu_3^2 + \cdots + \mu_n^2} = \sqrt{N\mu_1^2}$$

式中，$\mu_1 - \mu_2 - \cdots \mu_n$，是各个频道的均方差。对于正弦信号，均方差$\mu$等于其调制度 m 的 $1/\sqrt{2}$，即 $\mu = \sqrt{(Nm^2)/2} = m\sqrt{N/2}$。理论可以证明，当$\mu$=0.25 时，几乎不可能发生过调制，故一般直接调制光发射机都取μ=0.25，故每个频道的调制度为

$$m = \mu\sqrt{2/N} = 0.25\sqrt{2/N} \qquad (11.1)$$

（4）频响

早期的 DFB 激光器封装时引线电感太大，使其 3dB 工作带宽小于 300MHz ，而且起伏大，不能满足光纤有线电视系统的要求。后来采用计算机进行精密设计，改进了封装工艺，

使器件芯片和微带线之间的引线电感控制在 1nH 以下，并增加了阻抗匹配电路，大大改善了频响。实际测试表明，在 550MHz 频带内不平度小于 ± 0.5dB，在 750MHz 频带内不平度也只有 ± 0.5dB，在 1GHz 频带内不平度大约为 ± 0.75dB。

11.1.3 外调制光发射机

外调制多路调幅光发射机是在激光器输出激光之后，让其通过一个外调制器，使激光的强度随外加多路调幅信号电压而改变。根据采用激光器的不同，目前主要有 YAG 外调制光发射机和 DFB 外调制光发射机两类。

1. YAG 外调制光发射机

图 11.3 为 YAG 外调制光发射机的原理框图。从前端输入的高频电视信号先经过射频处理电路处理，再经过预失真电路，产生与调制器相反的失真，最后进入外调制器；从 YAG 激光器输出的激光经过光耦合器、光隔离器后也进入外调制器。经过调制后的激光分出一路信号，由光检测器变为电信号，通过控制环控制预失真电路，使输出激光的失真最小。此外，还通过微处理器对激光器的温度和工作状态进行控制。

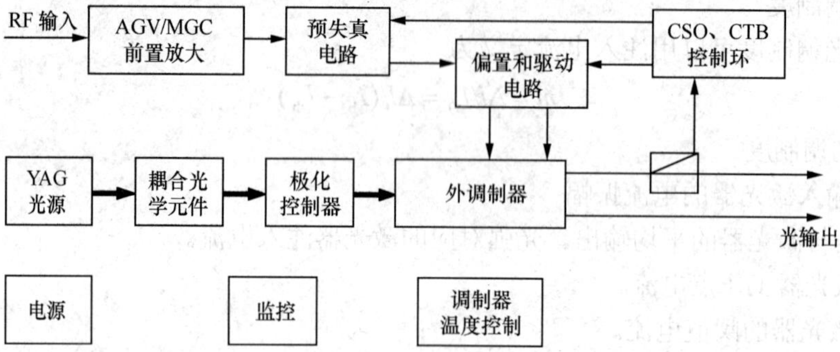

图 11.3 YAG 外调制光发射机的原理框图

2. DFB 外调制光发射机

将图 11.3 中的光源换成 DFB 激光器即可构成 DFB 外调制光发射机，如图 11.4 所示。其主要由 DFB 激光器、外调制器和发送光纤放大器三部分组成。其中的 DFB 激光器用半导体材料 InGaAsP 作为激活物质，能够产生 1.55μm 的激光（前面讲的 1.31μm 直接调制光发射机采用的光源也是 DFB 激光器，但它是用不同的半导体材料制成的，所发出激光的波长为 1.31μm）。

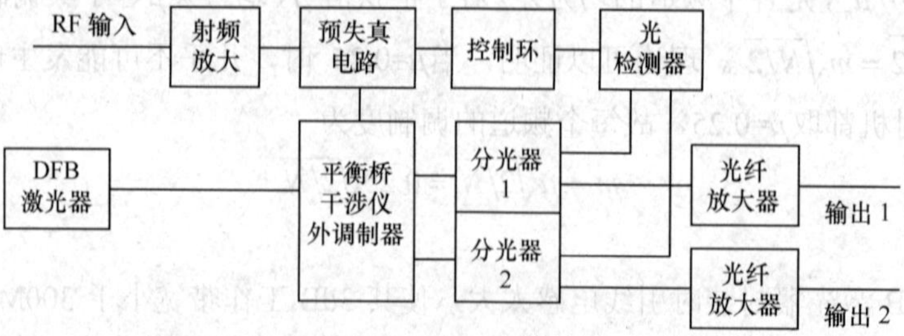

图 11.4 DFB 外调制光发射机

与 YAG 外调制光发射机相同，DFB 外调制光发射机也可采用马赫－曾德尔干涉仪型外调制器或平衡桥干涉仪调制器。图 11.4 采用的是平衡桥干涉仪调制器，同时有两路输出。

由于 DFB 激光器的输出功率较小，加上外调制器有较大的衰减，使光发射机的输出功率仅有 2～6mW，不能满足光纤有线电视系统的要求。这就需要在调制器后面增加一个后置光纤放大器进行预放大。加上后置光纤放大器后，每一路输出光功率可达到 50mW 以上。

DFB 外调制光发射机也需要进行失真补偿，以提高非线性失真指标。图 11.4 中也采用预失真补偿方式，不再赘述。

3. 光发射机比较

前面介绍的光发射机中，DFB 直接调制光发射机和 YAG 外调制光发射机输出光的波长为 1.31μm，DFB 外调制光发射机输出光的波长为 1.55μm。DFB 直接调制光发射机输出功率小（小于 18mW），有啁啾效应，因而失真较大，C/CSO 大于 60dB，相对强度噪声 RIN 小于−155dB/Hz，它的最大优点是价格低廉，是目前应用最广泛的光发射机。YAG 外调制光发射机输出功率大，可达 2×20mW，且无啁啾效应，失真小，C/CSO 大于 70dB，RIN 小于−170dB/Hz，但价格昂贵，不能普遍使用。DFB 外调制光发射机也没有啁啾效应，具有 YAG 外调制光发射机所拥有的很好的失真特性，但输出功率较小，需要加接光纤放大器，引入附加的噪声，使系统的载噪比低于前两种光发射机。DFB 外调制光发射机的最大优点是其发出的光波长为 1.55μm，在光纤中传输时具有更小的损耗，可以传输更大的距离。

11.1.4 光接收机

光接收机的目的是利用光电效应把由光纤传来的光信号转变为电平合适、噪声低、幅频特性平坦的电信号，送入用户分配系统进行分配。

1. 基本组成

光接收机主要包括光检测器组件、输入/输出放大器、均衡网络、可变衰减器、自动增益控制、数据采集与控制以及电源等部分，其框图如图 11.5 所示。

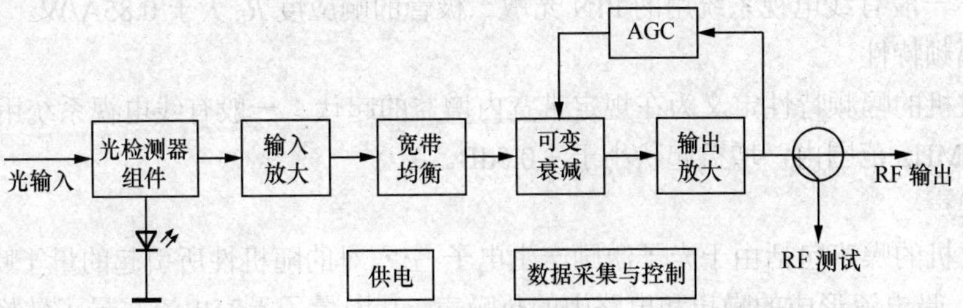

图 11.5 光接收机框图

光检测器组件是把光检测器（光敏二极管）和前置放大器集成在一起的一个器件。前置放大器一般是场效应器件。因为 PIN 光敏二极管的噪声不仅和二极管的散弹噪声有关，而且和其输出电容有关，前置放大器和光敏二极管集成在一起，可以大大降低输出电容，进而降低噪声，提高其灵敏度。因为光敏二极管的输出阻抗达几十千欧，故要在PIN光敏二极管和前置放大器之间加一个由电阻、电感和电容组成的匹配网络，以实现光敏二极管和前置放大器之间的阻抗匹配，进一步降低前置放大器的输入噪声。匹配网络的引入还可以使幅频特性曲线变得更为平坦，在40～800MHz范围内的不平度小于±0.5dB。

因为PIN光敏二极管的线性很好，即光电流完全正比于入射光功率，且场效应器件在输入信号很小的情况下CSO和CTB都在−80dB以下，故光检测器组件的非线性失真是很小的，CTB为−80dB，CSO为−70dB，对系统的影响可以忽略不计。

在光检测器组件和地之间所接的发光二极管是用来报警的，当从光纤输入的光信号太小时，发光二极管发光，提请值班人员注意。

光接收机中的输入/输出放大器是为了进一步放大所需的电信号，对它的要求是非线性失真要小，噪声系数要低，增益要适中，且尽可能平坦，还要注意有良好的散热特性。

宽带均衡网络的作用是对光接收机的幅频特性进行补偿，自动增益控制电路对光接收机的增益进行自动控制，它们的原理与干线放大器中的相应部分相同。供电部分与一般电子器件相同。在高级光接收机中，还有数据采集与控制部分，利用微处理器对光接收机的各项参数进行调整与控制。

2. 性能指标

光接收机主要性能指标如下。

（1）灵敏度

光接收机的灵敏度定义为光接收机能够探测到的最小光功率电平。调幅光纤干线系统中常用的调幅光接收机的灵敏度为−9dBm。但当这样小的光电平输入时，输出信号的载噪比太低，故一般输入光电平应为−2～−3dBm。

（2）响应度

光接收机的响应度定义为光接收机接收到的单位光功率所转换成光敏二极管输出的平均光电流，即

$$R_S=I/P \tag{11.2}$$

式中，I为光电流的平均值；P为光接收机接收到的光功率平均值。响应度R_S的单位是A/W或μA/μW。一般有线电视系统用的PIN光敏二极管的响应度R_S大于0.85A/W。

（3）幅频特性

光接收机的幅频特性定义为在规定带宽内增益的起伏。一般有线电视系统用的光接收机在40～550MHz范围内，增益起伏小于±0.5dB。

（4）噪声

光接收机的噪声包括由于光子激励产生电子-空穴对的随机性所引起的量子噪声（也称为散弹噪声）、暗电流形成的噪声和电路中的热噪声。其中量子噪声电流与量子转换效率（光电子数与入射光子数之比，其值一般在80%以上）、入射光功率、电路带宽等有关；暗电流噪声与暗电流强度、电路带宽有关，不同的材料、不同类型的光检测器具有的暗电流不同；热噪声则同温度、带宽等有关。在雪崩光敏二极管中还有由于雪崩过程的随机性带来的噪声，

使其噪声比 PIN 光敏二极管大。

在没有光放大器的光纤有线电视系统中，载噪比主要由光发射机的相对强度噪声 RIN、光接收机的量子噪声和热噪声决定。在接收光功率较低时，起主要作用的是光接收机的量子噪声和热噪声，但随着接收光功率的增加，光发射机的相对强度噪声将成为主要噪声来源，光接收机的热噪声也比其量子噪声要严重得多。

(5) 非线性失真

由于光接收机的工作处于低电平、小信号状态，其非线性失真相对于光发射机可忽略不计。

11.2　数字光纤传输系统

数字光纤传输系统是利用光纤作为传输媒质来传输数字信号的系统。其最早被电信部门用来传输数字电话，现在已被广播电视部门用在全国或全省光纤干线中传输数字电视或其他数据信息，将来则会在更大的范围内传输由不同速率的视频、音频和数据信号组成的综合数字信号，形成全国范围内的广播电视综合信息网。

图 11.6 为数字光纤传输系统的原理框图。输入的模拟信号经过信源编码，变为 PCM 数字信号，并通过码率压缩降低需要传输的数码率；再经过时分复用把多路低速数字信号合成为一路高速数字信号；经过信道编码把信息码元重新排列，并增加必要的纠错字节；送入调制器对激光器进行数字调制，再进入光纤传输。以上部分就是发射端的电端机和光端机，或者把它们集成在一起，组成统一的光发射机。当传输距离较长时，需要在途中增加再生器，对光信号直接进行放大（或先把电信号解调出来，进行放大、定时处理和判决再生，再调制成光信号）后，继续送入光纤传输。到达接收端，从解调开始属于光接收机的范畴。在光接收机中，先要经过解调器，把光信号变为电信号，再经过信道解码，恢复原来的排列顺序，去掉相应的纠错字节，再进行解复用，把一路高速信号分接成多路低速信号，最后经过信源解码，解压缩，恢复原来的模拟信号，送入用户终端设备。

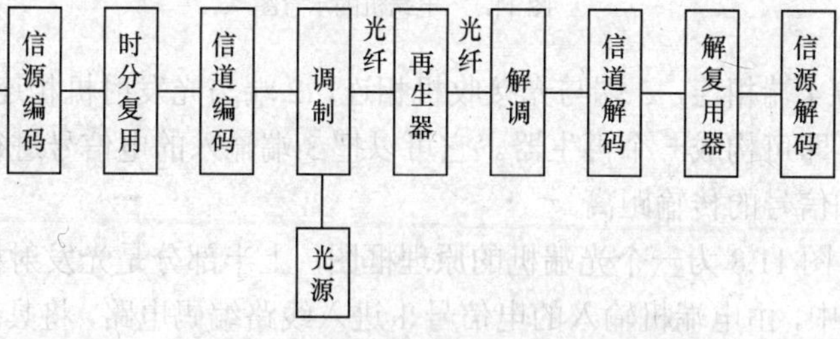

图 11.6　数字光纤传输系统的原理框图

无论是由各个电话局组成的光纤数字电话系统，还是由城市有线电视台组成的数字光纤联网，都是一个对称的双向系统，在任一个站点都要同时进行接收和发射，都有相应的发射设备和接收设备，即任何电端机、光端机都是由发射部分和接收部分组成的。

（1）电端机：在光纤数字传输系统中采用的特殊设备主要是电端机和光端机，其他设备和器件与模拟光纤传输系统类似。

图 11.7 为一个电端机的示意图。从发送端 1 输入的每一路视频、音频电信号，经过放大、低通，滤掉干扰信号，进行 PCM 编码，变为单极性二进码的数字信号，然后与发端时钟产生的同步码、信令码合成，经过码型变换变为适合于在长途线路中传输的码型，如三阶高密度双极性码（HDB3 码）。这样产生的各路码流，在统一时钟的控制下进行码速调整，做到系统同步，在复接单元复接成一路高速信号，由输出口 2 送入光端机。在电端机的接收部分，从来自光端机的高速电信号 3 中分离出同步信号，对分接和恢复单元进行定时控制，把高速电信号分接、恢复成低速信号，经过再生和码型变换，重新变为单极性二进码的数字信号，分离出信令信号和帧同步信号，控制收端时钟，使其与发端时钟同步。收端时钟还控制解码电路，完成数/模变换，经过低通恢复成模拟信号，经放大后由 4 输出。

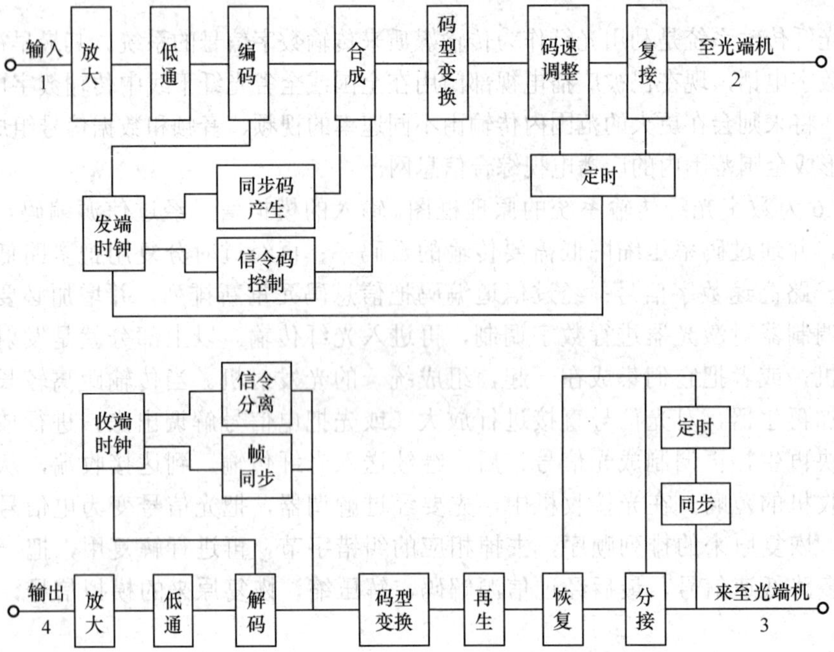

图 11.7　电端机的示意图

如果把 1 端与 4 端相连，3 端与光接收机相连，2 端与光发射机相连，减少重复的放大、低通、定时电路，即可构成一个再生器。它可以把 3 端输入的电信号进行波形整理、再生后由 2 端输出，增加信号的传输距离。

（2）光端机：图 11.8 为一个光端机的原理框图，上半部分是光发射机，下半部分是光接收机。在上半部分中，由电端机输入的电信号 1 进入线路编码电路，将具有正负极性的 HDB3 码，变为适于在光纤中传输的单极性码，然后进入调制电路，对光源进行数字调制，向光纤 2 输出一系列的光脉冲串。其中的控制电路是为了保证输出光功率的稳定，增加的自动温度控制电路和自动光功率控制电路。在下半部分中，由光纤 3 输入的光信号进入光检测器（PIN 光敏二极管或雪崩光敏二极管），利用光电效应把光信号转变为电信号，经过低噪声前置放大，进入由 AGC 电路控制的主放大器，得到电平稳定的输出信号。其中均衡器的作用是对失真了的波形进行补偿，以避免码间干扰。时钟恢复电路从均衡器输出的码流中提取时钟信号，控制判决器对均衡器输出的升余弦波形进行判决处理，恢复成数字信号。当判决时刻的电压大于判决电压时，输出为 1；小于判决电压时，输出为 0。一般取判决电压为峰值电压的 40%～50%。译码器把在光纤中传输的单极性码恢复为具有正负极性的 HDB3 码，送入电端机 4 做进一步的处理。

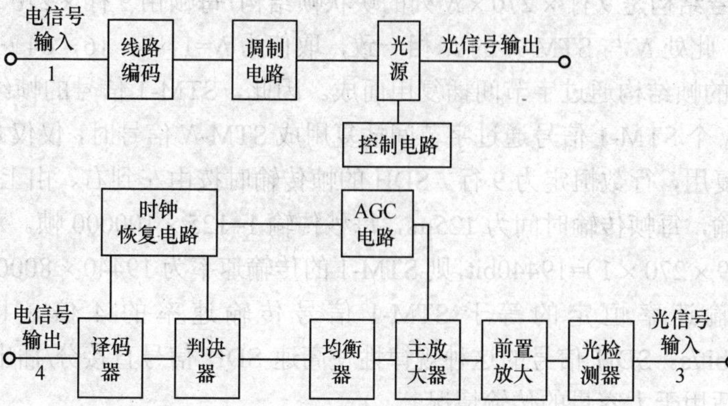

图 11.8　光端机的原理框图

11.3　SDH 传输技术

同步数字体系（Synchronous Digital Hierarchy，SDH）因为其灵活的网络拓扑能力，多样化、标准化的接口，以及强大自愈能力、完备的网管功能，已逐渐取代 PDH 作为广播电视的传输方式。SDH 技术与光纤技术、卫星技术或微波技术结合起来，形成的同步数字传输网是一个将复接、线路传输及交换功能于一体，由统一网管系统管理的综合信息网络，对广播电视系统是一种全新的传输体制。它可实现网络的有效管理、动态网络维护、开业务时的性能监视等功能，满足了广播电视干线传输网的信息传输、交换和业务发展的要求，提高了广播电视传输质量。

11.3.1　帧结构和开销

SDH 帧结构的基本要求是满足对支路信号进行同步数字复用、交叉连接和交换，又能使支路信号在一帧内的分布均匀、规则和可控，以便于接入与取出。

SDH 采用的信息结构等级称为同步传送模块 STM-*N*（Synchronous Transport Module，*N*=1，4，16，64），最基本的模块为 STM-1，将 4 个 STM-1 同步复用构成 STM-4，16 个 STM-1 或 4 个 STM-4 同步复用构成 STM-16。STM-*N* 的帧结构是一种矩形的块状结构，如图 11.9 所示。

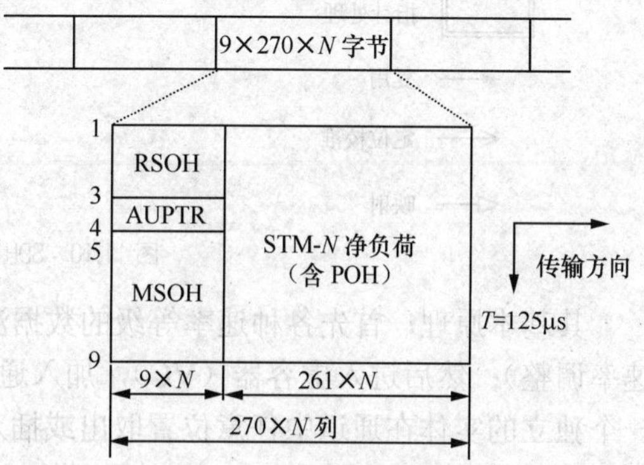

图 11.9　STM-*N* 帧结构图

整个帧结构分成段开销（SOH）区、STM-*N* 净负荷区和管理单元指针（AU PRT）区三个区域。其中，段开销主要用于网络的运行、管理、维护及指配，以保证信息能正常灵活的传送，它又分为再生段开销（RSOH）和复用开销（MSOH）；管理单元指针用来指示净负荷区域内的信息首字节在 STM-*N* 帧内的准确位置，以便接收时能正确分离净负荷；净负荷区域用于存放真正用于信息业务的比特和少量的用于通道维护管理的通道开销字节。

STM-*N* 的信号结构是 9 行 × 270 × *N* 列的块状帧结构，每帧由 9 行 × 270 × *N* 列字节组成，每个字节含 8bit。此处 *N* 与 STM-*N* 的 *N* 相一致，取值为 *N*=1，4，16，64……表示此信号由 *N* 个 STM-1 信号的帧结构通过字节间插复用而成。因此，STM-1 信号的帧结构是 9 行 × 270 列的块状帧。当 *N* 个 STM-1 信号通过字节间插复用成 STM-*N* 信号时，仅仅是将 STM-1 信号的列按字节间插复用，行数恒定为 9 行。SDH 的帧传输时按由左到右、由上到下的顺序排成串形码流依次传输，每帧传输时间为 125μs，每秒传输 1÷125 × 100000 帧。对 STM-1 而言每帧字节为 8bit ×（9 × 270 × 1）=19440bit，则 STM-1 的传输速率为 19440 × 8000=155.520Mbit/s；而 STM-4 的传输速率恒定的等于 STM-1 信号传输速率的 4 倍，即为 4 × 155.520 Mbit/s=622.080Mbit/s。SDH 信号的这种规律性使高速 SDH 信号直接分/插出低速 SDH 信号成为可能，特别适用于大容量的传输情况。

11.3.2 复用和映射

1. 基本概念

SDH 传输业务信号时，各种业务信号要进入 SDH 的帧结构都要经过映射、定位和复用三个步骤。SDH 的映射与复用结构如图 11.10 所示。

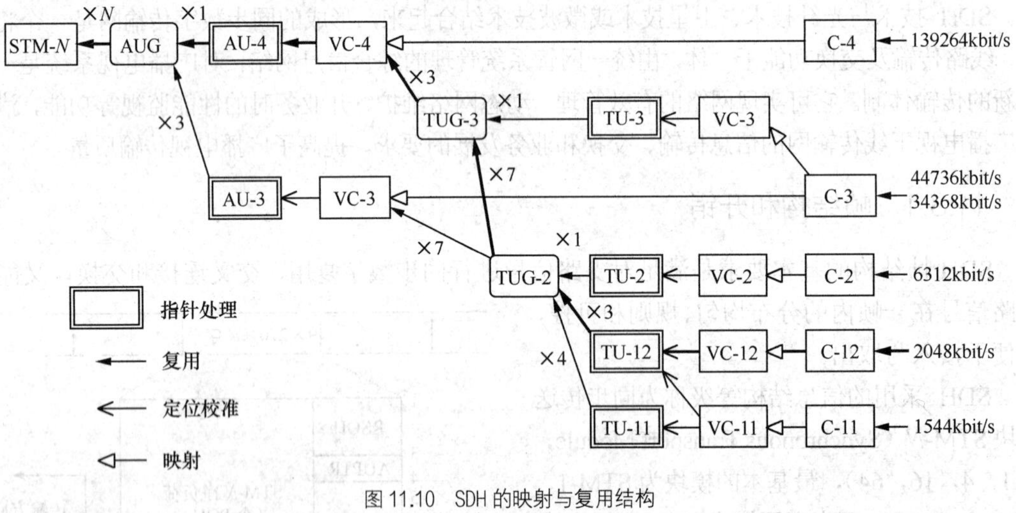

图 11.10 SDH 的映射与复用结构

其基本原理：首先各种速率等级的数据流进入相应的容器（C），完成适配功能（主要是速率调整）；然后进入虚容器（VC），加入通道开销（POH）。VC 在 SDH 网中传输时可作为一个独立的实体在通道中任意位置取出或插入，以便进行同步复用和交叉连接处理。

由 VC 输出的数据流再按图 11.10 中规定的路线进入管理单元（AU）或支路单元（TU）。在 AU 和 TU 中要进行速率调整，这样使得低一级数字流在高一级数字流中的起始点是浮动的。为了准确地确定起始点的位置，AU 和 TU 设置了指针（AU PRT 和 TU PRT），从而在相应的帧内进行灵活地和动态地定位。

在 N 个 AUG 的基础上，再附加段开销 SOH，便形成了 STM-N 的帧结构。

2. 映射和复用的过程

下面以 139.264Mbit/s 支路信号到 STM-N 的形成过程为例来说明 SDH 的映射与复用过程。

（1）C-4 映射进 VC-4。装载 139.264Mbit/s 支路信号首先进入信息容器 C-4，速率调整后输出 149.76Mbit/s 的数字信号，映射进具有块状结构的虚拟容器 VC-4，在 VC-4 内加上一列 9 字节的通道开销（VC-4 POH）576kbit/s，然后输出 150.336Mbit/s 的信号。

（2）VC-4 到 AU-4（AUG）。虚拟容器 VC-4 输出的信号经定位校准后进入管理单元 AU-4（AUG），在管理单元 AU-4 内加上一行 9 字节的管理单元指针（AU PRT）576 kbit/s（信号速率为 150.336Mbit/s），然后输出 150.912Mbit/s 的信号。

（3）N 个 AUG 复用成 STM-N。N 个管理单元组 AUG 以字节间插方式复用成 $N\times 150.912$ Mbit/s 的信号，然后加入 N 个段开销（SOH）$N\times 4.608$Mbit/s 后输出 $N\times 155.520$Mbit/s 的 STM-N 信号。

3. 传输网构成

SDH 传输网是由一些 SDH 网络单元组成的，在光纤、微波或卫星上进行同步信息传送。SDH 有全世界统一的网络节点（NNI），从而简化了信号的互通以及信号的传送、复用、交叉连接和交换过程，它有一套标准化的信息结构等级，称为同步传送模块 STM-N。它的基本网络单元有同步光纤线路系统或 SDH 微波传送系统、同步复用器（SM）、分插复用器（ADM）和同步数字交叉连接设备（SDXC）等，其功能各异，但都有统一的标准光接口或电接口，能够在基本的传送线路上实现横向兼容性，即允许不同厂家的设备在传送线路上互通。它有一套特殊的复用结构，允许现存的 PDH 体系、SDH 体系和 B-ISDN 信号都能进入其帧结构，因而具有广泛的适应性。SDH 还大量采用软件进行网络配置和控制，使得新功能和新特性的增加比较方便，适于将来不断发展。

SDH 传送网最重要的两个网络单元是分插复用器和终端复用器（TM）。分插复用器的主要任务是将同步复用与数字交叉连接功能综合于一体，具有灵活地分插任意支路信号的能力，在网络设计上有很大的灵活性。终端复用器的主要任务是将低速支路信号和 155Mbit/s 电信号纳入 STM-N 帧结构，再经符号反转码 （CMI）变换后进入微波传送系统，其逆程正好相反。由这两种基本网络单元组成的典型网络应用有多种形式，有点到点应用、线形应用、星形应用、构成枢纽网、构成环形网、构成双环形网和网孔形应用，在实际应用中还可出现其他以外的形式。

综上所述，SDH 以其明显的优越性已成为传输网发展的主流。SDH 技术与一些先进技术相结合，如光波分复用（WDM）、ATM 技术、Internet 技术（IP over SDH）等，使 SDH 网络的作用越来越大。SDH 已被各国列入 21 世纪高速通信网的应用项目，是电信界公认的数字传输网的发展方向。

11.4 宽带 IP 技术

11.4.1 概述

宽带 IP 网是在其中高速传输 IP 数据包的通信网络。与计算机局域网中传输的数据信号相同，宽带 IP 网提供点到点的无连接的数据报传输机制，传输一些长短不一的数据报。由于 IP 网协议的开放性，除了利用 IP 网来传输计算机数据信号外，还可以用来传输符合 IP 协议的数字视频和数字音频信号，进行多媒体通信，使其得到更为广泛的应用。

为了建设宽带 IP 网，人们相继提出了一些宽带 IP 的解决方案，如千兆以太网、IP over ATM、IP over SDH、IP over Optical 和 IP over DWDM 等。

千兆以太网也是一种以太网，是一种面向数据的传送方式，只是其速度为普通以太网的 100 倍，是快速以太网的 10 倍。它保持了以太网的简单性和以太网的价格优势，具有简单实用、成本低廉的优点。以太网交换机每端口的成本大约是 ATM 交换机的一半。在线路接口上，ATM 至少比以太网的 MAC 复杂 2 倍。虽然它的 QoS 特性不如 ATM 网，但可以通过在其中加入 ATM 的 QoS 和流量控制协议来改善其性能。

IP over ATM 是在 ATM 网络上传输 IP 数据包，利用 ATM 技术来承载 IP 信号。它可以使 ATM 与 IP 的优势互补，既发挥了 TCP/IP 的开放性和应用的广泛性，又利用了 ATM 速度快、容量大和可以支撑多种业务的能力。但在传输时需要把 IP 数据包转换成 ATM 信元，使传输效率降低。因为 IP 是面向无连接的技术，ATM 是面向连接的技术；IP 和 ATM 技术各有自己的地址结构、选路方式和信令，把它们结合起来具有一定的难度。目前，IP 与 ATM 相结合的方式主要有 IP 交换、标记交换、多协议标记交换（MPLS）等。

IP over SDH 是以 SDH 网络作为 IP 网的物理传输网络。它使用链路适配及成帧协议对 IP 数据包进行封装，然后按字节同步的方式把封装后的 IP 数据包映射到 SDH 的同步净负荷中。IP over SDH 的网络体系结构简单，技术比较成熟，传输效率更高，可用带宽比 IP over ATM 提高 25%～30%，而且减少了网络的复杂性，更适于组建专门承载 IP 业务的数据网络。但它的拥塞控制能力较差，只有业务分类和优先级的能力，目前还不适用于多业务的平台。

IP over Optical 是在裸光纤上传送 IP 业务，不需要 ATM 或 SDH 设备，不需要进行反复的地址转换、协议转换、打包、成帧，是一种经济、高效的传输方式，具有广阔的前景。

IP over DWDM 实际是采用密集波分复用技术的 IP over Optical，即被高速 IP 数据包调制的多个光载波直接在同一根光纤上传送。同 IP over SDH 相比，它用密集波分复用（DWDM）技术来代替 SDH 的复用技术，去掉了昂贵的 SDH 复用设备。同 IP over ATM 相比，它利用交换速率为 1Gbit/s～1Tbit/s 的高速路由交换机直接对 IP 数据包进行交换，既降低了成本（路由交换机比 ATM 交换机要便宜得多），又避免了 IP 包和 ATM 信元之间转换的麻烦。IP over DWDM 技术现在已有 96 个通道的复用系统，若在每个光通道中传输 2.5Gbit/s 的数字信号，一条光纤内的传输速率可达 240Gbit/s，无中继的传输距离可达 500km。

DWDM 技术由于在一根光纤上利用不同的波长可以传送多路光信号，因此能满足快速增长的数据通信的需求，特别适应大流量 IP 业务对于传输带宽的冲击。IP over DWDM 综合发挥了 IP 技术和基于 DWDM 的光网络技术的优势，主要表现在以下几个方面：充分利用了光纤的巨大带宽资源，提高网络传输容量；IP 骨干路由器和 DWDM 波长直接相连，降低了对 IP 高速网络控制和管理的复杂度，同时也减少了设备操作、维护和管理费用，降低了成本；对传输码率、数据格式及调制方式透明，可以与现有通信网络兼容，还可以支持未来的宽带业务网，方便网络升级。但是，这种技术的标准尚未完全制定，而且 DWDM 设备价格很高，光放大器、光转发器、光分插复用器等也很贵，DWDM 系统的网络拓扑结构是点到点方式，还没有形成光网络。

以上这些技术都可以传输高速 IP 信号，都属于宽带 IP 技术。它们的共同特点是让 IP 包在某一种物理网络上传输，即通过统一的 IP 层，对上层协议屏蔽各种物理网络技术的差异，实现各种不同网络的互联，它们统称为“IP over everything”。除此之外，还有一种“Everything over IP”，即只需要一种 IP 网，利用 IP 技术即可传输图像、话音和数据等各种不同的业务。

11.4.2　技术比较

在高性能、高宽带的 IP 业务应用方面，IP over ATM 技术充分利用了已经存在的 ATM 网络和技术，适合于提供高性能的综合通信服务，能够避免不必要的重复投资，但相对技术复杂，网络运行和维护成本较高；而 IP over SDH 技术由于去掉了 ATM 设备，因此投资少、见效快，且线路利用率高，但它缺乏带宽管理、服务质量和灵活的网络工程设计能力。因此，当对速度要求较高时，可以选择 IP over SDH，而当灵活的带宽管理、服务质量和网络工程比较重要时，应选择 IP over ATM。IP over DWDM 是一种比较理想的宽带 IP 业务传送技术，能够极大地拓展现有的网络带宽，最大限度地提高线路利用率。在外围网络以吉比特以太网为主的情况下，这种技术能真正地实现无缝接入。

11.5　WDM 传输技术

光纤具有约 50Tbit/s 的潜在带宽，而波分复用（WDM）可以较好地利用光纤的宽带能力，是一种比较经济实用的扩大传输容量的方法，因而在近年来得到越来越广泛的应用。和传统的传送网比，光网络的特点集中在以下几点。

透明性：全光网的 OADM 和 OXC 与光信号的内容无关，对于信息的调制方式、传送模式和传输速率透明。目前相互独立的 SDH 传送网、PDH 传送网、ATM 网络及模拟视频网络都可以建立在同一光网络上，共享底层资源，并提供统一的监测和恢复等网管能力，降低网络运营成本。

在全光网中，各上/下路节点只需要对属于本地的波长信道信息进行处理，而其余大部分波长信道均可直通传输，从而大大减小节点工作量和对设备的需求；同时克服了在传统的交换系统中，电子线路的有限带宽造成的“电子瓶颈”限制。

波长路由：波长路由是指在实际的光纤物理连接的 WDM 网络上通过不同的波长在各个进行交换数据业务的节点之间建立的一种拓扑连接，具体是通过波长选择性器件实现路由选择。这是目前全光网的主要方式。

重构性：全光网通过 OXC 灵活地实现光信道的动态重构功能，根据传送网中业务流量的变化（也可能是几个月的统计结果）和需要，动态地调整光层中的波长资源和光纤路径资源分配，使网络资源得到最有效的利用。

可扩展性：全光网具有分区、分层的拓扑结构，OADM 及 OXC 节点采用模块化设计，在不改变原有网络结构和 OXC 结构时就能方便地增加网络的波长数、光纤路径数和节点数，实现网络的扩充。

当发生器件失效、断线及节点故障时，可以通过波长信道的重新（迂回）配置或切换保护开关运作，为发生故障的信道重新寻找路由，完成网络连接的重构，使网络迅速达到自愈，上层用户业务不受影响，因此全光网具有很强的生存能力（Survivability）。

兼容性：全光网络和传统传送网是完全兼容的。它作为一个新的网络层加入到传统传送网的分层结构中而满足高速率、大容量、多媒体 B-ISDN 的需求。

波分复用（WDM）是指在一根光纤上同时传输波长不同的多个光载波信号，而每一个光载波可以通过频分复用（FDM）或时分复用（TDM）方式，各自载荷多路模拟信号或多路数字信号。波分复用光纤通信系统组成如图 11.11 所示，N 个光发射机分别发射 N 个不同波长，经过光波分复用器 WDM 合到一起，耦合进单根光纤中传输；在接收端，经过具有光波长选择功能的解复用器 DWDM，将不同波长的光信号分开，送到 N 个光接收机接收。

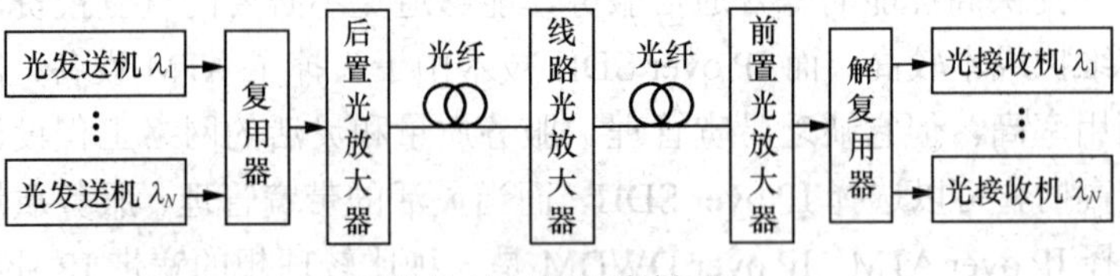

图 11.11 DWDM 系统框图

图 11.12 为单纤双向 DWDM 传输系统框图。图中包括具有波长选路功能的复用/解复用器、光发射机发射波长为 λ_1 的光信号，经复用/解复用器送入传输光纤；在接收端，再经另一个复用/解复用器选择后送到接收机接收。光纤具有丰富的频带资源，在 1.3μm 和 1.55μm 窗口可以复用大量的信道。光纤的频带资源如图 11.13 所示。

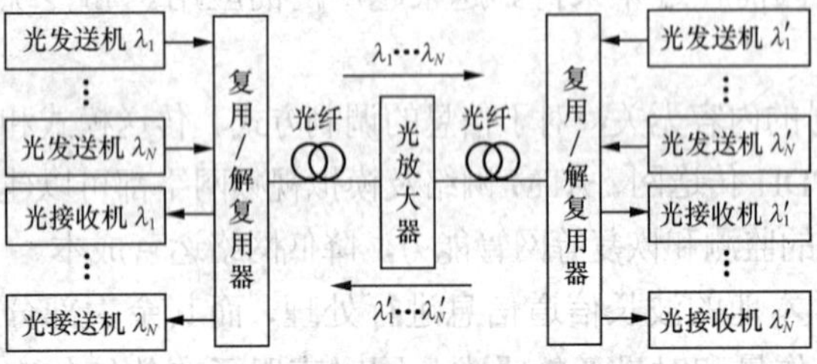

图 11.12 单纤双向 DWDM 传输系统框图

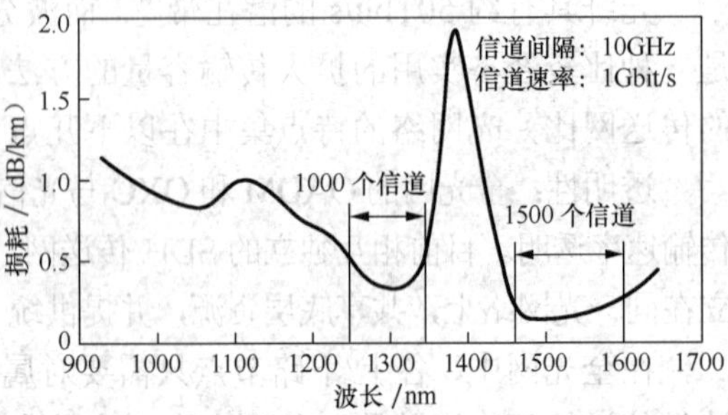

图 11.13 在 1.3μm 和 1.55μm 窗口的带宽

11.6 多业务传输平台 MSTP

由于以下三个原因，要引入多业务传输平台（Multi-Service Transfer Platform，MSTP）技术：SDH 本来是用于传输电话业务的，对于传输 IP 数据包并不合适，这是因为 IP 数据包的带宽与 SDH 的虚容器不匹配，很难区分不同种类的 IP 业务；SDH 速率固定不易扩展；SDH 效率比较低。MSTP 可以将传统的 SDH 复用器、数字交叉连接器（DXC）、WDM 终端、网络二层交换机和 IP 边缘路由器等多个独立的设备集成为一个网络设备，即基于 SDH 技术的多业务传送平台（MSTP），进行统一控制和管理。

基于 SDH 的 MSTP 最适合作为网络边缘的融合节点支持混合型业务，特别是以 TDM 业务为主的混合业务。它不仅适合缺乏网络基础设施的新运营商，应用于局间或 POP 间，还适合于大企事业用户驻地，而且即便对于已敷设了大量 SDH 网的运营公司，以 SDH 为基础的多业务平台可以更有效地支持分组数据业务，有助于实现从电路交换网向分组网的过渡。所以，它将成为城域网主流技术之一。

这就要求 SDH 必须从传送网转变为传送网和业务网一体化的多业务平台，即融合的多业务节点。MSTP 的实现基础是充分利用 SDH 技术对传输业务数据流提供保护恢复能力和较小的延时性能，并对网络业务支撑层加以改造，以适应多业务应用，实现对二层、三层的数据智能支持。即将传送节点与各种业务节点融合在一起，构成业务层和传送层一体化的 SDH 业务节点，称为融合的网络节点或多业务节点，主要定位于网络边缘。

11.6.1 MSTP 的概念

多业务传送平台（MSTP）主要是为了适应数据业务和电路业务共同发展的需要，更加关注于以数据业务为主的多业务的接入、承载和汇聚能力。MSTP 在一套设备中集成 SDH 的 ADM 和二/三层的数据交换技术，同时支持传统的 TDM 业务以及 IP、ATM 和以太网业务的接入。

11.6.2 MSTP 类别

城域网（Metro Access Networks，MAN）起源于计算机网，作为计算机的局域传输互连。随着数据业务的兴起，各类不同背景的运营公司将其发展为区域性多业务通信网，而其关键特征是公用多业务网。

城域网技术就是多业务传输平台（MSTP），以传输为主，但含有交换的成分，即含有节点技术，是传输技术与节点技术融合的平台。

MSTP 主要有三大类：第一类是以 SDH 为核心的 SDH-MSTP；第二类是以分组交换为核心的 Package-MSTP，主要指以太网；第三类是以 WDM 为基础的城域 WDM-MSTP。

11.6.3 MSTP 功能与技术特点

1. MSTP 功能模型

MSTP 功能模型如图 11.14 所示，其设计思路是以 SDH 为基础，增加了 ATM 和以太网的适配接口。由于 MSTP 对以太网业务的支持是通过通用成帧规程（Generic Framing Procedure，GFP）、虚级联（Virtual Concatenation，VCat）和链路容量调整（Link Capacity Adjustment Scheme，LCAS）等技术来实现的，而这些技术都需要用 SDH 的通道开销字节来传送控制信息，因此必须保证 SDH 通道开销字节的透明传送，即要求“MSTP 专线”业务不能有 2Mbit/s 电路的上下和转接，而需要采用 STM-*N* 接口进行网络连接。

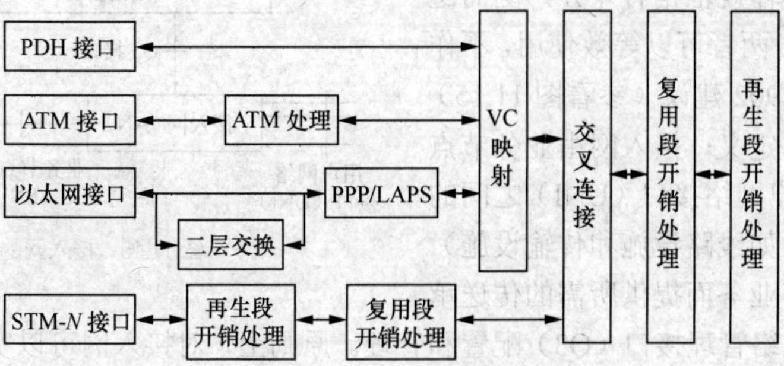

图 11.14 MSTP 功能模型

2．MSTP 主要功能

基于 SDH 的多业务传送节点除应具有标准 SDH 传送节点所具有的功能外，还具有以下主要功能特征。

（1）具有 TDM 业务、ATM 业务或以太网业务的接入功能。

（2）具有 TDM 业务、ATM 业务或以太网业务的传送功能，包括点到点的透明传送功能。

（3）具有 ATM 业务或以太网业务的带宽统计复用功能。

（4）具有 ATM 业务或以太网业务映射到 SDH 虚容器的指配功能。

3．MSTP 技术特点

（1）可以利用传统的网络体系，支持多种物理接口。

（2）简化网络结构，支持多协议处理。

（3）光传输的容量保证低成本的容量提升。

（4）传输的高可靠性和自动保护恢复功能。

（5）高度多网元功能性集成，有效带宽管理。

11.6.4 MSTP 关键技术

随着通用成帧规程（GFP）、虚级联（VCat）、链路容量调整（LCAS）、弹性分组环（Resilient Packet Ring，RPR）、多协议标签交换（MPLS）、自动交换光网络（ASON）等技术的国际标准相继推出，新一代 MSTP 设备将逐步采用这些核心技术，面对新时期城域网业务大量兴起，MSTP 逐步从简单透传、汇聚、共享发展到带宽管理，提供面向数据优化的传送能力。

11.7 光接入网

11.7.1 光接入网概述

所谓光接入网（OAN）就是采用光纤传输技术的接入网，泛指本地交换机或远端模块与用户之间采用光纤通信或部分采用光纤通信的系统。通常，OAN 指采用基带数字传输技术并以传输双向交互式业务为目的的接入传输系统，将来应能以数字或模拟技术升级传输宽带广播式和交互式业务。在北美，美国贝尔通信研究所规范了一种称为光纤环路系统（FITL）的概念，其实质和目的与 ITU-T 所规定的 OAN 基本一致，只是具体规范稍有差异，因而泛指时 OAN 和 FITL 两者可以等效使用，不作区分。ITU-T 的 G.902 建议（参看图 11.15）对接入网给出如下定义：接入网由业务节点接口（SNI）和用户网络接口（UNI）之间的一系列传送实体（如线路设施和传输设施）组成，为供给电信业务而提供所需的传送承载能力，可经由网络管理接口（Q3）配置和管理。原则上，对接入网可以实现的 UNI 和 SNI 的类型和数目没有限制。接入网不解释信令。

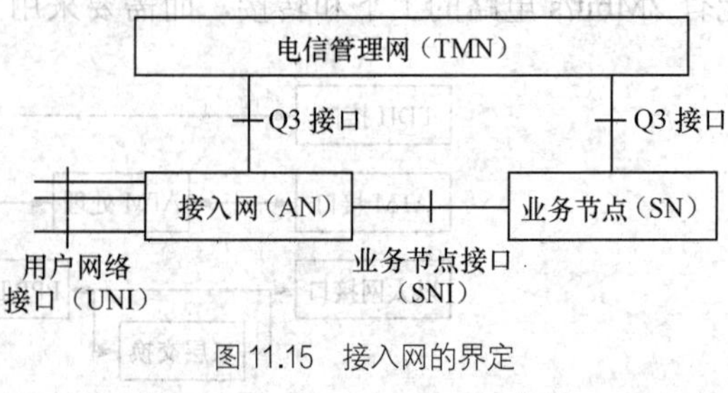

图 11.15 接入网的界定

11.7.2　光接入网系统结构

1．接入网的参考配置

光接入网（OAN）为共享相同网络侧接口并由光传输系统所支持的接入链路群，有时称为光纤环路系统（FITL），从系统配置上可以分为无源光网络（PON）和有源光网络（AON），如图 11.16 所示。

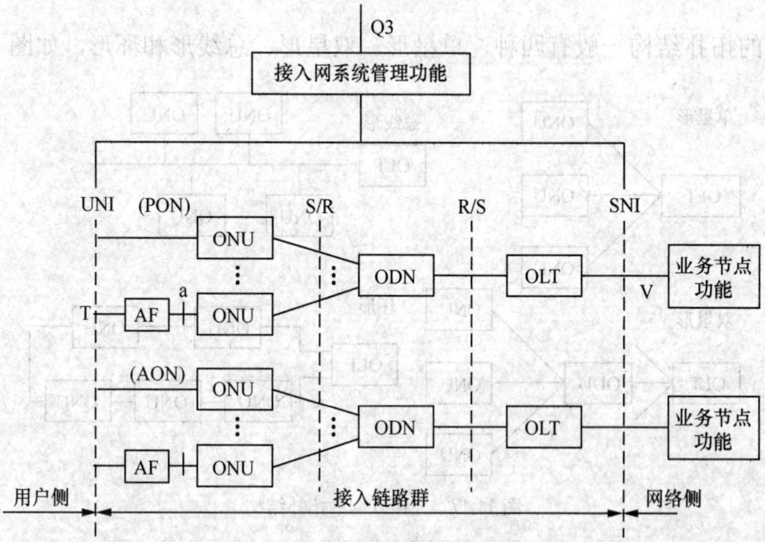

图 11.16　光接入网的系统配置

- ODN：光分配网络，是 OLT 和 ONU 之间的光传输媒质，由无源光器件组成。
- OLT：光线路终端，提供 OAN 网络侧接口，并且连接一个或多个 ODN。
- ODT：光远程终端，由有源光设备组成。
- ONU：光网络单元，提供 OAN 用户侧接口，并且连接到一个 ODN 或 ODT。
- UNI：用户网络接口。
- SNI：业务节点接口。
- S：光发送参考点。
- R：光接收参考点。
- AF：适配功能。
- V：与业务节点间的参考点。
- T：与用户终端间的参考点。
- a：AF 与 ONU 之间的参考点。

在 OLT 和 ONU 之间没有任何有源电子设备的光接入网称为无源光网络（PON）。

PON 对各种业务是透明的，易于升级扩容，便于维护管理，缺点是 OLT 和 ONU 之间的距离和容量受到限制。

用有源设备或有源网络系统（如 SDH 环网）的 ODT 代替无源光网络中的 ODN，便构成了有源光网络（AON）。

AON 的传输距离和容量大大增加，易于扩展带宽，运行和网络规划的灵活性大，不足之处是有源设备需要供电、机房等。如果综合使用两种网络，优势互补，就能接入不同容量的用户。

目前，用户网光纤化的途径主要有以下两个。

（1）在现有电话铜缆用户网的基础上，引入光纤传输技术改造成光接入网。

（2）在现有有线电视（CATV）同轴电缆网的基础上，引入光纤传输技术使之成为光纤/同轴混合网（HFC）。

2．接入网的拓扑结构

光接入网的拓扑结构一般有四种：单星形、双星形、总线形和环形，如图 11.17 所示。

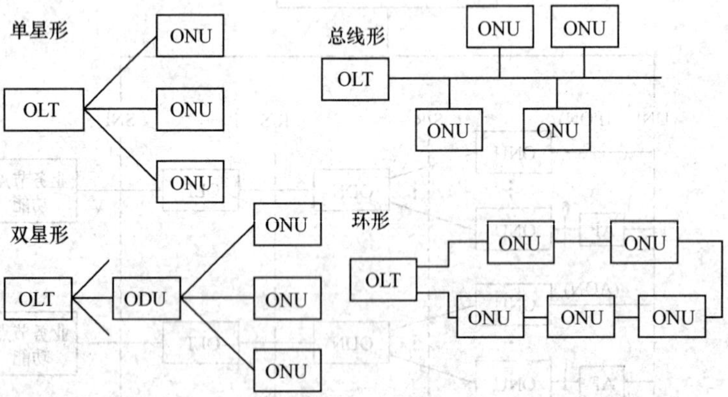

图 11.17　光接入网的拓扑结构

3．光接入网的应用类型

根据 ONU 的位置不同，光接入网有四种基本应用类型：光纤到路边（Fiber To The Curb，FTTC）、光纤到大楼（Fiber To The Building，FTTB）、光纤到办公室（Fiber To The Office ，FTTO）、光纤到家（Fiber To The Home，FTTH）。

在 FTTC 结构中，ONU 设置在路边电线杆上的分线盒处，有时也可以设置在交接箱处。FTTC 一般采用双星形结构，从 ONU 到用户之间采用双绞线铜缆，若要传送宽带业务则要用高频电缆或同轴电缆。

FTTB 是将 ONU 直接放在大楼内（如企业、事业单位办公楼或居民住宅公寓内），再由铜缆将业务分配到各个用户。FTTB 比 FTTC 的光纤化程度更进一步，更适合高密度用户区，也更容易满足未来宽带业务传输的需要。

如果将 FTTC 结构中设置在路边的 ONU 换成无源光分路器，将 ONU 移到大企事业单位（如公司、政府机关、大学或研究所）的办公室内就成了 FTTO，将 ONU 移到用户家里就成了 FTTH。

FTTH 是一种全透明全光纤的光接入网，适于引入新业务，对传输制式、带宽和波长等基本上没有限制，并且 ONU 安装在用户处，供电、安装维护等都比较方便。

11.7.3　有源光网络

顾名思义，有源光网络的局端设备（CE）和远端设备（RE）通过有源光传输设备相连，传输技术是骨干网中已大量采用的 SDH 和 PDH 技术，但以 SDH 技术为主。远端设备主要完成业务的收集、接口适配、复用和传输功能。局端设备主要完成接口适配、复用和传输功能。此外，局端设备还向网元管理系统提供网管接口。在实际接入网建设中，有源光网络的拓扑结构通常是星形或环形。

11.7.4　无源光网络

无源光网络的信号由端局和电视节目中心通过光纤和光分路器直接分送到用户，其网络结构如图 11.18 所示。其下行业务由光功率分配器以广播方式发送给用户，在靠近用户接口处的过滤器让每个用户接收发给它的信号。在上行方向，用户业务是在预定的时间发送，目的是让它们分时地发送光信号，因此要定期测定端局与每个用户的延时，以便上行传输同步，这是 PON 技术的难点。由于光信号经过分路器分路后，损耗较大，因而传输距离不能很远。

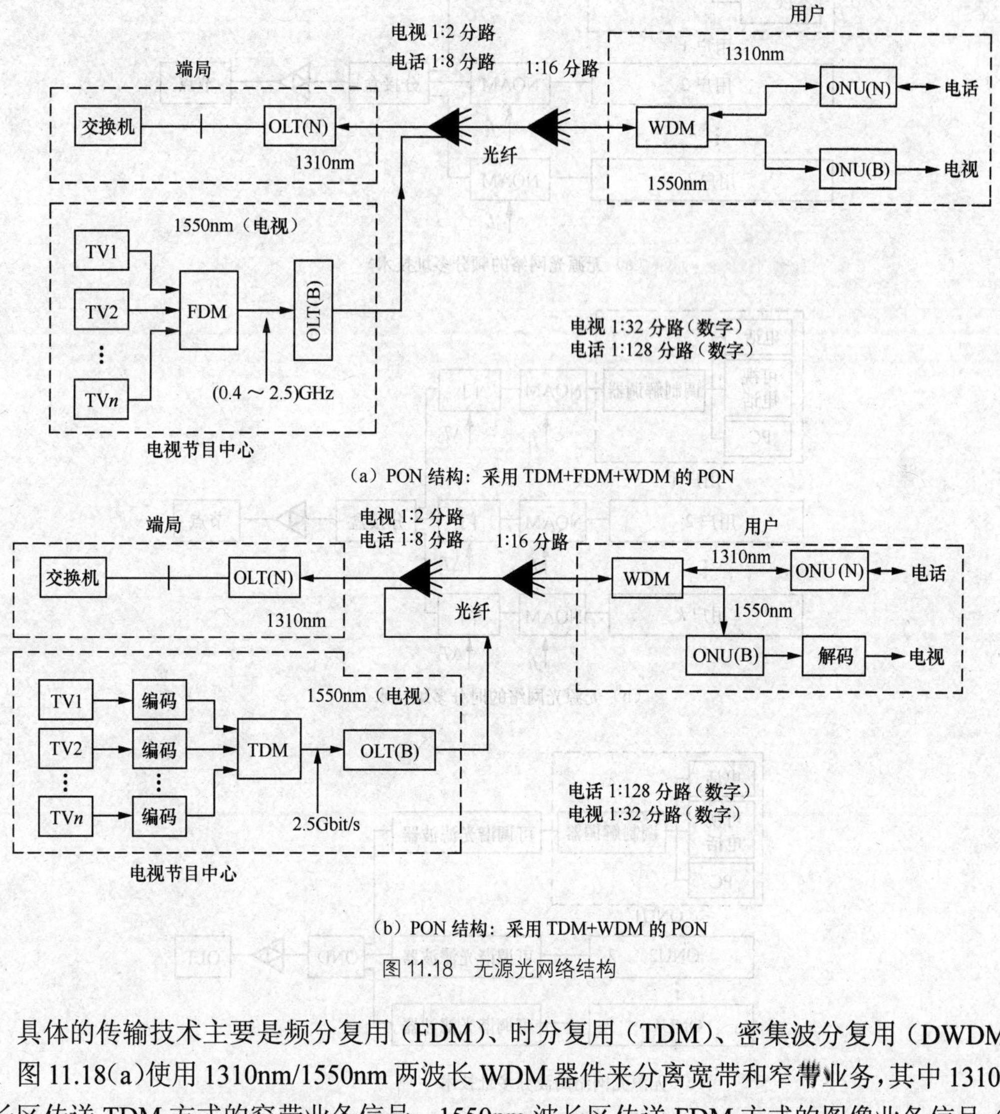

图 11.18　无源光网络结构

具体的传输技术主要是频分复用（FDM）、时分复用（TDM）、密集波分复用（DWDM）。

图 11.18(a)使用 1310nm/1550nm 两波长 WDM 器件来分离宽带和窄带业务，其中 1310nm 波长区传送 TDM 方式的窄带业务信号，1550nm 波长区传送 FDM 方式的图像业务信号（主

要是 CATV 信号）。

图 11.18（b）也使用 1310nm/1550nm 两波长 WDM 器件来分离宽带和窄带业务，与图 11.18（a）不同之处在于先将电视信号编码为数字信号，再用 TDM 方式传输。

11.7.5 无源光网络的多址技术

PON 中常用的多址技术有三种：频分多址（FDMA）、时分多址（TDMA）、波分多址（WDMA）。它们的原理框图如图 11.19 所示。

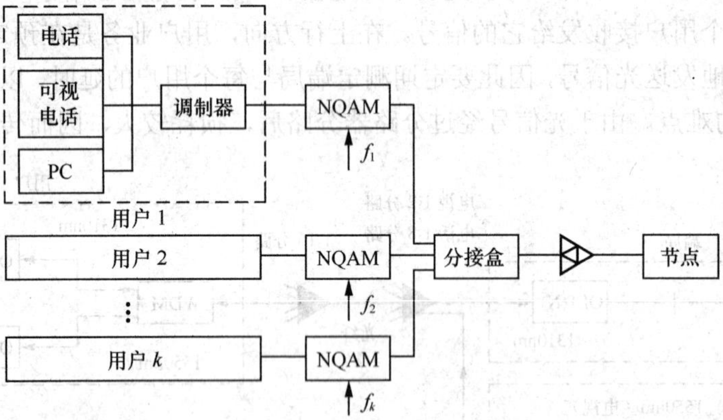

（a）无源光网络的频分多址技术

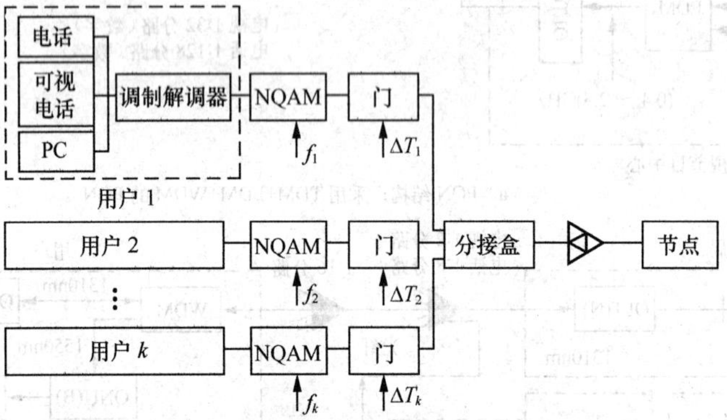

（b）无源光网络的时分多址技术

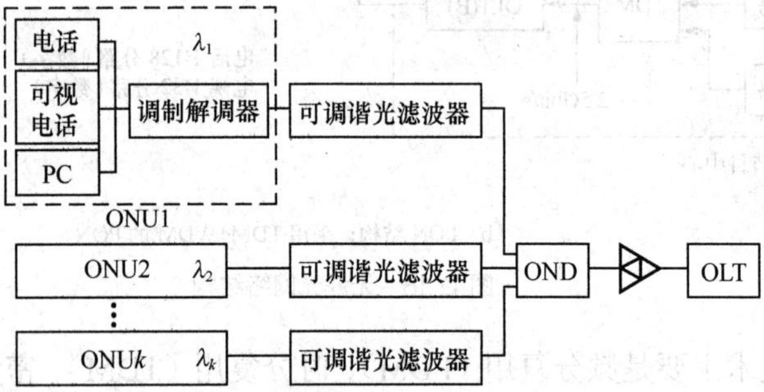

（c）无源光网络的波分多址技术

图 11.19 无源光网络多址技术的原理框图

频分多址（FDMA）的特点是将频带分割为许多互不重叠的部分，分配给每个用户使用。FDMA 优点是设备简单，技术成熟。FDMA 缺点是当多个载波信号同时传输时，会产生串扰和互调噪声，会出现强信号抑制弱信号现象，单路的有效输出功率降低，且传输质量随着用户数的增多而急剧下降。

时分多址（TDMA）的特点是将工作时间分割成周期性的互不重叠的时隙，分配给每个用户。TDMA 优点是在任何时刻只有一个用户的信号通过上行信道，可以充分利用信号功率，没有互调噪声。TDMA 缺点是为了分配时隙，需要精确地测定每个用户的传输时延，并且易受窄带噪声的影响。

波分多址（WDMA）的特点是以波长作为用户的地址，将不同的光波长分配给不同的用户，用可调谐滤波器或可调谐激光器来实现波分多址。WDMA 优点是不同波长的信号可以同时在同一信道上传输，不必考虑时延问题。WDMA 缺点是目前可调谐滤波器或可调谐激光器的成本还很高，调谐范围也不宽。

11.7.6　光以太网

光以太网一词最先由北电网络（Nortel Networks）等电信设备商于 2000 年提出，得到网络与通信行业的广泛关注与沿用，并日益获得认可与支持。但是，至今尚无对光以太网内涵和定义的完整而准确的论述。它包括 802.3ab 的 10Gbit/s、802.3z 的 1Gbit/s、802.3u 和 802.3x 的 100Mbit/s、10Mbit/s 的 10BASE-F 系列、802.1q 标准等光网络技术体系。

光以太网不是传统上用于 LAN 的以太网。它兼容传统以太网的接入，仍具有以太网简单、灵活、低成本的优点。但与原来的以太网技术相比，光以太网有很大的差异，主要表现在物理层实现方式、帧格式、MAC 的工作速率及适配策略等方面。

光以太网也不是基于以太网技术的接入环路。它能提供真正的运营商级的多业务网络解决方案，支持业务分类（COS），能保证 QoS，具有高达 10Gbit/s 的带宽升级能力和类似于 SDH 的网络生存能力。随着网络带宽需求的日益增长，对网络带宽和性能要求更高的业务越来越多，Gbit/s 级光以太网的出现满足了用户对特殊网络应用的需求，使用户充分享受到 Gbit/s 级光以太网业务。

Gbit/s 级的以太网主要以多模和单模光纤为物理媒质，实际应用中几乎只采用全双工模式，并且在 MAC 子层的控制策略、帧格式、物理层特性等方面都做了适合光网络技术的修改与完善，使以太网技术与光通信技术更好地融合在一起。同时，以太网技术对业务分类（COS）、服务质量（QoS）、网络安全性和生存性等方面的支持大为改现。Gbit/s 级以太网出现不久，就成为在 MAN 和 WAN 上汇聚 IP 等数据业务流的低成本解决方案，以其优异的潜质和强大的竞争力给基于时分复用（TDM）的 10Gbit/s（optical STM-64，OC-192）光接口方案带来竞争。

随着以太网技术向 MAN 和 WAN 的不断延伸，出现了各种将以太网技术与 SDH、MPLS、DWDM 等技术融合的方案，如结合了以太网的简单、灵活优点和 SDH 环网能快速恢复特点的弹性分组环（RPR）技术，再如在 SDH 城域平台上嵌入以太网第二层交换技术的 EoS（Ethernd over SDH）方案。与此同时，以太网所能支持的超高速率促进了垂直腔表面发射激光器（VCSEL laser）、稀疏波分复用（CWDM）等光通信技术向接入网、局域网领域的渗透，整个通信网络的设计、建设和管理等各个方面从理念上都得以更新。

【练习与思考】

思考题

1．简述调幅光纤传输系统的优缺点。

2．简述 SDH 的特点。

3．FDMA 指什么？有什么优缺点？

4．有源光网络由什么组成？有什么特点？

5．画出无源光网络组成框图，并说明每部分的主要功能。

6．数字电视机顶盒几个组成部分的功能。

7．数字电视机顶盒在三网融合技术中的地位及如何与国际标准对接。

8．画出基于 G.hn 标准的家庭网络结构框图。

9．回答 G.hn 标准的优势。

10．同轴电缆在 G.hn 标准中的工作频段范围是什么？

11．目前多屏互动的主流技术有哪些？

【研究项目】 数字电视机顶盒技术研究

要求：

结合本地实际，研究数字电视机顶盒的组成、软件、硬件技术特点。

目的：

1．了解数字电视机顶盒的组成。

2．了解数字电视机顶盒的软件、硬件技术特点。

指导：

1．通过对有线电视、通信公司等技术部门的调研、资料的检索获取需要的信息。

2．利用实习等机会向工程技术人员请教。

3．研究数字电视机顶盒的组成，以及软件、硬件技术特点。

4．目前，随着家庭网络的快速发展，国家三网融合的快速推进，高速安全的网络标准成为了首选，G.hn 协议标准的出现无疑成为解决人们对家庭网络高要求的最佳选择。而高质量的网络环境需要高性能的网络设备芯片为基础，加快家庭网络设备的研究，必将大大加快我国家庭信息化的进程。林如俭所著《光纤电视传输技术（第 2 版）》（电子工业出版社，2012 年 11 月）的第 12 章主要讲述了家庭网络接入的新技术及相关标准。

第 12 章 有线电视网络增值业务

【内容提要】

本章了解面向 NGB 的增值业务平台架构技术，掌握云计算技术的基本概念，了解有线电视网络新兴增值业务模式。

【引言】

本章主要讲解有线电视网络新兴增值业务，首先对三网融合做了简要概述，并对广电互动业务发展现状做了初步介绍。而后以下一代广播电视网（NGB）为视角，讲解了互动业务平台的基本模块，以及 NGB 对互动业务平台提出的新要求。中间部分以较大篇幅讲解 NGB 增值业务最为核心的电视互联网内容发布平台，分别从业务分析、用户分析、建设宗旨、建设范围、系统架构、系统特性、系统网络结构七个方面进行详细论述。本章最后对较为成功的广电网络运营商运营案例进行讲解，分别是前沿科技——云媒体电视和基于传统有线电视网络的业务创新——综合信息化服务平台的开发。本章主要侧重于业务运营，其中也不乏支持业务运营的关键技术，理论与实践结合较为密切，能力较强的学生可根据业务模型搭建相关的开发环境，丰富自身的开发经验。

12.1 面向 NGB 的互动业务平台

“三网融合”战略在 2013 年完成由试点向全面实施的转变，所谓“三网融合”即原先独立设计运营的传统电信网、计算机互联网和有线电视网趋于相互渗透和融合，相应地，视频、语音和数据的业务、市场和产业也将相互渗透和融合，以视频、语音和数据三大业务来分割三大市场和行业的界限逐步变得模糊，并以全数字化的网络设施来支持包括数据、话音和图像在内的所有业务的通信。

随着三网融合的推进，广电、电信运营商将展开正面开放式的竞争，同时也获得了新的发展机会，竞争的结局给用户带来更好的体验。而竞争的领域将主要集中在运营业务，包括电视、电话、互联网等业务领域。三网融合前后广电与电信业务内容情况如图 12.1 所示。由图可知，三网融合前广电、电信运营商在互联网业务领域有交叉，三网融合后将在电话、互联网、电视领域都有交叉。

为了抓住新的业务增长点，广电、电信运营商将在规定范围内选择扩展各自的运营业务类型，而运营业务类型的增加，意味着需要新的业务融合。融合后的新业务能否正常、高效地运转，还需要各种业务管理系统的有效支持。也就是说，业务内容的发展、融合，给各业务支撑管理系统演进提出了新的挑战，建设基于三网融合的新一代运营商核心业务系统将成为迫切要求。

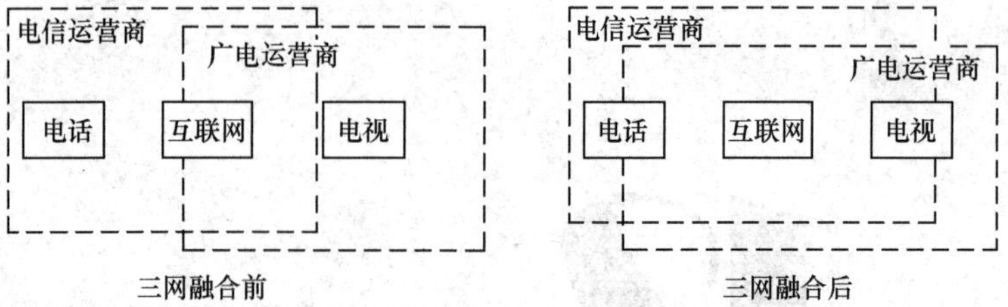

图 12.1 广电、电信运营商业务三网融合前后情况

12.1.1 三网融合的基本概述

“三网融合”是为了实现网络资源的共享，避免低水平的重复建设，形成适应性广、容易维护、费用低的高速宽带的多媒体基础平台。

“三网融合”后，民众可用电视遥控器打电话，在手机上看电视剧，随需选择网络和终端，只要拉一条线或无线接入即完成通信、电视、上网等。“三网融合”后，可以更好地控制网络接入商和内容提供商的质量，进一步提高和净化网络环境。

从技术层面讲三网融合则是，宽带通信网、数字电视网和下一代互联网在网络层都在向 IP 化方向发展，在物理层都在向全光网络方向发展，包括在骨干层的智能光网络、在接入层的无源光网络等。

12.1.2 广电互动业务发展现状

电视业务将由传统电视业务向数字电视业务、高清电视业务、VOD 业务、时移回看业务转变；数据业务将呈现出电子商务、电话/传真、网上冲浪、电子邮件等多种形式；互动业务将囊括社区医疗、股票信息、智力游戏、实时新闻、远程教育等多种实时交互服务，业务的互动性使传统业务发生质的变化，更具吸引力。

12.1.3 互动业务平台的基本模块

1. 交互式电子节目导航

交互式电子节目导航（iEPG）为所有的业务（基本数字电视业务、单向数据业务、双向数据业务）提供统一的入口。如有更新的门户，即时可以通过 iEPG 服务器进行下载。如果门户下载不成功，可以确保基本单向数字电视功能的正常使用。

2. 认证鉴权计费模块

认证鉴权计费模块（AAA）主要功能是对机顶盒进行激活认证。当用户鉴权成功后，可以在会话期内使用所有双向业务时，无需反复激活认证，如果用户没有定购，则提示定购。

3. 内容管理模块

内容管理模块（CMS）为内容提供商提供统一平台，实现资源集中管理和共享；统一管理资源生命周期；强大的工作流引擎，支持资源审核、测试和上线过程；实现多种类型、多种格式的资源统一管理。

4．业务管理模块

业务管理模块（BMS）统一业务管理，实现新业务快速接入；提供统一门户，管理 SP/CP 合作伙伴关系；强大的工作流引擎，支持业务审核、测试和上线过程；与运营支撑系统（BOSS）结合完成与合作伙伴的结算对账。

5．内容分发网络模块

内容分发模块（CDN）是为了保证所有的业务快速响应。如果没有 CDN 系统，所有双向业务内容都必须从总前端获得，造成骨干网络拥塞。

6．媒体接入模块

媒体接入模块（MAP）功能是调度所有推流服务器资源，可以实现所有 VOD 边缘推流服务器的负载均衡。

7．网络管理系统

网络管理系统（NMS）功能是提供所有前端设备的统一网管功能，使得设备可维护、可管理、可控制。

12.1.4　NGB 对互动平台的新要求

平台应该能够支持业务的异地漫游、业务接入与业务管理之间要松耦结合、互动业务与 BOSS 系统之间应相对独立、平台对业务请求应可多运营商认证、平台对业务请求应能实现异地分发；互动业务平台应重点突出交互式电子节目导航、内容管理模块、业务管理模块、媒体接入模块和网络管理系统的建设。互动业务应该可管可控，对用户的业务请求能够进行管理，能够对互动业务内容进行实施分析，发现不合法的内容能够及时停止。互动平台的基本功能框架如图 12.2 所示。

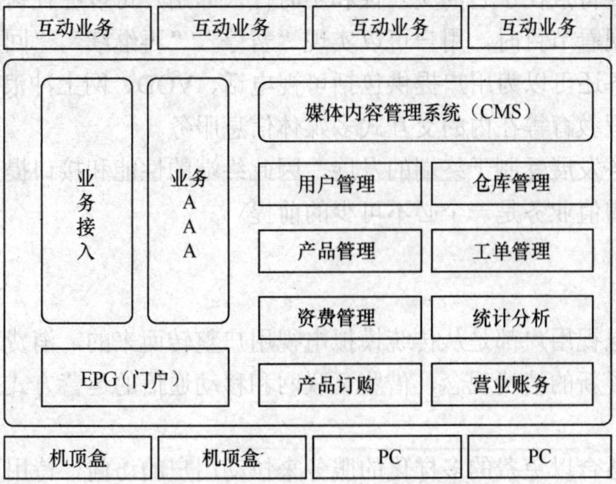

图 12.2　互动平台的基本功能框架

基于以上几点并充分考虑技术实施的复杂性，有线电视网络新兴增值业务平台应重点突出交互式电子节目导航、内容管理模块、业务管理模块、媒体接入模块和网络管理系统的建设。新兴增值业务平台在功能上更侧重于对互动业务的可控可管，即对用户的互动业务请求能够进行管理，能够对互动业务内容进行实施分析，发现不合法的内容能够及时停止。

12.2 电视互联网内容发布平台

互动电视作为广电的主要业务，它在国内的发展面临着诸多挑战。通过对国内外互动电视的商业模式分析可知，互动电视业务发展的关键主要取决于两大重要因素：资费和内容。国内有线电视服务费用低廉，内容相当丰富，无论从节目源还是用户数，广电运营商都有得天独厚的优势。

电视互联网内容发布平台基于 J2EE 构架设计，采用分布式、模块化思想构建。系统提供了从内容采集、创建、管理、传递、发布、共享呈送等信息全生命周期过程中所需的各项功能。

系统采用高内聚、低耦合设计原则，将内容采集、内容管理、内容发布等关键进程/模块分开，可以根据实际应用规模采用分布式部署或集中式部署，具有高度的伸缩性和扩展性。

系统针对多站点架构体系设计，既适用于独立的综合性门户创建，又支持横向、纵向的虚拟网站群建设，并在技术上实现了多网站、分布式部署和管理，彻底解决了对内与对外、本地与异地、多网站之间的内容整合，加快了信息、内容、知识的积累和交换。可视化的模板设置功能更是极大地方便了系统维护并减少了模板实施人员的工作量。系统支持统一身份认证、站群权限体系、增量多线程更新、多站点加密发布等功能，共同确保数据的规模性、可靠性、安全性。

12.2.1 发布平台的相关分析

1. 业务分析

互动电视的主要特点在于它的交互性和实时性，即用户可以在任何时候点播节目库中喜爱的节目内容。在观看节目时，用户可以实现“暂停”、“再继续”、“回放”等播放功能。此外，互动电视新业务还可以为用户提供包括可视电话、VOD、网上冲浪、网络游戏、信息服务、网上购物和远程教育等在内的交互式多媒体信息服务。

互动电视的业务发展受制于终端的发展，因此终端的性能和接口提升，对在互动电视上开展更多更广泛的增值业务是一个必不可少的前提。

2. 用户分析

目前国内数字电视用户都是从传统模拟电视用户整转而来的，消费观念不强，而增值业务为这个领域带来了新的消费观念，借鉴互联网和移动通信的运营方式是未来增值业务发展的趋向。

增值业务初期适合以免费的多样化的服务来拉动用户的访问，待用户数量有一定的积累后，再通过广告、服务佣金、增值收费等项目盈利。

传统互联网的发展经历了单纯邮件→网站式应用→交互式应用→百家争鸣的过程，手机的发展经历了通话→短信→网页→移动互联网的应用。

目前大部分电视台的发展还是停留在单向的广播、以广告作为收入来源阶段，基本无引申的过程，参照互联网和手机应用的模式，作为主流媒体的电视台的发展，从视频→点播→网页式发布→交互→融合媒体的运营是一个必然的趋势。

12.2.2 系统概况

1. 系统架构

系统具体设计的原则可根据其特性分为技术原则和管理原则两大类。

（1）技术原则

适应性原则：现在实施的系统既要满足现有的业务管理的要求，又要能够满足今后大规模、大容量、高业务量网络运营的需要。

先进性原则：在系统的实施过程中应用科学的项目管理、计划和实施方法，采用先进的技术，使系统的建设能处在同类科技的前列。

安全性与可靠性原则：系统具有很强的安全性与冗错性，能保障系统的高可用性与不间断运行。

灵活性原则：系统能够适应网络的发展，灵活地设计、调整业务处理流程和组织结构，适应未来的发展变化。

开放性原则。基于 J2EE 开源的规范，采用标准的、开放性的技术，能够实现与其他厂商的产品无缝地连接。

（2）管理原则

技术独立性原则：系统所采用的技术应不偏向任何一种网络或设备，应采用标准的协议，而不依赖于某些厂商的特殊协议技术，为管理提供最优的独立解决方案。

一体化解决方案原则：系统将提供完整的解决方案，要求各种功能模块可以紧密集成、无缝连接，而不是若干“孤岛”的应用。

长期发展原则：系统的建设是一个长期化的工作，不可能“一蹴而就”，因此，应从长期合作的角度出发，项目建设实施完成后，继续提供所需要的技术服务。

2. 系统特性

综合应用平台作为整个系统的核心，集成客户相关的运营网络，在集中管理客户相关的告警信息、性能信息的同时，整合相关的资源信息和客户信息，面向大客户提供服务质量管理。综合应用平台软件系统结构如图 12.3 所示。

平台建立自身的核心数据库，集成客户网络相关专业（可包括交换网、传输网、基础网、动力环境、IP 等）的告警信息，提供综合的告警管理、性能管理及统计分析的功能。

平台从网元及网络层获得网管信息，实现对网络的维护功能，未来在其基础上结合资源信息和客户信息，能够实现服务质量管理和客户服务质量管理的功能。

系统提供了面向全网络统一的数据支撑平台，为未来运营商继续开发其他 OSS 系统建立了良好的基础。

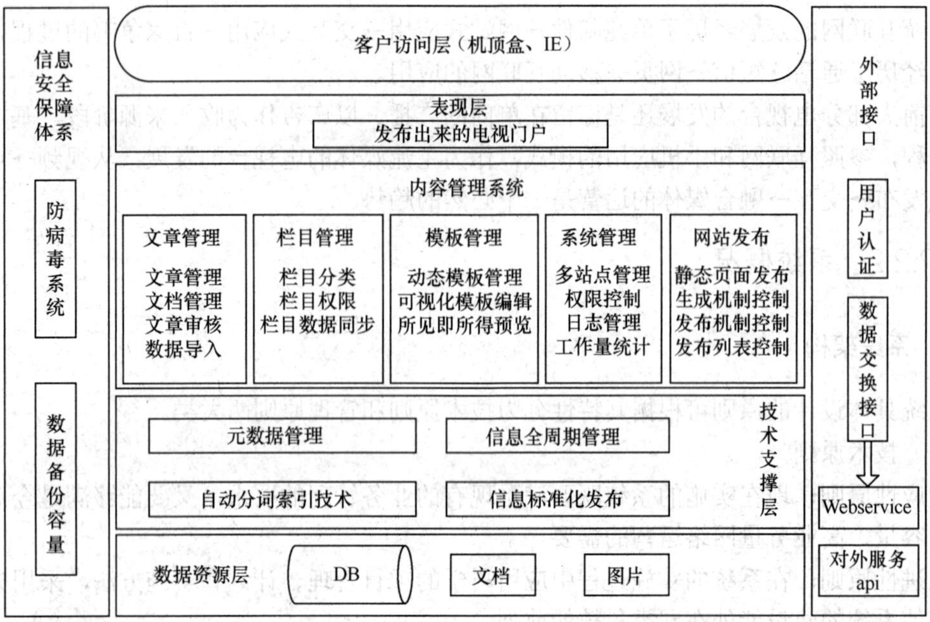

图 12.3 综合应用平台软件系统结构

3．系统网络结构

内容发布平台基本功能是可提供文字及图片的发布展示、CP/SP 的请求接入、系统管理、基于安全套接层（Security Socket Layer，SSL）协议的虚拟专用网络（Virtual Private Network，VPN）远程接入（SSL VPN），终端访问介质为机顶盒电视用户。

可选的条件接受（CA）认证中心：该平台 CA 仅针对本系统内部的管理用户，CA 中心根据权限策略授权给各级管理用户所对应的证书，将该证书赋予灵活的业务绑定机制，从而满足业务的可变、可增值性。

该平台的安全机制：该平台在保证业务畅通的基础上，引入各种安全机制，通过在内网中部署网站防护/网页防篡改等各种安全设备保证各级服务器的系统、中间件、Web 页面，甚至数据库的安全，同时部署 IDS/漏洞扫描等设备来实时检测网络中的异常流量与服务器可能存在的漏洞，通过上述的安全手段基本可以满足建设的需要。该平台除提供基本功能外，还可根据市场运营的需要，支持开发视频服务与丰富的增值业务，譬如电视支付、电视互动游戏、电视会议、电视商城、电视社交等。

12.3 典型增值业务

面对三网融合的快速推进，各广电网络运营商都在寻找业务突破口，抵挡电信系统市场冲击的同时大力发展广电增值业务，在此背景下涌现出获得行业认可的广电增值业务模式。

12.3.1 云媒体电视业务

有线数字电视网络运营商增值业务发展乏力，收入增长主要靠用户数的增长，而面临

IPTV、互联网视频的竞争，用户在流失，迫切需要寻找新的业务增长点。云媒体电视顺应三网融合和新技术的发展需要，遵循平台开放、终端开放、用户开放、业务开放的全面开放原则，变闭门办电视为社会办电视。采用云计算平台即服务（PaaS）的理念，集成信息网络先进技术，与广电网络现有技术体系相结合，打造以水平化、开放体系架构为特征的广电开放业务平台。聚合社会资源，创新业务形态，为用户提供融合广播电视、绿色互联网、可视通信以及开放的视频增值业务等为一体的安全可控的全媒体、全业务服务。

1．云计算的概念

云计算（Cloud Computing）是一种通过网络统一组织和灵活调用各种信息、通信和技术（Information Communication Technology，ICT）资源，实现大规模计算的信息处理方式。云计算利用分布式计算和虚拟资源管理等技术，通过网络将分散的 ICT 资源（包括计算与存储、应用运行平台、软件等）集中起来形成共享的资源池，并以动态按需和可度量的方式向用户提供服务。用户可以使用各种形式的终端（如 PC、平板电脑、智能手机甚至智能电视等）通过网络获取 ICT 资源服务。

“云”是对云计算服务模式和技术实现的形象比喻。“云”由大量组成“云”的基础单元（云元，Cloud Unit）组成。“云”的基础单元之间由网络相连，汇聚为庞大的资源池。云计算具备四个方面的核心特征：一是宽带网络连接，“云”不在用户本地，用户要通过宽带网络接入“云”中并使用服务，“云”内节点之间也通过内部的高速网络相连；二是对 ICT 资源的共享，“云”内的 ICT 资源并不为某一用户所专有；三是快速、按需、弹性的服务，用户可以按照实际需求迅速获取或释放资源，并可以根据需求对资源进行动态扩展；四是服务可测量，服务提供者按照用户对资源的使用量进行计费。

云计算的物理实体是数据中心，由“云”的基础单元（云元）和“云”操作系统，以及连接云元的数据中心网络等组成。

按照云计算服务提供的资源所在的层次，可以分为基础设施即服务（IaaS）、平台即服务（PaaS）和软件即服务（SaaS）等。其中，IaaS 将硬件设备等基础资源封装成服务供用户使用；PaaS 对资源的抽象层次更进一步，提供用户应用程序运行环境；SaaS 针对性更强，它将某些特定应用软件功能封装成服务。云计算又可分为面向机构内部提供服务的私有云、面向公众使用的公共云，以及二者相结合的混合云等。

2．云媒体电视的关键技术

（1）云计算的技术架构

在云计算技术架构中，由数据中心基础设施层与 ICT 资源层组成的云计算“基础设施”和由资源控制层功能构成的云计算“操作系统”，是目前云计算相关技术的核心和发展重点。

云计算“基础设施”是承载在数据中心之上的，以高速网络（目前主要是以太网）连接各种物理资源（服务器、存储设备、网络设备等）和虚拟资源（虚拟机、虚拟存储空间等）。云计算基础设施的主要构成元素基本上都不是云计算所特有的，但云计算的特殊需求为这些传统的 ICT 设施、产品和技术带来了新的发展机遇，如数据中心的高密度、绿色化和模块化，服务器的定制化、节能化和虚拟化等；而且一些新的 ICT 产品形式将得到长足的发展，并可能形成新的技术创新点和产业增长点，如定制服务器、模块化数据中心等。

云计算“操作系统”是对ICT资源池中的资源进行调度和分配的软件系统。云计算“操作系统”的主要目标是对云计算“基础设施”中的资源（计算、存储和网络等）进行统一管理，构建具备高度可扩展性，并能够自由分割的ICT资源池；同时向云计算服务层提供各种粒度的计算、存储等能力。

总结来看，云计算在技术及实现方面有以下三个特点：一是用系统可靠性代替云元的可靠性，降低了对高性能硬件的依赖，如使用分布式的廉价X86服务器代替高性能的计算单元和昂贵的磁盘阵列，同时利用管理软件实现虚拟机、数据的热迁移解决X86 服务器可靠性差的问题；二是用系统规模的扩展降低对单机能力升级的需求，当业务需求增长时通过向资源池中加入新计算、存储节点的方式来提高系统性能，而不是升级系统硬件，降低了硬件性能升级的需求；三是以资源的虚拟化提高系统的资源利用率，如使用主机虚拟化、存储虚拟化等技术，实现系统资源的高效复用。

同时，云计算核心技术呈现开源化的趋势，以 Hadoop、OpenStack、Xen 等为代表的众多开源软件已经成为云计算平台的实现基础。

（2）电视系统处理

所谓电视系统处理即是如何将电视转化为类似计算机桌面可以实现人机互动的处理，在这项处理中，关键是 IPTV 技术和云计算在互动电视技术中的研究。作为三网融合主体运营的广电网络运营商对云计算的需要更为迫切，云计算可以轻松实现不同设备间的数据与应用共享，存在跨设备平台的业务推广优势，方便未来三网融合业务的开展，对跨平台领域方面的业务融合、信息资源的共享至关重要。同时，目前主推的高清互动电视业务平台更需要云计算帮助运营商减少终端投资，减少服务器投资，并且无限的媒体资料存储也需要云计算来支持，国内已有广电网络运营商采用IPTV技术构建了高清互动电视运营平台。IPTV系统功能一般主要由软件组成，这些软件组件运行在通用的PC服务器上，再通过运营商的IP网络分发媒体，以实现交互式数字电视服务。所以可以支持灵活的部署方式，面对小规模和大规模部署，交互式数字电视均具有很好的伸缩性，系统部署小到可以完全安装在一台服务器上，也可大到支持成千上万台服务器。

我国互动电视行业应用云计算有不少成功案例，但是其中也存在一些问题。例如，现阶段不同运营商使用的机顶盒接口、芯片、中间件不相同；普通用户和高端用户配置的机顶盒不同，普通用户要使用增值业务就需要更换机顶盒，如果一个家庭有两个人要同时使用增值业务，还需要另外配置机顶盒；不同类型的机顶盒要进行升级维护工作也不相同。因此，互动平台业务的开展存在一定困难。如果应用云计算架构，可以将遥控器和机顶盒看成是计算机系统的鼠标和键盘等输入设备，电视机当成计算机系统的显示器。依照此种模式，可以采用统一的终端设备来代替已有机顶盒；并且只需包含三大模块一是视频流处理模块，二是互动业务的输入/输出处理模块，三是机顶盒预留给其他增值业务的通用接口，如音视频接口等。当然，此种终端设备也可以像计算机一样配置无线鼠标等，可以将这种类似于计算机的瘦客户端称为瘦机顶盒。这样不但可以避免互动业务的开发受制于机顶盒厂家问题，而且也可以避免终端设备升级工作的复杂性。厂商也就不需要根据不同功能去生产不同型号的设备，只需要按照开放协议和标准接口生产终端设备。在此架构下，所有的数据处理都集中在服务器端，终端设备的工作就是I/O操作和视频处理。用户通过终端设备向服务器发出各种请求，服务器端接收到用户请求后，资源的调用及数据的处理全部在服务器端完成，然后将处理好的数据传回终端设备，终端设备只需接收并将其在电视机上显示出来。

3. 云媒体电视统一业务平台

云媒体电视统一业务平台是云媒体电视平台的核心部分。云媒体电视统一业务平台以云计算技术——“平台即服务（PaaS）”模式为架构，构建标准的能力服务、支撑服务构件，并通过服务封装，标准化、透明化地向第三方合作伙伴开放。

按照横向融合、纵向分层的立体化设计思想，云媒体电视统一业务平台主要由展现域、管理域、控制域、智能分析域、能力集成与开放域五部分组成。

云媒体电视统一业务平台主要通过五大功能域和外部对接八大能力系统，提供方便的业务接入、开放的能力调用和一站式运营支撑服务，实现了业务运营的十大统一：统一业务接入、统一认证鉴权、统一产品管理、统一内容管理、统一详单管理、统一能力管理、统一会话管理、统一资源管理、统一业务展现、统一终端管理。云媒体电视统一业务管理平台的技术架构如图 12.4 所示。

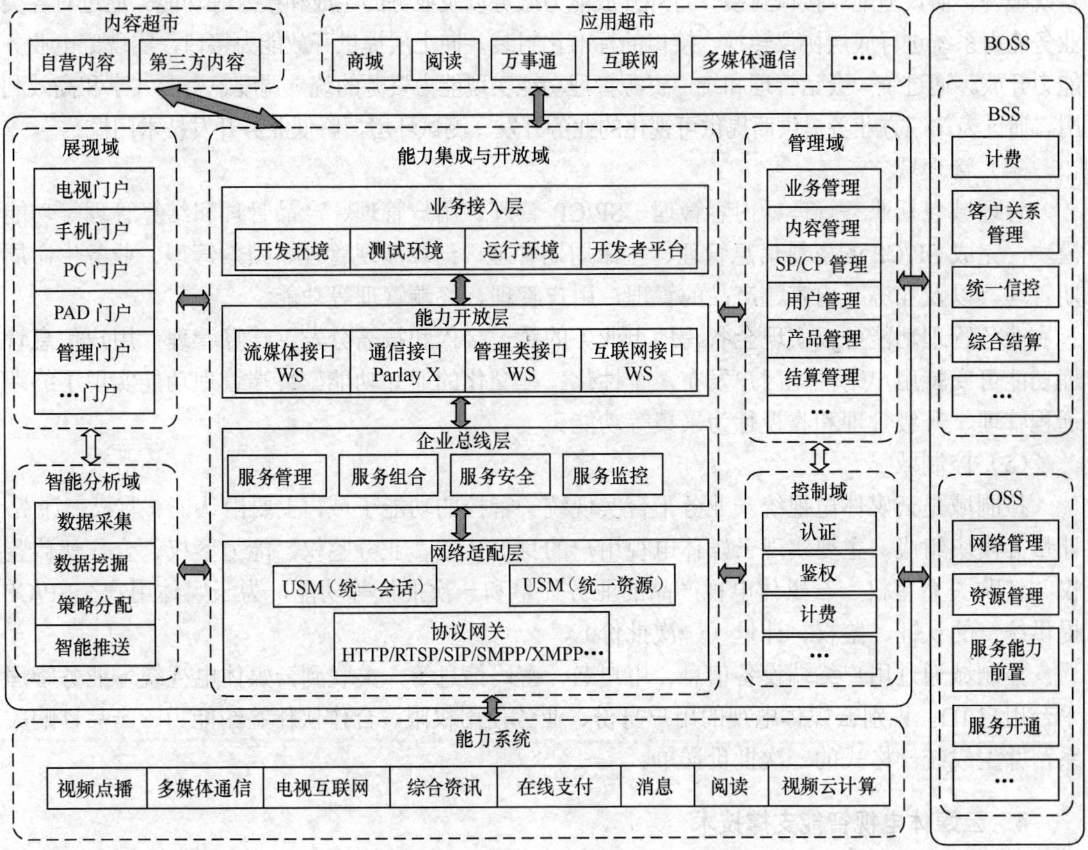

图 12.4　云媒体电视统一业务管理平台的技术架构

（1）展现域

展现域是云媒体电视统一业务平台实现服务展现的功能子域，为云媒体用户提供统一的业务呈现、服务导航和业务后台配置管理。它主要由电视门户、手机门户、PC 门户、PAD

门户和管理门户等组成，具有融合业务自动关联、栏目动态生成、业务智能发布、业务门户个性化定制、用户身份认证等功能，可以针对不同终端类型和用户属性实现重定向、个性化的页面和个人数据呈现、订购服务管理等功能应用。

（2）智能分析域

智能分析域是实现云媒体电视商业智能应用的功能子域，主要由数据采集、数据挖掘、策略分配和智能推送等模块组成。通过对统一终端管理系统采集到的海量用户行为数据以及来自运营支撑系统的用户身份信息、用户业务订购信息的多维度挖掘分析，生成客户特征标签库，以标签的形式来反映每个客户不同维度的特征，并结合不同的业务应用方向生成客户—内容 / 客户—业务 / 客户—广告的匹配矩阵以支撑业务应用。云媒体电视统一业务平台利用智能分析域得出的结果应用于客户个性化门户定制、业务目标的精确选择、广告的精准投放等，以提升用户体验和增强用户黏度。

（3）能力集成与开放域

能力集成与开放域是统一业务平台实现业务能力透明化和标准化的功能子域，主要实现能力系统整合、协议适配、接口封装、对外开放能力服务以及业务的生成和接入等功能。通过对各类业务能力系统进行底层协议转换、接口的标准化封装，向上层提供开放能力接口，实现广电业务能力开放。通过统一会话管理和统一资源管理功能实现能力资源的统一调度、资源共享和高效利用。通过为第三方业务提供商提供可视化的业务开发、测试环境，降低业务开发技术门槛。

（4）管理域

管理域包括业务管理、内容管理、SP/CP 管理、用户管理、产品管理和结算管理等功能模块，完成 SP/CP 的资料信息管理、生命周期管理、结算展现管理、绩效管理、业务生命周期管理，以及业务、内容、产品的管理，用户管理、终端管理等功能。

业务管理功能可以实现全省跨地市业务的统一接入和按需分发、结算管理；用户信息管理功能可支持用户个性化门户发布，个性化、社交化的通知功能。终端管理功能实现了终端远程管理、升级管理和收视行为采集等功能。

（5）控制域

控制域是云媒体电视统一业务平台实现统一管控的功能子域，主要由认证、鉴权、计费/计量等模块组成，主要实现云媒体电视用户的身份认证、业务鉴权、能力鉴权、合作伙伴鉴权、订购关系鉴权、云媒体电视产品的业务计量和一次批价等功能，为云媒体用户、SP/CP 提供统一的认证、鉴权、计量（一次批价）。

控制域通过用户终端设备信息、用户名、密码信息等，关联到云媒体电视统一业务管理平台用户 ID，识别云媒体电视的用户身份、业务使用权限、合作伙伴签约能力、产品订购关系，并生成统一格式的一次批价详单。

4. 云媒体电视智能支撑技术

与传统的数据仓库应用相比，大数据技术具有数据处理量大、可处理非结构化数据、实时性高等特点。针对云媒体融合业务爆发式增长导致用户会陷入业务选择迷茫的问题，基于大数据技术，聚合企业内部所有系统数据资源，并进行各种智能化数据分析处理及标准化能力封装开放，立足于为云媒体电视各类融合业务提供智能支撑，以主动智能和被动智能等多种方式，让用户体验到无处不在的云媒体业务智能。

基于大数据的云媒体电视全局业务智能系统的逻辑架构，采用基于总线的分层架构模型，如图 12.5 所示。其中，系统总线分为 ETL[①]总线和数据服务总线，各总线在系统功能中承担着不同的职能。ETL 总线：聚合所有系统资源，实现整个总线通道应用系统的数据信息共享处理，实现整个软件运行状态下的大数据抽取、转换、处理，实现总线通道系统与上端的信息数据同步处理，实现上层和下层之间的联通。数据服务总线：通过内部数据消息转化适配器针对不同协议类型下的数据进行对象转化，实现多种复杂传输协议的封装、转换以及异构平台消息转化等，实现传输通道与应用服务之间的绑定关系，通过标准的定义规则，安全且有效地进行数据通信作业处理，给上层应用提供标准化服务。系统架构共五层，分别为基础数据层、数据存储层、数据处理层、分析引擎层、业务应用层。每层实现的功能如下。

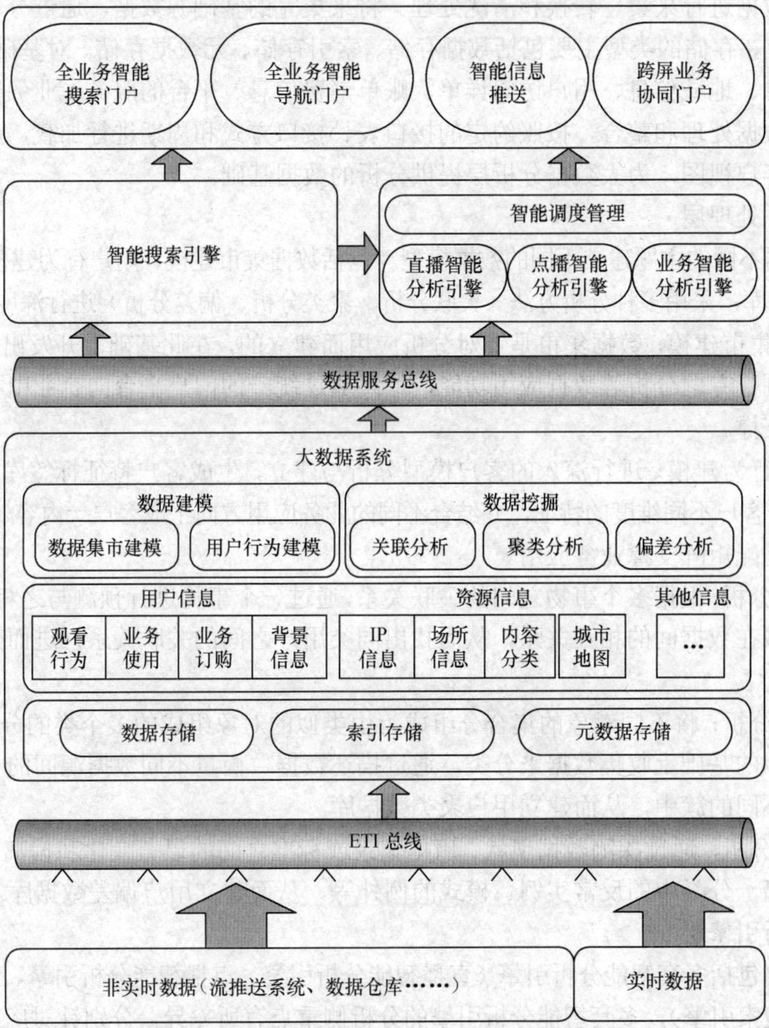

图 12.5　基于大数据的全局业务智能系统逻辑架构

（1）基础数据[①]层

数据来源主要有云媒体电视统一业务平台、统一内容管理系统（CMS）、全业务运营支

① ETL 是 Extraction-Transformation-Loading 的缩写，中文名称为数据提取、转换和加载。

撑系统（BOSS）、终端管理系统、主动推送系统、数字电视系统、互动电视系统、多媒体通信系统（IMS）、业务系统、综合业务网络管理系统、呼叫中心系统、营销管理系统、运维支撑系统（OSS）、网络资源管理系统（GIS）、经营管理系统、经营分析系统、接入认证系统、域名解析（DNS）系统、深度包检测（Deep Packet Inspection，DPI）系统、回传频谱监控系统等 20 多个数据源系统的资源，集合了客户、产品、业务、服务、企业管理、市场营销、合作伙伴、资源八大主题域的数据，实现了企业级的数据整合。

（2）数据存储层

该层在数据整理分类、数据建模、数据转换、数据质量保证中发挥着重要作用，实现对源数据的抽取、清洗、转换、加载的完整过程。通过自动化批量处理的方式，对大数据系统中的基础源数据进行采集、转换和清洗处理。将采集完的基础源数据，通过分布式文件存储系统进行存储，存储的类型主要包括数据存储、索引存储、元数据存储。对基础数据的处理，包括用户信息、地域信息、用户访问详单、账单消费信息、平台的服务、业务数据等，入库并进行海量数据处理和整合，按照约定的接口表、接口方式和周期进行加载，形成以客户为中心的统一客户视图，为大数据分析层提供分析的数据基础。

（3）数据处理层

该层根据不同的主题建立不同的数据模型（包括数据集市建模、用户行为建模），为用户构建不同的标签库，采用多种分析方法（关联分析、聚类分析、偏差分析）进行深度数据挖掘。

① 数据集市建模：数据集市是针对分析应用而建立的，在此基础上开发出多维分析、报表、数据挖掘、专题分析等数据应用功能，最终通过统一的门户平台向企业中不同角色的人员提供数据支撑。

② 用户行为建模：进行深入的客户模型分析与建立，生成客户特征标签库，以标签的形式来反映每个客户不同维度的特征，并结合不同的业务应用方向生成客户—内容/客户—业务/客户—广告的匹配矩阵支撑业务应用。

③ 关联分析：根据多个事物之间的关联关系，通过一个事物进行预测与之相关联的事物，深度挖掘隐藏在数据间的相互关系，从而找出同类用户之间的关联关系，进而建立用户关联数据库。

④ 聚类分析：将不同对象的集合分组成为由类似的对象组成的多个类的分析过程，其目标就是在相似的基础上收集数据来分类，通过描述数据、衡量不同数据源间的相似性，把数据源分类到不同的簇中，从而建立用户聚类数据库。

⑤ 偏差分析：通过探测数据现状、历史记录或标准之间的显著变化和偏离，如观测结果与期望的偏离、分类中的反常实例、模式的例外等，从而建立用户偏差数据库。

（4）分析引擎层

该层主要包括多套智能分析引擎（直播智能分析引擎、点播智能分析引擎、业务智能分析引擎、智能搜索引擎），多套智能分析引擎的分析侧重点有所差异，分别针对广电现有不同的业务形态进行分析，并通过智能调度管理对多套智能分析引擎进行统一调度管理，实现业务功能自适应匹配，为上层智能导航门户、智能信息推送、跨界业务协同门户提供被动智能的支撑；智能搜索引擎通过调用智能分析引擎的结果，为上层全业务智能搜索应用提供被动智能的支撑。

（5）业务应用层

基于该层，可以提供多样化数据支撑，主要体现为业务智能的提供。融合智能分析技术，将对大数据系统中的数据分析结果应用于个性化门户定制、全业务智能搜索、智能导航门户、智能联想、智能导航等，还可实现业务目标的精确选择、广告的精准投放等，以及分析报表的生成，报表中包括对应用效果的评估，因为只有进行效果评估，才能得出应用的存在与价值的问题，为更好地优化应用实施提供决策依据。

全局业务智能系统的建设重点不仅在为经营分析系统提供各种决策支撑，同时在为各业务系统提供业务智能，让云媒体电视成为以用户体验为中心、为用户提供各种体验度极高的智能业务。全局业务智能系统的建设完成和投入运行将为百姓提供具有针对性和个性化的文化产品和信息服务，促进融信息产业和文化产业为一体的数字电视产业的发展。

12.3.2　综合信息化服务平台

经过多年发展，各地广电网络运营商在本地拥有众多数字电视用户，而随着双向网改的快速推进，广电网络运营商已具有互动业务大覆盖的基数范围。此处以某中小城市广电网络运营商 A 为例，分析其增值业务运营案例，提出新的业务增长点和技术开发要点。

运营商 A 在本地拥有 40 万数字电视用户，建设有本地全覆盖的传统 HFC 网络和 IP 城域网。传统 HFC 网络主要承载有线数字电视及有线模拟电视业务，IP 城域网主要承载宽带、专线租用、互动点播等数据业务。2011 年运营商 A 提出以建设智慧城市为契机，开发信息化服务平台，以社区、行政村为单位，定制属于各自区域的个性化互动门户。通过此门户可及时了解所属区域的安防监控信息，向用户推送办事指南等政务信息，也可直接进入直播电视或互动电视。

1. 广电信息化平台

以发展互动业务为出发点，充分利用现有网络资源，为各行政单位定制个性化的服务页面。运营商 A 早在 2008 年就已纳入省网体系，全省互动业务发展已经历 TV1.0、TV2.0 时代。虽然全省统一的互动门户有利于统一业务经营、统一对外形象，但是却忽略了本地业务需求。运营商 A 抓住此类需求，建设信息化服务平台，为不同行业群体、不同用户层次定制各自的互动门户，再将省网统一的互动门户嵌入其中。

（1）农村广播电视信息化服务平台

该平台主要服务于当地政府的政策宣传，下设本村的信息公开、办事指南、便民信息、生活百科、警务信息、卫生健康和实用技术等板块，同时用户可以在机顶盒上查询公告、交通、医保、社保和水电费信息。

（2）公共场合广告媒体平台

充分发挥有线电视全覆盖的优势，以机顶盒信号为信源，在该应用上，城市户外大屏实现定点定时节目播放和自动切换、图文播发、应急通告等多项功能。同时城市户外大屏系统开设专有频道，与传统的非编制作及电视播出系统的户外大屏相比，优势非常明显，而且可以方便地利用丰富的 HFC 网络资源，将该系统应用到写字楼、商场、电梯等公共场合上进行商用。

（3）视频点播资源平台

与相关部门合作开设“数字电视远程教育平台”，并利用系统的区域控制功能向广大群众推送该远程教育平台，用户可以给课件进行打分，便于大面积开展视频远程教育工作。同时相关部门也可以及时掌握用户观看课件的情况，包括点播的内容、点播的时长等。

（4）行业用户及住宅小区平台

为某建筑规划设计院定制个性化页面，该单位职工在收看数字电视的同时也可了解本单位以及规划设计领域的相关信息情况，充分发挥了信息化平台的优势。此模式具有较好的推广价值，将为业务运营增加大量的集团用户，扩大了运营商的影响力。为某小区定制个性化页面，该小区物业利用该平台可为各位业主提供更优质的服务，提高物业服务质量，在物业管理上也是一次模式创新。而对于运营商来说，通过此方式可以将互动业务推广到各个小区，最终可以做到全市小区的全覆盖。

（5）应急通知广播

本系统可以做到在互动界面访问中，实现飞字通知、弹窗通知和强制切换频道的功能，方便进行应急广播。

2．创新型安防监控

早在 2008 年运营商 A 就已开始建设覆盖全市的 IP 城域网，经过长达 5 年时间的不懈努力，现已建成层次分明、技术先进、系统完善的广电 IP 城域网。尤其在接入网部分采用业界领先的 EPON、GPON 技术，能够充分满足安防监控对于大数据流量、高可靠性的要求。运营商 A 拥有 40 万数字电视用户，机顶盒终端早已覆盖辖区千家万户，将数字电视与安防监控两大业务结合，不但创新了安防监控在终端的应用，而且能充分提升运营商 A 在安防监控市场领域的竞争力。

创新型安防监控总体网络方案设计如图 12.6 所示，包括平台建设和应用、网络建设两部分。该平台既采用了先进的网络架构技术又结合了广电数字电视终端产品，成为广电打开安防监控市场大门的一把金钥匙。接入网数据专网采用 GPON，不但网络带宽提高，QoS 更得到保证。而警务广场的应用则完美结合了监控视频调用与公安信息发布功能，用户可随时查看本区内的警务信息，还能通过高清互动机顶盒调用高清监控视频，此外采用 IPQAM 下沉技术将各区域的监控点在直播平台以轮播方式播出，还实现了在广播式机顶盒的应用。

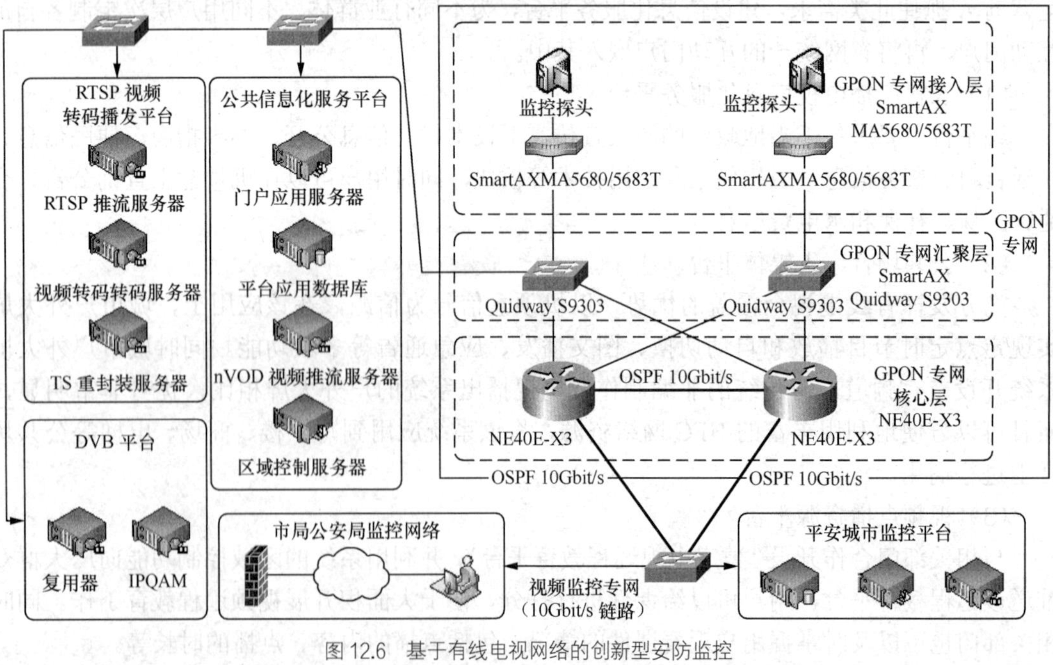

图 12.6 基于有线电视网络的创新型安防监控

（1）“警务广场”的应用

原先基层派出所采取发放警民联系卡和张贴警方通知单的方式对辖区居民进行宣传和提示，但是纸质媒介的宣传效果低下是显而易见的。“警务广场”信息化服务平台则改变了这一现状。当前数字电视用户覆盖率极高，警方只需要通过信息化平台下发各类警方通告、预警信息、警务资讯和办事指南等内容，即可通知辖区内的居民，既为派出所节约了成本，也确保了受众的覆盖率和宣传效果。

（2）市平台电视墙的监测

市平台与运营商监控平台遵守 DB33 接口实现联网对接，通过 IP 城域网的千兆口互联。从监控平台的流媒体服务器调用 IP 视频流，接入公安内部平台，解码后投到电视墙进行轮播监测。警方可调用所有监控点，按其需要将监控点筛选后投到电视墙。

（3）各派出所调用监控视频

各派出所通过运营商专网，根据权限采用 PC 查看本区域内的监控点，也可通过公网采用手机和 PAD 移动终端调用视频监控。此外根据需要，警方可将各派出所所辖区域的监控点开放给其他派出所监测，各个派出所可随时调用监测权限内探头的回放视频。

（4）行业或小区用户查看视频监控

① 高清互动机顶盒用户：运营商的行业或小区用户通过高清互动机顶盒进入信息化平台，打开监控链接即可看到所属区域的高清监控轮播视频。

② 广播式机顶盒用户：通过广播式机顶盒，用户在指定频道看自己区域内各监控点的标清轮播视频。

传统安防监控项目的应用已难有突破，利用广电网络终端覆盖优势，将安防监控在终端的应用与数字电视机顶盒结合起来，开展警务信息与监控视频发布业务，无疑是对安防监控的一次创新。根据业务需求向具有收视权限的用户分发监控视频，做到监控视频的私密性保护。而且还可部署于数字电视直播、轮播平台，通过 CA 加扰同样可以做到条件接收，进一步拓展安防监控在终端应用上的方案模型。

【练习与思考】

1. 简述互动业务平台的基本模块。
2. 简述下一代广播电视网（NGB）的基本概念。
3. 简述下一代广播电视网（NGB）的核心技术。
4. 举例说明新型有线电视网络增值业务模型。
5. 简述云计算技术的基本概念。
6. 简述云计算技术的三个基本服务层次。
7. 简述常见的流媒体协议。
8. 实践题，采用 Darwin Streaming Server 在 Linux 环境下搭建基础的流媒体服务器。

第13章 有线数字电视网络传输系统设计

【学习提要】

本章主要内容有副载波复用（SCM）光纤传输系统设计、数字光纤通信链路设计、EPON/GPON 技术、HFC 接入网、NGB 宽带接入技术、现代有线数字电视网络的组网模式。

【引言】

前面几章介绍了有线数字电视网络传输的基本概念和基本知识。本章将从系统的层面，介绍网络设计的方法、要点和主要技术规范，通过典型案例学习，达到融汇贯通知识，更好地掌握工程设计技能的目的。

13.1 光纤传输系统的分类

从原理上看，构成光纤通信的基本物质要素是光纤、光源和光检测器。光纤除了按制造工艺、材料组成以及光学特性进行分类外，在应用中，光纤常按用途进行分类，可分为通信用光纤和传感用光纤。通信用光纤可根据光纤传输系统使用的波长、传输信号的形式、光纤的特性、光接收方式不同，对光纤传输系统进行分类，分类列表见表 13.1。

表 13.1 光纤传输系统分类

分类依据	类型	主要特点
按波长个数	单波长	技术成熟，量小
	多波长	一根光纤传输多波长，容量大
按信号形式	数字光纤传输	传输数字信号，通信质量高、传输距离长
	模拟光纤传输	传输模拟信号，适合短距离传输，成本低
按调制格式	直接调制	技术成熟，本低
	外调制	高速传输，成本高
按接收方式	直接检测	技术成熟，目前采用的方法
	相干检测	灵敏度高，距离远，容量大
按波长	短波长	0.8～0.9μm，中继距离短，一般在 10km 以内
	长波长	1.0～1.6μm，中继距离长，一般在 100km 以内
	超长波	2μm 以上，中继距离长，一般在 1000km 以内

续表

分类依据	类型	主要特点
按光纤特性	多模光纤	容量小，一般在 140Mbit/s 以下
	单模光纤	容量大，每波长可达 10Gbit/s 以上
按工作方式	相干光纤传输	灵敏度高，容量达，设备复杂
	波分、时分、码分复用	容量达，扩容方便、灵活
	全光传输	不进行电/光、光/电转化，通信质量高

光纤传输种类很多，但目前实用的光纤传输系统基本上都采用强度调制/直接检测系统，即 IM/DD 系统，虽然该系统灵敏度不高、频谱利用率低，但结构简单、性能可靠、应用广泛。

13.2 副载波复用光纤传输系统

13.2.1 光信号的基带调制和副载波调制

如第 11 章所述，目前对光信号的调制主要采用强度调制方式。根据调制前信号的不同，又可分为基带直接光强度调制、基带间接光强度调制和副载波光强度调制三种。

1. 基带直接光强度调制

基带直接光强度调制（D-IM）是用承载信息的模拟基带信号，直接对发射机光源（LED 或 LD）进行光强度调制，使光源的输出光功率随时间变化的波形与输入的模拟基带信号波形成比例。其特点是设备简单、价格低，在短距离传输中得到广泛应用。

2. 基带间接光强度调制

基带间接光强度调制方式是先用承载信息的模拟基带信号进行电的预调制，然后用这个预调制的电信号对光源进行光强度调制（IM）。

3. 副载波光强度调制

前面两种传输方式都存在一个共同问题：单信道传输，在一根光纤中只能传输一路信息，没有充分发挥光纤大带宽的优势。因此开发多信道模拟光纤传输系统，成为技术发展的必然。实现一根光纤传输多路信号有多种方法，目前实现的方法是先对电信号进行复用，再用复用的电信号对光源进行光强度调制，这就是副载波光强度调制。对电信号的复用可以是频分复用（FDM），也可以是时分复用（TDM）。和 TDM 相比，FDM 具有电路简单、制造成本低以及模拟和数字兼容等优点，且 FDM 系统的传输容量只受光器件调制带宽的限制，与所用电子器件的关系不大。这些优势使得 FDM 多路光纤传输系统受到广泛的重视。

13.2.2 副载波复用光纤传输系统原理与分类

1. 副载波复用光纤传输系统原理

所谓副载波复用（(Sub-Carrier Multiplexing，SCM)，就是在发送端将各路待传递的信息分别调制（调幅或者调频）在不同的射频（即副载波）上，然后将各个带有信号的副载波（或抑制载波的双边带正交平衡调幅信号）用功率合成器（混合器）组合成一个宽带的复合射频（RF）信号，再用这个复合射频（RF）信号对发射机光源进行光强度调制，调制后的光载波经光纤传输至远端接收机，经光电检测得到全部的副载波，然后用电学的方法将各路副载波分开。可见，它和时分复用光纤通信一样，完全在射频波段复用。

图 13.1 所示为基本的副载波复用光纤传输系统原理框图。这里需注意的是，在接收端光探测器（在有线电视网络里就是光接收机）首先还原出复合射频（RF）信号，然后再用解调器（对数字电视就是通过机顶盒、对模拟电视是通过电视机里的高频调谐器输出中频，再进行音视频检波来实现）从各个已调副载波上解调出各路原始信号。每个解调器都含有一个带通滤波器，滤波器均调谐在一个特定的副载波上，能够消除频道间的干扰。

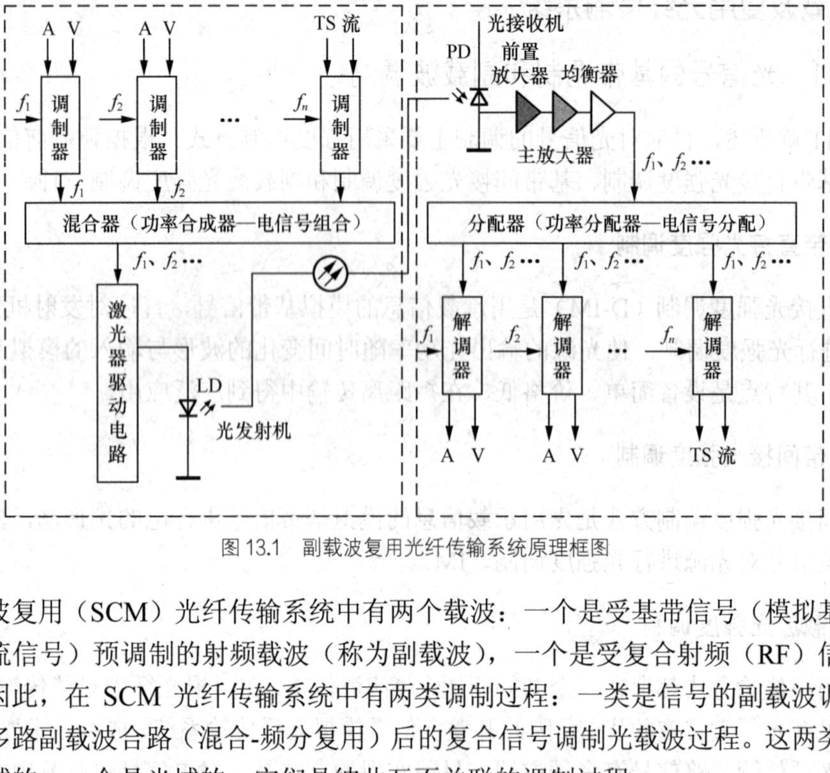

图 13.1　副载波复用光纤传输系统原理框图

副载波复用（SCM）光纤传输系统中有两个载波：一个是受基带信号（模拟基带信号或者数字码流信号）预调制的射频载波（称为副载波），一个是受复合射频（RF）信号调制的光载波。因此，在 SCM 光纤传输系统中有两类调制过程：一类是信号的副载波调制过程，另一类是多路副载波合路（混合-频分复用）后的复合信号调制光载波过程。这两类调制过程一个是电域的，一个是光域的，它们是彼此互不关联的调制过程。

按照副载波的频段 SCM 光纤通信可以划分为 VHF-SCM、UHF-SCM 和微波 SCM。根据传输信号划分，SCM 光纤通信系统可分为 SCM 模拟系统（AM-IM）、SCM 数字系统（DM-IM）以及混合 SCM 系统（同时传输数字与模拟信号）三类。在 SCM 模拟系统中，根据对副载波的调制类型，又可分为 AM-VSB-IM 系统，这也是模拟有线电视系统采用的方式；FM-IM 系统，该系统需要较大带宽，不适合在有线电视网使用。光纤传输系统根据传输信号划分为三种类型，主要是为目前的广播电视传输设计的。此外，从目前的研究来看，SCM 系统与其他技术结合，可构成新型的 SCM 系统，比如 WDM-SCM 系统、相干-SCM 系统等，亦即，不仅在射频上进行复用，而且在光频上也进行多路分割，从而实现超大容量光纤通信。

2．SCM 模拟光纤传输系统

如上所述，SCM 模拟系统又分为 AM-VSB-IM 系统（简称 AM-IM 系统）和 FM-IM 系统。所谓 AM-IM 系统，就是采用残留边带调幅技术的 SCM 光纤传输系统。其优点是频带利用率高，电调制——解调体制与家用电视机符合，故能直接用于有线电视网络中，组网扩容方便；缺点是对光通路的非线性失真要求特别高，这样导致允许的光调制度很低，光接收机的灵敏度很低。FM-IM 系统是预调制采用调频技术的 SCM 光纤传输系统，该系统优点是具有较高的光接收灵敏度，故传输距离远；缺点是占用频带宽，不能直接用于有线电视网。

3．SCM 数字光纤传输系统

SCM 数字光纤传输系统的基带信号是数字信号，属于数字传送方式，该系统主要是 DM-IM 系统。所谓 DM-IM 系统，就是采用 QPSK 或 QAM 等数字调制解调技术的 SCM 光纤传输系统。对视频信号而言，这种载波数据传输方式，可以保证比模拟传输方式（AM-IM 和 FM-IM）具有更高的传输质量和频带利用率。在实现了数字电视整体平移的现代有线电视传输网中，主要的光纤传输频段都采用数字调制-解调技术，因此 DM-IM 系统是目前有线数字电视网络的主流传输技术，用于数字视频广播、交互式视频点播和互联网等业务。

13.2.3 SCM 光纤传输系统特点

当用同轴电缆传输多信道信号时，其总带宽限制在 1GHz 以下。利用光纤在光载波上传输多信道信号，单个光载波上能够提供 10GHz 以上带宽，若将副载波复用（SCM）与光载波复用（WDM）结合起来，系统带宽可超过 THz。

SCM 光纤传输系统特点主要表现在如下几个方面。

① 副载波频率可以从 VHF 到微波波段，目前已达到 20GHz。因此，SCM 具有频道宽、容量大等特点。

② 在频率分配上表现出极大的灵活性。一个光载波可以传输多个副载波，每个副载波可以承载不同类型的业务。这样有利于数字和模拟混合传输，有利于不同业务的综合与分离。

③ SCM 系统的频带往往不是从很低的频率开始，因此在接收端不需要宽带放大器，这样有利于限制噪声，提高接收机灵敏度。另外，信号相互独立，不需要像数字通信系统那样要求有同步系统。

④ 不需要复杂的数字编码与复接技术，可借助于成熟的射频技术，制造成本低。

⑤ 采用频分复用技术，SCM 技术与 WDM 技术结合，可显著提高信道数。

13.3 AM-IM 系统设计

电视信号在光纤中的传输方式有模拟方式和数字方式，下面讨论 AM-IM 系统设计知识点。AM-IM 系统是比较成熟的技术，下面给出设计要点，通过实例讲解，利于掌握设计技能。

13.3.1 AM-IM 系统总体规划

光链路的总体规划安排是在具体设计光系统前必须首先明确的。例如，确定网络的覆盖范围、划分电缆网分配区、确定光节点和中继点的位置和数目、确定网络近期和未来的服务功能、确定网络的拓扑结构、选择光缆路由、选择合适的传输技术、制定工程进度计划等。

1．一般要求

（1）光节点的覆盖范围（电缆分配网的规模）

考虑到随着网络中综合业务的开发，每个光节点覆盖的用户数将随之减少的发展趋势。当前建设中就应该预计到以后的发展需要，预先做出恰当的安排，争取尽可能地保护原有的投入。根据目前发展和业务测算，建议新建网络城市每个光节点覆盖 50 户为宜。

（2）光链路的主要技术参数

光链路本身不是一个独立的系统，只是整个有线电视系统中的一个子系统，因此，光链路的技术参数应和前端、电缆分配网等其他子系统一起统筹安排，保证整个系统满足有关国家标准和行业标准才是合理的。一般设计时主要考虑的指标有射频信号载噪比（CNR）、载波组合三次差拍比（C/CTB）和载波组合二次失真比（C/CSO）。

2．提出设计具体指标要求

设计光链路之前首先应该参考以上的一般要求，提出对网络的具体指标要求如下。

① 系统带宽，目前有 750MHz 和 860MHz 两种，1GHz 系统已开始实验。

② 双向传输网上下行带宽及频率的分割点。

③ 网络的拓扑结构，树形、星形还是环形；网络的自愈保护采用何种技术。

④ 频率配置方案，计划传输频道数，包括数字电视频道、点播频道或数据频道（IP）等。

⑤ 对信号传输质量的要求，主要指 CNR、C/CTB、C/CSO、MER 等指标。

⑥ 光节点及中继点的准确位置。

⑦ 光端设备电平接口要求，指前端能够提供给光发射机的输入电平及同轴网对光接收机输出电平的要求。

⑧ 每个光节点光缆的芯数；为使网络能够平滑升级，还应考虑未来开展综合业务对网络的需求。

13.3.2 光传输技术的选择

目前有线电视的光缆传输分为模拟和数字两种，光纤通信所用的光波长有 1310nm 和 1550nm 两种，这两种波长的传输设备在模拟有线电视光缆传输中也都有应用，它们各有各自的特点。正是根据它们各自的特点，将它们应用于不同的网络中，或是同一网络中的不同部分。正确合理地选择传输技术，可以使所设计的网络具有最优的性能价格比。这里主要介绍 AM 模拟系统传输技术的选择。

1．1310nm 系统的特点及其应用

1310nm 传输窗口色散最小，设备简单，价格也便宜，目前在有线电视网中应用最广泛。但是其发射机功率小，光纤损耗较 1550nm 要大，所以无中继传输距离短，适用于较小型的网络，如一般县到乡镇或乡镇到村的网络，或者小区到楼栋的二级光网络。

（1）第一种应用模式是小范围星形或树形分配

因为 1310nm 系统设备简单、价格便宜，所以它比较适合于较小型（传输距离短、光节

点数少）的有线电视网络，或者作为大型网络中的一部分，用在分中心以下，传输距离最远在 35km 左右，在有线电视网络建设的早期这种方式得到了广泛应用，目前正在升级改为 1550nm 系统。

（2）第二种应用模式是两级中继传输

目前最大功率的 1310nm 光发射机的输出功率约 14dBm，光纤的损耗按 0.4dB/km 计算，接收功率 0dBm，这样计算出最远传输距离是 35km。当实际距离超过 35km 时，可以中继一次，但系统指标会变坏。由于目前直接放大 1310nm 激光的光纤放大器技术尚不成熟，中继只能采用先将光信号解调成电信号，再把电信号送入光发射机去调制光信号的方法。用这种方法中继一次，载噪比和 CSO 下降 3dB（10lg2），CTB 要下降 6dB（20lg2）。采用 1310nm 系统，每个光发射机带动的光节点数少，因此可靠性高，设备备份容易，网络配置灵活，管理和维护方便。另外，采用 1310nm 系统，可以通过分期投资，滚动发展，减轻一次性投资的压力。

2. 1550nm 系统的特点及其应用

1550nm 传输窗口的损耗最小，但色散较大，最初设备价格较贵，技术也不太成熟，使它的应用受到限制。近年来，1550nm 传输技术逐渐成熟，价格下降，使用也越来越广泛。同 1310nm 传输技术相比，在传输距离远或光节点数目较多的大型系统，采用 1550nm 传输技术具有技术指标与成本上的双重优势。

（1）第一种应用模式是超干线远距离传输

1550nm 系统采用外调制的光发射机和高功率输出的掺铒光纤放大器，中继能够直接在光信号上进行，不需要进行光—电—光转换，因此能够实现远距离超干线传输，而保证良好的传输指标，网络的造价要比具有同样传输能力的数字设备便宜许多。

（2）第二种应用模式是密集广播分配

1550nm 模拟光纤传输系统高功率 EDFA 的使用，使其在多光节点的星形或星-树形光纤网络中也体现出优越性。

一个区域内有大量密集分布的光节点，可称之为密集广播模式。1550nm 系统的 EDFA 功率大，光传输的损耗小，因此 EDFA 所带的光节点数要比大功率的 1310nm 所带的光节点多得多，一台 300mW 的 EDFA 光发射机在城市密集区可带 100 多个光节点。

由于模拟系统要向全数字系统转变，所以现在处在模拟向全数字传输系统过渡阶段。1550nm 系统还有双环冗余备份模式，用于大型网络中心站之间的互联，构成超干线骨干网，整个网络具有故障自诊断、自愈功能，以保证系统的可靠性。为了提高系统的指标或者传输距离，还可采用双光纤远距离传输模式，此种模式主要是每根光纤只传输原来一半数量的节目，这样可以通过提高光调制度，增加 3dB 的载噪比，或者不提高光调制度，而使 CSO、CTB 得到改善。

13.3.3 1310nm 系统设计

1. 模拟光传输系统设计一般步骤

设计光链路实际上就是合理选择光发射机和光接收机，并根据需要正确分配光功率给每个光节点的过程，使每个光节点的射频指标都达到设计要求。设计过程是先确定路由，划分光节点成组，测量光节点到光分路器的距离；然后通过估算每组光节点需要注入相应光分路器输入端的光功率，来选择光发射机，或者选择光接收机，确定光接收机需要的接收光电平。发射功率和接收功率，这二者必须先确定一个变为已知量，才能通过计算分光比，再确定另一个，但根据网络“光进铜退”的发展趋势，一般光分路器的分光比都是等分的，只有在特殊情况下，才做不等分的设计；最后整理设计结果，形成设计文件，内容包括光链路的结构、光节点的位置，光缆路由、芯数和长度，传输信号带宽与加载频道数，选定光端机的型号、数量，光分路器的结构与性能（单波长、双波长、还是全波长等），光发射机的射频输入电平，各光接收机的输入光功率和射频输出电平，光链路主要技术参数的设计值、验算过程和结果，以及主要设备器材的预算等。

2. 设计依据

① 光缆损耗按 0.4dB/km（包括熔接损耗和余量）计算。

② 光分路器的理论分光耦合损耗=−10lg[分光比（%）]。

③ 光分路器的插入损耗由生产厂家提供，表 13.2 是参考值。

表 13.2　光分路器的插入损耗参考值

分光路数	2	3	4	5	6	7	8	9	10	11	12	16
损耗（dB）	0.20	0.30	0.40	0.45	0.50	0.55	0.60	0.70	0.80	0.90	1.00	1.20

④ 链路总损耗=光纤损耗+理论分光损耗+插入损耗+活接头损耗。工程上把后两项作为 1.5dB 计算是可行的。

⑤ 光调制度对载噪比和非线性失真的影响请见本书第 11 章。

⑥ 级联时指标的叠加关系：载噪比是功率积累的，按 20lg 规律叠加，所以级联数三级，载噪比损失 20lg3=4.78dB，这样全网的载噪比指标达到标准要求已经很困难了，一般级联数不超过二级。在 AM-IM 系统中，级联对 CSO 与 CTB 的影响，有两种算法观点如下：CTB 符合电压叠加，按 20lg 规律叠加；或者符合随机规律，按 15lg 规律叠加。CSO 符合功率叠加，按 10lg 规律叠加；或者符合随机规律，按 15lg 规律叠加。

3. 分光比的计算

分光比的计算是光链路设计中主要的计算工作，目的是正确分配光发射机的输出光功率，使各个光接收机按照设计的工作状态工作，达到设计的指标要求。设某分路器所带光节点数为 n，第 j 路光节点到分路器的光缆长度为 $L_j$km，光纤的损耗是 α dB/km，各个光节点要求的接收光功率为 P_r dBm。下面介绍分光比设计步骤、光链路损耗及光发射和接收机选择。

（1）分光比设计步骤

① 光分路器各输出端的光电平为

$$P_{jo}=\alpha L_j+P_r+1.5\ \text{(dBm)} \tag{13.1}$$

式中，光电平单位是 dBm，为了计算分光比要转化为毫瓦值为

$$P_{jo}(\text{mW})=10\frac{P_j(\text{dBm})}{10}=10^{0.1(\alpha L_j+P_r+1.5)(\text{mW})} \tag{13.2}$$

② 求出 n 路光分路器每路输出光功率之和为（注意单位为 mW）

$$P_{so}(\mathrm{mW})=\sum_{j=1}^{n}P_j=\sum_{j=1}^{n}10^{0.1(\alpha Lj+P_r+1.5)(\mathrm{mW})} \quad (13.3)$$

③ 光分路器输出口 j 的分光比为

$$k_j=\frac{P_{jo}}{P_{so}}=\frac{P_{jo}}{\sum_{j=1}^{n}P_j}\times 100\%=\frac{10^{0.1(aL_j+P_r+1.5)}}{\sum_{j=1}^{n}10^{0.1(aL_j+Pr+1.5)}}\times 100\%=\frac{10^{0.1\alpha L_j}}{\sum_{j=1}^{n}10^{0.1aL_j}}\times 100\% \quad (13.4)$$

（2）第 j 条光链路损耗计算步骤

① 第 j 路的理论分光损耗为

$$A_{jL}=-10\lg k_j=-10\lg\left[\frac{10^{0.1aL_j}}{\sum_{j=1}^{r}10^{0.1aL_j}}\right](\mathrm{dBm}) \quad (13.5)$$

② 第 j 路的光链路损耗（从光分路器输入到第 j 个光节点）为

$$A_j\ (\mathrm{dBm})=\alpha L_j\ (\mathrm{dBm})+A_{jL}\ (\mathrm{dBm})+1.5\ (\mathrm{dBm}) \quad (13.6)$$

式中，A_j 为第 j 路光路损耗（dBm）；α 为光纤的损耗常数（dBm/km）；L 为第 j 路光缆长度（km）；A_{jL} 为光分路器第 j 路的理论分光损耗；1.5 dBm 为光分路器的插入损耗、光接收机活动连接器的插入损耗、光路损耗余量之和。

（3）光发射功率或者光接收功率一个已知，可求出另一个

① 在光发射机确定后，光接收功率为

$$P_r\ (\mathrm{dBm})=P_t\ (\mathrm{dBm})-A_j\ (\mathrm{dBm}) \quad (13.7)$$

式中，A_j 为光路损耗（dB）；P_r 为接收光功率（dBm）；P_t 为发射光功率（dBm）。

② 如果先确定光接收机接收功率 P_r，则需要光发射机功率

$$P_t(\mathrm{dBm})=A_j(\mathrm{dBm})+P_r(\mathrm{dBm}) \quad (13.8)$$

这里是 dBm，转换为 mW

$$P_t(\mathrm{mW})=10^{0.1P_t(\mathrm{dBm})} \quad (13.9)$$

4．系统指标

在设计光链路时，系统的指标一般通过查阅设备说明书获得。光指标有发射机的发射光功率、光调制度、链路损耗、光接收机的接收光功率等。射频指标主要是射频接口电平、载噪比、C/CTB、C/CSO，平坦度等。因为光传输的目的是传输射频信号，所以射频指标才是人们更加关心的。

一般光链路的载噪比指标都在设备说明书上以表格或曲线给出，根据光链路损耗值查出载噪比指标。但有时需要根据实际情况予以修正，如传输频道数、电视制式等。光链路的 CSO、CTB 等指标一般都给出最差情况下的值，每台光发射机和接收机出厂的测试报告中也有详细的测量值。

13.3.4　1550nm 系统设计

1550nm 光链路的设计思路大体与 1310nm 相同，不同的是 1550nm 的激光在光纤中的损

耗一般按照 0.25dB/km 计算，1550nm 的光发射机功率一般在 5～8dBm，故在光发射机后面需要增加一个掺铒光纤放大器。设计时要根据需求的光功率选择不同型号的 EDFA。关于 1550nm 系统设计注意如下几个问题。

1. 使用场景

1550nm 光设备用于距离≥20km 传送，1550nm 光设备价格高于 1310nm 光设备。1550nm 光发射机一般与光放大器 EDFA 连用，通常有两路输出，典型为 27dBm，传送距离＜60km，无需中继；传送距离≥60km，需中间加一级光放大器，典型传送距离可达 100km。EDFA 可用在光发射机后，称此种放大器为前端放大器，其输入端不带光隔离器；也可用在光链路的中间，称为线路光放大器，输入端要带光隔离器，可以隔离光放大器入口自发辐射光。

2. SBS 影响

光放大器 EDFA 输出功率等级通常有 13dBm、16 dBm、19 dBm 和 22dBm。由于受到受激布里渊散射（Stimulated Brillouin Scattering，SBS）阈值的限制，入纤光功率等级有 13 dBm、14 dBm、15 dBm 和 16dBm，一根光纤的最大入纤光功率为 16dBm。19dBm 和 22dBm 光放大器的输出光功率要经分光器进行分光，其中最大分路输出光功率不得超过 16dBm，因此可带几条光链路。

3. 饱和输出光功率

只要光放大器 EDFA 输入光功率在允许范围内，则输出光功率为恒定值（饱和输出光功率）。如 16dBm 光放大器当输入光功率为 0～7dBm 时，输出光功率恒定为 16dBm。

4. 光链路载噪比

光放大器输入光功率 P_i 对光链路载噪比 CNR（dB）有影响，影响在 2dB 范围内。具体规律：输入光功率高，光链路载噪比就相应高，可查阅产品的指标曲线。在有 EDFA 光链路中载噪比叠加按 10lg 规律计算。

13.4 DM-IM 系统设计

DM-IM 系统的抗干扰能力比 AM-IM 模拟系统更强，为充分发挥其系统优势，以及全数字网络的设计需求，参考国际标准 IEC 60728—13（2010 年 1 月发布的 1.0 版本）及工程实际对此系统设计的要点做介绍。

13.4.1 DM−IM 系统指标

DM-IM 系统指标主要有数字载噪比 $S_{D,RF}/N$、调制误差率 MER、误码率等。

1. 射频信道的数字载噪比 $S_{D,RF}/N$

射频信道的数字载噪比 $S_{D,RF}/N$ 可表示为 $(S_{D,RF}/N)_{dB}=S_{D,RF}-N_{rms}$，其中 N_{rms} 是射频信号的

等效噪声带宽中的噪声均方根电平，表示为 75 Ω 电阻上的 dBm 值。

数字电视信号电平定义：在有效带宽内所选射频信号的均方根（RMS）功率电平，用 $S_{D, RF}$ 表示，主要是把它与有关基带解调后“信号”（S）相区别。对于射频数字电视信号，由于不存在离散的载波谱线，实际上从测量的观点，载噪比是没有定义的。然而，工程师们习惯上继续使用载波作为该参数的称呼，$S_{D, RF}/N$ 习惯上被称为射频信道的数字载噪比，此时的载波是数字电视 8MHz 带宽内的总功率（平均功率）。数字电视传输的峰值功率比平均功率高 6～10dB（在 64QAM），在有线电视中，为了防止放大器对数字信号的压缩，及降低互调干扰的产物，要求通过调节峰值功率来降低平均传输功率。数字调制信号平均电平可比模拟调制信号电平低 10 dB。

数字系统噪声电平的定义：在有线数字电视系统中，噪声电平这一概念与模拟系统不同，它不仅仅是热噪声，而且包括干扰。因此，噪声电平的定义为当去掉想要的信息功率时在系统中存在的不想要的干扰功率。DVB 测量指南选择占有带宽（BW_{occ}）作为 DVB 系统的噪声带宽定义。使用频谱分析仪测量后的噪声功率电平为

$$N=N_m+10\lg(BW_{occ})/(RSBW)+K=N_0+10\lg(BW_{occ})\text{(dB)} \qquad (13.10)$$

式中，N 为噪声功率电平；N_m 为测量仪器读出的噪声电平；BWocc 为占有带宽（kHz）；$RSBW$ 为频谱分析仪分辨带宽（kHz）；K 为频谱分析仪校准系数，典型值为 1.7dB；N_0 为 1Hz 带宽内噪声功率强度（dB/Hz）。

一般地，假设噪声功率平坦分布，则有

$$N=N_0\times \mathrm{BW}_{sys} \qquad (13.11)$$

式中，BW_{sys} 为任何给定的系统噪声带宽。

模拟信号的载波电平与带宽无关，数字调制信号却与带宽紧密相关。设 α 为平方根升余弦滤波滚降系数，f_s 为调制信号的符号率，则有如下几个带宽的定义。

调制信号占有带宽 $BW_{occ}=(1+\alpha)\times f_s$；调制信号接收机噪声带宽 $BW_{nois,\ QAM/QPSK}=f_s$；等效信号带宽是指发射机的射频频道（−3dB）带宽，则有 $BW_{QAM/QPSK}=f_s$。

2．调制误差率指标

有线数字电视调制星座图为 *I-Q* 坐标内的对称矢量点。为了对接收到的信号做单一的“品质因数”分析，定义符号误差矢量幅度的二次方和与理想符号矢量幅度的二次方和之比的分贝值为调制误差率（*MER*）。*MER* 是对叠加在数字调制信号上失真的对数测量结果。*MER* 可以被认为是信噪比测量的一种形式，它将精确表明接收机对信号的解调能力，因为它不仅包括高斯噪声，而且包括接收星座图上所有其他不可校正的损伤。如果信号中出现的有效损伤仅仅是高斯噪声，那么 *MER* 等于解调后的信噪比 *SNR*，也等于经过滚降滤波处理后的接收机的载噪比（C_{rec}/N_{rec}）（参见式（3.21）），也即 $MER \approx SNR\approx C_{rec}/N_{rec}$。

在射频模拟电视光纤传输系统中，*CNR* 与 *CSO*、*CTB* 是分别测量的，因为在电视机屏幕上它们造成的人的视觉观感不同；而在数字电视系统中信号质量只用误码率表征，只由 *MER* 决定，就没有必要分别单独度量 *CNR* 与 *CSO*、*CTB*。在数字调制光纤传输系统中，*MER* 主要由载噪比 *CNR* 和互调干扰比决定。有的资料给出在系统输出口的 *MER* 近似计算公式为

$$MER=-10\lg\left\{10^{-0.1CNR}+10^{0.1CSO}+10^{0.1CTB}\right\} \qquad (13.12)$$

3．MER 与载噪比 $S_{D,RF}/N$ 和信噪比 SNR 的关系

SNR 是在基带上进行测量的，而 $S_{D,RF}/N$ 是在高频调制波上测量的，前面章节已经分析，DVB 调制信号中不包含载波，故 $S_{D,RF}/N$ 难以测量。根据理论分析和替代式测量方法，DVB 测量小组给出如下关系式：

$$S_{D,RF}/N\text{（dB）}=MER\text{（dB）}-10\lg[\text{（}1-\alpha/4\text{）}/\text{（}R_s/BW\text{）}] \tag{13.13}$$

式中，α 为滚降系数；R_s 为符号率；BW 为高频带宽。DVB—C 中，取 $\alpha=0.15$，$R_s=6.875$MBaud，$BW=8$MHz，代入式（13.13）得

$$S_{D,RF}/N\text{（dB）}=MER\text{（dB）}-0.49\text{（dB）} \tag{13.14}$$

4．载噪比 $S_{D,RF}/N$ 与 E_b/N_0 间的关系

由于 E_b/N_0 无法直接测量，理论上，$S_{D,RF}/N$（dB）与 E_b/N_0 间存在下面的关系式：

$$S_{D,RF}/N\text{（dB）}=E_b/N_0\text{（dB）}+10\lg[R_s\text{（}\log_2 M\text{）}/NBW] \tag{13.15}$$

式中，R_s 为符号率，M 为星座图中的矢量点数（对于 64QAM，$\log_2 64=6$；对于 256QAM，$\log_2 256=8$）；NBW 为噪声带宽（信道带宽）。于是，DVB-C 采用 64QAM 时和 DVB-S 为 QPSK 时，分别有

$$\left.\begin{aligned}S_{D,RF}/N(\text{dB})&=E_b/N_0(\text{dB})+7.12(\text{dB})(\text{DVB-C})\\S_{D,RF}/N(\text{dB})&=E_b/N_0(\text{dB})+2.2(\text{dB})(\text{DVB-S})\end{aligned}\right\} \tag{13.16}$$

5．BER 与 E_b/N_0 间的关系

BER（误码率）是综合测量接收比特流数据质量的一个重要参数，它定义为给定时间段内误比特数与总比特数的比值。BER 能够提供对图像质量的基本估计，见表 13.3。表中以 SDI 的码率 270Mbit/s 为准，不同的 BER 对应着时间计量的未被纠正的误码频度。例如，允许 1h 才出现一次不被纠正的误码事件，则 BER 应小于 1×10^{-12}。

表 13.3　270Mbit/s 码率下 BER 与误码频度的关系

BER	1×10^{-7}	4×10^{-9}	6×10^{-11}	1×10^{-12}	4×10^{-14}	6×10^{-15}	1×10^{-15}	1×10^{-16}	1×10^{-17}
频度	1 帧	1s	1min	1h	1 天	1 周	1 月	1 年	10 年

通过改变在接收信号上叠加的高斯白噪声可测得 $S_{D,RF}/N$ 与 BER 的一一对应关系值，然后将 $S_{D,RF}/N$ 换算成 E_b/N_0，得到 BER 与 E_b/N_0 关系曲线。据此可根据理论上 BER 与 E_b/N_0 的函数关系，判断实际系统测得 E_b/N_0 值与理论值之间的差值（余量），对网络的信号质量做基本的检测。例如，对误码率为 10^{-4} 需要 E_b/N_0 的理论值为 16.5（dB），实际达到 22（dB），有 5.5（dB）余量，说明网络运行质量好。

13.4.2　系统指标分配和测量点

系统指标分配和测量点如图 13.2 所示，此图也包含模拟电视传输系统的指标分配。

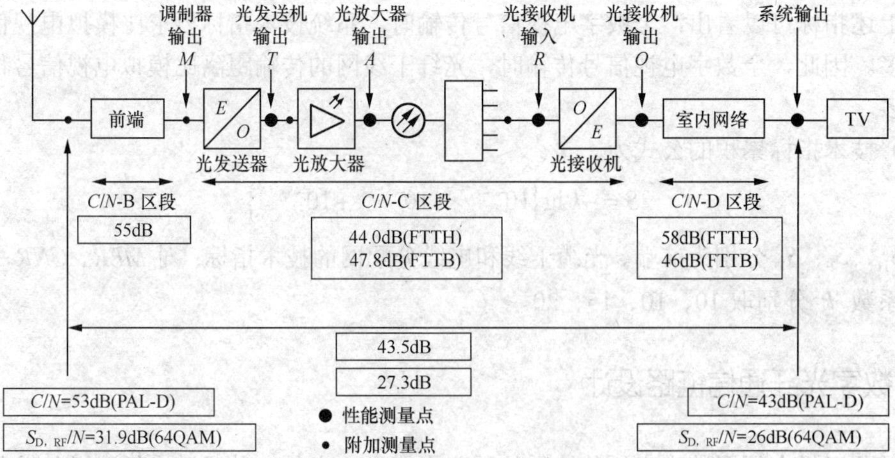

图13.2 系统指标分配和测量点

1. 系统指标的选择

有线数字电视系统技术指标（64QAM）在机顶盒输入口 *CNR* ≥27dB，*C/CSO* ≥44dB，*C/CTB*≥44dB，*MER*≥26dB。载噪比取为 27dB 是为了与已发布的机顶盒入网指标规定一致，*C/CSO*、*C/CTB* 值取得比模拟频道低 10dB。

2. 系统指标分配

（1）前端 RF 技术指标

涉及前端 RF 技术指标分配的设备有 64QAM 调制器、混合器、RF 前置放大器。通常将系统指标中 *CNR* 的一半分配给前端；考虑到 64QAM 调制器的带外抑制比指标，将系统指标中 *MER* 的约 10%分配给前端，即载噪比 CNR_h≥32dB，调制误差比 MER_h≥39dB。非线性指标不分配给前端。

（2）同轴分配网 RF 技术指标

在 FTTB 模型中同轴分配网中最多只含有一级分配放大器，故同轴分配网技术指标可选定为 CNR_d≥35dB，C/CSO_d≥57dB，C/CTB_d≥58dB，MER_D≥35dB。

（3）光纤干线网技术指标

首先，求出前端和同轴分配网的合成技术指标，其值为 CNR_i≥30.2dB，CSO_i≥57.0dB，CTB_i≥58.0dB，MER_i≥33.5dB。

其次，从系统指标中减去前端和同轴分配网的合成技术指标，于是得到光纤干线网技术指标为 CNR_F≥32dB，CSO_F≥45dB，CTB_F≥46dB，MER_F≥31dB。

（4）系统技术指标分配小结（见表 13.4）。

表 13.4 系统技术指标分配

	系统输出		前端	光纤	同轴
	建议指标	设计指标			
CNR（dB）≥	27	28	32	32	35
C/CSO（dB）≥	43	44	—	45	57
C/CTB（dB）≥	43	44	—	46	58
MER（dB）≥	26	29	39	31	35

从上述指标可以看出，全数字电视信号传输时，系统技术指标要求比模拟电视信号传输时低得多。因此，全数字电视信号传输时，光纤干线网的传输距离比模拟电视信号传输距离要长得多。

（5）技术指标累积的公式为

$$S=-k\lg\left\{10^{-S_{\mathrm{H}}/k}+10^{-S_{\mathrm{F}}/k}+10^{-S_{\mathrm{D}}/k}\right\}$$

式中，S_{H}、S_{F}、S_{D}分别为前端、光缆干线和电缆分配网的技术指标；对 *MER*、*CNR*、*C/CSO*、*C/CTB* 系数 k 分别取 10、10、15、20。

13.5 数字光纤通信链路设计

11.2 节已经介绍了数字光纤传输系统的基本概念，它是一种通过光纤信道传输数字信号的通信系统，其业务包括数字音频、视频及数据业务。该系统设计的主要任务是根据用户对传输距离和传输容量及其分布的要求，按照国家相关的技术标准和当前设备的技术水平，经过综合考虑和反复计算，选择最佳的路由、传输体制、传输速率、光纤光缆、光端机等基本参数和性能指标，使得系统达到最佳的性价比。

数字光纤传输系统一般采用强度调制、直接检测的方式，即 IM-DD 方式。总的来说，数字光纤传输系统链路设计要满足以下三个基本要求：通信距离、信道带宽或码速率、系统性能（误码率或者信噪比、抖动和可靠性等）。

13.5.1 设计步骤

数字电视网络工程师在光纤数字通信链路设计中一般面对的是这样的问题：在一定通信距离和容量上如何选择合适的通信设备和线路以满足通信性能。有时候，设计人员也会面对设备和光纤已经选型的情况。这时，设计工作仍需要根据上述问题检验链路是否满足设计目标，如果不满足，则需要在网络层面上进行调整，或者重新选择链路端点，或者增加中继。围绕设计问题，一般先确定传输制式，然后根据系统设计综合确定光纤通信链路的各个要素。

1．选择传输制式

以前的数字传输链路使用的是 PDH 体制，随着技术的发展和成本的下降，现在基本上都采用 SDH、MSTP、WDM 等传输技术，SDH 和 MSTP 是单波长技术，WDM 是多波长技术。SDH 技术主要支持话音业务，也能支持数据和互联网业务，目前大多数光缆网都采用 SDH 传输体制。MSTP 是从 SDH 发展起来的多业务传送平台，同时实现了 TDM、ATM、以太网等业务的接入、处理和传送，并提供统一网管。随着通信网向多业务方向发展，设计时需要更多地采用 MSTP 技术，SDH 设备在应用时也要求支持 MSTP 技术。WDM 是多波长复用技术，主要解决大容量和发展潜力大的传输需求，一般用于核心城域网和长途线。

2．选择光纤通信设备

确定传输制式以后，就可以根据业务量和类型选择设备了，包括选择合适的传输速率等级，配置合适的业务单元，适当考虑以后升级和扩容的需要，挑选技术成熟、性能优越、价格适中、配置合理的设备来满足通信需要。在设计复杂的网络时需要专门对设备进行选型。

3．选择光纤

光纤有多模光纤和单模光纤，每类都有阶跃型和渐变型两种纤芯折射率分布。原则上，短距离传输和短波长应用可以考虑多模光纤，长波长、长距离、大容量传输一般使用单模光纤。在实际工程设计中，大型光缆网都采用单模光纤，多模光纤只用于网络边缘的用户接入。目前可选择的单模光纤有 G.652、G.653、G.654、G.655、G.656 等，具体特点在第 4 章已经做了介绍。

4．选择工作波长和光接口

工作波长可根据通信距离和通信容量进行选择。如果是短距离、小容量的系统，则可以选择短波长范围，即 800～900nm。如果是长距离、大容量的系统，则选用长波长的传输窗口，即 1310nm 和 1550nm，因为这两个波长区具有较低的损耗和色散。工作波长的选择与光纤的选择相互一致，并决定通信设备的光接口种类。

选择光接口时，需要根据选择的工作波长确定光接口的波长，根据通信距离选择合适的动态范围和接收灵敏度，根据速率和距离来选择是否需要色散补偿。这个过程是运用系统设计方法来详细完整地确定发送机和接收机的各个参数指标的过程，或者根据计算得到的取值范围来挑选符合指标的光接口，或者直接挑选一定的光接口来检验其是否满足通信要求。ITU-T 建议 G.957 详细规定了各个速率等级的光接口性能规范，一般用到的就是其功率和色散参数。

另外，各个厂商的每种光纤通信设备都有各个波长、各个速率，能适合多种距离和业务需求的接口，以及光放大器、衰减器和色散补偿器等。因此，积累起一定的工作经验后就能很顺利地选择合适的光接口。设备的各种接口的性能参数可以在设备手册中查到。

13.5.2　设计方法

系统设计是综合衡量光纤通信系统是否满足通信要求的手段。在设计的各个步骤中，都需要运用系统设计方法对各个要素进行平衡和取舍。系统设计是细化和完整地确定设计方案的手段。

光纤通信系统的设计既可以使用最坏值设计也可以进行统计设计。使用最坏值设计时，所有考虑在内的参数都以最坏的情况考虑。用这种方法设计出来的系统肯定满足指标要求，系统的可靠性较高。但是，由于在实际应用中所有参数同时取最坏值的可能性非常小，所以这种方法的富余度较大，总成本偏高。统计设计方法是按各参数的统计分布特性取值的，即通过事先确定一个系统的可靠性代价来换取较长的中继距离。这种方法考虑各参数统计分布时较复杂，系统可靠性不如最坏值法，但成本相对较低，中继距离可以有所延长。另外，也可以综合考虑这两种方法，部分参数值按最坏值处理，部分参数取统计值，从而得到相对稳定、成本适中、计算简单的系统。

一条光纤链路，如果损耗是限制光中继距离的主要因素，则这个系统是损耗受限的系统；如果光信号的色散展宽最终成为限制系统中继距离的主要因素，则这个系统是色散受限的系统。一般地，对于一条传输链路，对于不同的速率，可以分别计算损耗限制下的中继距离和色散限制下的中继距离，然后取其中较短的距离为该速率下允许的最大中继传输距离。一般情况下，速率较低时受损耗限制，而速率较高时受色散限制。

1．损耗受限系统的设计

损耗受限系统需要采用功率预算法进行设计，所谓功率预算，就是考查收发参考点之间所有的功率消耗。发送参考点通常命名为 S 点，接收参考点通常命名为 R 点，S 点和 R 点的参数可在设备手册上查到。

一条点到点链路的光功率损耗模型如图 13.3 所示。L 为从 S 点到 R 点的中继距离。一般在光发送机之后和光接收机之前各有一个活动接头，活动接头损耗设为 a_c（dB/对）。每段光纤之间会由活动连接器或固定连接器（熔接接头）连接，设每千米平均损耗为 a_s（dB/km）。假设每段光纤的长度为 L，每段光纤的损耗系数为 a_f，每千米光纤线路损耗余量为 a_m（dB/km）；P_S（dBm）为 S 点发射机的出纤功率，P_r（dBm）为接收机 R 点的接收灵敏度，$BER\times10^{-12}$。考虑到设备的老化、温度的波动等因素，应该留有系统功率富余度（也称设备富裕度）M。由此有 $L（a_f+a_s+a_m）\leqslant P_S-P_R-2a_c+M$ 即

$$L\leqslant(P_s-P_r-2a_c-M)/(a_f+a_s+a_m) \tag{13.17}$$

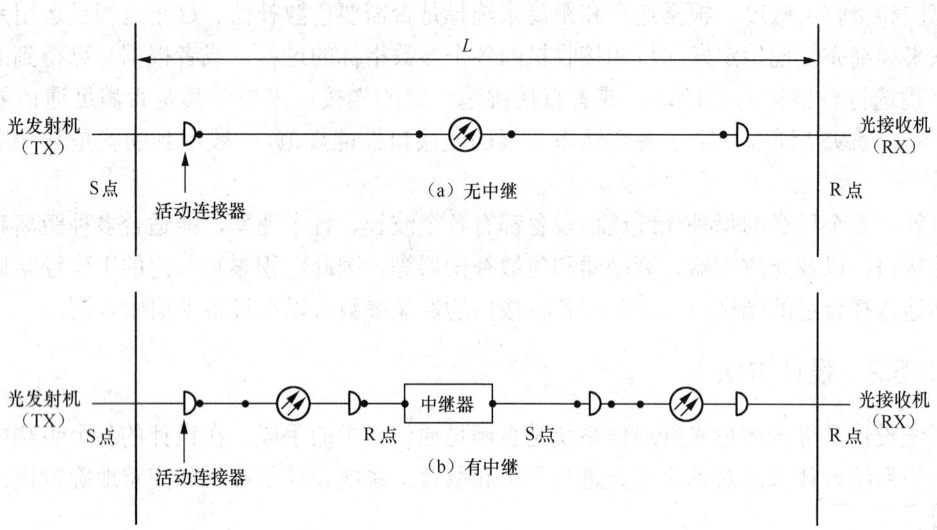

图 13.3 光纤通信链路的光功率损耗模型

【注意事项】

① M 一般取值不超过 3dB；②a_m 小于 30km 时取 0.1dB/km，大于 30km 时取 3dB/km，在一个中继段内不宜超过 5dB/km；③a_s 取 0.01～0.04dB/km；④a_f 对 1310nm 取 0.4～0.45dB/km，对 1550nm 取 0.22～0.25dB/km；⑤a_c 取 0.5～0.8dB。

2．色散受限系统的设计

一般而言，在低速率系统中，光中继段距离主要受衰耗限制，而在高速率系统中，则主要受色散限制。由于 SDH 光接口的技术参数规定了其色散性能，所以对于色散受限系统的设计在工程应用中采用的是一种简单的方法，即 $L\leqslant D_{max}/D_s$。式中，D_{max} 为光系统 S 点和 R 点

之间允许的最大色散值（单位为 ps/nm），由光接口性能给出；D_s为光纤色散系数，根据光纤种类和工作波长取不同值。

3．过载受限系统的设计

过载是指到达接收机的光功率过大以致接收机进入饱和状态而无法正常工作。因此，和前面两种系统不同，在受接收机过载点限制时，系统必须满足一个最小中继距离，而非最大中继距离，以使得到达接收机的光信号经过了足够的衰减。最小中继距离计算公式为

$$L_{min} = (P_S - P_r - nA_c) / A_t \tag{13.18}$$

式中，P_s为发射光功率（取最大值，单位为 dBm）；P_r为光接收灵敏度（取过载点值，单位为 dBm）；A_c为单个活动连接器损耗（按每个 0.5dB 计取，每个中继段两个活动连接器）；A_t为光缆平均衰减系数（含接头，1310nm 取 0.40dB。km，1550nm 取 0.25dB/km）。

当中继距离小于最小值时必须加装光衰耗器（一般加 10dB 以下的衰耗器）。实际配加的光衰耗器应根据光中继段的实际测量值结合 S 点和 R 点之间的衰减范围考虑。衰耗器安装于接收端。

4．光纤链路的色散补偿

光纤传输中的信号衰减由于光放大器的应用而在很大程度上获得解决，但传输色散引起的脉冲展宽则严重限制着信号速率和再生距离，成为传输设计中的主要矛盾。特别是在系统传输速率已达数 10Gbit/s、再生距离要求更长的今天，这一矛盾则更加突出。因而，研究光纤的传输色散，并采用相应措施消除或减少色散的影响，成为传输设计中的重要问题。

在密集波分复用（DWDM）系统中，采用 1550nm 波长对于 G.652 与 G.655 光纤而言，由于存在或大或小的色散作用，四波混频的非线性效应不易产生，但色散引起的脉冲展宽则会限制信道传输速率，故高速率 DWDM 系统的传输需考虑色散补偿的问题。

目前，光纤传输设计中采用的色散调节技术主要有如下几种：采用色散补偿光纤、应用光纤光栅、对光源实现预啁啾、其他补偿技术。

（1）色散补偿光纤的应用

色散补偿光纤（Dispersion Compensation Fiber，DCF）是专门为色散补偿制作的具有大的负色散系数的单模光纤，其色散系数可达−65 ps/nm·km，如使用 12.3km 即可补偿 G.652 光纤 40km 的正色散，从而将色散受限距离提高 40km。DCF 通常不制成缆，而是盘在一个终端盒中作为一个单独的无源器件，便于调整和更换。

采用 DCF 补偿方式需要注意两个问题：一是 DCF 的衰耗系数大，12.3 km 将引入约 5.6dB 的衰耗，需要 EDFA 的增益来补偿，这样会增加补偿成本；二是 DCF 的色散斜率的绝对值与 G.652 光纤的色散斜率并不吻合，因此实际使用 DCF 时需要现场调整它的长度。

DCF 补偿方式由于技术上简单易行，尤其在 WDM 系统中应用时其成本是由多个波长系统分担的，因此是目前最实用的色散补偿方法。色散补偿光纤与传输光纤的长度及各自的色散系数可按下列关系考虑，即 $D_1L_1+D_2L_2= 0$。式中，D_1为传输光纤色散系数；L_1为传输光纤长度；D_2为补偿光纤色散系数；L_2为补偿光纤长度。

在配置时，发送机侧的 DCF 应放在 EDFA 与发送终端之间，这有三个好处：一是便于对 DCF 调整和更换；二是 DCF 先衰耗有利于减轻光放大器（OA）的功率饱和限制；三是避免

DCF 中出现非线性效应。接收机侧的 DCF 应放在 EDFA 与接收终端之间，因为此时信号的微弱已成为主要矛盾，需要用 EDFA 将信号光功率提升。与发送侧不同的是，放大后的信号光也仍然较弱，不会在 DCF 中引起明显的非线性效应。光纤链路设计中 DCF 的配置如图 13.4 所示。

图 13.4　光纤链路设计中 DCF 的配置

（2）光纤光栅的应用

光纤光栅制作的基本原理是用紫外光束在光纤中形成微缺陷，有无微缺陷的部分会呈现出折射率的差异，折射率周期变化就会形成光纤对通过其中的光波的选择。一定的光栅周期对应一定的光反射波长。巧妙地设计光纤光栅，就可以使不同的波长在光栅不同的位置反射，从而改变各个波长传播的时延差，达到色散补偿的目的。

运用光纤光栅进行色散补偿的原理如图 13.5 所示。光纤光栅通过光环行器与传输光纤连接，光信号中群速度慢的长波长成分在光纤光栅的近端便反射进传输光纤，而短波长成分将在光纤光栅的远端才形成反射，不同的反射位置对应着不同的路径，利用路径不同形成的时延差就可以补偿传输光纤的色散效应。

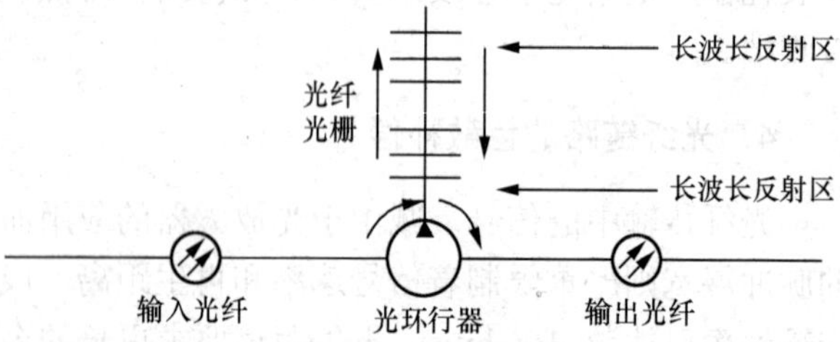

图 13.5　运用光纤光栅进行色散补偿的原理图

（3）预啁啾技术

预啁啾（ Pre Chirp ，PCH）是一种有源补偿方式，是色散补偿方案中较简单易行的一种。其基本思路是在光发送端运用光均衡的方法，在光源上加一个额外的正弦调制，使发送光信号的频谱产生预畸变，然后畸变的光信号在传输过程中由光纤的色散特性逐渐修正，光信号到达接收端时，希望光纤色散正好将畸变的频谱完全恢复，因而可以获得一个无展宽的光脉冲。采用预啁啾技术时要采用低功率发送，接收端加放大器，以避免预啁啾和自相位调制（SPM）同时作用造成色散的过度补偿。预啁啾技术要求光源采用外调制，且应根据传输距离来确定正弦调制深度。

（4）其他补偿技术

除了上面介绍的常用色散补偿技术以外，还有其他多种色散补偿技术。

① 光纤的非线性效应自相位调制（Self-Phase　Modulation，SPM）可以使在反常色散条件下的光脉冲展宽的速度显著变慢，因而有利于提高系统的带宽距离积。这也是“光孤子”传输的基本原理。应用 SPM 的条件是信号能量达到其“阈值”，一般在靠近光发送机或光放大器的部位效果较好。

② FSK 调制是一种在发送端采用的色散补偿技术（预啁啾也是如此）。通过在发送端对光载波进行调频，然后进行强度调制，可以达到色散补偿的目的，也可以只用调频方式达到色散补偿的目的。

③ 在接收端对光信号进行均衡滤波，也可以做到色散补偿。在光接收机前接入光滤波器，

适当设计光滤波器的特性，可以输出无畸变的光信号。

13.6 光纤到驻地传输系统

第 11 章介绍了光接入网的基本概念，本节介绍其实现的具体技术。光纤以太网技术分为点到点（P2P）和点到多点（P2MP）光纤上以太网技术。本书定义的光纤到驻地（Fiber To The Premise，FTTP）传输系统是指以太无源光网（Ethernet Passive Optical Network ，EPON）和吉比特级无源光网（Gigabit Passive Optical Network，GPON）系统，它们均为点到多点光以太网技术。FTTP 作为传统宽带接入网（点到点）技术——FTTC+xDSL、HFC+Cable Modem、FTTB+LAN 的替代物，它的诞生、发展和成熟正在掀起一代新的宽带接入网革命，并明确地以电视、数据、电话三网融合为目标。

1998～2001 年，欧洲首先推出 ITU-T G.983.1-3 关于 APON/BPON 的协议。APON/BPON 的数据帧基于 ATM 信元，下行（从 OLT 到 ONU）传输速率为 622Mbit/s， 上行（从 ONU 到 OLT）传输速率为 155 Mbit/s。2002～2003 年，ITU-T G.984.x 又规定了能工作于千兆速率的 GPON。

2000 年 11 月美国 IEEE 成立了以太第一英里 （802.3EFM）工作组，开始进行基于以太数据帧的以太接入网（EAN）的标准化。以太接入网标准 IEEE-802.3ah 已于 2004 年 6 月制定完成。它包括点-点以太铜缆链路、点-点以太光纤链路和点-多点千兆以太无源光网 Ethernet-PON（简称 EPON 或 GEPON）。同期又出现了工作于波分多址方式的 WDM-PON。

IEEE-802.3av 从 2006 年开始制定 10GEPON 的标准，2009 年 9 月正式颁布标准。IEEE-802.3av 标准专注于物理层技术的研究，最大限度沿用 EPON 的 IEEE-802.3ah 的 MPCP 协议，该标准对于 IEEE-802.3ah 有很好的继承性。IEEE-802.3av 确定了两种物理层模式： 一种是非对称模式，即 10Gbit/s 速率下行和 1Gbit/s 速率上行； 一种是对称模式，即上下行速率均为 10Gbit/s。非对称模式可以认为是对称模式的一种过渡形式，在初期对上行带宽需求较少和成本较为敏感的场合，适合使用非对称模式。随着业务的发展，再逐步过渡到对称模式。

在各种 PON 中，APON、BPON、GPON、EPON 的上行都工作于时分多址（Time Division Multiplexing Access，TDMA）方式，它们的区别在于数据帧的成帧格式和媒质访问协议。

13.6.1 EPON 原理

EPON 在现有 IEEE-802.3 协议的基础上，通过较小的修改实现在用户接入网络中传输以太网帧，是一种采用点到多点网络结构、无源光纤传输方式、基于高速以太网平台和时分多址（TDMA）、媒质访问控制（Media Access Control，MAC）方式提供多种综合业务的宽带接入技术。EPON 相对于现有类似技术的优势主要体现在以下几个方面。

① 与现有以太网的兼容性。以太网技术，是迄今为止最成功和成熟的局域网技术。EPON 只是对现有 IEEE-802.3 协议做一定的补充，基本上是与其兼容的。考虑到以太网的市场优势，EPON 与以太网的兼容性是其最大的优势之一。

② 高带宽。EPON 的下行信道为千兆的广播方式，而上行信道为用户共享的千兆信道，这比目前的接入方式，如 Modem、ISDN、ADSL 甚至 ATM PON（下行 622/155 Mbit/s，上

行共享 155 Mbit/s）都要高得多。

③ 低成本。首先，由于采用 PON 的结构，EPON 网络中减少了大量的光纤和光器件以及维护的成本。其次，以太网本身的价格优势，如廉价的器件和安装维护使 EPON 具有 ATM PON 所无法比拟的低成本。为说明低成本优势可如图 13.6 所示。

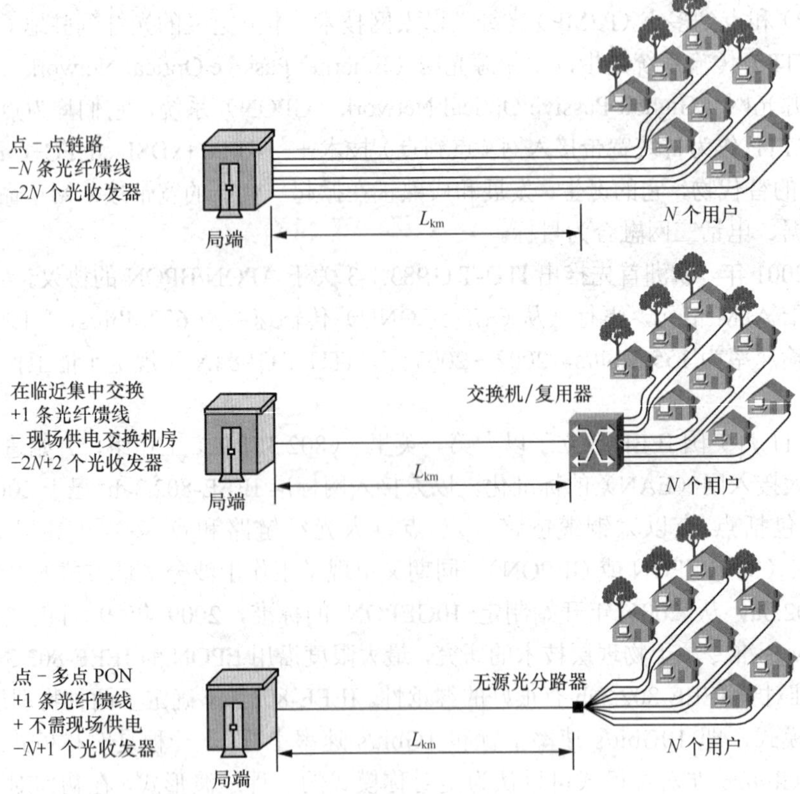

图 13.6 网络结构的比较

图 13.6 中 N 个用户的点-点链路耗用 N 条光纤馈线、$2N$ 个光收发器。在用户附近作集中交换的网络只使用一条光纤馈线，但需要的光收发器增加到 $2N+2$ 个。由于现场有交换机房，就必须建房、供电和维护，使网络建设和运营成本增高。传统的 FTTB+LAN 采用的就是这种构造。点-多点 PON 把现场交换机取消，代之以无源光分路器。这样光收发器减少到了 $N+1$ 个，更因外线路上没有有源设备和器件，就省去了现场建房、供电和维护的开支。所以在上述三种网络构造中，PON 是最经济的。

1. EPON 组成

与所有的 PON 系统一样，一套典型的 EPON 系统由硬件和软件两大部分构成。硬件部分，EPON 系统由 OLT、ONU 和 ODN 组成。但 EPON 在功能和实现上都与其他 PON 技术有所不同。

OLT 作为 EPON 的核心，应实现以下功能：① 向 ONU 以广播方式发送以太网数据；②发起并控制测距过程，并记录测距信息；③发起并控制 ONU 功率控制；④为 ONU 分配带宽，即控制 ONU 发送数据的起始时间和发送窗口大小；⑤其他相关的以太网功能。

ODN 由无源光分路器和光纤构成。

ONU/ONT 为用户提供 EPON 接入的功能：① 选择接收 OLT 发送的广播数据；② 响应 OLT 发出的测距及功率控制命令，并作相应的调整；③ 对用户的以太网数据进行缓存，并在 OLT 分配的发送窗口中向上行方向发送；④ 其他相关的以太网功能。

从 EPON 的功能划分可以看出，EPON 中较为复杂的功能主要集中于 OLT，而 ONU/ONT 的功能较为简单，这主要是为了尽量降低用户端设备的成本。

软件部分，按照 802 以太网体系设计思想，MAC 子层只提供尽力而为的数据报服务，不提供差错控制（确认机制）和流量控制（滑动窗口），有些情况下，这种服务已足够。当需要差错控制和流量控制的时候，这种服务就不能满足，需要逻辑链路子层（LLC）。LLC 提供差错控制和流量控制，LLC 隐藏了不同 MAC 子层的差异，为网络层提供单一的格式和接口。对于同一个 LLC 子层，可以提供多个 MAC 选择。EPON 的 OLT 和 ONU 之间的连接也要通过逻辑链路的控制，即 LLID 技术。

2. EPON 协议栈

IEEE-802.3ah 规定的 EPON 的协议栈如图 13.7 所示，它增添了多点 MAC 控制协议（Multi-Point MAC Control Protocol，MPCP）、运行管理维护（Operation，Administration and Maintenannce，OAM）、点到点仿真（P2P Emulation）三个子层。

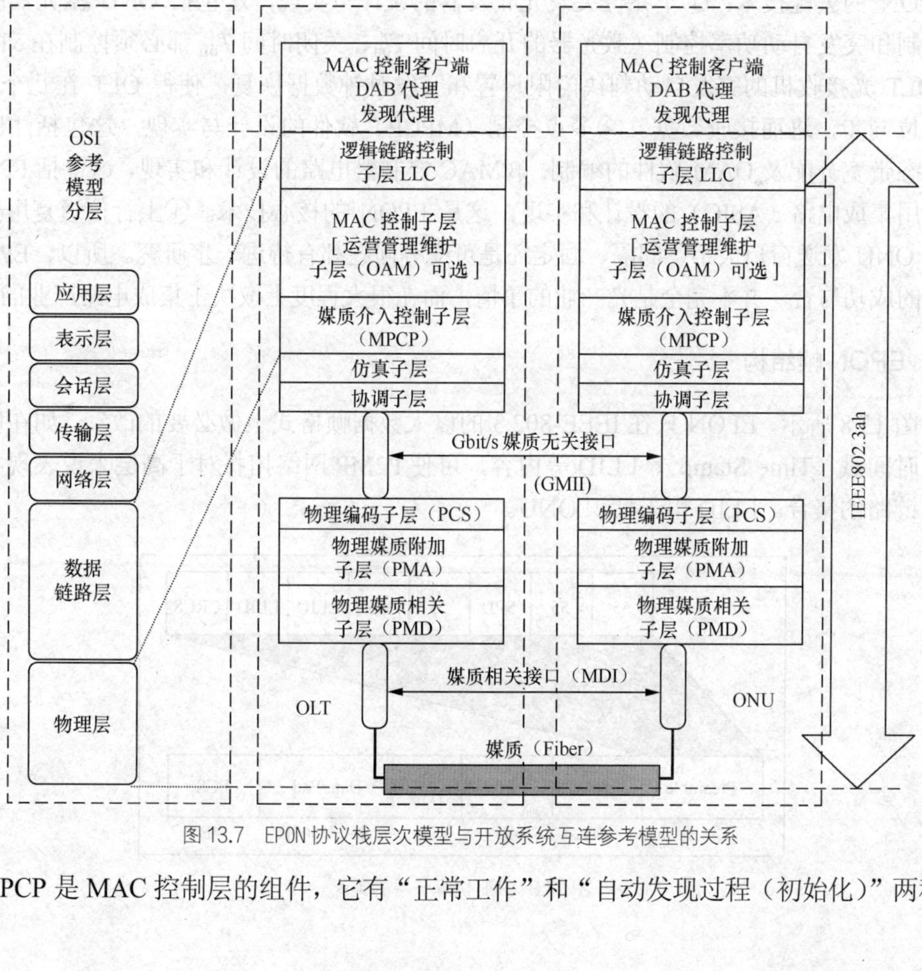

图 13.7　EPON 协议栈层次模型与开放系统互连参考模型的关系

MPCP 是 MAC 控制层的组件，它有“正常工作”和“自动发现过程（初始化）”两种工作模式。正常模式用于分配已发现的各 ONU 的传输窗口；自动发现模式用于检测新连接的 ONU 获得其 MAC 地址、环回时延等参数。MPCP 正常模式协调 OLT 与 ONU 之间的通信，给每个 ONU 提供周期性授权，用申请-授权（Report-Gate）控制机制来协调数据的有效发送和接收：系统运行过程中上行方向在一个时刻只允许一个 ONU 发送，位于 OLT 的高层负责处理发送的定时、不同 ONU 的拥塞报告从而优化 PON 系统内部的带宽分配。自动发现模式采用五种 MPCP 消息：OLT 发出授权（GATE），允许接收到 GATE 帧的 ONU 立即或者在指定的时间段发送数据；ONU 发出报告（REPORT），向 OLT 报告其状态，包括该 ONU 同步于哪一个时间戳以及是否有数据需要发送，同时发出注册请求（REGISTER_REQ）；OLT 发出注册（REGISTER），通知 ONU 已经识别了注册请求；ONU 发出注册确认（REGISTER_ACK）。对于注册周期、注册窗口、碰撞规避参数和动态带宽分配算法 802.3ah 标准不做具体规定，留给制造商自行发挥。点到点仿真（P2P Emulation）子层实现 EPON 协议与以太网的 802.1D 网桥协议的兼容。

EPON 系统要具有点到点仿真的功能，须通过仿真子层在 MAC 帧的帧头（Preamble）添加或去除逻辑链路标识符（LLID），从而实现以太包的过滤。运行管理维护（OAM）子层负责 EPON 的网络管理。作为宽带接入网，EPON 系统必须有 OAM 功能，包括 ONU 配置、状态与流量监测、告警和环回测试等。

3．EPON 的关键技术

EPON 的关键技术：①千兆位突发光收发器的设计与实现，这包括 ONU 激光器的突发发送控制和突发自动功率控制（激光器的开启时间 T_{on}、关闭时间 T_{off} 都必须控制在 512ns 以内）；OLT 光接收机的突发自动判决门限设置和突发时钟数据恢复，使得 OLT 在几个 bit 内实现相位同步，进而接收数据。②多点控制（MPCP）软件的设计与实现，这包括注册、测距和动态带宽分配及 OAM 软件的编制。③MAC 控制器电路的设计和实现，这包括 FPGA 电路和专用集成电路（ASIC）的设计和实现，这是 EPON 的核心技术。④上行信道复用技术，这包括 ONU 发送窗口大小、间隔、固定还是可变等问题都有待进一步研究。所以，EPON 在市场上的成功与否，并不完全是光产业的事情，而在很大程度上取决于集成电路产业的支持。

4．EPON 帧结构

如图 13.8 所示，EPON 只在 IEEE-802.3 的以太数据帧格式上做必要的改动，如在以太帧中加入时间戳（Time Stamp）、LLID 等内容，可使 P2MP 网络拓扑对于高层来说表现为多个点对点链路的集合。LLID 用于标识 ONU。

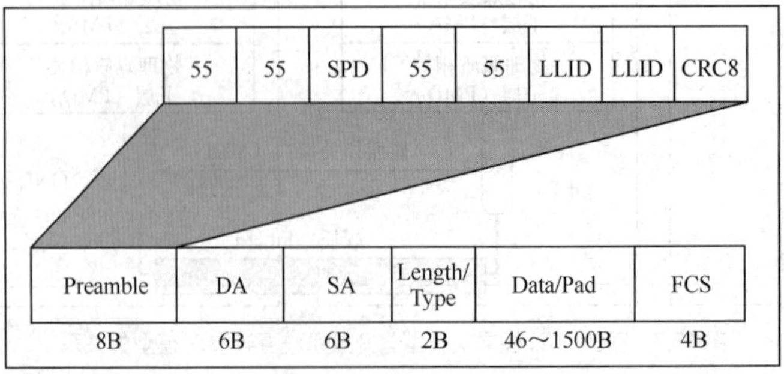

图 13.8　P2P 仿真子层的实现

5. EPON 上下行工作原理

如图 13.9 所示，下行采用纯广播的方式：① OLT 为已注册的 ONU 分配 LLID；② 由各个 ONU 监测到达帧的 LLID，以决定是否接收该帧；③如果该帧所含的 LLID 和自己的 LLID 相同，则接收该帧，反之则丢弃。

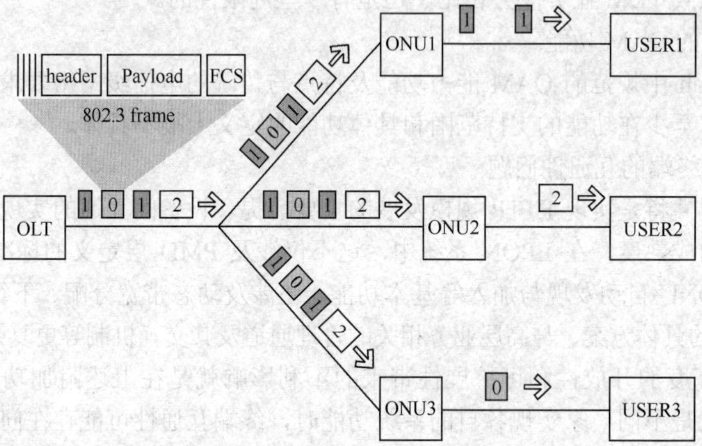

图 13.9 EPON 下行工作原理

如图 13.10 所示，上行采用时分多址接入（TDMA）技术：① OLT 接收数据前比较 LLID 注册列表；②每个 ONU 在由局方设备统一分配的时隙中发送数据帧；③ 分配的时隙补偿了各个 ONU 距离的差距，避免了各个 ONU 之间的碰撞。随着 EPON 技术的规模应用和芯片成本的不断降低，以及光纤铺设规模的不断扩大，EPON 技术将很快成为 FTTx 的主要接入方式之一。

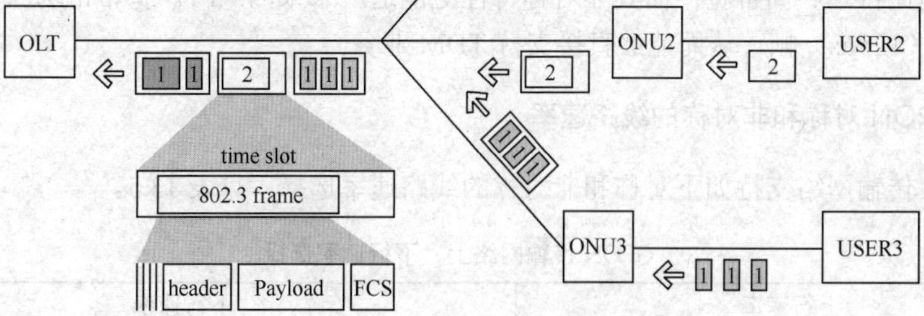

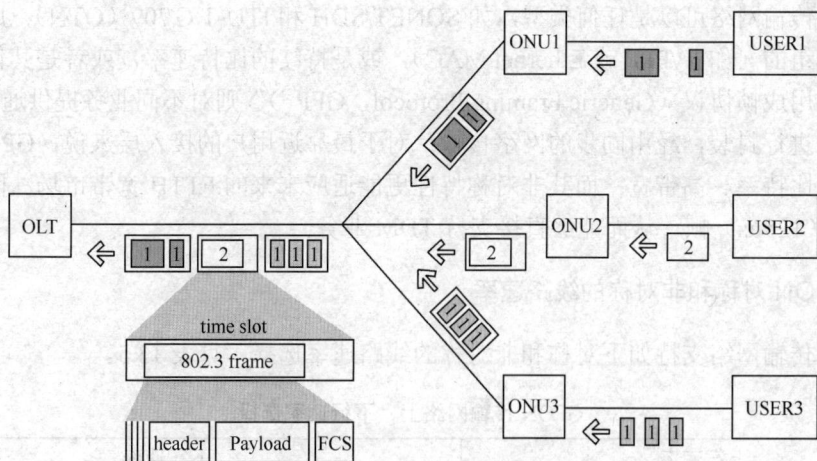

图 13.10 EPON 上行工作原理

6. EPON 面临的挑战

（1）EPON 对 TDM 业务承载

从 IEEE-802.3 工作组制定 EPON 标准的原则来看，具体的业务封装由高层协议支持，因此，对于 TDM 业务在 EPON 中的传送，大部分厂家认为应该采用 VoIP 的业务方式。但目前对于电路交换方式 TDM 业务的需求占主要地位，主要是一些企事业单位希望光纤接入网能提供 E1 的传输能力，所以，总的来看，TDM over EPON 需解决如下问题：①TDM 信号与以太网之间高效合理的适配封装；②TDM 信号的严格同步定时；③电路业务的 QoS 保证。虽然 EPON 设备提供商解决了 EPON 承载 TDM 业务的这些问题，与 GPON 的传输汇聚（TC）层具有天然地承载 TDM 业务能力相比，还是有一些局限性的。

（2）EPON 的 OAM 功能

IEEE-802.3ah 中规范的 OAM 能力功能及特点与传统的电信级网络要求的 OAM 功能是有一定差距的，至少在功能的支持范围和具体功能的定义上很不具体。

（3）EPON 终端的互通性问题

终端的互通性将是实现 FTTP 规模发展的重要前提。设备间互通的实现在很大程度上依赖于国际标准的成熟度，在 EPON 系统中，这不仅涉及 PMD 层定义的标准光接口、MPCP 机制中定义的 ONU 自动发现与加入等基本功能，还涉及动态带宽分配、下行数据加密机制、TDM 业务实现的具体方案、与高层业务相关的管理通道及其交互机制等更复杂的功能。EPON 在标准化方面高度的开放性和可扩展性带来的不利影响就是在上述附加功能集方面不做规范，导致的结果是不同厂家实现各自的系统功能时，终端互通性可能存在问题。

（4）效率低

这是因为 EPON 采用 8B/10B 编码作为线路码，其本身就引入 20%的带宽损失。尽管 EPON 技术面临着诸多的技术挑战，但不可否认的是，EPON 技术是目前 FTTH 领域中为用户提供光纤接入的最为经济有效的方式。随着实际应用经验的积累和研究的深入，EPON 技术会不断走向成熟。

13.6.2 GPON 原理

GPON 传输网络可以是任何类型，如 SONET/SDH 和 ITU-T G.709（OTN）；用户信号可以是基于分组的（如 IP/PPP 或 Ethernet MAC），或是持续的比特速率，或者是其他类型的信号；而“通用成帧协议（Generic Framing Protocol，GFP[①]）”则对不同业务提供通用、高效、简单的方法进行封装，经由同步的网络传输；对于最靠近用户的接入层来说，GPON 具有前所未有的高比特率、高带宽；而其非对称特性更能适应未来的 FTTH 宽带市场。因为使用标准的 8kHz（125μs）帧，从而能够直接支持 TDM 业务。

1. GPON 对称和非对称的线路速率

GPON 传输网络支持如下对称和非对称的线路速率选择，见表 13.5。

表 13.5 GPON 传输网络上、下行速率选择

上行速率	下行速率
0.15552 Gbit/s up	1.24416 Gbit/s down
0.62208 Gbit/s up	1.24416 Gbit/s down
1.24416 Gbit/s up	1.24416 Gbit/s down

① 最终标准化的 GPON 采用类似 GFP 的 GPON 封装方法（GPON Encapsulation Method ,GEM），而不是严格的 GFP，详见 ITU-T G.984.3。

续表

上行速率	下行速率
0.15552 Gbit/s up	2.48832 Gbit/s down
0.62208 Gbit/s up	2.48832 Gbit/s down
1.24416 Gbit/s up	2.48832 Gbit/s down

GPON 拥有高速宽带及高效率传输的特性。GPON 采用全新的传输汇聚（TC）层协议“通用成帧协议”，实现多种业务码流的通用成帧规程封装；另一方面又保持了 G.983 中与 PON 协议没有直接关系的许多功能特性，如 OAM 管理、DBA 等。

2. GPON 和 EPON 比较

① 标准制定的组织不同。APON、BPON 和 GPON 都是全业务接入网（Full Service Access Network，FSAN）论坛所提倡的，由传统电信运营商所驱动。传统电信运营商在传统 TDM 业务上投资巨大，GPON 面向 TDM 优化设计，采用严格的定时同步的帧结构。例如，1.244Gbit/s 速率时，当两个连续的时隙分配给不同 ONU 时，仅仅 16bit（不到 13ns）被分配作为关闭第一个 ONU、开启第二个 ONU 时间；OLT 完成突发光接收机的自动增益控制（AGC）/判决门限调整和时钟数据恢复（CDR）（时钟同步）时间只有 44bit（小于 36ns），由于这样短时间，OLT 必须指示 ONU 调整功率，使得 ONU 到达 OLT 的功率近似相等。IEEE-802 工作组传统上致力于企业网数据通信技术，他们在 EPON 标准化过程中重视保留以太网特性，EPON 没有特定的帧结构，突发长度和物理层开销都比较大。例如，最大 AGC 时间规定为 400ns，这样允许 OLT 有足够时间调整增益而不必采取 ONU 功率调整机制，ONU 无需用于功率调整的任何协议和电路。EPON 激光器开启和关闭时间限定在 512ns，比 GPON 宽松许多。EPON 保留以太网变长帧结构不用拆分重组；而 GPON 采用 GEM 封装，进行数据包拆分，变长 GEM 块定界和接收时重建都比较复杂。由于以上原因导致 GPON 成本很高。

② OAM 功能比较，GPON 的 OAM 功能比 EPON 更加完善。

③ EPON 技术比较成熟，芯片设计难度较低，产业链比 GPON 成熟。EPON 可以用以太网协议支持所有的 IP 网络，和现有的设备有很好的兼容性，在数据业务里 EPON 有独特的优点。GPON 与 EPON 的比较见表 13.6。

表 13.6　　EPON 与 GPON 的对比

	EPON	GPON
标准	IEEE 802.3ah	ITU-T G.984
线路速率（Mbit/s）	下行 1250；上行 1250	下行 2488/1244；上行 1244/622
ODN 类型	A（21dB）；B（26dB）	A（21dB）；B（26dB）；C（31dB）
传送协议	Ethrnet	GEM（基于 GFP）
最大分光比	1:32	1:128
效率	92.6%×80%=74%	86.8%
负荷包装	以太帧	GEM 帧
激光器通/断时间	512ns	13ns
AGC 时间	400ns	36ns

续表

	EPON	GPON
CDR 时间	400ns	36ns
TDM 支持	CESoP	通过 GEM；CESoP
安全	未规定	AES
运行、管理、维护	规定	规定
互通性	在协议之外	规定

13.7 HFC 接入网

由第 1 章可知，有线电视 HFC 网是光纤-同轴电缆的混合网，可以直接向用户提供电视、数据和其他服务，因此它是有线数字电视网络传输系统的重要组成部分，也可以视为光接入网的一种。

HFC 接入网是在电缆有线电视（CATV）基础上发展起来的一种宽带接入网，经历了单向 CATV 网，双向 CATV 网，最后到现代 HFC 网的过程。HFC 接入网综合利用了数字和模拟传输技术、光纤和同轴电缆技术，具有交换功能，提供交互式业务，可以解决模拟与数字电视、电话、数据等业务的综合接入问题。可以说现代 HFC 网是 CATV 与通信网结合的产物。

HFC 的主干部分采用光纤/光缆，用户分配部分采用同轴电缆（带宽 750MHz 以上）。在 HFC 上传输数据信息时，要经过电缆调制解调器将数字信号调制到模拟信道中传输。图 13.11 为一种典型的 HFC 接入网结构示意图，网络主要由光缆主干网、同轴电缆分配网和用户接入部分组成。

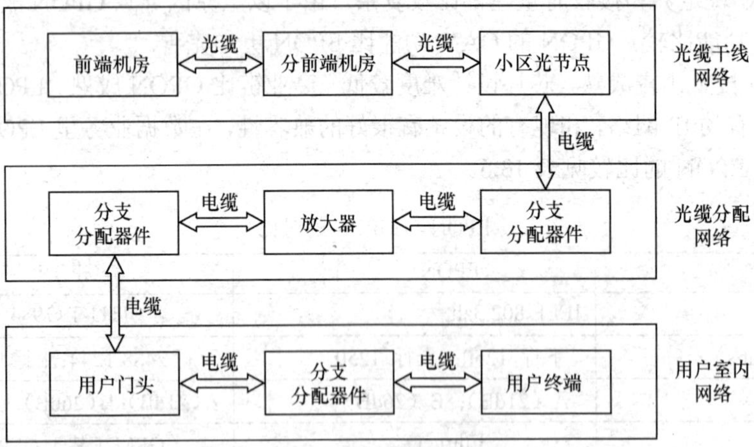

图 13.11　HFC 网络结构示意图

13.8 NGB 的定义、特征和关键技术

三网融合实施以来，新媒体业务发展、OTT 业务发展等为广电行业的有线电视网络业务

带来了挑战。新一代信息技术移动互联网、4G、大数据、云计算等也使互联网企业与电信企业实现快速发展，广电企业面临竞争加剧。与此同时，NGB网络经过几年的发展，也取得了一定的阶段性成果。NGB网络作为信息网络必然要应用新一代IT技术。

13.8.1 NGB的定义

“下一代广播电视网（Next Generation Broadcasting ，NGB）”是以有线电视网数字化整体转换和移动多媒体广播电视（CMMB）的成果为基础，以自主创新的“高性能宽带信息网”核心技术为支撑，构建的适合我国国情的、“三网融合”的、有线无线相结合的、全程全网的下一代广播电视网络。NGB是以自主知识产权技术标准为核心的，可同时传输数字和模拟信号的，具备双向交互、组播、推送播存和广播四种工作模式的，可管可控可信的，全程全网的宽带交互式下一代广播电视网络。

13.8.2 NGB的特征

NGB具有业务、管控、网络和终端4个方面的特征。

1．业务特征

NGB 的业务特征主要体现在互联互通、开放共享、个性互动、智能提供等方面。NGB通过业务平台的代理网关实现平台间的互联互通、对等跨域运营，形成全程全网的 NGB 业务网，并实现与电信网、互联网互联；将在各有线电视网络部署开放的业务平台，在原有广播业务的管理和控制的基础上，通过开放接口，屏蔽 NGB 的广播、组播、双向交互等综合传输模式和业务及用户的精细管理能力，提供对第三方业务的开放接入；通过与接入网大规模汇聚路由器、应用层实时管理和提供设备，实现平台对并发流媒体等业务的可信管理；开放业务平台将极大地降低新业务开发和接入的门槛，吸引和鼓励全国乃至世界范围内中小型开发实体的积极参与，充分释放全社会的业务创新能力，形成业务数量和种类的爆发性增长。

2．管控特征

NGB发展过程中将坚持传统和新兴媒体市场有序发展的原则，突出新一代信息通信网络可管理的时代要求，具有独立运行的管理平面，在统一的运营框架下，具有内容可管、业务可控、网络可信、服务可靠的管控特征，支持开放业务运营环境下的内容和业务的属地化运营与管理，支持结算中心和第三方支付等新型收/付费模式，支持创新业务或服务的全网快速部署。采用创新的管控技术和运作机制，能够实现网络业务质量（QoS）、节点性能和业务完整性等各个层次的管理与监测，确保业务内容的安全可信和网络的安全可靠。

3．网络特征

NGB融合广播电视网络和互联网的技术优势，具有独特的网络特征。其网络特性主要体现在全程全网、宽带双向、扁平汇聚、混合传输、智慧家庭。NGB有线无线相结合的覆盖，可同时支持广播、组播、双向交互和推送播存4种工作模式，具有广播和分组交换融合技术构建的扁平式网络体制，保证服务质量的大规模汇聚接入技术，具有开放式业务支撑架构，承载网对业务透明，服务提供机制引入云计算和透明计算模式以保证业务提供的便捷性、开放性与可信度，单用户实际接入速率可达 100Mbit/s，家庭用户终端的网络延展形态是有线无线相结合的智慧家庭网络系统，户内物联网是其内在的自然属性，支持家用电器等受控终端的网络化演进。

NGB 在接入网特征方面，实施“光进铜退”战略，采用光纤加同轴电缆的树形拓扑结构；研究和发展自主知识产权的中国 PON 技术（CPON）；研究和发展自主知识产权 HINOC 技术，单用户接入速率可扩展到 100Mbit/s；新型宽带无线接入为传输主体连接人和物，支持融合式家庭基站部署。

4．终端特征

NGB 终端是集信息处理、交互、业务汇聚和安全控制等多种功能于一体的新型智慧家庭网络中心，可用丰富的有线和无线标准接口构建家庭信息与物联网络，形态包括智慧家庭信息网关、新型电视终端和具有联网功能的家用智能电器三种主要类型。硬件上，具有充足的运算资源、存储资源、显示资源、控制资源以及丰富的网络接口，可支持多模接入方式及高清视频输入/输出。软件上，引入透明计算理念，采用基于网络的终端系统程序动态加载和可重构运行环境，确保应用的开放性和使用的安全性。支持“智慧家庭”的 NGB 家庭网络如图 13.12 所示。

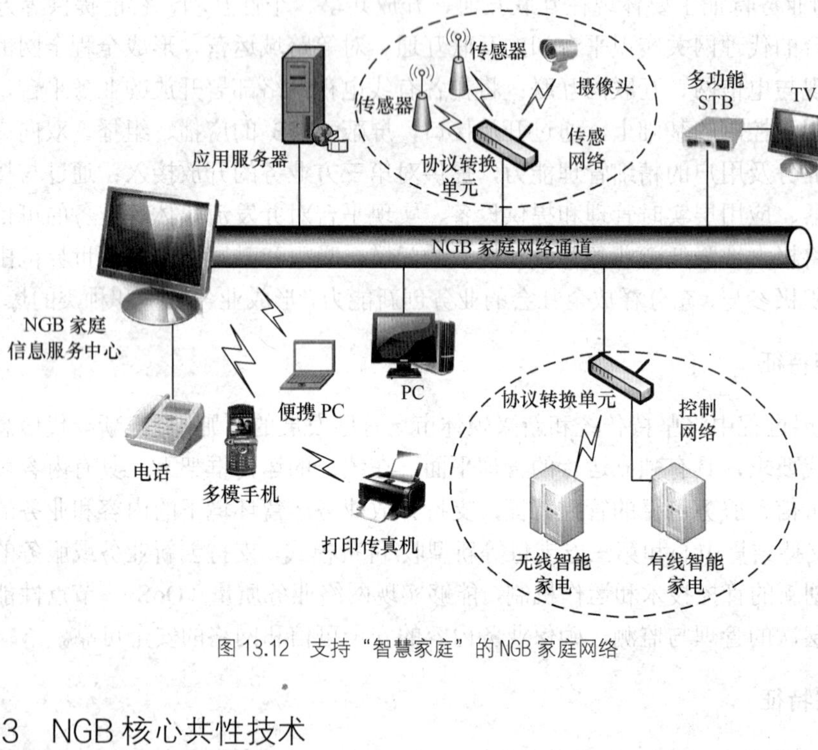

图 13.12　支持“智慧家庭”的 NGB 家庭网络

13.8.3　NGB 核心共性技术

1．网络层面

NGB 网络层面核心技术包括有线无线结合、天地一体的网络架构，基于优化 IP 的 NGB 网络协议集，基于光纤、同轴、无线等介质的网络接入技术。有线电视的同轴电缆具有高带宽、高入户率等优点，是 NGB 业务理想的物理载体。要实现双向互动的业务，必须开发基于同轴电缆的双向传输技术。采用下行 TDMA、上行按需接入或争用接入的模式，先进的 OFDM 等技术，为用户提供数十兆的接入带宽，可满足各种 NGB 业务的接入需要。基于有线电视同轴电缆的双向传输技术也将随着研究的加深不断进步，提供更高容量的带宽、更廉价的终端设备、更有效的网络管理手段是未来研究和开发的必然方向，如我国标准 C-DOCSIS、C-HPAV、HINOC 以及不断发展的同轴电缆透传以太无源网络（Ethernet Passive Network over Coax，EPoC）技术。

2．业务层面

NGB 业务层面的关键技术有业务与运营平台支撑技术，包括中间件技术、云计算技术等，海量音视频内容存储、管理与发布等技术，高清音视频和 3D 视频编解码技术。

3．管控层面

NGB 管控层面的关键技术有从业务提供方到最终用户的全链路的管控体系，业务与内容监管、业务与内容保护、信息安全、数字版权等关键技术。

4．终端层面

NGB 终端层面的关键技术有保证 NGB 业务的开放性和互通性的关键技术，支持“智慧家庭”的 NGB 家庭网络关键技术。

13.8.4　NGB 发展方向

未来 NGB 工作重点、推进方向主要集中在以下 9 个方面：核心网络借鉴或融合其他网络成熟技术；重点发展特色化的城域网、接入网和家庭网络；构建叠加或分离的质量与安全监控网络；充分利用广电资源，发展 NGB-WiFi，包括接入段和家庭网络；以云端化服务提供为重点发展方向；以新技术、新工艺，优化 HFC 接入方式；推动电视转型为新型智能信息终端；创新运营方式；构建 NGB 协同创新中心，完善产业链，不断扩大产业链价值。

13.9　基于 NGB 的宽带接入网技术规范

1992 年美国贝尔实验室的科学家 Oshinsiky 针对当时电信传统的铜线接入网带宽小，不能满足业务发展需求的弊病，提出了将 HFC 网络改造为双向网络，充分利用 HFC 网络的宽带特性，在双向 HFC 网络上实现宽带数据通信。最初的 HFC 接入网并没有标准，所以在双向 HFC 网络上实现数据通信的方式和设备五花八门。直到 1996 年，美国四大有线电视机构发起组织的多媒体电缆网络协会（Multimedia Cable Network Society，MCNS），制定了“基于电缆的数据接口服务规范（DataOver Cable Service Interface Sprcification，DOCSIS）”，该规范得到了诸多厂商的支持。随着技术的发展与进步，美国有线实验室（CableLabs）陆续公布了 DOCSIS 系列技术规范。我国在有线电视网络的双向化改造过程中，由于对网改认识不到位，缺乏网络规划，技术规范滞后，改造资金投入不足等原因，导致改造后的网络，实现业务功能单一，无法支撑三网融合业务发展。

近几年，新一代IT技术的成熟与应用，给有线网络双向化改造带来新的机遇，其中规范产业多达10多项的宽带标准便是关键一环。目前我国已颁布了基于NGB的三个宽带接入标准：HiNOC，用于NGB网络的高频段（750MHz以上），采用数字变频技术后也可用于低频段（65MHz以下）；C-DOCSIS，用于NGB网络的中低频段（下行108～750MHz，上行0～65MHz）；C-HPAV，用于NGB低频段（0～65MHz）。政府组织也加强推进相关产品产业化发展，同时推动标准国际化进程。目前，HFC网络改造的各种技术方案集中在双向HFC+DOCSIS、EPON+EoC/EPON+LAN、FTTH、EPON+EPOC等几种技术。未来在接入网中引入软件定义网络（SDN）/网络功能虚拟化（NFV）技术，可以节约机房空间，减少能源消耗和单位带宽成本，大大简化接入网的运维，并可实现方便、灵活、快速部署新的业务。

13.9.1 C-DOCSIS技术规范

C-DOCSIS（China Data over Cable Service Interface Specification，C-DOCSIS）是指由中国广电行业提出的2012年8月颁布的《基于NGB宽带接入系统的电缆数据传输服务接口规范》（GY/T 266—2012），它是一种通过有线电视电缆高速传送数据的技术。

1. 系统概述

C-DOCSIS接入技术将ITU-T J.222的物理层与数据链路层的接口从分中心机房下移至有电视光节点处，向下通过射频接口与同轴电缆分配网络相接，向上通过PON或以太网与汇聚网络相连。针对接口下移后的组网模式，C-DOCSIS接入技术规范了系统的功能模块及模块之间的数据和控制接口，扩展了ITU-T J.222的上下行射频调制技术，简化了部分信道技术，在保障与ITU-T J.222 终端设备兼容的同时，能够实现千兆到楼、百兆入户，承载视频、语音和数据等综合业务，具有大带宽业务承载、多业务QoS保障、可运营、可管理的能力，是有线电视网络承载三网融合业务的下一代宽带接入技术。

2. 系统架构与功能模块

（1）系统逻辑架构

C-DOCSIS系统由C-DOCSIS头端、C-DOCSIS终端、配置系统和网络管理系统组成，其系统架构如图13.13所示。在C-DOCSIS系统架构中，C-DOCSIS终端设备连接运营商的同轴分配网络和用户设备，负责它们之间的数据转发。用户设备可以嵌入终端设备之中，也可以作为独立的设备存在。典型的用户设备包括个人计算机、嵌入式多媒体终端适配器（eMTA）、家庭路由器和机顶盒设备等。C-DOCSIS头端连接同轴分配网络和汇聚网络，负责它们之间的数据转发，通过汇聚网络接入运营商的配置系统及网络管理系统。C-DOCSIS配置系统提供C-DOCSIS系统的业务和设备配置服务，实现配置文件的生成、下发、终端设备的软件升级等功能，包括DHCP服务器、配置文件服务器、软件下载服务器、时钟协议服务器等。C-DOCSIS网络管理系统包括SNMP管理系统和系统日志（Syslog）服务器。

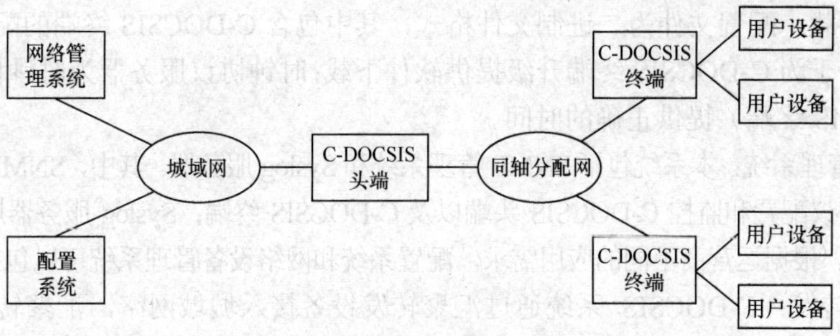

图 13.13　C-DOCSIS 系统逻辑架构

（2）系统功能模块

C-DOCSIS 系统功能模块如图 13.14 所示。

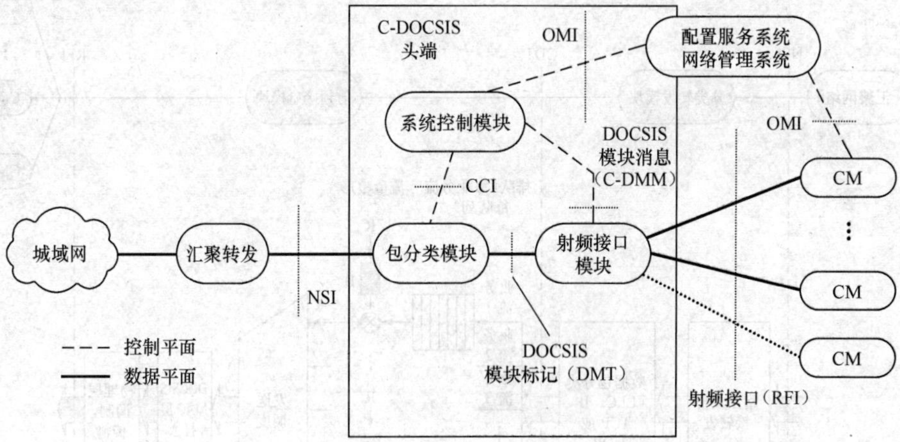

图 13.14　C-DOCSIS 系统功能模型

① C-DOCSIS 头端由射频接口模块、分类转发模块和系统控制模块构成。

射频接口模块：本模块主要实现本标准规定的 PHY 层和 MAC 层的功能，具体包括 PHY 层子模块和 MAC 层子模块，在下行方向完成基于业务流的调度、排队、整形，创建 C-DOCSIS MAC 帧，射频调制和传输；在上行方向完成射频信号接收，C-DOCSIS MAC 帧头处理，排队和调度，并负责处理 C-DOCSIS MAC 管理消息。

分类转发模块：本模块对下行数据流，根据数据报文中的 TCP、UDP、IP、LLC 等相关字段（如 MAC 地址、IP 地址、TCP/UDP 端口号）进行数据包匹配，在每个数据包头部插入 CDT 标签标记所属的业务流；本模块对上行数据流，根据数据包所携带的 CDT 标签，按照 C–DOCSIS 业务映射规则插入汇聚网业务标识向网络侧转发数据。

系统控制模块：本模块实现对射频接口模块、分类转发模块的配置和管理，如在 CM 注册时，本模块解析 CM 上报的业务流和分类信息，相应地对分类转发模块进行配置。同时本模块与网络管理系统和配置系统接口，实现业务的配置和管理等功能。

② 终端：终端由 CM 模块构成，实现用户端设备的接入。

③ 配置系统：本系统提供 C-DOCSIS 系统的业务和设备配置服务，实现配置文件的生成、下发、终端设备的软件升级等功能。配置系统包括 DHCP 服务器、配置文件服务器、软件下载服务器、时钟协议服务器等。其中，DHCP 服务器用于为 C-DOCSIS 终端和用户设备提供启动初始配置信息，主要包括 IP 地址；配置文件服务器用于为 C-DOCSIS 终端启动时提

供配置文件下载，配置文件为二进制文件格式，其中包含 C-DOCSIS 终端的配置参数；软件下载服务器用于为 C-DOCSIS 终端升级提供软件下载；时钟协议服务器为时钟协议客户端（主要为 C-DOCSIS 终端）提供正确的时间。

④ 网络管理系统：本系统包括 SNMP 管理系统和 Syslog 服务器。其中，SNMP 管理系统可以通过 SNMP 协议配置和监控 C-DOCSIS 头端以及 C-DOCSIS 终端；Syslog 服务器用于收集设备操作相关的消息。根据运营商不同的应用需求，配置系统和网络设备管理系统可以包括其他的功能。

⑤ 汇聚转发：C-DOCSIS 系统通过汇聚转发设备接入城域网络，汇聚转发设备可以是 OLT、以太网交换机或路由器等。

图 13.15 所示为 C-DOCSIS 系统下行数据包的处理流程，图 13.16 所示为 C-DOCSIS 系统上行数据包的处理流程。

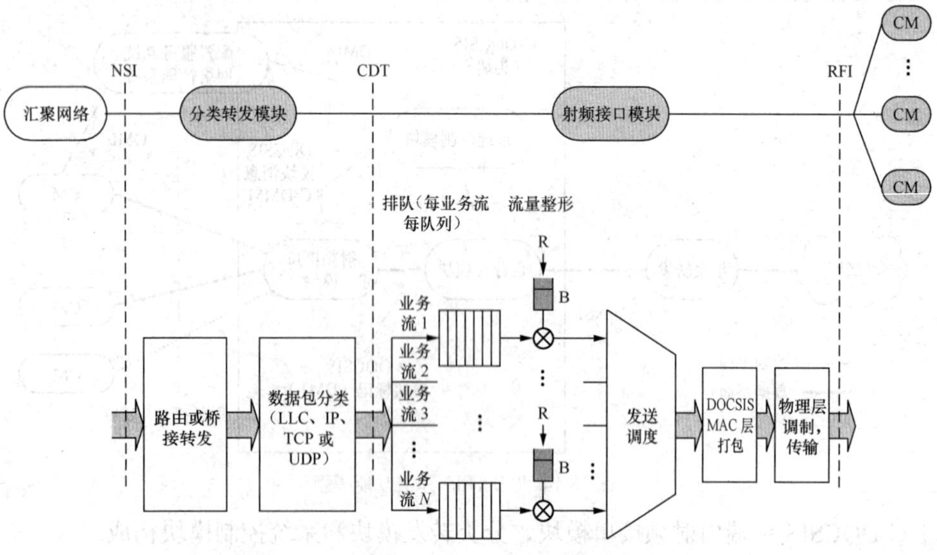

图 13.15 C—DOCSIS 系统下行数据包的处理流程

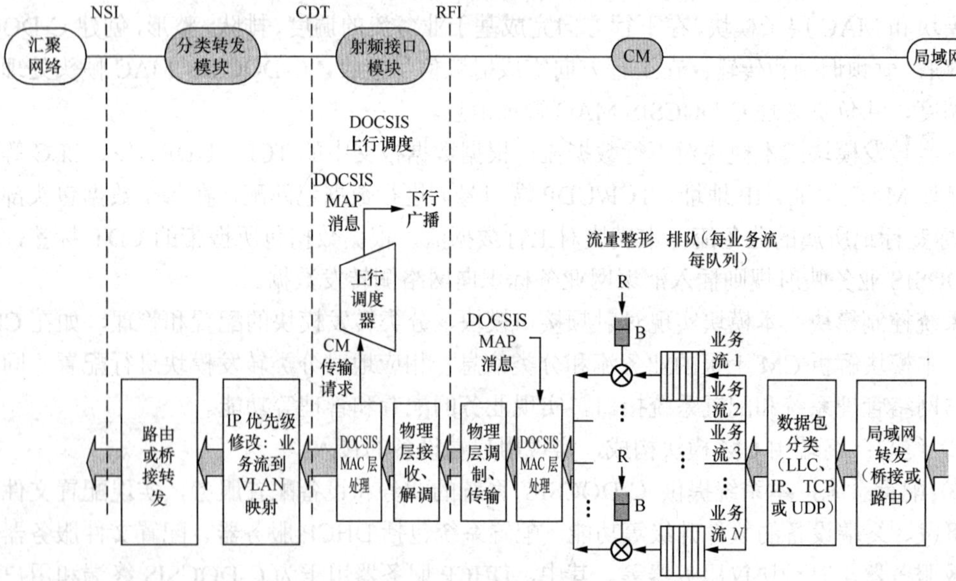

图 13.16 C—DOCSIS 系统上行数据包的处理流程

3．CMC 与 CM 之间的协议栈

有线电缆媒介转换设备（Cable Media Converter，CMC）与电缆调制解调器（Cable Modem，CM）之间的数据转发协议栈模型如图 13.17 所示。其中 CMC 设备应支持二层转发功能，对 IP 层转发功能不作要求。

CM 协议栈遵循 ETSI ES 202 488 或 ETSI EN 302 878 系列标准的定义。CMC 射频接口侧协议栈包括数据链路层和物理层。数据链路层包括 3 个子层：① 802.2 LLC，该层遵循 ISO/IEC 10039：1991，地址解析规则遵循 RFC 826；②Link Security，该层实现链路层数据传输的安全性，符合 ETSI EN 302 878-5 V1.1.1（2011-11）的规定；③Cable MAC，该层定义 C-DOCSIS 上下行信道的数据传输控制协议，符合该标准附录 A.4 的规定。CMC 射频接口侧协议栈物理层包括：①DS TC Layer，下行传输汇聚子层，仅存在于下行方向，将 MAC 层帧适配到 MPEG-2 报文格式，符合 ETSI EN 302 878-2 V 1.1.1（2011-11）的规定；② Cable PMD，下行物理介质关联层，定义 CMC 和 CM 之间下行信道的射频电气特性和信号处理过程，符合该标准附录 A.3 的规定；③Upstream Cable PMD，上行物理介质关联层，定义 CMC 和 CM 之间上行信道的射频电气特性和信号处理过程，符合该标准附录 A.3 的规定。

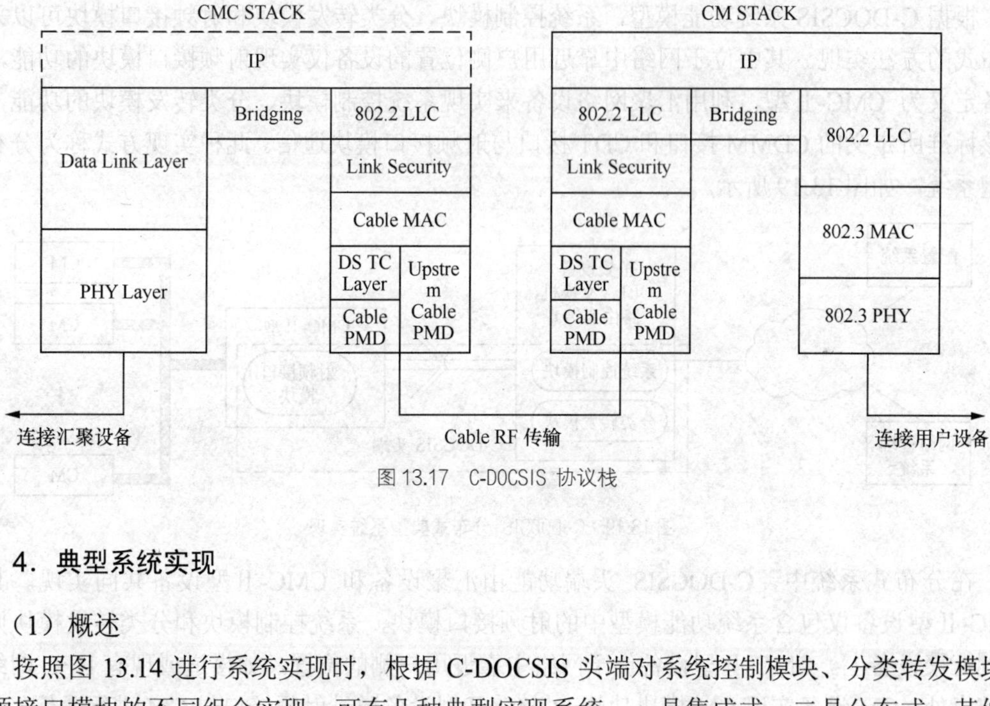

图 13.17　C-DOCSIS 协议栈

4．典型系统实现

（1）概述

按照图 13.14 进行系统实现时，根据 C-DOCSIS 头端对系统控制模块、分类转发模块、射频接口模块的不同组合实现，可有几种典型实现系统：一是集成式，二是分布式，其他实现可有由该标准附录 F 描述的系统。

（2）集成式典型系统

根据 C-DOCSIS 系统功能模型，该标准描述了一种集成式典型系统实现，如图 13.18 所示。在集成式系统中，将系统控制模块、分类转发模块和射频接口模块集成到一个设备中，该设备定义为 CMC-Ⅰ型，实现 C-DOCSIS 头端功能。CMC-Ⅰ型设备位于网络中靠近用户侧的位置，如楼道或现有 HFC 网络的光节点处。CM 设备实现用于对上下行业务数据进行接收和发送，对接入控制数据和管理控制数据进行接收和应答。CMC-Ⅰ型设备通过射频接口与CM进行通信，实现C-DOCSIS系统中同轴电缆网络通信的功能。CM设备与CPE设备连接，实现终端设备接入。CMC-Ⅰ型设备通过本标准规定的NSI接口，与汇聚网连接，实现本标准规定的数据流转发与业务映射。CMC-Ⅰ型设备利用汇聚网提供的IP通道通过本标准定义的OMI接口与配置系统及网络管理系统通信，实现配置和网络管理。CMC-Ⅰ型设备与策略服务器通信，实现动态业务流操作。

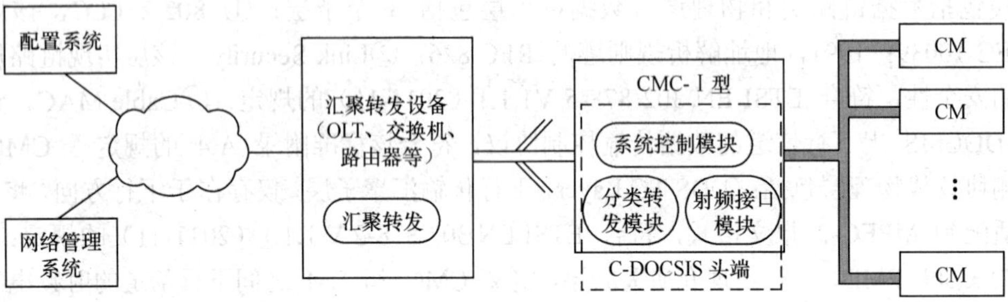

图 13.18 C-DOCSIS 集成式典型系统实现

（3）分布式典型系统

根据C-DOCSIS系统功能模型，系统控制模块、分类转发模块和射频接口模块可以采用分布式的方法实现。其中位于网络中靠近用户侧位置的设备仅实现射频接口模块的功能，该设备定义为CMC-Ⅱ型，利用汇聚网络设备来实现系统控制模块、分类转发模块的功能，通过该标准所定义的CDMM接口和CDT接口与射频接口模块通信。此种实现方式称为分布式典型系统，如图13.19所示。

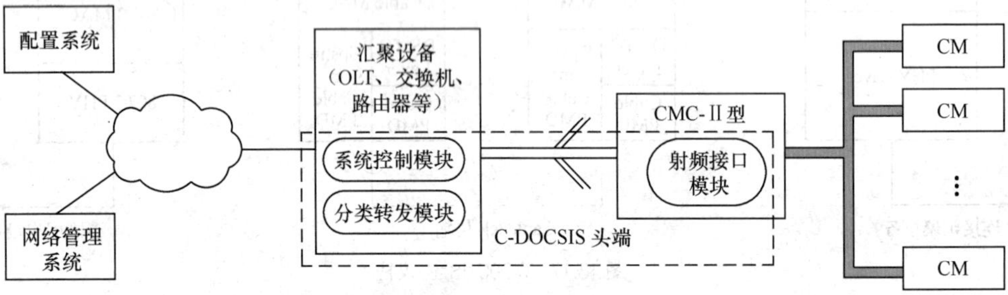

图 13.19 C-DOCSIS 分布式典型系统实现

在分布式系统中，C-DOCSIS头端功能由汇聚设备和CMC-Ⅱ型设备共同实现。其中CMC-Ⅱ型设备仅包含系统功能模型中的射频接口模块，系统控制模块和分类转发模块则集成到汇聚设备上。CMC-Ⅱ型设备位于网络中靠近用户侧的位置，如楼道或现有HFC网络的光节点处。CM设备实现CM模块功能。CMC-Ⅱ型设备通过射频接口与CM进行通信，实现C-DOCSIS系统中MAC和PHY层的功能。CM设备与客户端设备（Customer Premise Equipment，CPE）设备连接，实现用户设备接入。汇聚设备利用城域网提供的IP通道通过运维管理接口（Operation and Management Interface，OMI）与C-DOCSIS配置系统和网络管理系统通信，实现配置和网络管理；与策略服务器通信，实现动态业务流操作。在CMC-Ⅱ型设备和汇聚设备之间，通过C-DOCSIS数据格式标记（C-DOCSIS Data Tag，CDT）接口实现数据平面通信，通过C-DOCSIS管理消息（C-DOCSIS Management Message，CDMM）接口实现CMC-

Ⅱ型设备的集中式控制。分布式系统中，汇聚设备可以是 PON OLT、交换机或路由器等设备，相应地汇聚设备和 CMC-Ⅱ型设备之间的物理通道可以是 PON 光网络、千兆以太网等。

5. 系统的带宽

C-DOCSIS 头端应具备下行信道捆绑功能，支持至少 16 个下行信道的捆绑，支持配置下行信道捆绑的数量，如支持 4、8、12、16 数量的下行信道的绑定。在下行信道为 256QAM 调制方式时，系统支持 800Mbit/s 的下行传输带宽；在下行信道为 1024QAM 调制方式时，系统支持 1Gbit/s 的下行传输带宽。C-DOCSIS 头端应具备上行信道捆绑功能，支持至少 4 个上行信道的捆绑，支持配置上行信道捆绑的数量，如支持 2、3、4 数量的上行信道的绑定。在上行信道为 64QAM 调制方式时，系统支持 100Mbit/s 的上行传输带宽；在上行信道为 256QAM 调制方式时，系统支持 130Mbit/s 的上行传输带宽；C-DOCSIS 系统应支持基于信道连接的终端数量、流量负载或二者组合策略的负载均衡。

13.9.2 C-HPAV 系统技术规范

C-HPAV （China High Performance Advanced）系统技术规范是指由中国广电行业提出的 2013 年 8 月颁布的《基于 NGB 宽带接入系统的中国先进高性能同轴电缆宽带接入技术》（GY/T 269—2013），它是一种通过有线电视电缆高速传送数据的技术。该规范参考了 IEEE-1901：2010，并对 IEEE 1901：2010 做了调整与扩展，主要包括将系统工作频带范围规定为 7.6～65MHz，增加了可选的 4096QAM 调制方法和可选的 16/18FEC 信道编码率；定义了 CSMA/ TDMA 混合接入模式，规定了按业务优先级进行带宽分配的 TDMA 动态调度机制；简化了组网结构，应用了点到多点的双向接入网络结构；根据同轴电缆以太网（Ethernet over Coax，EoC） 接入网的需求扩展了对远端设备的管理方式。

1. 系统概述

C-HPAV 系统技术规范定义了 C-HPAV 系统的架构与总体要求，物理层、MAC 层的功能及其相关协议与数据接口，以及系统管理和维护的方法。其中，系统架构定义了 C-HPAV 系统的组成与架构，规范了系统的协议层次结构，并对系统参数进行了定义；总体要求定义了系统的功能要求、业务承载能力以及带宽要求；物理层定义了系统采用的工作频率、信道编码与调制方式、数据单元格式，以及发送端与接收端的电气要求；MAC 层定义了介质访问控制机制、控制面与数据面的运作机制，以及帧格式；系统管理及维护规定了网络注册流程、远端设备管理及维护方法、管理消息格式，以及系统的安全机制。

2. 系统架构与总体要求

（1）系统组网架构

C-HPAV 系统采用一点到多点结构的双向接入树形网络，如图 13.20 所示。其中的“一点”指的是 C-HPAV 系统头端（CLT），“多点”指的是用户端的多个系统终端（CNU）。在 C-HPAV 系统中，各 CNU 和 CLT 具有统一的网络标识符（NID）和网络成员密钥（NMK）。CLT 负责集中管理所覆盖网络中的 CNU。CLT 可与其所管理的各个 CNU 通信；CNU 只能和所属网络的 CLT 直接通信。C-HPAV 系统允许接入的最大 CNU 数量应不小于 32。

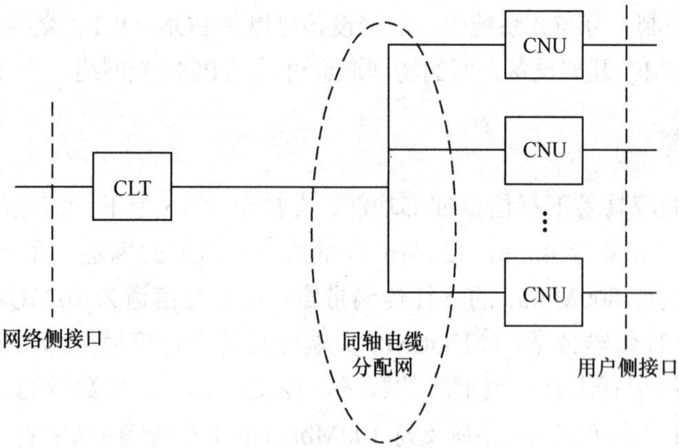

图 13.20 C-HPAV 系统网络架构

（2）系统协议框架

C-HPAV 系统协议层主要包括 MAC 层和物理层。MAC 层提供数据传输使用的信道访问方法，管理逻辑链路数据流，执行数据组包和发送，以及时间同步；物理层执行纠错编码、OFDM 符号映射，并产生时域波形。如图 13.21 所示，系统协议框架包括数据平面和控制平面。数据平面负责数据流的传输，控制平面负责网络建立及管理。各层之间通过服务访问点（SAP）进行交互。

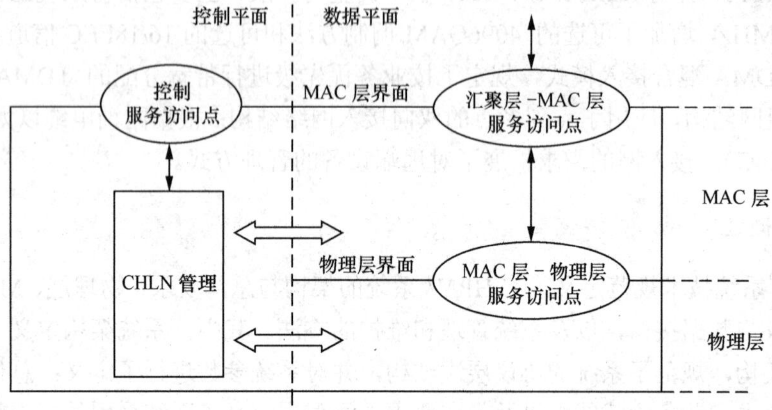

图 13.21 C-HPAV 系统协议框架

3. C-HPAV 物理层规范

物理层收发器原理框图如图 13.22 所示。

C-HPAV 的物理层应符合 IEEE 1901：2010 中所定义的 FFT-PHY 规范，可选支持该标准附录所规定的频谱扩展要求。它支持两种模式：一种为基本模式（Basic Profile， BP），工作频率范围为 7.6～30MHz，符合 IEEE 1901：2010 中 13.2.1 所给出的频谱规定；另一种为扩展模式（Extended Profile，EP），工作频率范围为 7.6～65MHz。物理层收发器原发送端的物理层有两个 FEC 编码通道，分别处理帧控制数据和有效载荷数据。帧控制数据的 FEC 编码通过 Turbo 卷积编码器和帧控制分集复制器进行处理；有效载荷数据的 FEC 编码由扰码器、Turbo 卷积编码器和交织器处理。以上两路 FEC 编码器的输出复用一个 OFDM 调制器，该调制器包含映射单元、反向快速傅里叶变换（IFFT）单元，循环前缀插入单元、符号交叠单元以及前导码插入单元，调制后的信号耦合到有线电视电缆进行传输。

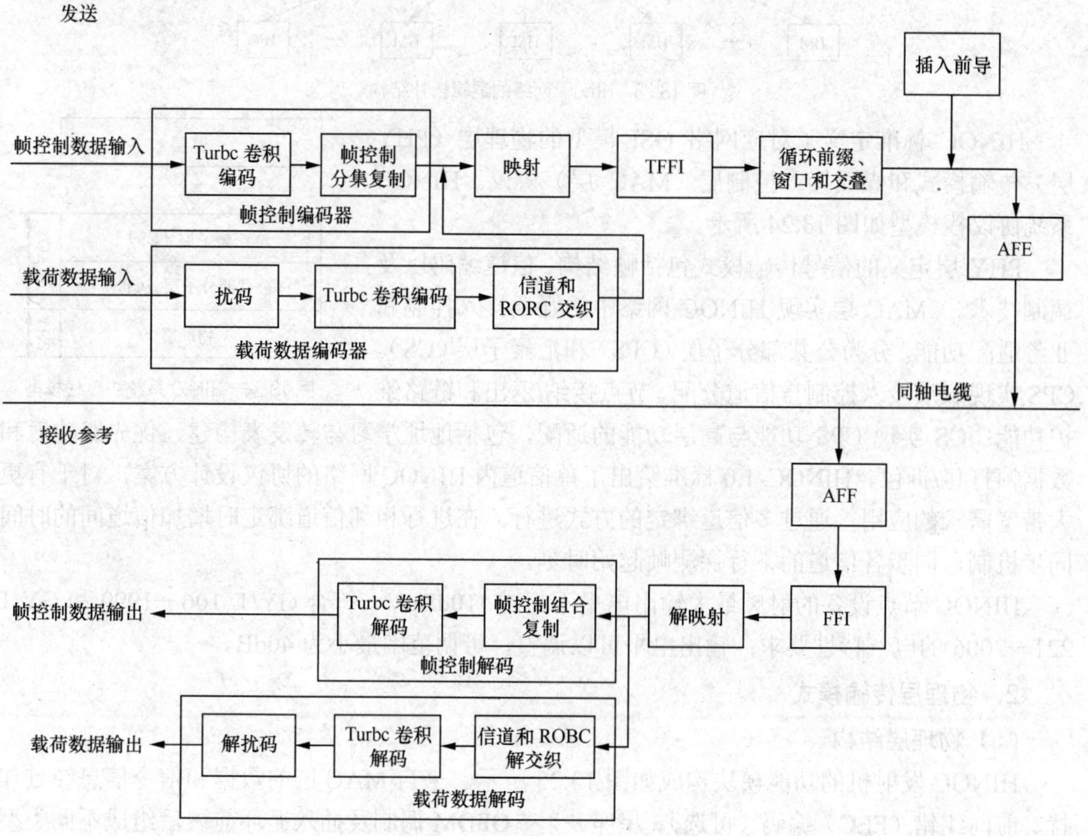

图 13.22　C-HPAV 物理层收发器原理框图

13.9.3　HINOC 技术规范

HINOC（High performance Network Over Coax）技术规范是指由中国广电行业提出的 2012 年 8 月颁布的《基于 NGB 宽带接入系统的中国高性能同轴电缆宽带接入网络技术》（GY/T 265—2012）。本标准规定了在 750～1006MHz 的频率范围内，高性能同轴电缆宽带接入网络（HINOC）的物理层传输模式以及媒质接入控制协议。该标准适用于利用有线电视同轴电缆实现高性能宽带接入的双向数字通信系统。

1．概述

HINOC 是一种利用有线电视网同轴电缆，实现高性能双向信息传输的宽带接入解决方案。HINOC 网络由 HINOC 网桥（HB）和 HINOC 调制解调器（HM）构成，网络最大覆盖距离为 100m，逻辑拓扑采用点到多点结构，如图 13.23 所示。单信道带宽为 16MHz，信道规划符合 GB/T 17786—1999 的要求；单信道内支持的最大用户数为 32 个，可选 64 个；支持多信道绑定；采用正交频分复用（OFDM）传输方式、时分双工（TDD）/时分多址接入（TDMA）双工/多址方式；支持动态带宽分配（DBA）、网络管理、VLAN 和组播/过滤功能。

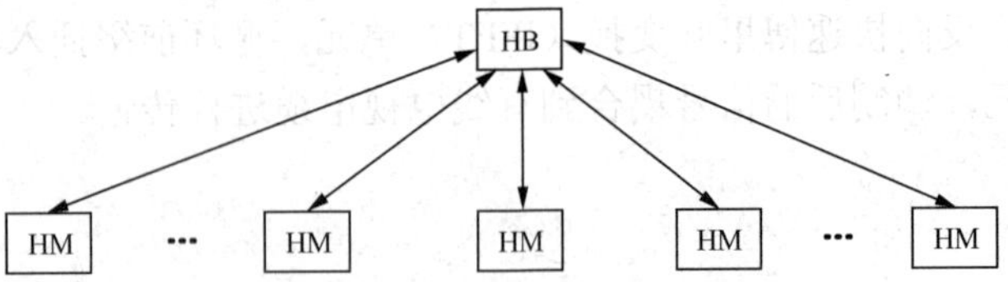

图 13.23 HINOC 网络的逻辑拓扑结构

HINOC 标准定义了对应网络 OSI 模型的物理层（PHY 层）传输模式和媒质接入控制层（MAC 层）协议。HINOC 系统协议栈模型如图 13.24 所示。

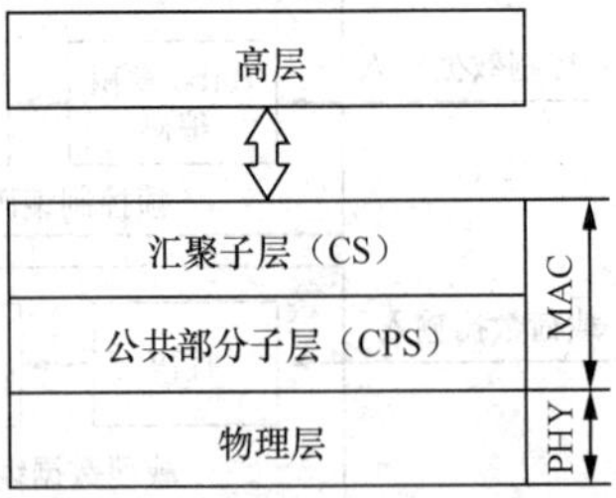

图 13.24 HINOC 系统协议栈模型

PHY 层定义的信号传输模式包括帧结构、信道编码以及调制技术。MAC 层实现 HINOC 网络中的媒质接入控制和业务适配功能，分为公共部分子层（CPS）和汇聚子层（CS）。CPS 实现媒质接入控制与信道分配、节点接纳/退出和链路维护功能；CS 实现 CPS 功能与高层功能的适配，包括地址学习与转发表构建、优先级映射和数据帧打包/拆包。HINOC 1.0 标准给出了单信道内 HINOC 网络的协议设计方案，对于有更大带宽需求的应用，通过多信道绑定的方式进行，在进行相邻信道绑定时增加信道间的时间同步机制，同步各信道的下行探测帧起始时刻。

HINOC 节点设备的射频最大输出电平不超过 110dBμV，符合 GY/T 106—1999 和 GY/T 221—2006 的电气特性要求；输出电平可以调整，可调范围最小为 40dB。

2．物理层传输模式

（1）物理层结构

HINOC 发射机的功能模块构成如图 13.25 所示。来自 MAC 层的数据和信令信息经过加扰、前向纠错（FEC）编码（可选）、星座映射、OFDM 调制及插入循环前缀后组成不同类型的帧，再经过基带到射频信号的变换，最后通过射频单元发射。扰码序列采用生成多项式为 $P(x)=1+x^{14}+x^{15}$ 的伪随机二进制序列，生成扰码序列的移位寄存器的初始相位为“010 0100 1101 1000”（由 bit15 至 bit1），在每个帧的起始时刻进行初始化。输入的比特数据与扰码序列逐位模二相加后得到随机化输出数据。FEC 编码可采用参数分别为（508，472）、（504，432）和（392，248）的 BCH 截短码。星座映射可采用 DQPSK、QPSK、8QAM、16QAM、32QAM、64QAM、128QAM、256QAM、512QAM、1024QAM 十种映射方式。OFDM 调制的子载波数目为 256 个，子载波间隔为 62.5kHz。单信道频带两侧及零频处的子载波为空闲子载波，不传输信息；其他子载波为有效子载波，用于传输信息。有效子载波数目为 210 个，有效带宽为 13.125MHz。OFDM 符号由循环前缀（CP）和 OFDM 数据体构成，循环前缀长度 T_{CP} 为 1μs，OFDM 数据体长度 T_U 为 16μs，OFDM 符号长度 T_s 为 17μs。插入循环前缀的方法是将 OFDM 调制输出的 256 个时域信号的最后 16 个数据（1μs）复制至其前端，作为 OFDM 符号的循环前缀。

图 13.25 HINOC 发射机功能框图

（2）物理层帧结构

物理层帧分为下行探测帧（P_d 帧）、上行探测帧（P_u 帧）、下行数据帧（D_d 帧）和上行数据帧（D_u 帧）。物理层帧由前导序列和负载段两部分组成。

（3）频谱模板

在信道带宽为 16MHz 条件下的频谱模板如图 13.26 所示。要求在相对中心频率±8MHz 处的衰减为-50dB，在相对中心频率±9.40625MHz 处的衰减为-60dB。

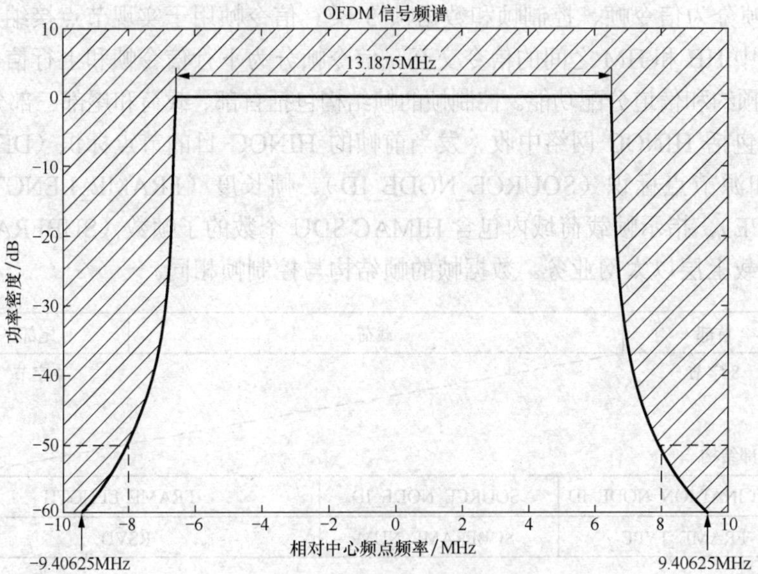

图 13.26　HINOC 物理层频谱模板

3．媒质接入控制协议

（1）MAC 层结构

HINOC MAC 层（HIMAC）分为汇聚子层（CS）和公共部分子层（CPS）。CS 实现 CPS 功能与高层功能的适配，包括地址学习与转发表构建、优先级映射和数据帧打包/拆包；CPS 实现媒质接入控制和信道分配，以及节点接纳/退出和链路维护功能。HINOC MAC 层结构如图 13.27 所示。

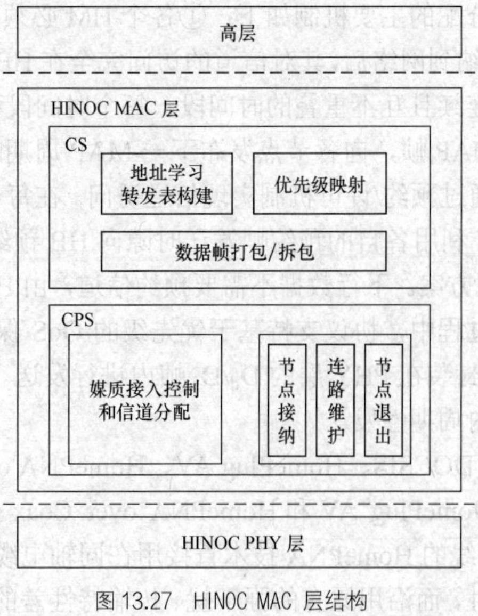

图 13.27　HINOC MAC 层结构

来自高层的以太网帧首先进入 CS 子层，进行优先级映射后，对相同优先级的数据帧打包，根据构建的地址转发表封装成 HIMAC 数据帧；CPS 采用基于预约/许可的媒质接入控制和信道分配机制，对 HIMAC 数据帧进行转发，实现 HB 和 HM 之间的数据传输。

（2）MAC 层帧类型

HIMAC 帧分为信令帧、控制帧和数据帧 3 类。信令帧用于实现节点接纳、节点退出和链路维护过程中 HB 和 HM 之间的信令交互。信令帧分为下行信令帧和上行信令帧。控制帧用于实现信道预约和信道分配功能。控制帧的帧结构包括首部、载荷和尾部三部分，如图 13.28 所示。帧首部包括 HINOC 网络中收、发当前帧的 HINOC 目的节点标识（DESTINATION_NODE_ID）和源节点标识（SOURCE_NODE_ID）、帧长度（FRAME_LENGTH）、帧类型（FRAME_TYPE）、指示帧载荷域内包含 HIMAC SDU 个数的子帧数（SUBFRAME_NUM）。数据帧用于承载上层以太网业务。数据帧的帧结构与控制帧相同。

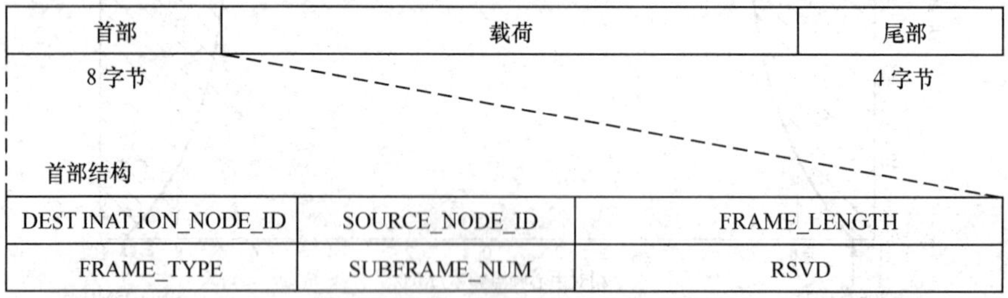

图 13.28 HINOC 控制帧和数据帧的帧结构

（3）汇聚子层

汇聚子层（CS）的功能是负责接收高层的协议数据单元（PDU），并将高层 PDU 映射到 CPS，以及进行相反方向的转换操作。高层 PDU 为以太网 MAC 帧（EMAC 帧）。CS 实现的具体功能是地址学习与转发表构建、优先级映射和数据帧打包/拆包。地址学习与转发表构建就是建立高层 PDU 地址与 HINOC 网络节点地址的映射关系。

（4）公共部分子层（CPS）

媒质接入控制和信道分配的主要机制如下：①各个 HM 必须先接纳到 HINOC 网络后，才能访问信道；②HM 被接纳到网络后，其对信道的访问完全在 HB 的集中控制下进行；③ HB 将信道划分为在时间轴上连续且互不重叠的时间段，每个时间段称为一个 MAP 周期。在每个 MAP 周期中 HB 发送 MAP 帧，向各节点发布下一 MAP 周期的起止时刻以及该周期内的信道分配方案。④各 HM 通过预约/许可机制实现信道访问。在每个 MAP 周期内，HB 为 HM 分配预约帧发送时隙，HM 利用各自的预约帧发送时隙向 HB 预约信道。HB 收到预约帧后，通过 MAP 帧发布信道分配方案。下行数据不需要预约信道，由 HB 直接在 MAP 帧中规定发送时隙。⑤在信道分配的过程中，协议支持基于优先级的 QoS 保障。⑥MAC 层的所有预约帧、MAP 帧和数据帧，均封装在 PHY 层的 D_d/D_u 帧内进行发送。⑦MAC 层下/上行信令帧，封装在 PHY 层的 P_d/P_u 帧内周期性发送。

HINOC 类似技术包括 DOCSIS、HomePlug AV、HomePNA over Coax、MoCA 等国外组织或者联盟提出的技术。HomePlug AV 和 HomePNA over Coax 是将原来分别用于电力线的 HomePlug 技术和基于电话线的 HomePNA 技术直接用在同轴电缆上，其主要问题是未充分考虑同轴电缆良好的传输特性，而沿用原有的强干扰、传输特性差的电力线环境下的系统参数，导致系统传输效率不能得到有效提高，并且其通信频段主要集中于低频段，可使用的频段资源较少。MoCA 的主要问题：第一，设计带宽为 50MHz，不能适应我国电视频道带宽为 8MHz 的要求；第二，要求 50MHz 的相邻频带不可以使用，导致系统的效率很低；第三，它是针对家庭网络而设计的，不完全适于宽带接入的应用需求。

HINOC 技术优势：首先 HINOC 技术是针对同轴电缆应用环境设计的，充分考虑了同轴电缆良好的传输特性。同轴电缆的信道特性与无线信道相比，同轴传输衰耗小、时变缓慢，具有很强的时不变性，因此完全没有必要像无线信道那样，每传输一个数据包，都要在包头或中间加上识别和训练开销，而是用很短的帧来完成这个工作。同轴电缆的信道特性非常适合采用“分布式信道均衡”技术和支持自适应调制的高阶调制 OFDM 体制。HINOC 的频谱利用率很高，物理层达到 7bit/s/Hz，MAC 层也达到了 4bit/s/Hz，低频段（8~32MHz）、高频段（200~1000MHz）双模兼容。其次，使用带宽为 8MHz 的整数倍，可以填补我国现有有线电视系统从模拟转向数字过程中空闲的 8MHz 电视频道，符合中国国情。再次，HINOC 系统相邻信道干扰小，信道之间隔离度好，相邻信道能够同时使用。最后，HINOC 商用后的成本会大大低于市场现有产品。可以说 HINOC 技术不是简化版的 MoCA，也和其他脱胎于家庭联网的 EoC 技术不同。HINOC 是专门针对同轴电缆开发的拥有我国自主知识产权的通信体制，无论是在 MAC 层，还是在物理层，都努力做到完美契合同轴特性，力求将 HFC 最后 100m 的潜力挖掘到最大。

13.10 基于 NGB 的宽带接入网技术发展

积极推进国标的国际化进程。HINOC 标准已在国际电信联盟（ITU-T）第 9 研究组（SG9），也就是宽带有线和电视（Broadband cable and TV）研究组立项，其业务需求文件也被批准为标准文件。对于 C-DOCSIS 标准，一部分以 DOCSIS 3.0 3 个新增附录形式成为 DOCSIS 3.0 国际标准，一部分独立成为 DOCSIS 标准族的标准。C-DOCSIS 标准组与美国 CableLabs 达成共识，共同推动 C-DOCSIS 标准成为欧洲 ETSI 标准和 ITU 国际标准。

积极推进相关产品产业化发展。目前产业方面，基于 NGB 宽带接入三个标准的芯片、前端和终端产业已开始广泛部署。目前已启动 NGB 宽带接入 2.0 工作，推动 NGB 宽带接入持续演进发展。HINOC-2.0 已基本成型，双工方式仍采用 TDD，单信道带宽为 128 MHz；为了提高频谱利用率和资源分配灵活度，多址方式采用 OFDM/TDMA；用户数为 64 个；调制方式为自适应调制，最高 4096QAM；采用 BCH 或 LDPC 编码，编码速率为 0.5 和 0.83 可选；OFDM 子载波间隔为 125kHz，FFT 点数为 1024，有效子载波数为 960，循环前缀长度为 FFT 点数的 1/16 或 1/8 或 1/4 可选。该技术方案中物理层分为四种帧：下行探测帧（P_d 帧）、上行探测帧（P_u 帧）、下行数据帧（D_d 帧）和上行数据帧（D_u 帧）。物理层探测帧用于承载 MAC 层信令帧数据，物理层数据帧用于承载 MAC 层数据帧和控制帧等。该技术方案利用物理层周期性发送的下行探测帧（P_d 帧）或者上行探测帧（P_u 帧）来完成全网的时间同步。在 P_d 帧与 P_u 之间的时隙内，上/下行数据帧（D_d/D_u）按照 MAC 层调度信息实现 TDD 的双工模式以及 TDMA 的信道复用。HINOC-2.0 前向兼容 HINOC 1.0 系统并有针对性的改进：沿用“分布式信道均衡”技术；沿用 P_d/P_u 接纳/维护流程框架；增加导频和上行接入/报告时隙来提高系统性能。HINOC-2.0 增加的新功能：报告—授权机制，灵活简单的信道分配和丰富可定制动态带宽分配（DBA）算法；OFDMA 方式的 R_u 帧并行上行报告，简单高效；支持数据帧后打包和分片，提高吞吐量和传送效率；把信道划分为“基本子信道”+“扩展子信道”，灵活适配多类型终端和提高可扩展性；支持测距和时延补偿，提高协议效率；可选支持 ARQ，提高传输可靠性；可选支持扩展信息子帧，提供协议可扩展性。C-DOCSIS 和 C-HPAV 的 2.0 工作也已启动。

可下载条件接收技术实现产业化。终端作为最贴近用户的入口，标准化发展也成为整个 NGB 标准发展的重点。TVOS+DCAS+NGB 终端中间件技术，有效解决终端标准化问题。

同轴电缆透传以太无源网络（Ethernet Passive Network over Coax，EPoC）的国际标准 IEEE-802.3bn 的制定已经起步。以太无源光网（1/10GE-PON）已经铺设到楼，若把它的物理层适配到同轴电缆，就可以用最经济的方式实现从局端到家庭终端的端到端的 IP/以太连接，建成每户速率高达 100Mbit/s 的下一代接入网。EPoC 研究的热点有如下几个方面。

1．高效的射频数字调制/解调方式

虽然同轴电缆网络频带宽阔（5～1100MHz），但在广播电视（模拟电视、数字电视）、互动电视、Cable Modem 数据等业务已经占据相当带宽的前提下，要承载高速数据业务，必须依赖频谱效率很高的数字调制方式，达到平均 10bit/s/Hz。为此要研究下行 4096QAM、上行 1024QAM 调制的正交频分复用（OFDM）或相当的小波滤波子带复用（Wavelet-SDM）制式，并采用自适应比特加载控制方式。

2．新型前向纠错编解码

低密度奇偶校验码（LDPC）等的性能探讨、参数选择与物理实现。

3．二维调度动态带宽分配

EPoC 的上行媒质访问控制将采用正交频分多址/时分多址（OFDMA/TDMA）协议。不同的 CNU 可以使用不同的子载波，在不同的时隙发送上行数据帧。CLT 对它们的业务调度和带宽分配可以发生在频率和时间两个维度。实现频率/时间二维调度在技术上还是空白，需要发明基于频率/时间二维调度的动态带宽分配（DBA）算法。

4．统一的网络管理

从网络营运商的角度考虑把 EPON 和 EPoC 纳入一个统一的、端到端的网络管理系统中。将运用 IEEE 802.3.1 以太网 MIB（管理信息库）国际标准，开发基于 SNMPv2c 的 FTTB/H 网络管理系统，包括上述新技术电路的 FPGA 实现，开发同轴线路终端（CLT）、光纤同轴转换单元（OCU）、同轴网络单元（CNU）产品，进行 EPoC 网络应用示范。

13.11 有线数字电视网络建设

13.11.1 单向广播网络

有线电视广播网络是一个点到多点的网络，它由三大部分组成：一个总前端和若干个分前端、一级和二级光纤干线网、接入网。一级光纤干线网通常采用环形网结构，二级光纤干线网一般采用树形、星形网结构。城市范围太大时，二级光纤干线网也可由环形网组成，这时要求构建第三级光纤网，通常采用树形、星形网结构，如图 13.29 所示。

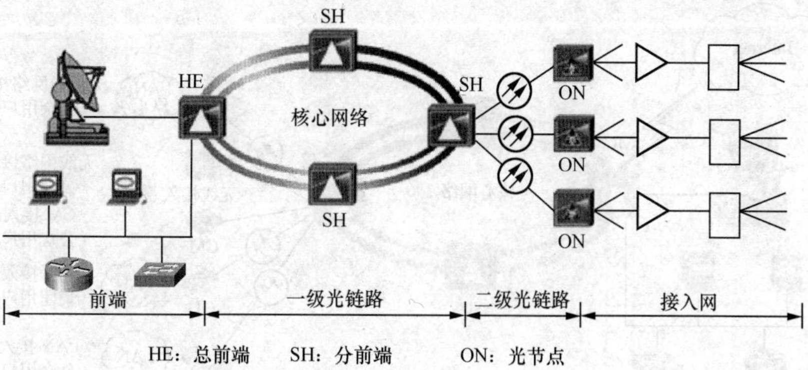

图 13.29 有线数字电视单向广播网络模型

1. 单向广播网络建设原则

现有广播网如果为 860MHz 带宽的，保持不变。原有广播网如果为 750MHz 带宽的，短期内可保持不变，逐步向 860MHz 带宽过渡。原有广播网如果为 750MHz 以下带宽的，应直接改造为 860MHz 带宽。

新建广播网络要求 860MHz 带宽。无源同轴电缆网要求按 1GHz 带宽建设。建议每 3 万户设一分前端。广播网连接总前端和各分前端的一级光链路采用 1550nm 的环网或带保护路由的 1550nm 光传输，二级光链路以 1310nm 光传输为主。二级光链路改造建议：光纤到小区，分前端采用统一的小功率光发射机低分光比（推荐平均分光比 1:4）分配后传送至光节点，分前端至每个光节点应布放不低于 4 芯 G.652 光纤。光纤到楼，分前端采用统一的大功率光发射机传送至小区光分配点，高分光比（推荐平均分光比 1:8）分配后传至光节点。从分前端至小区光分配点布放的光缆芯数建议等于分前端所带楼栋数，并留有 20%的纤芯余量（例如，某小区光分配点覆盖 10 栋楼，500 户规模，分前端至小区光分配点应配置 12 芯光纤），小区光分配点至每个光节点应布放不低于 4 芯 G.652 光纤。根据未来业务发展，提倡光纤到楼，光站直接带用户，对于确有需求的用户，可以实施光纤到户。一般情况下，建议每个光节点带用户数为 50～200 户。对采用 CMTS 技术的网络及特殊用户，建议每个光节点带用户数不大于 500 户，光节点下带一级放大器，光站及放大器采用集中供电方式。

2. 网络管理

广播网络光传输系统设备包括光发射机、光放大器、楼栋光接收机，均应支持基于以太网接口的 SNMP 网管功能。网管通信协议应遵循国标“GB/T 20030—2005《HFC 网络设备管理系统规范》”。设备应答器 MIB 遵循网管系统国标规范的定义。

13.11.2 双向网络

有线电视双向网络也是一个点到多点的网络，从网络层面看，由核心层网络、汇聚层网络、接入层网络三大部分组成。从网络物理结构看，双向网络由一个主中心和若干个分中心、一级光纤干线网和二级光纤干线网以及接入网络组成。双向网络模型如图 13.30 所示。

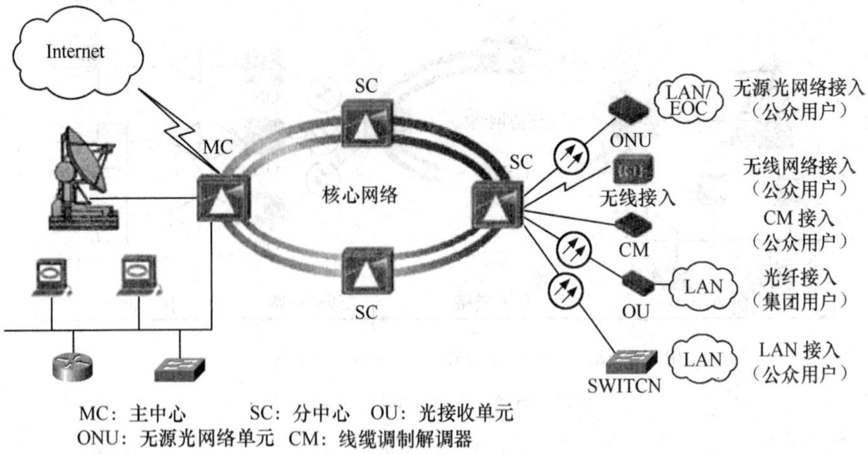

图 13.30 有线数字电视双向网络模型

下面分别简要阐述 FTTB+EPON+LAN、FTTC+EPON+EOC、FTTC+CMTS 三种双向网络改造方案。

1．光纤到楼、五类线入户方案

光纤到楼、五类线入户（FTTB+EPON+LAN）方案要点如下。

（1）适用网络

原有网络状况较差，入户线需改造，预期每用户平均收入（Average Revenue Per User，ARPU）值较高的地区和新建网络。

（2）组网方案

采用“光纤到楼、双网覆盖、光机直带用户、点对多点连接”的网络结构。双向网络采用基于 EPON 的点对多点光以太网传输技术，楼栋至用户采用五类线方式。网络拓扑结构为“环-星”形，组网示意图如图 13.31 所示。

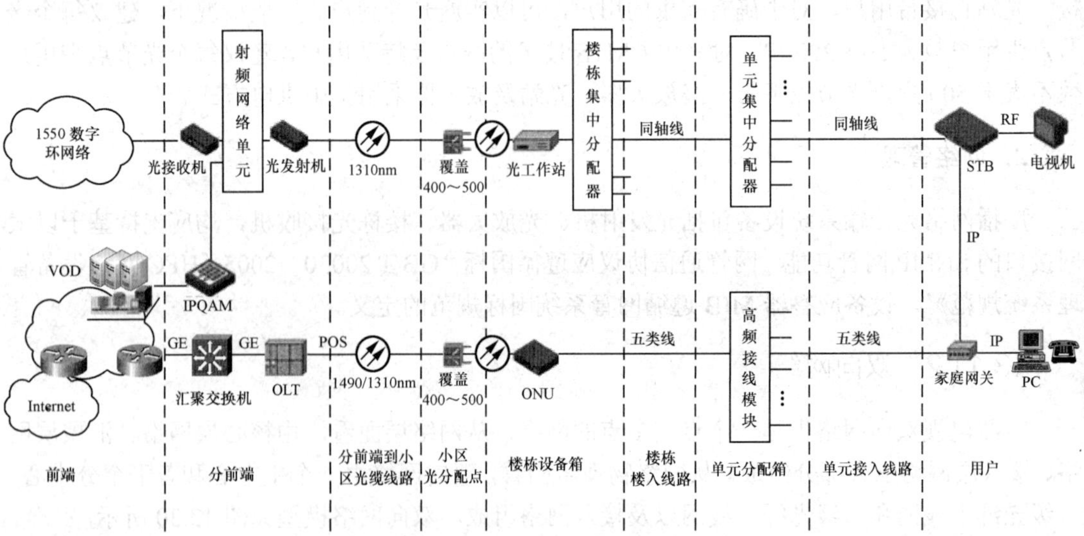

图 13.31 光纤到楼、五类线入户（FTTB+EPON+LAN）方案模型

各部分结构分别描述如下：分前端部署汇聚交换机和OLT等设备，提供双向数据业务信号。分前端至小区接入线路，平均距离为3000～5000m。小区接入点放置光交接箱，在交接箱内对主干光缆和小区分配网光缆进行接续、分配和调度。楼栋接入点放置楼栋设备箱，箱内配置ONU，楼栋接入点覆盖用户数平均为50户。楼栋接入点至用户终端线路采用五类线敷设，接入距离应小于80m。家庭网关用于为用户提供多端口数据业务接口。

（3）光纤和波长配置

端口线，采用G.652标准单模光纤。双向网络利用一根光纤，分别选用1490nm、1310nm波长进行数据信号传输。

（4）网络管理

EPON系统网管功能支持对OLT和ONU的配置、故障、性能、安全等管理功能。OLT的操作管理和维护功能通过EPON网元管理系统进行。OLT的网络管理功能应支持SNMP协议和IEEE-802.3：2005中规定的OAM功能。ONU的操作管理和维护功能采取本地管理和远程管理两种方式。

（5）网络特点

FTTB+EPON+LAN方案特点是性能高、千兆到楼、百兆入户、可靠性高、建设和维护成本低、完全满足互动新媒体网络的要求，有利于向FTTH演进。其作为新建网络统一标准和网络改造的优选标准。

（6）用户带宽优化

目前EPON是光纤到户/大楼/路边（FTTH/FTTB/FTTC）的普遍解决方案。考虑EPON技术用户带宽优化路线如下：鉴于建设初期用户较少的因素，可考虑OLT的PON口用大分光比的光分路器连接ONU，实现广覆盖。远期用户带宽需求更高时可再进行网络优化提速，以尽量不更改用户端设备、保护线路投资为原则，缩小分光比，并适当增加OLT的PON口或者升级为10G EPON。所有ONU和用户端设备保持不变。

2．光纤到小区、同轴缆入户方案

光纤到小区、同轴缆入户（FTTC+EPON+EOC）方案要点如下。

（1）适用网络

干线网络改造工程量较大，用户接入段改造难度较大（入户难），同轴电缆网传输距离较远、网络状况较好的地区。

（2）组网方案

双向网络分前端至小区接入点采用EPON技术，小区接入点后采用EOC技术。网络拓扑结构为“环-星”形，光站输出带一级电放大器或直接覆盖用户。光节点覆盖用户数范围为500户以内。组网示意图如图13.32所示。

各部分结构分别描述如下：分前端部署汇聚交换机和OLT等设备，提供双向数据业务信号。分前端至小区接入线路占用2芯光纤（其中双向数据网占用1芯光纤）。小区接入点放置ONU和EOC头端。楼栋接入点放置楼栋设备箱，箱内配置楼栋放大器和EOC旁路器或EOC有源延长器。EOC终端向用户提供数据业务。

（3）光纤和波长配置

方案采用 G.652 标准单模光纤。双向网络利用一根光纤，分别选用 1490nm、1310nm 波长进行数据信号传输。

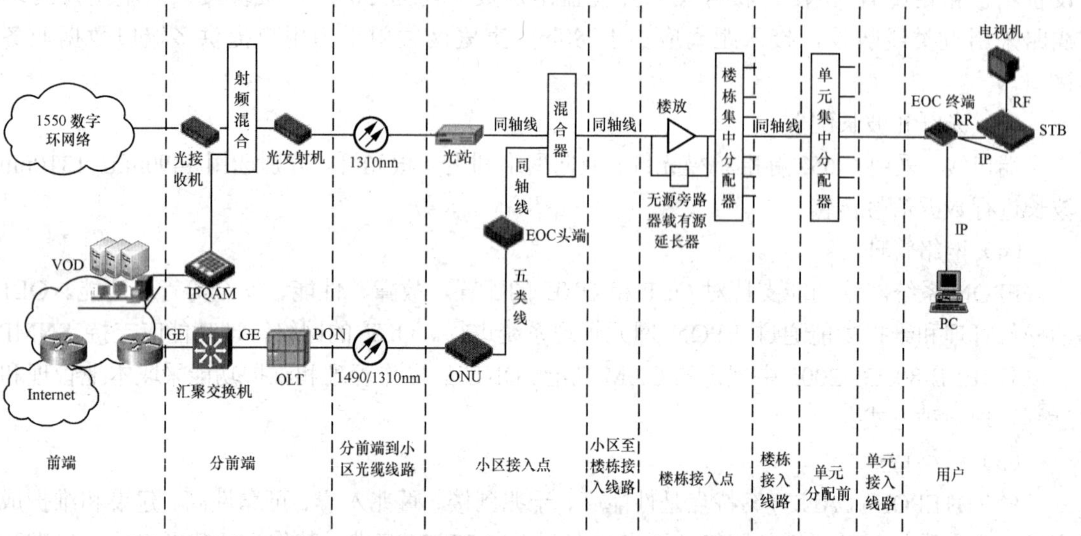

图 13.32　光纤到小区、同轴缆入户（FTTC+EPON+EOC）方案模型

（4）网络管理

EPON 系统网管功能支持对 OLT 和 ONU 的配置、故障、性能、安全等管理功能。OLT 的操作管理和维护功能通过 EPON 网元管理系统进行。OLT 的网络管理功能应支持 SNMP 协议和 IEEE-802.3：2005 中规定的 OAM 功能。ONU 的操作管理和维护功能采取本地管理和远程管理两种方式。EOC 系统网管功能支持对 EOC 头端和终端的配置、故障、性能、安全等管理功能。EOC 头端的操作管理和维护功能通过 EOC 网元管理系统进行。EOC 头端的网络管理功能应支持 SNMP 协议。EOC 终端的操作管理和维护功能采取本地管理和远程管理两种方式。

（5）网络特点

方案可以充分利用现有的同轴电缆资源，实现网络的快速双向化改造，改造工程量小，成本低。

（6）用户带宽优化

考虑 EPON 技术用户带宽优化路线如下：鉴于建设初期用户较少的因素，可考虑 OLT 的 PON 口用大分光比的光分路器连接 ONU，实现广覆盖。远期用户带宽需求更高时可再进行网络优化提速，以尽量不更改用户端设备、保护线路投资为原则，缩小分光比，并适当增加 OLT 的 PON 口即可。所有 ONU 和用户端设备保持不变。10G EPON 标准于 2009 年发布，能够提供带宽为 10Gbit/s 的 PON 口。EOC（Ethernet Over Cable）是基于有线电视同轴电缆网使用以太网协议的接入技术。EOC 分为基带传输方式（无源 EOC）和调制传输方式（有源 EOC）。有源 EOC 根据调制技术不同，物理层速率为 54Mbit/s，最大可至 270Mbit/s。有源 EOC 包括 EOC 头端、旁路器和 EOC 终端。考虑有源 EOC 技术用户带宽优化路线如下：每个 EOC 头端允许并发用户数有限，在网络改造初期，可将 EOC 头端布置在光节点上，实现广覆盖。随着用户并发数提高，可将 EOC 头端设备下移靠近用户，以满足不断增长的业务需求。

3．光纤到小区、电缆调制入户方案

光纤到小区、电缆调制入户（FTTC+CMTS）方案要点如下。

（1）适用网络

严格按双向 HFC 网络标准设计和建设的网络。

（2）总体组网方案

采用基于 CMTS 技术的双向化改造技术。分前端部署机房反向光接收机、搭建反向射频混合线路；增加光节点和放大器的反向模块；开通光节点至机房的 1310nm 反向光链路，在所有覆盖用户门头增加高通滤波器；配置机房 CMTS 设备，完成系统开通。网络拓扑结构为“环-星”形，光站输出带一级电放大器或直接覆盖用户，电缆网络采取“双向传输、集中接入”的原则设计。光站和放大器（可选）均需要配置回传模块。光节点覆盖用户数范围为 500 户以内。组网示意图如图 13.33 所示。

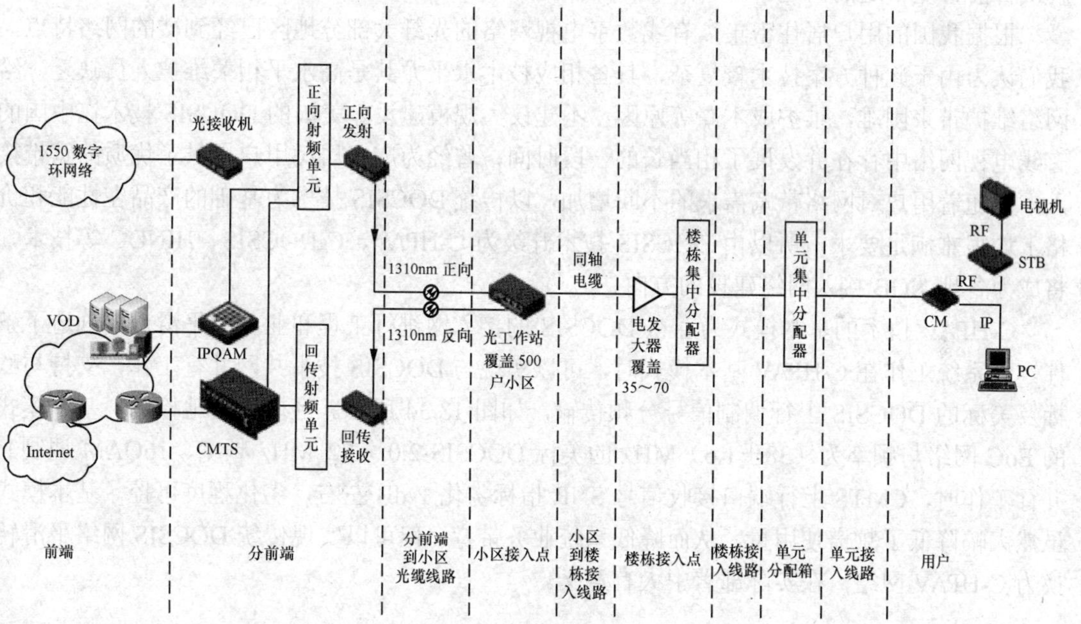

图 13.33　光纤到小区、电缆调制入户（FTTC+CMTS）方案模型

各部分结构分别描述如下：分前端部署汇聚交换机和 CMTS 头端等设备，提供双向数据业务信号。分前端至小区接入线路占用 2 芯双向光纤。小区接入点放置光站，实现正向和回传的 1310nm 波长光信号进行光电和电光转换。楼栋接入点放置楼栋设备箱，箱内可配置电放大器。用户信息终端部署数字机顶盒接收广播式或交互式数字电视信号，并可通过 Cable Modem 向用户提供数据业务。

（3）光纤和波长配置

采用 G.652 标准单模光纤。分前端以下采用 1310nm 波长，正向和回传各占用 1 芯光纤。

（4）网络管理

CMTS 系统设备应支持 SNMP 网管功能。

（5）网络特点

该方案充分利用现有同轴电缆资源，入户施工难度小，可实现快速改造，但对 HFC 网络要求高，整改难度较大，后期带宽升级空间小，不能满足下一代广电网络的需求。其性能适中、可靠性低、成本较高，仅适用于已经严格按双向 HFC 网络标准设计和建设的网络。

（6）用户带宽优化

CMTS 系统是基于 DOCSIS 标准来设计的，系统主要由前端设备 CMTS 和 Cable Modem 组成。CMTS 技术目前已成熟应用的是 DOCSIS-2.0 协议标准，可达到下行 38Mbit/s、上行 30Mbit/s 带宽（共享方式）。考虑 CMTS 技术用户带宽优化路线如下：随着用户带宽需求提高，可将 CMTS 头端设备下移靠近用户来扩展用户带宽。CMTS 技术正在向 DOCSIS-3.0 协议标准发展，通过捆绑 4 个频道，实现下行 160 Mbit/s、上行 120 Mbit/s 带宽（共享方式），解决目前带宽不足的问题。

根据我国的用户居住密集，有线数字电视网络的光纤大部分地区已经到楼的网络特点，我们认为由于此种方案技术较复杂，具备相应技术水平尤其是高水平相关维护人员缺乏，给网络维护带来困难，维护成本高等原因，不建议大规模建设。美国的 DOCSIS 技术在中国的有线电视网络中存在并发展了相当长的一段时间，曾经为广大居民用户提供了优质的宽带接入。但随着用户对网络带宽需求的不断增加，以传统 DOCSIS 技术为基础的产品在性能和价格上均很难满足要求，所以由 DOCSIS 技术升级为 C-HPAV、C-DOCSIS、HINOC 等技术，将成为各地 NGB 接入网络建设的方向。

C-HPAV 技术的基本模式为存在 DOCSIS 的接入网进行工程和业务的平滑过渡创造了条件。当系统工作在 C-HPAV 基本模式时，可以实现与 DOCSIS 技术共网并行工作，支持与欧标及美标的 DOCSIS 上行调制信号分频传输，如图 13.34 所示。经现网实地检测，基本模式的 EoC 网络与频率为（38±1.6）MHz 的美标 DOCSIS-2.0（3.2 MHz 频宽、16QAM 调制）并行工作时，CMTS 上行端口接收信号 SNR 指标劣化 1 dB 左右，劣化程度可控。基本模式虽然大幅降低了频谱使用量，从而降低系统业务带宽，但可以实现传统 DOCSIS 网络平滑转换为 C-HPAV 网络，在实际部署中大有意义。

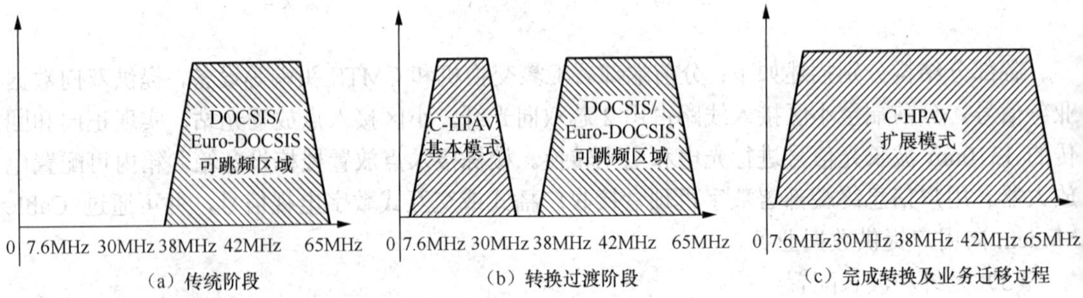

图 13.34 DOCSIS 向 C—HPAV 过渡过程示意图

13.11.3 射频叠加的视频组网

在电话、数据、电视三大类信号中，电视信号占据的频带最宽，但人们生活中最需要它。如果光纤接入网不传送电视信号，FTTP 就失去了必要性。视频传送的方法分成两类：IP 载送的视频（Video over IP）和射频叠加的视频（RF overlay）（RF-TV（CATV））。RF-TV 是模拟和数字视频广播。采用对射频副载波的高效调制方式，一个 8 MHz 的有线电视频道可传 1 套模拟电视节目、6～9 套标准清晰度数字电视（DTV）节目或 2 套 HDTV 节目（MPGE-2，64QAM），利用整个 800MHz 的 CATV 频段超过 5.2Gbit/s 的视频数据能够被广播到每个家庭。RF-TV 叠加网能够同时携带 250 多个 MPEG-2 视频流进入每个家庭，用户通过 RF 机顶盒收看。这种广播方式的经济性是 IP-TV 无法比拟的。只有光纤才能提供 RF overlay 所需要的巨大带宽。RF overlay 是一个单向广播网，它的优点在于带宽有效性、成熟性、对调制格式透明（既可传模拟视频，又可传数字视频）、可标度性和灵活性，因此在建立 FTTH 光纤接入网时必须把 RF-TV 集成进去。

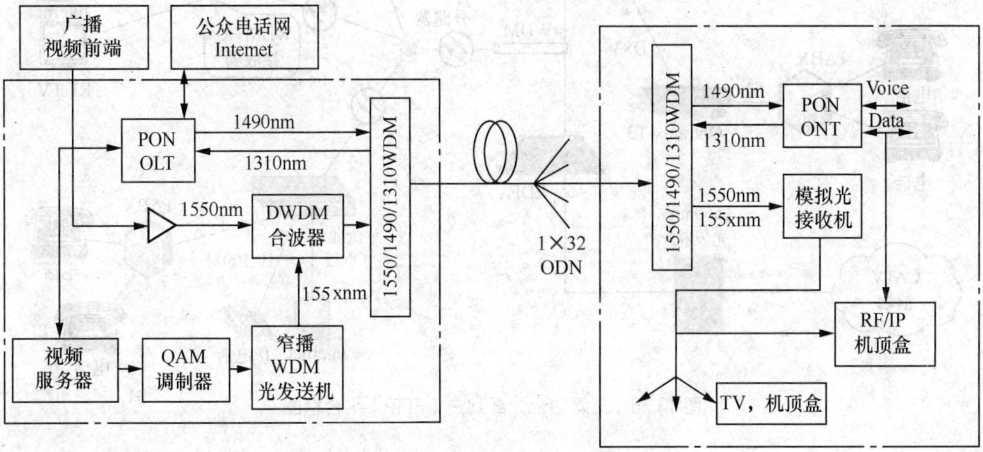

图 13.35 RF overlay EPON 的结构

RF overlay EPON 的结构形式如图 13.35 所示。EPON 数据通道工作于（1490±20）nm（下行）和（1310±100）nm（上行）波长，而 RF-TV 通道工作于（1550±20）nm 波长。在 OLT 端携带 CATV 射频信号的下行 1550nm 光波经掺铒光纤放大器（EDFA）放大后与窄播 DWDM 信号汇合，再通过 1550/1490/1310nm WDM 合波器与数据通道复用在一起。经 PON 结构传送后，在 ONT 端用 1550/1490/1310nm WDM 分波器分出 1490/1310nm 数据光波和 1550nm 广播光波/155*x* nm 窄播光波，后者再用模拟光接收机接收，还原射频信号，供机顶盒和电视机使用。在图 13.35 中 IP 网络和 RF 网络本质上的优点被最大限度地利用起来。射频网络携带所有广播视频业务，包括传统模拟和数字广播（含预定业务、按次付费和高清晰度内容）；IP 网络用在交互式、定向的业务，如具备实时暂停、快速前放和倒转功能的视频点播。网络的带宽按如下原则最佳化：把高带宽的广播内容安排在 RF 网络，把 IP 网络的带宽空出来留给定向的视频业务和待定义的将来应用。总之模拟和数字射频技术补充了 IP 技术，为视频传送创造了一个如图 13.36 所示的 RF overlay 无源光网最佳的网络接入平台。这个“triple play”方案的关键设备是混合数字 RF/IP 机顶盒，它为用户提供了从广播（数字 RF）视频到定向（IP）视频无缝转移的可能性。

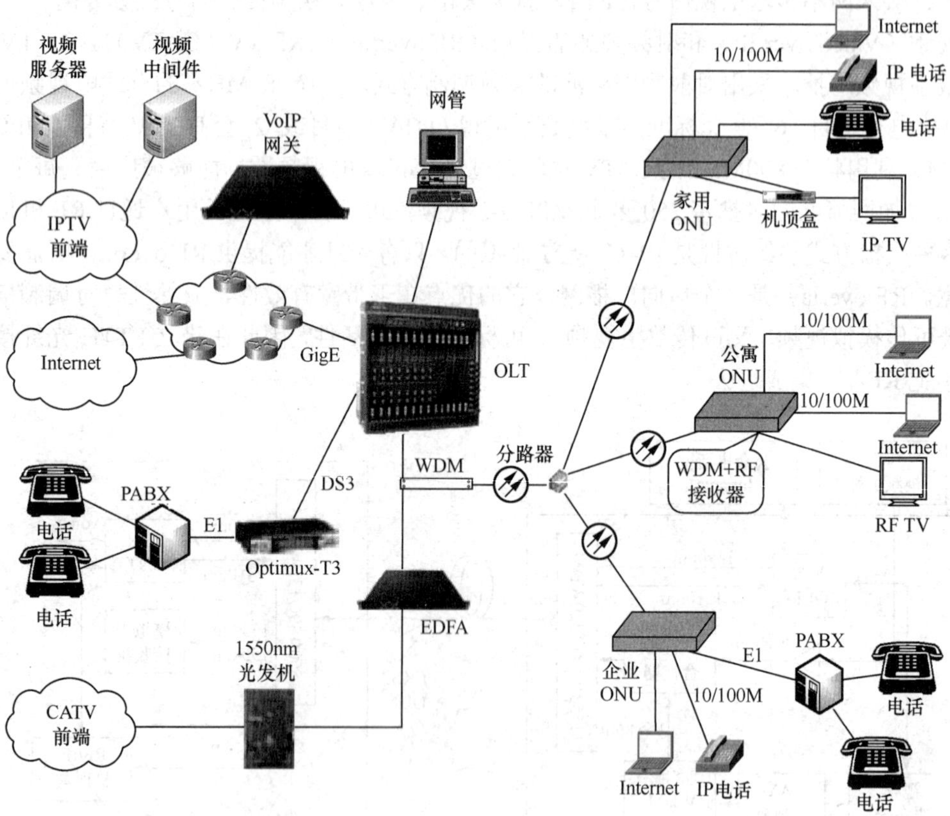

图 13.36 三网融合光纤到户（FTTP）平台框图

由于 CATV 光波的叠加，使 EPON 的光纤中非线性效应不可忽略。EPON 的传输距离为 10～20km，光分配器（ODN）的最大分支比为 1:32，所以 IEEE-802.3ah 规定 EPON 的链路损耗为 25dB，数据光接收机的灵敏度为−28dBm。但是，CATV 模拟光接收机的灵敏度低，要满足 45dB 以上的输出载噪比，需要接收−5～−8dBm 的光功率。这就是说，在 EPON 的光纤线路上，下行 1550nm CATV 光波要比 1490nm 数据光波强 100 倍。而在局端，1550nm 光波的功率必须被掺铒光纤放大器放大到+17dBm 以上，这就使光纤中受激布里渊散射（SBS）、自相位调制（SPM）和受激拉曼散射（SRS）等非线性效应都可能发生，其中受激拉曼散射会表现为 1490nm 光波对 1550nm 光波的串扰，即数据对 CATV 信号的干扰（某些 CATV 频道的相对强度噪声增大，载噪比降低）。另一方面，强大的 1550nm 光波可能越过波长隔离度不足的 1550/1490/1310nm WDM 分波器进入 1490nm 通道，形成对数据的干扰。

因此为了实现视频、数据业务在 EPON 上的汇聚，应当认真地研究上述光波间相互串扰的机理，分析相互串扰与各种系统参数的定量关系，从而找到克服它们的办法。

光纤入户是长期的目标，有条件的广电网络运营商可做试验，然后进行综合评估，取得经验，为广电网络长期稳健发展奠定良好的网络基础。此方案每个楼只用一根光纤连接，在上面可开通 RF-TV（模拟与数字电视广播）、IP-TV、Internet 数据、IP-电话，传统电话等业务，为三网融合创造一个适应长远发展的宽带接入网平台（图 13.36 是一个三网融合平台的例子）。

【练习与思考】

一、问答题

1. 举例说明光纤传输系统的分类。通信用光纤按接收信号的格式可分为哪两种形式？各自的特点如何？

2. 有线电视网络光接收机输出的信号是基带还是频带信号？说明其信号的特点。

3. 画出光纤通信系统副载波复用系统的原理框图，说明信号传输的特点。

4. 光纤通信系统副载波复用系统同时传输数字电视信号和模拟电视信号，为何数字电视信号要比模拟电视信号电平低？这种传输系统的模拟与数字电视信号的电平差异主要与哪些因素相关？

5. 有线数字电视网络光发射机的输入信号电平与系统指标之间有何关系？请进行理论分析与总结，得出一般的关系。一般光传输系统光链路的级连数最多几级？请说明原因。

6. 请说明 DM-IM 系统技术指标的分配特点，这种指标分配与 AM-IM 有何不同？

7. 说明 DM-IM 系统数字信号载噪比的物理意义。

8. 请说明有线电视光纤传输系统光分路器的分光比的计算方法，其系统设计的思路有哪两种？其相互联系是什么？

9. 请说明系统指标 MER 的物理意义，对系统调试有何影响？

10. 说明数字光纤通信系统设计的方法。系统的色散补偿有哪些措施？说明其中色散补偿光纤的特点。

11. 根据本书的定义，说明光纤到驻地（FTTP）有哪两种形式？并比较其特点。

12. 说明 EPON 系统协议簇的特点，其系统的主要挑战有哪些？举例说明 EPON 系统承载 TDM 信号的实现方案。

13. 说明 GPON 系统的特点，其关键技术有哪些？

14. 采用 EPON 系统作为网络的光接入技术，进行网络规划与设计时要注意哪些关键因素？

15. 画出 NGB 网络的总体架构图，说明其特征与核心共性技术。

16. 说明基于 NGB 的宽带接入网技术规范有哪几种？并说明它们的适应场景，技术特点。它们的协议主要特点集中的 OSI 层次的哪几层？

17. 说明 C-DOCSIS 下行信道捆绑的概念，并说明信道捆绑还有哪种可能的实现方案。在下行信道为 256QAM 调制方式时，系统支持最大下行传输带宽是多少？请计算说明。在下行信道为 1024QAM 调制方式时，系统支持最大下行带宽是多少？

18. 请列表比较 DOCSIS 各个版本的功能特点。

19. 请说明 C-DOCSIS 和 DOCSIS-3.0 版本的相同与不同点。

20. 请画出基于 C-DOCSIS 接入网技术的 VOD 系统实现框图，并说明设计要考虑的主要因素。

二、计算题

1. 有线数字电视网络以 EPON+LAN 作为接入方式，若按标清 MPEG-2 标准计算，每用户点播视频流为 4Mbit/s；交互数字电视正式运营后，按总有线电视用户的 20%接入交互数字电视，且同时点播视频节目的用户按 50%计算；其他业务按接入交互数字电视用户的 30%计算，且按 30%在线，每户平均在线流量按 500kbit/s 计算。按以上条件，计算：

（1）每 100 户用户占用的带宽。

（2）OLT 每千兆光口可带多少用户。

（3）OLT 每千兆光口可以由 PON 分为 32 个光分支，支持 32 个用户终端 ONU。如果 EPON 采用 FTTB-LAN 接入方式，则 OLT 每千兆光口可以覆盖 32 栋楼，每个 ONU 平均带宽为多少。

（4）如果每栋楼按 50 户计算，其他条件与题设条件相同，请计算一栋楼的交互数字电视用户的带宽。

2. 某 STM-16 光纤传输系统，使用 G.652 光纤，工作波长为 1550nm，平均光发送功率为−2dBm，接收灵敏度为−28 dBm，允许最大色散值为 1 200（ps/nm），光纤色散系数为 17ps/（nm·km），活动连接器平均损耗为 0.3dB，固定熔接接头平均损耗为 0.02dB/km，光纤平均衰减系数为 0.21dB/km，设备富裕度为 3dB，光缆富裕度为 0.05dB/km，试计算再生段距离。

三、思考题

1. 有线数字电视网络的 EOC 系统有哪些主流方案？并比较它们的特点。
2. WiFi 用于有线数字电视网络的接入技术要解决哪些技术问题？
3. 比较 MOCA 与 HINOC 系统的相同点与不同点。
4. 如何实现 DOCSIS 系统向 C-HPAV 系统的平滑过渡？
5. EPON 系统的 MPCP 协议对 EPOC 系统设计与研发有何启示？
6. 有线数字电视网络的接入网技术发展方向如何？焦点集中在哪些问题上？

【研究项目】 WDM 光纤通信系统在有线数字电视网络应用与设计研究

要求：

① 讨论光信噪比对系统设计的影响；② 讨论光纤色散（衰减）对系统的影响；③ 讨论影响 WDM 系统的再生段距离和 SDH 再生段距离的因素，并比较不同点；④ 设计基于 DWDM 系统的广电光纤传输方案；⑤用仿真软件对讨论加以说明。

指导：

1. 随着通信容量的爆炸性增长，在一根光纤中传送多个波长光信号的波分复用（WDM）技术已经成为光纤干线系统的主流技术。这类系统主要包括若干对波长满足 ITU-T G.692 建议的光发射机和光接收机、光复接器（用于光合波）、光分接器（用于光分波）、级联的掺铒放大器（EDFA）（用以抵消光纤段的损耗）等。系统设计时，在光接收机输入端保持各信道的光信噪比（OSNR）均高于某低限；各信道光脉冲波形由于光纤色散和非线性效应等及其相互作用造成的畸变均低于某高限，这是极为重要的指导原则。

2. 光信噪比计算公式参考。

$$OSNR = 58 + P_{in} - N_f - L - 10\lg(N+1)$$

式中，R_{in} 为入纤总功率；N_f 为 EDFA 噪声指数；L 为每跨段光纤总衰减；N 为跨段数。ITU-T 规定跨距 80km 时，该跨段的总衰减为 22dB，光纤的等效衰减系数设定为 0.275dB/km

（包括光纤衰减系数取 0.25dB/km，以及熔接损耗、活动连接器损耗、光缆余度、光通道代价等）。

3．光子仿真软件 Optisystem 是一款创新的光通信系统模拟软件包，它集中了设计、测试和优化各种类型宽带光网络物理层的虚拟光连接等功能，从长距离通信系统到 LANS 和 MANS 都适用，是一个基于实际光纤通信系统模型的系统级模拟器。OptiSystem 具有强大的模拟环境和真实的器件和系统的分级定义，它的性能可以通过附加的用户器件库和完整的界面进行扩展，从而成为了一系列广泛使用的工具。全面的图形用户界面控制光子器件设计、器件模型和演示。

附录

附录A　常用专业术语与缩略语

8-VS	B Trellis-Coded 8-Level Vestigial Side-Band	八电平残留边带调制
AAA	Authentication Authorization Accounting	认证授权计费
AC	Alternating Current	交流电
ACL	Access Control List	接入控制列表
ACS	Automatic Configuration Server	自动配置服务器
AES	Advanced Encryption Standard	高级加密标准
AM	Asset Management	媒资库
AN	Aggregation Network	汇聚网络
AO	Asset Operation	媒资运营系统
ARP	Address Resolution Protocol	地址解析协议
ASI	Asynchronous Serial Interface	异步串行接口
A-TDMA	Advanced Time-Division Multiple Access	高级时分多址
ATSC	Advanced Television Systems Committee	美国数字电视国家标准
AVS	Advanced Audio-Video Coding/Decoding Standard	数字音视频编解码技术标准
BAT	Bouquet　Association Table	业务群关联表
BCD	Binary Coded Decimal	二-十进制编码
BCH	Bose Ray-Chaudhuri Hocquenghem	纠错编码
BENTRY	Beacon Entry	信标条目
BER	Bit Error Rate	误码率
BOSS	Business＆Operation Support System	业务运营支撑系统
BPCS	Beacon Payload Check Sequence	信标载荷校验序列
BPI+	Baseline Privacy Interface Plus	增强型基线加密接口
BTS	Beacon Time Stamp	信标时间戳
CA	Conditional Access	条件接收
CAS	Conditional Access System	条件接收系统
CAT	Conditional Access Table	条件接收表
CCI	Control and Classifier Interface	控制与分类转发模块接口
CDMM	C-DOCSIS Management Message	C-DOCSIS 管理消息
CDN	Content Delivery Network	内容分发系统
C-DOCSIS	China DOCSIS	中国 DOCSIS
CDT	C-DOCSIS Data Tag	C-DOCSIS 数据格式标记

CFI	Canonical Format Indicator	规范格式指示符
C-HPAV	China High Performance Advanced	中国先进高性能 同轴电缆宽带接入技术
CHLN	C-HPAV Logical Network	C-HPAV 逻辑网络
CIFS	Contention Interframe Spacing	竞争帧间间隔
CLT	Coax Line Terminal	同轴电缆线路终端特指 C-HPAV 网络头端
CM	Cable Modem	电缆调制解调器
CMC	Cable Media Converter	有线电缆媒介转换设备
CMIM	Cable Modem Interface Mask	CM 接口掩码
CMTS	Cable Modem Terminal System	同轴电缆局端接入设备
CNU	Coax Network Unit	同轴电缆网络单元特指 C-HPAV 网络终端
C-OFDM	Coded Orthogonal Frequency Division Multiplexing	编码正交频分复用
COPS	Common Open Policy Service	公共开放策略服务
CoS	Class of Service	业务分类
CP	Cyclic Prefix	循环前缀
CPD	Control Point Discovery	控制点发现
CPE	Customer Premise Equipment	客户端设备
CPS	Common Part Sublayer	公共部分子层
CRC	Cyclic Redundancy Check	循环冗余校验
CS	Convergence Sublayer	汇聚子层
DA	Destination Address	目的地址
DAB	Digital Audio Broadcasting	数字音频广播
DBA	Dynamic Bandwidth Allocation	动态带宽分配
Dd	Data down	下行数据
DES	Data Encryption Standard	数据加密标准
DHCP	Dynamic Host Configuration Protocol	动态主机配置协议
DIT	Discontinuity Information Table	间断信息表
DOCSIS	Data Over Cable Service Interface Specification	有线电视数据业务 接口规范
DoS	Denial of Service	服务拒绝
DRM	Digital Rights Management	数字版权管理
DSCP	Differentiated Services Code Point	差异化服务代码点
DTEI	Destination Terminal Equipment Identifier	目的终端设备标识符
DTMB	Digital Terrestrial Multimedia Broadcasting	中国地面数字电视标准
DTS	Decoding Time Stamp	解码时间戳
Du	Data up	上行数据
DVB	Digital Video Broadcasting	数字视频广播

DVB-C	Digital Video Broadcasting-Cable	欧洲数字电视广播传输标准（有线）
DVB-S	Digital Video Broadcasting-Satellite	欧洲数字电视广播传输标准（卫星）
DVB-T	Digital Video Broadcasting-Terrestrial	欧洲数字电视广播传输标准（地面）
DVD	Digital Versatile Disc	数字通用光盘
EBU	European Broadcasting Union	欧洲广播联盟
EIT	Event Information Table	事件信息表
EKS	Encrypted Key Select	加密密钥选择
EMM	Entitlement Management Message	授权管理信息
EMTA	Embedded Multimedia Terminal Adapter	嵌入式多媒体终端适配器
EPG	Electronic Program Guide	电子节目指南
EPON	Ethernet Passive Optical Network	以太无源光网络
EQAM	Edge QAM	边缘 QAM 调制器
ERM	Edge Resource Management	边缘资源管理
ERRP	Edge Resource Registration Protocol	边缘资源注册协议
ES	Elementary Stream	基本流
ESOF	Extended Start Of Frame	扩展帧起始
ETS	European Telecommunication Standard	欧洲电信标准
ETSI	European Telecommunication Standard Institute	欧洲电信标准委员会
FEC	Forward Error Correction	前向纠错编码
FLS	Forward Link Signalling	前向链接信令
FTP	File Transfer Protocol	文件传输协议
FTTB	Fiber To The Building	光纤到楼
GE	Grant Element	许可单元
GPON	Gigabit-Capable Passive Optical Network	千兆无源光网络
GPS	Global Positioning System	全球定位系统
HB	HINOC	HINOC Bridge 网桥
HIMAC	HINOC MAC	HINOC MAC 层
HRNOC	High Performance Network Over Coax	高性能同轴电缆宽带接入网络
HLE	Higher Layer Entity	上层实体
HM HINOC	HINOC Modem	调制解调器
HTTP	Hyper Text Transfer Protocol	超文本传输协议
ICMP	Internet Control Message Protocol	互联网控制报文协议
ID	Identifier	标识符
IEC	International Electrotechnical Commission	国际电工委员会
IF	Intermediate Frequency	中频
IGMP	Internet Group Management Protocol	互联网组管理协议
IMS	IP Multimedia Subsystem	IP 多媒体子系统
IP	Internet Protocol	因特网协议

IPPV	Impulse Pay Per View	即时按次付费节目
IRD	Integrated Receiver Decoder	综合接收解码器
ISDB-T	Integrated Service Digital Broadcasting-Terrestrial	日本地面综合业务数字广播标准
ISO	International Organization for Standardization	国际标准化组织
ITU	International Telecommunication Union	国际电联组织
IV	Initial Vector	初始向量
JTC	Joint Technical Committee	联合技术委员会
LDPC	Low Density Parity Check Codes	低密度校验码
IFG	Inter Frame Gap	帧间隔
LLC	Logical Link Control	逻辑链路控制
LNA	Low Noise Amplifier	低噪声放大器
LSB	Least Significant Bit	最低有效位
MAC	Media Access Control	媒体接入控制
MAP	Media Access Plan	媒质接入规划
MCF	Multicast Flag	组播标志
MDF	Multicast Downstream Service ID Forwarding	基于下行业务流标识的组播转发
MER	Modulation Error Ratio	调制误差率
MFN	Multi Frequency Network	多频网
MINI-ROBO	Mini-ROBO Mode	最小鲁棒模式
MLD	Multicast Listener Discovery	组播听众发现
MME	Management Message Entry	管理消息实体
MPDU	MAC Protocol Data Unit	MAC 层协议数据单元
MPEG	Moving Picture Experts Group	运动图像专家组
MPTS	Multi Program Transport Stream	多节目传输流
MSB	Most Significant Bit	最高有效位
MSDU	MAC Service Data Unit	MAC 层服务数据单元
MTBF	Mean Time Between Failure	平均无故障时间
NEK	Network Encryption Key	网络加密密钥
NGB	Next Generation Broadcasting Network	下一代广播电视网
NHM	New HINOC Modem	新的 HM
NID	Network Identitier	网络标识符
NIT	Network Information Table	网络信息表
NMK	Network Membership Key	网络成员密钥
NMS	Network Management System	网络管理系统
NSI	Network Side Interface	网络侧接口
NTB	Network Time Base	网络时间基准
NVOD	Near Video On Demand	准视频点播
OAM	Operations Administration and Maintenance	操作、管理和维护
ODA	Orignial Destination Address	原始目标地址

OFDM	Orthogonal Frequency Division Multiplexing	正交频分复用
OLT	Optical Line Terminal	光缆线路终端
OMI	Operation and Management Interface	运维管理接口
OSA	Orignial Source Address	原始源地址
OSD	On Screen Display	屏幕显示
OUI	Organizationally Unique Identifier	组织唯一标识符
PAPR	Peak to Average Power Ratio	峰值平均功率比
PAT	Program Association Table	节目关联表
PCP	Priority Code Point	优先级代码点
PCR	Program Clock Reference	节目时钟基准
PDC	Program Delivery Control	节目传送控制
PDU	Protocol Data Unit	协议数据单元
Pd	Probe down	下行探测
PES	Packetized Elementary Stream	打包的基本流
PHS	Payload Header Suppression	净负荷头抑制
PHY	Physical layer	物理层
PID	Packet Identifier	包标识符
PIL	Program Identification Label	节目标识标签
PMD	Physical Media Dependent Sublayer	物理媒介关联子层
PMT	Program Map Table	节目映射表
PON	Passive Optical Network	无源光网络
PPC	Pay Per Channel	按频道付费
pps	pulse per second	秒脉冲
PPV	Pay Per View	按次付费
PS	Program stream	节目流
PSI	Program Specific Information	节目特定信息
PSTN	Public Switched Telephone Network	公共交换电话网
PTS	Presentation Time Stamp	显示时间戳
Pu	Probe up	上行探测
QAM	Quadrature Amplitude Modulation	正交幅度调制
QoS	Quality of Service	业务质量
QPSK	Quaternary Phase Shift Keying	四相相移键控
RE	Reservation Element	预约单元
RF	Radio Frequency	射频
RIFS	Response Interframe Spacing	应答帧间间隔
ROBO	Robust OFDM	鲁棒正交频分调制
RS	Reed-Solomon	里德-所罗门
RST	Running Status Table	运行状态表
RTSP	Real Time Streaming Protocol	实时流传输协议

RX	Receiver	收端
S-CDMA	Synchronous CDMA	同步码分多址
SDI	Serial Digital Interface	串行数字接口
SDL	Specification and Description Language	规范与描述语言
SDP	Session Description Protocol	会话描述协议
SDT	Service Description Table	业务描述表
SDU	Service Data Unit	业务数据单元
SF	Second Frame	秒帧
SFN	Single Frequency Network	单频网
SFR	Service Flow Reference	业务流参考标识
SI	Service Information	业务信息
SIP	Second frame Initialization Packet	秒帧初始化包
SIT	Selection Information Table	选择信息表
SLA	Service Level Agreement	服务级别协议
SM	Session Management	会话管理
SMS	Subscriber Management System	用户管理系统
SNID	Short Network Identifier	短网络标识符
SNMP	Simple Network Management Protocol	简单网络管理协议
SP	Strict Priority	严格优先级
SPI	Synchronous Parallel Interface	同步并行接口
SPTS	Single Program Transport Stream	单节目传输流
SS	Streaming Server	流服务系统
ST	Stuffing Table	填充表
STB	Set Top Box	机顶盒
STC	System Time Clock	系统时钟
STEI	Source Terminal Equipment Identifier	源终端设备标识符
TCP	Transport Control Protocol	传输控制协议
TDD	Time Division Duplexing	时分双工
TDMA	Time Division Multiple Access	时分多址接入
TDS-OFDM	Time Domain Synchronization-Orthogonal Frequency Division Multiplexing	时域同步正交频分复用
TDT	Time and Date Table	时间和日期表
TEI	Terminal Equipment Identifier	终端设备标识符
TFTP	Trivial File Transfer Protocol	简单文件传输协议
TM	Tone Map	载波映射
TMI	Tone Map Index	载波映射索引
ToS	Type of Service	服务类型
TOT	Time Offset Table	时间偏移表
TPID	Tag Protocol Identifier	标签协议标识符

TS	Transport Stream	传输流
TSDT	Transport Stream Description Table	传送流描述表
TX	Transmitter	发端
UHF	Ultra High Frequency	特高频
UKE	Unicast Key Exchange	单播密钥交换
UML	Unified Modeling Language	统一建模语言
UTC	Universal Time Co-ordinated	世界协调时
VBI	Vertical Blanking Interval	场消隐期
VBV	Video Buffer Verifier	视频缓冲验证
VHF	Very High Frequency	甚高频
VID	VLAN ID	VLAN 标识符
VOD	Video On Demand	视频点播
VoIP	Voice over Internet Protocol	IP 语音业务
VPS	Video Programme System	视频节目系统
VSWR	Voltage Standing Wave Ratio	电压驻波比
WAP	Wireless Application Protocol	无线应用通信协议
WRR	Weighted Round Robin	加权循环调度
XML	eXtensible Markup Language	可扩展标记语言

附录 B　数字电视前端系统结构图

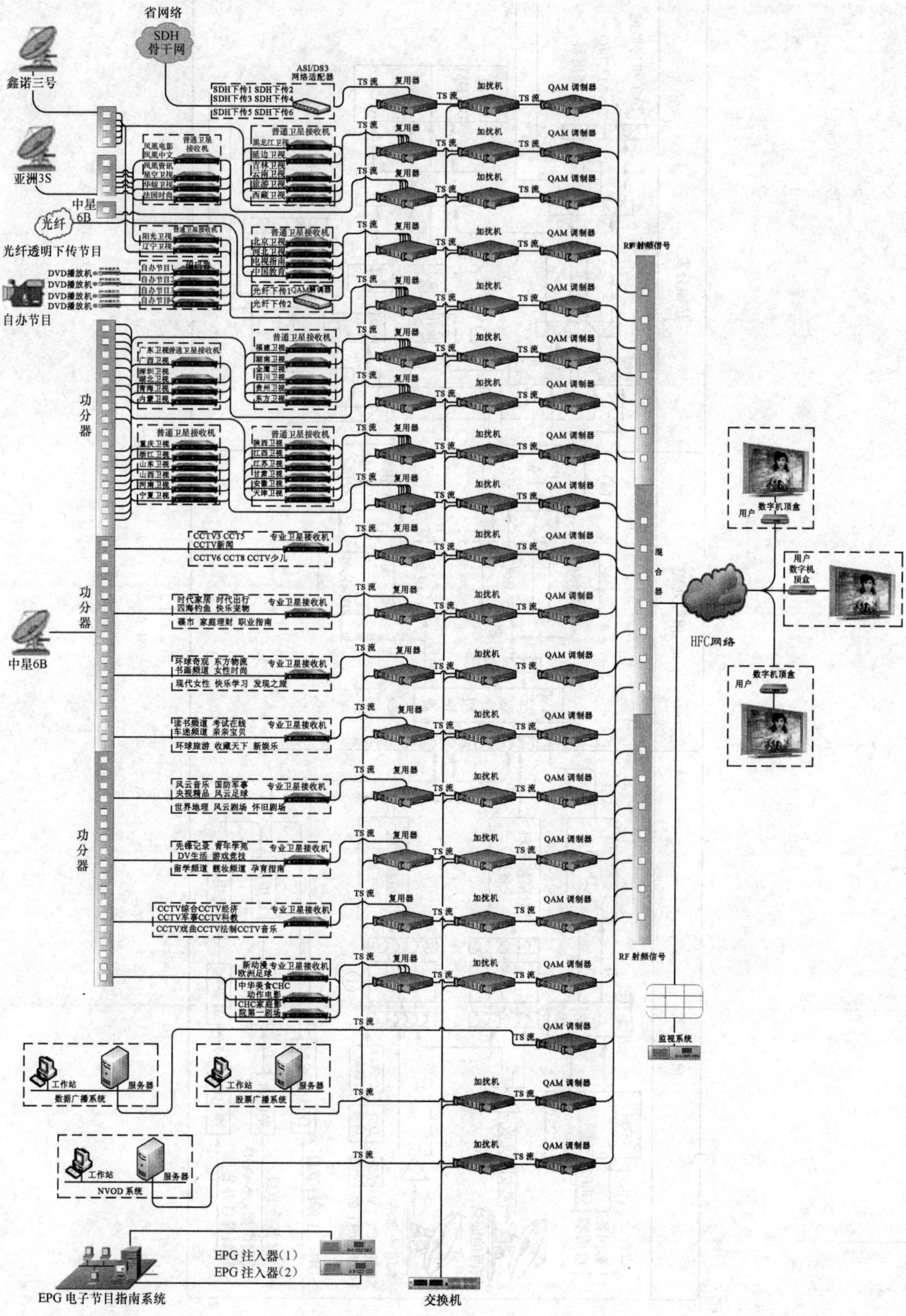

省网络
SDH 骨干网
ASI/DS3 网络适配器
SDH下传1 SDH下传2
SDH下传3 SDH下传4
SDH下传5 SDH下传6
鑫诺三号
亚洲3S
中星 6B
光纤
光纤透明下传节目
普通卫星接收机
凤凰电影
凤凰中文
凤凰资讯
星空卫视
华娱卫视
法国时尚
黑龙江卫视
延边卫视
吉林卫视
云南卫视
旅游卫视
西藏卫视
阳光卫视
辽宁卫视
北京卫视
河北卫视
电视指南
中国教育
编码器
自办节目1
自办节目2
自办节目3
自办节目4
DVD播放机
自办节目
光纤下传1 QAM解调器
光纤下传2
功分器
广东卫视普通卫星接收机
广西卫视
深圳卫视
湖北卫视
青海卫视
内蒙卫视
福建卫视
湖南卫视
金鹰卫视
四川卫视
贵州卫视
东方卫视
重庆卫视
浙江卫视
山东卫视
山西卫视
河南卫视
宁夏卫视
陕西卫视
江西卫视
江苏卫视
甘肃卫视
安徽卫视
天津卫视
专业卫星接收机
CCTV3 CCT5
CCTV新闻
CCTV6 CCT8 CCTV少儿
时代家居 时代出行
四海钓鱼 快乐宠物
碟市 家庭理财 职业指南
环球奇观 东方物流
书画频道 女性时尚
现代女性 快乐学习 发现之旅
读书频道 考试在线
车迷频道 亲亲宝贝
环球旅游 收藏天下 新娱乐
风云音乐 国防军事
央视精品 风云足球
世界地理 风云剧场 怀旧剧场
先锋记录 青年学苑
DV生活 游戏竞技
留学频道 靓妆频道 孕育指南
CCTV综合CCTV经济
CCTV军事CCTV科教
CCTV戏曲CCTV法制CCTV音乐
新动漫
欧洲足球
中华美食CHC
动作电影
CHC家庭影院第一剧场
中星6B
工作站
服务器
数据广播系统
股票广播系统
NVOD 系统
EPG 注入器(1)
EPG 注入器(2)
EPG 电子节目指南系统
交换机
TS 流
复用器
加扰机
QAM 调制器
RF射频信号
混合器
RF 射频信号
监视系统
HFC网络
用户
数字机顶盒

附录C　省级数字电视播控中心框图

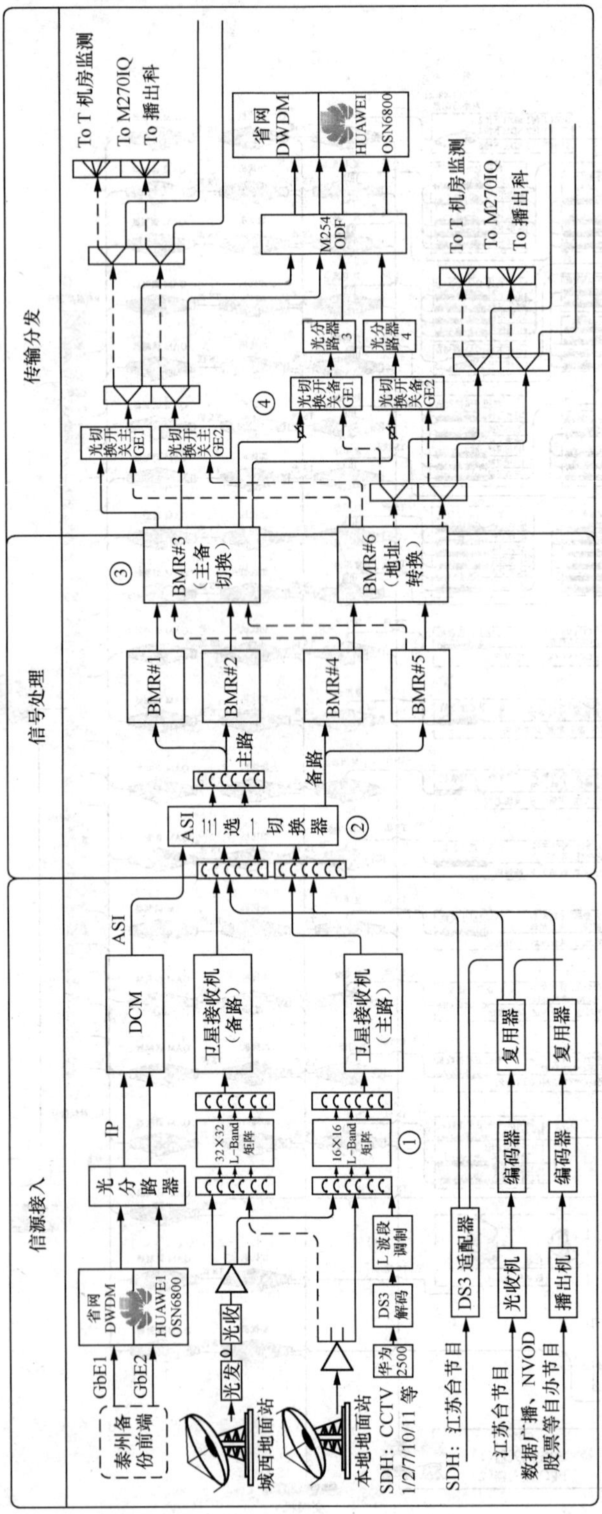

附录D　地市前端系统框图

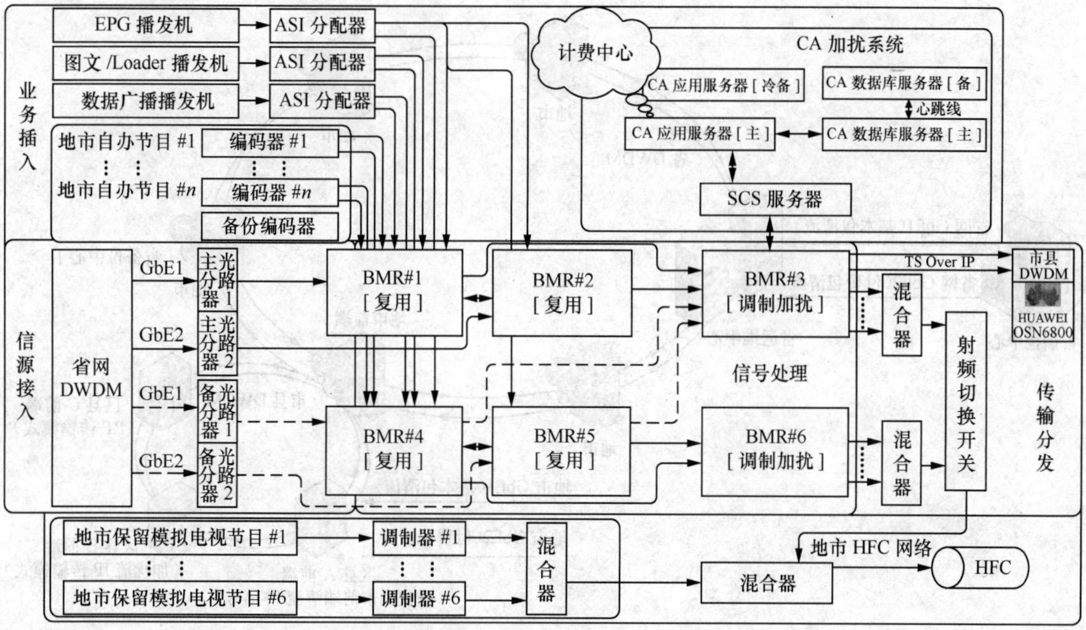

附录E　县（市、区）数字电视分前端原理图

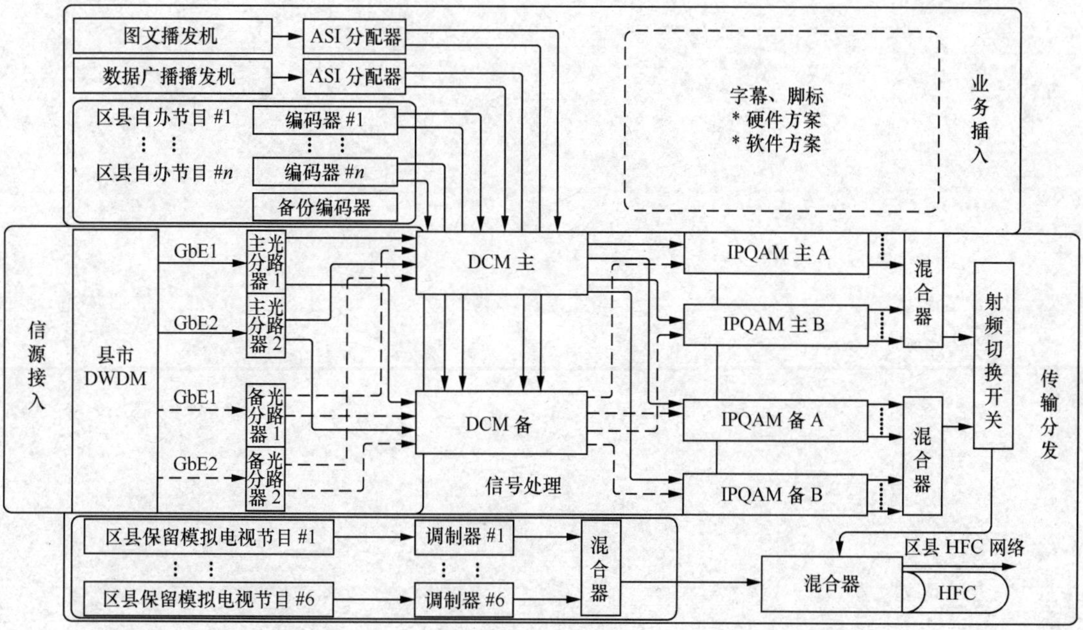

附录 F　江苏省、市、县数字电视三级传输网络架构图

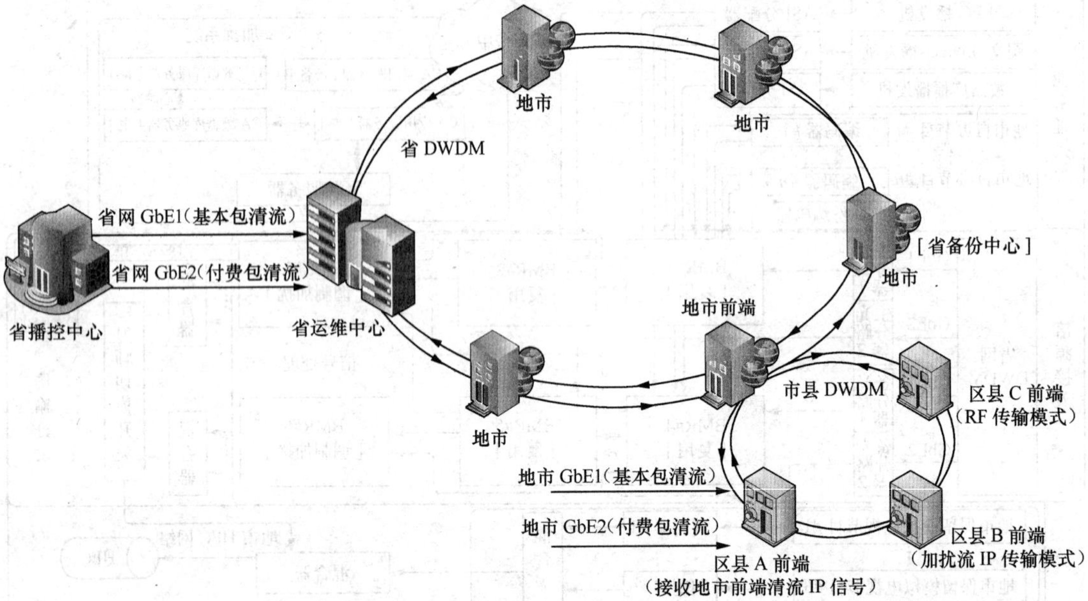

参 考 文 献

［1］施国强，黄吴明，张万书.有线电视网络技术手册[M]．北京：电子工业出版社，2002.

［2］数字电视工程实验室（北京）.数字电视前端系统[M]．北京：科学出版社，2012.

［3］刘剑波，李鉴增，王晖，等.有线电视网络［M］．北京：中国广播电视出版社，2003.

［4］姜秀华，张永辉.数字电视广播原理与应用［M］．北京：人民邮电出版社，2007.

［5］克雷默.著《基于以太网的无源光网络》陈雪，译.北京：邮电大学出，版社 2007.

［6］数字电视工程实验室（北京）．数字电视前端系统［M］.北京：科学出版社，2012.

［7］占亿民，李鑫，胡俊，等．基于大数据的云媒体电视全局业务智能技术[J].广播与电视技术，2013（09）.

［8］张忠培，史治平，王传丹.现代编码理论与应用[M]．北京：国防工业出版社，2007.

［9］杨知行，王军，王昭诚，等.数字电视传输技术[M]．北京：电子工业出版社 2011.

［10］余兆明，李欣.数字电视传输与组网技术[M]．北京：科学出版社，2013.

［11］赵仲明，王召福.互动电视系统工程[M].北京：人民邮电出版社，2010.

[12] 鲁业频，朱仁义，孔敏，等.数字电视原理与应用技术[M]．北京：国防工业出版社，2009.

[13]沈兰荪，卓力，小波编码与网络视频传输[M]．北京：科学出版社，2005.

[14]肖萍萍，金振坤，周一，等．通信原理与应用[M].北京：人民邮电出版社，2011.

[15]李栋.数字多媒体广播[M].北京：电子工业出版，2010.

[16]黄载禄，殷蔚华，黄本雄.通信原理[M].北京：科学出版社，2007.

[17]周炯槃，庞沁华，续大我，等.通信原理[M].第 3 版.北京邮电大学北京：出版社，2008.

[18]GY/T 285—2012，下一代广播电视网（NGB）视频点播系统技术规范.

［19］GY/T 265—2012，NGB 宽带接入系统 HINOC 传输和媒质接入控制技术规范.

[20] GY/T 266-2012，NGB 宽带接入系统 C-DOCSIS 技术规范.

[21] GY/T 269-2013，NGB 宽带接入系统 C-HPAV 系统技术规范.